海洋生物活性物质

迟玉森 张付云 等 著

科学出版社
北京

内 容 简 介

本书共分九章，主要介绍各类海洋生物活性物质的最新研究成果，包括海洋中的生物资源、生物多糖、生物多肽、牛磺酸、多不饱和脂肪酸（DHA、EPA）、生物活性碘、微生物资源，以及海洋微生物中的多不饱和脂肪酸与海洋生物酶、海洋微生物与海洋药物。以近 10 年的科学研究为素材，从现代科学的角度进行分析解读，既包括海洋生物活性物质化学结构、作用机理等理论性研究，又兼顾最新的应用进展。

本书可作为海洋科学及相关专业高年级本科生和研究生教材，亦可作为从事海洋天然药物、食品、保健品及海洋化工产品研究、技术开发生产者的参考书。

图书在版编目（CIP）数据

海洋生物活性物质/迟玉森等著. —北京：科学出版社，2015.7
ISBN 978-7-03-044734-0

Ⅰ. ①海…　Ⅱ. ①迟…　Ⅲ. ①海洋生物–生物活性　Ⅳ. ①Q178.53

中国版本图书馆 CIP 数据核字（2015）第 124399 号

责任编辑：张海洋　夏　梁 / 责任校对：张怡君
责任印制：赵　博 / 封面设计：北京铭轩堂广告设计有限公司

科 学 出 版 社 出版
北京东黄城根北街 16 号
邮政编码：100717
http://www.sciencep.com

北京市金木堂数码科技有限公司印刷
科学出版社发行　　各地新华书店经销
*
2015 年 7 月第 一 版　　　开本：787×1092　1/16
2025 年 1 月第六次印刷　　印张：22
字数：504 000
定价：128.00 元
（如有印装质量问题，我社负责调换）

《海洋生物活性物质》编写委员会

主编

迟玉森　青岛农业大学

张付云　大连海洋大学

编写人员（按姓氏汉语拼音排序）

迟玉森　青岛农业大学

杜永霞　山东嘉冠油脂化工有限公司

刘启顺　中国科学院大连化学物理研究所

仇宏伟　青岛农业大学

孙海新　青岛世通检测技术研究院

孙姿姿　青岛农业大学

肖军霞　青岛农业大学

徐　莲　北京灵静泉生物技术有限公司

徐先锋　青岛农业大学

于春娣　青岛农业大学

张付云　大连海洋大学

郑　琳　济南科琳生物工程有限公司

序

浩瀚的大海孕育了生命，也养育了形形色色的海洋生物，不但为人类提供了丰富多彩的食物，还蕴藏着各种各样具有增进人体健康与防病治病功效的天然海洋生物活性物质。在这些种类数以万计的海洋生物活性物质中，有的已经被人类认识或利用，制成了药品、保健品等不同产品，对维护人类生命健康产生了重要作用；有的尚未被发现或应用，有待相关领域的专家学者深入研究探讨。特别是在当前，世界上对诸如癌症、心脑血管疾病等严重危害人类健康的疾病尚无有效控制方法，使得许许多多的人，尤其是科技工作者将注意力集中到了海洋生物活性物质上来，希望能有关键性突破。众所周知，科学家因研究的领域和方向不同，专业知识也各有短长，进行医学健康海洋生物活性物质的研发，可能因在海洋生物、医学保健、细胞生物、药剂制备及物理化学等某方面知识的缺乏而使其科学探索受到影响。一本能对海洋生物活性物质的生物类别、化学组成、活性特点、健康效应和医药知识进行系统介绍的书籍，对任何一位从事该领域研究、学习和工作的人都会有巨大的帮助作用。《海洋生物活性物质》正是这样一本值得拥有和阅读的好书。

该书作者以其生物学博士的背景和基础、长期从事食品科学教学与科研工作的经验和积累，特别是在海洋生物活性物质的活性研究与开发应用方面的学识和造诣，撰写了这本关于海洋生物活性物质的专著。全书不仅对海洋生物及其活性物质从历史与现状、资源与分类、结构与功效、制备与分析、活性与特点、作用与机理、生理与病理、长处与不足等多个方面进行了系统而深刻的论述，体现出作者在该领域博深的知识，而且层次分明、文笔流畅、表达确切、寓意深刻，通俗易懂，体现出作者良好的文学与写作水平。该书是一本具有很高科学价值的关于海洋生物活性物质的专业参考书，在本专业和相关领域工作与学习的人员可以将其作为案头必备的知识手册，对医药食品和营养保健领域的相关人员也有较高的阅读价值。对海洋生物及其活性物质感兴趣的人也可一读，一定会从中获得有意义的知识。本人长期从事医学营养专业的教学与科研工作，在天然植物化学物质和海洋生物的功效成分与生物学作用的研究开发方面做了一些工作，读了该书之后，深为其丰富的内容、明晰的思路和朴实的风格所吸引，提笔抒怀，感受真实，权作一序，作为推荐吧。

该书共分九章三十三节，章章节节都凝集着作者的知识和辛劳，体现了作者的认真和严谨，显示了作者的业绩和成就。我为作者完成该书的撰写而高兴，热烈祝贺该书的出版，真诚希望广大读者能喜欢该书，衷心祝愿该书能为相关人员的学习和工作提供帮助，期待该书得以修正、提高和再版。

钟进义

青岛大学教授、博士研究生导师

2015 年 5 月 11 日

目　　录

第一章　海洋中的生物资源

第一节　海洋生物资源概述

一、海洋资源与海洋生物资源

（一）海洋资源

海洋资源指的是与海水水体及海底、海面本身有着直接关系的物质和能量，是形成和存在于海水或海洋中的有关资源。包括海水中生存的生物，溶解于海水中的化学元素，海水波浪、潮汐及海流所产生的能量、储存的热量，滨海、大陆架及深海海底所蕴藏的矿产资源，及海水所形成的压力差、浓度差等。

海洋资源可以分为两大类。

第一类是生物资源。汇入海洋的河流带来了有机物质和营养盐类，提供丰富的饵料；冷暖流交汇，利于深水营养盐上泛，利于生物繁殖，故海洋生物资源十分丰富。这些生物资源包括：海洋鱼类，如大黄鱼、小黄鱼、鲷鱼、带鱼、鲐鱼、鳗鱼等；虾类，常见的产量较高的有毛虾、对虾、龙虾等十多种；蟹类；海贝类十分丰富，较重要的有鲍鱼、扇贝、牡蛎、章鱼、墨鱼等；此外，海藻资源种类多，数量大，经济价值较高的有海带、紫菜、石花菜、鹿角菜等。

第二类称作非生物资源。众多的外流河每年挟带大量泥沙入海，这些巨厚的沉积物中蕴藏着贵重的金、铂、金刚石，还有丰富的铁、钛、锡、锆等。最引人注目的应属石油、天然气资源。

（二）海洋生物资源及其特点

海洋生物资源又称海洋水产资源、海洋渔业资源，指的是有生命的能自行增殖和不断更新的海洋资源，即海洋中蕴藏的经济动物和植物的群体数量。

与陆地生物资源相比，海洋生物资源有其明显的特点：通过生物个体和种下群的繁殖、发育、生长和新老替代，使资源不断更新，种群不断补充，并通过一定的自我调节能力达到数量相对稳定。

海洋生物资源极其丰富，地球 80%的动物生活在海洋中。据统计，海洋中生物共约 20 万种，鱼类有近万种。海洋中甲壳类动物共有 25 000 多种；藻类 10 000 多种，人类可以食用的海藻有 70 多种。现在人们已经知道海洋中 230 多种海藻含有各种维生素，240 多种生物含有抗癌物质。

统计资料表明，海洋里的动植物中仅鱼类就有 25 000 多种；可供提炼蛋白质和抗生素药物的生物就更多了，达 30 多万种。中西药中所用的上百种海味及鱼肝油、精蛋白和胰岛素等药物都来自海洋生物。可供食用的水产资源,在不破坏生态平衡的情况下,每年可以开发 30 亿 t 以上。目前人类每年的捕捞量仅为 7000 万~9000 万 t,还不到其中的1/30。

专家测算,海洋中存活着 20 多万种生物。海洋的初级生产力每年为 6000 亿 t,其中可供人类利用的鱼类、贝类、虾类、藻类等,每年为 6 亿 t,而现在全世界的捕捞量仅为9000 万 t 左右。海产品已成为人类生活中不可缺少的重要食品来源,目前海产品提供的蛋白质约占人类食用蛋白质的 22%。在不破坏生态平衡的前提下,海洋每年可以产出的水产品足够 300 亿人食用,海洋向人类提供食物的能力等于全球所有耕地提供农产品的1000 倍。

不仅如此,包括鱼类在内的海洋生物,已成为新型药物和保健品的原料来源,引起国际医药界的日益关注。据估计,从海洋生物中可提制的药品将达 2 万种之多,世界各国为此展开了激烈的竞争。

(三)海洋生物资源的分类

根据不同开发利用和研究用途的需要,海洋生物资源有多种分类方法。例如,按生活方式可以把海洋生物资源分为 3 类,即浮游生物(又分为浮游植物和浮游动物)、游泳生物(指的是有发达的游泳器官、能自由游泳的海洋动物,以脊椎动物为主,如鱼类、鲸类、头足类软体动物)和底栖生物(生活在海底、不能长时间在水中游泳的各种生物),底栖生物又细分为底栖植物与底栖动物。有的研究者按生物学特征简单地将海洋生物资源划分为海洋底栖生物资源和海洋浮游生物资源 2 类。也有学者按生物学特征将其分为海洋植物(包括海洋低等植物、海洋高等植物、浮游海藻、底栖海藻、被子植物、蕨类植物、红树植物)、海洋动物(包括海洋无脊椎动物、脊索动物)和海洋微生物(包括海洋病毒、海洋细菌、海洋真菌)3 类。还有的按资源利用类型划分为观赏资源、工业资源、生物遗传基因资源。但是,在实际研究与应用中,普遍使用的是按照资源种类划分的分类方法,按照这一分类方法,海洋生物资源被划分为海洋动物、海洋植物和海洋微生物三大类。

1. 海洋动物资源

海洋鱼类资源是海洋动物中最为丰富的食用海洋资源,在人类生活中占有特殊的地位,是人类食物的重要来源,能够提供大量蛋白质。

按活动范围,鱼类资源可以分为上层、中层和底层鱼类。其中,以中上层种类为多,占鱼类捕获总量的 70%左右。主要是鳀科(Engraulidae)、鲱科(Clupeidae)、鲭科(Scombridae)、鲹科(Carangidae)、竹刀鱼科(Scomberesocidae)、胡瓜鱼科(Osmeridae)和金枪鱼科(Thunnidae)等的种类;底层鱼中,产量最大的是鳕科(Gadidae),其次是鲆鲽类。

底层鱼以鳕产量最大,其次为鲆鲽类。按捕获鱼类的食物对象划分:捕食海洋浮游生物的鱼类比例最大,约占 75%(其中食浮游植物的鱼类约占 19%);食海洋游泳生物的鱼类约占 20%;食海洋底栖生物的鱼类约占 4%;剩下的 1%则食各种类群的生物。

海洋软体动物资源是除鱼类外最重要的海洋动物资源,占世界海洋渔获量的 7%,包括头足类（枪乌贼、乌贼、章鱼）、双壳类（如牡蛎、扇贝、贻贝）及各种蛤类等。

海洋甲壳类动物约占世界海洋渔获量的 5%，以对虾类（如对虾、新对虾、鹰爪虾）和泳虾类（如褐虾、长额虾科）为主，并有蟹类、南极磷虾等。由于它们寿命短，再生力强，已成为人工增养殖的对象。

海洋哺乳类动物包括鲸目（各类鲸及海豚）、海牛目（儒艮、海牛）、鳍脚目（海豹、海象、海狮）及食肉目（海獭）等。其皮可制革、肉可食用，脂肪可提炼工业用油。其中，鲸类年捕获量约 2 万头；海洋哺乳类动物生活在海底与海洋表层之间，大都是海洋食物链最后一个环节的成员，它们是比较高级的海洋生物，以掠夺为生，被称为"掠食者"，像海狗、海狮、海豹等便属于这一类。这类动物的游泳本领极佳，视觉或听觉特别敏感，而且牙齿也很锋利，许多鱼类都是它们的捕食对象。这样，浮游生物、浮游生物吞食者、捡拾者和掠食者便构成了海洋中的食物链。

2. 海洋植物资源

在海洋里，除动物外，还有另外一类重要的生物，就是创造着整个海洋生命基础的食物来源——植物。以各类海藻为主，主要有硅藻、红藻、蓝藻、褐藻、甲藻和绿藻等11 门，其中近百种可食用，还可从中提取藻胶等多种化合物。

虽然在高达 20 多万种的海洋生物中，植物仅占 2.5 万种左右，但它直接或间接地支撑着海洋世界里的动物生命，因为所有海洋动物都是以海洋植物为最终的食物来源。

海洋植物是海洋中利用叶绿素进行光合作用以生产有机物的自养型生物。海洋植物是海洋生物的一个主要组成部分，从低等的无真细胞核藻类到高等的种子植物，门类甚广，共 13 个门，1 万多种。

海洋植物由海藻类植物和海洋种子植物两大类组成，其中硅藻门最多，达 6000 种；原绿藻门最少，只有 1 种。

3. 海洋细菌资源

在海洋中，有一类动物是海洋生物生死轮回的总管，那就是细菌。提起细菌，就会使人联想到种种疾病。其实，在众多种类的细菌中，既有能引起疾病的细菌，也有对人类有益的细菌，不能一概而论。

海洋中的细菌按其营养成分，可分为两大类：一类称为自动营养细菌，它们能把二氧化碳和无机物制成有机物；另一类被称为被动营养细菌，在海洋的生死轮回中扮演了很突出的角色，大都属于寄生细菌；它们很容易找到寄主，从而摄取营养，维持生活。被动营养细菌以腐烂的尸体为食，把有机物分解成无机物，这样海洋生物尤其是浮游植物和其他海洋植物就有了营养来源。由于海洋生物的尸体中含有蛋白质，经过细菌加工形成氨或氨基酸，并转化成植物可以直接吸收的亚硝酸盐，从而发生光合作用。这样，腐烂的尸体变成了植物进行光合作用产生的有机物，又可以重新被海洋生物食用了。因此，把细菌称为海洋生物生死轮回的总管是名副其实的。

（四）海洋生物资源的属性

海洋生物资源与海水化学资源、海洋动力资源和大多数海底矿产资源不同，其主要特点是能够在有利条件下，种群数量能迅速扩大；在不利条件下（包括不合理的捕捞），种群数量会急剧下降，资源趋于衰落。

海洋生物具有自身特有的属性，即多样性、再生有限性、波动性、共享性、游动性和隐蔽性。

由于海洋环境远比陆地环境特殊和复杂，海洋生物无论数量还是种类都远远超过陆地生物，极富生物多样性。到目前为止，地球上已被描述和命名的生物有近 200 万种，其中 80% 栖息于海洋中。除鱼、虾、蟹、贝外，仅低等的海洋动物种类就达 20 万种。海洋中动物的种类远多于植物的种类。

海洋生物资源也是具有生命的资源，因此具有可再生性。通过生物自身的繁殖、补充、生长、死亡等过程，使资源得到更新和再生。另外，由于受到其生态环境中生物和非生物因素的制约，海洋生物资源的再生能力又是有限的。因此，每年的渔获量应有一定的限度，持续、过量的捕捞将会使资源枯竭。

海洋生物的资源量受环境因素的影响，对温度、盐度、水流、溶氧量、营养盐、饵料生物等环境因素的变化有很大的敏感性，其数量常出现波动。

在国家或国际未加管辖之前，某一海域中蕴藏的海洋生物资源不属于任何个人或集团，不仅人人都可以自由利用它，而且还无权排斥他人利用。

海洋生物资源除少数底栖生物营固着生活外，绝大多数都有在水中漂动、洄游移动等习性，这是和森林资源、草原资源、矿产资源所不同的。通常，甲壳类和头足类的移动范围较小，鱼类和哺乳类的移动范围较大，特别是大马哈鱼和大洋性鱼类，有时可移动 1000n mile 以上。

由于海洋生物资源群体栖息于水中，其数量的多少或数量的变化很难直接观察，只能通过某些数量指标反映数量变化。因此，海洋生物资源具有隐蔽性。

现代海洋中生活着 30 多个门、26 多万种生物，其中海洋植物约 10 万种，海洋动物约 16 万种。这些动物资源、植物资源与微生物资源共同构成了海洋生物资源。

二、海洋生物资源的利用进展

当前世界海洋生物资源的利用很不充分，捕捞对象仅限于少数几种，而大型海洋无脊椎动物、多种海藻及南极磷虾等资源均未得到很好地开发利用；捕捞范围集中于沿岸地带，即仅占世界海洋总面积 7.4% 的大陆架水域，却占世界海洋渔获量的 90% 以上。据估计，海洋中有机物平均单产为 50g 碳/（$m^2 \cdot a$），每年有 200 亿 t 碳转化为植物；海洋每年可提供鱼产品约 2 亿 t，迄今仅利用 1/3 左右。海洋生物资源进一步开发利用的途径为：一是开发远洋（如南大洋）和深海鱼类及大型无脊椎动物，首先是水深 200~2000m 及更深处的资源。二是开发海洋食物链级次较低的种类，如南极磷虾资源。三是大力发展大陆架水域的海水养殖和增殖业（如放养鱼、贝类和虾等），实现海洋水产生产农牧化。

海洋生物资源是一个十分巨大的有待深入开发的生物资源。推测海洋植物约 10 万种，海洋动物约 16 万种，海洋微生物达 100 万种以上。其中我国记录的海洋生物有 20 278 种，约占全世界海洋生物总种数的 10%。作为世界上陆地植物资源最为丰富的我国也仅有 30 000 多种植物，相比较来说，我国发现新型的海洋生物资源还有广阔的空间。

海洋生态系统多样性决定了生物的多样性。海洋生物多样性包括生物基因、生物种类多样性，生态群落、生态系统功能多样性及生物栖息地多样性。人类的生存与发展必须依赖自然界各种各样的生物（资源）和生态环境，生物多样性是人类赖以生存的条件。研究、保护并发展海洋生物多样性，能使人类有可能多方面、多层次地持续利用甚至改造这个生机勃勃的生命世界。

海洋生物的多样性决定了化合物的多样性。生长在海洋这一特殊环境中的海洋生物产生的大量具有特殊化学结构及特殊生理活性和功能的物质，是开发新型海洋药物和功能食品的重要资源。研究开发海洋生物基因资源、海洋药物、海洋功能食品对充分利用丰富的海洋生物资源，提高科学技术水平，造福于人类健康和社会发展具有重要的意义。

（一）海洋群体生物资源及其药用价值利用进展

海洋生物资源的种类繁多，构成海洋群体资源的主体仍是鱼类。世界海洋鱼类种数约为 16 000 种，栖息在我国海域的约为 1/8，大约有 2000 种。除养殖鱼类的生物学特性外，人们对大部分鱼类的遗传、代谢、生长的研究较少。我国较少数量的经济鱼种分别栖居于海洋底部、海洋中下层、海洋上层，分属于寒带、温带和热带。海洋群体资源除丰富的鱼类资源外，还有许多如对虾、毛虾、鹰爪虾、海蟹、扇贝、乌贼、海蜇等重要的无脊椎动物资源。我国约 2000 种海洋鱼类中，药用鱼类主要有 100 多种，它们分布在我国沿海的不同区域，具有不同的疗效。典型的有鲸鲨（*Rhincodon typus* Smith）、梅花鲨（*Halaelurus burgeri*）、尖齿锯鳐（*Pristis cuspidatus*）、青鳞鱼（*Harengula zunasi*）、中华海鲶（*Arius sinensis*）、鲈鱼（*Lateolabrax Japonicus*）、黄唇鱼（*Bahaba flavolabiata*）、牙鲆（*Paralichthys olivaceus*）、尖吻三刺豚（*Triacanthus strigilifer*）、短吻三刺豚（*Triacanthus brevirostris*）等。

世界上现存贝类 11 万多种，我国已知的贝类约 4000 种，其中相当大一部分是海洋贝类，可见贝类的群体资源是极为丰富的。我国是世界上进行海洋贝类人工育苗规模最大、数量最多的国家，以扇贝、牡蛎、鲍鱼为主要养殖品种。典型品种有粒结节滨螺（*Nodilittorina exigua*）、塔结节滨螺（*Nodilittorina pyramidalis*）、短滨螺（*Littorina brevicula*）、带偏顶蛤（*Modiolus comptus*）、厚壳贻贝（*Mytilus coruscus*）、中华牡蛎（*Parahyotissa sinensis*）、疣荔枝螺（*Thais clavigera*）、瘤荔枝螺（*Thais bronni*）、日本菊花螺（*Siphonaria japonica*）、等边浅蛤（*Gomphina veneriformis*）、巧楔形蛤（*Cyclosunetta concinna*）、紫藤斧蛤（*Danax semigranos*）。

我国藻类植物有 1 万余种，分为 10 门，其中绿藻类、褐藻类、红藻类、蓝藻类作为药用的种类最多。主要的药用品种有 77 种，典型的有浒苔（*Enteromorph aprolifera*）、铁钉菜（*Ishige okamurae*）、羊栖菜（*Sargassum fusiforme* Setchell）、马尾藻（*Sargassum enerve*）、裂叶马尾藻（*Sargassum siliquastrum*）、石花菜（*Gelidium amansii*）、大石花菜（*Gelidium pacificum*）、钩凝菜（*Campylaephora hypnaeoides*）、美舌藻（*Caloglossa leprieurii*）。

（二）海洋遗传资源研究进展

随着人类对海洋探索和海洋研究的不断深入，一些独特的海洋生物正在不断呈现。

研究海洋生物基因组及功能基因能深层次地探究海洋生命的奥秘；发掘海洋生物基因，有利于保护海洋生物资源；从海洋生物的功能基因入手，有助于培育出优质、高产、抗逆的养殖新品种，有助于开发具有我国自主知识产权的海洋基因工程新药。

海洋遗传资源具有巨大的科学研究价值，在生命的起源和生命系统的形成上可能发挥过重要而关键的作用。海洋遗传资源研究还因具有极大的经济、社会价值而引起广泛的关注。

海洋遗传资源的核心是深海生物，深海生物处于独特的物理、化学和生态环境中，在高静水压、剧变的温度梯度、极微弱的光照条件和高浓度的有毒物质包围下，它们形成了极为特殊的生物结构和代谢机制系统。由于这种极端的环境，深海生物体内的各种活性物质，特别是酶，具有高度的温度耐受性，高度的耐酸碱性、耐盐性及很强的抗毒能力。这些特殊的生物活性物质是深海生物（微生物和动植物）资源中最具应用价值的部分。除发展、改进海洋微生物的分离培养方法获得新的深海微生物，筛选活性物质外，由于深海生物的难培养性，还应应用基因组学研究方法，构建海洋生物基因组文库，通过研究海洋生物遗传基因来获得新的海洋生物活性物质。这是探索海洋资源，特别是深海生物资源，研究开发海洋新药物的必然且有效的选择，也是目前深海生物资源开发的热点之一。

深海生物在工业用酶、药物开发、环境保护方面具有潜在的应用价值。

（三）海洋生物天然产物资源研究进展

21世纪，海洋生物天然产物受到人们的格外关注，因此应该重视学科交叉，组成科研攻关团队，构建药用海洋生物资源种质库，建立海洋生物天然产物分离纯化和活性筛选的技术平台，逐步完善海洋天然产物化合物数据库，定位与生物活性相关的分子标记，克隆可以药用的功能基因，建立具有海洋生物特色的表达系统和生物反应器技术，为开发海洋生物活性产物提供充足的材料。

海洋生物天然产物资源主要包括以下几种。

脂质化合物（lipid compound）：海洋生物代谢产物的脂质化合物主要包括已经发现的前列腺素、鱼肝油酸钠、多不饱和脂肪酸、玉梭鱼的体油、鲨鱼油、鲸蜡、海马、海龙、鲨肝醇、软海绵酸、海兔醚等。这些化合物来自于海藻、海绵、珊瑚、海洋鱼类、海洋软体动物及海洋微生物等。

海洋多糖（marine polysaccharide）：海洋多糖有海藻多糖（微藻多糖、琼胶、卡拉胶、褐藻胶）、甲壳质、透明质酸、硫酸软骨素、刺参黏多糖、玉足海参黏多糖、海星黏多糖、扇贝糖胺聚糖等。海藻多糖从微藻中提取。例如，螺旋藻多糖从蓝藻中的钝顶螺旋藻中分离，具抗衰老、抗疲劳、抗辐射及提高机体免疫功能，对肿瘤细胞有一定的抑制和杀伤作用。褐藻胶为各种褐藻所共有的一种间质，已广泛用于制药和食品工业。甲壳质属于聚乙酰氨基葡萄糖，脱氨基后的产物为壳聚糖，有增强机体免疫力和调节人体生理的功能，如明显降压、降脂、降糖、抗凝、抗菌、止血、消炎等作用。

苷类化合物（saponin compound）：从海洋生物得到的苷类物质主要有强心苷、皂苷（海参皂苷、海星皂苷）、氨基糖苷、糖蛋白（蛤素、海扇糖蛋白、乌鱼墨、海胆蛋白）等。

氨基酸类物质（amino acid compound）：氨基酸包括褐藻氨酸、海人草酸、软骨藻酸、牛磺酸、珍珠氨基酸、鱼眼氨基酸、复合氨基酸（鱼鳔胶、龟甲胶）等。

多肽（peptide）：多肽包括凝集素、鲨凝集素、血蓝蛋白、铃蟾肽、蛙皮肽类、水母毒素、海葵毒素、水蛭素、章鱼毒素、麝香蛸素、芋螺毒素、鲨鱼软骨血管形成抑制因子、海蛇毒、鲸骨抗炎肽、海豹肽、降钙素、胰岛素、环肽（环二肽、海兔毒素、膜海鞘素）等。

萜类化合物（terpenoid）：萜类包括单萜类、倍半萜类、二萜类、二倍半萜类、三萜类等。萜类活性物质主要存在于珊瑚、海绵、海藻等海洋生物中，具有抗菌、抗肿瘤、预防疾病等作用。

甾类化合物（steroid）：甾类包括胆甾烷醇、岩藻甾醇、羟基岩藻甾醇、四羟基甾醇、柳珊瑚甾醇、甾体激素等。甾类主要从海绵、海藻、珊瑚等海洋生物体内提取。功能包括增强人体免疫力、降血压、抗炎、清热消肿、行气化痰等作用。

非肽含氮类化合物（non-proteinnitrogen compound）：非肽含氮类化合物包括酰胺类（头孢菌素类、岩沙海葵毒素、精胺、香豚毒素、黏盲鳗素）、胍类（河豚毒素、石房蛤毒素）、吡喃类（草苔虫内酯、软海绵素）、吡啶类（龙虾肌碱、蜂海绵毒素）、嘧啶类（阿糖胞苷）、吡嗪类（海萤荧光素、海仙人掌）、哌啶类（三丙酮胺）、吲哚类（乌鱼墨）、苯并咪唑类（骨螺素）、苯并唑啉类、嘌呤类（6-硫代鸟嘌呤）、喹啉类（喹啉酮）、异喹啉类、碟呤类（骏河毒素）、咔啉类（蕈状海鞘素）、核酸类（鱼精蛋白）、沙蚕毒素等。

海洋产物资源除上述主要的 8 类化合物外，还包含海洋酶类和海洋色素。

（四）新的海洋生物资源研究进展

海洋生物资源是十分巨大的有待深入开发的生物资源，海洋环境的多样性决定了生物的多样性，同时也决定了化合物的多样性。发掘新的海洋生物资源已成为海洋药物研究的一个重要发展趋势。

海洋广阔无垠，环境多样，包罗万象，既有温和的一面：昼夜温差小，年温度差小；也有鲜为人知的严酷极端的一面。极端海洋环境主要集中在深海环境和极地海洋环境。深海中水体压力更大，缺氧甚至无氧，持续低温，偶有高温或冷泉；极地海洋环境异常极端，寒冷、高盐和强辐射是其主要特征。在如此极端的海洋环境中生存繁衍的海洋生物，必须具备适应极端生存环境的生命系统。因此，极端环境海洋生物不仅种类独特，而且含有很多极具潜力的活性物质和基因资源，具有巨大的科研和商业开发前景。这是与陆地资源截然不同的新型资源。

极端环境海洋生物具有极强的适应环境的能力，它们体内产生了结构特异、性质特殊的海洋生物活性物质。随着极端海洋生物技术的迅速发展，人们不断发现具有药用价值的新型化合物，从极端环境海洋生物体内可以提取到大量抗肿瘤、抗菌、抗病毒、抗凝血、降压降脂等生物活性物质。目前国外已经开始尝试从深海和极地环境海洋生物中筛选新的特效抗生素。例如，利用富含不饱和脂肪酸的海洋生物来生产 EPA（二十碳五烯酸）和 DHA（二十二碳六烯酸），这两种不饱和脂肪酸具有降血脂、降血压、抑制血小板聚集、提高免疫能力的作用，并且可抑制肿瘤的生长和转移，降低癌症发生和死亡率。此外，在极端环境海洋生物中还含有特殊的毒素、抗毒素、抗冻活性物质、抗辐射活性物质等，这些活性物质都具有广阔的应用前景。

极端环境海洋微生物产生的极端酶一直都是海洋活性物质研究的热点之一。酶是一种生物催化剂，很多酶在高温、低温或者强酸碱环境下均会失去活性，这就限制了其应用范围。极端环境海洋微生物酶的发现，正好弥补了这一不足。极端酶可大致分为嗜热酶、嗜冷酶、嗜酸酶、嗜碱酶、嗜压酶、嗜盐酶等，在普通酶失活的条件下它们仍然能保持较高的活性，其优异的催化效果无疑会给众多的应用领域增添新的活力，它们的应用和发展将为需酶工业带来一场革命。目前对极端环境海洋微生物酶的开发利用主要集中在嗜热酶和嗜冷酶。嗜热酶具有良好的热稳定性，在食品加工和化工领域广泛应用。例如，嗜热蛋白酶、淀粉酶等水解酶用于食品加工，可防止食品污染，改善食品的风味与营养价值；淀粉工业加工中选用超嗜热的葡萄糖异构酶可提高果糖的产量；去污剂中加入耐碱蛋白酶可显著提高洗涤效率；耐碱酶用于脱毛工艺可显著提高脱毛的效率和质量；嗜冷酶低温催化能力强，已广泛应用于医药、日用化工、环境保护和食品加工等领域。

极端环境海洋生物由于其得天独厚的极端生存环境，成为人们获取独特功能基因的最佳对象，它们将成为人类最为重要的基因宝库。目前国际上，极端环境海洋生物基因资源的开发应用已经带来数十亿美元的产业价值。例如，美国灵达基因研究所从深海生物中提取了一段与人类完全吻合的基因，通过高科技手段将其优化组合，进入人体后通过细胞膜渗透到细胞内，一方面可修正人体即将出错和已经出错的基因，另一方面还填补了人体已经失去的基因，从而达到了防病治病的目的。又如在极地海洋低温生物中发现了大量的抗冻、耐盐等抗逆基因。最近研究人员从南极发草中发现了一种"抗冻基因"，这种基因使南极地带的草在−30℃的条件下仍可以存活，将这种抗冻基因导入模式植物拟南芥体内，使其具备了抗冻特性，在抗冻农作物改良和品种选育领域具有十分广阔的应用前景。

极端环境海洋生物在其他许多领域也有广阔的应用开发前景。例如，极端环境海洋微生物具有普通海洋微生物不可比拟的抗逆能力，在环境保护方面具有重要应用价值。极端环境海洋微生物可有效富集重金属、降解石油烃、清除持久污染物，这对极端环境中污染的生物治理和修复起着重要作用。在极地低温海洋生态系统中，低温微生物在降解石油污染物的过程中起关键作用。低温石油降解菌在阿拉斯加溢油污染低温生物修复中获得巨大成功。

在深海和极地海洋环境中可开发的渔业资源正在研究之中，目前主要以南极磷虾为主。南极磷虾是全球可捕量最大和具有重要开发潜力的海洋渔业资源，生物资源量达 50 亿 t，近几年的国际捕捞量增长很快。南极磷虾是地球上蛋白质含量最高的生物之一，体内富含虾油、虾青素、低温酶等活性物质，能够在医药、分子生物、化工、农业、水产等领域广泛应用，综合深度开发价值巨大。挪威、阿根廷、俄罗斯等国已建成集南极磷虾捕捞和加工生产于一体的大型船只，生产的南极磷虾油等作为保健食品风靡欧洲各国。

总之，极端环境海洋生物资源具有巨大的开发利用潜力，是人们梦寐以求的理想生物资源，也是国际海洋生物学研究的热点。目前，国外在极端环境海洋生物资源开发利用研究领域中已经开展了大量工作，产业化趋势在加快；我国对极端环境海洋生物资源的研究起步较晚，尚需加大研究投入力度，以便更好地开发利用极端环境海洋生物资源。

三、海洋生物资源的价值及其对人类的重要性

（一）海洋生物资源的价值

海洋生物资源对人类的生存与发展有着重要的价值。

海洋生物资源大多是可以食用的，因此它对于人类的价值首先是食用价值。

海洋生物富含易于消化的蛋白质和氨基酸，其中尤以赖氨酸含量比植物性食物高出许多。

海洋生物含有较多的不饱和脂肪酸，有助于防止动脉粥样硬化，以鱼油为原料制成的药品和保健食品对心血管疾病有特殊疗效。

除食用外，海洋生物资源还具有非常重要的药用价值。

海洋生物中的活性成分主要包括多糖、甾醇与生物碱。多糖可以增加免疫力，具有抑制肿瘤和抗凝血的作用，可以降低血黏度；甾醇是广泛存在于生物体内的一种重要的天然活性物质，它能预防心血管系统疾病，抑制肿瘤，促进新陈代谢；生物碱是海绵中含量较丰富的一种含氮化合物，能够抗菌、抗肿瘤、抗病毒。

此外，海洋生物资源还具有工业用途。

海洋生物是一个新的工业来源，人们已经从海洋生物中提取了生物活性物质，并在医药、皮肤护理领域得到了工业应用，如海鞭虫，其活性成分是假蛋白和糖苷。这两种物质具抗过敏原和抗氧化剂作用，在工业上可以用作生产明显降低皮肤炎症的皮肤护理添加剂。许多海洋植物产生的能吸收紫外线的化合物，如克霉唑（一种抗真菌素）的氨基酸具有强大的紫外线吸收能力，有强大的防晒功能，被添加到防晒乳膏中。

就生存而言，海洋生物资源对人类还具有不可忽视的、可持续发展的生态价值。

海洋在维持生物圈的碳-氧平衡和水循环方面起着重要作用。海洋的热容量比大气大得多，能够吸收大量的热量，与海洋调节气温的作用有很大关系。珊瑚礁、红树林、海草等群落，不仅丰富了海洋生物多样性，支持着重要的食物网，增加了海洋生态系统中的能量流动，同时，还能缓冲风暴潮及狂浪的冲击，保持了岸滩，具有造陆的贡献。

（二）海洋生物资源对人类的重要性

1. 海洋生物资源是人类食物的重要来源

海洋是生命的摇篮。海洋里有很多生物，多达22万多种，人类的很多食物也是来自海洋的。海洋给全球提供了22%的蛋白质，是人类的食物资源，也是药物资源。同时，海洋也是矿产的重要来源。

海洋食品具有高蛋白、低脂肪的特点，是人们蛋白质的重要来源之一，是合理膳食结构中不可缺少的重要食物。我国的水产资源丰富，2011年全国水产品总产量达5611万t，其中超过半数为海水产品，海洋食品产业已成为大农业中发展最快、活力最强、经济效益最高的产业之一。

海洋占地球表面的71%。据有关专家估计，全球海洋每年可提供的食物要比陆上全

部可耕地提供的食物多上千倍；也有专家认为，整个地球生物生产力的 88%来自海洋。考古资料也表明，海产贝类是人类早期食物之一。在海产品中，人类首先利用的是贝类，其次是鱼类。鱼肉中含蛋白质和脂肪，不仅易于消化吸收，而且含有丰富的维生素 A、维生素 D、维生素 E 及碘、钙等，是人类摄取高质量蛋白质的重要来源。随着社会的发展，人们的食物构成正在发生变化，人类对海洋食物的需求量越来越大。海水产品蛋白质含量一般为 20%，大约相当于谷物的 2 倍，比肉禽蛋高五成，而且脂肪含量低，还具有各种特殊的食疗功能，对提高中华民族的健康水平有着极其重要的意义。

海洋生物资源是海洋资源的重要组成部分。自古以来，海洋生物资源就是人类食物的重要来源。近数十年来，人类对水产品的需求有了很大增长。

19 世纪及以前，渔业主要在陆地淡水、河口及海岸带进行。20 世纪，海洋渔业发展到一个新的阶段。1800 年世界水产品的产量约为 120 万 t，1900 年增长到 400 万 t，1938 年为 2100 万 t（海洋水产品为 1880 万 t），1970 年达 7080 万 t（海洋水产品为 6070 万 t）。之后，产量进入较稳定的阶段。

20 世纪 70 年代，在人类所利用的总动物蛋白质（包括饲料用的鱼粉）中，有 12.5%~20%（鲜品计算）来源于海洋生物资源。世界海洋水产品总产量，由 1938 年的 1880 万 t 增加到 1980 年的 6458 万 t，增长 2.4 倍。1978 年世界海洋渔业总产值为 283 亿美元。

2. 海洋是保健食品的摇篮

海洋生物富含易于消化的蛋白质和氨基酸。食物蛋白质的营养价值主要取决于氨基酸的组成，海洋中鱼、虾、贝、蟹等生物的蛋白质含量丰富，人体所必需的 9 种氨基酸含量充足，尤其是赖氨酸含量比植物性食物高出许多，且易于被人体吸收。日本等国研制的浓缩鱼蛋白、功能鱼蛋白、海洋牛肉等，均以鱼类为主要原料制成。

海洋生物含有独特的脂肪酸。海洋生物中含有较多的不饱和脂肪酸，尤其是含有一定量的高度不饱和脂肪酸，为禽畜肉和植物性食物所不含，这种脂肪酸有助于防止动脉粥样硬化。以鱼油为原料制成的药品和保健食品对心血管疾病有特殊疗效。

海洋不仅为人类提供食品，而且是人类未来的大药房。据估计，人类从海洋生物中提制的药品达 2 万种。海洋药物按其用途大致可分为心脑血管药物、抗癌药物、抗微生物感染药物、愈合伤口药物、保健药物等。

海洋生物中富含多种活性天然产物，这些产物具有抗癌、抗菌、抗病毒、免疫等多种生物活性功能。随着生命科学的发展，人们发现在许多生物资源中含有对生物体和人体有重要的生理调控功能的有效成分，其中不少对维系生态环境和生命的最佳状态具有重要意义。科学家将这类有效成分命名为生物活性物质。例如，海藻中含有的牛磺酸可有效防止膳食脂肪吸收，具有降低血胆固醇、降低血压等功效；海参中的海参素、刺参酸等活性成分有抗癌作用等。

海洋药物研制正在成为各国新药研究的新热点，海洋药物资源的开发利用已取得令人瞩目的进展。日本、美国和英国等国家迄今已在海洋生物中发现并提取出了 3000 多种具有医用价值的生物活性物质，在获取抗细菌、抗病毒、抗癌和治疗心血管疾病的药物方面已取得了明显的成效。

3. 海洋生物资源是药物来源

海洋是药物资源的宝库。

我国是世界上最早应用和研究海洋药物的国家。公元前 3 世纪的医学文献《黄帝内经》，其后的《神农本草经》《海药本草》《新中修本草》《唐本草》《食疗本草》《药性考》《医林纂要》《归砚录》等医药名著都有海洋药物的详细记载。特别是举世公认的明代药物巨著《本草纲目》，在收载的近 1800 余种药物中，海洋药物竟多达 90 余种。加之几千年来"医食同源"、"药食并用"的传统中医理论指导，数以千万计的海洋中成药、药膳、验方蕴藏在中国的医学宝库中，使我国成为世界上最早开发利用海洋药用生物资源的国家之一。

就目前而言，海洋生物资源是药物的新来源。

随着环境的变迁，人类疾病已发生明显变化，以往威胁人类生命的传染病在逐渐减少，而心脑血管疾病、肿瘤、人类免疫缺陷病、阿尔茨海默病等疾病为人类健康带来严重威胁。为开辟新的药源，各国科学家在开发陆生天然药物和制取化学合成药物的同时，不断地向海洋生物索取新的药用资源。从海洋生物体内获取的具有药用价值的初生代谢产物和次生代谢产物，除可开发成天然药物外，还可利用海洋生物活性物质新颖的结构作为先导物，设计合成出治疗疑难病的创新药物。此外，还可通过生物工程技术探索海洋生物活性物质，研制出各种具有独特功效的药质，促进海洋生物药物产业化。

进入 20 世纪 60 年代以来，随着海洋药物学、毒理学的发展，人们对海洋生物活性物质的研究给予了高度重视。沿海国家纷纷把研究海洋生物的药用价值、利用海洋生物制取保健食品作为重要的研究领域。研究表明，鱼类含有丰富的不饱和脂肪酸，鱼油中含有 DHA，具有软化血管、降低血脂、健脑和抗炎、抗肿瘤的作用。临床实践表明，从海洋提取的药物和蓝色保健食品因含有多种活性物质，更符合人体的调节机制，而且不良反应小，无污染，从而在抗肿瘤、抗病毒、抗真菌和促进人们健康方面的作用显著。

海洋是一个巨大的天然产物宝库，这些天然产物大多具有特殊化学结构及特殊生理活性和功能。21 世纪，人类社会面临着"人口剧增、资源匮乏、环境恶化"三大问题的严峻挑战。随着陆地资源的日益减少，开发海洋、向海洋索取资源变得日益迫切，而开发海洋药物已迫在眉睫。

4. 海洋资源中多种药食兼用的活性成分

海洋资源中有多种结构独特、并具有医疗和保健作用显著的药食兼用的脂质。这些脂质包括鱼肝油酸钠、多不饱和脂肪酸、玉梭鱼的体油、鲨鱼油、鲸蜡等。

海洋资源中有多种陆地稀有、结构独特、医疗和保健作用显著的活性多糖，包括海藻多糖（螺旋藻多糖、微藻硒多糖、紫菜多糖、琼胶、卡拉胶、褐藻胶）、甲壳质（氨基葡萄糖盐酸盐、低聚葡萄糖胺）、透明质酸、硫酸软骨素、刺参黏多糖、玉足海参黏多糖、海星黏多糖、扇贝糖胺聚糖等。此外，从微藻中提取的海藻多糖也具有很好的生物活性，如从蓝藻中的钝顶螺旋藻中分离的螺旋藻多糖，具抗衰老、抗疲劳、抗辐射及提高机体免疫功能作用，对肿瘤细胞有一定的抑制和杀伤作用。

褐藻胶也是一种广泛应用的藻类多糖，已广泛用于制药和食品工业。甲壳质属于聚乙酰氨基葡萄糖，其脱氨基后的产物为壳聚糖，有增强机体免疫力和调节人体生理功能，如明显降压、降脂、降糖、抗凝、抗菌、止血、消炎等作用。

海洋资源中的氨基酸不仅种类和数量丰富，而且还具有独特的牛磺酸。海洋资源中的氨基酸包括褐藻氨酸、海人草酸、软骨藻酸、牛磺酸、珍珠氨基酸、鱼眼氨基酸、复合氨基酸（鱼鳔胶、龟甲胶）、藻蓝蛋白、海星生殖腺、海胆制剂等。牛磺酸，由海藻、腔肠动物、贝类、甲壳类等生物中提取，具有促进大脑发育、改善充血性心力衰竭、抗心律失常、抗动脉粥样硬化、保护视觉等功能。珍珠氨基酸，从我国传统贵重药材珍珠中提取，可治疗慢性肝炎等。海龟胶有滋阴、柔肝、补肾功效。螺旋藻中提取的藻蓝蛋白有增强免疫系统，抑制癌细胞作用。

海洋生物，尤其是海洋植物中含有丰富的类胡萝卜素，包括β-胡萝卜素、虾青素。β-胡萝卜素从盐生杜氏藻中提取，主要用作保健品，有提高人体免疫力、减少疾病等功效。虾青素从虾、蟹壳中分离，有抑制肿瘤发生，增强免疫功能等作用。

（三）海洋生物资源的药用价值及发展前景

21世纪是海洋的世纪，是人们开发利用海洋资源的世纪。海洋占了地球7/10的面积4/5的资源。海洋生物不仅是人类食物的重要来源，也是很重要的天然药源宝库，其种类多、资源量丰富，有软体动物10余万种、腔肠动物111余万种、海绵动物1万余种、棘皮动物6000余种、尾索动物2000余种。由于海洋中的生物生存环境特殊，许多海洋生物具有陆地生物所没有的药用化学结构，为新药的开发和研究提供了丰富的资源。

我国海域辽阔，海洋资源丰富，是世界上最早研究和应用海洋药物的国家。早在公元前的《尔雅》内就有蟹、鱼、藻类药物的记载。《黄帝内经》中，有以乌贼骨制作药丸的记载。《本草纲目》中也记载了90余种海洋药物。近年来，开发海洋药物、向海洋要药的战略设想，已引起学术界、科技界、产业界和政府的高度重视。各国纷纷开展相关的研究，并取得了一批重大科研成果和获得创新药物。目前经研究分析，具有药用价值或药用的海洋生物已在1000种以上，包括海洋中细菌、真菌、植物和动物的各个门类。随着科学技术的发展，在未来，海洋药物开发必将出现新的突破。

目前国内虽然有不少单位从事海洋药物研究、开发，并取得了一定成果，但海洋生物的多样性、复杂性，及海洋药物开发投入高、周期长等特点，使得整个研究水平还停留在有限的几种海洋生物和几类海洋药物上，使得海洋中很多的活性物质成分并没有真正被开发利用起来。

随着人类技术的发展、环境的变迁和科学技术的进步，各种新旧疑难杂症也严重威胁着人类的健康。针对这些新旧疑难杂症，利用现代已有的高新技术，利用丰富的海洋生物资源，开发出活性高的、毒性作用小的海洋药物已成为现在研究的热点。

海洋生物资源还提供了重要的医药原料和工业原料。海龙、海马、石决明、珍珠粉、龙涎香、鹧鸪菜、羊栖菜、昆布等，很早便是中国的名贵药材。当前，海洋生物药物已在提取蛋白质及氨基酸、维生素、麻醉剂、抗生素等方面取得进展。

四、我国海洋药物主要成分研究概况

（一）吡喃类

由海洋生物中获得的吡喃类，主要是草苔虫素（bryostatin）。从苔藓动物总合草苔虫（*Bugula neritina*）中提取出的一种大环内酯类物质，在研究其构效关系时发现其苔藓吡喃环及其取代基才是其保持活性所必需的组分。迄今，草苔虫素的衍生物已得到了 19 个活性单体，其中 bryostatin19 是由我国从采自南海的新鲜样品中分离所得，体外实验表明，其对 U937 单核细胞白血病胞株有极强的杀灭作用；对 HL-60 早幼粒细胞白血病和 K562 白细胞白血病等细胞株均有显著的抑制作用。近又从中国南海采集了大量的草苔虫，从中分离得到 9 个大环内酯类成分，并制备分离出纯度高达 95%以上的总草苔虫内酯，此种活性成分对人红白血病细胞株 K562 具有超强的杀灭作用，IC_{50} 小于 $1×10^{-18}g/mL$，是天然产物中抑制该瘤作用最强的化学成分。草苔虫素既有抗肿瘤活性又有促进造血的活性，此双重作用具有相当重要的临床价值。bryostatin 已经获食品药品监督管理局批准，进入 II 期临床实验。

（二）软海绵素（halichondrin）

继大田软海绵酸发现后，科学家又分离出 8 种软海绵素，其中 halichondrin B 的结构为含 60 个碳的长链聚醚大环顺式连接的船式吡喃环，和 norhalichondrin A（59 碳链）均有很强的细胞毒性作用及抗 B16 黑色素瘤的活性，尤其是 halicondrin B 对接种 B16 黑色素瘤细胞及 P388 白血病的小鼠，能延长其寿命分别为 244%和 236%，现已进行临床应用的研究。

（三）吡啶类

由海洋生物中获得的吡啶类主要有 3 种。

一是龙虾肌碱（homarine）。龙虾肌碱广布于水产无脊椎动物中，尤其是甲壳动物中普遍含有，但常伴有黏肽。龙虾肌碱的结构为 *N*-甲基吡啶羧酸。从甲壳类动物的心脏和围心器官分离所得的龙虾肌碱与肽类物质，能影响心脏搏动的幅度与速率。龙虾肌碱在浓度不够时，则会降低搏动的频率与幅度，肽类则兴奋心脏。有位科学家将龙虾提取物注射于自身，发现有安眠作用，现认为可制成肌肉松弛剂，或作为研究肌肉收缩的工具药。

二是蜂海绵毒素（halitoxin），是从蜂海绵属（*Haliclona*）多种海绵中提得，是由吡啶联结而成的相对分子质量为 500~1000 或 25 000 以上的混合物，均有抗癌、抗菌及溶血活性，对鼻咽癌细胞的有效抑制浓度为 7μg/mL。

三是阿糖胞苷（cytarabine）。国外在 20 世纪 50 年代于隐南瓜海绵中发现了胸腺嘧啶核苷，简称海绵胸苷，此后又分离出海绵尿苷及海绵核苷，它们均属于阿拉伯糖苷类，以游离状态存在于海绵组织中。我国于南海岁氏豆荚软珊瑚（*Lobophytum chevalieri*）及佳丽鹿角珊瑚（*Acropora pulchra*）中提得了胸腺嘧啶、胸腺嘧啶脱氧核苷等。这些化合物的发现为人们合成核苷类药物提供了天然模式。在此基础上，后来合成了 D-阿拉伯糖胞嘧啶，即现在的阿糖胞苷（arabinoside cytosine，ara-c），能通过抑制 DNA 聚合酶而干扰 DNA 的合成。临床主要治疗急性白血病及消化道癌，对单纯疱疹性结膜炎也有效。目前应用最广的抗癌药氟尿嘧啶，也是根据此设想合成的。

（四）吡嗪类

由海洋生物中获得的吡嗪类主要有 2 种。

一是海萤荧光素（cypridina luciferin），是从多种海萤中分离得到的含有咪唑并吡嗪环的由精氨酰、异亮氨酰、色氨酸氧化闭环生成的物质。在荧光酶及氧存在下，海萤产生海萤氧化荧光素而发光。另从多管水母 *Aequorea aequorea* 分离出的水母荧光素，其荧光物质 Coelenteramide 的结构与海萤氧化荧光素相似。水母荧光素对生物液中钙浓度的轻微变动十分敏感。鉴于 Ca^{2+} 的变化可反映出细胞功能障碍的变化，因此水母荧光素可用于诊断心律失常、癌转移等疾病。

二是海仙人掌中得到的荧光素。海仙人掌（*Cavernularia obesa*）为腔肠动物，在我国沿海沙滩中常能发现，夜间伸出沙土部分，被触动时能发出美丽荧光，经测定也为荧光物质 coelen-terazide，并含胆甾醇、麦角甾醇、异岩藻甾醇及多种微量元素等。据报道，有抗应激，抗氧自由基，降低体内过氧化脂质（LPO）及脂褐素（LF）含量，降低全血黏度，防止血栓形成等作用，能预防或改善心脑血管疾病，尤其对单胺氧化酶 B（MAO-B）有显著抑制作用，说明对老年保健、延缓衰老有一定意义。山东、浙江沿海居民，用其全体入药，有消炎、降火，治疗腮腺炎的功效。

（五）核酸类——鱼精巢

鱼精巢，又称鱼白，《本草纲目》所记载鲛鲨白即现所称的鲨鱼精巢，所以各种鲨鱼、鲟鱼、大马哈鱼、鲱鱼、青鱼、草鱼、鲤鱼、大黄鱼、鲐鱼等鱼的精巢均可药用。中医早已认为其具有养精固气、滋阴补阳的功效，其中包括了核酸的作用。核酸的发现虽比蛋白质迟 100 多年，但在基础生命中核酸比蛋白质更为重要，因所有生物的细胞内都有脱氧核糖核酸（DNA）。人类基因是 DNA 大分子的一个片段，由 4 种特定核苷酸按一定序列组成，能决定着生命个体的生老病死。我国对核酸核苷类药物的研究自 20 世纪 60 年代提出，至 70 年代形成高潮，如上海、旅大（大连市）等地用鲱鱼精巢提取 DNA，制成 DNA-单核苷酸钠注射液，对再生障碍性贫血、颗粒白细胞减少症、血小板减少性紫癜、慢性放射所致的白细胞下降症等疗效较好，对肝炎及肿瘤的配合治疗可使症状显著好转且无不良反应。另从棘皮动物和软体动物中提取 DNA 和 RNA（如珠母贝软体部分的含量相当丰富），进行对病毒和抗癌的研究。现在 DNA 新型疫苗，又称"基因疫苗"，能在人体内表达各种抗原，从而诱生人体免疫反应，达到预防和治疗目的。国外已将其用于人类免疫缺陷病的治疗，若能确定有效而无不良反应，即可推广到乙型和丙型慢性病毒肝炎等的防治。

（六）其他

除此以外，还有哌啶类，主要是三丙酮胺（triacetonamine，TTA），从南海鳞灯心柳珊瑚（*Juncella squamata*）中分离所得，现用其盐酸盐可治疗心律失常、心肌缺血、缺氧，具有降血脂、调节血压及心率等作用。因其结构简单，现已采用一步无污染全合成法得到了合成品。

吲哚类，主要是乌鱼墨。用软体动物多种乌贼的墨囊入药，其墨汁中的黑色颗粒是由多巴（3，4-二羟苯丙酸）醌、多巴色素（dopachrome）、吲哚-5，6醌及蛋白质结合而成。有止血功效，主治咯血、月经过多及消化系统出血等症，经动物实验，发现其对急性放射病有预防作用。

苯并咪唑类，主要是骨螺素（murexine）。软体动物腹足类几乎均含有骨螺素，其结构为 3-（4-咪唑基）丙烯酸胆碱酯。作用类似乙酰胆碱，能抑制心脏搏动，对呼吸和肠的运动有亢进作用，增加唾液腺和肠腺的分泌功能。对神经肌肉的阻滞作用与烟碱相似，可作为短时间的肌肉弛缓剂。

嘌呤类，主要是硫代鸟嘌呤（6-thioguanine，6-TG）。这是一种从带鱼鳞中提制的抗代谢药物，对各种类型的急性白血病有一定效果，尤其对其他抗白血病药物产生抗药性的病例仍然有效。若与阿糖胞苷等药联合用药效果更好，如对胃癌及淋巴肿瘤等的治疗，也可用于慢性粒细胞性白血病与骨髓硬化症。对全身性红斑狼疮和结节性动脉炎也有一定疗效。在此基础上又研制成巯嘌呤（mercaptopurine）即 6-巯基嘌呤（6-MP），对白血病及绒毛膜上皮癌效果更好，6-MP 的衍生物硫唑嘌呤（azathioprine，AZP）对 T 淋巴细胞的抑制作用较强。

喹啉类，研究最多的是喹啉酮（quinolone）。是从南海短指多型软珊瑚（*Sinularia polydactyla*）中分离出的 7-羟基-8-甲氧基-4（1H）-喹啉酮，药理证实具明显的心血管活性。据此进行人工合成，实验证明有舒张血管平滑肌，增加心脑血流量并具正性肌力作用，具缓解心肌缺血及抗心律失常作用。现认为作抗心律失常药物开发是很有前途的。

异喹啉类（renierone），是从矶海绵（*Reniera sp.*）的乙醇提取液中分离得到的 1-（7-甲氧基-6-甲基-5，8-二氧代异喹啉基）-甲醇当归酸酯。对金黄色葡萄球菌、枯草芽孢杆菌和白色念珠菌有较强抗菌作用。

蝶呤类，主要是骏河毒素（surugatoxin，SGTX），这是一种从日本东风螺（*Babylonia japonica*，我国也有分布）中提取的毒素，根据其产地而得名，其结构由 6-溴氧代吲哚、喋啶（pteridine）、肌醇组成。

咔啉类，主要是覃状海鞘素（eudistomin）。这种物质首次从簇海鞘科覃状海鞘（*Eudistoma*）属动物中分离出的含有 β-咔啉（β-carboline）母核的生物碱 17~20 种的物质。其中覃状海鞘素-L 和脱溴-L 是在 1987 年由我国一位留日博士合成的，由于该物质的结构是氧硫氮杂草并四氢 β-咔啉类生物碱，具有强烈抗 I 型单纯疱疹病毒的作用，对解决药源及寻找类似物，和以海洋活性物质为模式进行全合成及其一些衍生物的合成具有重大意义。

还有沙蚕毒素（nereistoxin），是从环节动物异足索沙蚕（*Lumbrineris heteropoda*）中分离得到的一种神经性毒素，具有强力的杀虫性能。其结构为 4-二甲氨基-1，2-2-硫烷，已制成浅黄色片状的草酸盐结晶。在此基础上合成了结构为 1，3-二氨基甲硫醇基-2-*N*，*N*-二甲胺基丙烷，名为巴丹（padan），其特性较沙蚕毒素稳定，对人畜较安全，为广谱高效杀虫剂，已广泛用于稻田及菜地等农作物，且使用数周后可自然分解殆尽，在农作物上无残毒保留，这是目前许多合成农药所难以达到的。

五、海洋药物资源发展历程与展望

（一）海洋药物开发的历史

1. 悠久的海洋药物开发应用历史

由于海洋药用生物的生活环境——海洋的特殊性，决定了其体内含有陆生生物所没有的具有独特结构和特殊药理活性的天然产物，这使得海洋中药在中医药宝库中的地位不可替代。海洋中药在中医药学的发展史上起着独特而重要的作用，也更加显现出海洋本草在博大精深的本草学中的重要地位。

公元前 1600 年的夏商时期，《山海经》就有将海洋生物用作药物的记载。至秦汉时期，《神农本草经》对海洋本草的应用有了更多的认识。经过盛唐和宋代本草学的发展，到明清时期，中国古代海洋本草得到了较大发展。历代医药典籍《黄帝内经》《神农本草经》《新修本草》《本草纲目》《本草纲目拾遗》等记载的海洋药物达百余种。海洋本草作为中国医药宝库中的重要组成部分，为中华民族的繁衍生息作出了重大贡献。

传统海洋药物中，有些种类今天仍广泛应用，各版药典均有收载。《中华人民共和国药典》收载了海藻、瓦楞子、石决明、牡蛎、昆布、海马、海龙、海螵蛸等 10 余个品种，其他主要还有玳瑁、海狗肾、海浮石、鱼脑石、紫贝齿及蛤壳等。

2. 海洋药物的现代开发

进入 20 世纪以来，随着生命科学及其相关学科的飞速发展，众多学科领域的研究思路、技术和方法逐步渗透到海洋药物的研究开发中。特别是由于分离纯化技术和分析检测技术的长足进步，在深度与广度上推动了人们对海洋药用生物的认识。

这一时期，人们对海洋药用生物资源及其活性物质的研究和开发更为重视。新的海洋药用生物种类不断被发现，收录的海洋药用生物种类明显增加，已由原先的百余种发展到今天的千余种。特别是由于大量海洋活性天然产物的发现，为癌症、心脑血管疾病、糖尿病、感染性疾病等重大疾病创新药物的研制提供了先导化合物及分子模型。

近 20 年来，海洋药物研究一个突出的特点是致力于新药和新产品的开发。至 1989年，我国研制开发了许多海洋新药，已投入生产的就有 10 多个品种，并取得了很好的经济效益和社会效益，海带资源十分丰富，开发潜力很大，用其固着器（根）生产出的降压药物血海灵的临床应用效果很好；用海带中所含甘露醇和烟酸制成的"甘露醇烟酸片"，具有降血脂和澄清血液作用；"降糖素"和"PS"也是以海带为原料生产的。利用药用海藻类开发的产品还有褐藻淀粉酯钠、藻酸丙二酯、藻酸双酯钠（PSS）、褐藻胶、琼胶、琼胶素、卡拉胶等。在海洋药用动物中，用合浦珍珠贝生殖巢制成了"珍珠精母注射液"，治疗病毒性肝炎总有效率达 75%，且无任何毒性作用。海星类药用资源较多，分布也广，开发出的"海星胶代血浆"具有良好的胶体渗透压，能有效地扩充血容量，增加机体营养，促进机体组织恢复。用太平洋侧花海葵生产的"海葵膏"可用于治疗痔疮，以鱼油生产的"多烯康胶丸"具有降血脂、抑制血小板聚集及延缓血栓形成等作用。有些海洋药用资源的开发已形成系列产品，如珍珠系列有"珍珠片"、"珍珠胶囊"、"珍珠膜剂"、

"合珠片"、"消藤片"等；贻贝也开发出系列产品。

3. 海洋药物资源开发现状

海洋生物活性物质是存在于海洋生物体内的如海洋药用物质、生物信息物质、海洋生物毒素和生物功能材料等各种天然产物，一般都以微量形式存在。因此，如何获得足够量的活性物质是能否被人类利用的关键。

海洋生物中存在大量的具有药用价值的活性物质，大致包括如下几个方面。

在海洋生物毒素方面，开发研究了包括河豚毒素、石房蛤毒素、海葵毒素在内的多种海洋生物毒素。研究发现，海洋生物中有许多种类含有毒素，临床上可作为肌肉松弛剂、镇静剂和局部麻醉剂，并进行了抗肿瘤物质研究探索。

在抗菌研究方面，对海洋抗真菌、抗细菌和抗病毒物质进行了深入研究，从海泥和单胞藻中分离的代谢物及从棘皮动物、被囊动物中分离的化合物具有抗菌作用。

此外，从海洋生物中可分离出多种具有心血管活性的化合物；从红藻、海绵、柳珊瑚等海洋生物中都可以分离出不同生理活性的化合物。

4. 海洋药物资源发展展望

当前，国际上海洋药物开发的主要方向有以下几个方面。

海洋抗癌药物研究在海洋药物研究中一直起着主导作用，科学家预言，最有前途的抗癌药物将来自海洋。现已发现海洋生物提取物中至少有 10%具有抗肿瘤活性。美国每年有 1500 个海洋产物被分离出来，1%具有抗癌活性，目前至少已有 10 个以上海洋抗癌药物进入临床或临床前研究阶段。扩大海洋生物的活性物质筛选，继续寻找高效的抗癌化合物，各物质直接用于临床或作为先导物进行结构改造，开发新的高效低毒的抗癌成分，将成为海洋抗癌药物研究的发展趋势。

海洋心脑血管药物研究是将来发展的重点之一，目前已研究出多种药物可用于有效预防和治疗心脑血管疾病，如高度不饱和脂肪酸具有抑制血栓形成和扩张血管的作用，现已有多种制剂用于临床。50 多种海洋生物毒素不仅有强心作用，而且有很强的降压作用，河豚毒素的抗心率失常作用目前研究较多。此外，还有藻酸酯钠类、螺旋藻类，后者对高血脂和动脉粥样硬化有良好的预防和辅助治疗作用。

海洋抗菌、抗病毒药物具有广阔的发展前景。研究发现，与海洋动植物共生的微生物是一种丰富的抗菌资源，日本学者发现约 27%的海洋微生物具有抗菌活性。

海洋消化系统药物发展前景良好。多棘海盘车中分离的海星皂苷及罗氏海盘车中提取的总皂苷均能治疗胃溃疡，后者对胃溃疡的愈合作用强于西咪替丁。壳聚糖的羧甲基衍生物，商品名为"胃可安"胶囊，治疗胃溃疡疗效确切，治愈率高，已进入临床研究。大连中药厂用其配合中药制成"海洋胃药"应用于临床已取得较好效果。

海洋消炎镇痛药物研究是将来发展的重要方向之一。从海洋天然产物中分离的最引人注目的活性成分是 manoalide，它是磷酸酯酶 A_2 抑制剂，在 20 世纪 80 年代中期它已被作为一个典型的抗炎剂在临床试用。

海洋泌尿系统药物研究和海洋免疫调节作用药物研究也显示广阔的研发前景。研究发现，海洋中的褐藻多糖硫酸酯是一种水溶性多聚糖，具有抗凝血、降血脂、防血栓、改善微循环、解毒、抑制白细胞及抗肿瘤等作用，临床用于治疗心脏、肾血管病，特别对改善肾功能、提高肾对肌酐的清除率尤为明显。

同时，海洋天然产物是免疫调节剂的重要来源。具有免疫调节活性的角叉藻聚糖是来自大型海藻的硫酸化多糖的一大类成分，被广泛用于肾移植的免疫抑制剂和细胞应答的修饰剂。

除上述外还有许多其他海洋药物发展前景良好，如神经系统药物、抗过敏药物等研究也取得较大成果。海洋是新种属微生物的生存繁衍地，从众多的新种属微生物中可以培养出一系列高效的抗菌药物，如来源于多种链霉菌的 teleocidin 即为一种强抗菌药物。海洋毒素是海洋生物研究进展最为迅速的领域，多数海洋毒素具有独特的化学结构。

随着研究范围的不断拓展，涉及的海洋生物逐渐向远海、深海、极地、高温、高寒、高压等常规设备和条件难以获得的资源和极端环境资源方面扩展。目前，已从各种海洋生物中分离获得 20 000 余种海洋天然产物，新发现的化合物以平均每 4 年增加 50% 的速度递增。海洋天然产物结构涵盖大多数的主要结构类型，包括单糖、多糖、氨基酸、蛋白质、无机盐、皂苷类、甾醇类、生物碱类、萜类、大环内酯类、核苷类等。筛选目标主要是用于治疗严重危害人类健康的癌症、心脑血管疾病、病毒感染（人类免疫缺陷病等）及其他疑难病症。当前，应用高新技术分离、提取、纯化海洋生物活性物质是药用海洋生物资源开发的热点，并且已取得可喜的进展。在未来的科技进步中要不断提高生产中底物的利用率，以取得更大的经济效益。

第二节　海洋中的生物活性物质资源

海洋中的生物为了生存繁衍，在自然竞争中取胜，便各自形成了特殊的结构和奇妙的生理功能，体内能够生成多种多样的化合物，这些化合物有的是对人体健康有益的生物活性物质，如牛磺酸、EPA、DHA 等，有的是贵重的药材，有的可作为化工原料，有的虽有毒却具有生物活性或药效作用。海洋中许多生物合成的产物是陆地上所没有的，如叉藻酸、琼胶酸等。本节主要介绍近年从海洋生物中发现的生物活性物质。

一、天然产物与生物活性成分

天然产物是指动物、植物、昆虫、海洋生物和微生物体内的组成成分或其代谢产物，及人和动物体内许许多多内源性的化学成分。其中主要包括蛋白质、多肽、氨基酸、核酸、各种酶类、单糖、寡糖、多糖、糖蛋白、树脂、胶体物、木质素、维生素、脂肪、油脂、蜡、生物碱、挥发油、黄酮、糖苷类、萜类、苯丙素类、有机酸、酚类、醌类、内酯、甾体化合物、鞣酸类、抗生素类等天然存在的化学成分。

生物活性成分是指来自生物体内的对生命现象具有影响的微量或少量物质。例如，有些食物含有多种具有生物活性的化合物，当与机体作用后能引起各种生物效应，这种化合物称为生物活性物质。它们种类繁多，有糖类、脂类、蛋白质多肽类、甾醇类、生物碱、苷类、挥发油等。它们主要存在于植物性食物中，对人有的有利，有的有害。

二者相同之处在于都来自于生物材料，并且一般都具有生物活性。不同之处在于，天然产物一般都是天然存在于生物体中的化学成分，而生物活性物质可以是天然存在于生物体中的成分，也可以是由生物体中的某些天然成分制备而来，如有的生物体内的蛋白质降解得到的生物活性肽；另一个不同之处是，生物活性物质一定具有生物活性，而天然产物则不一定。

二、海洋天然产物化学类型及其生理活性

海洋生物生活在一个具有一定水压、较高盐度、较小温差、有限溶氧、有限光照的海水化学缓冲体系中。由于生活环境的特殊性，海洋生物在新陈代谢、生存繁殖方式、适应机制等许多方面具有显著的特性。集中体现在机体内含有许多结构特殊的生命活性物质和代谢产物。目前，在国外已报道的仅有不足 3000 种海洋生物化合物中，就发现近50%是陆地生物所未见的或差异很大的天然产物。由此可见，海洋中蕴藏着极其丰富的天然产物是人类寻找新药的最大库源。

海洋天然产物的特异结构和药理作用是陆源生物所无法比拟的，海洋药物具有显著的药理稳定性和强效性，毒性反应相对较小，对防治癌症、人类免疫缺陷病、心脑血管病、老年病等疑难病症具有独特效应，已成为开发新药、特药的主要方向之一。

（一）海洋天然产物主要化学类型

按结构的化学类型来分，海洋天然产物主要有七大类。

第一，甾醇类。自 1970 年从扇贝中提取出 24-失碳-22-脱氧胆甾醇，及发现珊瑚甾醇后，海洋甾醇的研究进展十分迅速。现已发现大量结构独特的甾醇，它们主要分布在硅藻、海绵、腔肠动物、被囊动物、环节动物、软体动物、棘皮动物等海洋生物体内，尤以海绵类为多。从海绵 *Petrosia weinbergi* 中分离出两种新的甾醇硫酸盐 weinbersterol disulfide A 和 B，其 EC_{50} 分别为 4.0g/mL 和 5.2g/mL。后者还显示出体外抗 HIV 作用，EC_{50} 为 1.0g/mL。Fusetani 等从海绵 *Topsentia* sp.中获得末端带呋喃基的多羟基甾醇硫酸盐 topsentiasterol sulfates D 和 E，实验表明，浓度为 10g/disk 时，两者不仅具有广谱抗菌作用，还具有抗真菌作用。

第二，萜类。海洋萜类化合物主要来源于海洋藻类、海绵和珊瑚动物，包括单萜、倍半萜、二萜、二倍半萜、呋喃萜等类型。

大多数海洋单萜化合物都含有较多卤素，这是其独特的结构特点。

海洋倍半萜常见于红藻、褐藻、珊瑚、海绵等。红藻倍半萜的生源主要有两个：一是以顺反-法尼醇（cis-, trans-farnesol）焦磷酸酯为前体,经没药烷（bisabolane 或 snyderane）衍生而来；二是以顺、反-法尼醇焦磷酸酯为前体，经吉马烷（germacrane）等十元环中间体衍生而来。Scheuer 等从海绵（*Luffariella variabilis*）中提取到的抗微生物活性物质 manoalide 是一个倍半萜化合物（C25）。该化合物分子结构由两部分连接而成，一是碳氢骨架，一是高度氧化部分。药理研究表明，该化合物有良好的镇痛、抗炎活性，是磷脂酶 A_2（PLA2）的强效不可逆抑制剂，能干扰磷脂膜释放类二十烷酸 eicosanoid 类物质，因而有望成为治疗由 PLA2 或 eicosanoid 引起的皮肤病的新药。目前该药正在进行临床研究。

　　海洋二萜化合物的化学结构变化比倍半萜更多，其生物合成前体被认为是牻牛儿基牻牛儿醇焦磷酸酯。

　　二倍半萜是由 5 个异戊二烯单位聚合而成，主要存在于海绵动物中，陆地生物较少发现。从 *Ircinia* 海绵动物中发现的 suvanine 是一种三碳环二倍半萜，它在 10g/mL 浓度下有毒鱼作用，因此可能是海绵的防卫物质之一。

　　C21 呋喃萜是一类结构特殊的萜类，目前仅在海绵中发现，从生物合成的观点来看，它们可能是由二倍半萜降解而来的。此外，海绵中还存在一些多异戊二烯衍生物。

　　第三，皂苷类。许多陆地植物含有皂苷，而动物界中只有海洋棘皮动物的海参和海星含有皂苷，皂苷是它们的毒性成分。海参皂苷均为羊毛脂甾烷型三萜皂苷，其苷元都具有相同的母核海参烷（holostane）。从无足海参（*Holothuria leucospilota*）内脏提取的多种海参皂苷称玉足海参素。

　　海星皂苷元均为甾体，包括孕甾烷型和胆甾烷型。前者如海星甾酮即海星皂苷元 I（asterosapogenin I），后者如玛沙海星甾酮和二氢玛沙海星甾酮，它们是最先确定结构的海星皂苷元，而组成糖原部分的单糖主要有鼠李糖、岩藻糖、奎诺糖、木糖、半乳糖和葡萄糖。海星皂苷大多具有抗癌、抗菌、抗炎等生理活性，其溶血作用比海参皂苷更强。

　　第四，大环内酯类。大环内酯化合物大多具有抗肿瘤、抗菌活性，主要分布于蓝藻、甲藻、海绵、苔藓虫、被囊动物和软体动物及某些海洋菌类中。从红海产的海绵中分离到的 latrunculin A 和 latrunculin B 有很强的杀鱼作用。海兔的污秽毒素（aplysiatoxin）及脱溴秽毒素（debromoaplysia toxin）具有抗癌作用，它们都属于大环内酯类化合物。Moore 等从蓝藻伪枝藻属（*Scytonema pseudohofmauni*）中分离鉴定出 5 种大环内酯化合物：scytophycin A，scytophycin B，scytophycin C，scytophycin D 和 scytophycin E，它们都具有很强的细胞毒性和抗菌活性。

　　海洋苔藓虫（*Bugula neritina*）中存在一系列 26 元大环内酯 bryostatin，其中 bryostatin4 分子式为 $C_{46}H_{70}O_{17}$，对 PS 细胞株 ED_{50} 为 $10^{-3} \sim 10^{-4} \mu g/mL$，$46 \mu g/mL$ 剂量可使 PS 淋巴细胞生命延长 62%。

　　另一类大环内酯——除疟霉素（aplasmomycin）是由从浅海淤泥中分离出的灰色链球菌（*Streptomyces griseum*）所产生的一类抗生素，体外实验表明具有抑制革兰氏阳性菌作用，体内实验则有抗疟作用。

　　第五，聚醚化合物。许多海洋毒素都属于聚醚化合物，如岩沙海葵毒素（palytoxin）、扇贝毒素（pectenotoxin）、西加毒素（ciguatoxin）、大田软海绵酸（okadaic acid）等。美国佛罗里达半岛沿岸，常常由于赤潮而引起大量鱼类死亡，人们经过十几年的研究才从形成赤潮的涡鞭毛藻（*Ptychodiscus brevis*）中分离到主要毒性成分短裸甲藻毒素（brevetoxin B）。该化合物是一个特殊的 C_{50} 聚醚，与陆地微生物产生的聚醚抗生素不同，其碳链上有 8 个无规则甲基，所有醚环均为反式，它是个脂溶性毒素，能兴奋钠通道，16ng/mL 浓度即显毒鱼作用。Uemura 等从海绵 *Halichondrai okadai* 中分离出软海绵素 norhalichondrin A 和 halichondrin B，它们对 B-16 黑色肿瘤细胞的半数抑制浓度 IC_{50} 分别为 $5.2 \mu g/mL$ 和 $0.093 ng/mL$。

　　第六，多不饱和脂肪酸。多不饱和脂肪酸（polyunsaturated fatty acid）主要来源于海洋生物，如二十碳五烯酸（eicosapentaenoic acid，EPA）、二十二碳六烯酸（docosahexenoic acid，DHA）、十八碳三烯酸（octadecatrienoic acid）等。DHA 具有降血脂、降血压、抗血栓、降血黏度和抗癌等多种作用；EPA 用于治疗动脉硬化和脑血栓，还有增强免疫功能和抗癌作用。

此外，从鲨鱼、海兔、鲸鱼、海马、海龙等体内也获得多种不饱和脂肪酸，实验表明它们均具有一定的药理活性。

第七，多糖和糖苷类。多糖和糖苷参与体内细胞各种生命现象的调节，能激活免疫细胞，提高机体免疫功能，而对正常细胞无毒性作用。具有开发潜力的海洋多糖化合物包括螺旋藻多糖、微藻硒多糖、紫菜多糖（porphyra polysaccharide）、玉足海参黏多糖、海星黏多糖、扇贝糖胺聚糖、刺参黏多糖（acidic mucopolysaccharide）、硫酸软骨素 A（chondroitin sulfate A）、透明质酸（hyaluronic acid HA）、甲壳质（chitin）及其衍生物等。

Nakashima 等从红藻 *Schizymenia pacifica* 中提取的多糖硫酸酯（SAE），相对分子质量为 $2×10^6$，能显著抑制 HIV 感染者的 MT-4 细胞内 HIV 的复制；从蛤仔、文蛤等海洋贝类提取的蛤素是一种糖蛋白，能抑制小鼠 HeLa 细胞、KB 细胞、Krebs-2 腹水瘤及 S_{180} 肉瘤的生长。其他海洋糖苷化合物尚包括 KEMH 扇贝糖蛋白、乌鱼墨、海胆糖蛋白及鲍鱼的抗菌、抗肿瘤活性成分——鲍灵等。此外，已报道的海洋天然产物还有烃类类胡萝卜素、类生物碱、氨基酸、多肽、蛋白质等化合物。

（二）海洋天然产物的主要生理活性

1. 抗癌活性

1964 年，Schmeer 首先从文蛤中提取出多糖类化合物——蛤素，它在体外能抑制 HeLa 细胞的生长，在小鼠体内能抑制 S_{180} 肉瘤及 Krebs-2 瘤株的生长。

1981 年，Rinehart 等从海洋被囊动物膜海鞘 *Trididemnum solidum* 中分离到了环肽类化合物膜海鞘素 didemnin B，该物质具有很强的抗肿瘤活性，对 L_{1210} 白血病细胞的 IC_{50} 为 2ng/mL。Pettit 等从总合草苔虫 *Bugula neritina* 中分离到一系列大环内酯化合物苔藓虫素（bryostatin），其中 bryostatin 1 已进入临床期实验阶段。研究表明，该化合物有很好的抗癌活性，能抑制 RNA 合成，与蛋白激酶有强的结合力，能刺激蛋白质磷酸化及激活完整的多核形白细胞，对 P388 白血病细胞的 IC_{50} 为 0.89g/mL。

Pettit 等还从腹足类软体动物 *Dolabella auricularia* 中分离到具有抗癌活性的环肽类化合物——海兔毒素（dolastatin），其中 dolastatin 10 已进入临床实验。药理研究表明，该化合物是至今发现活性最强的物质，其对 P388 白血病细胞的 IC_{50} 为 0.04ng/mL。

discodermolide 是 Pomponi 等从海绵动物 *Discodermia dissoluta* 中分离到的具有抗肿瘤活性的多羟基内酯类化合物，其抗肿瘤机制与紫杉醇相似。

Boyd 等从松香藻（*Portieria homerhanuii*）中分离到的 halomon 属多卤化单萜化合物，不仅具有独特的作用机制，而且对通常不敏感的癌细胞系具有选择性活性。

大田软海绵酸（okadaic acid，OA）是一种 C_{38} 长链脂肪酸的聚醚化合物，最先发现于软海绵 *Halichondira okadai* 和 *H. melauodocia* 中，后来也在利马原甲藻 *Prorocentrum lima* 中分离到。体外实验表明，OA 具有很强的抗肿瘤活性，5ng/mL 的 OA 就可使 KB 细胞生长受到 80%的抑制，10nmol/L 的 OA 与 NIH3T3 细胞温育 2d 后，可通过致癌基因

raf 或 *ret-II* 使后者逆转为正常表现型。OA 还能抑制钙激活的磷脂依赖型-蛋白激酶的活性，对蛋白磷酸酶-1 和磷酸酶-2A 也有很强的抑制活性。

OA 的另一个特性是可作为肿瘤促进剂，因此现已成为研究生命科学的重要工具药。阿糖胞苷（D-arabinosyl cytosine，Ara-C）是人工合成的海绵尿苷的类构物，药理和临床实验表明，它是肉瘤 S_{180}、艾氏腹水瘤及小鼠 L_{1210} 白血病的强抑制物。

Ara-C 的成功，表明丰富多彩的海洋天然产物分子不仅可直接作为药用资源，而且对作为新药研究的结构模式，提供有用的化学信息也是很有意义的。

目前已应用于临床抗肿瘤的海洋药物还有八放珊瑚 Ara-A 和 Telesto riisei 的 punaglandin 等进入或即将进入临床实验的抗肿瘤海洋药物还有膜海鞘素 dolastatin 11 和 dolastatin15 及其半合成物 auristatin PE、软海绵素 halichondrin B 和海鞘 *Ecteinascidria turbinata* 的 ecteinascidin 743 等。

2. 抗心脑血管疾病活性

Dehme 等于 1973 年在头足类动物麝香峭中发现具有高效降血压作用的天冬酰胺-4-11 麝香峭素衍生物肼类化合物，该物质在试管内有促进血管壁纤维蛋白分解的活性。

从 *Anisodoris nobilis* 中分离的 doridosine 属于核苷类化合物，可减慢心率和减弱心肌收缩力，可舒张冠脉血管和增加冠脉流量，因此具有持续的降压作用。

张偲等从海洋珍珠贝中提取的氨基多糖类化合物，药理研究表明，对家兔动脉粥样硬化具有显著的防治作用，对实验性高脂血症大鼠和血瘀型大鼠具有显著的治疗作用。

人们在岩沙海葵中发现了目前作用最强的血管收缩物质岩沙海葵毒素（palytoxin，PTX）；从水母类的刺丝囊中发现了具降血压作用的多肽类水母毒素（sea nettle venom）；从南海鳞灯芯柳珊瑚提取的三丙酮胺（TAA）具有明显的降压作用和抗心率失常作用；从短指多型软珊瑚提取的喹啉酮（quinolone）有增加脑血流量、抗心率失常、缓解心肌缺血等作用；从海带提取的褐藻氨酸（laminine）具有抗肾上腺素作用，已应用于临床作降压药；从龙虾的血淋巴中发现了可激活溶血活性的血球抗凝集因子，从多种海洋生物中制取的海洋肝素具有较好的降血压、抗血凝、改善微循环等作用，并正试用于临床；黏性甲壳素（chitosan）、陶氏太阳海星酸性黏多糖（SDAMP）、刺参酸性黏多糖（AJAMPS）、甘露醇烟酸酯等也具有显著的降胆固醇和抗血凝作用；由褐藻淀粉磺化制成的单合成物褐藻淀粉硫酸酯（LS）可防止动脉粥样硬化，为治疗高脂血症和冠心病的良药。

3. 抗人类免疫缺陷病活性

从贪婪偶海绵（*Dysidea avara*）中分离到的 avarol 及其氧化产物 avarone 具有抑制人类免疫缺陷病毒（HIV）逆转录酶活性，且对病毒装配和释出也有阻断作用。avarol 的浓度为 5μg/mL 时，对逆转录酶的抑制率可达 82%。

海藻硫酸多糖能干扰 HIV 吸附和渗入细胞，阻断病毒与靶细胞结合，并可与 HIV 形成无感染能力的多糖-病毒复合物，激活和改善机体的免疫系统，抑制 HIV 的复制，因而发挥抗 HIV 作用。

从红藻 Schizymenia pacifica 中提取的多糖硫酸脂，相对分子质量为 2106，为病毒逆转录酶的特异性抑制剂，不仅可抑制 HIV 的逆转录酶，且对其他病毒的逆转录酶也有抑制作用。当浓度为 2μg/mL 时，对病毒逆转录酶活性抑制率高达 92%以上，而对正常细胞的生长无影响。

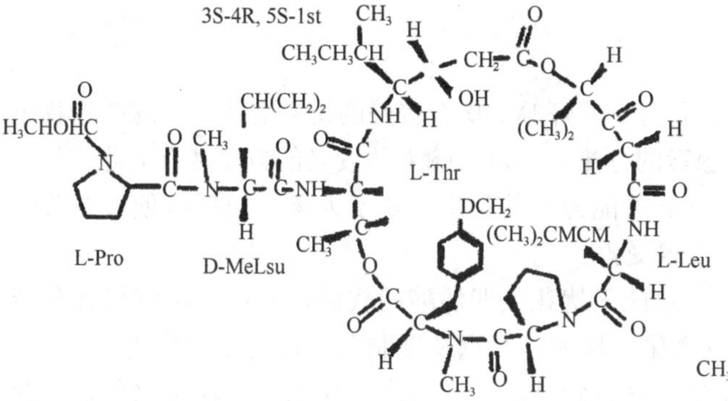

Didemnin B

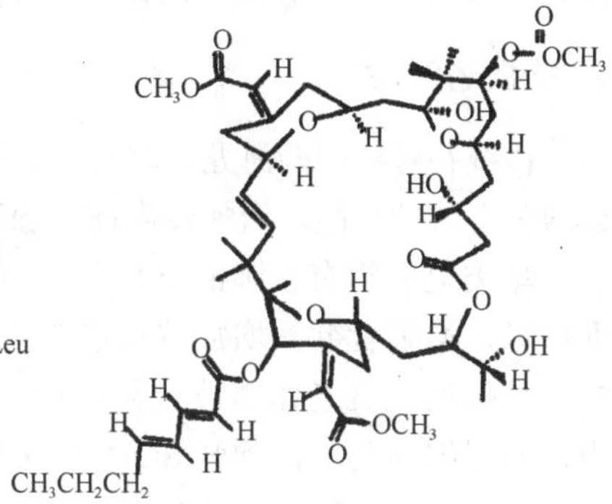

Bryostatin 1

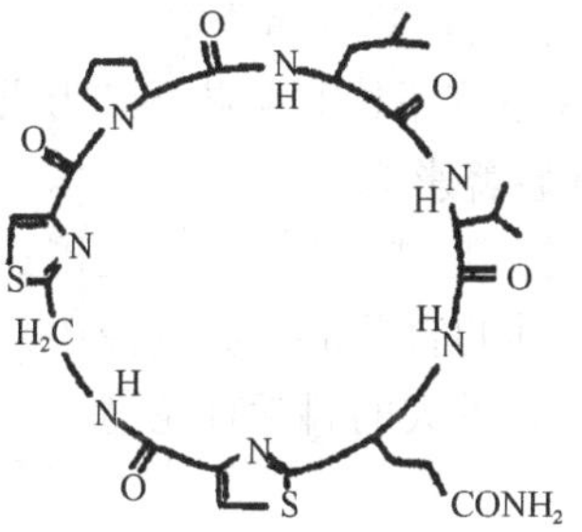

Dolastatin

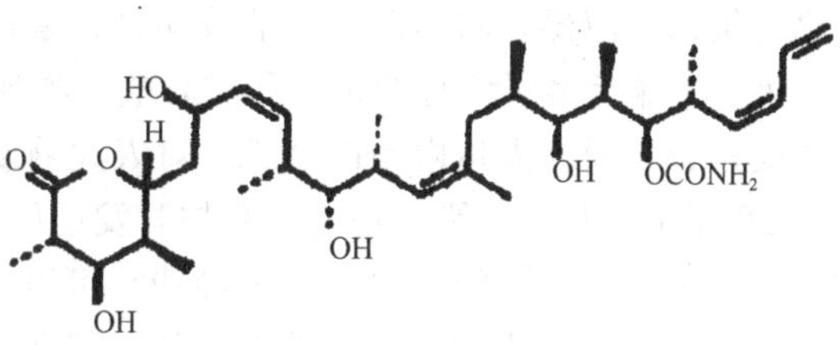

Discodermolide

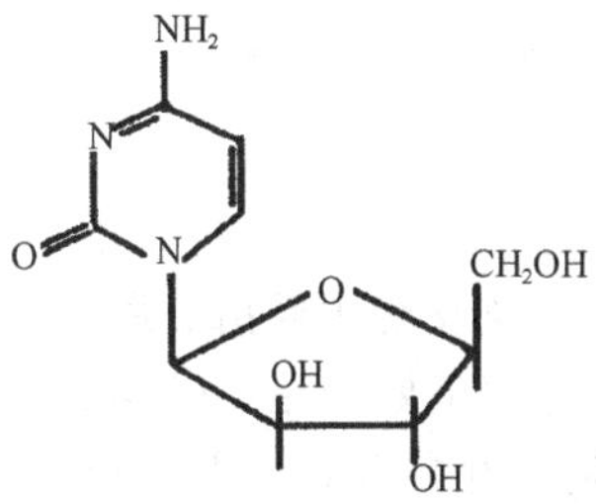

D-Arabinosyl cytosine

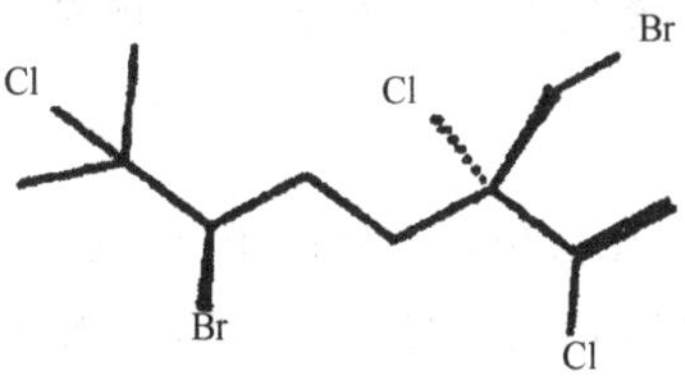

Halomon

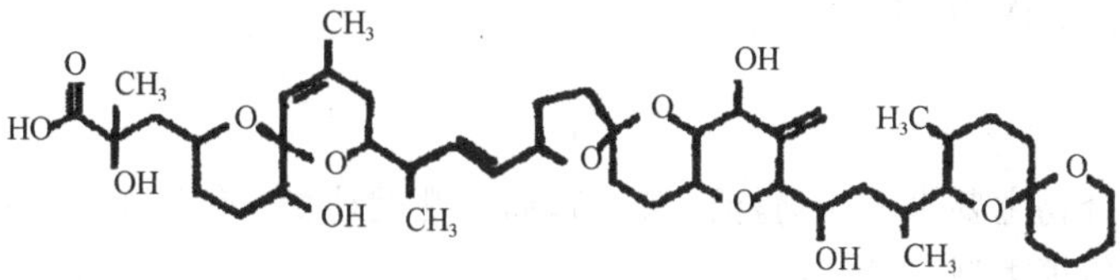

Okadaic acid

图 1-1　几个具有抗癌活性的海洋天然产物的分子结构

由于人类免疫缺陷病病毒降低人体内必需脂肪酸的储存，因此抑制干扰素的活性，给人类免疫缺陷病患者在治疗时加用必需脂肪酸可刺激机体增强免疫能力。鱼油制剂中含有大量的二十碳五烯（EPA），不但可增强机体免疫力，而且有抗病毒作用。

4. 抗衰老活性

传统补肾壮阳药海龙、海马、海狗肾、海虾等，均有较好的抗衰老作用。这些药物可以增强人体的机能，增加体内前列腺素的分泌，并对影响人体衰老的自由基有清除作用。

藻类提取物有较强的抗氧化、抗衰老能力，其作用不亚于人参，用后可使人改善睡眠质量，增强食欲，增加抗病能力和耐受力。

牡蛎的抗衰老作用被日益重视，它能干扰花生四烯酸的代谢，有明显增强机体免疫力，增强细胞免疫，增强 SOD 的抗氧化、增加肝解毒及抑制血小板的凝集作用。

从扇贝水解物中分离出的胶原蛋白具有较好的皮肤抗衰老作用。海洋生物中含有的类胡萝卜素类物质对人体有较好的调节免疫和抗衰老作用，可有效地清除 $O_2\cdot$ 自由基和 $H_2\cdot$ 自由基，通过抗氧化作用保护动物细胞免受自由基的破坏，含类胡萝卜素类物质的海洋生物有细菌、海藻、软体动物、节肢动物、原索动物、棘皮动物和鱼类等。

此外，海洋鱼类所含有的不饱和脂肪酸类物质——n-3 系列不饱和脂肪酸，为人体必需脂肪酸，该物质在人体内不能合成，对人大脑发育具有显著影响。

近 20 年来，海洋天然产物的研究与开发进展十分迅速，美国、日本等发达国家均给予前所未有的重视，大幅度加大研究经费。可以预见，在回归自然的世界潮流中，海洋天然产物将越来越成为国际医药的新趋势，其研究不仅具有重大的科学理论意义，而且具有巨大的社会经济价值。

三、海洋生物活性物质分类

（一）具有保健作用的海洋生物活性成分

1. 甾醇

自 1970 年从扇贝中提取出 24-失碳-22-脱氧胆甾醇，及发现珊瑚甾醇后，海洋甾醇的研究进展十分迅速。现已发现大量结构独特的甾醇，它们主要分布在硅藻、海绵、腔肠动物、被囊动物、环节动物、软体动物、棘皮动物等海洋生物体内，尤以海绵类为多。从海绵（*Petrosia weinbergi*）中分离出两种新的甾醇硫酸盐 weinbersterol disulfide A 和 B 都具有体外抗猫白血病毒作用，其半数效应浓度（EC_{50}）分别为 4.0g/mL 和 5.2g/mL，后者还显示出体外抗 HIV 作用。

2. 萜类

海洋萜类化合物主要来源于海洋藻类、海绵和珊瑚动物，包括单萜、倍半萜、二萜、二倍半萜、呋喃萜等类型。

大多数海洋单萜化合物都含有较多卤素，这是其独特的结构特点。海洋倍半萜常见于红藻、褐藻、珊瑚、海绵等。红藻倍半萜的生源主要有两个：一是以顺反-法尼醇焦磷酸酯为前体，经没药烷（bisabolane）衍生而来；二是以顺、反-法尼醇焦磷酸酯为前体，经吉马烷（germacrane）等十元环中间体衍生而来。Scheuer 等从海绵 *Luffariella variabilis* 中提取到的抗微生物活性物质 manoalide 是一个倍半萜化合物，药理研究表明，该化合物有良好的镇痛、抗炎活性，是磷酸脂酶 A_2（PLA_2）的强效不可逆抑制剂，能干扰磷脂膜释放类二十烷酸类物质，因而有望成为治疗由 PLA_2 或类十二烷酸引起的皮肤病的新药。

海洋二萜化合物的化学结构变化比倍半萜更多，其生物合成前体被认为是牦牛儿基牦牛儿醇焦磷酸酯。二倍半萜是由 5 个异戊二烯单位聚合而成，主要存在于海绵动物中。从 *Ircinia* 海绵动物中发现的 suvanine 是一种三碳环二倍半萜，它在 10g/mL 浓度下即有毒鱼作用，因此可能是海绵的防卫物质之一。C21 呋喃萜是一类结构特殊的萜类，目前仅在海绵中发现，从生物合成的观点来看，它们可能是由二倍半萜降解而来的。

3. 皂苷

海参皂苷均为羊毛脂甾烷型三萜皂苷，其苷元都具有相同的母核海参烷（holostane）。许多陆地植物含有皂苷，而动物界中只有海洋棘皮动物的海参和海星含有皂苷，皂苷是它们的毒性成分。

从无足海参（*Holothuria leucospilota*）内脏提取的多种海参皂苷称玉足海参素，制成含渗透剂的软膏，临床治疗皮肤癣菌病，效果较好。

海星皂苷元均为甾体，包括孕甾烷型和胆甾烷型。前者如海星甾酮即海星皂苷元 I（asterosapogenin I），后者如玛沙海星甾酮和二氢玛沙海星甾酮，它们是最先确定结构的海星皂苷元，而组成糖原部分的单糖主要有鼠李糖、岩藻糖、奎诺糖、木糖、半乳糖和葡萄糖。海星皂苷大多具有抗癌、抗菌、抗炎等生理活性，其溶血作用比海参皂苷更强。

4. 多不饱和脂肪酸

多不饱和脂肪酸主要来源于海洋生物，如二十碳五烯酸（eicosapentaenoic acid，EPA）、二十二碳六烯酸（docosahexaenoic acid，DHA）、十八碳三烯酸（octadecatrienoic acid）等。DHA 具有抗衰老、提高大脑记忆、防止大脑衰退、降血脂、降血压、抗血栓、降血黏度和抗癌等多种作用。EPA 用于治疗动脉硬化和脑血栓，还有增强免疫功能和抗癌作用。此外，从鲨鱼、海兔、鲸鱼、海马等体内也获得多种不饱和脂肪酸，实验表明它们均具有一定的药理活性。

5. 多糖和糖苷

多糖和糖苷参与体内细胞各种生命现象的调节，能激活免疫细胞，提高机体免疫功能，而对正常细胞无毒性作用。具有开发潜力的海洋多糖化合物包括螺旋藻多糖、微藻硒多糖、紫菜多糖、玉足海参黏多糖、海星黏多糖、扇贝糖胺聚糖、刺参黏多糖、硫酸软骨素、透明质酸、甲壳质及其衍生物等。

6. 大环内酯

大环内酯化合物大多具有抗肿瘤、抗菌活性。在海洋生物中，其主要分布于蓝藻、甲藻、海绵、苔藓虫、被囊动物和软体动物及某些海洋菌类中。

从红海产的海绵中分离到的 latrunculin A 和 latrunculin B 有很强的杀鱼作用；海兔的污秽毒素（aplysiatoxin）及脱溴秽毒素（debromoaplysia toxin）具有抗癌作用，它们都属于大环内酯类化合物。Moore 等从蓝藻伪枝藻属（*Scytonema pseudohofmauni*）中分离鉴定出 5 种大环内酯化合物：scytophycin A，scytophycin B，scytophycin C，scytophycin D 和 scytophycin E，它们都具有很强的细胞毒性和抗菌活性。

另一类大环内酯——除疟霉素（aplasmomycin）是由从浅海淤泥中分离出的灰色链球菌（*Streptomyces griseum*）所产生的一类抗生素，体外实验表明具有抑制革兰氏阳性菌作用，体内实验则有抗疟作用。

7. 聚醚化合物

许多海洋毒素都属于聚醚化合物，聚醚类毒素是一类化学结构独特、毒性强烈并具有广泛药理作用的天然毒素。目前已发现的聚醚类毒素按其化学特征可归纳为 3 类：脂链聚醚毒素类、内酯大环聚醚毒素、梯形稠聚醚毒素。

岩沙海葵霉素（palytoxin，PTX）为最早开展研究的聚醚毒素，最初发现于剧毒岩海葵，相对分子质量为 2678.6，分子式 $C_{129}H_{223}N_3O_{54}$。1982 年发现了其全部立体结构，证明此类毒素是由一些不饱和脂肪链和若干环醚单元构成的含有 64 个不对称手性中心的复杂有机分子，故其属于脂链聚醚毒素类。PTX 至今仍是已知结构的非肽类天然生物毒素中毒性最强和结构最复杂的化学物质。

刺尾鱼毒素（matiotxin，MTX）是由岗比甲藻类产生，经食物链蓄积于刺尾鱼体内的一类结构独特的海洋生物毒素，是从海洋生物中分离得到的一些含有醚环结构的大环聚醚内酯化合物，是已知最大的天然毒素之一，为一种高极性化合物。可溶于水、甲醇、乙醇、二甲基亚砜，不溶于三氯甲烷、丙酮和乙腈。

西加毒素（ciguatoxin，CTX）化学结构极为特殊，其分子骨架全部由一系列含氧 5~9 元醚环邻接稠合构成，整个骨架具有反式/顺式的立体化学特征。在各环的顶部和底部之间有交替变化的氧原子，每个醚氧原子和毗邻环之间的原子形成一种陡坡式梯形线状分子。分子式为 $C_{60}H_{80}O_{19}$，相对分子质量为 1112，分子中有 6 个羟基、5 个甲基和 5 个双键。该毒素是一种高毒素性化合物，属于梯形稠聚醚毒素，并为此类中结构最复杂、毒性最强的一类化合物。

8. 多肽类

生物体内的活性肽是介于氨基酸与蛋白质之间的分子聚合物，它小至由 2 个氨基酸组成，大至由数百个氨基酸通过肽键连接组成，具有十分重要的研究价值和生理学意义。肽类主要分为以下两种形态。

第一类为线形肽（liner peptide），一般按照其相对分子质量或所含氨基酸个数的不同加以分类。早期海葵中的多肽就按照相对分子质量及药理活性的不同分为 4 类：（1）M_W < 3000，主要包含作用于 Na^+ 通道的毒素；（2）4000 < M_W < 6200，主要包含作用于 Na^+ 通道的毒素；（3）6000 < M_W < 7000，与哺乳动物体内获得的具有同源性的毒素；（4）M_W > 10 000 包括大部分细胞毒素。

第二类为环肽（cyclo peptide），按照其环的个数与类型可分为单环环肽、双环环肽、假环肽。单环环肽内通常只有氨基酸之间的肽键，其中的氨基酸一般不与其他杂原子成键，故只有 1 个环；双环环肽内含有 1 个或几个成桥的氨基酸，但为人所知的这种结构的环肽目前数量还很少。

（二）海洋生物中的活性成分与保健食品

人类社会的不断进步对人类生存的质量提出了越来越高的要求。治病、防病、强身、健体已成为人们关注的热门话题。实际上，自从有了人类，就有了对健壮体魄的追求，于是，医药学与保健学便在人类走向文明的过程中诞生、发展直至壮大起来。今天，当人类开发大自然的步伐越来越深入地走进海洋的时候，医药学与保健学的目光也投向了海洋这个丰富而又迷人的宝藏，海洋医药与保健学随之诞生，由此带动起一个新兴的海洋第二产业——海洋药物与保健食品业。

1. 海洋生物保健的发展历史

我国人民应用海洋生物防治疾病已有悠久的历史，并积累了丰富的经验。早在 2000 年以前，秦始皇统一中国以后便萌发了"长生不老、永享天下"的想法，他派徐福带 500 童男童女到东国（即现在的山东荣成等地）去多方寻求、重金购置"长生不老药"，据说徐福给秦始皇奉献的"仙药"就是海带。秦汉时期的《尔雅》中就有关于纶布（海带）的记载了，约 1000 年以前，紫菜就已成为人们的一种珍贵食品和给皇帝的供品。

我国古代文献对海洋药物的记载数不胜数，著于公元前 3 世纪的《黄帝内经》和其后的《神农本草经》《海药本草》《新修本草》等著作对海洋药物做了详细的记叙。到了明代，举世公认的医学名著《本草纲目》对有关海洋药物的记叙即达 90 多种。《黄帝内经》中有对乌贼骨和鲍鱼汁治病的记述。《本草纲目》等医药著作中详细记载了海带、裙带菜、羊栖菜、紫菜等多种海藻的性味功能和药用价值；鲨鱼皮、肉、肝、翅等均含药用成分，可治多种病；海鳗可治疗面部神经麻痹、疖、肿、胃等多种疾病；鳓鱼全身可入药，具有开胃和滋补强壮的功能；黄鱼的耳石、鳔、肉、胆、精巢均可入药，分别具有润肺健脾、清热解毒等功能；海龙、海马均具有补肾壮阳、止痛、强心、止咳平喘等多种功能。从这些浩如烟海的关于海洋生物药用的记叙中可以看出，海洋药物对人类的健康是多么重要。

实践中人们还发现海产品不但味道鲜美，而且对人体健康具有特殊的保健作用。恩格斯甚至把吃鱼同人类由猿进化到人联系起来，他在《劳动在从猿到人转变过程中的作用》一文中说，根据我们已发现的史前时期的人的遗物来判断，根据最早历史时期的人和现在最不开化的野蛮人的生活方式来判断，最古的工具是打猎和捕鱼的工具，打猎和捕鱼前提是从只吃植物转变到同时也吃肉，这又是从猿进化到人的重要的一步。由于食用肉类食物，脑髓得到了比过去多得多的营养和发展所必需的材料，因而人就能够一代一代更迅速完善地形成起来。恩格斯的这一段论述，是从营养的角度来表达鱼类对人类发展的重要性的。

考古资料也表明，海产贝类是人类早期食物之一。在水产品中，人类首先利用的是贝壳类，其次是鱼。鱼类中含蛋白质 13%~20%，脂肪 1%~10%，水分 60%~80%。鱼和软体动物肉的蛋白质和脂肪不仅易于吸收和消化，而且含有丰富的维生素 A、维生素 D、维生素 E 及磺、钙等矿物质，是人类摄取高质量蛋白质的重要来源。可以说，海产品含有完全蛋白质，也就是说海产品里的蛋白质能提供人们必需的氨基酸，这些氨基酸在人体内不能合成，只能从食品中获取。除含蛋白质外，鱼类还是低胆固醇食品，因为鱼的脂肪酸多是不饱和的。特别值得一提的是，鱼油中含有一种 DHA（二十二碳六烯酸），它对人类来说是一种不可缺少的必需脂肪酸，DHA 只存在于鱼油中，猪油、牛油中都没有。

有关资料表明，很多年以前人类就发现了 DHA，但过去一直认为 DHA 不是必需脂肪酸，从而未引起重视。1978 年，英国脑营养化学研究所所长发表了《DHA 摄入不足导致脑功能障碍》的论文，从此开始了世界范围内对 DHA 的研究热潮。研究表明，DHA 是海洋动物体内特有的一种不饱和脂肪酸，主要存在于鱼贝类中，特别是洄游类大中型鱼类中含量尤高。DHA 具有抗炎、抗肿瘤和降低血脂的作用，并可以减少血栓素生成，从而预防血栓发生。调查发现，常吃海鱼的爱斯基摩人是全世界冠心病发病率最低的民族。1963~1967 年，爱斯基摩人中死于动脉硬化和心脏病者仅 3 人，同期同样数量丹麦人中死于该病者达 40 人。吃鱼多的日本人平均预期寿命很长，女子达 82 岁，男子达 79 岁，日本已成为目前世界上平均预期寿命最高的国家之一，而且日本人高脂血症和冠心病的死亡率也比移居欧美膳食西化的人低；另据统计，日本人平均智商 115（普通人 80~120），每 10 年人均智商提高 7.7%，而西方只提高 1.7%。尽管影响智力和健康的因素很多，但常吃富含 DHA 的海鱼确是一个重要原因。

同时，从营养的角度来看，水产品尤其适合儿童生长发育的需要，近年来的研究发现，完全母乳喂养的婴儿其血浆及尿中牛磺酸的浓度明显高于用配方食品喂养的婴儿，牛磺酸对体外培养的人胚大脑细胞的增殖具有明显的促进作用，婴儿体内的牛磺酸是从母乳中获得的。水产品，尤其是贝类食品中牛磺酸含量极为丰富，所以孕妇和儿童多吃水产品大有好处。

科学研究发现，人的一生都需要钙，钙是人体不可缺少的营养物质，钙约占人体所有矿物质的 39%，它在体内有许多重要机能。海洋水产品含钙量相当丰富，以每百克计算，虾含钙量为 99mg，鲈鱼 138mg，虾米达 882mg，最高的是虾皮，含钙量高达 2000mg。所以从 20 世纪 70 年代起，在欧美、日本等发达国家兴起的保健食品热潮中，水产品成了具有特殊滋补功效的佼佼者。近年国内外科学家实验证明，水产品对防治老年性骨折、缺钙症等疾病有着特殊的保健作用，是含钙量较多的且营养丰富的理想食品。

2. 海洋保健功能成分

海洋中具有保健功能的食品成分，根据其生物活性物质的不同通常分为 15 个大类。

脂质，主要是不饱和脂肪酸和磷脂，如鱼油中的多烯脂肪酸（EPA、DHA）等。

氨基酸，如海带氨酸、牛磺酸等，牡蛎、鲍鱼、章鱼、蛤俐、海胆、海蜇、海鳗等都富含优质氨基酸。

核酸类，如鱼精蛋白中的核糖核酸和脱氧核糖核酸（RNA、DNA）等。

的苷类，即皂苷类，如刺参苷、海参苷等。

糖蛋白类，如蛤素、海胆蛋白、乌鱼墨等。

活性多糖类，如海藻多糖、海参多糖、鲍鱼多糖、甲壳多糖和甲壳素等。

多肽类，如藻类、软体动物、鱼类中广泛存在的凝集素、海豹肽、降钙素等。

维生素，如在盐泽杜氏藻中含天然的 β-胡萝卜素；鱼类中富含维生素 E、维生素 A、维生素 D 等。

酶类，如超氧化物歧化酶（SOD），鲐鱼鱼肉中的细胞色素 c 等。

萜类活性物质，如角鲨烯、海兔素等。

色素类，主要存在于植物中，部分动物中也有提取价值，如盐藻中的 β-胡萝卜素，虾蟹中的虾青素等。

甾类，如褐藻中的岩藻甾醇、鱼类中的甾体激素等。

酰胺类活性成分，如龙虾肌碱、骨螺素等。

膳食纤维类，如海藻酸、卡拉胶、琼胶等具有较丰富的膳食纤维。

矿物元素类，海洋生物中含有丰富的且比例适当的矿物质，如碘、锌、硒、铁、钙和铜等。海藻中含有的活性碘极易被人体吸收。海洋生物也是天然钙的丰富来源，如以贝壳为原料加工成的 L-乳酸钙是一种可溶性钙，易于被人体吸收。

四、海洋生物活性物质研究概况

众所周知，海洋是生命的最初发源地，动物界中有 26 门主要动物门生活在水中，其中 8 门为完全水生。海洋中还存在大量海生藻类和其他微生物，粗略估计，较低等海洋生物物质约为 15 万~20 万种。由于海洋生态环境复杂，高盐、高压、低温及特殊的光照可能使海洋生物体内产生不同于陆地来源的特殊产物。

现有研究成果已表明，海洋生物多样性及其生物活性物质化学结构的多样性远远超过了陆生动物。海洋生物作为活性物质的新来源，正日益为国内外海洋研究工作者所重视。20 世纪 80 年代后期，随着新药需求压力增大、生物工程技术的推动及认识的日趋成熟，在“向海洋要药”的号召下，人们对海洋生物活性物质的研究掀起了新的高潮。

海洋活性物质是一个广阔的范畴，主要包括药用活性物质、海洋毒素、生物功能物质等研究方向。

海洋不仅为人类提供食品、能源和矿产，而且是人类未来的大药房。目前在海洋天然产物中已发现了 2000 多种生物活性化学物质，包括生物碱、萜类、大环内酯、肽类、聚醚等，已经发现了一批重要的抗癌、抗病毒、抗人类免疫缺陷病化学物质，这些物质有可能成为重要的新药物。据估计，从海洋生物中提制的药品将达两万种。海洋药物按其用途大致可分为心脑血管药物、抗癌药物、抗微生物感染药物、愈合伤口药物、保健药物等。据报道，世界各国正在加紧对海洋药物的研究和开发，竞争日益激烈。欧洲专利机构在该领域已经批准了 200 多种专利，每年还以 5%的速度增长。我国已从海洋生物中分离出数百种海洋活性物质，已开发的海洋药物有藻酸双酯钠、甘糖酯、海豚毒素、多烯康、烟酸甘露醇酯等。我国政府非常重视海洋中药和中成药的发展，为加速海洋药物产业化进程，我国专门在青岛成立了国家海洋药物工程技术研究中心，其研究水平处于国际先进行列。

海洋毒素是海洋生物活性物质中研究进展最为迅速的领域，对海洋毒素的研究有多种实际应用价值。海洋有毒生物公害至今仍为威胁人类海上生活和生产的重要问题。由于许多高毒性毒素的中毒是以对生物神经系统或心血管系统的高特异性作用为基础，因此这些毒素及其作用机制是发现新神经系统或心血管系统药物的重要导向化合物和线索，也可作为寻找新农药的基础。另外，一些海洋毒素还具有重要的潜在军事意义，在未来战场上能展现强大的威力。但是由于海洋毒素毒性普遍较大，真正应用到临床医药上的尚不多。不过实验证明，海洋毒素具有广阔的应用前景和开发价值。

海洋生物活性物质的开发对人类健康有重要意义。现在威胁人类健康的最主要疾病是癌症和心血管疾病，称为"头号杀手"。同时，由于人们对生活质量的追求，特别是人口老龄化步伐加快，开发研制改善老年生活质量的药物、治疗关节炎、糖尿病和阿尔茨海默病的药物已成为迫切需要。另外，现在也缺乏有效的抗病毒药物和新的无抗药性的抗生素。从对海洋生物活性物质研究所取得的广泛成果来看，海洋药物在实现这些目标中存在很大优势，必将具有良好的发展前景。因此，海洋活性物质资源需要我们大力开发。

五、海洋生物资源的重要研究途径

海洋是生命之源，研究海洋生物活性物质是海洋生物资源研究的主导方向之一。海洋作为一个开放性复杂系统，在海洋特殊的生态环境里生活着近 20 万种动植物和超过 100 万种的微生物，这些海洋生物含有与陆地生物不同的化学结构特异的活性化合物。随着人类寿命的延长和环境污染的加剧，心脑血管疾病、肿瘤、人类免疫缺陷病、糖尿病、阿尔茨海默病等疑难疾病对人类健康的威胁日益严重，仅病毒性疾病平均每年就新增 23 种，人类迫切需要寻找新的特效的药物来治疗这些疾病，用功能性食品来减缓和辅助治疗这些疾病。为此，人们纷纷将目光投向海洋。为了开辟新的药源，世界各国都在开发陆地天然药物和制取化学合成药物的基础上，转向从海洋生物中探索新的药物资源，在寻找海洋新药源的过程中又不可避免的将其同海洋生物基因资源和海洋功能食品联系在一起。

海洋生物基因研究将主要围绕海水养殖核心种质基因组学、海洋极端环境基因资源、海洋生物药食用功能基因资源的探索和应用等关键问题展开。

海洋药物研究以发现海洋动植物、海洋微生物代谢产物中的药用先导化合物为核心，以探讨具有抗病毒、抗肿瘤作用和对心血管疾病有生物活性作用的皂苷、生物碱、萜、大环内酯、多肽、多糖等新型生物活性化合物为基础，重点开展海洋新药临床前研究和中试，探索海洋中药的快速开发途径。

海洋功能性食品研究将主要针对低值鱼类来源的功能性短肽、海藻中的生物活性物质，以开发具有辅助降血糖、降血脂、降血压的功能性食品为重点，进行海洋功能食品的机能评价和中试。

使用不依赖于培养的微生物分子生态学技术、高通量筛选技术，筛选功能宏基因组、建立宏基因组表达体系、发现新型生物基因资源是海洋生物基因资源研究的发展趋势；研究抗肿瘤、防治心血管疾病、抗病毒等难治性疾病药物是海洋药物开发的主要方向；在海洋功能食品研究开发上应用高新技术、基础研究的深入和利用不同于陆地生物来源的功能因子是海洋药物开发显著特征。

六、几种重要的海洋活性物质

（一）海洋活性肽

1. 活性肽概述

肽是两个或两个以上的氨基酸以肽键相连的化合物，在人体内起重要生理作用，发挥生理功能。

具有肽的结构和组成的物质，无论链接长短、相对分子质量大小，都称肽，然而并非所有的肽都具有生物活性，只有具有活性的多肽才称为活性肽，又称生物活性肽或生物活性多肽。

活性肽是 1000 多种肽的总称（如大豆肽、海参肽等是活性肽中的一种）。它在人的生长发育、新陈代谢、疾病及衰老、死亡的过程中起着关键作用。活性肽是人体中最重要的活性物质，正是因为它在体内分泌量的增多或减少，才使人类有了幼年、童年、成年、老年直到死亡的周期。而注射活性肽便打破了生命的这一周期，从而达到延长生命，有效减缓衰老的神奇效果。

被称为活性肽的特殊肽类不仅具有营养功能，而且具有一般肽类所不具备的特殊生理功能。活性肽的生理功能如下：调节体内的水分、电解质平衡；为免疫系统制造对抗细菌和感染的抗体，提高免疫功能；促进伤口愈合；在体内制造酵素，有助于将食物转化为能量；修复细胞，改善细胞代谢，防止细胞变性，能起到防癌的作用；促进蛋白质、酶、酵素的合成与调控；沟通细胞间、器官间信息的重要化学信使；预防心脑血管疾病；调节内分泌与神经系统；改善消化系统，治疗慢性胃肠道疾病；改善糖尿病、风湿、类风湿等疾病；抗病毒感染、抗衰老，消除体内多余的自由基；促进造血功能，治疗贫血，防止血小板聚集，能提高血红细胞的载氧能力。直接对抗 DNA 病毒，对病毒细菌有靶向性。

2. 活性肽的主要应用

目前对肽类物质的应用主要在以下几个方面。

第一，功能性食品。具有一定功能的肽类食品。是目前国际上研究的热点。日本、美国、欧洲国家已捷足先登，推出了具有各种各样功能的食品和食品添加剂，形成了一个具有极大商业前景的产业。

海洋生物独特的生存环境使其形成许多功能特异、结构新颖的生理活性物质，海洋生物资源成为功能保健品的原料宝库。目前，国内外利用海洋生物研究和开发的海洋保健品已形成多个系列，如鱼油系列、水解蛋白系列、海藻系列、贝类系列等。

第二，肽类试剂。指的是纯度非常高的肽，主要应用在科学实验和生化检测上，价格十分昂贵。

第三，海鲜调味品。在过去的 20 年中，人们从鱼类、甲壳类中分离出来 6000 多种挥发性风味组分，包括醛类、酮类、醇类、含氮含硫的组分、呋喃类等化合物，并用作食品风味添加剂。通过酶解生产的海鲜调味品是纯天然食品，比人工合成的风味添加剂更受消费者青睐，具有广阔的发展前景。

第四，肽类药物。天然药物海洋蛋白高值化的最主要研究方向就是筛选纯天然的生物活性肽类药物，包括抗高血压、促进生长、免疫调节、抗氧化、抗衰老、抑制肿瘤等药物。近十几年来，通过对海洋生物中天然存在的活性物质的提取、分离和纯化，我国已有一大批海洋药物投放市场。

活性肽分子结构复杂程度不一，可从简单的二肽到大分子环形多肽，而且这些多肽可通过磷酸化、糖基化或酰基化而被修饰。依据其功能，活性肽大致可分为生理活性肽、调味肽、抗氧化肽和营养肽等，但因一些肽具有多种生理活性，因此这种分类只是相对的。

第五，动物饲料。海洋蛋白质水解产物中的氨基酸种类齐全、含量均衡，有些还有促进动植物生长、提高动物免疫力的特殊功能，因此可制成高品质的饲料添加剂，以提高饲料的品质。

3. 海洋生物活性肽（BAPP）

海洋生物活性肽是一类广泛存在于海洋生物体内，或经蛋白酶酶解方法制得的具有多种特殊生理活性的肽类物质的总称。研究表明，海洋 BAPP 主要有防止胰岛细胞凋亡和改善胰岛素抵抗力、护肤、抗肿瘤、抗氧化、抗高血压、降血脂、免疫调节、增强骨强度和预防骨质疏松等生理活性。海洋生物类产品来源广泛、性能温和、功能多、使用安全。随着海洋 BAPP 的应用范围的不断扩大，也将使海洋创新药物和功能性保健食品的研究开发具有更为广阔的前景。

来自海洋生物的活性肽有两大类。

一类是自然存在于海洋生物中的活性肽，主要包括肽类抗生素、激素等生物体的次级代谢产物和骨骼、肌肉、免疫系统、消化系统、中枢神经系统中存在的活性肽等。

另一类是海洋生物蛋白质酶解产生的活性肽。目前，该类活性肽中研究较多的有鱼精蛋白、海绵多肽、海鞘多肽、海葵多肽、芋螺多肽、海藻多肽及鱼类多肽等。

4. 几种重要的海洋生物活性肽

（1）天然存在的海洋生物活性肽

天然存在的海洋生物活性肽包括肽类抗生素、激素等生物体的次级代谢产物，及各种组织系统，如骨骼、肌肉、免疫、消化、中枢神经系统中存在的活性肽。主要有以下几种。

鱼精蛋白。存在于许多鱼类成熟精细胞中的一种碱性蛋白，相对分子质量较小，为4000~10 000，精氨酸占其氨基酸组成的 2/3 以上。

海绵多肽。存在于离海绵目、外射海绵目、石海绵目、软海绵目及硬海绵目等海绵中的环肽化合物，目前已分离得到近百种。

海鞘多肽。海鞘（Ascidian）属于脊索动物门，海鞘纲与尾索动物亚门的另外两个纲称为被囊动物（Tunicate），约有 2000 种，海鞘是被囊动物中种类最丰富、含有重要生物活性物质最多的一类。

海葵多肽。海葵中分离得到了 3 类活性肽：存在于 16 种海葵中的鞘磷脂抑制性碱性多肽，平均相对分子质量为 15 000~21 000；从 *Metridium* 属海葵中分离得到的具有抑制胆固醇作用的活性肽，平均相对分子质量在 80 000 左右；从海葵 *Aiptasia pallida* 中分离提取的多肽 aiptasiolisin A。

芋螺多肽。存在于芋螺中的有毒物质，也称芋螺毒素。目前已发现的芋螺毒素有近百种，大多为由 10~30 个氨基酸残基组成的小肽，富含 2 对或 3 对二硫键，是迄今发现的最小的核酸编码的动物神经毒素肽，也是二硫键密度最高的小肽。主要有 α-芋螺毒素、μ-芋螺毒素、ω-芋螺毒素及 δ-芋螺毒素等。

海藻多肽。从培养的蓝藻中分离出的一种具有鱼毒性、抗菌、杀细胞活性的生物活性肽，我国已具备大规模生产能力。

海兔多肽。从印度海兔（*Dolabella auricularia*）中分离到 10 种细胞毒性环肽 dollabilatin 1~10。其中 dollabilatin10 对 B-16 黑色素瘤治疗剂量仅为 1.1μg/mL，是目前已知活性最强的抗肿瘤化合物之一。

鱼类多肽。曾有报道，从铜吻蓝鳃太阳鱼中分离并鉴定出 4 种具缓激肽活性的肽类对鱼肠组织细胞具有强烈的刺激作用。还有研究从大西洋鳕鱼、虹鳟、欧洲鳗鲡等鱼类的嗜铬细胞组织中提取到一系列的生物活性肽及其类似物，并利用免疫组织化学方法研究其在细胞组织中的作用，发现此类肽与肾上腺素受体具有一定的亲和性，可能具有控制儿茶酚类物质释放的作用。

贝类多肽。从海洋贝类的神经元中提取到 2 种神经肽 Pd5 和 Pd6，它们具有促进神经元产生的活性。利用高效液相色谱法（HPLC）方法纯化并对其氨基酸序列进行了分析。现已完成其结构的全合成。

生物防御素。生物防御素（defensin）是近年来发现的一组新型抗菌活性肽。它们通常都是由 35~50 个氨基酸残基组成，且分子内富含二硫键。由于其具有牢固的分子骨架、广泛的分布及生物活性功能，因此对它们的研究已成为当前国际学术界中一个引人关注的热点。各类抗菌防御素不但在结构上具有相应的保守序列和相似的紧密空间构型，在功能上也都有相似的共性如抗菌、抗病毒能力和细胞毒性作用等。无论 α2 还是 β2 防御素对革兰氏阳性和阴性细菌都具有杀伤作用。

（2）酶解海洋蛋白活性肽

天然存在的活性肽大部分或含量微少，或提取难，不足以大量生产供给所需；化学人工合成又费时费力，成本昂贵。因此，人们更多地把目光投向开发蛋白酶解产物这条途径上来。

在不同的营养和贮藏蛋白的多肽中，可能广泛存在着不同的功能区，选择适当的蛋白酶就可将其释放出来，还原其功能特性，通过这种方法可以获得相当广泛的生物活性短肽。通过蛋白酶水解这些蛋白质所获得的生物活性肽具有很多优点：原料廉价，成本低，安全性好，不需要很高级的实验条件和很贵重的仪器设备，便于工业化生产。

将陆地微生物发酵工程和酶工程技术应用于海洋蛋白质资源的综合利用研究，以海洋生物蛋白质资源为原料，通过生物酶解、提取、加工，可生产许多酶解陆地蛋白源和化学合成所无法生产的产品和材料，研制出系列天然、高效、新颖的生物活性肽。

利用海洋低值鱼类及水产品废弃蛋白源进行酶解活性肽的高值化开发，向海洋索取食物、功能蛋白和特殊活性物质已成为世界各沿海国家海洋开发的一项重要内容。例如，对低值鱼及水产加工废弃物进行水解、提取等深加工，制成水解鱼蛋白，用作食品添加剂、蛋白强化剂，或用作研制药物和功能食品的原料，已在世界各国展开。海洋生物活性肽在养殖业中的作用活性肽除在保健食品及新药开发中有广阔的应用前景外，对饲料中蛋白质进行酶解，使其内含一定量的活性肽，对提高养殖效益也有重要作用，可提高氨基酸的利用率。而来自海洋蛋白源酶解的活性肽非常少，但这绝不意味着海洋蛋白源的蛋白质氨基酸链中没有潜在的活性肽序列，而主要是由于没有进行很好的研究开发。

（二）海洋生物中的牛磺酸

1. 牛磺酸（taurine）概述

牛磺酸又称 α-氨基乙磺酸，最早由牛黄中分离出来，故因此得名，其分子式为 $C_2H_5NO_3S$，相对分子质量为 125，熔点为 305~310℃，纯品为无色或白色斜状结晶，无臭，化学性质稳定，溶于水及酒精和极性溶剂，不溶于乙醚等有机溶剂，是一种含硫的非蛋白质氨基酸，在体内以游离状态存在，不参与体内蛋白质的生物合成。

牛磺酸虽然不参与蛋白质合成，但它与胱氨酸、半胱氨酸的代谢密切相关。人体合成牛磺酸的半胱氨酸亚硫酸羧酶（CSAD）活性较低，主要依靠摄取食物中的牛磺酸来满足机体需要。

牛磺酸对维持人体正常生理功能具有的主要作用如下。

促进婴幼儿脑组织和智力发育。人及哺乳类动物初乳中牛磺酸含量高于成熟乳，幼小动物脑中牛磺酸远高于成年动物，提示牛磺酸可能在新生儿大脑发育中起重要作用，同时新生儿体内合成牛磺酸的酶 CSAD 尚不成熟，活性较成人低得多，更有赖于从食物中获取牛磺酸。牛磺酸与幼儿、胎儿的中枢神经系统及视网膜等的发育有着密切的关系，长期单纯的牛奶喂养易造成牛磺酸缺乏。

提高神经传导和视觉机能。1975 年 Hayes 等报道，猫的饲料中若缺少牛磺酸会导致其视网膜变性，长期缺乏终至失明。猫及夜行猛禽猫头鹰之所以要捕食老鼠，其主要原因是老鼠体内含有丰富的牛磺酸，多食可保持其锐利的视觉。婴幼儿如果缺乏牛磺酸也会发生视网膜功能紊乱与生长、智力发育迟缓。长期的全静脉营养输液的患者，若输液中没有牛磺酸，会使患者的视网膜电流图发生变化，只有补充大剂量的牛磺酸才能纠正这一变化。

牛磺酸还具有防止心血管病、改善内分泌状态，增强人体免疫力的功能。牛磺酸在循环系统中可抑制血小板凝集，降低血脂，保持人体正常血压和防止动脉硬化；对降低血液中胆固醇含量有特殊疗效，可防治胆结石。

牛磺酸能促进垂体激素分泌，活化胰腺功能，从而改善机体内分泌系统的状态，对机体代谢予以有益的调节；并具有促进有机体免疫力增强的作用。

除此以外，牛磺酸还是人体肠道内双歧杆菌的促生长因子，优化肠道内细菌群结构，还具有抗氧化作用。实验表明，它能在细胞内预防次氯酸及其他氧化剂对细胞成分的氧破坏，降低许多药物的毒性作用，如抗肿瘤药物（taumustine）、阿霉素、异丙肾上腺素等。

2. 牛磺酸在海洋生物中的分布及其应用

牛磺酸在海洋贝类、鱼类中含量丰富，尤以贝类、鲸鱼、章鱼、甲壳类的牛磺酸含量较高。一般来说，鱿鱼、章鱼、虾蟹类的胆固醇含量也较高，但牛磺酸具有降低低密度脂蛋白（LDL）、增加高密度脂蛋白（HDL）和中性脂肪的作用，从而防止动脉硬化，起降低血压的作用。因此有学者认为，食用海产品时可不必过于担心胆固醇的影响。

值得一提的是，马氏珠母贝肉和牡蛎中的牛磺酸含量较高，按干基计，前者为7.2%，后者为5.1%；翡翠贻贝的含量也不低。据王顺年等对珍珠药效成分的研究表明：牛磺酸是其主要药效成分，并在治疗病毒性肝炎和功能性子宫出血方面得到临床应用。

日本学者报道用烟肉提取液粉末（含有牛磺酸与锌的螯合物）治疗精神分裂症患者。

在老年保健方面，海洋生物中富含的牛磺酸可作为一种抗智力衰退、抗疲劳、滋补强身的有效成分使用，其在食品、药品上的应用前景广阔，有待进一步的开发和利用。

（三）海洋生物中的 n-3 多不饱和脂肪酸

n-3 多不饱和脂肪酸（n-3 PUFA）也称 ω-3 多不饱和脂肪酸。因多不饱和脂肪酸中第一个不饱和键出现在碳链甲基端的第三位，故称为 n-3 多不饱和脂肪酸。

1. 几种重要的 n-3 多不饱和脂肪酸

对人体营养而言，重要的 n-3 多不饱和脂肪酸有如下 4 种。

α-亚麻酸（aipha-linolenic acid，ALA），它的主要功能在于它是 n-3 多不饱和脂肪酸（EPA、DHA）的合成前体。

二十碳五烯酸（eicosapentaenoic acid，EPA），它是一类重要的多聚不饱和脂肪酸化学信使物，在免疫和炎症反应上起至关重要的作用。

二十二碳六烯酸（docosahexaenoic acid，DHA），俗称脑黄金。动物实验显示，DHA是视网膜正常发育和发挥其正常功能所必需的。大脑和神经组织中的 DHA 含量远远高于机体其他组织，对神经功能发挥着至关重要的作用。

二十二碳五烯酸（docosapentaenoic acid，DPA），它是 ALA 在体内生成 EPA 和 DHA的中间产物，对人体而言不具有生理活性。Simon（1999）观察到血浆磷脂中 DPA 的水平与冠心病的发病率成反比，推测 DPA 对冠心病具有潜在的抑制作用。

2. n-3 多不饱和脂肪酸的来源

n-3 多不饱和脂肪酸的来源，从自然资源上讲，分为水陆两大来源；从生物来源上讲，分为动植物两大来源，具体分述如下。

ALA 主要来源于植物资源。亚麻籽、胡桃仁及其种子油中含极丰富的 ALA，芥末籽油、大豆油中 ALA 含量也较多，橄榄油及花椰菜中含量相对较少。

EPA 和 DHA 主要来源于动物资源，它主要源于多脂的深海冷水鱼，人类很难完整地合成 n-3 多不饱和脂肪酸，主要通过食物摄取。鱼油是 EPA 和 DHA 的主要来源。

人类及其他哺乳动物可以通过体内一系列去饱和酶（加双键）和碳链延长酶（加二碳单位）反应，利用 ALA 合成 EPA 和 DHA。但转化效率较低，且 ALA 不能在体内合成，必须通过食物摄入。

3. 海洋 n-3 PUFA——EPA、DHA

EPA 是 eicosapentaenoic acid，即二十碳五烯酸的英文缩写，是鱼油的主要成分。EPA属于 n-3 系列多不饱和脂肪酸，是人体自身不能合成但又不可缺少的重要营养素，因此称为人体必需脂肪酸。虽然亚麻酸在人体内可以转化为 EPA，但此反应在人体中的速度很慢，且转化量很少，远远不能满足人体对 EPA 的需要，因此必须从食物中直接补充。DHA 是 docosahexaenoic acid，即二十二碳六烯酸的英文缩写。

EPA、DHA 的发现，源于科学家的探险考察。

格陵兰岛位于北冰洋，是一个冰天雪地的银色世界，岛上居住的土著民族因纽特人以捕鱼为生，他们极难吃到新鲜的蔬菜和水果。就医学常识来说，常吃动物脂肪而少食蔬菜水果易患心脑血管疾病。但事实上恰恰相反，因纽特人不但身体非常健康，而且在他们当中很难发现高血压、冠心病、脑卒中、糖尿病、风湿性关节炎、癌症等疾病。这种不可思议的现象同样出现在日本一个岛的渔民身上，这难道仅仅是巧合吗？其中有没有必然的联系呢？科学家对此产生了浓厚的兴趣，历经十余年的潜心研究，谜底终于找到了，原来这种现象与他们每天吃的海鱼中所含的物质有关，那就是 EPA、DHA。这两种物质的发现给医学和营养学带来了重大的突破。

4. EPA、DHA 的生理活性

EPA、DHA 的研究起源于 20 世纪 70 年代流行病学的调查，结果发现，因纽特人急性心肌梗死、糖尿病、甲状腺中毒、支气管哮喘等的发病率低的主要原因是由于他们每日通过水产品摄入 5~10g 的 EPA 和 DHA。同丹麦人血清脂质的组成明显不同的是，因纽特人血清脂质中的 EPA 远远高于花生四烯酸（$C_{20:5}$ n-6）。此后，在阿拉斯加原住民和日本渔村的调查也表明，海产物的摄取同低频度的血栓性疾病有较大的相关关系。80年代发现 EPA、DHA 具有更广泛的生理活性，主要表现在下列方面。

（1）心血管疾病

Burr 等报告，在 2000 多名心肌梗死者的治疗中，每周给予 EPA2.5g，可使死亡率降低 30%；EPA 具有升高高密度脂蛋白（HDL）和降低低密度脂蛋白（LDL）作用；Bonna 等给原发性高血压患者每日服用高纯度的浓缩鱼油 6g，6 周后，患者收缩压与舒张压都有不同程度的降低；EPA 能抑制血小板 TXA_2 的形成，其本身转化为活性很低的 TXA_3，显示抗血栓及扩张血管的活性；DHA 可使心肌细胞膜流动性增加，稳定心肌细胞的膜电位，降低心肌兴奋性，减少异位节律的发生，同时还能影响 Ca^{2+} 通道，使 Ca^{2+} 降低，心肌收缩力降低，因此 DHA 具有明显的抗心率失常作用。

（2）炎症疾病

实验表明，补充鱼油食品可减轻胶原减少所致关节炎的症状，减少前列腺素类的合成和巨噬细胞脂质氧化酶产物，调节细胞多种活性因子；鱼油有显著的抗皮炎作用，使银屑病的发病率降低。

（3）抑癌作用

EPA、DHA 通过改变细胞膜的流动性及其他膜性质，促进细胞代谢和修复，阻止肿瘤细胞的异常增生，从而起到抑癌作用。流行病学研究证明，富含鱼油的膳食可使癌症发病率降低，使乳腺癌及肠癌的死亡率下降。

5. EPA、DHA 在鱼贝类的分布

EPA、DHA 是由海水中的浮游生物、海藻类等合成，经食物链进入鱼贝类体内形成

三酰甘油而蓄积的。EPA、DHA 在低温下呈液状，故一般冷水性鱼贝类中的含量较高。

鱼类中除多获性鱼类沙丁鱼油和狭鳕肝油中的 EAP 含量高于 DHA 外，其他鱼种一般是 DHA 含量高，且洄游性鱼类如金枪鱼类的 DHA 含量高达 20%~40%。贝类中除扇贝和缢蛏外，均为 EPA 含量高于 DHA；而螺旋藻、小球藻 EPA 含量达 30%以上，远高于 DHA。

最近的研究发现，金枪鱼、鲣鱼等大型洄游性鱼类的眼窝脂肪中含有高浓度的 DHA，其含量高达 30%~40%。而相对的 EPA 的含量较低，为 5%~10%。

眼窝脂肪是存在眼球背后的一种构造脂肪。从眼窝脂肪中可以抽出以中性脂肪（三酰甘油）为主的鱼油，前述的金枪鱼油、沙丁鱼油大都是以磷脂的形式存在，相比之下，眼窝脂油更易进行脱色、脱臭等精制工艺。因此，金枪鱼、鲣鱼眼窝脂肪可谓是"DHA高含量油"。日本已成功开发了 DHA 高纯度精制法。

6. EPA、DHA 在食品上的应用

EPA、DHA 的不饱和双键达 5 或 6 个，在氧存在条件下受热、光、氧化催化剂的作用，极易氧化，因此将其添加到食品中时要充分考虑到这一特性。首先必须做好防止其氧化的有效措施，一般常用的是加入天然抗氧化剂维生素 E 和儿茶素（catechin）或冲氮气等。

作为保健食品的 EPA、DHA 油一般以胶囊或微胶囊等形式上市，含量为 25%~30%。此外，直接添加到食品应用的有鱼糜制品，如鱼罐头、糖果、婴儿奶粉、DHA 强化鸡蛋、人造奶油等。最近日本开发的粉末鱼油是用明胶、淀粉、卡拉胶等将 DHA 油微胶囊化，防止同空气的接触，使其防止氧化能力和保存性得到了改善。此外，将鱼油添加到饲料中喂鸡可得到 DHA 高含量鸡蛋，DHA 在鸡蛋中比 EPA 更易积蓄。饲料中约有 30%DHA可转移到鸡蛋中，即 1 个鸡蛋的蛋黄中约有 300~400mg 的 DHA，完全无鱼腥味，以磷脂形式存在，不易氧化，是稳定性、保存性良好的高附加值的鸡蛋。日本厂家进一步将DHA 高含量的蛋黄，直接干燥粉末或采用有机溶媒抽出得到 DHA 高含量的蛋黄油。由于 DNA 防止氧化能力高，保存性能好，故在食品中的应用将更为广泛。

随着科学的进步，EPA、DHA 在食品上的应用将得到进一步的开拓。

（四）甲壳质及其衍生物

甲壳质（chitin）又名几丁质、甲壳素等，是甲壳类、昆虫类、贝类等的甲壳及其菌类的细胞壁的主要成分，是一种储量十分丰富的天然多糖。甲壳胺（chitosan）又名水溶性甲壳素、壳聚糖，是甲壳质的脱乙酸衍生物。甲壳质和甲壳胺是天然多糖中少见的带正电荷的高分子物质，具有许多独特的性能，并可以通过酚化、醚化等反应制备多种衍生物，在食品、生化、医药、日用化妆品及污水处理等许多领域具有广泛的用途。

1. 甲壳质的结构

甲壳质是由以 N-乙酸-D-葡萄糖胺为单体（2-acetamido-2-deoxy-D-glucose）经糖苷链结合的多聚糖，分子式为 $(C_8H_{13}O_5N)_n$，n 为数百直至上千的自然数。甲壳质的学名为 β-（1→4）-2-乙酸氨基-2 脱氧-D-葡聚糖，是直链状的高分子化合物，相对分子质量达几十万至几百万，已知存在有 α、β、γ 三种立体构象。α-甲壳质是自然界中存在的主要形式，有 15~30 条的多糖链形式纤维束，其周围包裹着蛋白质，多糖链之间的氢键结合非常稳定。

甲壳胺是由 β-1-4 葡糖胺组成的线性生物大分子，是甲壳质的脱乙酰产物，脱乙酰度在 80%以上。Clark 和 Smith 认为甲壳胺晶胞的几何性状是正交晶形，每个正交形晶胞中含有 4 个甲壳胺糖链和数个水分子。

2. 甲壳质的化学性质

甲壳质不溶于水、稀酸、稀碱及醇、醚等有机溶剂，且对氧化剂也较稳定。但在一定的条件下，甲壳质能与多种化合物起反应。

主链的水解反应：在盐酸中，于 100℃进行水解，可得到葡萄糖胺盐酸盐。

脱乙酸基反应：将甲壳质放入浓度为 40%~60%的 NaOH 或 KOH 溶液中，加热至 100~180℃，可脱去乙酸基得到甲壳胺。甲壳胺为无色（或微黄色）非结晶片状或粉末，微碱性，不溶于水和碱溶液，溶于稀乙酸而成透明的黏稠液体。

酸化反应：与羧基化合物（一般多使用脂肪酸类的酸酐）反应，其 C_3 和 C_6 上的羟基（以酯键结合）酸化，可制备许多有用的衍生物。

羟乙基化反应：在碱性溶液中和环氧乙烷反应得到羟乙基甲壳质，可溶于水，在科研中用来测定酶的活性。

羧甲基化反应：在碱性溶液中与一氯乙酸进行羧甲基化反应，可得可溶性衍生物，反应点在 C_6 上。在反应过程中，大约 50%的乙酰氨基由于水解变成氨基，作为高分子两性电解质，能溶于水，溶液具有很大的黏性。这种水溶性衍生物是研究溶菌酶水解过程的良好底物。

硫酸酯化反应：甲壳质的羟基被取代生成硫酸酯，而甲壳胺则是游离的氨基参与反应产生疏氨键。甲壳质与甲壳胺的硫酸酯在结构上与肝素相似，也具有抗凝血作用，被认为是价廉易取的抗凝血多糖。

3. 甲壳质的分布

甲壳质存在于自然界无脊椎动物的甲壳，脊椎动物的蹄、角，昆虫的鞘翅，真菌的细胞壁中。水产动物虾蟹壳中甲壳质含量较多，甲壳质的含量因动物种类、季节而异，一般虾蟹壳中含 25%~35%的蛋白质，40%~45%的碳酸钙和 15%~20%的甲壳质。

蛤和牡蛎壳分别含有 6%、4%的甲壳质，但由于它们含有大量的无机物，要除去这些无机物，需要大量的酸，因此用蛤、牡蛎壳作为原料生产甲壳质在经济上没有吸引力。

海洋浮游动物是一类数量极大，个体很小，甲壳质含量较高的小生物。据估计，海洋浮游生物每年合成甲壳质有 10 亿 t 之多。但目前由于其形体极小，分散于海洋中，收集极其困难而未被利用。目前较为引人注目的是南极磷虾和红蟹，这两种浮游生物的组成与甲壳类动物相似，而且在它们生长的某个时期会大规模聚集在一起，易于捕捞，极有可能成为未来甲壳质的生产原料。

4. 甲壳质的生理功能

甲壳质的生理功能主要有 4 项。

第一，降低胆固醇功能。Sugano 等在高胆固醇含量的饲料中添加 2%~5%的甲壳胺，喂兔子 20d 后测定血及肝中的胆固醇含量，发现有显著的降低。他们还发现，添加 0.5%的甲壳胺于无胆固醇的饲料中喂养兔子 8d 后，与对照组相比，实验组兔子的 HDL 增加，而 LDL 减少。

Maezaki 等用健康的成年男子做类似实验。结果表明，摄取甲壳胺可使血中总胆固醇含量明显减少，而 HDL-胆固醇则明显上升。但停止摄入甲壳胺后，胆固醇有复原的倾向。

第二，调节肠内代谢功能。Feroda 等通过实验发现，人体在摄入甲壳胺后，肠内细菌中的卵磷脂酶-阴性芽孢梭菌有明显减少。该种菌可摄入致癌物质的前体在肠内转变成致癌物质。另外，在摄入甲壳胺后，肠内细菌所产生的腐败物质，即粪便中的 NH_3、苯酚、p-甲酚、吲哚等均明显减少。而据动物实验结果，上述腐败物质是肝癌、膀胱癌及皮肤癌等癌症的催化剂。

第三，调节血压功能。加藤等将甲壳胺喂给正常兔子和自然发症高血压的兔子，发现可抑制由高盐食物引起的血压升高。对人体的实验结果也是如此。

关于甲壳胺调节血压的机制，据认为，是由于甲壳胺能吸附食盐中的钠离子并引起高血压的血管扩张素 I 转换酶的活性低下，从而抑制血压的升高。

第四，抗菌功能。甲壳胺具有较强的抗真菌性的事实已为人熟知。Allen 等对 46 种真菌的抑菌实验发现，甲壳胺对薄状菌属、脉胞菌属、座线胞菌属等 32 种真菌具有抑制作用。一般当甲壳胺的浓度达 100μg/mL 时，即可表现出抗真菌性，且抗真菌性与甲壳胺颗粒的大小成反比。Hirano 等指出，甲壳胺的聚合度对其抗真菌性有较大的影响，聚合度降低，甲壳胺所能抑制的真菌种类减少，但抑制的程度加强。Kendra 等还发现，七聚体的甲壳胺具有最强的抗真菌性。有关甲壳胺的抗真菌性机制迄今尚未完全明了，据推断，可能与带正电荷的胺基有关。

除此以外，甲壳质或甲壳胺的完全水解物 D-葡萄糖胺盐酸盐，可作抗菌消炎、治疗骨关节疾病的药物等。

5. 甲壳质及其衍生物的用途

甲壳质及其衍生物有多种用途。

首先是在食品工业中应用广泛。由于甲壳质和甲壳胺无味无毒，可被生物降解，可在食品工业中作为絮凝剂，以加速固体分离，增加液体的透明度，或自液体中分离出固体微粒，提高固体产品的得率。还用作模拟食品的结构填充剂、增稠剂、乳化剂、保鲜剂和包装薄膜等。

其次是在医药工业中和科学研究中广泛应用。

甲壳胺是盐基性多糖，动物实验表明能抑制胃酸和胃溃疡，降低血液中的胆固醇和甘油三酸酯。甲壳质的硫酸衍生物有抗凝血作用，能抑制肾上腺皮质激素的分泌和促进钠离子排泄。还可用于制备手术缝线、药物包膜、人工肾、人工皮肤、伤口愈合剂等。

D-葡萄糖胺盐酸盐可作抗菌消炎药物，与抗生素制成复合物对抗生素有增效作用，同时能减少抗生素的不良反应，也可制取治疗骨关节疾病的药物及用作双歧杆菌的增殖因子等。

甲壳质和甲壳胺是性能优良的细胞固定剂、酶的载体，具有机械性能好、化学性质稳定、耐热性及价廉等优点，可作为酶固定剂、生物反应器、生物技术用材料等。

最后是在日用化妆品和水质净化处理中应用广泛。由于吸水吸油性能好，可制作婴儿尿布、高级妇女卫生巾；具有滋润补养头发的功能，用作头发定型剂、洗发剂、清洁剂。

除作凝聚剂用于水质净化外，由于它能与 Cu、Hg、Cd、Fe、Ni、Zn、Pb、Ag 等重金属形成螯合物，可用来有效地除去水中重金属，包括放射性元素。

此外，也能在纺织、印染、离子交换剂、摄影胶片等方面应用。

（五）海洋生物中的抗肿瘤活性物质

从 20 世纪 70 年代开始，最活跃的研究就是探索新的抗肿瘤活性物质。结果发现，大多数生物物种都存在细胞毒性或抗肿瘤活性，其中海绵动物无论从其活性的频度、强度，还是从活性成分的化学结构而言，都可谓是研究的最好对象。此外，包含海绵动物在内的无脊椎动物所含的大多数活性物质可能来源于共生（寄生）的微生物。因此，近来这些微生物的代谢产物也引起了研究者的注意。

1. 藻类中的抗肿瘤活性成分

从冲绳产平虫的消化管中分离的鞭毛藻 *Amphidinium* sp. 的培养藻体中分离得到数种命名为 amphidinolide 的大环内酯物（macrolide），其中 amphidinolid 对 L_{1210} 白血病细胞显示出最强的细胞毒性，IC_{50} 为 0.14ng/mL，但毒性太强，体内实验效果不佳。

夏威夷大学的 Moore 代课题组对蓝藻类的抗肿瘤物质进行了大量的研究，从陆楼蓝藻的 *Scytonemps eudohof manni* 中分离得到的大环内酯物单体即 scytophycin B，对 KB 细胞显示出很强的细胞毒性，IC_{50} 为 1ng/mL，但毒性太强，在植癌小白鼠实验中未能得到好的结果。

从褐藻的海带、马尾藻、铜藻、半叶马尾藻提取的硫酸多糖或从绿藻的刺核藻提取的葡萄糖醛硫酸对肉瘤（sarcoma）及欧利希氏癌（Ehrlich carcinoma）的腹水、固形癌等移植癌有抑制效果，从狭叶海带、羽叶藻、海带等褐藻中提取的粗岩藻聚糖对患 L_{1210} 白血病的小鼠有延长生命 25%以上的效果。绿藻中的硫酸多糖、褐藻酸、κ-卡拉胶、λ-卡拉胶、紫菜聚糖经口服对欧利希氏固形癌也有抑制效果，并对 Meth A 固形肿瘤有防治作用。

2. 海绵动物中的抗肿瘤活性成分

海绵是最低等的多细胞动物，结构简单，没有器官的分化，只有个别细胞存在机能上的差异。近 20 多年的研究，在众多的海绵动物中发现了许多抗肿瘤作用的活性物质。其中最引人注目的是从日本产软海绵属的冈田的软海绵（*Halichondria okadai*）发现软海绵素类，其中软海绵素 B（halichondrina B），对 B-16 细胞显示极其强的细胞毒性（IC_{50}=0.093ng/mL），动物体内实验的活性十分显著，毒性也小，但由于化学结构复杂，收率低（600kg 海绵只得 4.2mg）等因素，还尚未开发为抗癌剂。同时得到的奥卡达酸（okadaic acid）对白血病 P388 的 IC_{50} 为 1.7ng/mL，从鞭毛藻（*Dinophysis* spp.）等藻类中也分离出了奥卡达酸，显示出软海绵素的微生物由来的可能性。

从加勒比海产的居苔海绵（*Tedania ignis*）分离出的居苔海绵内酯（tedanolide）对

P388 和 KB 细胞的 IC_{50} 分别为 0.016ng/mL 和 0.25ng/mL，具有很强的细胞毒性，动物体内实验中未能得到理想的结果，但伏谷等从宇和海产的 *Mycale adhaerens* 得到的在 13 位脱-OH 的同类物质 13-deoxytedanolide，显示了同样的细胞毒性，并具抗肿瘤活性，仅差一个-OH，其活性即得到飞跃的改善，如实地反映了化学变换（化学修饰）的重要性。

从新西兰产冠海绵属（*Latrunculia*）的海绵及冲绳产海绵（*Prianos melanos*）分离出的具有类似构造的两种亚胺醌化合物迪斯柯哈丁海绵素（discorhabdin C）及普里阿斯诺海绵素 A（prianosin A）均显示了极强的抗肿瘤活性。前者对 L_{1210} 肿瘤细胞显示 $ED_{50}<$ 100ng/mL，而后者对 L_{1210} 及 L_{5178} 两种白血病细胞（体外实验）分别显示了 IC_{50} 为 37ng/mL 和 14ng/mL。

此外，从海绵动物中检出的具有细胞毒性的物质还有从日本产花萼国皮海（*Discodermia-calyx*）单离出的花等海绵素，从沙倔海绵（*Disidea arenaria*）提取出的沙倔海绵酮，从阶梯硬丝海绵（*Cacospongia scalaris*）分离出的去乙酸阶梯海绵醇等，有望作为抗肿瘤和抗癌制剂而得到利用。

3. 腔肠动物中的抗肿瘤活性成分

从集沙群海葵（*Polythoa* spp.）的雌性珊瑚虫（*polyp*）分离出的沙海葵毒素（palytoxin）对小白鼠的毒性为 LD_{50} 0.5μg/kg，相当于河豚毒素的约 20 倍，是除细菌外来源于生物的最强毒素。在极低浓度下即可显示出冠状动脉收缩作用（用狗做实验时为 25ng/kg），同时能引起末梢神经收缩，使细胞组织坏死。被认为具有很强的抗癌性的同时，似乎还具有癌的诱发作用。其末端氨基被乙酸化后，毒性可减少至 1/100，故有希望作为医药品使用。

从冲绳产的海鸡冠类的 *Isis hippuris* 中提取出被高度氧化了的菌类化合物希普里烷甾醇（hippuristanol）及 2α-羟基希普里烷甾醇（2α-hydroxyhippuristanol），两者都具有抗肿瘤活性。对 DBA/MC 纤维肉瘤细胞的 ED_{50} 分别为 0.8μg/mL 及 0.1μg/mL。据报道，这两种烷甾醇对白血病细胞 P388 也有疗效。

从八放珊瑚（*Telestoriisei*）提取出的普纳珊瑚腺素 3（punaglandin 3）对白血病细胞 L_{1210} 的 IC_{50} 为 0.02μg/mL，显示了极强的细胞毒性。

4. 软体及外肛动物中的抗肿瘤活性成分

软体动物中含有许多具有细胞毒性和抗肿瘤活性的物质，这些物质被认为是从其饵料如海绵、腔肠动物、外肛动物或海藻中积蓄而来的。例如，从印度洋产的耳状截尾海兔（*Dolabella auricularia*）分离出的具有强力抗肿瘤活性的 10 种肽，即截尾海兔肽，被认为是来源于蓝藻的。其中活性最强的是第十种肽，化学结构虽然简单，但对 P388 细胞的 IC_{50} 为 0.04ng/mL 具有非常强的细胞毒性。1~4μg/kg 的投与对 P388 癌鼠的延命效果为 169%~202%，而 1.44~11.1μg/kg 对 B-16 接种显示出 142%~238%的延命效果。

此外，从另一种海兔 *Aplysia agasi* 分离出的海兔素为一种含 Br 的倍半萜，显示有抗肿瘤活性[ED_{50}：2.7μg/mL（KB）]。从黑斑海兔（*Aplysia kurodai*）中还分离出选择毒性非常高的 3 种抗肿瘤性蛋白质-海兔蛋白 E、A、P（aplysianin E，aplysianin A，aplysianin P）。

从外肛动物苔虫类的总合草苔虫（*Bugula neritina*）中得到一组命名为苔藓虫素

（bryostatin）的抗肿瘤活性物质。已知的有 15 种，最早发现的苔藓虫素 1 具有很强的细胞毒性（P388：IC_{50} 0.89μg/mL）和抗肿瘤活性（P388：10~70μg/kg 投予 152%~196%的延命效果）。自 1982 年发现以来，作为海洋生物由来的抗肿瘤物质，是最受期待的一种抗癌剂，但只有 10^{-7}~10^{-6} 的收率，有必要考虑化学合成或利用微生物进行生产。

5. 环形动物及原索动物中的抗肿瘤活性成分

从非洲东南部海域产的头盘虫（*Cephaldiscu gilichristi*）发现的一种特异的自类化合物-头盘虫素Ⅰ（cephalostatinⅠ）对 P388 细胞显示出令人难以置信的强力细胞毒性。IC_{50} 为 10^{-7}~10^{-6}μg/mL，有毒。如能减弱其毒性，有望开发为抗癌剂。

原索动物中最有望开发为药物的抗肿瘤活性物质是从加勒比海产的群体海鞘的一种 *Trididemnum* sp.中分离出来的 3 种具有显著抗病毒及抗肿瘤活性的环状多肽，被命名为膜海鞘肽（didemnin）。其中膜海鞘肽 B 对 L_{1210} 细胞显示 IC_{50} 为 2ng/mL 的细胞毒性，并具有显著的抗肿瘤活性，是有希望应用于临床的化合物之一。此外，膜海鞘肽具有强力的抗病毒作用和免疫抑制作用，已能进行人工合成。

此外，从加利福尼亚湾产的橙色群体海鞘 *Aplidium* sp.提取出有抗菌及抗肿瘤活性的类萜化合物海鞘鞘氨醇（aplidiasphingosine）和牻牛儿氢醌（geranylhydroquinone）。从圣佛朗西斯科湾产的海鞘 *Aplidium californicum* 中提取出 3 种异戊烯氢醌（prenylhydroquinone）衍生物等。

（六）其他生理活性物质

1. 抗炎症活性物质

从帕劳产海绵 *Luffariella uariabilis* 中得到一种抗菌性物质，倍半萜类的 manoalide。Jacobs 等发现其具有显著的磷酸酯酶 A_2（PLA_2）阻碍活性及抗炎症作用。据报道，目前正在进行这种非甾类系的抗炎症剂或抗过敏剂的临床实验。

此外，从腔肠动物类中也发现数种显示抗炎症作用的萜类，其中从加勒比海产的 *Pesu-dopterogorgia elisabethae* 中分离的 pseudopterosin A 比抗炎症药物消炎止痛具有更强的抗炎症作用，伏谷等从伊豆群岛产的海绵 *Discodermia Kiiensis* 中分离得到的环状肽 discodermin A~D 也具有强力的抗炎症作用。

2. 抗心血管病活性物质

随着高龄化社会的进展，当务之急是开发治疗心血管病的药物，人们对各种海洋生物进行了具有强心、降压或抗血栓等物质的探索。从太平洋 *Anthopleura xanthogrammica* 中得到的 anthopleurin A 比市售的强心剂高 30 倍的强心作用，对血压无影响，但会产生抗体，还未能达到医药的应用。另外，从澳大利亚产海绵 *Xestospongia exigua* 中分离出的具有 1-oxaquinolizine 结构的 xestospongin A 具有较强的强心作用。

伏谷等从八丈产海绵 *Theonella* spp. 中发现的一种特异环状肽 cyclotheonamide A 对与血栓形成相关的凝血酶有强力的阻碍活性，0.076μg/mL 的低浓度就能阻碍其活性，目前在世界范围内已展开其合成和作用机制的研究。

我国中山大学的研究者从柳珊瑚、软珊瑚等分离得到 20 多种生理活性物质，其中柳珊瑚酸（wuberogorgin）、三丙酮胺、绿柱虫内酯二萜 A、绿柱虫内酯二萜 D 等具有降压、抗心律失常、强心、心血管活性、抗肿瘤等活性。

海藻的硫酸多糖、岩藻聚糖、卡拉胶和马尾藻聚糖具有较强而持续的抗凝血作用和降低血液中中性脂肪的效果。青岛海洋大学管华诗院士利用褐藻酸开发的海藻双酯钠（PSS），具有降低血液黏度和促使红细胞解聚作用，同时具有抗凝血作用，其效力相当于肝素的一半，还有明显的降血脂、扩张血管、改善微循环、降血压和降血糖等多种类肝素功能，但无肝素的毒性作用临床效果高，作用全面，是治疗脑梗死症、高血黏度综合征等有显著疗效的良药，也是我国首创的新型类肝素半合成海洋药物。

3. 抗病毒、提富机体免疫力的生物多糖

多糖是一类特殊的生理活性物质，研究表明，无论海参中的刺参多糖，还是绿藻中的硫酸多糖，甚至红藻、褐藻中的大分子藻胶，均具有提高机体免疫力的作用，有的甚至具有多种抗肿瘤、抗 HIV 的作用。Gustafson 报道，从人工培养的属于蓝藻门的鞘丝藻（*Lyngbya laterheimii*）和纤细席藻（*Phorimdium lenuea*）的细胞提取物中分离出一组含磷酸的糖脂（glycolipids）。业已证实，此种糖脂可抑制 HIV 的复制，是迄今为止发现的一种新型抗 HIV 药物。Ehresmann 发现，硫酸多糖能干扰 HIV 吸附及渗入细胞的过程，且可与之形成一种无感染力的多糖-病毒复合物。

玉足海参黏多糖（HLMP）是一种作用较强的免疫促进剂。HLMP 通过激活机体的单核——巨噬细胞系统而发挥作用，对增强恶性疾病患者的免疫功能有相当高的价值。此外，陶氏太阳海星酸性黏多糖（SDAMP）对增强机体的非特异免疫和体液免疫亦有一定的作用。海洋动物体内多种多样的黏多糖类物质可用于开发预防人类免疫缺陷病、癌症及免疫力低下等病患的功能保健食品。

4. 海洋生物毒素

海洋生物毒素具有重要的理论和应用研究价值，这是由于，它一方面可为神经生理学研究鉴定受体及其细胞调控分子机制提供丰富的工具药，如特异作用于 Na^+ 通道的高生物活性物质大部分均来自海洋生物毒素，包括河豚毒素、石房蛤毒素、芋螺毒素等，另一方面它对攻克人类面临的重大疑难疾病具有重要意义，如将海洋生物毒素直接开发为天然药物或作为先导化合物用于新药设计。已发现的重要海洋生物毒素主要包括河豚毒素、石房蛤毒素、膝沟藻毒素、鱼腥藻毒素、海参毒素、冠柳珊瑚毒素、大田软海绵酸、海兔毒素、岩沙海葵毒素、刺尾鱼毒素、轮状鳍藻毒素、扇贝毒素、短裸甲藻毒素和西加毒素等。

5. 抗氧化因子

研究表明，环境污染、紫外线、放射线及包括细胞呼吸在内的一些正常的代谢过程都可以产生自由基，而自由基可导致活细胞和组织的氧化损伤。自由基的存在也可加速衰老的进程。抗氧化活性肽通过减少氧自由基、羟自由基从而达到抗衰老的功能。海洋动物中含量丰富的超氧化物歧化酶（SOD）、过氧化酶（CAT）和过氧化物酶（如Se-GSH-PX），可在细胞体内形成抗氧化防御体系。特别是超氧化物歧化酶（SOD）更是

目前研究热点。

第三节　海洋中的天然产物资源研究进展的概述

一、海洋生物活性物质的研究进展

（一）海洋生物活性物质研究历史与现状

海洋天然产物的研究作为天然产物中一个独立的研究领域，一般认为始于 20 世纪 60 年代，60 年代初日本学者对河豚毒素的研究是人类对海洋天然活性成分研究的开端，以美国国立癌症研究所（NCI）对海洋的抗癌活性物质筛选为标志。70~80 年代逐步发展，到 90 年代末进入稳定的快速发展期，是热门的研究方向。目前每年有 500~600 篇论文发表，1000 个左右的新结构化合物被发现，具有显著生理活性的海洋天然产物不断进入临床研究阶段，如 1999~2003 年《中国海洋药物》杂志中就有 84 个新结构化合物被发现或首次从海洋生物中获得，如汤海峰等从褐藻叶托马尾藻 *Sargassum carpophyllum* 中分离得到 5 个甘油酯类成分，其中 2 个化合物为新天然产物，5 个化合物均为首次从该藻种中得到。蒋亭等从黄海葵附生真菌 *Penicillium* sp.化学成分中得到的（E）*N*-〔2-（4-羟基苯基）乙烯基〕甲酰胺为首次从自然界分离得到等。

美国是最早研究海洋生物抗菌肽物质的国家之一。随着"回归自然"浪潮的出现，人们越来越关心环境生态与污染、化学致癌物等的关系。天然产物的化学分离与化学分析的长足进步，使现在能以从前根本不可实现的速度进行分子的提取与鉴定。日本海洋生物技术研究院及海洋科学和技术中心每年用于海洋生物活性物质开发的经费为 1 亿多美元。日本在海洋生物活性物质方面的研究发展很快，并对海洋微生物、微藻类、海绵、芋螺、海参等多种海洋动植物和微生物所产生的活性物质进行研究，其中以海绵和海藻类研究最多。

欧洲联盟（欧盟）制订了海洋科学和技术计划，重点资助项目中有"从海洋生物资源中寻找新药"，近年来，已发现了 450 多个具有不同生物活性的新海洋天然产物，其中 31 个化合物具有明显的抗肿瘤活性。欧盟每年用于海洋药物开发的经费也有 1 亿多美元。我国利用海洋生物资源入药治疗、健体强身的历史非常悠久。但现代海洋药物研究则始于 20 世纪 70 年代。1997 年我国启动海洋高技术计划，海洋药物的开发被列为重点，从而以沿海城市为中心，形成科研、生产、开发技工贸一体化的生产网络。

海洋天然产物研究经历近半个世纪的探索和发展，已经获得了许多宝贵的经验积累和丰富的研究资料，特别是近年来生物技术的迅猛发展，为海洋天然产物开发提供了新的研究方法、研究思路和发展方向。现代的化学研究方法与多种生物技术越来越紧密地结合，已成为当今海洋天然产物研究发展的主流，并且是今后数十年海洋天然产物研究的主要趋势。

（二）海洋新生物资源的开发现状与面临的挑战

1. 海洋新生物资源的开发现状

海洋生物资源是一个十分巨大的有待深入开发的生物资源，环境的多样性决定了生物的多样性，同时也决定了化合物的多样性。发掘新的海洋生物资源已成为海洋药物研究的一个重要发展趋势。

海洋新生物资源指的是海洋微生物资源、海洋罕见的生物资源和海洋生物基因资源。

在海洋中，海洋微生物是最为庞大的资源类群，种类高达 100 万种以上，其次生代谢产物的多样性也是陆生微生物无法比拟的。但能人工培养的海洋微生物只有几千种，不到总数的 1%，到目前为止，以分离代谢产物为目的而被分离培养的海洋微生物就更少。由于微生物可以经发酵工程大量获得发酵产物，药源得到保障。此外，海洋共生微生物有可能是其宿主中天然活性物质的真正产生者，具有重要的研究价值。

海洋罕见的生物资源虽然不及海洋微生物资源庞大，但是其开发价值非常巨大。生长在深海、极地及人迹罕至的海岛上的海洋动植物，含有某些特殊的化学成分和功能基因。在水深 6000m 以下的海底，曾发现具有特殊生理功能的大型海洋蠕虫。在水温 90℃ 的海水中仍有细菌存活。对这些生物的研究将成为一个新的方向。

海洋生物活性代谢产物是由单个基因或基因组编码、调控和表达获得的。获得这些基因预示可获得这些化合物。海洋生物基因资源包括海洋动植物基因资源（即活性物质的功能基因，如活性肽、活性蛋白等）和海洋微生物基因资源（海洋环境微生物基因及海洋共生微生物基因）。开展海洋药用基因资源的研究对研究开发新的海洋药物将有着十分重大的意义。

2. 海洋天然生物活性成分研究面临的三大挑战

目前，海洋天然生物活性成分研究面临着三大挑战。

第一个挑战是快速、微量的提取分离和结构测定方法的建立。

海洋天然活性成分的研究是海洋药物开发的基础和源泉。海洋生物种类繁多，存在着许多特殊的次生代谢产物。然而，目前对海洋生物中活性成分的发现还仅仅处在开始阶段，经过较系统的化学成分研究的海洋生物还不到总数的 1%，还有大量海洋生物有待于进行系统的化学成分研究和活性筛选。研究重点主要集中在无脊椎动物等低等的海洋生物。海洋天然活性成分往往具有复杂的化学结构，而且含量极低，建立快速、微量的提取分离和结构测定方法及应用多靶点的生物筛选技术发现新的生物活性成分是当前科学家面临的挑战。

第二个挑战是海洋天然活性成分的结构优化。

从海洋生物中发现的大量活性天然成分，有的可以直接进入新药的研究开发，但有的活性成分存在着活性较低或毒性较大等问题。因此，需要将这些活性成分作为先导化合物进一步进行结构优化，如结构修饰和结构改造，以期获得活性更高、毒性更小的新化学成分。

第三个挑战是寻找合适的海洋药源。

不少海洋天然活性成分含量低，原料采集困难，限制了该化合物进行临床研究和产业化。寻找经济的、人工的、对环境无破坏的药源已成为海洋药物开发的紧迫课题。采用化学合成的方法进行化合物的全合成是解决药源问题的一个重要手段，已有不少海洋活性天然产物实现了全合成，如草苔虫内酯 1 和海鞘素 B 均已成功地进行了全合成。由于不少成分结构非常复杂，要进行全合成难度大、成本高，不易形成产业化。可采用人工养殖或模拟天然条件进行室内繁殖研究，美国斯坦福大学已成功进行了草苔虫实验室繁殖研究。运用组织细胞培养和功能基因克隆表达也是解决药源问题的一个新发展方向，许多科学家正在进行这方面的有益探索和深入研究，这些生物技术的应用必将为生物资源开发展现广阔的前景。

二、世界海洋药物发展现状

世界海洋天然产物的开发方兴未艾，走在这一领域前列的是美国、日本及欧洲共同体（欧共体），最近发展很快的是韩国。这些科技发达的国家投入可观的科研经费，对海洋药物进行开发和研究。在过去的几十年间，6000 多种海洋天然产物被发现，其中有重要生物活性并已申请专利的新化合物有 200 多种，而 20 世纪 70 年代只有少数几个有关前列腺素的专利申请，80 年代至今则数量大增。

在已发现的这些化合物中，不仅包括陆地生物中已存在的各种化学类型，并且还存在很多独特的新颖化学结构类型，尤其重要的是从海洋生物中发现了一系列高效低毒的抗肿瘤化合物，其中有些已进入临床前或临床实验阶段。美国是最早开展海洋生物活性物质研究的国家，随后各国学者相继开展了海洋生物抗肿瘤、抗病毒、抗真菌、抗心脑血管病、抗人类免疫缺陷病等活性成分的研究。

欧洲也是世界上最早开始海洋药物研究的地区之一，由于经济、科技、人才等多方面的优势，德、英、意、法、西等国在海洋天然产物研究领域一直居世界先进水平。反映海洋天然产物研究最高学术水平的"国际海洋天然产物研讨会（International Symposium on Marine Natural Products）"每三年举行 1 次，自 1975 年第一届至今已举行了 10 届，其中有 6 次在欧洲召开，大会特邀报告的专家有 50% 以上来自欧洲。

目前在海洋天然产物领域，世界上已形成了欧、美、日三足鼎立的局面。为了在海洋生物高技术领域能够与美、日抗衡，西欧许多国家采取了强-强联合策略，欧共体制定的海洋科学和技术（Marine Sciences and Technology，MAST）计划即是在这种形势下出台的，该计划自实施至今从 7000 多个海洋生物及 15 000 多个海洋微生物中发现了 450 多个具有不同生物活性的新海洋天然产物，31 个化合物由于具有明显的抗肿瘤活性申请了专利。

最近美国和欧洲制药企业协会在日本进行考察后提出要造就企业航空母舰，需要海洋药物的拳头产品，国际上对拳头产品的定义是年销售 10 亿美元。

与来源于陆生植物的 15 万种天然产物相比，海洋天然产物至今才 1 万多种，因此研制海洋天然产物具有极大的潜力等待研究开发的产品。

三、类海洋生物活性物质的研究进展

海洋生物毒素、生理活性物质、生物功能材料是当前热点研究的三类海洋生物活性物质。

（一）海洋生物毒素的研究进展

1. 已发现的主要海洋毒素

海洋生物毒素对人类活动影响很大，尤其是海洋有毒生物公害至今仍威胁着人类海上的生活和生产。但是，海洋生物毒素具有重要的理论和应用研究价值。

河豚毒素和石房蛤毒素是被最早发现并对之进行了研究的海洋生物毒素。早在20世纪初，人们就对其进行了初步研究，但重要的化学研究则是在20世纪六七十年代完成的。1964年测定了TTX的结构，1972年全人工合成成功。STX的结构于1975年最终确定，1977年首次完成了全人工合成。极微量的河豚毒素可止痛，而且不产生药瘾。对海绵毒素的分子结构进行适当修饰后研制出的一种抗癌新药，对急性白血病、恶性淋巴瘤、肺癌等有一定疗效。沙海葵毒素具有抑制癌细胞和抗人类免疫缺陷病毒作用，它是目前最强的冠状动脉收缩剂，比血管紧张素的活性强100倍以上。西加毒素存在于某些鱼及无脊椎动物中，它可增强膜兴奋时钠的通透性。现已查明，剧毒的岗比甲藻是西加毒素的唯一生源前体。从 *Lophw ogorgia* 中分离纯化出一种新的神经肌肉毒素lophotoxin，它可抑制神经受到刺激后的肌肉收缩，但不影响对肌肉直接进行电刺激所引起的收缩。

已发现的重要海洋生物毒素主要包括：河豚毒素、石房蛤毒素、膝沟藻毒素（gonyautoxin，GTX）、鱼腥藻毒素（anatoxin，AnTX）、海参毒素（holotoxin）、冠柳珊瑚毒素（lophotoxin）、大田软海绵酸（okadaic acid）、海兔毒素（aplysiatoxin）、岩沙海葵毒素（palytoxin，PTX）、刺尾鱼毒素（maitotoxin，MTX）、轮状鳍藻毒素（dinophysistoxin）、扇贝毒素（pectenotoxin）、短裸甲藻毒素（brevetoxin，PbTX）和西加毒素（ciguatoxin，CTX）等。

2. 海洋毒素的生理活性研究进展

（1）海洋毒素抗微生物作用的生物活性研究进展

海洋中具有抗菌活性的物质主要存在于海绵、海藻、海洋纤毛虫、海洋细菌等生物中。已报道的抗菌活性物质的活性成分大多为生物碱、多糖类、脂类、蛋白质、萜类等化合物。例如 Matsunaga 等从红海海绵（*Theonella swinhoei*）中分离得到2种新的具抗菌作用的血浆纤维多糖；Ellaiah 等从印度本地不同泥层中分离到的罕见的放射菌类，并研究了所有分离株的抗菌活性和酶活性，结果表明有34种分离物（占所有分离物的36.95%）具备极好的抗菌活性；Iijima 等从印度海兔（*Dolabella auricularia*）的皮肤及黏液中分离到一种被命名为 dolabellanin B2 的抗菌肽，该物质由33个氨基酸残基组成，当这种肽的浓度达 2.5~100mg/mL 时，即对致病微生物具有细胞毒性作用，同时对裂殖酵母（*Schizosaccharomyces pombe*）IFO1628 和热带假丝酵母（*Candida tropicalis*）TIMM0313 这2个菌株极为敏感。另据报道，从小鹅卵石中分离出一种海洋细菌 X153，其天然培养液对引起人类皮肤病的致病菌，及包括鱼类致病弧菌在内的海洋细菌有很高的活性，在细菌细胞内和培养液中均发现有活性物质。

经过离子交换层析等4个步骤得到纯化的抗菌蛋白，由 SDS 聚丙烯酰胺凝胶电泳确定 X153 蛋白分子质量为 87kDa，带负电荷。鱼类致病弧菌实验表明，X153 细菌能降低双壳类幼虫的死亡率。Endo 等从海绵（*Agelas* sp.）中分离出8种新的二聚溴吡咯生物碱，对革兰氏阳性细菌（G[+]）有抗菌活性。Pan 等从双齿围沙蚕匀浆液中分离到一种命名为 perinerin 的新抗菌肽，perinerin 由51个氨基酸残基组成，从结构上看具有高度的碱性和疏水性，对 G[+] 和革兰氏阴性细菌（G[−]）及真菌都有显著抗菌活性。蜡样芽孢杆菌 QNO3323 产生的 YM-266183 和 YM-266184 对包括耐药菌株在内的葡萄球菌和肠球菌有抗菌活性，但对 G-没有活性，质谱和核磁共振分析表明，YM-266183 和 YM-266184 为包含噻唑、嘧啶及若干特殊氨基酸的环状含硫肽类物质。

Aassila 等报道，从海洋无脊椎动物中分离出来的一种生物碱对鱼类致病性鳗弧菌（Vibrio anguillarum）具有抗菌活性，其最小抑菌浓度（minimal inhibitory concentration；MIC）为 0.017μg/mL。

我国在开发海洋抗菌活性物质方面也取得了一些进展，近年来已开发了系列头孢菌素、玉足海参素渗透剂等海洋抗菌药物。从海参中提取的海参皂苷，其抗真菌有效率达 88.5%，是人类历史上从动物界找到的第一种抗真菌皂苷。此外，海洋放线菌 HSL-6 能产生对金黄色葡萄球菌有强烈抑制作用的活性物质。另据报道，从海洋生物分离出的一种相对分子质量小于 5000 的抑菌肽活性物质 C03，对金黄色葡萄球菌（26001）、甲型链球菌（32213）、乙型链球菌（32204）、肺炎双球菌（31108）等多种传染性细菌表现出了较好的抑制作用，可望开发出一种抗菌海洋新药。

抗病毒海洋生物活性物质主要存在于珊瑚、海鞘、海藻、海绵等海洋生物中。已报道的抗病毒海洋生物活性物质的活性成分主要为萜类、生物碱、甾醇类、核苷类等化合物。第一个抗病毒海洋药物阿糖胞苷（Ara-C，cytarabine）于 1955 年被美国 FDA 批准用于治疗人眼单纯疱疹病毒感染。当前，人类免疫缺陷病在全球蔓延的趋势正在加剧，它是由人类免疫缺陷病毒（HIV）引起的。

对海洋天然产物抗 HIV 活性的筛选结果表明，这可能是一条寻找抗 HIV 药物或先导化合物的重要途径。研究者们已先后在海绵、藻类等海洋生物中发现了数十种抗 HIV 活性物质。例如从贪婪倔海绵（Dysidea avara）中分离到的 avarol 及其氧化产物 avarone 具有抑制 HIV 逆转录酶活性的作用，且对病毒装配和释出也有阻断作用，当 avarol 的浓度为 5μg/mL 时，对该逆转录酶的抑制率可达 82%，而对正常细胞无细胞毒性，并有细胞保护作用。该药目前已应用于临床。此外，Patil 等从来源于加勒比海域的海绵中分离出一系列的呱呢啶类生物碱 batzelladine A~D，batzelladine A 和 batzelladine B 抗 HIV 的活性比 batzelladine C 和 Batzelladine D 强，其作用机制是能有效阻止病毒糖蛋白 GP120 与宿主细胞的 CD4 抗原分子选择性结合，从而阻止 HIV 进入宿主细胞，抑制 HIV 的复制。Okutani 等从海洋假单胞菌 HA318 分离到的多糖，在低硫酸化状态下能 100%抑制 HIV 对 MT4 细胞的侵染，IC_{50} 为 0.69μg /L。

另据报道，从水中分离出的一种相对分子质量小于 5000 的抑菌肽活性物质 C03，对流感病毒鼠肺适应株 FM1 表现出了较好的抗病毒作用，可望开发出一种抗病毒海洋新药。而在体外筛选模型中，海洋生物活性物质总草苔虫内酯在 4μg /mL 以上浓度时显示有一定的对抗严重急性呼吸综合征相关冠状病毒（SARS-CoV）和保护被感染细胞的作用。

羊栖菜多糖是从全藻羊栖菜中提取得到的一种水溶性多糖，主要由褐藻胶和褐藻多糖硫酸酯组成。有研究报道，羊栖菜多糖及其分离产物对单纯疱疹病毒Ⅰ型（HSV-Ⅰ）有明显的抗病毒作用，且样品的抗病毒作用随着纯度的提高而增强，对柯萨奇病毒 CVB3 的抗病毒效果优于病毒唑，羊栖菜多糖样品对 Vero 细胞的毒性较小，半数致死浓度 LC_{50} 大于 5000mg/L 。从海洋微藻（Cochlodinium polykrikoides）中分离到的硫酸多糖，体外能完全抑制包膜性病毒对宿主细胞的侵入，而对宿主细胞无毒害，而且不会引起抗凝血作用。

（2）抗肿瘤、抗癌生物活性研究进展

对海洋生物抗肿瘤活性物质的研究始于 Bergman 的开拓性工作。由于受采样、分离纯化、化学结构鉴定等技术限制，在最初的几十年里，对抗肿瘤、抗癌活性物质的开发工作进展比较缓慢。近年来，随着深海生物采集、大规模人工养殖、色谱分析、核磁共振、高通量筛选、基因工程等技术的相继运用，海洋抗肿瘤、抗癌活性物质的生物资源开发进入了快速发展时期。例如，Kreuter 等从海绵中提取的一种酪氨酸代谢物能抑制表皮细胞生长因子受体（EGFR）酪氨酸蛋白激酶的磷酸化作用，对高表达的乳腺癌、肺癌有极强的抑制作用，当其浓度为 0.25~0.5mmol/L 时，即可引起肿瘤细胞死亡，而且当其浓度高达 10 倍时，对正常的成纤维细胞也无影响，该化合物目前已进入临床实验阶段。

20 世纪 80 年代，研究者分离得到了具有抗肿瘤活性的 3 个环肽类化合物，即 didemnin A、didemnin B、didemnin C，其中 didemnin B 的活性最强，在 0.1μg/mL 时对乳腺癌、卵巢癌具有明显的细胞毒性。在临床实验中，不同实体瘤和 non-Hodgkin 淋巴瘤患者，每 3 周静脉注射 1 次 didemnin B，可以观察到明显的抗肿瘤效果。从日本海采集的红藻中分离到一种抗肿瘤活性物质 marginisporum crassissiman 能够促进 T 淋巴细胞的出芽生长和 IgG 的形成，对小鼠骨髓瘤细胞、黑色素瘤细胞 B-16-BL6、小鼠肿瘤细胞株 JYG-B、人肿瘤细胞株 KPL-1 均有良好的抑制效果。thiocoraline 是由一种具有显著抗肿瘤活性的缩酚酸肽（depsipeptide），是从生长于印度洋靠近莫桑比克海岸的软珊瑚上分离到的一株小单胞菌（*Micromonospora* sp.）所产生的，它对肿瘤细胞 P 388、A–549、HT-29 及 MEL-28 的 IC_{50} 分别为 0.002μg/mL、0.002μg/mL、0.01μg/mL 及 0.002μg/mL，同时可显著抑制 DNA 及 RNA 的合成。进一步的抗肿瘤机制研究表明，thiocoraline 具有细胞周期阻滞作用，但不抑制拓扑异构酶 II 及 DNA 断裂，其最主要的抗肿瘤机制可能在于抑制 DNA 聚合酶。我国研究者用从中国鲨血细胞中提取的鲨素处理人肝癌 SMMC-7721 细胞，研究海洋生物活性物质的抗肿瘤作用，实验结果表明：鲨素能有效地抑制肝癌细胞的增殖活动，具有与癌细胞诱导分化物相似的抗肿瘤效果。

（3）影响心血管系统机能的生物活性研究进展

对影响心血管系统机能的活性物质的研究是海洋生物活性物质研究的又一重点。影响心血管系统机能的海洋生物活性物质主要包括多糖类、肽类、甾醇类、海洋毒素等。

从石珊瑚类的角孔珊瑚（*Goniopora*）中提取的角孔珊瑚毒素（gonioporatoxin，GPT）为一种多肽毒素，对心脏有正性肌力作用，强度大于强心苷类，对离体心脏，用量在 3mmol 以上可诱发心律失常。GPT 对心脏的激动作用可被 TTX 和戊脉安或恒温水浴槽中 Na^+、Ca^{2+} 的梯度降低所抑制；电生理研究表明，GPT 可延长动作电位时程。三丙酮胺（triacetonamine，TAA）是中山大学天然物研究室于 1982 年从中国南海鳞灯芯柳珊瑚（*Junceella squamata*）中获得的纯品，具有抗心律失常的作用，它能够显著地抗氯仿、氯化钙、哇巴因等药物及电刺激、机械结扎所造成的实验性心律失常，在抗室颤方面效果特别显著；另外，它还有可抗心肌缺血、缺氧作用。从南海的甘蓝柔荑软珊瑚（*Nephthea brassica* Kukenthal）中分离得到的四羟基甾醇能缓慢抑制心肌的收缩力，对心律失常伴有心动过速者效果较好。此外，还有降低血压、抗炎、提高免疫功能、抑制血管平滑肌收缩等药理作用。由鲨鱼软骨结缔组织中分离得到的鲨鱼软骨黏多糖（muscous polysaccharide，MPS）具有抗凝作用，使凝血时间延长，凝血酶原时间延长，而对纤维蛋白原含量、血小板数无明显影响，其作用机制类似肝素，而与纤维蛋白降解产物的机制不同。从海绵中提取分离得到的光溜海绵素为生物碱类物质，具有扩张血管的作用。

（二）海洋活性生物功能材料的研究进展

生物功能材料是指由生物体产生，具有支持细胞结构和机体形态的一类功能性生物大分子。这类材料中有相当一部分是通过从甲壳动物中提取的甲壳质类及从海藻中提取的海藻胶为原料来合成的。由于这些材料的分子结构独特，资源较丰富，目前已有不少国家开展了较为深入的研究，涉及工业、农业、医药、食品、环保等众多领域。甲壳质经脱乙酰基后，可制成能溶于稀有机酸的甲壳胺，再经修饰即可制成具有不同性质和功能的生物功能材料。研究开发的此类产品已达上百项，应用范围涉及工业、农业、医药、保健食品、医用生物材料、日用化工、印染、金属提取与回收、水净化处理、生物工程等众多领域和行业。因这些生物功能材料具有很强的杀菌能力，故也被广泛用于食品、肉制品、水果蔬菜的储存保鲜。近年来的研究还发现，甲壳胺有抗肿瘤作用。在医药及卫生材料方面，经磺化的甲壳胺可作为抗凝剂、烧伤治疗材料、手术缝合线等；水溶性的甲壳胺还可开发出海洋生物化妆品系列，如用于治疗口腔溃疡的牙膏、护肤香皂、劳动保护洗涤用品等。海藻胶的钠盐有优良的水溶性和成胶性，自身无毒，目前已广泛用于食品、医药、化工、生物工程等领域，在食品行业中可作为增稠剂、稳定剂、乳化剂和膨松剂，例如，用化学修饰制成的褐藻胶丙二脂可用作啤酒泡沫的稳定剂；褐藻胶还用作胃肠双重造影硫酸钡制剂；琼胶和卡拉胶是从红藻中提取的，可用作实验室材料和试剂、工业用材料，还具有降压、利尿、通便、解毒等功效。

（三）海洋生物活性物质的开发思考

海洋生物活性物质往往具有独特的化学结构和很高的生物活性，可直接开发为天然药物或作为先导化合物用于新药设计，例如，芋螺毒素有数十种，虽属同源蛋白质，但具有很高的选择毒性，肽链结构的微弱变化就可以有效地调节其生物活性，这为寻找高选择性的药物或农药提供了重要线索。海洋生物活性物质一般都以微量形式存在，从而限制了对它的获取和生产，通过扩大筛选生物活性物质的海洋生物的范围，进行系统化的筛选，利用人工养殖海洋生物和应用生物技术扩大药源则有望突破这一难关。近年来大量的生源学及生态学研究表明，海洋生物活性物质的最初来源绝大部分为低等海洋生物，如藻类及其共生菌类。运用生物培养、基因工程、细胞工程、发酵工程、DNA 重组等生物技术手段可以培植新的海洋生物，从而获得大量的海洋生物活性物质，这是在海洋药物的研究与开发过程中打破资源限制，解决药源问题的一条现实可行的途径。

今后对于海洋生物活性物质研究的重点将是：继续通过加深对海洋生物的生态分布规律及其多样性的了解，寻找和发现新型化合物；确定活性物质初级和次级代谢的遗传、营养和环境因素，作为开发新的高级产品的基础；鉴定具有生物活性的化合物，并确定它们的作用机制和天然功能，为一系列新的有选择的活性物质在医药和化工上的应用提供模型；进一步运用生物培养、基因工程、细胞工程、DNA 重组等生物技术手段培植新的海洋生物，以获得大量的海洋生物活性物质，实现海洋生物活性物质的规模化生产。

四、海洋微生物与生物活性物质

（一）海洋微生物与抗生素

1. 海洋细菌与抗生素

许多海洋细菌可产抗生素，已报道海洋细菌产生的抗生素有溴化吡咯、α-n-pentylquinolind、magnesidin、istamycin、aplasmomycin、altermicidin、macrolactin、diketopiperazines、3-氨基-3-脱氧-D-葡萄糖、oncorhyncolide、maduralide、salinamide、靛红、对羟苯基乙醇、醌、thiomarinds BC、trisindoline、pyrolnitrim 等，其中有些种类在陆生菌中从未见过。1998年王烈等从辽宁渤海浅海中分离到产生肽类抗生素（peptide antibiotic）海洋细菌9912，并证明其在临床方面的应用潜力。早在70年代，MBallester 等就从 *Alteromonas* P18的发酵液中萃取到一类高相对分子质量抗生素；Yoshikawa 等从一株交替假单孢菌种分离到可产生明显抗菌效果的 korormicin I。

2. 海洋真菌与抗生素

海洋真菌也是抗生素的重要来源之一，如最为人熟悉的头孢霉素 C 已经广泛应用于临床。还有其他一些结构新颖的抗生素，如大环内酯、生物碱、含硫环二肽等。Strongman 等从一株海洋真菌 *Leptosphaeria oraemaris* 中发现具有抗菌活性的倍半萜 culmorin；陈碧娥等通过对海洋真菌 *Aspergillus* sp. MF134 的培养，发现其提取物对枯草芽孢杆菌和白色假丝酵母有明显的抑制作用；李淑彬等通过对中国南海海底沉积物与海水样品中分离出的 100 多株海洋霉菌的研究，发现菌株 1-B6-10-5 和 B4#-3 的代谢产物对细菌和多种真菌具有很好的抑制作用；Onuki 等从海泥中分离得到一株真菌 *Penicillium* sp. N11550，并得到抗菌代谢产物 N115501A；Xu 等从佛罗里达沿海采集到葡萄状穗霉属的一个新种 *Satchybotays* sp.，并发现其代谢产物可以有效抑制细菌和真菌；Jadulco 等从海绵中发现真菌 *Curvularia lunata*，并从其代谢产物中分离到 3 种具抑菌活性的化合物：cytoskyrin A、abscisic acid 和 lunat；Jenkins 等从绿藻体表分离到真菌 CNC-159，从培养液中得到 3 个抗菌化合物 solanapyrone E~G。

3. 海洋放线菌与抗生素

据统计，目前 50%以上新发现的海洋微生物活性物质，是由海洋放线菌这个庞大的分类群产生的。吴少杰等对我国胶州湾海洋放线菌进行了系统研究，发现分离到的 500 多株菌株中有 50%左右表现出较好的抑菌性；Yang 等从海绵中分离到放线菌 *Micromonospora* sp.，并分离到一种新的蒽环类抗生素；Furumai、Igarashi 等从放线菌 TP-A0468 的培养液中发现了一种醌环素类抗生素 kosinostatin，这种抗生素不仅对一些革兰氏阳性菌有很强的抑制作用（最低抑菌浓度 MIC=0.039μg/mL），并对一些人体肿瘤细胞也表现出一定的拮抗作用。Maskey 等从 *Streptomyces* sp.菌株的培养液中分离到具有新颖结构的抗生素 parimycin。

（二）海洋微生物与抗肿瘤活性物质

海洋细菌是海洋微生物抗肿瘤活性物质的一个重要来源，主要集中在假单胞属

（*Pesudomonas*）、弧菌属（*Vibrio*）、微球菌属（*Micrococcus*）、芽孢杆菌属（*Bucillus*）、肠杆菌属（*Enterubacterium*）和别单胞菌属（*Alteromonas*）。圣迭达海洋研究所的 Fenical 小组从深海沉积物中分离到一种具有细胞毒性的深海菌（C-237），其发酵产物大环内酯化合物 macrolactins A 对小鼠黑素瘤细胞 B-16-F10 的 IC_{50} 为 3.5μg/mL。

Uemura 等从日本海滨的蜗牛体表分离到细菌 *Bacillus cereus* SCRC-4h1-2，其发酵液具有高的细胞毒性，从发酵液中提取到的两个环脂肽 homocereulide 和 cereulide 对鼠白血病细胞系 P388 和结肠 26 肿瘤细胞系表现出潜在的高拮抗。梁静娟等从广西北部湾红树林海洋淤泥中分离筛选到对人喉癌细胞 Hep-2 的生长抑制率为 63.9% 的短小芽孢杆菌 *Bacillus pumilus* PLM4。黄耀坚等从厦门海区潮间带的动植物体及底泥中分离到高产胞外多糖的菌株，研究表明其归属于土壤杆菌属（*Agrobacterium* sp.），所产的胞外多糖对小鼠 S_{180} 肉瘤具有较强的抑制作用。

海洋放线菌中也发现抗肿瘤活性物质。Kalaitzi 等在放线菌株 CNH-099 的发酵液中发现了一种新的倍半萜类萘醌衍生物 neo-marinone，实验证明对人体肿瘤细胞表现出一定的细胞毒性。从海洋放线菌 *Actinomadura* sp.的发酵液中发现同时具有细胞毒性和抗革兰氏阳性菌的新的化合物 IB-00208。

此外，有研究者在海洋真菌中也发现抗肿瘤活性物质。熊枫等从西太平洋近赤道区的深海沉积物样品中分离筛选到对人体 Raji 细胞表现出高拮抗的 5 株海洋真菌。Amagata 等从褐藻中分离到一株真菌 *Penicillium waksmanii* OUPS-N133，其代谢产物 pyrenocines E 具有抑制 P388 白血病细胞的作用。Amagata 从海绵中分离到一株真菌 *Gymnascella dankaliensis*，从其发酵液中得到 2 个罕见的具有细胞毒性的甾醇衍生物 gymnasterone A 和 gymnasterone B。

（三）海洋微生物与酶

Sun-on Lee 等从海洋交替假单胞菌（*Pseudoalteromonas* sp. A28）分离出具有杀灭 S.cost-atum NIES-324 活性的一种蛋白酶。黄志强等从福建海域的海水、海泥及海藻样品中分离到 3 株产蛋白酶的荧光假单胞菌（*Pseudomonas fluorescens*）、黏质沙雷菌（*Serratia marcescens*）和氧化短杆菌（*Brevibacterium oxydans*）；郝建华等对海洋细菌 QD80 所产低温碱性蛋白酶进行了基因克隆和序列分析；孙谧等从海水贝类中筛选到产碱性蛋白酶活力高、性能优良的菌株 YS-9412-130。

有学者通过对从中国东海海域底泥中筛选获得的一株产溶菌酶的海洋细菌 S-12-86 的研究发现，此菌株具有易培养、产酶量较高、生产成本较低等优点，具有较大的生产开发潜力。杨承勇等从南海海水中分离到产几丁质酶的弧菌（*Vibrio* sp.）；日本科学家 Sugano 等较为系统地研究了海洋弧菌 *Vibrio* sp. JT0107 的琼脂糖酶的产生。

Dong 等从一株海洋弧菌 PO-303 中获得一种独特的 β-琼脂糖酶；Hu 等从一株海洋弧菌突变株 510-64 中分离到海藻酸酶；此外还有一些海洋微生物来源的葡聚糖酶、海藻解壁酶、岩藻聚糖酶等也有报道。

Sang 等从一株海洋弧菌 GMD509 中得到一种新的酯酶；Jung 等从一株海洋细菌 *Erythrobacter litoralis*（一种红色杆菌）HTCC2594 的培养液中获得一种环氧化物水解酶；Helen 等从海洋假单胞菌中分离到一种终端氧化酶。

（四）海洋微生物与酶抑制剂

在海洋微生物中不仅发现了具有催化活性的生物酶，也发现了具有抑制生物酶活性的物质——酶抑制剂。酶抑制剂可用在许多疾病的防治，如抗血管紧张素酶抑制剂可抵抗糖尿病和肾病，端粒酶抑制剂可抗癌，神经氨酸酶抑制剂可抗流感，组织蛋白酶抑制剂 cathestatins 被用于治疗骨病等。Isao 等从细菌 Sank 70992 的发酵液中分离出具有抑制半胱氨酸蛋白酶活性的两类新的化合物 B1371A 和 B1371B，用于治疗大脑梗死、心肌梗死、血栓形成、白内障等具有很好效果；Ui 等从真菌 *Aspergillus niger* FT-0554 的发酵液中分离到一个新的 NADH-延胡索酸还原酶抑制剂 nafuredin；中山大学研究小组从中国南海红树林分离到一株真菌 *Xylaria* sp.（No.2508），从其培养液中得到对乙酰胆碱酯酶有抑制活性的化合物 xyloketals A。

（五）海洋微生物与海洋生物毒素

海洋生物毒素是重要的海洋活性物质，如河豚毒素（tetrodotoxin，TTX）、海葵毒素（palytoxin，PTX）、石房蛤毒素（saxitoxin，STX）等，范延辉等从我国渤海红鳍东方豚（*Fugu rubripes*）的卵巢中分离到了一株海洋细菌 B3B，并从其发酵产物中获得河豚毒素。在一些有毒藻类的共生细菌中也发现了产 STX 的一类莫拉氏菌和芽孢杆菌。

（六）海洋微生物与不饱和脂肪酸（polyunsaturated fatty acid，PUFA）

PUFA 对人体有重要的生理意义，其代表物质是二十碳五烯酸（EPA）和二十二碳六烯酸（DHA）。目前发现的 PUFA 产生菌全部是深海细菌和极地细菌。早在 1973 年，Oliver 等在海洋细菌中发现了多不饱和脂肪酸的存在；王黎等从海鱼中分离到一株细菌 WL-102，其所产 PUFA 中 EPA 和 DHA 的含量较高；Kazuo 等从海洋细菌中得到一种新的二十二碳六脂肪酸。

（七）海洋微生物与海洋多糖

多糖在抗肿瘤、抗病毒、降血糖、抗凝血、抗炎、抗衰老等方面发挥着重要作用。黄耀坚等从厦门海区潮间带中筛选到高产胞外多糖的土壤杆菌，并实验发现其所产胞外多糖对小鼠 S_{180} 肉瘤具有较强的抑制作用；韩文君等发现了产褐藻酸多糖的假单胞属细菌 *Pseudomonas* sp.QDA；Schiano 等从海洋温泉地区筛选到可产胞外多糖的嗜热菌；Tomshich 等从海洋细菌 *Cellulophaga baltica* 中得到酸性 O 型特异性多糖。

（八）海洋微生物与其他活性物质

除上述常见的活性物质外，还有红色素、蓝色素、维生素、氨基酸、类胡萝卜素、胡萝卜素等海洋活性物质也有报道。

我国海洋资源丰富，拥有东海、南海、黄海、渤海四大海域，具有丰富的微生物种群，因此有很好的海洋活性物质开发前景。在我国，该领域的研究较发达国家落后，在海洋微生物的筛选、分离、鉴定及活性物质的分离纯化等方面应重点加强，加紧海洋微生物系统的研究开发对更好利用海洋资源方面具有十分重要的现实意义。

五、海洋藻类植物中的活性物质

（一）海洋藻类植物中的糖类

海藻植物中的糖类有许多种，其中含量丰富并具有一定生物活性的主要有 4 类。

第一类是海藻胶。海藻胶是大型海藻细胞间的黏质多糖，在红藻、褐藻中大量存在。其分子常由 D-半乳糖、3，6-内醚-L-半乳糖、D-木糖、D-甘露糖、D-甘露糖醛酸、D-古罗糖醛酸、D-葡萄糖及褐藻糖等构成。这些多糖类物质往往占海藻干重的 20%以上。目前已工业化生产的主要有褐藻胶、琼胶和卡拉胶 3 种。

第二类是褐藻胶。褐藻胶是褐藻所特有的一种细胞间质。商品褐藻胶通常是指褐藻酸钠，由于其能溶解于水，形成黏稠的水溶液，在临床上可作血浆代用品使用。褐藻胶对 Pb、Sr 等金属还有阻吸作用，并有助于这些重金属的排泄与清除。临床应用的藻酸双酯钠（polysaccharide sulfate，PSS）是在褐藻酸钠分子的羟基及羧基上分别引入磺酰基及丙二醇基而形成的双酯钠盐，它有明显的抗凝血、降血压、降血脂、降低血黏度与扩张血管及改善微循环的作用，可用于治疗高脂血症和缺血性心脑血管疾病。PSS 的换代产品甘糖酯（propylene glycol mannurate sulfate，PGMS）对治疗急性脑梗死也有显著的疗效。其他的同类产品如烟酸甘露醇酯及褐藻淀粉硫酸酯等，都已在临床上得到广泛的应用。

第三类是琼胶。琼胶由琼胶素（agarose）和琼胶脂（agaropectin）组成，前者是由 D-半乳糖和 3，6-内醚-L-半乳糖通过 1，3-和 1，4-糖苷键交替连接起来的大分子；后者在组成中含有葡萄糖醛酸、丙酮酸及多量的 SO_4^{2-}。琼胶具有凝固性，其凝固力随胶质中 SO_4^{2-} 总量的减少而增强，琼胶类硫酸多糖对 B 型流感病毒、腮腺炎及脑膜炎病毒等有一定的抑制作用。

第四类是卡拉胶（角叉菜胶）。卡拉胶有 6 种不同类型，应用于医药、食品工业上的多数是κ-卡拉胶和κ-卡拉胶的混合物。卡拉胶具有防治胃溃疡、抗凝血、降血脂、促进骨胶原生长等作用。由于其具有硫酸酯多糖的基本构型，如在分子链中引入亚硒酸根即可形成硒化卡拉胶，该物质具有显著的抗肿瘤活性，其临床应用尚在研究之中。

除上述含量丰富的海藻多糖外，还有两类海藻多糖，虽然含量不及上述 5 类丰富，但是其生物学活性却非常引人注目。

一种是紫菜多糖，它是从紫菜中分离所得，其相对分子质量约为 $7.4×10^4$。紫菜多糖能促进生物蛋白质合成，增强肌体免疫力，具有抗肿瘤、抗突变、抗辐射、抗白细胞数减少的作用，并能降低心肌脂褐质含量，抑制脑中 B 型单胺氧化酶（MAO-B）活性，增强脑、肝中超氧化物歧化酶（SOD）的活力，对多种老年性疾病有防治作用。紫菜多糖还有增强心肌收缩力、降血脂、抗凝血、降低血黏度、抑制血栓形成的作用，对预防动脉硬化、改善心肌梗死症状具有重要意义。

另一种是褐藻多糖硫酸酯。褐藻多糖硫酸酯（FPS）是从褐藻中提取的水溶性杂多糖，具有抗凝血、降血脂、防血栓、改善微循环及抗肿瘤等作用。褐藻多糖硫酸酯还能干扰人类免疫缺陷病毒（HIV）的吸附及渗入细胞过程，抑制其复制，并通过激活机体的免疫系统、改善机体的生物应答功能，来提高机体的免疫力。褐藻多糖硫酸酯还能提高肾对肌酐的清除率，改善肾功能，对治疗尿毒症有显著效果，临床上已用于治疗慢性肾衰竭。此外，昆布多糖、羊栖菜多糖、海蒿子多糖等也能明显降低血脂，具清除氧自由基、抗肿瘤及增强免疫力作用。20 世纪 70 年代起，从铜藻 *Sargassum horneri* 中已得到海带淀粉，动物实验证明：经磺化后制成的海带淀粉硫酸钠有防治冠心病患者的凝血和血栓形成的作用。鼠尾藻 *Sargassum thunbergii* 多糖对慢性胃溃疡的修复愈合及急性胃黏膜糜烂的治疗有一定的效果。

（二）海洋藻类植物中的脂质

海洋藻类植物中具有生物活性的脂质主要有两大类。

一类是高度不饱和脂肪酸。高度不饱和脂肪酸（PUFA）在海洋生物中含量丰富，常由海藻合成并通过食物链转移到其他水生生物中去。PUFA 主要有花生四烯酸（AA）、ω-3系的二十碳五烯酸（EPA）、二十二碳六烯酸（DHA）等种类，其生物活性远大于 ω-6 型的脂肪酸。DHA 有抗衰老、降血脂、降血压、抗血栓、防止血小板凝结、清除氧自由基、减少血液中低密度脂蛋白的含量和预防动脉粥样硬化的作用，对心脑血管疾病、关节炎、肾炎等有良好的防治作用。EPA、DHA 还能增强大脑记忆力，有"脑黄金"的美誉。现已开始通过培养藻类来提取 EPA 和 DHA，如紫球藻 *Porphyridinm cruentum* 中，AA 含量占总脂肪酸含量的 35%以上。三角褐指藻 *Phaeodactylum ticornutum* 中，EPA 含量占总脂肪酸含量的 35%以上。日本养殖的小球藻 *Chlorella minulissima* 中，EPA 含量占总脂肪酸含量的 90%，应用前景十分诱人。另外，十八碳三烯酸（又名亚麻酸）被称为维生素 F，是合成前列腺素的前体，并可在体内转换成 DHA。

另一类是前列腺素。前列腺素（PG）是一族二十碳的多不饱和脂肪酸，在海洋生物中的含量为人体和陆生生物的几百到几千倍。自 1972 年我国在海洋生物柳珊瑚中发现 20 余种天然 PG 后，在脆江蓠 *Gracilaria bursa-pastoris* 中也发现了 PG。经人工改造为 PGE2 和 PGF2a 后，PG 具有更高的活性，可参与动物血压调节，与肌体的生长、发育、繁殖等有密切的关系。有关 PG 的衍生物已多达 200 余种。青岛从江蓠 *Gracilaria asiatica* 中提取的 PG 已被鉴定为 PGE2。

PGE2、PGF2a 已在避孕、催产、终止妊娠等方面得到应用，局部注射还可治疗阳痿。

（三）海洋藻类植物中的蛋白质与酶

1. 藻蓝蛋白和藻红蛋白

藻蓝蛋白和藻红蛋白合称为藻胆素，是蓝藻、红藻中的水溶性色素，其蛋白质属球朊。藻蓝蛋白对脊髓制血具刺激作用，对各种血液疾病有辅助治疗作用。藻蓝蛋白的水溶液能发荧光，具结晶性，化学性质稳定，是藻类特有的捕光色素蛋白，可在免疫检测、荧光显微技术等方面作为很好的生化示踪物。现已证实，藻蓝蛋白还有改善免疫系统功能、抑制癌细胞的作用。螺旋藻属的 c-藻蓝蛋白、紫球藻（*Porphyridium*）的 e-藻红蛋白及鱼腥藻（*Anabena*）和念珠藻（*Nostoc*）的 c-藻蓝蛋白均以极高的价格显示了其巨大的商业价值。

2. 海洋藻类植物中的酶

海洋藻类植物中的酶主要有三类。

一类是超氧化物歧化酶。超氧化物歧化酶（SOD）是一种含有铜、锌、铁、锰等离子的肽键大分子金属酶。对 6 种 SOD 的一级结构进行了分析，表明其均含有 18 种氨基酸。SOD 是一种针对氧毒害反应为机体提供保护的酶类，可催化超氧阴离子自由基歧化反应，生成 $H_2O_2^+ O_2^-$，是高效自由基的天然清除剂。当体内 SOD 不足时，会使脂质过氧化，损伤细胞膜，导致肌体衰老，引起炎症、肿瘤和自身免疫性疾病。因此，适当补充 SOD 可防治疾病。现已在临床中使用 SOD 治疗类风湿关节炎、心肌缺血、皮炎、视网膜损伤等疾病，对抗衰老及防癌等也有一定作用。

第二类指的是甘露糖醛酸 C-5 差向异构酶。众所周知，褐藻胶是由甘露糖醛酸与古罗糖醛酸连接成的长链。古罗糖醛酸含量高的褐藻胶凝胶强度更高，能更有效地固定细胞。海藻体内存在的甘露糖醛酸 C-5 差向异构酶，能在钙离子存在的条件下将甘露糖醛酸转化成古罗糖醛酸。若能提取该种酶，就能实现褐藻胶的人工化学修饰，提高藻胶的功效。

第三类是过氧化物酶。过氧化物酶能催化多种卤代反应，在藻体中生成卤代萜或碘酪氨酸等。海藻具有高效的富碘机制，从而使其自身成为人类最佳的补碘剂。对海藻过氧化物酶的研究已成为当前海藻化学研究的热点之一。

（四）海洋藻类植物中的活性氨基酸与多肽

1. 海洋藻类植物中的活性氨基酸

海洋藻类植物中的活性氨基酸主要有 4 种。

褐藻氨酸（海带氨酸）是其中的一种。褐藻氨酸是一种胆碱样的碱性氨基酸，具有明显的降血压、调节血脂平衡及防治动脉粥样硬化的作用。制成的褐藻氨酸二草酸盐在临床上的降压效果能维持 4h 以上。此外，Takagi 还从中国台湾的幅叶藻 *Petalonia fascia* 中分离出一种呈中性的幅叶氨基酸，也同样具有降压作用。

另一种是海人草酸（digenic acid）。海人草酸为脯氨酸的衍生物，是鹧鸪菜或海人草内的有效药用成分，曾被广泛用作驱虫剂，后因其对神经系统有损伤作用而被停止使用。海人草酸能有选择性地损害脑组织，与多种脑部疾病，如癫痫病、帕金森病、等有一定关系，现将其应用于中枢神经系统的研究，可作为神经药理学研究的重要工具药之一。

还有一种是结构与海人草酸相似的软骨藻酸（domoic acid）。它也属于能使中枢神经系统兴奋的氨基酸，其作用强度为谷氨酸的 100 倍。软骨藻酸中毒时会出现肠道症状和神经紊乱，严重时会出现短暂的记忆丧失。能合成软骨藻酸的藻类主要有软骨藻属（*Chondria*）等。

最后一种为近些年来引起营养界广泛兴趣的牛磺酸，虽然多从贝类中提取获得，但是并不是贝类自身合成的，而是从食物海藻中获得的。

牛磺酸为氨基乙磺酸，在多种海藻和海洋动物中均有发现。牛磺酸不参与蛋白质的合成，但与胱氨酸、半胱氨酸的代谢密切相关。牛磺酸可促进大脑发育，改善充血性心力衰竭，具有抗心律失常、抗动脉粥样硬化、保护视觉等功能。

人体内合成牛磺酸的酶（CSAD）的活性较低，因此主要靠外源牛磺酸补足机体需要。紫菜中所含的牛磺酸可参与胆汁的肠肝循环，降低胆固醇，并可防止胆结石的形成。此外，服用 1.00mg/（kg·d）的牛磺酸可使癫痫病的发作次数减少一半。口服牛磺酸 75mg/d 可治疗偏头痛。牛磺酸可作为老年人抗智力衰退、抗疲劳及滋肝强身的保健品。从赖氏鞘丝藻 Lyngbya lagerheimmii 和纤细席藻 Phormidium tenuea 中提取的含牛磺酸的糖脂还具有抑制 HIV 复制的功能。

2. 海洋藻类植物中的活性多肽——凝集素

多肽中有一种凝集素，其氨基酸组成为甘氨酸、丝氨酸及酸性氨基酸，相对分子质量为 1 万~3 万，可凝集各种细胞并对复合糖质有沉降作用，目前已作为生化及临床试剂得到应用。

有些海藻中的凝集素含量很高，可作为凝集素的原料，如 100g 麒麟菜 Eucheuma muricatum 干品中约含 1g 凝集素。

羽状翼藻 Pilosa filicina 中的凝集素对肿瘤细胞、淋巴细胞、海洋细菌及单细胞蓝藻有很强的凝集活性。从冻沙菜 Hypnea japonica 中提取的凝集素（hypnin A-2）在低浓度下也能抑制血小板凝集。翼藻 Pilosa plumose 中的凝集素对人类 B 型红细胞具有专一的识别作用。从粗壮红翎藻 Solieria robsia 中提取的 3 种凝集素在体外分别能抑制白血病细胞 L_{1210} 及小鼠乳腺癌细胞 FM3A 的增殖，有望作为抗癌用药。20 世纪 80 年代从巨大鞘丝藻 Lyngbya majuscula 中分离到有抗癌活性的环肽，动物实验表明其对骨髓病的阻断效率达 35%。

（五）海洋藻类植物中的萜类

海洋藻类植物中的萜类按其结构分，主要有一萜类、倍半萜类和二萜类三大类。

从海头红属（Plocamium）中分离到的含卤单萜、环状多卤单萜及含氧卤代单萜等化合物均具有抗菌活性。例如，多卤单萜能抑制 HeLa 癌细胞，plocamadiene A 能引起小鼠长时间的痉挛麻痹，因而可作为研究骨髓反应的工具药。从该属中提取的另一单环卤代单萜具有镇静平滑肌的作用，从耳壳藻 Peyssonnelia caulifera 中分离到的高单萜的酯 caulilide，有抑制肿瘤的作用。

已发现的倍半萜类的药物约有 1000 种。凹顶藻属（L. aurencia）含有丰富的萜类物质，从东海常见的异枝凹顶藻 Laurencia intermedia 和冈村凹顶藻 L. okamurai 中分离得的劳藻酚（laurinterol）和脱溴劳藻酚（debromo-laurinterol），均具有很强的抗金黄色葡萄球菌的作用。

海洋二萜类化合物已被发现的有 100 多种，从褐藻厚网藻 Dictyota coriaceum 和网地藻 Dictyota dichotoma 中分离出的二萜环氧化物（dolabellane-3）对腺病毒和流感病毒有显著的抑制作用。从另一种网地藻 Dictyota sp.中分离得到的 dolabellane-3 的 16-二烯衍生物，对 KB 肿瘤细胞有明显抑制作用。

（六）海洋藻类植物中的色素类

海洋藻类植物中的色素有许多种，比较重要的有两种：β-胡萝卜素和虾青素。

在海洋生物中已发现数百种结构新颖的类胡萝卜素，现主要是从养殖的盐生杜氏藻 Dunaliella salina 中提取，该藻中所含的 β-胡萝卜素（β-C）要比胡萝卜中所含的 β-C 高出上千倍。β-C 是类胡萝卜素中最为人类所需要的一种，它是含有 11 个共轭双键的多烯烃化合物，是维生素 A 的前体，可以补充孕妇、儿童缺乏的维生素。β-C 还有抗氧化、抗肿瘤等作用，对慢性萎缩性胃炎和胃溃疡也有疗效。β-C 还可作为营养保健品，用于增强人体免疫力，减少疾病，延缓衰老。在食品、化妆品行业，作为天然色素添加剂、混悬剂、乳化剂等，β-C 也已得到广泛应用。

虾青素最初是从虾蟹壳中分离得到的，但含量不高。现在可以从雨生红球藻 *Haematoc-occus pluvialis* 的不动孢子中提取，其含量占细胞干重的 1%~2%，且提取相对简化。虾青素为 3, 3-二羟基-4, 4-二酮基-β，β-胡萝卜素，该物质虽然在动物体内不能转变为维生素 A，但能增强人体免疫力，其抗氧化性能也较维生素 E 大 100~1000 倍甚至更多，对肿瘤的抑制作用也远比其他类胡萝卜素和维生素 A 强，因而研制并开发含有虾青素的保健品有着广阔的前景。由于虾青素色泽艳红并具强抗氧化性，现已被应用于饮料、调味料、食品的着色及药物、化妆品的生产中。

（七）海洋藻类植物中的甾类

海洋藻类植物中的甾类主要是岩藻甾醇和羟基岩藻甾醇。

岩藻甾醇可从多种褐藻中提取得到。岩藻甾醇能使小鸡血中的胆固醇下降 85%，并可减少肝及心脏内脂肪的沉积。它还有类似雌激素的作用。同系物异岩藻甾醇及马尾藻甾醇也同样有降胆固醇的作用。

从大团扇藻 *Padina crassa* 中分离得到的 7a-羟基岩藻甾醇，对人体早幼粒白血病细胞（HL-60）具有明显的分化诱导作用，7β-羟基岩藻甾醇的诱导活性较低，而岩藻甾醇几乎无诱导活性。现在正从天然产物中寻找甾醇类物质，使实体瘤及白血病细胞在分化诱导剂的作用下分化为近似正常细胞，从而使其致癌性明显降低，甚至丧失。

（八）海洋藻类植物中的甾类毒素

对铜绿微囊藻 *Microcystis aeruginosa* 的毒性进行分离研究，得到 2 种具药理活性的组分，其中之一可引起实验动物的痉挛和严重肝伤害，1h 左右导致动物死亡，故称其为快死因子（FDF）；另一种虽对肝无毒性，却会令实验动物发生竖毛反应，引起呼吸困难和昏睡，实验动物的存活期为 2d，故称其为慢死因子（SDF）。推测 SDF 是由细菌将 FDF 分解得到的产物。有人认为 FDF 的结构可能是一种环肽。

从水华束丝藻 *Aphanizomenon flosaquae* 中发现一种生物碱 aphantoxin。它是一种与石房蛤毒素（STX）相近的内毒素。致死剂量为 10mg/kg（小鼠），5min 内足以致死，其作用机制与河豚毒素相似。此外，鱼腥藻属（*Anabaena*）体内的鱼腥藻素（anatoxin A）和鞘丝藻属（*Lyngbya*）体内的 aplysiatoxin 等多种蓝藻毒素也已被分离纯化。以上毒素大多能导致人和动物中毒，某些种类具有一定的药用价值，有望成为分子生物学的工具药。

六、海洋动物活性物质工业化制备技术的研究进展

（一）提取方法

常用的海洋动物活性物质工业化制备技术主要有 5 种。

第一种，酶解技术。采用蛋白酶在最适温度和 pH 条件下对海洋动物进行酶解反应，是在较温和的条件下进行，能较好地控制生产。酶解反应是整个工艺的核心，活性物质、蛋白质等在此期间发生水解，利用酶的高选择性降低细胞壁、蛋白质等对细胞内活性物质的阻碍，获得较高的提取率，该技术在活性物质的提取分离上应用得最广泛。

第二种，溶剂萃取技术。溶剂萃取是天然产物提取的传统方法，包括热水浸提、碱液提取和醇类提取，是利用化合物在两种互不相溶（或微溶）的溶剂中溶解度或分配系数的不同，将活性物质从一种溶剂内转移到另一种溶剂中。经反复萃取，能将绝大部分的化合物提取出来。但热提取法提取时间长、溶剂消耗大、操作烦琐，不适于工业放大应用。因此，为提高活性物质的提取率，溶剂萃取技术经常和酶分解生物技术及微波、超声波物理助提技术联用。

第三种，微波萃取技术。微波萃取技术又称微波辅助提取（microwave assisted extraction，MAE），是用微波能加热溶剂使所需化合物从基体中分离进入溶剂中的一个过程。该技术具有加热速度快、保持了食品的营养成分和风味、易于控制和穿透性强等特点。通过调整微波功率、照射时间等条件，使得提取效率最大化。微波萃取技术被广泛应用于水产品食品的加工（灭菌、干燥、膨化、萃取和检测）上，如对食品营养成分、食品香料及风味物质、天然食品添加剂等的萃取。

第四种，超声萃取技术。超声萃取技术提取活性成分是天然有机物提取的有效方法之一，特点是提取产率高、能耗低、步骤简单、适应性广和安全性能好。其原理是由超声设备所发出的高频机械振荡讯号传播到活性介质溶液中，以热效应的形式通过介质微粒间和分界面上的摩擦及介质的吸收等使超声能量转化为热能，增加了有效成分的溶解度，同时在提取液中通过强烈空化使得细胞内容物释放到周围的提取液中。

第五种，超临界流体萃取（SFE）技术。SFE 技术是以超临界状态下的流体为溶剂，利用该状态下的流体所具有的高渗透能力和高溶解能力分离混合物的过程。CO_2 气体具备价廉易得、无毒、惰性、分离容易、传质速率高等优点，成为超临界流体的首选。

（二）纯化分离方法

纯化分离方法主要有 5 种。

第一，大型色谱工业技术。现代工业制备色谱（modern industrial preparative chromatography，MIPC）包括连续色谱和间隙色谱，是由多根装填小颗粒填料的高效短柱构成的一种新型、高效、节能的分离技术。已经应用于产品规模化生产的制备色谱技术有模拟移动床色谱、VariCol 色谱、高速逆流色谱和超临界流体色谱，这些技术一般都是在 5~10cm/min 的高速下操作，可提高生产效率，降低成本，是目前制药工业提纯工具的新领域。

第二，大孔吸附树脂分离技术。该技术是通过界面吸附、界面电性或形成氢键作用，对有机物根据吸附力的不同及分子的大小进行选择性吸附后，经不同极性的溶剂洗脱而达到分离目的的一种手段，具有物理化学稳定性好、吸附容量大、选择性好、机械强度高等优点，在海洋生物活性物质的分离提取上得到广泛的应用。离子交换树脂是大孔吸附树脂的一种，其特点是操作简单；随着各种高效色谱介质的出现，选择合适的离子交换剂能够确保离子交换有良好的选择性和分辨率；交换通量高，有利于放大分离规模和在工业生产上应用；应用灵活，通过选择不同的离子交换剂，控制缓冲液的组成和 pH、离子强度条件可以优化分离过程，是蛋白质、肽分离纯化常用的手段。

第三，膜分离技术（membrane separationtechnology，MST）。该技术是利用膜对混合物中各组分的选择渗透性能的差异来实现分离、提纯和浓缩的新型分离技术，具有设备简单、常温操作、无相变及化学变化、选择性高及能耗低等优点。纳滤和超滤分离方法更多地被应用在活性物质的规模化提取中。

第四，分子蒸馏技术。分子蒸馏也称短程蒸馏，是在极高真空度（残气分子的压力 <0.1 Pa）下，依据混合物分子运动平均自由程差别，在远低于其沸点温度下将活性物质分离，物料受热时间仅 0.05s 左右，为目前分离目的产物最温和的蒸馏方法，具有操作温度低、蒸馏压强低、物料受热时间短、提取效率高等特点，适于分离低挥发度、高相对分子质量、高沸点、高黏度、热敏性和具有生物活性的物料。目前该技术已广泛应用于精细化工、食品、天然物质提纯、医药食用香料等领域。

第五，亲和层析技术。该技术是一种有效的大规模纯化生物技术产品的分级分离技术，可分为生物亲和层析、免疫亲和层析、金属离子亲和层析、拟生物亲和层析等。其最常用于靶标蛋白尤其是疫苗的分离纯化，特别用在融合蛋白的分离纯化上，因为融合蛋白具有特异性结合能力。国外已有学者利用一系列亲和柱分离纯化到了组织血浆纤维蛋白酶原激活剂蛋白多肽。

第二章　海洋中的生物多糖

第一节　海洋多糖概况

一、多糖

多糖（polysaccharide）是指由多个单糖分子缩合而成的糖类（一般指 10 个以上单糖分子通过糖苷键连接的高分子聚合物，可以包括几百甚至几千个单糖分子），相对分子质量大，在水中不能成真溶液，只能成胶态溶液。其中，纤维素不溶于水，无甜味，也无还原性。在多糖结构中除单糖外，有时还含有糖醛酸、去氧糖、氨基糖与糖醇等，甚至还有别的取代基团。

（一）多糖的分类

按其组分的繁简，多糖可概括为同多糖和杂多糖两大类。前者是由某一种单糖所组成，后者则为由一种以上的单糖或其衍生物所组成，其中有的还含有非糖物质。主要的同多糖和杂多糖见表 2-1。

表 2-1　多糖的主要类别和组成
Table2-1　Main category and composition of the polysaccharides

		多　糖	组　分
同多糖	戊聚糖 己聚糖	阿拉伯聚糖（araban）	L-阿拉伯糖
		木聚糖（xylan）	木糖
		淀粉（starch）	D-葡萄糖
		糖原（glycogen）	D-葡萄糖
		纤维素（cellulose）	D-葡萄糖
		糊精（dextrin）	D-葡萄糖
		葡聚糖（dextran）	D-葡萄糖
		琼胶（脂）（agar）	DL-半乳糖
		果胶（pectin）	D-半乳糖酸甲酯
		菊粉（inulin）	果糖
杂多糖		半纤维素（hemicellulose）	D-木糖、葡萄糖、甘露糖、D-半乳糖、己醛糖醛酸等
		阿拉伯胶（gum arabic）	半乳糖、L-阿拉伯糖、L-鼠李糖、葡糖醛酸
		印度胶（gum ghatti）	L-阿拉伯糖、D-半乳糖、葡糖醛酸
		糖胺聚糖（glycosaminoglycan）	己糖胺、糖醛酸
	细菌多糖	肽聚糖（peptidoglycan）	肽、N-乙酰-D-葡萄糖胺、N-乙酰胞壁酸
		磷壁酸（teichoic acid）	磷酸、葡萄糖、甘油或核糖醇
		脂多糖（liopolysacchrade）	多种己糖、辛酸衍生物、糖脂等
	免疫多糖	脑炎菌 I 型多糖	D-葡萄糖胺、葡糖醛酸
		结核菌多糖	L-阿拉伯糖、葡萄糖、甘露糖

（二）多糖的结构

多糖是由许多单糖分子以糖苷键结合成的天然高分子化合物（高聚物）。组成多糖的单糖可以相同也可以不同，以相同的为常见，称为匀多糖，如淀粉、纤维素、糖原等。以不同的单糖组成的多糖称为杂多糖，如阿拉伯胶由半乳糖和阿拉伯糖组成。

多糖水解经历多步过程，先生成相对分子质量较小的多糖，然后生成寡糖，最后是单糖。多糖大部分为无定形粉末，没有甜味，无一定熔点，不易溶解于水，难溶于醇、醚、氯仿、苯等有机溶剂中。由于多糖相对分子质量很大，有些多糖分子链的末端虽有苷羟基，但也不显还原性和变旋光现象。

多糖的结构单位可以是直链，也可以有支链：直链一般以 α-1，4-和 β-1，4-糖苷键连接，分支链中常以 α-1，6-糖苷键连接。

（三）多糖的用途

多糖广泛存在于自然界中的动物、植物、微生物等机体内，既是生物体的贮能物质，也是生物体的结构物质，还参与多种重要的生命活动。

多糖生物活性的研究最早可追溯到 1936 年 Shear 对多糖抗肿瘤活性的发现。自 1950 年以来，科技工作者相继从真菌、高等植物及动物中分离提取出 300 余种多糖，并对其进行了一系列生物学活性及临床应用的研究。研究表明，多糖具有免疫调节、抗肿瘤、抗辐射、抗菌、抗病毒、抗寄生虫、抗感染、抗氧化、抗疲劳、抗突变、抗风湿、抗凝血、抗菌消炎、降血脂、降血压、降血糖、延缓衰老及防治心脑血管疾病等多种生理药理作用。

二、海洋多糖

顾名思义，海洋多糖指的是一类从海洋、湖泊生物体内分离、纯化得到的多糖。包括海洋动物多糖，海洋藻类多糖和海洋微生物多糖。

近年来以开发海洋资源为标志的"蓝色革命"在全球兴起，人们对海洋生物多糖所具有的生物活性、药用功能给予了极大关注，多糖药物的利用和开发也越来越多。海洋生物多糖将可能成为人类战胜病症较重要的药用资源，同时经过化学修饰，将开发出更多的高效低毒的新型海洋多糖药物。

（一）海洋生物多糖的种类

海洋生物多糖根据来源不同，可将其划分为三大类：海洋植物多糖即海藻多糖，海洋动物多糖和海洋微生物多糖。

1. 海洋植物多糖

海藻多糖即指海藻中所含的各种高分子糖类，是一类多组分混合物，一般为水溶性，多具有高黏度或凝固能力，比较典型的如螺旋藻多糖、褐藻多糖、紫球藻多糖等。

螺旋藻多糖（polysaccharide of Spirulina，PS）是从钝顶螺旋藻（*Spirulina platensis*）

中提取的具有多种生物活性的天然糖蛋白类物质，与其他多糖一样具有抗癌、抗辐射和提高机体免疫功能等作用，因而得到广泛的应用。

褐藻多糖具有较强的生物学活性，不仅有免疫促进和抗病毒作用，而且还具有抗肿瘤活性。例如，羊栖菜多糖对某些细胞免疫有加强作用。海带多糖对小鼠的高血糖还有抑制作用，并且对人的遗传性高血糖症也有明显疗效。褐藻胶可以降低血脂。

紫球藻（*Porphyridium* sp.）是多种天然产物的来源，特别是硫酸多糖，对各种病毒有抑制作用，硫酸多糖已成为多糖研究的焦点之一。

2. 海洋动物多糖

海洋动物中也存在活性多糖，如甲壳动物的甲壳素，鱼类、贝类中的糖胺聚糖及酸性黏多糖等。

甲壳素（chitin），即几丁质、甲壳质，是来源于海洋无脊椎动物、真菌、昆虫的一类天然高分子聚合物，属于氨基多糖，学名为 β-（1，4）-2-乙酰胺基-D-葡萄糖。壳聚糖（chitosan）是甲壳素脱乙酰的产物，其学名为（1，4）-2-氨基-2 脱氧-β-乙酰胺基-D-葡聚糖。根据报道，甲壳素具有辅助免疫、抑制癌细胞及肿瘤生长等作用，不仅可用于防癌、提高免疫力，还可以用于临床早期癌症，并对中晚期癌症患者的放化疗起到保护作用，从而提高疗效、减少痛苦，延长患者的生命。

鱼类多糖中最具有生物活性的是鲨鱼中的多糖及鲨鱼软骨素。鲨鱼骨中含有软骨素，这是一种硫酸多糖，髻鲨和姥鲨均含有这种软骨成分。经处理提取到以氨基半乳糖和 Pro、Gly 为主的肽葡聚糖，经动物实验证明，该成分能抑制肿瘤周围血管的生长，使肿瘤细胞缺乏营养而萎缩。

3. 海洋微生物多糖

微生物在海洋中的分布非常广泛，甚至在高盐、高压、高温、严寒的环境中都有微生物存在。它们有的自由生活在海水中，有的存在于一些沉淀物、海底泥的表面，还有一部分与海洋动植物处于共生、共栖、寄生或附生的关系。这些微生物中有的在其生命活动过程中的代谢产物是一些具有生理活性的杂多糖。

日本学者报道从海洋生物 *Flawbacterium nosum* 的代谢产物中得到一种杂多糖，称为 mtan，有增强免疫的活性，促进体液免疫和细胞免疫抑制多种动物移植肿瘤，与化疗药物在抗肿瘤中有协同作用，已用于临床。

有研究者分离提取到了海藻表面生活菌 *Flawbacterium ugliginorinactan* MP-55 产生的，主要由葡萄糖、甘露糖和素角藻糖组成的中性杂多糖 marinactan，能抑制小昆虫肉瘤 S_{180} 细胞的生长。

（二）海洋生物多糖的应用价值

海洋药用生物资源丰富，藻类有 8000 多种，海洋动物中鱼类有 2 万多种，贝类有记录的约 3000 种，其他海洋无脊椎动物就有 16 万~20 万种。这些种类丰富的海洋生物为人类提供了多种用于研究、医药、食品、农业、养殖业和日化等各个领域的生物多糖和寡糖，如褐藻多糖、红藻、浒苔多糖、壳聚糖、紫贻贝多糖、章鱼多糖、海洋寡糖、卡拉胶多糖、新琼寡糖、褐藻硫酸寡糖、壳寡糖、褐藻寡糖等。

　　海藻寡糖的生物活性可以在医药、健康食品和其他领域中应用。在医药领域中，海洋寡糖具有抗病毒，抗糖尿病，抗心血管疾病等功效。在抗心血管药物中，藻酸双酯钠具有降低血液黏度、改善微循环、抗血栓、抗凝血的功效。甘糖酯是降脂抗栓药物，几丁糖脂具有抗动脉粥样硬化的效果。除此之外，海洋褐藻中还具有良好的抗老年痴呆作用的成分。岩藻糖硫酸酯是作为抗慢性肾衰药物来使用的。

　　海藻多糖在健康食品领域中的应用是可以排除重金属离子，用于开发降血糖食品，主要成分是低聚褐藻酸。另外还具有抗辐射功效。

　　褐藻寡糖在农业领域也有相应的应用。浒苔多糖对水果和蔬菜有促生长和抗病害的作用。褐藻寡糖对玉米种子的生长有一定的促进作用。壳寡糖在农业中应用也相对比较广泛。褐藻寡糖也是虾养殖饲料的成分。新琼寡糖也是在鲍鱼养殖饲料中的应用成分。卡拉胶寡糖是海参养殖的常用饲料成分。

　　海洋多糖在医药、食品、农业和水产养殖等领域具有良好的应用前景，在海洋生物资源的高效综合利用和高附加值产品的多元化开发方面具有重要的支撑和引领作用。

三、海洋多糖研究进展

（一）海洋动物多糖的研究

　　目前，海洋生物多糖的研究主要集中于藻类和微生物来源的多糖，并取得了一些具有重要应用价值的研究成果。随着对海洋生物资源的进一步开发和对糖类药物研究的日益重视，海洋动物多糖的研究与开发也越来越受到国内外学者的关注。

1. 鲍鱼多糖

　　鲍鱼（abalone）多糖是重要的生理活性物质，在免疫调节、抗肿瘤、改善记忆、抗凝血和抗炎等方面都具有显著的生物活性。从皱纹盘鲍（*Haliotis discushannai* Ino）中提取的鲍鱼多糖能明显增加荷瘤小鼠巨噬细胞的吞噬能力，增强迟发超敏反应，延长小鼠的生存时间，抑制移植性肉瘤 S_{180} 的生长，并可明显提高小鼠胸腺、脾等免疫器官的质量。

　　此外，鲍鱼多糖还能明显提高环磷酸胺的抗肿瘤活性，拮抗环磷酰胺所致荷瘤小鼠白细胞减少和骨髓抑制等毒性作用，而且对记忆损伤小鼠均有明显的促进和改善学习记忆的作用。

　　目前，鲍鱼多糖的提取方法主要有水提取、碱提取和酶法提取，其中以酶法提取较为常用。殷红玲等采用木瓜蛋白酶在温度 55℃，pH8.0，料液比 1∶40，加酶量 2.0%的工艺条件下酶解 2h，鲍鱼多糖的收率可达 19.6%；程婷婷等分别选用酸性、中性和碱性共 6 种蛋白酶对鲍鱼脏器干粉中多糖进行提取，发现碱性蛋白酶的提取效果较好，在温度 45℃，pH10.0，加酶量 2.0%和底物浓度 2.5%的工艺条件下，鲍鱼多糖的收率为 6.5%。

　　鲍鱼多糖的结构较为复杂，不仅由多种单糖组成，而且糖醛酸和硫酸根含量也较高。佘志刚等从鲍鱼中分离得到 Hal-A 和 Hal-B 两种硫酸酯多糖，将其甲醇解产物经三甲基硅醚衍生后进行气质联用（GC/MS）分析，发现两者均含有半乳糖（Gal）、葡萄糖（Glc）

和少量木糖（Xyl）、岩藻糖（Fuc）、葡萄糖醛酸（GlcUA）；李冬梅等采用碱性蛋白酶从皱纹盘鲍脏器中提取多糖，经 Sephadex G-100 和 DEAE-cellulose 52 层析分离得到一种硫酸根含量为 11.5%，分子质量为 10^{-15}kDa 的多糖 AHP-2，气相色谱（GC）分析表明，其主要含有鼠李糖（Rha）、Fuc、Xyl、Gal 和 Glco。

2. 海参多糖

目前发现存在于海参（sea cucumber）体壁的多糖主要有两类.

一类是海参糖胺聚糖或黏多糖，是由 D-乙酰氨基半乳糖（Gal-NAc）、DGlcUA 和 L-Fuc 组成的杂多糖。

另一类是海参岩藻多糖，是由 L-Fuc 构成的直链匀聚多糖。盛文静等采用酶解法从不同种类的海参中提取多糖，经单糖组成分析均含有 Fuc 和 Gal，部分还含有甘露糖（Man）和 Glc。

海参多糖具有抗肿瘤、抗凝血、免疫调节和延缓衰老等多种生物活性。例如，从玉足海参中提取的一种富含 Fuc 的酸性勃多糖（HL-P）具有明显的抗凝血作用；从黑海参（*Holothuriaatra Jaeger*）体壁中分离得到的一种硫酸根含量为 23.5% 的酸性黏多糖，对皮质神经元损伤具有明显的保护作用；刺参（*Oplopanaxelatus* Nakai）酸性多糖钾注射液能够抑制肿瘤生长，对心脑血管等栓塞性疾病和弥散性血管内凝血均有较理想的治疗效果。

最近的研究表明，海参中含有的一种在 D-G1cUA 残基 3 位上经岩藻糖基化的硫酸软骨素（FucCS），对 P-选择素和 L-选择素具有很强的抑制活性，并可抑制 S_{180} 肿瘤细胞对 P-选择素和 L-选择素的黏附，其抑制活性是肝素的 4~8 倍，而且没有肝素的抗凝不良反应，是一种潜在的抗肿瘤转移和抗炎多糖化合物。

3. 海绵多糖

海绵（*Sponge*）因含有萜类、生物碱、肽类和甾醇等多种抗癌或抗病毒性的次生代谢产物而成为海洋药物开发最重要的生物资源之一，海绵多糖的药用研究和开发也正在兴起。Warabi 等从日本海绵（*Axinella infundibula*）中分离得到一种分子质量为 4.8kDa、含有 D-Man、L-Fuc 和阿拉伯糖（Ara）共 12 个糖基和 19 个硫酸醋基的高硫酸化脂多糖（axinelloside A）。该多糖具有明显的端粒酶抑制活性，其 IC_{50} 为 2.0μg/mL。研究表明，端粒酶在 90% 以上的癌细胞中都有特异性的表达，端粒酶及其抑制剂的研究是筛选抗肿瘤药物的特异性靶点之一。

薛峰等采用水提取和酸提取两种方法从苔海绵（*Tedania* Sp.）中提取粗多糖，硫酸根含量分别高达 24.0% 和 27.0%；Zierer 等采用木瓜蛋白酶从 *Aplysina fulva* 海绵中提取得到一种硫酸化葡聚糖和糖原类似物，从 *Dysidea fragilis* 海绵中提取得到 4 位硫酸化的 Fuc 和 Ara，这些硫酸多糖和哺乳动物结缔组织的蛋白聚糖类似，大多具有抗肿瘤、抗病毒、抗衰老和免疫调节等生物活性。

4. 海星多糖

现已相继从海星（starfish）体内分离得到了多糖、蛋白质、脂类、甾类糖苷、皂苷和生物碱等多种化学成分，这些成分具有抗病毒、抗肿瘤、抗溃疡、抗炎和抗疲劳等多种生物活性。潘广昌等采用碱提取与酶解相结合的方法从砂海星（*Luidia quinaria*）中提取多糖，经 DEAE-cellulose 52 和 Sephadex G-50 层析分离纯化得到了一种含有硫酸根、分子质量为 12kDa 的酸性黏多糖。海星黏多糖主要来源于海星体壁，除含有氨基己糖、己糖醛酸和硫酸基外，还含有 Fuc，具有抗癌、抗凝血、降低血清胆固醇和改善微循环等作用。

Nam 等研究发现，从海星中提取的一种多糖在体外具有抑制人雌激素受体阳性乳腺癌细胞 MCF-7 和人雌激素受体阳性乳腺癌细胞 MDA-MB-231 的增殖活性，对人乳腺癌细胞具有较好的化学防御机能。De Marino 等从生活在南极海域的海星中分离得到了多种含有硫酸酯基的甾类寡糖苷，该类糖苷在体外对支气管肺癌细胞（NSCLC-N6）具有明显的细胞毒性，而且活性明显高于从海星中分离的多羟基甾类糖苷和多羟基甾醇化合物。

海星药用资源丰富，虽然目前有关海星多糖的活性和药理学研究大多处于体外和动物模型实验阶段，但其研究与开发仍具有巨大的潜力。

5. 牡蛎多糖

牡蛎（*Oyster*）中含有大量的糖原，不仅是人体内细胞进行新陈代谢的能源，而且具有明显的保肝作用和改善血液循环的功能。

国外研究发现，牡蛎糖原能有效促进皮肤细胞增生，具预防皱纹和抗紫外线辐照作用。牡蛎多糖在抗肿瘤、增强机体免疫、抗疲劳、抗氧化和抗凝血等方面也具有显著的生物活性。实验证明，采用热碱提取的牡蛎多糖能有效增加正常小鼠的脾淋巴细胞转化率，对小鼠 DHT、NK 细胞活性，小鼠腹腔巨噬细胞吞噬鸡红细胞的能力和荷瘤小鼠脾细胞活性起正向调节作用。牡蛎糖胺聚糖能够提高受损血管内皮细胞的抗氧化和释放一氧化氮（NO）的功能，对 H_2O_2 诱导的血管内皮细胞氧化损伤也有保护作用。

目前，国内外对牡蛎多糖的研究主要集中于活性方面，有关结构方面的研究少有报道。陈莺等采用热碱法从太平洋牡砺（*Crassostrea gigas*）中提取牡蛎糖原，纯化后几乎不含有蛋白质，GC 分析表明，其为一种具有 α-1，4 主链和 α-1，6 分支的葡聚多糖。冯晓梅等采用低温水提取工艺从青岛产牡蛎中提取糖蛋白粗品，经 Sephacryl S-100 层析分离得到分子质量为 34.2kDa 的糖蛋白 F22，GC 分析表明，F22 是一种由 Glc 组成的匀聚糖。随着研究的不断深入，牡蛎作为药物和功能性食品的研究将越来越受到人们的重视。

6. 贻贝多糖

贻贝（*Mussel*）作为海洋生物中的重要一族，具有重要的药用价值。李江滨等研究发现，翡翠贻贝（*Perna viridis*）多糖能够抑制鸡胚培养的流感病毒的增殖，对利巴韦林抗流感病毒有协同作用。贻贝水提多糖对小鼠 NK 细胞、抗体形成细胞和腹腔巨噬细胞吞噬鸡红细胞的活性具有正向免疫调节作用，并且能显著降低 CCl_4 所致小鼠急性肝损伤血清 ALT 和 AST 的活性，提高肝组织匀浆的 SOD 活性，明显改善肝组织损伤的程度。贻贝碱提多糖能有效提高大鼠睾丸支持细胞活性，从而增强机体的免疫力，促进男性生殖细胞的发育。王俊等采用热水提取法从厚壳贻贝（*Mytilus coruscus*）中得到一种粗多糖，经 DEAE-cellulose 52 和 Sephacryl S-200 柱层析分离得到多糖组分 MPs-B1，GC 分析表明，其含有 Glc 和 Gal 两种单糖。马明华等采用盐提法得到厚壳贻贝粗多糖，经

DEAF-cellulose 52 和 Sephadex G-10 柱层析分离得到贻贝多糖 MA，GC-MS 分析表明其含有 Glc 和少量的氨基葡萄糖（G1cN）、半乳糖胺（GalN）、糖醛酸及微量的 Fuc、Man 和 Gal。另外，Hernroth 等研究发现。在鼠伤寒沙门菌表面表达的脂多糖能够显著影响与紫贻贝血细胞接触后鼠伤寒沙门菌的体外存活率，而且脂多糖的结构越完整就越有助于保护鼠伤寒沙门菌免受紫贻贝血淋巴细胞中抗菌肽的损伤。

7. 扇贝多糖

扇贝（scallop）多糖具有抗肿瘤、降血脂和抗衰老等多种生物活性。从虾夷扇贝（*Patinopecten yessoensis*）、栉孔扇贝（*Chlamys farreri*）中分离得到的扇贝多肽和糖蛋白都具有较好的抗癌作用。殷红玲等采用木瓜蛋白酶在温度 50℃，pH8.0，加酶量 0.25%，料液比 1∶45 的条件下酶解 2.5h，从虾夷扇贝内脏中提取的多糖具有一定的清除羟自由基的能力。从海湾扇贝（*Argopecten irradisus*）中提取的一种糖胺聚糖，其理化性质与肝素相似，具有较好的抗凝作用。此外，从栉孔扇贝中提取的糖蛋白能显著抑制荷瘤小鼠 S_{180} 肉瘤的生长，同时明显提高荷瘤小鼠免疫器官的质量、巨噬细胞的吞噬能力和 NK 细胞的活性。仲娜等采用水提法从栉孔扇贝边中分离出扇贝酸性糖蛋白（FAGP），纸层析分析表明，其含有 Glc、Man、Rha、Fuc、Gal、Xyl 和 GlcUA。于囡等研究发现扇贝裙边糖胺聚糖在 25~100mg/L 浓度下，体外能有效保护经单纯疱疹病毒Ⅰ型（HSV-Ⅰ）感染的 Vero 细胞，使细胞活性增强（$P<0.01$），并减弱 HSV-Ⅰ导致的病变效应，抑制病毒复制，其对 HSV-Ⅰ没有直接的灭活作用，对 Vero 细胞也无明显的细胞毒性。丁守怡等发现，栉孔扇贝裙边糖胺聚糖体外能显著抑制血管平滑肌细胞（VSMC）的增殖，并对碱性成纤维细胞生长因子（bFGF）诱导 VSMC 的 c-myc mRNA 的阳性表达有抑制作用，从而推测这可能是其抗动脉粥样硬化的作用机制之一。

8. 其他动物多糖

除上述 7 种海洋动物多糖外，从鱿鱼、章鱼、文蛤、姥鲨、海螵蛸等其他海洋动物中提取的多糖也受到了人们的关注。据报道，采用盐溶液热水浸提法从鱿鱼内脏中提取的糖蛋白具有一定的免疫活性。陈士国等采用木瓜蛋白酶在温度 60℃，pH6.8，加酶量 1%的条件下酶解 24h，从去除黑色素的鱿鱼墨中提取得到一种非硫酸化的氨基葡聚糖类似物，NMR 分析表明，该多糖主链是由-[G1cUA-Fuc]-二糖重复单元构成，在 Fuc 处有 *N*-乙酰氨基半乳糖（Ga1NAc）的分支。

这种硫酸化的糖胺聚糖类似物具有抗菌、抗肿瘤和抗病毒等作用，同样的序列在其他物种中还未发现。范秀萍等分别采用 0.1%、5%和 10%3 种浓度的 NaCl 溶液从章鱼中提取的粗糖蛋白具有促进正常小鼠和免疫抑制小鼠脾细胞增殖的作用，对免疫抑制小鼠脾细胞的增殖尤为显著，而且在一定的剂量下与 ConA 合用具有协同作用。从文蛤中提取的多糖化合物——蛤素，在体外能抑制 HeLa 细胞的生长，在小鼠体内能抑制 S_{180} 肉瘤及 Krebs-2 瘤株的生长。从姥鲨（*Cetorhinus maximus*）软骨中提取的黏多糖，除含 GalN 和 G1cUA 外，还含有少量的 Man、Xyl 和 Rha。从海洋中药海螵蛸中提取分离得到的多糖含有大量的糖醛酸，单糖组成分析表明还含有 Rha、Ara、Xyl、Man、Gal 和 Glc，具有一定的抗溃疡、抗氧化和抗病毒性。

　　我国海洋动物资源丰富，充分利用海洋动物资源进行分离、提取和药理作用研究，对开发具有抗肿瘤、抗心血管疾病和免疫调节功能的新药及充分利用资源均具有重要意义。

（二）海洋动物多糖生物学作用研究的新进展

1. 海洋动物多糖的分布

　　海洋动物多糖分布极为广泛，几乎存在于所有海洋动物组织器官中。国内外学者从多种海洋动物体内提取出不同种类的生物活性多糖，如甲壳动物虾、蟹等中的甲壳质，多孔动物海绵的多糖，棘皮动物刺参、海星中的硫酸多糖，软体动物乌贼、扇贝、文蛤、鲍鱼等中的糖胺聚糖及酸性黏多糖等。海洋动物多糖主要存在于结缔组织基质和细胞间质中，但机体中多糖的分布不是均一的，而是随组织类型而定，如硫酸软骨素和硫酸角质素主要存在于软骨和骨架组织中，而透明质酸在关节液、玻璃体、脐带中含量较高。

2. 海洋动物多糖的抗肿瘤作用

　　海洋生物是天然药物的宝库，从各种海洋动物中分离的多糖，已证实对多种肿瘤均有抑制作用。海洋刺参多糖为海洋腔肠类动物体内富含的一类天然多糖类物质。牛娟娟等研究了海洋刺参多糖（SJAMP）对人宫颈癌细胞系 HeLa 细胞周期的影响，发现 SJAMP 可能通过降低细胞增殖细胞核抗原（PCNA）、细胞周期抑制蛋白 Mdm2 的异常表达，使细胞周期发生 G1 期阻滞，从而起到抑制细胞增殖的作用。Kong 等研究发现，甲壳胺对人结肠癌细胞有抗增殖的作用，并发现凋亡基因 *Bax* 被活化、原癌基因 Bcl-2 被抑制，推测这种影响可能是通过 NF-κB 或 NF-κB 依赖的通路介导的。Zhang 等从菲律宾蛤仔（*Ruditapes philippinarum*）中提取出两个水溶性的多糖 PEF1 和 PEF2，研究发现，PEF1 和 PEF2 对腹水型肉瘤 S_{180} 的增殖有抑制作用，且抑制效果呈剂量依赖性关系。

　　Wang 等从大连海胆（*Strongylocentrotus nudus*）的卵中提取了一个水溶性的多糖组分 SEP，研究其对 H22 肝癌移植小鼠的影响，发现 SEP 在小鼠体内能有效地抑制肝癌细胞生长。另外，鲨鱼骨中含有的软骨素是一种硫酸多糖，经处理提取到以氨基半乳糖和 Pro、Gly 为主的肽葡聚糖，经动物实验证明，该成分能抑制肿瘤周围血管的生长，使肿瘤细胞缺乏营养而萎缩。

3. 海洋动物多糖的抗病毒作用

　　多糖的抗病毒作用近年来已引起医药界的高度重视，尤其是海洋生物多糖，通常认为硫酸化多糖在其中起较大的作用。硫酸化多糖能抑制靶细胞与病毒结合，通过增强机体免疫功能而发挥作用。从海洋动物中分离的多糖往往具有高度硫酸化的特点，是开发抗病毒药物的重要资源。于因等研究了扇贝裙边糖胺聚糖（SS-GAG）不同浓度及不同作用时间对 I -型单纯疱疹病毒（HSV- I ）的抑制作用，发现 SS-GAG 各浓度组体外都具有明显的抗 HSV- I 作用，并且随着药物作用时间的延长，药物抗病毒效应逐渐增强。张海风等观察翡翠贻贝多糖对流感病毒在狗肾细胞（MDCK）中增殖的抑制作用，发现翡翠贻贝多糖能明显抑制 MDCK 细胞培养的流感病毒的增殖，对利巴韦林抗流感病毒具有相加效应。巫善明等研究发现，牡蛎多糖能影响鸭乙肝病毒（DHBV）DNA 的复制，降低血清 DHBV DNA 含量，有较明显的抗 HBV 作用。Woo 等对提取的 7 种海洋贝类多糖（菲律宾蛤仔、厚壳贻贝、魁蚶、毛蚶、丽文蛤、中华文蛤、缢蛏）进行了 HIV-Ⅰ抑制实验,结果表明,这 7 种海洋贝类多糖可抑制 gp120/gp41 与 T 细胞包膜蛋白 CD4 的融合,其中,中华文蛤多糖抑制 HIV-Ⅰ的效果明显。

4. 海洋动物多糖的降血脂作用

近年来,生物多糖的降血脂作用已经受到很大关注。李英华等探讨鲨鱼软骨多糖（SCP）对血脂的影响,发现分子质量为 60kDa 的鲨鱼软骨多糖有一定的降血脂作用。李玲等采用自身对照及组间对照法,研究由海洋紫贻贝提取的多糖,发现试食组试食前后与自身比较,血清总胆固醇和三酰甘油水平显著降低;与对照组间比较,血清总胆固醇、三酰甘油水平显著降低。

Girola 等研究发现壳多糖可降低血中总胆固醇、低密度脂蛋白胆固醇和三酰甘油的含量,提高高密度脂蛋白胆固醇的含量。蒋鑫等研究海参消化道多糖对小鼠血脂及抗脂质过氧化的作用,结果表明海参消化道多糖能显著降低高脂血症小鼠的血清总胆固醇、三酰甘油、低密度脂蛋白胆固醇水平,提高高密度脂蛋白胆固醇和动脉硬化指数值及谷胱甘肽过氧化物酶的活性,并降低丙二醛的含量。

5. 海洋动物多糖的抗氧化作用

李军等从南海海星中提取多糖并研究其抗氧化活性,发现海星多糖体外可有效清除羟基自由基和超氧阴离子自由基,抑制红细胞氧化溶血,对 H_2O_2 致红细胞损伤有良好的保护作用。刘娜等采用酶水解结合乙醇醇沉的方法从皱纹盘鲍性腺中提取多糖（CAGP）并研究其体内抗氧化活性,结果显示,CAGP 可以显著提高正常小鼠肝组织过氧化氢酶（CAT）活力,降低其血清及肝丙二醛（MDA）含量及脑组织甲基铝氧烷（MAO）活力,能够显著提高正常小鼠及氧化损伤大鼠机体的抗氧化能力。汪韶君等探讨了扇贝裙边糖胺聚糖（SS-GAG）抗动脉粥样硬化（AS）作用的机制,研究结果证实,SS-GAG 是通过恢复巨噬细胞内氧化系统和抗氧化系统的动态平衡从而抑制巨噬细胞对低密度脂蛋白的氧化作用来发挥抗 AS 的作用。汪海桃等研究发现从牡蛎软体中提取的糖胺聚糖能够提高受损血管内皮细胞的抗氧化和释放 NO 的功能,对 H_2O_2 诱导的血管内皮细胞氧化损伤有一定的保护作用。

6. 海洋动物多糖的改善免疫功能

调节机体的免疫功能是绝大多数多糖的主要药理作用之一。雷晓凌等研究弯斑蛸不同组织提取的多糖对免疫抑制小鼠的调节作用,结果发现,在剂量范围 20~80mg/kg 内,弯斑蛸 3 种多糖具能对抗分别由环磷酰胺和氢化可的松引起的小鼠脾萎缩和胸腺萎缩,增加脾和胸腺质量,并能明显拮抗二者引起的白细胞减少等作用。张旭等研究了紫贻贝多糖对免疫力低下小鼠的免疫相关因子的影响,结果发现,紫贻贝多糖能上调免疫抑制小鼠的 Th1 细胞功能,纠正环磷酰胺引起的免疫抑制状态下的 Th1 向 Th2 形成的漂移,增强细胞免疫功能。郑文文等研究四角蛤蜊粗多糖对免疫功能的调节作用,发现四角蛤蜊粗多糖能够显著升高正常小鼠单核-巨噬细胞的吞噬指数和免疫力低下小鼠的血清溶血素水平及免疫力低下小鼠的耳肿胀率。王富喜等观察魟鱼软骨多糖对小鼠免疫器官胸腺和脾质量的影响及脾组织细胞 IL-22、IL-6、IFN-γ 细胞因子的表达水平，结果表明魟鱼软骨多糖能显著提高小鼠胸腺和脾质量，能拮抗环磷酰胺导致的免疫抑制，升高脾中细胞因子的表达水平，从而提高机体的免疫功能。Liu 等研究发现，海胆黄多糖能提高小鼠自然杀伤细胞（NK）的活力，刺激其分泌 IL-1 和 IL-2，并增强辅助细胞毒性 T 淋巴细胞活性，发挥细胞毒性效应。

7. 海洋动物多糖的其他作用

王志聪等研究皱纹盘鲍性腺多糖对小鼠的抗疲劳作用，结果显示雄、雌皱纹盘鲍性腺多糖能够显著延长小鼠的游泳时间，增加运动小鼠肝糖原和肌糖原含量，提高乳酸脱氢酶和超氧化物歧化酶的活力，显著抑制运动小鼠全血乳酸的生成，促进运动后血乳酸和血清尿素氮的清除。李江滨等观察了翡翠贻贝多糖（PVPS）对 D-半乳糖致衰老模型小鼠的抗氧化和免疫功能调节作用，发现 PVPS 具有抗衰老作用，其机制可能与提高机体抗氧化酶活力有关。Suzuki 等研究显示，从刺参中提取的多糖具有抗凝血作用，效果比普通肝素好。高瑞英等研究海洋糖类物质在化妆品中的保湿作用，结果表明壳聚糖季铵盐、鲨鱼软骨素等几种海洋糖类物质具有良好的保湿效果。

（三）海洋藻类多糖生物活性的研究进展

海藻多糖是重要的多糖类物质，种类繁多，来源丰富。它不仅能提高机体免疫功能，而且具有抗肿瘤、抗病毒、抗辐射、降血脂及抗凝血等多种生物活性。海藻中包括两种生物活性物质，一种相对分子质量较小，吸收后能直接或间接影响体内代谢，主要包括卤族化合物、萜类化合物、溴酚类化合物、对苯二酚、海藻单宁、昆布氨酸等；另一种是难以被消化吸收的细胞间黏性多糖，主要包括褐藻中的藻酸、褐藻糖胶、硫酸多糖，红藻中的琼胶、卡拉胶等。

1. 海洋藻类多糖的抗肿瘤作用

海藻多糖具有抗肿瘤的作用。

绿藻中松藻科松藻冷水抽出物对接种 S_{180} 实体肉瘤和艾氏腹水瘤 20d 的小鼠，以 0.5mg/kg 腹腔注射 6d，抑瘤率达 37%~42%。螺旋藻多糖蛋白质提取物可显著抑制小鼠体内腹水中肝癌细胞的增殖；螺旋藻多糖以 0.3~0.5g/L 对 B37 乳腺癌细胞的抑制率可达 68%，对 K652 白血病细胞抑制率为 46%。裙带菜多糖对 615 荷瘤小鼠抑瘤率为 69.13%。施志仪等实验证明，海带褐藻糖胶可通过抑制人肝癌细胞进入对数生长期来抑制肿瘤的生长，当剂量达 250μL/mL 时，加样 24h 后表现出杀伤作用，并且实验组细胞生长缓慢，形态较小，多呈圆形，分布不均匀。肺癌细胞、胃癌细胞、白血病细胞 HL-60 在含有螺旋藻多糖的培养液中培养后，细胞形状变得不规则，内部出现空泡，并逐渐解体。紫菜多糖因具有促进免疫功能活性而具抗癌的作用。羊栖菜多糖对荷瘤小鼠红细胞免疫功能有促进作用。夏威夷大学在几百种蓝绿藻中发现了大量的细胞毒素，其中伪枝藻科和真枝藻科产生的细胞毒素最多，如 scytophycin B 和 tdytoxin 对 KB 细胞、植入大鼠腹膜内的 P388 白血病和路易士肺癌细胞均具有强烈的抑制作用。目前认为，多糖的免疫增强作用和恢复肿瘤细胞膜的流动性是其抗癌作用的机制。

2. 海洋藻类多糖的抗病毒作用

实验表明，海藻多糖具有显著的抗病毒作用。从海藻 *Gelidum cartilagenium* 中提取的多糖和卡拉胶对流感 B 病毒和腮腺炎病毒有对抗作用。红藻多糖（RP1、RP2）对牛免疫缺陷病毒（BIV）有明显的生长抑制作用，抑制率分别为 85.96% 和 88.65%，与临床批准使用的抗 AIDS 药物叠脱氧胸腺嘧啶 89.52% 近似。徐明芳发现，太平洋裂膜藻中的硫酸多糖是 HIV 逆转录酶的特异性抑制剂，当浓度达 2000IU/mL 时，对病毒逆转录酶活性的抑制率为 92%，而对宿主细胞无影响，并且对其他病毒的逆转录酶也有抑制作用。硫酸化螺旋藻多糖可选择性抑制病毒在宿主细胞中的复制与传播，所形成的钙离子整合物和硫酸根是硫酸化螺旋藻多糖具抗病毒作用所必需的。Gonzale 报道，从海藻中提取得到的多糖硫酸酯能阻断病毒对细胞的吸附，及抑制人类免疫缺陷病毒（HIV）的逆转录酶。从微红藻中提取的多糖可以阻止病毒在寄主细胞中复制，并可有效防止病毒侵入正常细胞。研究表明，多糖的硫酸基含量与其抗病毒作用密切相关，可能是通过干扰病毒和宿主细胞之间的吸附来达到其抗病毒作用。

3. 海洋藻类多糖的抗辐射作用

将小鼠用螺旋藻多糖处理后，其抗辐射能力明显提高，在致死剂量 ^{60}Co γ 射线照射后的存活率比对照组提高 33%，表明螺旋藻多糖能促进照射后小鼠造血功能的恢复。李德远等分别以 10mg/kg、150mg/kg、300mg/kg 腹腔注射岩藻糖胶，可使受 4.5Gy ^{60}Co γ 射线照射的小鼠白细胞分别增加 19.1%、47.6%、63.1%，淋巴细胞分别增加 24.2%、58.3%、66.9%，说明海藻多糖具有很强的抗辐射能力。紫球藻胞外多糖（PSP）能显著提高小鼠 NK 细胞的杀伤活性和 IL-2 活性，从而提高小鼠免疫功能，还可以提高受辐射后机体 NK 细胞的杀伤活性，增强其抗辐射能力。

4. 海洋藻类多糖的降血脂作用

海藻多糖的结构特性决定了其降血脂作用。多糖的胶体结构与粪便结合后膨胀、发酵，从而阻止脂类物质向小肠壁扩散，影响脂类和胆固醇的消化吸收，起到降血脂作用。另外，膳食纤维一般在胃肠部形成胶体，海藻多糖也是一种膳食纤维，其降血脂作用可能与其膳食纤维的性质有关。青岛海洋大学曾从海带中提取低相对分子质量岩藻聚糖硫酸酯（LMSF）对实验性高脂血症大鼠进行实验，结果表明，LMSF 在体外可直接清除过氧阴离子自由基和羟基自由基，在体内也能显著增强血清和组织中 SOD 的活力。褐藻酸酯能够加快食物在肠道中的通过速度，缩短营养成分的吸收时间，可以减少脂肪、糖类和胆盐的吸收，有降低血清胆固醇、血中三酰甘油和血糖的作用，可有效地预防高血压、糖尿病、肥胖症等。从紫菜中提取得到的紫菜多糖可明显降低健康小鼠血中胆固醇含量，还可促使高脂肪、高胆固醇喂养大鼠血清中的三酰甘油和胆固醇含量分别下降 30%、48.6%。

5. 海洋藻类多糖的其他作用

海藻多糖对内源性和外源性凝血途径均具有良好的抑制作用，大量研究表明其抗血栓活性的主要机制是抑制凝血酶原的激活及凝血酶的活性。从枯墨角藻中提取的多糖在体内外实验中均显著延长了血凝时间，并存在剂量依赖性，并且其抗凝血作用与血浆抗凝血酶Ⅲ介导的凝血酶抑制有关。

海藻是一种优良的润肤剂，除因为海藻中的活性物质能与皮肤蛋白结合而形成保湿性的凝胶外，它还可以通过水合作用在皮肤表面形成保护膜，防止水分蒸发。通过对大量繁殖在沿海潮汐的绿海藻进行研究，发现其中的硫酸化多糖具有明显的保湿作用。

另外，海藻多糖还有免疫调节、抗炎及改善肾功能等作用。总之，海藻多糖的药理活性非常广泛。我国学者通过对海藻多糖的研究，目前已开发出防治心、脑、肾血管疾病的药物，并应用于临床，且取得了满意的效果。

我国海藻资源十分丰富，但随着对其结构了解的逐步深入，发现海藻多糖很多价值还远远没有得到充分利用，因此，人们需要以丰富的海藻资源为物质基础，利用生物工程技术手段，在医药、食品、化妆品等领域生产出具有更大价值的物质。在科学技术高速发展的今天，人们对海藻多糖的功能和作用机制的研究将更加深入彻底，海藻多糖必将在更多、更新的领域上具有广阔的发展前景。

四、海洋生物多糖前景展望

随着对糖类生物学功能认识的不断深入，以糖类结构与功能研究为重点的糖工程被认为是继蛋白质工程、基因工程后生物化学和分子生物学领域又一个巨大的科学前沿，糖类药物的研究与开发是21世纪科学研究的热点之一。我国海域辽阔，海洋生物资源丰富，随着近年人们对海洋药物研究的日益重视，海洋生物多糖因具有独特的结构和多种生物活性而越来越受到人们的青睐。

其中，海洋动物多糖因与人体细胞具有良好的生物兼容性，毒性作用小，而且在免疫调节、抗肿瘤、抗病毒、抗心血管疾病和抗氧化等方面都显示出良好的应用前景，受到国内外学者的广泛关注。海洋动物多糖除可作为潜在的药物用于研究和开发外，还可广泛应用于保健食品和日用化工等领域。然而，由于动物多糖结构复杂多样，含量低，在结构分析和分离纯化方面都具有较大的难度，给海洋动物多糖的研究和开发带来了许多挑战。以海洋动物中分离得到的糖类为分子模型进行分子修饰，引入药用活性基团或以其为先导化合物进行半合成，从多个渠道寻找高效低毒的新型海洋糖类药物将是今后药物研究的一个重要方向。虽然目前有关海洋动物多糖的研究还滞后于海洋藻类和微生物来源的多糖，但相信通过广大科研人员的不懈努力和探索及各项新技术的应用，海洋动物多糖的研究与开发将是大有前途和希望的，必将具有广阔的应用前景。

多糖提取纯化到结构分析乃至合成技术的发展更新，为人类更充分地认识、利用海洋动物多糖提供了有力的技术支持。

第二节 海 参 多 糖

一、海参概述

（一）海参的种类

海参属于棘皮动物门海参纲，广义的海参包括海参纲所有的种类。水产上的海参系指那些可供食用的干海参。

全球有记录的海参种数 1000 多种，40 种可食，分布于全球各大洋，主要在热带区和温带区，绝大多数进行底栖生活；我国有 140 多种，20 种可食，其中有 10 种具有较高的商品价值。我国常见的食用海参有刺参（*Apostichopus japonicas* Selenka）；梅花参（*Thelenota ananas* Jaeger）；绿刺参（*Stichopus chloronotus* Brandt）；花刺参（*Stichopus variegatus* Semper）；图纹白尼参（*Bohadschia marmorata* Jaeger）；蛇目白尼参（*Bohadschia argus* Jaeger）；辐肛参（*Actinopyga lecanora* Jaeger）；白底辐肛参（*Actinopyga maruitiana* Quoy&Gaimard）；乌皱辐肛参（*Actinopyga miliaris* Jaeger）、黑乳参（*Holothuria nobilis* Selenka）；糙刺参（*Holothuria–scabra* Jaeger）等，具体见表 2-2。

表 2-2　我国食用海参的类群分布
Table2-2　Edible sea cucumbers taxa distribution in China

科目	海参拉丁名	中文名	产地	食用质量
刺参科	*Apostichopus japonicus*	刺参	山东、河北及辽宁沿海	体壁厚而软，是北方沿海食用海参中质量最好的一种
海参科	*Thelenota ananas*	梅花参	西沙群岛	体大肉厚，品质佳，是中国南海食用海参中最好的一种海参
海参科	*Stichopus chloronotus*	绿刺参	西沙群岛、南沙群岛和海南岛南部	为南海的食用海参之一，产量较高，品质较好，但过于软嫩
海参科	*Stichopus variegates*	花刺参	北部湾、西沙群岛、南沙群岛、海南岛和雷州半岛等沿岸浅海	为南海很普通的一种食用海参，肉质软嫩，优于绿刺参
海参科	*Bohadschia marmorata*	图纹白尼参	西沙群岛、南沙群岛和海南大洲岛等	是一种大型食用海参，肉质厚嫩，品质较好
海参科	*Bohadschia argus*	蛇目白尼参	西沙群岛和南沙群岛等海域	是一种大型食用海参，肉质厚嫩，品质较好
海参科	*Actinopyga lecanora*	辐肛参	西沙群岛和南沙群岛	品质较好
海参科	*Actinopyga mauritiana*	白底辐肛参	西沙群岛、南沙群岛和海南岛南部	是一种大型食用海参，质量较好
海参科	*Actinopyga miliaris*	乌皱辐肛参	西沙群岛	干制品体壁厚而硬，品质较好，
海参科	*Holothuria nobilis*	黑乳参	西沙群岛和海南岛南部	是一种品质优良的大型食用海参，体壁厚实，但骨片较多
海参科	*Holothurim scabras*	糙刺参	西沙群岛、南沙群岛和海南岛	产量较高，体壁较厚，但骨片较多，表面粗糙，为南海常见的一种重要食用海参

刺参也称"沙噀"，刺参科，是我国北方唯一的食用海参资源。体圆柱形，长 20~40cm。前端口周生有 20 个触手。背面有 4~6 行肉刺，腹面有 3 行管足。体色黄褐、黑褐、绿褐、纯白或灰白等。生活在 2~40m 深的水流缓稳、海藻丰富的细沙海底和岩礁底。适应水温为 0~28℃，盐度为 2.8%~3.1%。水温高于 20℃时受光线影响进入夏眠。饵料以泥沙中的动植物碎屑和底栖硅藻为主。繁殖期在 6~7 月，可人工养殖。大连、烟台是刺参的主产区。刺参的再生力很强，受到刺激或处于不良环境下，如水质污浊、氧气缺乏、外敌入侵，身体常强力收缩，压迫内脏从肛门排出，这种现象称为排脏现象。内脏排出后能再生新的内脏。少数个体被横切为 2~3 段后各段也能再生为完整个体。海参为狭盐性动物，

在半咸水或低盐海水中很少见，对水质的污染也很敏感，在污染的海水里，海参难以生存。因此，环保部门常把海参单位水域的存在量作为海水水质监测的指标之一。

梅花参为海参纲中最大的一种，个体大，品质佳，体长可达 1m，属于刺参科，为我国南海食用海参中最好的一种。背面肉刺很大，每 3~11 个肉刺基部相连呈花瓣状，故名"梅花参"。又因体形很像凤梨，故也称"凤梨参"。腹面平坦，管足小而密布。口稍偏于腹面，周围有 20 个触手。背面橙黄色或橙红色，散布黄色和褐色斑点；腹面带赤色；触手黄色。其泄殖腔中常有隐鱼共栖。常栖息于深 3~10m 有少数海草的珊瑚砂底，分布在西南太平洋，我国产于西沙群岛。

海参的品种很多，除以上两种广泛食用的海参外，在我国还有光参、海棒槌和海地瓜等海参。

光参也称"瓜参"，瓜参科。形似刺参。通常灰褐色，但也有暗褐色、浓紫色或黄白色的。体壁肉质，表面柔滑。口的周围有触手 10 个。栖于海中，可供食用。

海棒槌也称"海老鼠"，芋海参科。体呈纺锤形，长约 10cm。有延长的尾状部。口周围有 15 个触手。无管足和肉刺。体壁薄，稍能透视其纵肌和内脏。体色灰褐或黄褐。潜居沿岸沙泥中。其泄殖腔中常有巴豆蟹生活。在我国南北沿岸常见。

海地瓜为芋海参科，体形和体色都像地瓜，故因此得名。俗称香参，也称为白参、海茄子。体呈纺锤形，长 4~12cm。前端较钝，有 15 个触手；后端有一明显的尾。体呈肉红色；体壁很薄，半透明。穴居浅海泥沙中。分布于我国沿海各地及日本、菲律宾、印度尼西亚等地浅海。海地瓜的营养十分丰富，但这一海洋资源迄今尚未充分开发利用。鲜海地瓜含有丰富的蛋白质和氨基酸，且含有人体所需的 8 种必需氨基酸，含有较低脂肪，铁和钙的含量极高，锌也相当丰富，还含有生命元素硒和多种维生素。不仅如此，海地瓜还含有能治病、防癌的药用皂苷和海参多糖，是很有开发前景的海洋生物资源。

（二）海参的营养价值

海参有较高的经济价值和药用价值，自古以来就被奉为营养佳品，是水陆八珍之一。

1. 古医籍的记载

明朝万历年间谢肇制著的《五杂俎》就有关于海参的记载："海参，辽东海滨有之，其性温补，足敌人参，故名海参"；清朝赵学敏编的《本草纲目拾遗》将其列为补益药物，称其"补肾经、益精髓、消痰涎、摄小便，生血、壮阳，治疗溃疡生疽"；《本草从新》载："辽海产者良，有刺者名刺参，无刺者名光参"，"补肾益精、壮阳疗痿"，"泻痢遗精人忌之，宜配涩味而用"；《随息居饮食谱》载："滋阴，补血，健阳，润燥，调经，养胎，利产。凡产后、病后虚弱，宜同火腿或猪羊肉煨食之……脾运不佳，痰多便滑，客邪未尽者，均不可食"；《百草镜》载："入滋补阴分药，必须用辽东产者，也可熬膏作胶用"；《本草求真》："润五脏，滋精利水"。《药鉴》和《药性考》上对海参的药用价值有更详尽的记载。

2. 现代营养学的分析

在营养成分方面，海参被认为是高营养、高蛋白、唯一不含胆固醇的动物性保健食品。海参供食用的主要部分是由胶原纤维构成的结缔组织,不是肌肉,其所含的氨基酸大致和鱼相似,但含量较少,故单从卡值上看,海参还不及鱼类。但其结缔组织所含的明胶-氮远比鱼类高,并且含有较多的黏蛋白,其中所含的多糖成分,对人具有药用价值。我国海洋药物研究者樊绘曾以刺参为研究对象,利用双酶水解、乙醇分级沉淀和离子交换等方法,从刺参体壁中分离出刺参酸性黏多糖,其成分有氨基半乳糖、己糖醛酸、岩藻糖及硫酸酯,并初步证实刺参酸性黏多糖具有抗肿瘤和抗血凝作用。

另外,缪辉南等研究发现,由刺参体壁经酶解而分离提取的刺参酸性黏多糖具有广谱的抗肿瘤作用。实验证明,小鼠经腹腔或静脉注射海参提取物,对转移性肿瘤有显著抑瘤作用。

中岛伸佳等在海参中发现了一类"类肝素样"氨基多糖,其抗凝血作用强度为肝素的1/3。通过海参纤溶级分在动物实验中的证实,它不仅是一种可提高血液中纤维蛋白溶酶原激活剂的活性因子,而且可以提高肾组织中的纤维蛋白溶酶原激活剂的活性。

李青选研究发现玉足海参黏多糖有较强的免疫促进作用,对增强恶性疾病患者的免疫功能有相当高的价值,可抗 AIDS。此外,美国学者发现阿氏辐肛参所含的海参皂苷对小鼠 S_{180} 具有抑制作用。美国研究者还发现海参具有抗关节炎作用,对老人的关节疼痛具有疗效。

海参含甾醇、三萜醇,其中有海参皂苷,是一种抗菌剂,目前研究有一定的抗癌作用。海参多糖含有氨基乙糖、己糖醛酸和硫酸,另有一种糖蛋白中含岩藻糖约 60%,粗蛋白 55.52%,粗脂肪 1.85%,灰分 21.09%,碘 6000μg/kg,钙 118m/kg,磷 22mg/kg,水发后蛋白质、脂肪、灰分含量有所减少。

海参蛋白含有胶原蛋白。海参胶蛋白的高甘氨酸含量与相伴的羟脯氨酸、羟赖氨酸的存在提示海参蛋白以胶原蛋白为主体,使其可与传统中药补血的阿胶、龟板胶、鳖甲胶与鹿角胶在成分和作用上相媲美。研究已经证明,动物胶是生血、养血和促进钙质吸收的物质基础;同时海参胶中所含的非胶原蛋白提高了胶原蛋白的营养价值,此又为其他传统药胶所不及;另外从海参上皮组织分离获得的由亮、脯、丝、精等氨基酸构成的五肽(其中个别氨基酸为 D-构型)其相对分子质量为 568.1,具有抗肿瘤和抗炎等活性;而且从海参分离所得的一种糖蛋白被认定能通过免疫介导抑制动物移植瘤的生长。

海参脂质成分以磷脂为主,约占脂质的 90%。构成海参磷脂的脂肪酸,以稀酸为主,其中的花生四烯酸是人体必需的脂肪酸,且含量很高。海参皂苷的化学结构类似于人参皂苷,不同结构的海参皂苷分别具有下述生物医学作用:对实验肿瘤细胞(包括人瘤株)显示细胞毒性作用;抑制致病细菌(革兰氏阳性菌和革兰氏阴性菌)及致病毒菌(毛癣菌、念珠菌和毛滴虫)的生长;对抗组织细胞氧化;免疫调节作用和协同菌苗的免疫活性;抗原虫活性;刺激骨髓红细胞生长;有刺激素样活性,抑制排卵和刺激宫缩;阻断神经肌肉传导,用于脑瘫及因脑震荡和脊椎损伤所引起的痉挛;抗疲劳作用。

二、海参多糖研究概况

(一)海参多糖及其分类

海参多糖是海参的重要组成成分,主要存在于海参体壁及废弃内脏中。

目前发现存在于海参体壁的多糖主要分两类：一类为黏多糖（HGAG），是由 D-N-乙酰氨基半乳糖、D-葡萄糖醛酸和 L-岩藻糖组成的分支杂多糖，相对分子质量为 4 万~5 万；另一类为海参岩藻多糖（HF），是由 L-岩藻糖所构成的直链多糖，相对分子质量为 8 万~10 万。两者的组成糖基虽不同，但糖链上都有部分羟基发生硫酸酯化，并且硫酸酯基类多糖含量均在 32%左右，两种海参多糖的特殊结构均为海参所特有。其多糖含量和硫酸化程度之高是其他传统补品所不及的（表 2-3）。由于 HGAG 的结构组成比 HF 复杂，国内外的相关研究主要围绕 HGAG 展开。

表 2-3　海参多糖含量和硫酸化程度与其他传统补品的比较

品 名	多糖含量	硫酸化程度
海参	>6%	≈30%
阿胶、鹿角胶、龟板胶、鳖甲胶	0.2%	<15%
一等梅花鹿茸	≈6%	<15%
优级鱼翅	≈6%	<15%

（二）海参多糖的提取分离

HGAG 是蛋白多糖的糖链部分。众多 GAG 以共价键（糖肽键）与蛋白链相连，自然状态下，HGAG 与蛋白链间通过非共价键（氢键等次级键）形成具有螺旋、折叠、盘绕、卷曲空间构象的大分子聚集体。HGAG 的提取分离的首要问题是，在多糖不被显著降解的条件下去除结合的蛋白质。

提取分离 HGAG 不仅要破坏蛋白多糖聚集体间的次级键（这只能分离蛋白多糖），还要降解核心蛋白链，更主要的是要破坏多糖链与蛋白质的共价结合（糖肽键），从而释放出多糖链，以便提取分离。

目前常采用的提取方法主要有碱提取法与蛋白质水解法。前者是基于蛋白多糖中糖肽键对碱的不稳定性，该法简便易行。但由于碱处理后蛋白多糖易发生瓦尔登转化或形成 3,6-内醚衍生物而发生脱硫现象，因此使这种方法的应用受到限制。蛋白质水解法是提取 HGAG 比较理想的方法，它在不改变多糖链结构的前提下，先以碱处理，再以蛋白酶水解，对 HGAG 的释放十分有效。同时为了使蛋白质充分水解，多采用两种以上酶制剂来加强水解效果。韩慧敏等就曾采用匀浆技术，利用胃、胰蛋白酶降解蛋白质的方法，对 HGAG 的提取取得了良好的效果。

HGAG 的分离方法主要有沉淀法，近年来又出现了离子交换色谱法及其他方法。常用的沉淀剂有乙醇、季铵盐和乙酸钾，其中乙醇应用最为广泛。在 HGAG 的钙盐、钠盐或钾盐溶液中加入不同含量的乙醇，多糖颗粒水化膜被破坏，溶液电离常数降低，HGAG 便以盐的形式分级沉淀，从而得以分离。离子交换色谱法的分离原理是根据离子特性的差异，如 HGAG 中己糖醛酸的羧基与 SO_4^{2-} 的取向、类型及数量差异，用不同离子强度的 NaCl 溶液洗脱而分离。其相对于其他许多分离方法的优点在于上柱前不必浓缩，色谱柱本身从溶液中吸附多糖，从而起到浓缩作用。目前，许多商业化离子交换树脂，尤其是多糖基离子交换树脂已在 HGAG 的分离中应用。如 DE-52-纤维素、DEAE-Sephadex、Q-FF-Sepharose 等。另外，20 世纪 60 年代发展起来的凝胶过滤色谱、70 年代发展起来的亲和色谱及近年来兴起的制备性高效液相色谱技术都已用于 HGAG 的提取分离，并已取得了很好的效果。但是由于 HGAG 相对分子质量的不均匀性、硫酸化程度的不一致性、显微结构的不均匀性及残基数量的多变性，目前尚难提得绝对意义上"纯"的 HGAG。

（三）海参多糖的化学组成

HGAG 的定性、定量测定主要采用一些化学方法，如比色法和分光光度法，其中以苯酚硫酸法居多。组织化学和物理化学方法也常用于 HGAG 的定性定量分析，组织化学方法常用的是染色法，如阿利新蓝染色法、天青 I 染色、甲苯胺蓝等。另外还有同位素标记法、凝胶色谱法、电泳法等。

1. 单糖组分的测定

HGAG 的二糖重复单位是由氨基己糖、己糖醛酸通过糖苷键连接而成，在氨基己糖与己糖醛酸上还带有一些取代基团，如硫酸基（$-SO_4^{2-}$）、乙酰基（$-NH-$）等。

在进行单糖组分的测定之前，必须先用酸、碱或酶进行水解，将 HGAG 大分子分解成单糖片段、取代基团和氨基酸片段 3 部分。其中的单糖片段可分为碱性单糖、中性单糖和酸性单糖。碱性单糖包括游离的氨基己糖和 N-乙酰氨基己糖，最常用的检测方法有 Elson-Morgan 法、Morgan-Elson 法、Wanger 法及其改进方法。

中性单糖测定的常用方法有比色法，如苯酚-硫酸法、蒽酮比色法、L-半胱氨酸-硫酸法等。现在已有多种自动分析仪器出现，给中性单糖的测定带来了方便，如气相色谱。

酸性单糖（己糖醛酸）的测定方法有 Dische 法及其改进方法 Bitter 法和 Nelly 法。常用的还有咔唑-硫酸法。

2. 取代基的测定

对于 GAG 中的硫酸基，通常采用明胶-氯化钡法进行鉴定，还有比重法、滴定法、电导率法和比浊法等，但都不如用 4-氯-4-联苯胺进行分光光度法灵敏度高。电泳法也可用于完整 GAG 分子中 O-和 N-硫酸酯基的测定（低于 1μg），主要是根据电泳迁移率与硫酸基组成比例来进行分析的。对于乙酰基的测定，可采取 GC、1H NMR 等。

国内外有关研究表明，海参中酸性黏多糖基本上由氨基半乳糖、葡萄糖醛酸、岩藻糖和硫酸基组成。目前所测得的刺参多糖，其氨基糖含量为 12.60%、糖醛酸为 15.80%、岩藻糖为 14.70%、硫酸基为 31.70%，氨基糖∶糖醛酸∶岩藻糖∶硫酸根的分子比值为 1.00∶1.11∶1.20∶4.87。

（四）海参多糖的活性研究

近年来，国内外科学家采用化学和物理学等现代科技手段对海参酸性黏多糖进行研究，发现其对人体的生理功能调控、维系生命最佳状态具有极其重要的意义，主要表现在抗血栓、抗肿瘤、抗凝血、降低血清胆固醇及提高机体免疫力等方面。

研究发现，HGAG 可对抗多种实验动物肿瘤的生长，对 MA-373 乳腺癌和 T795 肺癌生长抑制率分别高达 79% 和 60% 以上，同时还能抑制 M737 乳腺癌的人工肺转移和 Lewis 肺癌自然转移。

　　HGAG 可以提高机体细胞免疫力，改善和增强因荷瘤或使用抗癌药物引起的动物机体免疫功能低下状况。

　　HGAG 能够对抗新血管形成，包括移植性肿瘤诱发的新生血管生成；同时可的松可以加强 HGAG 对肿瘤血管形成的抑制作用。

　　HGAG 具有显著的抗凝血作用，为一种新型抗凝剂，在凝血过程的不同环节显示多重作用。

　　HGAG 可通过激活纤溶酶原而促进纤维蛋白溶解，能抑制纤维蛋白单体间聚合，改变纤维蛋白凝块结构，从而有利于药物纤溶。

　　在动物静脉栓塞模型和急性小鼠肺栓塞模型中，HGAG 能抑制栓塞形成并提高动物的生存率。

　　此外，HGAG 能对抗单纯疱疹病毒引起的组织培养细胞特异性病变；具有抗放射活性，即对受 ^{60}Co 照射动物具有保护作用，并促进机体造血功能的恢复；具有抗炎作用，有可能用作骨性关节炎的治疗剂。

　　研究表明，海参多糖还具有防癌抗癌作用，其机制可能是海参中的多糖成分能显著提高机体的免疫力，抑制癌细胞的生长，这种黏多糖可促进骨髓造血机制，增加癌瘤组织的血流量，提高药物在癌瘤组织中的浓度；海参所含的丰富海参素和微量元素等具有很好的防癌作用。

三、海参多糖化学组成研究进展

　　盛文静等自青岛市场上购得生鲜仿刺参（*Apostichopus japonicus*）及 9 种海参商品（表2-4），包括 2 种水发海参：sand fish（*Holothuria scabra*），black teat（*Holothuria vagabunda*）；7 种干海参：菲律宾刺参（*Pearsonothria graeffei*），北极参（*Holothuria mexicana*），冰岛刺参（*Cucumaria frondosa*），挪威红参（*Stichopus tremulus*），美国肉参（*Isostichopus badionotus*），墨西哥刺参（*Isostichopus fuscus*），日本刺参（*Stichopus japonicus*）。

表 2-4　10 种海参多糖的化学组成（g/100g）
Table 2-4　Chemical component of polysaccharides from ten kinds of sea cucumber（g/100g）

海参名称	总糖含量	硫酸根含量	糖醛酸含量	氨基酸含量	氨基酸：糖醛酸：岩藻糖*：硫酸根（分子比值）
菲律宾刺参	40.33	25.77	13.27	7.36	1.00：1.67：2.43：6.57
仿刺参	62.11	19.54	9.92	5.40	1.00：1.71：2.57：6.79
sand Fish	42.46	29.95	11.92	7.05	1.00：1.57：2.58：7.97
black teat	40.37	24.78	12.67	10.18	1.00：1.16：1.85：4.57
北极参	41.69	24.16	10.43	8.63	1.00：1.12：1.98：5.25
冰岛刺身	46.56	22.73	13.38	8.74	1.00：1.42：1.38：4.88
挪威红参	47.30	24.09	12.18	7.63	1.00：1.48：2.37：5.93
美国肉身	53.32	26.78	10.22	4.92	1.00：1.93：4.52：10.21
墨西哥刺参	57.21	29.28	10.23	5.19	1.00：1.83：3.90：10.59
日本刺参	45.22	20.13	9.85	6.02	1.00：1.52：2.60：6.28

＊ 见中性单糖含量测定

　　进一步研究发现，从总糖含量来看，各种海参多糖的总糖含量在 40.33%~62.11%内变动。其中，仿刺参多糖的总糖含量为 62.11%，明显高于其他海参多糖，而 Yutaka 等从仿刺参中提取多糖并将其分级为 A 和 B 两个组分，测得这两组分的总糖含量分别为 55.98%和 64.02%，与本实验测定值相符。墨西哥刺参和美国肉参多糖的总糖含量也很高，分别为 57.21%和 53.32%，总糖含量最低的是菲律宾刺参，仅为 40.33%。

　　林钦等以红参、辽参、小方刺、小黄刺、胶东参、八角参、北极蓝装、北极红装、俄罗斯参为实验材料提取海参粗多糖，并利用硫酸-苯酚法测定粗多糖中糖基含量。结果表明：粗多糖得率为 10.11%~33.68%。其中辽参粗多糖得率最高，为 33.68%；其次是俄罗斯参，为 30.95%；位于第三的是胶东参，得率为 29.40%。

　　多位研究者研究发现，从硫酸根含量来看，各种海参多糖的硫酸根含量在 19.54%~29.95%内波动。其中，sand fish 多糖的硫酸根含量最高，为 29.95%，墨西哥刺参多糖的硫酸根含量也很高，为 29.28%，然而目前公认品质较好的两种刺参：仿刺参和日本刺参，其多糖的硫酸根含量却很低，分别为 19.54%和 20.13%。

　　Yutaka 等从仿刺参中提取的两个多糖组分的硫酸根含量分别为 22.56%和 29.47%，其组分与盛文静等报道的仿刺参多糖的测定结果基本一致。

　　从糖醛酸的含量来看，各种海参多糖的糖醛酸含量在 9.85%~13.38%内波动，差异并不明显。而各种海参多糖的氨基酸含量差别却较大，含量最高的是 black teat 多糖，为 10.18%，而含量最低的美国肉参的多糖仅为 4.92%，还不及 black teat 一半。仿刺参和墨西哥刺参多糖的氨基酸含量也较低，分别为 5.40%和 5.19%，其余海参多糖之间的氨基酸含量差异不大。

　　从各种糖类及硫酸根之间的分子比值来看，以氨基酸为 1，糖醛酸的比值在 1.12~1.93内波动，岩藻糖的比值在 1.38~4.52 内波动，硫酸根的比值在 4.57~10.59 内波动，差异明显。美国肉参和墨西哥刺参多糖的各项比值都很高，而 black teat、北极参及冰岛刺参多糖的各项比值都很低。仿刺参和日本刺参的种属关系很近，其多糖分子比值也很相近，分别为 1.00、1.71、2.57、6.79 和 1.00、1.52、2.60、6.28，与樊绘曾等的测定结果相比，本实验测定值偏高，这与多糖的提取分离方法不同有很大关系。

　　从各种海参多糖中所含中性单糖的种类来看（表 2-5），10 种海参多糖均含有岩藻糖和半乳糖，除 black teat 多糖外，其他海参多糖均含有甘露糖，除菲律宾刺参、sand fish、black teat 和墨西哥刺参多糖外，其他海参多糖均含有葡萄糖。

　　国内有研究者对海参多肽中的单糖进行了仔细研究，从各种海参多糖中各中性单糖的含量来看，各种海参多糖中岩藻糖含量最高，为 10.97%~20.25%，明显高于其他 3 种单糖，所以在用硫酸-苯酚法测总糖含量时，选用岩藻糖作标准品。其中，岩藻糖含量最高的是美国肉参多糖，含量最低的是冰岛刺参多糖，两者相差接近一倍。各种海参多糖的半乳糖含量在 1.35%~3.80%内波动。其中，日本刺参、冰岛刺参、挪威红参多糖的半乳糖含量较高，其他海参多糖之间差别不大。各种海参多糖的葡萄糖含量在 0.38%~6.19%内波动。其中，仿刺参多糖的葡萄糖含量最高，为 6.19%，明显高于其他海参多糖，而日本刺参多糖的葡萄糖含量也比其他海参多糖高出一倍。

　　表 2-5 显示，10 种海参多糖的甘露糖含量在 0.34%~0.95%内波动，含量很小，各参之间的差异不显著。

表 2-5　10 种海参多糖的中性单糖含量（g/100g）

Table 2-5　Neutral monosaccharide content of poly saccharides from ten kinds of sea cucumbe（g/100g）

海参名称	岩藻糖	半乳糖	葡萄糖	甘露糖
菲律宾刺参	16.31	1.83	—	0.55
仿刺参	12.67	1.56	6.19	0.55
sand fish	16.56	2.33	—	0.39
black teat	17.20	1.93	—	—
北极参	15.58	2.01	0.42	0.38
冰岛刺参	10.97	3.15	0.48	0.47
挪威红参	16.48	2.89	0.38	0.49
美国肉参	20.25	1.42	0.54	0.39
墨西哥刺参	18.43	1.35	—	0.39
日本刺参	14.24	3.80	1.06	0.95

注：—未检出

四、海参多糖生物活性

多糖是海参体壁的另一类重要成分，其含量可占干参总有机物的 6%以上。海参体壁多糖主要有两种，一种为海参糖胺聚糖或黏多糖（holothurian glycosaminoglycan，HGAG），系一由 D-N-乙酰氨基半乳糖、D-葡萄糖醛酸和 L-岩藻糖组成的分支杂多糖，相对分子质量在 4 万~5 万；另一种海参岩藻多糖（holothurian fucan，HF），是由 L-岩藻糖构成的直链匀多糖，相对分子质量在 8 万~10 万。两者的组成糖基虽不同，但它们糖链上都有部分羟基发生硫酸酯化，并且硫酸酯基占多糖含量均在 30%左右。此外，有人从叶瓜参中分离获得一硫酸低聚糖 frondecaside，其组成糖基与上述海参多糖 HG 或 HF 迥异。值得注意的是，该寡（十）糖不论从组成糖基及其构型还是从各糖苷键连接方式来看皆酷似海参皂苷的寡糖链。另据最新报道，从附着海参体壁的平滑肌（纵肌和环肌）的肌浆网（sarco plasmic reticulum）又分离获得一种新型的硫酸多糖，但结构尚未阐明。现已确定，两种海参多糖即 HG 和 HF 的结构特殊，都为海参所特有。

（一）抗凝血作用

我国学者樊绘曾采用酶水解、乙醇沉淀、氧化脱色、二乙氨乙基纤维素分离等方法，从刺参体壁中提取得到刺参多糖的主要有效成分-刺参酸性黏多糖（stichopus japonicus acidic mucopoly saccharide，Sjamp）。国内外有关研究表明，海参中酸性黏多糖基本上由氨基己糖、己糖醛酸、岩藻糖及硫酸根组成，四者的分子比是 1∶1∶1∶4，平均相对分子质量为 55 000。也有测得相对相对分子质量为 50 000。

早期报道表明，刺参提取液有抗凝血作用，但刺参体壁酸性黏多糖在体外有明显的抑制血小板解聚作用，由于它使血小板聚集性增高，产生血小板自发性聚集体，在血循环中的血小板聚集体不能通过脏器和组织中的毛细血管而被扣下，出现血小板减少。药理研究表明，家兔注射 Sjamp 后，血循环中血小板数量明显减少，而血小板数量减少是由于 Sjamp 使血小板聚集性增高，从而导致血小板聚集体增多所致。由于血小板的黏附聚集在早期凝血过程中的重要作用，因此血循环中血小板数量的大量消耗造成动物早期凝血功能异常。Sjamp 对血小板的凝集作用并不引起血小板的活化和代谢，也不发生形态上的变化，这种凝集作用使血小板能发挥应有的生理活性和功能，从而达到抗凝血和抗血栓的目的。

　　马西西亚的研究表明：Sjamp 在外援凝血过程中以剂量依赖方式抑制最大凝血酶活性的生成和加速凝血酶活性的衰减过程，但都不影响凝血酶原活性，故 Sjamp 在外源凝血过程中对凝血酶生成的影响是直接作用于凝血酶的结果。Sjamp 不仅有抗凝血酶作用，还可以促进纤溶。机制是：提高纤溶酶活性，直接降解纤维蛋白原；使纤维蛋白凝胶小的纤维蛋白明显减少而易于被纤溶酶清除；抑制纤维蛋白原的聚集功能，影响单体聚集过程；改变纤维蛋白凝胶结构，从而增强其对纤溶酶的敏感性而易于被清除。

　　岩藻糖化硫酸软骨素（fucosylated chondroitinsulfate，FCS）是从海参体壁中提取出的另一种多糖类成分，Suzuki 等在研究海参体壁中的多糖时发现，FCS 具有抗凝血活性，且在一定剂量下其抗凝效力比肝素更强烈，他们认为，FCS 可诱导血管内皮细胞膜糖胺聚糖活性的改变，从而改变血浆抗凝活性。Mourao 等从海参体壁中分离到的 FCS 在家兔身上实验后有明显的抗血栓的活性。Li 研究组也发现，海参中的黏多糖具有抗血栓的作用，主要是影响血液凝结的内在通路，黏多糖的抗血栓作用是依靠加速血纤维蛋白酶的活力，以防止单位纤维蛋白的聚合，并改变肌纤维蛋白的构筑。

　　研究者认为 Sjamp、FCS 的抗凝血、抗血栓的作用机制与传统抗凝药肝素有不同之处。抗凝血酶III（antithrombin III，AT-III）是凝血酶等凝血因子的抑制剂，肝素的抗凝作用依赖 AT-III。Sjamp 对凝血过程的影响主要表现为凝血酶时间延长，其抗凝血酶作用不依赖 AT-III而主要对肝素辅因子II（heparin cofactor II，HC-II）有依赖性，HC-II 可专一性与凝血酶结合并水解，故 Sjamp 有可能用于治疗 AT-III减少而需抗凝治疗的血栓性疾病，成为新型的抗凝药物。和 Sjamp 相同，FCS 抗凝活性也是 HC-II 依赖性。

　　现对天足海参（*Holothuria leucospilota*）酸性黏多糖（HL-P）的药理研究也较为深入。樊绘曾等应用碱法消化、钾盐和季铵盐分级纯化法，从玉足海参体壁中提取出 HL-P，与刺参多糖组分相同，只是各糖基比例有所差异，但两种酸性黏多糖的抗凝作用相似。药理研究表明，HL-P 能显著延长家兔凝血酶时间（TT）、白陶土部分凝血活酶时间（KPTT）、血浆凝血酶原时间（PT），呈现较强的抗凝活性，其抗凝效应与剂量显著相关。

（二）抗肿瘤作用

　　近年来，有关海参酸性黏多糖抗肿瘤的研究取得了积极进展。一般认为抗肿瘤免疫主要是细胞免疫，单核-巨噬细胞系统的吞噬活性是机体免疫功能的重要指标之一，巨噬细胞是抗肿瘤的主要效应细胞。实验研究表明，HL-P 能明显增加小鼠免疫器官——脾的质量，提高腹腔巨噬细胞的吞噬百分率和吞噬指数，增强肌体单核-巨噬细胞系统的吞噬功能，并能对抗免疫抑制剂——环磷酰胺引起的免疫功能低下。DNA 的恶性复制是肿瘤细胞的显著特征，而 Sjamp 能显著抑制小鼠乳癌和 S_{180} 肿瘤细胞 DNA 的合成，对荷瘤小鼠正常肝细胞 DNA 的合成有促进作用，说明 Sjamp 有利于正常肝细胞的增殖，从而推测 Sjamp 对荷瘤小鼠肿瘤细胞和正常细胞有一定的选择作用。吴萍茹等采用二色桌片参鲜品经 95%乙醇提取、透析除盐、SePhadex G-200 往层析纯化得精蛋白Ⅰ（gpmⅠ-Ⅰ），经蛋白酶水解得含糖量较高的糖蛋白Ⅱ（gpmⅠ-Ⅱ）。这两种多糖为含有岩藻糖和岩藻糖硫酸酯的直链均一多糖，各含有其他糖基。药理活性研究表明：gpmⅠ-Ⅱ能明显抑制小鼠 S_{180} 肿瘤细胞的生长，而 gpmⅠ-Ⅰ的抑制作用不明显，gpmⅠ-Ⅰ可增加荷瘤小鼠脾质量，但 gpmⅠ-Ⅱ无此作用，推测 gpmⅠ-Ⅱ抑瘤作用显著。

（三）增强免疫力

海参多糖也能提高机体的细胞免疫功能，可改善使用抗癌药物引起的机体免疫功能低下状况。有资料表明，刺参酸性黏多糖能使人白细胞悬浮物中的 EAC 花环数量增加，并促进 EAC 花环和细胞膜表面免疫球蛋白（surface membrane immunity globin，SmIg）的表达，因此推知它有增强细胞免疫作用。可能是因为它作用于无活性细胞亚群，致使活性的 T 细胞增加，T 抑制细胞数量也相应增加，从而抑制了 B 细胞活化和 SmIg 表达。

玉足海参多糖能明显增加小鼠免疫器官脾的质量，促进机体对血中碳粒的吞噬速度，明显提高机体单核-巨噬细胞系统的吞噬功能，是一种作用较强的免疫促进剂，可用于肿瘤患者的辅助治疗。

二色桌片参经双酶水解、乙醇沉淀等步骤后从干参体内分离得到均一多糖纯品 pmi-1。经化学反应测定和波谱数据分析，确定 pmi-1 是一种由 L-岩藻糖基和 L-岩藻糖基-4-硫酸酯构成的直链均一多糖。它能促进小鼠脾淋巴细胞增殖，显著增加脾淋巴细胞产生 IL-2 的水平，增强小鼠迟发性超敏反应（DTH），增加脾、胸腺指数，增强细胞免疫，具有较强免疫活性。

（四）延缓衰老作用

一般认为氧自由基的增多是导致机体衰老的主要原因，而超氧物歧化酶（SOD）通过清除氧自由基起到延缓衰老作用。药理研究表明，花刺参（*Stichopus variegates* Semper）提取物能显著提高小鼠红细胞 SOD 活性，具有延缓衰老作用。同时，海参可以延长果蝇的寿命，增加小鼠免疫器官胸腺和脾的质量。

（五）降血脂作用

Liu 等最近在研究海参黏多糖时发现：给已服了胆甾醇的小鼠喂了黏多糖，结果表明黏多糖有一定的降血脂作用。在使用 DEAE 柱层析技术时发现有两个主要的峰，P-1 峰主要包含黏多糖（含有己糖醛酸和氨基己糖），P-2 峰主要包含岩藻糖，也许会有少量的己糖醛酸和氨基己糖，所以使用 P-1 峰（分子质量范围在 200~500kDa）来评价降血脂作用的影响。结果显示：1%的胆甾醇会显著增加等离子总胆甾醇和 LDL-胆甾醇。当已服了 1%胆甾醇的小鼠又服了黏多糖后，总胆甾醇和 LDL-胆甾醇会显著地降低，而 HDL-胆甾醇则有显著增加。因而研究证明，海参中的黏多糖在防止动脉粥样硬化疾病方面有着广阔的发展前景。

综上所述，海参中所含有效成分——黏多糖、蛋白多糖，具有多方面的生物活性，在医学中有广泛的应用前景。随着研究的逐步深入，海参很有可能成为开发新型药物的资源。

五、海参多糖生物活性新进展——促伤口愈合作用

伤口愈合是一个多种细胞参与及相互作用的复杂过程，它包括炎症、增生期、伤口收缩、胶原代谢与上皮形成几个阶段。以往对伤口愈合的研究停留在覆盖创面后等待伤口自愈，而缺乏促进伤口愈合的积极措施。生长因子的发现及其研究的深入，为治疗创伤、加速伤口愈合提供了新途径，开创了伤口愈合的新纪元。

在国外，Mester等提出低能"软"或"冷"激光造成的生物刺激可加强伤口愈合。此外，精氨酸与纤维激活蛋白、维生素C、蛋白质、微量元素锌等也有促进伤口愈合的作用。但对于活性多糖促进伤口愈合的研究国内外尚未有相关报道。如果服用活性多糖，一方面能够起到补充身体营养的作用，另一方面又能起到促进伤口愈合的作用，将会使患者达到早日康复的目的。

迟玉森等通过反复实验，给小鼠灌胃海洋多糖来观察小鼠的伤口愈合情况。结果表明海洋多糖能够促进伤口愈合。

（一）实验方法

取15只体重为（22±2）g的小白鼠，随机分为5组。250mL三角瓶中放入少量脱脂棉，倒入10mL乙醚，左手带胶皮手套用无名指与小指将小鼠尾根部夹住，中指、食指与大拇指将小鼠颈部皮肤连同两只耳朵一起抓起，然后将小鼠头部塞进三角瓶，伸进约3cm，头部周围不能贴在三角瓶壁上，秒表计时，测最佳苏醒时间。

将自制直径为0.5cm的塑料圆圈染上颜色，印在小鼠背部进行定位，用无菌镊子从圆圈中心将小鼠皮肤夹起，然后用无菌剪刀沿印迹剪除背部皮肤，便能得到大小、深浅基本一致的圆形伤口。

每隔一天用三角尺测量伤口大小，并观察伤口变化情况。

光镜下主要观察毛细血管生长分布情况和肉芽组织生长情况。以往人们通常采用组织切片的方法，但是经过实验验证该方法不适合观察要求。本实验采用另一种更为直接简便的方法来观察伤口处毛细血管生长分布情况。

小白鼠在术后1d、3d、5d、7d、11d、13d分6次，每次各组取1只做拉颈处死，然后用镊子夹起圆形伤口外围皮肤，用剪刀剪下放在涂有1∶1甘油蛋白胶的载玻片上（里面朝上），直接放显微镜下观察，数码相机摄影。

（二）实验结果

1. 乙醚对小白鼠的麻醉效果

通过表2-6可以看出，麻醉时间60s的效果较好，既没有小鼠死亡，苏醒时间也较为合适。

2. 伤口愈合肉眼观察结果

观察结果发现，灌胃海参多糖（C）、鲍鱼多糖（B）实验组小鼠的伤口比对照组（A）小鼠伤口均能提前2~3d愈合，且海参多糖实验组、鲍鱼多糖实验组伤口愈合后，表面光

滑无结痂，而对照组伤口愈合后表面有结痂，因此认为海参多糖对伤口愈合起着显著的促进作用（图 2-1，图 2-2）。

表 2-6　乙醚麻醉小白鼠的时间统计
Table2-6　Mice ether anesthesia time statistics

组别	每组/只数	麻醉时间/s	苏醒时间/s	死亡数/只
1	5	50	20±2	0
2	5	55	30±3	0
3	5	60	45±3	0
4	5	65	60±5	1
5	5	70	70±5	2

 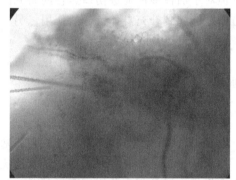

图 2-1　多糖实验组　　　　　　　　　　　图 2-2　对照组
Chart 2-1　The experiment team　　　　　Chart 2-2　The comparition team

测量小白鼠手术后 1d、3d、5d、7d、9d、11d、13d、15d 伤口面积，分别记作 S_1、S_3、S_5、S_7、S_9、S_{11}、S_{13}、S_{15}，结果如表 2-7 所示。

表 2-7　各组伤口面积测量结果

组别	动物	不同时间的伤口面积/cm²							
		S_1	S_2	S_5	S_7	S_9	S_{11}	S_{13}	S_{15}
1	10	0.27±0.03	0.25±0.00	0.21±0.02	0.19±0.02	0.14±0.02	0.10±0.01	0.05±0.01	0.02±0.01
2	10	0.27±0.02	0.22±0.02	0.17±0.03	0.12±0.03	0.07±0.03☆	0.03±0.02☆☆	0.01±0.01☆☆	0.00±0.00☆☆
3	10	0.27±0.03	0.22±0.03	0.16±0.04	0.12±0.04☆	0.07±0.04☆☆	0.03±0.02☆☆	0.01±0.01☆☆	0.00±0.00☆☆

☆与对照相比具有显著性差异，$P<0.05$；
☆☆与对照相比具有极显著性差异，$P<0.01$

由表 2-7 结果可见，从第七天起，灌胃海参多糖组小鼠伤口愈合明显，与对照组相比具有显著性差异，$P<0.05$；从第七天起，与对照组相比具有极显著性差异，$P<0.01$。灌胃鲍鱼多糖组小鼠伤口愈合速度比海参多糖组稍慢，从第九天起，与对照组相比具有显著性差异，$P<0.05$；从第十一天起，与对照组相比具有极显著性差异，$P<0.01$。海参多糖组与鲍鱼多糖组相比，没有明显差异。

3. 伤口愈合显微观察比较结果

术后 1d，显微观察发现，实验组与对照组伤口周围均见有少量毛细血管，周边皮下组织充血水肿（图 2-3）。

术后 3d，实验组伤口周围可见很多新生毛细血管（图 2-4），而对照组要少得多（图 2-5）。

图 2-3 术后 1d 实验组和对照组观察
Chart 2-3 The observe of the wound one day after the operation

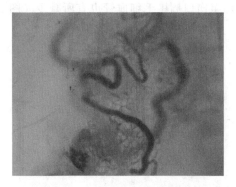

图 2-4 术后 3d 实验组观察
Chart 2-4 The observe of the wound of the experiment team three days after the operation

术后 5d，实验组伤口周围形成浓密的毛细血管网络（图 2-6），而对照组没有此现象，但也许多新生的毛细血管出现（图 2-7）。

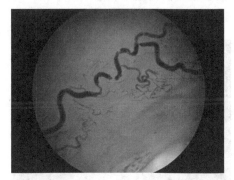

图 2-5 术后 3d 对照组观察
Chart 2-5 The observe of the wound of comparition team three days after the operation

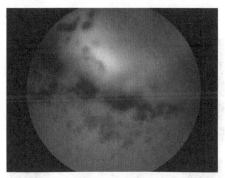

图 2-6 术后 5d 实验组观察
Chart 2-6 The observe of the wound of the experiment team five days after the operation

术后 7d，实验组伤口周围毛细血管数已开始减少，有新生的粗血管出现（图 2-8），而对照组伤口周围仍见有较多的毛细血管，没有新生的粗血管（图 2-9）。

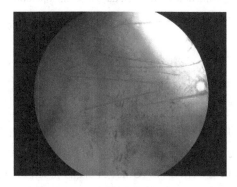

图 2-7 术后 5d 对照组观察
Chart 2-7 The observe of the wound of the comparition team five days after the operation

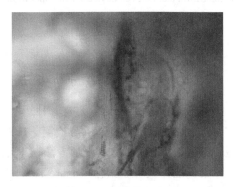

图 2-8 术后 7d 实验组观察
Chart 2-8 The observe of the wound of the comparition team seven days after the operation

术后 11d，实验组伤口周围毛细血管数明显减少，有明显的新生粗管出现（图 2-10），对照组伤口周围毛细血管也有所减少（图 2-11）。

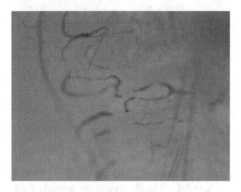

图 2-9 术后 7d 对照组观察
Chart 2-9 The observe of the wound of the experiment team seven days after the operation

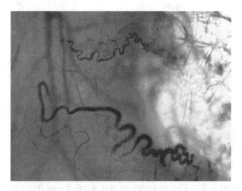

图 2-10 术后 11d 实验组观察
Chart 2-10 The observe of the wound of the experiment team eleven days after the operation

术后 13d，实验组伤口已基本愈合，伤口周围已基本恢复正常状态（图 2-12），而对照组伤口处已见有新生粗血管出现，伤口还未完全恢复。

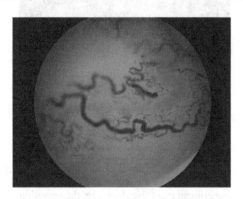

图 2-11 术后 11d 对照组观察
Chart 2-11 The observe of the wound of the comparition team eleven days after the operation

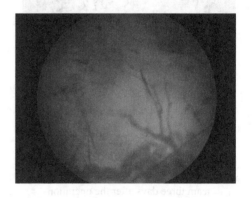

图 2-12 术后 13d 实验组观察
Chart 2-12 The observe of the wound of the experiment team thirteen days after the operation

六、海参多糖的检测方法

（一）海参多糖化学组成分析方法

目前比较广泛采用的主要有三种。

第一种，HGAG 的分析与检测。HGAG 的测定（定性、定量）主要采用一些化学方法，如：组织化学和物理化学方法。组织化学方法常用的是染色法，如阿利新蓝（Alican blue）染色法、天青 I 染色（azure A）、甲苯胺蓝等。由于 GAG 的染色没有特异性，所以难以得到准确的结果。比色法和分光光度法常用于 GAG 的共同定性定量分析中。另外还有同位素标记法、凝胶色谱法、电泳法等。

第二种，单糖组分的测定。GAG 的二糖重复单位是由氨基己糖、己糖醛酸通过糖苷键连接而成，在氨基己糖与己糖醛酸上还带有一些取代基团，如硫酸基（—SO_4^{2-}）、乙酰基（—NH—）等。在进行单糖组分的测定之前，必须先用酸、碱或酶进行水解，将 GAG 大分子分解成单糖片段、取代基团和氨基酸片段 3 部分。其中的单糖片段可分为碱性单糖（hexNH）、中性单糖和酸性单糖（hexUA）。

碱性单糖包括游离的氨基己糖和 N-乙酰氨基己糖，最常用的检测方法有 Elson-Morgan 法、Morgan-Elson 法、Wanger 法及其改进方法。

中性单糖测定的常用方法有比色法，如苯酚-硫酸法、蒽酮比色法、L-半胱氨酸-硫酸法等。现在已有多种自动分析仪器出现，给中性单糖的测定带来了方便，如气相色谱。

酸性单糖（己糖醛酸）的测定方法有 Dische 法及其改进方法 Bitter 法和 Nelly 法。常用的还有咔唑-硫酸法。

第三种，取代基的测定。对于 GAG 中的硫酸基，通常采用明胶-氯化钡法进行鉴定，另外还有比重法、滴定法、电导率法和比浊法等，但都不如用 4'-氯-4-联苯胺进行分光光度法灵敏度高。电泳法也可用于完整 GAG 分子中 O-和 N-硫酸酯基的测定（低于 1μg），主要是根据电泳迁移率与硫酸基组成比例来进行分析的。

（二）海参多糖结构分析

对多糖结构的分析测定是研究其生物活性的基础。而糖类的高级结构是以一级结构为基础的，但与蛋白质或其他大分子不同的是，糖链的一级结构包括更广泛的内容。要分析多糖的一级结构必须包括以下几个内容：相对分子质量、糖基组成及各种组成单糖的分子数比例、单糖构型、单糖的连接次序、异头构型、取代基情况，及糖链与非糖链的连接等。GAG 结构分析的方法也有很多。测定糖链一级结构的方法见表 2-8。

表 2-8　测定糖链一级结构的常用方法

解决的问题	常用的方法
相对分子质量的确定	凝胶过滤法、MS、蒸汽压法等
单糖组成和分子比例	部分酸水解、完全酸水解、纸色谱、GC
吡喃环或呋喃环形式	IR
连接次序	部分酸水解、糖苷酶顺序水解、NMR
A2，β2 异头异构体	糖苷酶水解、NMR、IR
羟基被取代情况	甲基化反应-气相色谱、高碘酸氧化、NMR、IR
糖链 2 肽链连接方式	单糖与氨基酸组成、稀碱水解法、肼解反应

1. 化学方法

（1）水解法

在进行多糖链分析时，水解法是最基本的方法。水解法包括完全酸水解、部分酸水解、乙酰解和甲醇解等。完全酸水解是将多糖与强酸（硫酸、盐酸）在一定温度（80~100℃）进行水解（4~10h）。水解后可采用纸色谱（PC）、薄层色谱（TLC）、气相色谱（GC）、高效液相色谱（HPLC）和离子色谱法（IC）进行分析。部分酸水解是利用多糖链中部分糖苷键如呋喃型糖苷键、位于链末端的糖苷键和支链中的糖苷键易水解脱落，而构成糖链主链重复结构的部分和糖醛酸等对酸水解相对稳定的特点，将多糖进行部分酸水解，然后经醇沉、离心，将上清液与沉淀物分别进行分析，根据所得到的一些小片段可推测多糖链的一些结构特点。乙酰解主要是将多糖乙酰化，可进行单糖组成分析。目前应用较好的是甲醇水解，多糖在 HCl-CH₃OH 溶液中甲基化，形成甲基糖苷，经 GC 或 HPLC 分析，可得到单糖的组成。甲醇水解虽然得到不同形式的单糖，但得率高，所得图谱清晰，分辨率高。

（2）高碘酸氧化法

高碘酸可以选择性地断裂糖分子中连二羟基或连三羟基处，生成相应的多糖醛、甲醛或甲酸，根据反应的定量进行，通过测定高碘酸的消耗量及甲酸的释放量，可以判断糖苷键的位置、直链多糖的聚合度、支链多糖的分支数目等。但反应必须在控制条件下进行，以防止发生超氧化反应。

（3）Smith 降解

将高碘酸氧化产物用硼氢化钾或硼氢化钠还原成稳定的多羟基化合物，经酸水解后，用纸层析或 GC 鉴定水解产物，由降解产物可推断糖苷键的位置。

（4）甲基化反应（改良 Hakomori 法）

多糖在无水二甲亚砜（DMSO）作用下，各种单糖残基中的游离羟基全部甲基化，从而将糖苷键水解，水解后得到的化合物其羟基所在的位置即为原来单糖残基的连接点。同时根据不同甲基化单糖的比例可以推测出这种连接键型在多糖重复结构中的比例。水解产物经 GC 或 GC-MS 分析。由于 GAG 中含有酸性单糖（不溶于 DMSO），进行甲基化之前必须先将其乙酰化，乙酰基在反应过程中会自动脱落而不影响结果。一般是将多种方法结合起来进行推测糖苷键的位置和糖链上取代基的位置。

2. 生物学方法

（1）多糖裂解酶法

多糖裂解酶法在酸性黏多糖的结构研究与组成分析中已得到了广泛的应用。这主要是由于糖苷酶的底物高度专一性。其中外切酶主要是针对糖链的非还原端单糖及其糖苷键的构型，应用最多；内切酶主要是用于从糖复合物中释放糖链。外切酶消化产物用气-液色谱、纸色谱等可分析测定所释放的寡糖。另外还可用同位素标记寡糖，通过观察消化前后产物的变化（纸色谱、凝胶电泳、凝胶过滤色谱等）可推测糖基数。常用的糖苷酶有软骨素裂解酶（AC、ABC、AC-II）、β-半乳糖苷酶等，如软骨素酶 AC 或 ABC 只裂解 N-乙酰氨基己糖 β（1→4）糖醛酸，肝素裂解酶只裂解 N-硫酸氨基己糖 α（1→4）糖醛酸。酶法一般要借助于其他的分析方法共同分析，如在研究海鞘 S.plicata 和 H.pyriformis 中 GAG 二糖重复单位时，就将酶法与 HPLC 法结合。日本学者 Kazuyuki 在研究巨蟹软骨中 CS-K 时，用软骨素酶 AC-II 降解后，结合快速离子轰击法、HPLC 和 1H NMR（500MHz）法分析其四糖重复单位。

（2）免疫学方法

抗原与抗体会相互结合，一定结构的多糖会抑制抗体\抗原的相互结合，不同的糖类（半抗原）有不同的抑制常数。当某种未知结构的糖链对抗原和抗体的结合产生了抑制，通过测定其抑制常数，再与已知结构的糖链相比较。有相近抑制常数的多糖，其结构也相似。

3. 物理学方法

（1）红外光谱法（IR）

红外光谱法（IR）是有机化学元素和高分子化学研究中不可缺少的工具。20 世纪 50 年代开始应用于糖类的研究中，如不同糖类的鉴定、定量测定（可达微克级）、取代基的识别等。随着人们在研究中的发现，该方法还可识别糖类的构型（D-、L-型）。例如，β-糖苷键在 890nm 有吸收峰，而 α-糖苷键在 840cm 有吸收峰；吡喃糖苷键在 1100~1010nm 有 3 个吸收峰，而呋喃糖苷键只出现两个吸收峰；1260cm 与 1730cm 是酯基或 O-乙酰基的特征峰。

（2）核磁共振波谱法（NMR）

核磁共振方法是 20 世纪 70 年代才引入到多糖结构的研究中的，随着 NMR 技术的发展和高磁场 NMR 仪的出现，尤其是上世纪 80 年代发展起来的 2D NMR 技术，使得该方法在多糖结构的研究中得到广泛应用，且所得到的 NMR 谱的质量也越来越高。1H NMR 谱图主要解决多糖结构中糖苷键构型问题，根据各峰的面积之比可求得多糖中不同糖苷键的相对含量或各种残基的比例。如通常 α 型吡喃己糖 H-1 质子的 δ 值超过 5.0ppm（ppm=10^{-6}），而 β 型则小于 5.0ppm。

13C NMR 谱的化学位移范围较 1H NMR 谱广，可达 200mg /L，分辨率高，与 1H NMR 谱不同的是，各不同残基的相对比例与峰的相对高度成正比。糖链上如发生取代，取代位置的碳的化学位移将向低场移动，即出现"苷化位移"。通过与已知单糖的碳的化学位移相比，从而可确定糖链的连接位置。另外，还可由谱图上的信号确定某些单糖的种类，如 δ 为 170~176 范围内的低场信号反应有己糖醛酸的羧基或乙酰基的存在，δ 为 16~18 内的高场信号表明有 6 位脱氧糖的甲基存在。除此之外，还可根据异头碳上 α 异构体比 β 异构体高场 δ2~3 确定异头碳的构型。

20 世纪 80 年代后期，随着 2D NMR 甚至多维谱的出现，500MHz 甚至 600MHz 的核磁共振仪的投入使用，使得 NMR 技术在多糖结构研究中起着越来越重要的作用。如 COSY 谱、NOESY 谱、TOCSY 谱及 HOHAHA 谱等都已用于糖链的结构分析中。

（3）质谱（MS）

质谱技术由于其高度的灵敏性使其在多糖的结构分析中占有十分分重要的位置，可用于了解多糖的相对分子质量、结构片段、反应活性等多种信息。MS，尤其是 GC-MS 已广泛用于糖类组成分析及甲基化分析中，以确定糖残基的连接方式。20 世纪 80 年代出现的 FAB-MS（快速原子轰击质谱）使得高极性、难挥发且热不稳定的糖类及其混合物可直接进行分析，在测定相对分子质量的同时，可根据糖类的相对分子质量计算糖残基如己糖、己糖胺等的组成和数量。近年来，出现了更多、更先进的质谱技术，如电喷雾质谱（ESI-MS）、基质辅助激光解吸-飞行时间质谱（MALDI-TOF-MS）、串联质谱（MSn）等。另外，还有高效阴离子交换-脉冲安培法检测技术（HPAE-PAD）、X 线衍射技术等。

第三节　贝类多糖研究概述

贝类多糖是存在于贝类体内的一种生物活性物质，通常人们按照其来源（栖息环境）

将贝类多糖分为海洋贝类多糖如扇贝多糖、文蛤多糖、鲍鱼多糖、菲律宾蛤仔多糖等；淡水贝类多糖如河蚬多糖、河蚌多糖、田螺多糖等和陆生贝类多糖如蜗牛多糖、玛瑙螺多糖等。

贝类多糖中有关黏多糖（mucopolysaccharide）的研究最多。黏多糖又称糖胺聚糖、氨基多糖、结缔组织多糖和氨基葡聚糖，是动物中含氨基的一类多糖，是动物体内的一类重要大分子物质。

一、海洋贝类多糖的制备及生物活性研究概况

（一）海洋贝类多糖

海洋贝类多糖的主要成分是酸性黏多糖，基本单元主要由葡萄糖、氨基葡萄糖、半乳糖、葡萄糖醛酸 4 种成分组成，能调节细胞的生长与衰老，具有抗病毒、抗肿瘤及增强机体的免疫功能等生理调节功能。

（二）海洋贝类多糖的制备

1. 海洋贝类多糖的提取

所谓贝类多糖的提取，就是将存在于贝类体内的多糖解离出来。由于贝类多糖具有多种生物活性，因此成为近年的一个研究热点，而其中活性多糖的提取又是研究的基础。对于相同的原料，采用的提取方法不同，所得到的多糖的结构也会不同，相同原料的不同部位的多糖也具有不同的结构。海洋贝类多糖的提取可采用水提法、酶提法、碱提法、有机溶剂提法等。

水提法是海洋贝类多糖提取的传统方法。水提法具有设备简单、操作方便、适用面广等优点，但是存在操作时间长，收率低，并需多次反复操作，能耗较高等缺点。目前常用超声波和微波来辅助水提法提取多糖。张月红等利用鲍鱼粉末于水浴锅 80℃ 恒温提取鲍鱼多糖，提取时间为 3h，经计算鲍鱼（干）中多糖含量为 9.23%。佟海菊等利用正交实验法对海湾扇贝多糖水提工艺进行优化，结果表明，当提取时间 6h、温度 90℃、料液比为 1∶40 时，多糖提取率为 5.419%。赵艳景等以新鲜缢蛏的碎肉为材料，采用超声波辅助水提法提取缢蛏多糖，多糖提取率高达 19.93%。

酶技术是近年来广泛应用到有效成分提取的一项生物技术，使用酶技术可使后续的浓缩和脱蛋白工艺更简易，使粗多糖的纯度更高，但会提高生产成本，对提取条件要求较高。范秀萍等采用双酶（胰蛋白酶和枯草芽孢杆菌中性蛋白酶）酶解波纹巴非蛤提取氨基多糖，提取率高，效果好。孙萍萍等以秦皇岛海域的缢蛏为原料，通过响应面法对缢蛏多糖提取工艺进行优化，确定超声波辅助酶解提取法为最优提取法，多糖提取量达 9.41mg/g（鲜）。

程婷婷等采用碱性蛋白酶水解鲍鱼脏器提取鲍鱼脏器多糖，当温度 45℃、底物浓度 2.5%、pH10.0、加酶量 2.0%、水解时间 3h 时，鲍鱼脏器多糖得率为 6.50%。殷红玲等选用木瓜蛋白酶酶解鲍鱼鱼肉，在反应条件为温度 55℃、时间 2h、pH8.0、料液比 1∶40、加酶量 2.0% 时，鲍鱼多糖的得率为 19.6%。

中性盐溶液提取法条件温和，适合于不含硫酸基团贝类多糖的提取。常用于提取的中性盐溶液有氯化钠、乙酸钠或磷酸盐缓冲液。林双喜用中性盐溶液成功提取到河蚌多糖，多糖含量达 33.3%，并进行该多糖的相关生物活性和多糖结构的初步研究。

碱提取法也是常用的方法之一。贝类多糖多含有糖醛酸，因此，在弱碱性条件下有利于贝类多糖与其组织的分离。采用的稀碱通常多为 0.1~1.0mol/L 氢氧化钠或氢氧化钾，为防止多糖降解，可通以氮气或加入硼氢化钠。然后置于恒温水浴中浸提 1~4h，最后用酸中和，可反复浸提几次以提高得率。最后合并滤液，浓缩，用无水乙醇沉淀、分离、洗涤脱水和干燥粗多糖。这种方法简便，多糖粗制品中蛋白质的含量较少，但必须在温和条件下进行，防止发生 Walden 转化或脱硫现象。姚滢等用碱溶液提取法成功提取出牡蛎多糖和厚壳贻贝多糖，并进行该多糖的相关生物活性研究。

目前广泛采用的超声波提取法实际是一种辅助提取方法，分为超声波辅助水浴法和超声波辅助酶解法。

超声波是指频率高于 20kHz，人的听觉阈以外的声波。超声波提取法是利用超声波可以对媒质产生独特的机械振动作用和空化作用、热效应等以增大物质分子运动频率和速度，从而使媒质结构发生变化，促进有效成分进入溶剂中，是一种物理破碎过程。尹华等对比水提法和超声波提取丈蛤多糖时，发现两者多糖得率相差不大，但用超声波提取明显比水提法省时且简便。

超声波提取可缩短提取时间，提高提取率，但超声波振荡引起局部温度的剧烈上升，可能会破坏多糖结构，影响其生物活性。

超声波辅助水浴法是一种用超声波预处理后再用水浴提取的方法。这种方法是水提法和超声波提取法两者结合使用的一种方法。该法具有超声波提取可缩短提取时间，提高提取率的优点，同时又解决了超声波振荡引起局部温度的剧烈上升，可能会破坏多糖结构，影响其生物活性的问题。此法是贝类多糖提取方法研究中衍生的一种新的提取方法。

超声波辅助酶解法同超声波辅助水浴法一样，也是一种结合两种传统提取方式的方法。该法具有超声波法中时间短、效率高的优点，同时兼备酶解法中工艺简便，条件温和，提取率高的优点。该法虽具有产物降解少且产量高等优点，能使蛋白质充分水解，提取效果较好，但酶价格高，通用性差，成本较高，所以较适合于科研实验。

2. 海洋贝类多糖的分离纯化

从贝肉中提取得到的海洋贝类多糖是多糖混合物，必须对多糖化合物进行纯化。可用的方法有柱层析法、超滤法、有机溶剂沉淀法，还有超临界流体萃取法等。

贝类多糖的纯化方法中最常用的是柱层析法，是通过色谱柱的分离作用而达到纯化目的。柱层析主要包括纤维素阴离子交换剂柱层析、离子交换柱层析、凝胶柱层析，这些方法经常是结合使用来达到对粗多糖进行分离纯化的目的。徐红丽等将从厚壳贻贝中提取的粗多糖，上 DEAE-Sepharose 离子交换树脂柱，蒸馏水 24mL/h 洗脱，浓缩收集液，然后上 Sepharose CL-6B 凝胶柱，蒸馏水 10mL/h 洗脱，苯酚-硫酸法跟踪检测收集多糖组分，重复上 Sepharose CL-6B 凝胶柱，最后经 HPLC 检测呈单一对称峰。刘艳如等将从鲍鱼菇子实体中提取得到的粗多糖，经 DEAE-Sephadex A-25 柱（1.6cm×30cm）分离纯化，流速为 0.75mL/min，先用浓度为 0.05mol/L NaCl 溶液洗脱至无糖检出，改用浓度为

0.05~1mol/LNaCl 溶液进行线性梯度洗脱，最后得到两个洗脱峰。闫雪等采用酶水解法提取虾夷扇贝内脏多糖，将得到的粗多糖采用 Sephacryl-S200（1.8cm×65cm），用 0.15mol/L NaCl 以 0.48mL/min 的流速平衡和洗脱，合并收集液并浓缩，然后上 DEAE-cellulose52 阴离子交换柱（2.2cm×40cm），对上述收集液进行进一步分离纯化，以 0.15~3.9mol/L NaCl 溶液作为梯度洗脱液，流速为 1mL/min，最后经高效液相检测呈狭窄单一的对称峰。

（三）海洋贝类多糖的生物活性

　　贝类多糖的结构非常复杂，不仅因为组成多糖的单糖品种繁多，而且即使只是由一种单糖组成，因其连接方式不同（有无支链），多糖的结构或功能也不尽相同。贝类多糖药理作用与植物多糖相似，但贝类多糖药理作用的报道很少阐明具体成分，而大多属于黏多糖。现有文献报道，贝类多糖具有抗肿瘤、抗病毒和增强机体免疫等多种生物学功能，目前大多还处于动物实验阶段，因此贝类多糖将逐渐成为当今新药开发的重要方向之一。

1. 抗肿瘤

　　有关海洋贝类多糖抗肿瘤作用近年来研究较多，相比较海洋贝类多糖的其他生物学活性最受关注。当前海洋贝类多糖的研究主要在动物实验阶段。近十几年来，大量的实验证实了海洋贝类多糖的抗肿瘤活性。杨荣华对从贻贝蒸煮液中提取的多糖的生理活性进行研究，发现高浓度时对 Raji 细胞的抑瘤率达 80.1%，具有非常明显的抗肿瘤作用。张莉等从菲律宾蛤仔中提取得到的一种多糖（PG1）在 125~500mg/kg 内对小鼠 S_{180} 肉瘤进行实验，实验结果表明，平均抑瘤率在 24.74%~42.27%，其中高剂量的抑制作用较强。吴红棉等的研究表明，珠母贝糖胺聚糖 PG2-3-2 对 S180 肉瘤和艾氏腹水癌有一定的抑制作用，与临床抗癌药（5-Fu 与替加氟）合用可显著增强抗癌药的抑瘤作用。程婷婷等的研究也表明，鲍鱼多糖具有抗肿瘤的功效。范秀萍等将从菲律宾蛤仔中得到的氨基多糖经分离纯化后进行体外抗肿瘤活性实验，实验结果显示，1.0mg/mL 剂量组在抑瘤时间为 72h 时可达到极显著的抑制效果，与阳性对照药 5-Fu（10mL）相比，其抑制效果可提高 30%左右。陈方等研究了马氏珠母贝全脏器糖胺聚糖对几种肿瘤的抑瘤率，结果表明，糖胺聚糖粗提物（50mg/kg）与阳性对照药 5-FU（25mg/kg）合用，S_{180} 肉瘤抑瘤率可达 61.96%（$P<0.01$）。

　　实验证明，海洋生物多糖的抗肿瘤作用与糖链部分和糖链的大小密切相关。从栉孔扇贝提取的糖蛋白，经水解后，蛋白肽链变短，单糖组分未变，分子中相对糖类含量增加，水解后 20μg/g 剂量与未水解 40μg/g 剂量具有相当的抑瘤率，分别为 47%和 46%，说明其抗肿瘤活性与糖链部分直接相关。

　　水溶性 D-葡聚糖有抗肿瘤作用，尤其是直链、无过长支链和不易被体内 D-葡聚糖酶水解的多糖具有确切的抗肿瘤活性。目前认为以（1→3）-β-D-葡聚糖和以（1→4）-β-D-葡聚糖占优势的多糖具有明显的抗肿瘤活性。

　　贝类多糖抗肿瘤作用的主要机制与其免疫调节和抗氧化作用有关。

　　免疫调节是目前公认的多糖抗肿瘤作用的主要机制之一。

　　多糖是一种免疫增强剂。不但能激活 T 细胞、B 细胞、MΦNK 细胞、CTL 细胞、LAK

等免疫细胞的活性，激活网状内皮系统（RES）吞噬、清除老化细胞和异物及病原体的作用，还能促进 IL-1、IL-2、TNF-a 和 INF-β 等生成，调节机体抗体和补体的形成，提高机体抗肿瘤免疫力。

陈倩超研究证实，鲍鱼多糖具有抑制肿瘤生长，延长 S_{180} 腹水型小鼠、艾氏腹水型小鼠和肝癌腹水型小鼠寿命的作用。同时认为多糖的抗癌活性与其化学结构，给药途径，剂量选择有密切关系。β-（1→3）-键葡聚糖的结构是多糖具抗肿瘤活性的基本结构。采用人癌裸鼠移植模型及电镜观察，对从杂色的 *Haliotis diversicolor* 中提取得到的鲍鱼多糖（abalone polysaccharide，AP）进行抗肿瘤药理作用研究，结果表明，AP 能明显抑制裸鼠移植人鼻咽癌的生长，诱导肿瘤细胞凋亡和坏死，对荷瘤裸鼠体重增长无明显抑制作用，并且未出现毒性作用。

文蛤多糖（meretrix polysaccharide，MP）能显著降低小鼠的 S_{180} 实体瘤的质量，可显著延长醋酸乙酯（EAC）腹水瘤和肝癌腹水瘤（HepA）荷瘤小鼠的存活时间，其作用机制是 MP 能提高白细胞的数量和吞噬能力。

吴红棉等研究表明，珠母贝糖胺聚糖 PG2-3-2 对 S_{180} 肉瘤和艾氏腹水癌有一定的抑制作用，与临床抗癌药（5-Fu 与替加氟）合用可显著增强抗癌药的抑瘤作用，抑瘤率分别从 34.5%和 25.6%提高到 61.96%和 46.3%。

褶纹冠蚌 *Cristaria plicata* 提取物能抑制小鼠 S_{180} 肉瘤、EAC 腹水瘤和 L_{1210} 淋巴白血病瘤，且能增强荷瘤小鼠 NK 细胞杀伤活性，其作用机制类似于抑制因子的抗肿瘤作用。

胡健饶等用从三角帆蚌中提取的贝类多糖（HCP）进行小鼠体内外抑制实验，结果显示，HCP 对 HepA 癌细胞的增殖具有明显的抑制作用，HCP 对 HepA 瘤细胞 DNA 合成具有抑制作用。其作用机制可能是 HCP 具有免疫激活作用，可抑制癌转移；同时 HCP 又可能是一种免疫佐剂，随着担负免疫机能的辅助性 T 细胞与杀伤性 T 细胞的活化，将会诱导出干扰素等免疫信息传递蛋白。

恶性肿瘤患者血液或组织中超氧化自由基的特异性清除酶、超氧化物歧化酶（SOD）和过氧化氢酶（CAT）的活性明显下降，而脂质过氧化物（LPO）含量增高，DNA 被过量的活性氧氧化损伤造成碱基破坏，如果持续损伤或不能有效修复，则导致细胞癌变。

许东晖等实验表明，从软体动物皱纹盘鲍中分离提取的纯多糖对体外培养的小鼠移植性肉瘤 S_{180}、肝癌 HepA 细胞无细胞毒性作用，能明显延长 HepA 小鼠的生存时间，抑制小鼠移植性肉瘤 S_{180} 的生长，在抑瘤的同时能明显提高胸腺、脾的质量，降低荷瘤小鼠肝中脂质过氧化物的水平。提示鲍鱼多糖可能是通过增强荷瘤小鼠的免疫功能和抗氧化作用而发挥其抗肿瘤活性。

Bobek 等研究表明，从牡蛎中提取的一种（1→3）-β-D-葡聚糖能显著降低 Wistar 鼠红细胞、肝和结肠中过氧化物共轭二烯（conjugated diene）的含量，显示其具有抗氧化作用。

此外，崔悦礼等研究表明，从淡水贝类河蚌和玛瑙螺中提取的河蚌多糖（MPa）和玛瑙螺多糖（MPf）对离体肺腺癌细胞（GLC）和胃癌细胞（SJC）显示较强的抑制活性，提示一些贝类多糖对某些肿瘤细胞可能无需宿主中间介导，而是直接具有细胞毒性作用。体外抗肿瘤活性实验表明，10mg /mL 菲律宾蛤仔氨基多糖粗制品 CRG 具有显著的抗肿瘤作用，其对人早幼粒白血病细胞 HL-60 的杀伤率 24h 内可达 59.8%。

2. 增强免疫活性

贝类多糖能激活机体的非特异性免疫和特异性免疫系统，从而增强机体的免疫功能。大量研究表明，多糖的抗肿瘤作用主要是通过免疫途径实现的。

Adachi 等发现，多糖的分支结构是宿主补体系统识别的位点，而且是一类新的巨噬细胞激活剂，因此，许多海洋贝类多糖也都能够激活巨噬细胞，增强其吞噬功能和机体的特异性免疫。刘艳如等将从鲍鱼菇子实体提取到的多糖进行小鼠体内实验，多糖组的吞噬率与对照组相比，低剂量组差异显著（$P<0.05$），中、高剂量组差异非常显著（$P<0.01$），说明鲍鱼菇子实体多糖能提高小鼠非特异性免疫力。

李江滨等研究了翡翠贻贝多糖对小鼠免疫功能的影响，结果显示：与对照组比较，翡翠贻贝多糖能促进小鼠脾发育，增强单核-巨噬细胞功能、体液免疫功能和细胞免疫功能。王俊等对贻贝多糖纯化后得到的纯品进行免疫活性测定，结果表明，贻贝多糖能增强小鼠 NK 细胞活性、抗体形成细胞活性、腹腔巨噬细胞吞噬鸡红细胞活性（$P<0.01$），且随多糖浓度增高而增强（各浓度组间相比，$P<0.01$）。

许东晖等研究表明，鲍鱼多糖能明显增强荷瘤小鼠腹腔巨噬细胞的吞噬功能和迟发型超敏反应。作用机制可能为鲍鱼多糖通过激活巨噬细胞及 T 细胞，直接或间接地促进细胞毒因子释放，杀伤肿瘤细胞，从而抑制肿瘤细胞的生长，发挥其抗肿瘤作用。

文蛤多糖对环磷酰胺（CTX）造成的小鼠免疫功能损伤有对抗作用，能使免疫器官胸腺、脾增重，外周血液白细胞数量增加，吞噬能力增强，血清溶血素抗体水平增高，SRBC 和 PC 所致超敏反应增强。王兵等报道，鲍鱼多糖对 CTX 同样具有增效和减毒作用。崔悦礼等研究表明，河蚌多糖（MPa）能显著增强小鼠腹腔巨噬细胞的吞噬能力。姚治等的实验研究也同样阐述了上述观点。

陈文星等用体外细胞培养的方法发现，珠蚌多糖对免疫正常或免疫低下小鼠脾淋巴细胞有促进转化和增殖的作用，说明珠蚌多糖可通过促进免疫细胞增殖转化来增强机体免疫功能。同时还发现珠蚌多糖能引起血浆中 cAMP 含量降低，cGMP 含量增加。一般认为 cAMP 能抑制 DNA 合成及淋巴细胞分化增殖，而 cGMP 相反。这说明贝类多糖能促进细胞 DNA 合成，促进免疫细胞分化增殖，促进免疫功能增强。文蛤（*Meretrix meretrix*）多糖对不同剂量环磷酰胺（CTX）引起的迟发型超敏反应（DTH）有双向调节功能，对受 CTX 抑制的 DTH 反应有上调作用；而对大剂量 CTX 所致过高的 DTH 反应有下调作用，均可恢复到正常水平。

3. 抗病毒

病毒必须吸附于人体敏感细胞才能起始感染，海洋贝类多糖能与病毒或宿主细胞的受体结合，从而阻断病毒对宿主细胞的吸附，防止和细胞的形成，而起到抗病毒的作用。Woo 等从文蛤中分离的多糖能阻碍人类免疫缺陷病毒（HIV）对 T 细胞的黏附和融合，从而发挥抗 HIV 活性。

贝类多糖大多是多聚阴离子，带有负电荷，能与病毒外膜糖蛋白上带有正电荷的氨基酸残基相互作用，且在结构上与细胞表面糖胺聚糖相类似，可以受体竞争抑制方式阻止病毒与寄主细胞结合；同时它又有许多细胞表面分子的模拟配体，能够直接与细胞结合，阻碍病毒的吸附。

动物实验表明，一种提取自贻贝的多糖具有良好的抗流感病毒性，可以使致死剂量感染的小鼠死亡率降低 50%~60%，并对流感病毒引起的小鼠肺炎病理改变有明显抑制作用。从文蛤中分离的多糖通过与 T 细胞表面的 CD4 受体结合，直接干扰 HIV-1 外膜蛋白 gp120 与 CD4 受体间的相互作用。同时还可以直接遮蔽 HIV 糖蛋白 gp120 上的第三变异环区，此区富含正电荷氨基酸残基，是病毒融入细胞所必需的物质，通过以上作用文蛤多糖能阻碍 HIV 对 T 细胞的黏附和融合，从而发挥抗 HIV 活性。

张超等研究表明，和植物多糖一样，从陆生贝类江西巴蜗牛中提取的多糖同样具有体外抑制乙型肝炎病毒复制的生物学功能。

4. 抗氧化和抗衰老

目前对多糖抗氧化作用机制的研究才刚刚起步，很多作用机制还停留在猜测阶段。但是可以肯定的是，多糖的抗氧化作用与其结构有关，多糖结构的研究有助于其抗氧化机制的深入研究。

赵艳景等通过邻苯三酚自氧化体系和 Fenton 体系研究了缢蛏多糖的抗氧化能力，多糖粗品通过 DEAE 离子交换柱得到 2 个峰，峰 1 对超氧阴离子的清除能率为 43.89%，对·OH 清除率为 57.80%。峰 2 对超氧阴离子的清除能率为 57.80%，对·OH 清除率为 77.83%。刘娜等对从皱纹盘鲍性腺中提取的多糖进行了体内抗氧化活性实验，研究发现，皱纹盘鲍性腺多糖可有效提高肝组织中氧化氢酶（CAT）活力及总抗氧化能力（T-AOC）能力（$P<0.01$），提高血清中 SOD 的活力（$P<0.01$）。总之，鲍鱼性腺多糖可以显著提高正常小鼠及氧化损伤大鼠机体的抗氧化能力，可作为抗氧化功能食品研究开发的原料。王苣莎等对鲍鱼脏器多糖的抗氧化活性进行了研究，粗多糖经 Sephadex G-100 凝胶过滤网分离后得到的各组分清除羟自由基的 EC_{50} 分别为 1.38mg/mL、0.99mg/mL、1.51mg/mL、1.19mg/mL，与对照维生素 C（EC_{50} 为 1.23mg/mL）相比抗氧化活性更强。

5. 抗辐射

药理学研究显示，海洋贝类多糖大多具有明显的抗辐射作用，但经多年研究，其抗辐射机制还不十分清楚。多糖作用的有效部位、作用靶点、作用机制等研究都有待深入探讨。另外，多糖结构复杂，不同的提取方法和制备工艺会对其生物活性产生较大影响，因此更增加了对其作用机制进行深入研究的难度。一般推测多糖的抗辐射作用与其抗氧化、保护造血系统及增强抗免疫等功能有关。

（四）贝类多糖抗肿瘤作用的研究进展

当前贝类多糖的研究主要在动物实验阶段，近十几年来，大量的实验证实了贝类多糖的抗肿瘤活性，如有学者通过实验观察到从鲍鱼中提取的多糖可以抑制鼻咽癌的生长，从河蚌、玛瑙螺中提取的贝类多糖对离体肺腺癌细胞、胃癌细胞有较强的抑制，珠母贝氨基多糖具有抑制 HL-60 肿瘤细胞的活性，菲律宾蛤仔多糖可显著抑制急性髓系白血病细胞等。

1. 贝类多糖抗肿瘤机制

（1）增强宿主免疫功能

免疫调节是公认的多糖抗肿瘤作用的重要机制。多糖作为免疫调节剂，通过增强宿主免疫器官、免疫细胞和体液的免疫功能，促进特异性及非特异性免疫功能，从而发挥抗肿瘤作用。实验证明，贝类多糖能显著增强胸腺、脾等免疫器官功能，能显著激活巨噬细胞、淋巴细胞、NK 细胞等免疫细胞的活性，影响宿主补体系统及 RNA、DNA 等合成，体内 cAMP 与 cGMP 的含量，促进免疫系统作用，从而发挥其抗肿瘤活性。

文蛤多糖在免疫实验中能显著对抗环磷酰胺造成的小鼠免疫功能损伤，能使小鼠的免疫器官胸腺、脾增重，外周血液白细胞数量增加，吞噬能力增强，血清溶血素抗体水平增高，增强绵羊红细胞（SRBC）和聚碳酸酯（PC）所致的超敏反应。

鲍鱼多糖除低剂量组（10mg/kg）无显著性差异外，均能明显增强荷瘤小鼠腹腔巨噬细胞吞噬中性红细胞的功能，表明鲍鱼多糖对荷瘤小鼠腹腔巨噬细胞活性有明显的活化作用。同时，在实验中鲍鱼多糖各剂量组（10mg/kg、20mg/kg、40mg/kg）均能显著增强荷瘤小鼠的迟发型超敏反应，在抑制 S_{180} 肉瘤生长的同时，明显提高荷瘤小鼠的免疫器官胸腺和脾的质量，表明鲍鱼多糖主要通过增强宿主的免疫功能实现其抗肿瘤作用。

东海厚壳贻贝多糖能有效地增加正常小鼠的脾淋巴细胞转化率，增强小鼠迟发型变态反应，起到促进小鼠免疫活性的作用。

江西巴蜗牛多糖可以显著增强小鼠溶血空斑的形成，对 B 细胞免疫有促进作用，它能提高小鼠巨噬细胞吞噬指数，增强小鼠迟发型变态反应，即能增强 T 细胞免疫，显著提高小鼠脾淋巴细胞转化率，并具有良好的量-效关系，从而证实蜗牛多糖能提高小鼠的非特异性和特异性细胞免疫功能。

珠蚌多糖对免疫正常或低下的小鼠脾淋巴细胞有促进转化和增殖的作用，同时还发现该多糖能引起血浆中 cAMP 含量降低，cGMP 含量增加。表明此贝类多糖能促进细胞DNA 合成，促进免疫细胞分化增殖，增强免疫功能。

（2）诱导肿瘤细胞凋亡，抑制其增殖

有些贝类多糖可以直接抑制肿瘤细胞的增殖或诱导肿瘤细胞凋亡。例如，王兵等在研究鲍鱼多糖时发现，其通过诱导细胞凋亡来抑制鼻咽癌肿瘤细胞生长，实验显示，20mg/kg 剂量组小鼠的癌组织有较多的癌细胞出现凋亡特征，表现为细胞皱缩，胞质密度增高，染色质在核膜下浓聚、边集，细胞间出现大量的凋亡小体。祝雯等从河蚬中提取的糖蛋白 CFp-a 在体外对明显具有诱导人肝癌细胞的 BEL7404 细胞起凋亡作用，并抑制其增殖。

另外，在体外抗肿瘤实验中，高浓度三角帆蚌多糖对 HepA 瘤细胞 DNA 合成和细胞增殖有显著的抑制作用。

（3）抗氧化、清除自由基

恶性肿瘤患者血液或组织中超氧化自由基的特异性清除酶超氧化物歧化酶活性和过氧化氢酶的活性明显下降，而脂质过氧化物含量增高，DNA 被过量的活性氧氧化损伤造成碱基破坏，如果持续损伤或不能有效修复，则导致细胞癌变。抗氧化、清除体内自由基可以间接增强抗肿瘤的功效。许东晖等实验表明，从皱纹盘鲍中分离提取的多糖对体

外培养的小鼠移植性肉瘤 S_{180}、肝癌 HepA 细胞无细胞毒性作用,能明显延长 HepA 小鼠的生存时间,抑制小鼠移植性肉瘤 S_{180} 生长,在抑瘤的同时能显著降低荷瘤小鼠肝中脂质过氧化物的水平,实验提示该多糖可能是通过增强荷瘤小鼠的免疫功能和抗氧化作用而发挥其抗肿瘤活性。从牡蛎中提取的一种（$1\rightarrow3$）-β-D 葡聚糖能显著降低 Wistar 鼠红细胞、肝和结肠中过氧化物共轭二烯的含量,表明其具有抗氧化作用。另外,殷红玲等发现,虾夷扇贝内脏多糖具有清除羟基自由基的能力,实验结果表明,6.5mg/mL 虾夷扇贝内脏多糖对羟基自由基的清除率可达 84.75%。

2. 贝类多糖抗肿瘤活性的影响因素

（1）给药剂量、浓度、作用时间

贝类多糖抗肿瘤的效果与给药剂量的大小密切相关,但并非剂量越大、浓度越大,效果越显著。王娅楠等研究菲律宾蛤仔糖胺聚糖纯品（RG）时发现,RG 对人肝癌 BEL7402 细胞的抑制作用效果明显,24h 后,100μg/m L 剂量组的抑制效果最佳,为 46.2%（$P<0.001$）,其他两个剂量组的抑制作用分别为 37.1%（$P<0.001$）和 42.6%（$P<0.001$）。而作用 48h 后,50μg/mL 抑制作用最强,为 44.7%（$P<0.001$）；其他两个剂量组的抑制作用分别为 37.1%（$P<0.001$）和 26.1%（$P<0.001$）。

胡健饶等采用 3H2TdR 掺入法,在体外抗肿瘤实验中发现,三角帆蚌多糖仅高浓度组（1000μg/m L）对 HepA 瘤细胞有显著的抑制作用。陈倩超等在实验中证实,鲍鱼多糖对 S_{180} 实体瘤小鼠低剂量组抑瘤率达 39.7%,效果极显著。对 S_{180} 小鼠则中剂量组生命延长率达 30.1%,疗效显著；EC 小鼠和 HepA 小鼠则是高剂量组有效,生命延长率分别为 49.4%和 23.8%。因此剂量的大小影响贝类多糖抗肿瘤活性。

（2）多糖的结构、相对分子质量大小

多糖的抗肿瘤作用与单糖间糖苷键的结合方式有关。目前公认以（$1\rightarrow3$）-β-D 葡聚糖和以（$1\rightarrow4$）-β-D 葡聚糖占优势的多糖具有明显的抗肿瘤活性。从栉孔扇贝提取的糖蛋白,经水解后,蛋白肽链变短,单糖组分未变,分子中相对糖类含量增加,水解后 20μg/g 剂量与未水解 40μg/g 剂量具有相当的抑瘤率,说明其抗肿瘤活性与糖链部分直接相关。水溶性 D-葡聚糖具有抗肿瘤作用主要是由于直链、无过长支链和不易被体内 D-葡聚糖酶水解的多糖具有确切的抗肿瘤活性。程婷婷等研究发现,皱纹盘鲍脏器多糖的硫酸基含量较大,在体外抗肿瘤活性实验中对 HeLa 细胞和 K562 细胞增殖抑制效果不显著,这与该多糖的硫酸基含量、分布,相对分子质量及糖链连接方式等都有很大的关系。

童朝阳等对部分褶纹冠蚌提取物进行成分活性研究时发现,相对分子质量≤30kDa 的小分子多糖无抗肿瘤活性,仅具有显著增强巨噬细胞吞噬能力的作用。可见相对分子质量的大小也影响贝类多糖的抗肿瘤活性。

（3）缀合物的影响

一些多糖通常为核酸或者蛋白质的缀合物,核酸或者蛋白质的缀合也能够影响多糖的抗肿瘤活性。例如,雷云霞等用 S_{180} 小鼠比较扇贝糖蛋白（FAGP）与扇贝多糖（FPS）的抑瘤作用,发现两者均有显著的抑瘤作用,其中 40mg/kg 的 FAGP 与 20mg/kg 的 FPS 的抗肿瘤效果大致相当,FAGP 对小鼠的脾质量无影响,FPS 可显著增加小鼠脾的质量,表明 FPS 的最适抑瘤量仅为 FAGP 的 1/2,且具有免疫活性,说明 FPS 对 FAGP 的抑瘤活性有直接关系。

（4）与抗肿瘤药物联合应用

一些贝类多糖与抗肿瘤药物联合应用时能显著增强其抗肿瘤效果。例如，鲍鱼多糖与环磷酰胺配伍抗肿瘤时能显著增强环磷酰胺对小鼠移植肿瘤 S_{180}、HepA 的抑瘤率，同时对环磷酰胺所致的小鼠白细胞减少、免疫器官萎缩等毒性作用有显著保护作用。吴红棉等研究发现 0.5mg/mL 波纹巴非蛤多糖在体外对人早幼粒白血病细胞 HL-60 细胞的抑制率可达 32.3%，与抗癌药物 5-Fu 合用时可使抑瘤率提高到 56.7%，具有显著的增敏作用。珠母贝氨基多糖也能显著增敏 5-Fu 抑制肿瘤的作用。

（五）贝类多糖抗肿瘤研究现状与未来展望

目前，贝类多糖具有的抗肿瘤活性已经引起越来越多的学者注意。我国贝类动物物种丰富，来源广泛，如鲍鱼、扇贝、河蚌、河蚬、天螺、中华圆田螺、福寿螺等，但贝类多糖的结构同其他多糖一样非常复杂，不仅因为组成多糖的单糖品种繁多，而且即使只是由一种单糖组成，因其连接方式不同（有无支链），多糖的结构或功能也不尽相同。当前对其研究尚处在体外动物实验阶段，研究方向也主要集中在分离纯化、生物活性等方面，但是对分子结构等方面的研究较少，因此需要对贝类多糖的抗肿瘤机制与构效关系做更深入的研究。贝类多糖也很有可能作为一种新型高效低毒的抗肿瘤药物，具有光明的开发与应用前景。

二、海洋贝类多糖含量测定的研究进展

（一）苯酚-硫酸法

该方法测定的原理是：多糖在硫酸的作用下先水解成单糖，并迅速脱水生成糖醛衍生物，然后与苯酚生成橙黄色化合物，再以比色法测定其吸光度。苯酚-硫酸法要配制葡萄糖标准溶液、绘制总糖含量的标准曲线并获得回归方程，将样品显色后测得的吸光度代入回归方程，计算多糖含量。此法需要绘制总糖含量的标准曲线，具有以下优点：简单、快速、灵敏、重复性好，对每种糖类仅制作一条标准曲线，颜色持久。

（二）硫酸-蒽酮法

该方法测定的原理是：糖类在浓硫酸作用下，可经脱水反应生成糠醛或羟甲基糠醛，生成的糠醛或羟甲基糠醛可与蒽酮反应生成蓝绿色糠醛衍生物，在一定范围内，颜色的深浅与糖类的含量成正比，故可用于糖类的定量。此法是以光密度为纵坐标，以糖含量为横坐标，绘制标准曲线并求出标准线性方程。配制供试品溶液，测定光密度后代入标准线性方程，求出多糖含量。

硫酸-蒽醌法的特点是几乎可以测定所有的糖类，不但可以测定戊糖与己糖，而且可以测所有寡糖类和多糖类，其中包括淀粉、纤维素等（因为反应液中的浓硫酸可以把多糖水解成单糖而发生反应，所以用蒽酮法测出的糖类含量，实际上是溶液中全部可溶性糖类总量。

（三）3，5-二硝基水杨酸（DNS）法

3，5-二硝基水杨酸（DNS）法原理是：在碱性条件下，3，5-二硝基水杨酸与还原糖加热后被还原生成氨基化合物，呈橘红色，比色测定糖含量。

该法可测定还原糖和总糖含量，并通过多糖 = 总糖−还原糖可获得多糖含量。该方法为半微量定糖法，简便、快速，适用于大量样品的测定。改良的 DNS 方法可使己糖和戊糖混合糖样的分析结果更准确。

（四）气相色谱法（GC）

气相色谱法可定性、定量分析多糖的组分和含量，一般是将多糖酸水解或甲醇醇解，用衍生物法增加其挥发性。在 GC 分析中，糖类有两类衍生物，一类是三甲基硅醚衍生物，是通过糖类在吡啶或二甲基亚砜等非水溶剂中与六甲基二硅烷、三甲基氯硅烷、双三甲基硅烷基乙酰胺、三氟甲磺酸三甲基硅酯等反应形成，这类衍生物容易制取并具有较强挥发性。另一类糖衍生物是乙酸衍生物，包括三氟乙酸盐多羟基醇衍生物、三氟乙酸多羟基醇衍生物、乙酸乙醛肟衍生物、乙酸腈衍生物等。气相色谱分析法常用的色谱柱有填充柱和毛细管色谱柱，近年来，随着多程序升温技术的完善，石英毛细管柱应用更为普遍，在糖分析中主要采用 AT-1701、DB-1701、HP-1701、OV-1701、OV-17、OV-225、SE-30、SE-33、SE-52、DB-1 等。被分离产物的检测常采用灵敏度高、选择性好的检测器，最常用的氢火焰离子化检测器（hydrogen flameionization detector，FID）具有最高的选择性和灵敏度。此外也用到火焰光度检测器（flame photometricdetector，FPD）、电子捕获检测器（electron capturedetector，ECD）、质谱检测器（MS）等。

（五）液相色谱法（HPLC）

糖类的高效液相色谱分析方法已成为常规分析方法，可对单糖和寡糖进行常量和微量分析。高效液相色谱分析糖类色谱柱一般采用氨基键合固定相，可用于分离一般的单糖、寡糖等。常用的氨基键合色谱柱有糖类柱、Amino-sil-X-1、Lichroeorb-NH$_2$、Hypersil NH$_2$、Polygosil 60-5NH2、YMG-NH2、Amide-80、ZORBAX 氨基柱等。乙腈和水通常可作为流动相，糖类的保留时间随水的比例减少而减少。C18 和 C8 硅烷色谱柱也常用于糖类分析。此外，阳离子交换柱也可用于糖类分析，一般是以聚苯乙烯型阳交换色谱树脂制作，有 H$^+$型，Ca^{2+}、Ag$^+$、Pb^{2+}等离子型。一般以水作流动相，在较高温度（75~85℃）下，分离效果较好。

（六）高效阴离子交换色谱-脉冲安培检测

该方法的检测原理是：糖类是一种多羟基醛或多羟基酮化合物，具有弱酸性，当pH12~14 时，会发生解离，故能被阴离子交换树脂保留，用 pH 大于 12 的碱性溶液淋洗，可实现糖类的分离，再以脉冲安培检测器（PAD）检测，以峰保留时间定性，以峰高外标法定量。

该方法的特点：PAD 在选择性、灵敏度和梯度洗脱等方面优于磁共振（RI）和高效液相色谱（ELSD），样品不必经过柱前和柱后衍生等复杂的处理手段，RI 适合于检测含

量较高的糖类(参考检测范围为 0.011~71g/L)，而 PAD 则适合检测微量至痕量的糖类(检测限可达 10μg/L)。由于优越性明显，在近 20 年来，HPAEC-PAD 方法正成为当前糖类含量和单糖检测组成分析的一个新趋势。

（七）体积排除色谱（size exclusion chromatography，SEC）法

体积排除色谱方法通常是一种对相对分子质量大于 2000 的物质按其分子尺寸大小进行分离的技术，又分为有机相的凝胶渗透色谱（gel-permeation chromatography，GPC）和水相的凝胶过滤色谱（gel filtration chromatography，GFC）。有时也统称凝胶渗透色谱（GPC）。SEC 法主要用于多糖分离和相对分子质量测定，常用的商业凝胶色谱柱产品有 Tsk gel G2000 pwxl~6000pwxl、Ionpak S-801~806、Ohpak Q801~806、Seheron P40~P10000、PL-GFC300~4000、Toyopearl 系列、Asahipak GS Gel 等。用相应的多糖作标准品，也可同时实现多糖的含量测定，现有文献报道一般是采用葡聚糖标准，如采用单糖组成和相对分子质量都比较接近的标准品，结果会更准确。

（八）薄层色谱（TLC）

薄层色谱又称薄层层析，是根据样品组分与吸附剂的吸附力及其在展层溶剂中的分配系数的不同而使混合物分离的方法。薄层层析对设备要求不高，分离效果好、操作简便、分离速度快（1~3h）、样品需要量较少（500ng~1μg），纸色谱因分离时间和样品量均处劣势，逐渐淘汰。邓国栋等以双波长薄层扫描技术测定了一种茶叶多糖的单糖组成，建立了单糖浓度和斑点面积的定量关系，以此对样品中各单糖做定量分析，并对阿拉伯糖、葡萄糖、半乳糖、木糖的检测限可达 1.2μg。TLC 方法还可以实现糖醇、寡糖等的分析，检测限都可达到微克级别。利用高效薄层色谱（high per-formance thin layer chromatograph，HPTLC）进行薄层扫描，检测限可达到纳克级。

（九）毛细管电泳法

毛细管电泳也称为高效毛细管电泳（high performancecapillary electrophoresis，HPCE），是一种利用带电粒子在高压直流电场中迁移速度的不同而将物质分离的分析方法，又分为单根毛细管电泳、单根填充管电泳、阵列毛细管电泳、芯片式毛细管电泳、毛细管电泳联用技术五大类。毛细管电泳具有仪器相对简单，消耗的样品很少等优点，可直接测定单糖和部分寡糖含量，并能间接测定单糖、寡糖和多糖的组成。由于单糖 pK_a 超过 11，单糖在强碱性缓冲液中带负电荷，在复合电场中能进一步分离。为使单糖在较低的 pH 条件下带上电荷，常用硼砂作电泳介质。为改善分离效率，常将一些表面活性剂，如 SDS、四氢呋喃、十六烷基乳酸酯、十六烷基三甲基溴化铵和丙酰溴等添加进缓冲液。

三、几种海洋贝类多糖

（一）鲍鱼多糖及其生物活性

鲍鱼是名贵的海珍品，素有"软黄金"的美誉。鲍鱼的营养十分丰富，干鲍中蛋白

质、肝糖、脂肪含量分别占 40.0%、33.7%、0.9%，并含有丰富的精氨酸、谷氨酸、色氨酸等必需氨基酸和多种微量元素。

朱莉莉等从鲍鱼内脏中提取活性鲍鱼内脏蛋白多糖（AVPF-I），采用 H-（22）移植瘤模型，设生理盐水阴性对照、环磷酰胺阳性对照和 AVPF-I组，测定各组小鼠瘤重、脾指数，噻唑蓝（MTT）法测定淋巴细胞增殖及 NK 细胞杀伤活性，中性红吞噬法测定腹腔巨噬细胞吞噬活性，ELISA 试剂盒检测 TNF-α、IL-1 和 IFN-γ 含量。结果表明，AVPF-I能够显著抑制肿瘤生长（$P<0.01$），抑瘤率达 62.37%；与阴性对照组比较，实验组荷瘤小鼠的脾指数显著提高（$P<0.01$），T 细胞增殖作用、NK 细胞活性、巨噬细胞吞噬功能及血清 TNF-α、IL-1 和 IFN-γ 含量均显著提高（$P<0.01$），并呈一定量-效关系。结论为 AVPF-I能抑制 H-（22）肝癌生长，其抑瘤作用很可能是通过对荷瘤小鼠免疫功能的增强实现的。检测 AVPF-I的抑瘤作用及对荷瘤小鼠免疫功能的影响。

苏永昌研究分别采用了 60℃蒸馏水浸提、胃蛋白酶、中性蛋白酶、碱性蛋白酶水解的方法对鲍鱼内脏多糖进行提取，并测定了鲍鱼内脏多糖的还原力，清除羟自由基、超氧自由基能力。结果表明，胃蛋白酶对多糖的浸出率最高，达 0.71%，各组多糖均具有良好的抗氧化能力。

鲍鱼内脏占鲍鱼体重的 20%~30%，含有丰富的营养成分。鲍鱼的内脏约占其全重的 1/5，其中多糖含量约占 7.5%，远高于海参。鲍鱼脏器的粗多糖具有很强的抗氧化活性，但由于以前人们尚未完全认识到鲍鱼内脏的营养价值，几乎将其全部当作废物丢弃。刘艳青等研究发现，鲍鱼多糖具有增强免疫、抗肿瘤的功效，从鲍鱼脏器中提取的鲍鱼内脏多糖具有抗氧化、抗癌等活性。

刘娜采用酶水解结合乙醇醇沉的方法从皱纹盘鲍性腺中提取多糖（CAGP），并研究其体内抗氧化活性。研究发现，对于正常小鼠，200mg/kg 的 CAGP 可有效提高其肝组织中 CAT 活力及 TAOC 能力（$P<0.01$），降低血液与肝 MDA 浓度（$P<0.01$）；CAGP 还可显著降低脑组织 MAO 活力（$P<0.01$）。对于四氧嘧啶致氧化损伤的高脂血症大鼠，200mg/kg 的 CAGP 能有效降低大鼠血清 MDA 浓度（$P<0.01$），提高血清 SOD 活力（$P<0.01$），同时肝 TAOC 也有显著提高（$P<0.01$）。鲍鱼性腺多糖能够显著提高正常小鼠及氧化损伤大鼠机体的抗氧化能力，可用于抗氧化功能食品的研究开发。

佘志刚等从杂色鲍（*Haliotis diverisicolor* Reeve）中分离得到含硫酸酯的鲍鱼多糖 Hal-A，并对其组成进行了研究。药理实验表明，鲍鱼多糖具有良好的增强免疫功能和抗肿瘤等活性，有可能发展成为新的海洋药物。鲍鱼多糖作为潜在的、有待开发的大分子药物，热稳定性研究相当重要。

研究者发现，从鲍鱼中提取的抗肿瘤活性物质是以多糖为基质的水溶性多糖蛋白，对人体细胞无毒害作用。目前的研究结果表明：鲍肉的馏分物"鲍灵-1"、"鲍灵-11"、"C"等分别有抗菌、抗病毒作用，或兼有抗菌和抗病毒两种作用。H.nscus 提取物经由葡聚糖 G-25 和 DEAE 琼脂糖柱色谱分离得到一种相对分子质量为 10 000~30 000 的抗肿瘤蛋白质。这种糖蛋白能有效抑制小鼠肉瘤 S_{180} 的生长。

张月红等通过单因素实验研究鲍鱼多糖提取工艺参数。通过对料液比、提取温度及提取时间的研究，确立各因素工艺条件，采用苯酚-硫酸法测定其多糖含量。当料液比为 1：40、温度为 80℃、提取时间为 3h 时，得到了较好的提取率。在选择的最佳的工艺参数下，提取的鲍鱼粗多糖中多糖含量为 74.89%，鲍鱼（干）中多糖含量为 9.23%。

程婷婷等以多糖得率为指标，研究了 6 种蛋白酶酶解鲍鱼脏器获得多糖的效果。结果表明，碱性蛋白酶为最佳用酶，并对其工艺中温度、pH、水解时间等影响因素进行了实验分析，确定最适条件为温度 45℃，底物浓度 2.5%，pH10.0，加酶量 2.0%，水解时间 3h，在此条件下，鲍鱼脏器多糖得率为 6.50%。

王兵、许东晖从皱纹盘鲍中分离提取的鲍鱼多糖对环磷酰胺具增效减毒作用，并研究其对环磷酰胺的增效减毒作用。结果表明，鲍鱼多糖能明显提高环磷酰胺对小鼠移植性肿瘤 S_{180}、Hela 的抑瘤素，对环磷酰胺具有较明显的增效作用；可明显拮抗环磷酰胺所致的荷瘤小鼠白细胞减少及对脾等的毒性作用。

余志刚从鲍鱼中分离出一种鲍鱼多糖 Hal-A，并用改进甲醇解方法研究了 Hal-A 的组成，该多糖甲醇解产物经三甲硅醚衍生后，进行 GC/MS 分析，结果表明，鲍鱼多糖 Hal-A 主要由葡萄糖、半乳糖、甘露糖和少量木糖、岩藻糖和半乳糖醛酸组成。

余鑫以鲍鱼内脏为原料，采用高压脉冲电场技术和酶法结合提取鲍鱼脏器粗多糖，探讨最佳提取工艺，对所得到的鲍鱼脏器粗多糖进行理化分析，并设计动物实验研究鲍鱼脏器粗多糖的降血脂功能。结果表明：电场强度控制在 30kV/cm，脉冲数控制在 12 个时，鲍鱼脏器粗多糖提取效果最佳；中性蛋白酶提取效果最好。中性蛋白酶提取多糖过程中各因素的关键性从高到低依次为时间、料液比、温度、加酶量。各提取因素对多糖提取影响显著。最佳提取条件为时间 2.5h、料液比 1∶6、加酶量 2.4×10^{-4}U/g、温度 55℃。

经冷冻干燥后的鲍鱼脏器粗多糖呈浅黄色粉末，可溶于水，不溶于乙醇、乙醚等有机溶剂，有黏性。该多糖粉末主要成分包括多糖 60.39%，蛋白质 17.88%，脂质 6.02%，水分 10.94%。本实验所提取的鲍鱼脏器粗多糖是一种附着蛋白质的黏多糖。冷冻干燥后的鲍鱼脏器粗多糖粉末中重金属镉含量为 0.4mg/kg。

鲍鱼脏器粗多糖对小鼠生长无不良影响。鲍鱼脏器粗多糖各剂量组能有效降低血清中的甘油三酯（TG）、总胆固醇（TC）、低密度脂蛋白胆胆固醇（LDL-C）含量及升高高密度脂蛋白胆胆固醇（HDL-C）含量，说明鲍鱼脏器粗多糖能够有效抑制 TG、TC、LDL-C 水平的升高和 HDL-C 含量的降低。多糖各剂量组的 AI 值也显著低于高脂组，说明鲍鱼脏器粗多糖能够降低动脉粥样硬化的危险性。以上结果说明，鲍鱼脏器粗多糖可有效抑制因高脂饮食所导致的小鼠血脂升高，从而预防小鼠得高血脂症。

中、高剂量的鲍鱼脏器粗多糖能有效降低 MDA 水平，但低剂量还不能使小鼠 MDA 含量恢复到正常水平。各剂量的鲍鱼脏器粗多糖都能明显升高血清中 SOD 水平，提高 SOD 的活性，但高剂量效果较差。以上分析说明，一定剂量的鲍鱼脏器粗多糖能够显著降低 MDA 含量，提高 SOD 活性，从而减少血清中自由基的产生，减少动脉粥样硬化的危险性。

鲍鱼脏器粗多糖可以使高脂小鼠肝内脂肪沉积程度减轻，有助于动脉粥样硬化的预防和治疗。

叶丹榕以一种鲍鱼内脏粗多糖（AVP）为实验原料，以其对小鼠降血糖及糖耐量改善效果、抗氧化效果、脏器保护效果为依据，研究其对四氧嘧啶诱导糖尿病的小鼠生理功能的影响。结果表明：多糖组能显著控制小鼠消瘦，高、中剂量具极显著效果（$P<0.01$），给药 3 周后体重分别为 33.96g 和 32.95g；AVP 能明显降低糖尿病小鼠血糖值，中剂量

（200mg/kg）降糖效果最好，给药 3 周后空腹血糖降至 15.45mmol/L，且在一定范围内能改善小鼠糖耐量异常；治疗 3 周后，多糖组及药物组小鼠血清 SOD 和 GSH-PX 活性增加，MDA 含量减少，中剂量组 SOD、GSH-PX 及 MDA 含量为 155.25U/mL、529.63μmol/L、14.41μmol/L，与模型组相比有极显著差异（$P<0.01$），揭示了 AVP 能清除体内过多自由基，提高糖尿病小鼠抗氧化酶活性，促进受四氧嘧啶损害细胞的修复和再生；与模型组相比，多糖组和药物组均可降低糖尿病小鼠脏器指数，中剂量组肝、肾和脾指数分别为 5.23、0.94、0.27，具有显著差异（$P<0.05$）。

刘春燕以鲍鱼内脏为原料，采用水煮、醇沉的方法得到鲍鱼内脏粗多糖 CAVP，CAVP 经冻融分级、酶-Sevag 法联合脱蛋白、SepharoseCL-6B 柱层析等方法进行纯化，得到水溶性多糖 AVP，苯酚-硫酸法测总糖含量为 91.24%。经 SepharoseCL-6B 柱层析和 HPLC 分析，AVP 为均一性多糖，相对分子质量约为 3.5 万。气相色谱法分析表明，AVP 主要由 Man、Gal、Glc 三种单糖组成，其摩尔比为 2.7：0.7：6.5。采用部分酸水解、高碘酸氧化、Smith 降解、甲基化及 IR、GC、GC-MS 等方法对 AVP 的结构进行分析。AVP 经部分酸水解反应，AVP 的主链由 Glc 单糖组成，糖链末端或支链主要由 Glc 和 Gal 组成，支链或主链边缘主要是 Man。AVP 甲基化分析结果表明，AVP 主链部分主要由（1→4）-Glc 组成；分支点为 Glc 的 6-O 处；分支点残基为（1→4，6）-Glc；支链部分主要是（1→3，6）-Man；非还原末端残基是（1→）-Gal 和（1→）-Glc。应用 MTT 法初步考察了 AVP 对小鼠体外淋巴细胞增殖的影响。结果表明，AVP 在 100~400μg/mL 浓度下，均能促进淋巴细胞的增殖，并且随着浓度的增加，促进作用越明显；在 100~200μg/mL 时，AVP 可以促进 ConA 诱导的 T 细胞的增殖，同时对 LPS 诱导的 B 细胞的增殖有明显影响。

（二）牡蛎软体中的多糖及其生物活性

牡蛎软体中除含有丰富的蛋白质外，还存在大量的多糖，包括糖原，糖胺聚糖及其他多糖，尤其含有大量的糖原。研究表明，多糖具有防治心血管病及其他生物活性，如降血脂、抗凝血、抗血栓、抗病毒、提高机体免疫功能和抗白细胞降低等作用。多糖具有良好的营养价值及药用价值，从牡蛎中提取多糖也是近年来研究的热点。

陈艳辉等通过匀浆、动物蛋白酶酶解、醇沉及透析等方法分离获得牡蛎多糖粗品，初步研究表明，一定浓度下其对鼻咽癌细胞 CNE-1 和血管内皮细胞的生长增殖具有抑制作用。王俊等采用热碱法提取得到的牡蛎多糖粗品，呈白色粉末状，水溶性好，总糖含量为 81.26%，能增强小鼠细胞免疫、体液免疫功能，并有一定的抗肿瘤和抗氧化作用。李志通过采用水提醇沉法来提取多糖，并且对牡蛎多糖进行体外抗氧化实验，表明了牡蛎多糖可以通过清除自由基、提高体内抗氧化酶活性、抑制脂质过氧化途径来降低或抵御自由基对肝细胞的损伤，从而发挥抗氧化作用。这说明牡蛎多糖在体外可抑制自由基损伤，保护红细胞膜的结构和功能，是一种较好的羟自由基和超氧阴离子清除剂。

李江滨等采用血凝滴度测定牡蛎多糖，得知其对 MDCK 细胞培养的甲型流感病毒增殖有抑制作用，并且通过联合用药实验研究牡蛎多糖对利巴韦林抗流感病毒的协同效应，结果表明，牡蛎多糖能明显抑制 MDCK 细胞培养的流感病毒的增殖，对利巴韦林抗流感病毒具有相加效应。黄传贵等采用醇沉法分离牡蛎多糖，及利用苯酚-硫酸法测定其含量，凝胶层析法纯化牡蛎多糖，分析得到的牡蛎多糖中至少含有 4 种不同相对分子质量的多糖成分，该多糖具有免疫调节的活性。

（三）牡蛎糖原的提取及生物活性作用

糖原大量贮藏于肝，也存在于肌肉中，尤其是在一些水产的软体动物体内。牡蛎软体中糖原的含量为 22.41%。牡蛎糖原可直接被机体吸收，从而减轻胰腺负担，因此对糖尿病的防治十分有效。日本科学家还发现牡蛎中所含的糖原能有效地使皮肤细胞再生，预防皱纹出现及阻止紫外线造成的皮肤损伤。

张辉等以比色法、水提法两种方法进行比较来提取牡蛎糖原。采用比色法以苯酚-硫酸溶液为显色体系，检测波长为 490nm，该方法简便、准确、重现性好，可用于牡蛎中糖原含量测定；采用水提法时可以除去一些水溶性成分物质，经过 Sephadex G-50 凝胶层析柱收集的第 II 峰冻干品除去了酶解液中大的蛋白质和黏性物质，及很多功能性的小肽，获得的样品糖原含量最高，达 48.46%。

陈骞等用热碱加热法提取牡蛎中的糖原，经纯化后得到几乎不含有蛋白质的糖原样品，其中糖原的提取率为 57.2%，98.3%的蛋白质被去除。

（四）贝类糖胺聚糖的提取及作用

糖胺聚糖是由氨基糖、糖醛酸二糖单元重复排列构成的一类直链多糖，是蛋白聚糖多糖侧链的组分。研究表明，软体动物的糖胺聚糖也称氨基多糖，部分具有多种生物活性，如抗肿瘤，增强免疫力，降血脂等。

胡雪琼等采用酶解法从近江牡蛎中提取、分离糖胺聚糖，对粗糖胺聚糖进行体外抗肿瘤实验，采用四氮唑蓝还原法（MTT 法）研究粗提物 SG1 对人宫颈癌细胞（HeLa 细胞）的体外抗肿瘤活性。结果表明，近江牡蛎糖胺聚糖粗提物 SG1 具有较明显的抗肿瘤活性，存在一定的量-效关系。

另外，王海桃等采用体外细胞培养的方法，用过氧化氢诱导 VECs 损伤，研究表明，牡蛎糖胺聚糖对氧化损伤血管内皮细胞具有保护作用，及对正常血管内皮细胞在一定剂量范围内有促进增殖作用。

第四节　海洋中的壳聚糖

一、壳聚糖概述

壳聚糖（chitosan），别名脱乙酰甲壳素、脱乙酰甲壳质、可溶性甲壳素、可溶性甲壳质、壳糖胺、甲胺、甲壳糖、氨基多糖、甲壳多聚糖、几丁聚糖等。是由自然界广泛存在的几丁质（chitin），也称甲壳质、甲壳素、壳多糖为原料，经过脱乙酰作用得到的，是甲壳质的一级衍生物，化学名：β-（1→4）-2-氨基-2-脱氧-D-葡萄糖。分子式：$(C_6H_{11}NO_4)$ N。单元体的相对分子质量为 161.2。

自 1859 年，法国人 Rouget 首先得到壳聚糖后，这种天然高分子的生物官能性和相容性、血液相容性、安全性、微生物降解性等优良性能被各行各业广泛关注，在医药、食品、化工、化妆品、水处理、金属提取及回收、生化和生物医学工程等诸多领域的应用研究取得了重大进展。针对患者，壳聚糖降血脂、降血糖的作用已有研究报告。

近年来国内外的报道主要集中在吸附和絮凝方面。也有报道表明，壳聚糖是一种很好的污泥调理剂，将其用于活性污泥法废水处理，有助于形成良好的活性污泥菌胶团，并能提高处理效率。但关于研究其对活性污泥中微生物活性的影响及其强化生物作用的机制，国内外均未见有报道。

（一）壳聚糖的结构与理化性质

壳聚糖是甲壳素脱乙酸后的产物，化学名称为 β-（1，4）-2 脱氧-D-葡萄糖，其分子结构与纤维素相似，呈直链状，极性强，易结晶，可根据分子主链的排列方式将其分为 α-、β-两种：α-分子主链以反平行方式排列，分子间氢键作用强；β-分子则相反。

结构式如图 2-13。

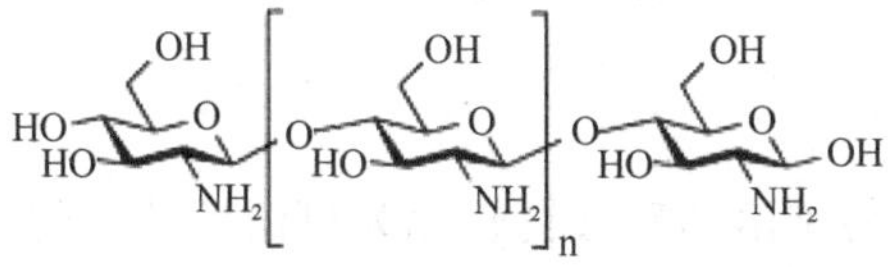

图 2-13　壳聚糖结构式
Figure 2-13　The structure of Chitosan

纯甲壳素和纯壳聚糖都是一种白色或灰白色半透明的片状或粉状固体，无味、无臭、无毒性，纯壳聚糖略带珍珠光泽。生物体中甲壳素的相对分子质量为 $1\times10^6\sim2\times10^6$，经提取后甲壳素的相对分子质量为 $3\times10^5\sim7\times10^5$，由甲壳素制取壳聚糖相对分子质量则更低，为 $2\times10^5\sim5\times10^5$。在制造过程中甲壳素与壳聚糖相对分子质量的大小，一般用黏度高低的数值来表示。商品壳聚糖视其用途不同有 3 种不同的黏度，即高黏度产品为 0.7~1Pa·s、中黏度产品为 0.25~0.65 Pa·s、低黏度产品为<0.25 Pa·s。制造纤维产品必须采用高黏度的甲壳素或壳聚糖。

在特定的条件下，壳聚糖能发生水解、烷基化、酰基化、羧甲基化、磺化、硝化、卤化、氧化、还原、缩合和络合等化学反应，可生成各种具有不同性能的壳聚糖衍生物，从而扩大了壳聚糖的应用范围。

壳聚糖大分子中有活泼的羟基和氨基，它们具有较强的化学反应能力。在碱性条件下 C_6 上的羟基可以发生如下反应：羟乙基化-壳聚糖与环氧乙烷进行反应，可得羟乙基化的衍生物。羧甲基化-壳聚糖与氯乙酸反应便得羧甲基化的衍生物。磺酸酯化-甲壳素和壳聚糖与纤维素一样，用碱处理后可与二硫化碳反应生成磺酸酯。氰乙基化-丙烯腈和壳聚糖可发生加成反应，生成氰乙基化的衍生物。

上述反应在甲壳素和壳聚糖中引入了大的侧基，破坏了其结晶结构，因而其溶解性提高，可溶于水，羧甲基化衍生物在溶液中显示出聚电解质的性质。

（二）壳聚糖与甲壳素关系

壳聚糖是甲壳素脱 N-乙酰基的产物，一般而言，N-乙酰基脱去 55%以上的就可称为壳聚糖，或者说，能在 1%乙酸或 1%盐酸中溶解 1%的脱乙酰甲壳素被称为壳聚糖。事实上，N-脱乙酰度为 55%以上的甲壳素就能在这种稀酸中溶解。

作为工业品的壳聚糖，N-脱乙酰度在 70%以上。N-脱乙酰度为 55%~70%的是低脱乙酰度壳聚糖，70%~85%的是中脱乙酰度壳聚糖，85%~95%的是高脱乙酰度壳聚糖，95%~100%的是超高脱乙酰度壳聚糖。N-脱乙酰度 100%的壳聚糖极难制备。甲壳素的每个糖基上也许都有 N-乙酰基，也许不一定都有 N-乙酰基。凡是 N-乙酰度在 50%以下的都被称为甲壳素，因为它肯定不溶于上述浓度的稀酸。

二、壳聚糖的制备方法

制备壳聚糖的主要原料来源于水产加工厂废弃的虾壳和蟹壳，其主要成分有碳酸钙、蛋白质和甲壳素（20%左右）。由虾蟹壳制备壳聚糖的过程实际上就是脱钙、去蛋白质、脱色和脱乙酸的过程。

目前国内外制备壳聚糖的方法包括酸碱法、酶法、氧化降解法及机械加工法。

（一）酸碱法

酸碱法是利用稀盐酸将难溶的碳酸钙转化为可溶性的氯化钙而随溶液分出，再用稀碱将蛋白质溶出，再经过脱色及水洗、干燥等过程即可得到甲壳素，然后通过脱乙酸化反应可使甲壳素脱去分子中的乙酸基，转变为壳聚糖。

酸碱法制备壳聚糖的具体步骤如下。

将虾壳、蟹壳的肉质、污物等杂质去除，用水洗净，然后干燥；

去除原料中无机盐。将预处理后的虾蟹壳置于 5%稀盐酸中室温下浸泡 2h，然后过滤、水洗至中性。

去除原料中蛋白质和脂肪。将酸浸后的虾蟹壳置于 10%的氢氧化钠溶液中煮沸 2h，然后过滤、水洗至中性，干燥后即得甲壳素。

有 3 种方法，日晒脱色，保持微酸湿润条件下，在阳光紫外线作用下用空气中的氧气进行漂白；采用高锰酸钾、亚硫酸氢钠等进行氯化脱色；也可采用有机溶剂如丙酮抽提除去色泽。

甲壳素脱乙酰基。将甲壳素置于 45%~50%氢氧化钠溶液中在 100~110℃水解 4h，然后过滤、水洗至中性，干燥得到壳聚糖。

（二）酶法

酶法是利用乙二胺脱钙、用酶去蛋白质的过程。机械加工法是利用精选的虾蟹壳经过干燥、压碎、研磨、分选、精筛等获得壳聚糖的过程。其中最常用的方法是酸碱法，但此法仍存在许多问题，如酸碱性过强、降解速度慢、降解产物聚合度低、产物纯化难、生产成本高等。

三、壳聚糖的生物活性及其应用

（一）壳聚糖的生物活性

1. 免疫活性

壳聚糖对免疫系统有多方面的调节作用。例如，可通过激活补体系统，介导补体的系列生物学效应,增强机体非特异性免疫系统功能。同时能分泌多种免疫因子,调节细胞免疫与体液免疫,从而增强机体抗感染能力。巨噬细胞的表面存在着细菌多糖的受体,而壳聚糖作为细菌多糖的类似物,能刺激巨噬细胞活化,从而促进其吞噬能力,提高其分泌的水解酶活性。它还能激活 T 细胞和 B 细胞,增强其在免疫应答中的协同效应,介导机体的细胞免疫应答和体液免疫应答。

壳聚糖参与免疫系统免疫球蛋白(IgM)的生成,它刺激在不含血清介质中培养的人杂种瘤细胞 HB4C5 与淋巴细胞内 IgM 的产生,但对 IgG、IgA 没有影响。ICR/JCL 鼠长时间饲喂甲壳素能增加其脾与骨髓中免疫细胞的数量。

脱乙酰 70%壳聚糖能够促进循环抗体产生,诱导迟发超敏性。壳聚糖能提高 T 细胞活性,促进 NK 细胞活性,诱导细胞毒素巨噬细胞活性,增强宿主对大肠杆菌感染的抵抗力,抑制肿瘤细胞生长。壳聚糖能通过活化巨噬细胞促进特异细胞因子 CSF(colony-stimulating factor)与干扰素的生成。给实验小鼠腹腔注射及灌喂壳聚糖,结果表明,壳聚糖对小鼠腹腔巨噬细胞的吞噬功能、精氨酸酶活性及酸性磷酸酶活性均有明显的促进作用。巨噬细胞分泌的精氨酸酶与酸性磷酸酶均与杀死细菌和肿瘤的功能有关。因而,壳聚糖对动物机体非特异性免疫及特异性免疫均有不同程度的促进作用,是一种良好的免疫促进剂。

2. 抑菌活性

壳聚糖与其他多糖一样,在其复杂的空间结构中含有高活性的功能基团,表现出类抗生素的特征,能够抑制多种细菌的生长与活性。大量的实验表明,壳聚糖对大肠杆菌有抑制效果。研究发现,在 pH 为 5.5,壳聚糖浓度达 0.5%和 1%,经过两天潜伏期可以使壳聚糖完全失活。不同脱乙酸度的壳聚糖具有不同的抑菌浓度,脱乙酸度越高其抑菌效果越好。在 pH 为 7 时,壳聚糖不再具有抗菌效果。这是由未带电荷氨基酸残基比例的增加及与其更低的可溶性所致。

壳聚糖的抗菌活性还依赖于它的相对分子质量与细菌类型。在浓度为 0.1%时,壳聚糖通常对革兰氏阳性菌表现更强的抗菌活性。根据对不同细菌类型与壳聚糖相对分子质量的分析发现,壳聚糖的最低抑菌浓度在 0.05%~1%之间。当分子质量为 746kDa 的壳聚糖与分子质量为 470kDa 的壳聚糖相比时,分子质量为 746kDa 的壳聚糖对大肠杆菌与荧光假单胞杆菌具有更强的抑制效果。壳聚糖的抗菌效果与 pH 呈负相关,pH 越低活性越高。

3. 抗肿瘤活性

壳聚糖具有增强抗肿瘤药物作用,能促进白细胞介素 2(IL-2)的生成,IL-2 对 NK、T 和 B 细胞活性均有增强作用。壳聚糖是一种带正电荷的天然高分子生物聚合物,显示极强的生理活性。肿瘤细胞表面带有更高负电荷,聚阳离子电解质能吸附到癌细胞表面使电荷中和,抑制肿瘤细胞生长与转移。在酸性环境中壳聚糖能形成阳离子基团,与体细胞产生亲和性,活化体细胞,增强机体免疫力。壳聚糖具有清除体内自由基细胞毒素的能力,可作为早期癌症的治疗药物。

4. 对胆固醇代谢调节作用

壳聚糖具有多聚物性质,黏滞度高,在上消化道不易被消化,吸水性高,而在下消化道吸水性低。由于壳聚糖含有氨基，在体外实验的低 pH 条件下通过离子键作用能与一系列阴离子如胆汁酸或游离脂肪酸结合。壳聚糖还可通过减少肠道脂质吸收，从而降低血浆中胆固醇与三酰甘油的水平。

壳聚糖当以超过 6 个残基的低聚物形式饲喂给高胆固醇口粮雄鼠时，其能够抑制小鼠血浆胆固醇与三酰甘油水平上升。而当低聚物链长度低于 5 个残基时，没有效果。壳聚糖并不影响胆固醇内源性合成，添加壳聚糖降低血浆中胆固醇水平的活性只在饲喂含胆固醇口粮动物中发现。在含 1%胆固醇与 0.2%胆汁酸的雄鼠口粮中添加壳聚糖能使其血浆及肝中胆固醇水平分别降低 54%和 64%。并能抑制血浆 HDL-胆固醇减少、肝中胆固醇含量增加及由胆固醇口粮诱导的肝 HMG-COA 还原酶水平的降低。这些结果表明，壳聚糖在维持胆固醇动态平衡中发挥了作用。

把不同黏度的壳聚糖饲喂给肉仔鸡时，能够降低鸡血浆胆固醇水平并增加 HDL-胆固醇含量，导致 HDI/总胆固醇比例上升。补饲壳聚糖组与对照组相比，壳聚糖组能使肠道脂肪消化率降低 26%。壳聚糖能黏合胆汁酸，阻止肠、肝、胆汁酸循环，抑制脂质乳化与吸收。由于肠道菌群的改变，盲肠中各种短链脂肪酸组成也会发生改变。

（二）壳聚糖的基本用途

壳聚糖是以后总用途广泛的生物活性多糖，在化妆品、农业、饲料、饵料和烟草等行业都有广泛用途。

化妆品专用壳聚糖具有良好的吸湿、保湿、调理、抑菌等功能，适用于润肤霜、淋浴露、洗面奶、摩丝、高档膏霜、乳液、胶体化妆品等，有效弥补了一般壳聚糖的缺陷。

壳聚糖及其衍生物都是具有良好的絮凝、澄清作用。作为饮料的澄清剂，可使悬浮物迅速絮凝，自然沉淀，提高原液的得率；在中药提取液中，大分子的蛋白质、鞣酸和果胶，可以用壳聚糖溶液方便地除去，精制出纯度较高的中药有效成分；利用壳聚糖的吸附性，在水质净化方面有良好的效果。

壳聚糖是天然的植物营养促长剂——叶面肥的原料。由壳聚糖复配而成的叶面肥，既能给植物杀虫，抗病，起到肥料的作用，又能分解土壤中动植物残体及微量金属元素，从而将其转化为植物的营养素，增强植物免疫力，促进植物的健康。虾壳、蟹壳中含有丰富的蛋白质、微量元素，动物食入吸收后，有良好的营养价值。

联合航空运输公司（UTA）专用壳聚糖是经过特殊工艺加工的壳聚糖系列产品。它能有效地吸附蛋白质，比一般壳聚糖的吸附要高 40%。

壳聚糖可与烟丝均匀混合，且能黏附于烟丝表面，可增强抗张强度、耐水性、耐破度，加工时不易破碎，适用于现代高速卷烟机。该烟草添加剂可使烟支的燃烧性能显著增强，具有降低烟草焦油和烟碱含量的作用，使烟支杂气减轻，烟气中有害物质减少，吸味得到改善，香气显露；也能够有效地抑制烟叶霉变，延长烟草的保存时间。

（三）壳聚糖的食品应用

1. 抗菌剂

壳聚糖及其衍生物有较好的抗菌活性，能抑制一些真菌、细菌和病毒的生长繁殖。

截止到 2013 年认为其可能的机制有三：一是由于壳聚糖的多聚阳离子易与真菌细胞表面带负电荷基团作用，从而改变病原菌细胞膜的流动性和通透性；二是干扰 DNA 的复制与转录；三是阻断病原菌代谢。2010 年以来，有许多研究者提出壳聚糖通过诱导病程相关蛋白，积累次生代谢产物和信号传导等方式来达到抗菌的目的的观点。

Papineau 等认为，由于壳聚糖分子的正电荷和细菌细胞膜上负电荷的相互作用，使细胞内的蛋白酶和其他成分泄漏，从而达到抗菌、杀菌作用。他们研究发现，用量为 0.12mg/mL 的壳聚糖乳酸盐对大肠杆菌的繁殖具有较好的抑制作用，而且壳聚糖谷氨酸盐对酵母菌如酿酒酵母的繁衍也具有较好的抑制效果，并且 1mg/mL 的壳聚糖乳酸盐会使酵母菌在 17min 内完全失去活性。Sudharshan 等指出，由于壳聚糖可渗入细菌的核中并和 DNA 结合，抑制 mRNA 的合成，从而阻碍了 mRNA 与蛋白质的合成，达到抗菌作用。他们研究了水溶性壳聚糖如壳聚糖乳酸盐、壳聚糖谷氨酸盐和壳聚糖氢化谷氨酸盐对不同细菌培殖的影响。结果发现，壳聚糖乳酸盐和壳聚糖谷氨酸盐对革兰氏阳性菌和革兰氏阴性菌都有较高的抗菌作用。Ghaoth 等研究显示，由草莓灰霉菌（*Botrytis cinerea*）或有匍枝根霉（*R.stolonifer*）等引起的草莓腐败在涂了壳聚糖溶液后被显著抑制，可延长草莓的保鲜期。另外有研究报道，不同相对分子质量的壳聚糖的防腐效果不同，其中以 20 万和 1 万左右的壳聚糖为最佳。另外，2013 年大多数调味品中使用的防腐剂是苯甲酸及其钠盐，与之相比，在相同的贮藏条件下，壳聚糖抑菌效果更佳，用量更少，口感更好，且无任何毒性作用，是一种理想的调味品防腐剂。杨继生等进行了壳聚糖对酱油防腐效果的研究，结果表明，将 0.1%壳聚糖添加到酱油中，对引起酱油变质的酵母群有明显的抑制作用，在夏季敞开条件下可存放 30d 而不会变质，且不影响口感、颜色、香味与营养成分。

2. 果蔬保鲜剂

果蔬保鲜的目的主要是保持果蔬在采摘后直到货架期都能维持正常的品质、品味、营养成分和外观，提高其商品价值。用壳聚糖进行涂膜保鲜，其膜层具有通透性、阻水性，可以对各种气体分子增加穿透阻力，形成了一种微气调环境，使果蔬组织内的二氧化碳含量增加，氧气含量降低，抑制了果蔬的呼吸代谢和水分散失，减缓果蔬组织和结构衰老，从而有效地延长果蔬的采后寿命。

陈天等用壳聚糖常温保鲜猕猴桃的研究结果表明，在室温下，采用壳聚糖水溶液保鲜的猕猴桃，贮藏寿命可以达到 70~80d，而对照处理只有 10~13d。王刚等研究表明，猕猴桃涂膜保鲜时，壳聚糖的相对分子质量对保鲜效果也有影响，其中黏度在 100~300cp 的壳聚糖比黏度在 1000cp 以上的效果好。

壳聚糖对番茄的保鲜研究结果显示，壳聚糖能显著减缓番茄的转色，同时也能有利于保持果实的硬度。壳聚糖浓度越高，保鲜效果越好。壳聚糖用于苹果保鲜的研究表明，涂膜能阻碍贮藏间维生素 C 的下降，降低苹果的呼吸强度和减少采后苹果的膜脂过氧化等。乐思培等用 2%改性的壳聚糖涂膜于柑橘、苹果表面，结果柑橘在 30℃下贮存一周没出现明显的斑痕，另一半则正好相反。陈安和的研究显示，经 1%的壳聚糖溶液处理的草莓贮藏一段时间后，超氧化物歧化酶和维生素 C 含量仍旧保持较高的水平。

3. 抗氧化剂

肉类食品中由于含有高含量的不饱和脂类易被氧化而使肉类食品腐败变质，从而缩短肉制品的储存寿命和破坏肉制品的风味。Darmadji 和 Izumimoto 研究了用壳聚糖处理过的牛肉的氧化稳定性效果。结果发现，加入 1%的壳聚糖，在 4℃下贮藏 3d，牛肉中的硫代巴比土酸减少 70%。Shahidi 报道，N, O-羧甲基壳聚糖（NOOC）及其乳酸盐、吡咯烷羧酸盐对抑制熟肉的氧化非常有效，冷藏 9d 后的熟肉风味几乎不变。他指出，NOOC 及其乳酸盐和前面提到的壳聚糖衍生物在 (500~3000) $\times 10^{-6}$ 的抑制氧化效果分别为 69.9%、43.4%和 66.3%。这种抑制氧化作用机制是与肉中自由铁离子和壳聚糖有关的。当肉在热处理过程中，自由铁离子便从肉的血红蛋白中释放出来，并与壳聚糖螯合形成螯合物，从而抑制铁离子的催化活性。

4. 保健食品添加剂

壳聚糖难被人体胃肠消化吸收，当人把它们摄入体内后，它们可与相当于自身质量许多倍的甘油三酯、脂肪酸、胆汁酸和胆固醇等脂类生成络合物，该络合物不被胃酸水解，不被消化系统吸收，从而阻碍人体吸收这类物质，使之穿肠而过排出体外。因此，壳聚糖类可以降脂，减少食品热量，可用作保健食品添加剂。Agullo 等研究表明，壳二、三聚糖不仅具有非常爽口的甜味和调节血压、消除脂肪肝、降低胆固醇和增强免疫力的功能，而且还具有提高食品的保水性及水分调节作用，可作为糖尿病和肥胖病的保健食品添加剂。

5. 果汁的澄清剂

果汁中含有大量带负电荷的果胶、纤维素、鞣质和多聚戊糖等物质，在存放期间会使果汁浑浊。当壳聚糖的正电荷和上述负电荷物质吸附絮凝后，经处理后的澄清果汁是一个稳定的热力学体系，所以能长期存放，不产生浑浊。研究表明，壳聚糖对葡萄柚果汁也是一种好的净化剂，不论葡萄柚果汁有没有用果胶酶处理，壳聚糖的澄清效果都非常显著。Spagna 等报道，壳聚糖对聚苯酚类化合物如儿茶酸、肉桂酸等具有较好的亲和性。当在纯葡萄酒中加入壳聚糖时，由于壳聚糖与聚酚类化合物的亲和作用，使葡萄酒由最初的淡黄色变为深金黄色，大大提高了葡萄酒的质量。Rwan 等在葡萄果汁中加入了 0.1~0.15g/mL 的壳聚糖，葡萄果汁中柠檬酸、酒石酸、L-苹果酸、草酸和抗坏血酸的含量分别减少 56.6%、41.2%、38.8%、36.8%和 6.5%，从而使果汁中酸的总含量减少 52.6%，果汁得到较好净化。此外，壳聚糖还可以用于水澄清剂和酶固定化剂等领域。

（四）壳聚糖的医学应用

医学方面的应用主要有促进凝血和伤口愈合、作为药物的缓释基质、用于人造组织、器官和免疫调节等。

壳聚糖具有促进血液凝固的作用，可用作止血剂。它还可用作伤口填料物质，具有灭菌、促进伤口愈合、吸收伤口渗出物、不易脱水收缩等作用。

壳聚糖能被生物体内的溶菌酶降解生成天然的代谢物，具有无毒、能被生物体完全吸收的特点，因此用它作药物缓释剂具有较大的优越性。日本已有以壳聚糖作为基质的缓释药物出售。

壳聚糖与磷酸钙的复合物可作为骨的替代物，用于骨的修补及牙的填料。壳聚糖衍生物与聚酯的复合材料可用作人造血管。**Abewidra** 曾推出一种修饰烧伤、溃疡及皮肤感染的新型材料——"人造皮肤"，这种修饰材料具有天然皮肤的功能，不但能使伤口免受细菌的感染，而且还可以渗透空气和水分，促进伤口愈合。壳聚糖和甲壳素混合后可制成高强度的丝状纤维，用作手术线。这种手术线能被生物体内的溶菌酶降解，伤口愈合后不需拆除就能被机体充分吸收，不会产生过敏反应。

壳聚糖具有激活机体系统、介导机体系统的系列生物学效应，提高吞噬细胞的系统功能。巨噬细胞表面存在着细菌多糖的受体，而壳聚糖作为细菌多糖的类似物，能刺激巨噬细胞活化，产生如下反应：促进巨噬细胞吞噬功能，增强巨噬细胞在其他免疫应答中的协同效应，从而实现机体对 T 细胞、NK 细胞和 B 细胞的调节，介导机体的细胞免疫应答和体液免疫应答。因此，壳聚糖具有对机体的免疫调节作用。

除此以外，壳聚糖凝胶还可作为牙抗生素的载体，具有止血、消炎和伤口愈合的功能；可降低血清和肝中的胆固醇浓度，用作降胆固醇剂。壳聚糖能强化肝机能，防止由于过量饮酒引起的肝宿醉，并对残留在体内的重金属、毒素、农药、化学色素具有吸附和排泄的功效。癌症患者服用壳聚糖后，可激活体内具有免疫功能的淋巴细胞，使其能分辨正常细胞和癌细胞并杀死癌细胞。壳聚糖能调节体内 pH 到弱碱性，提高胰岛素的利用率，有利于防治糖尿病。此外，它还具有调节内分泌系统的功能，使胰岛素分泌正常，抑制血糖升高，降低血脂。

（五）壳聚糖在农业上的应用价值

壳聚糖在农业上具有广泛应用价值：可以作为种子处理剂、液体土壤改良剂、病虫害防治剂、植物或园艺作物的抗病诱活剂和杀线虫剂使用。

壳聚糖可用作许多粮食、蔬菜作物种子的处理剂，激发种子提前发芽，促进作物生长，提高抗病能力，从而提高粮食和蔬菜产量。棉花种子经壳聚糖处理后，比对照组提前 1d 出苗，出苗率比对照组高出 13.7%，提前 2 d 开花，提前 2d 结铃，提前 2d 吐絮，株高没有明显变化，每亩增产 11.8%。壳聚糖用于多种粮食、蔬菜作物的种子处理（浸种、拌种、包衣），可促进种子提前发芽、作物生长，激发抗病能力，提高产量和品质。这一领域近年来研究成果较多。关于甲壳素应用于种子处理后提高产量和改进品质，增加抗病性的机制正在深入的研究中。壳聚糖能在种子表面形成一层保护膜，利于保持种子水分供作物需要，如果土壤水分过多，又能阻断水分，防止种子烂掉，有利于种子发芽和出苗。用不同数量壳聚糖处理小麦、水稻、玉米等几种作物种子，均有取得增产的报道，国外报道壳聚糖可使茶叶味道更香醇，水稻的抗寒能力更强，可使番茄颜色靓丽，含糖量提高等。

利用壳聚糖的抗菌能力和改善土壤的作用，可用壳聚糖与可溶性蛋白（如胶原蛋白）合成液体土壤改良剂。这种改良剂有适当的稳定性和具有可降解性，降解以后是优质的有机肥料，可供作物吸收，并且能抑制土壤中的病原菌生长和繁殖，同时能有效改善土壤的团粒结构，因此是一种比较理想的液体土壤改良剂。在使用时，喷到土壤表面的液体土壤改良剂能形成一层薄膜，因此还有保墒作用。也可将农药或化肥掺入其中，使它们均匀分散和取得缓释放的效果。土壤中含有壳聚糖能促进植物生长。

　　壳聚糖对植物病原菌的孢子萌发和生长有阻碍作用，并对病原菌感染的防护机制有诱导作用。在 25℃ 时，随壳聚糖浓度或脱乙酰基程度的增加，壳聚糖抑菌作用增强。例如，用 0.4%的壳聚糖溶液喷洒烟草，10 d 内可减少烟草斑纹病毒的传播；喷洒 0.1%壳聚糖可阻止豆科植物免受病原菌的侵染，将减少菜豆由苜蓿花叶病毒造成的损伤。浸种处理可使小麦纹枯病发病率降低 30%~50%，大豆根腐病发病率降低 42%。种子处理可防治水稻胡麻斑病、花生叶斑病和埃及豆萎蔫病。芹菜苗用 25~50mg/μL 壳聚糖浸根可防治尖抱镰刀菌引起的萎蔫症；番茄浸根或喷施可防治根腐病；黄瓜水培液中加入壳聚糖可控制由腐霉菌引起的猝倒病等。

　　甲壳素（几丁质）的诱导抗病性近年来报道较多。例如，壳聚糖的降解产物对黄瓜幼苗离体叶片及整株都能诱导出几丁质酶活性，而且这种诱导作用是可以传导的。植物体内不含甲壳素、壳聚糖的成分，但却具有几丁质酶。这些酶能与植物病原菌或害虫外皮的甲壳素反应，并阻止其侵入植物组织内，从而增强了植物自身对敌害的防御能力。树组织附上一层几丁质膜后，这些植物组织中的几丁质酶的活性比没有附上的提高 4 倍，可加快树组织的伤口愈合。线虫近年来给水果、蔬菜和有核作物造成很大危害，将壳聚糖与适当的载体物质相混，可制成一种对防治线虫非常有效的天然物农药。它不溶于水，不会对地下水造成污染。它的杀虫作用与化学制剂不同，不是直接杀死害虫，而是促使土壤中微生物产生一种能杀死线虫及其虫卵的酶而达灭火虫的目的。这种杀线虫剂在美国已开始使用，其商品名是 Clando San，主要用于苗圃及园艺作物，如草莓等。当用 1%量施入土壤时，能在 60d 内控制线虫的发生。

（六）限制壳聚糖发展的瓶颈问题

　　目前，我国生产甲壳素和壳聚糖的原料主要是虾蟹壳，由于原料供应紧张，价格不断提升，使生产成本居高不下；同时，生产工艺比较落后，只能提取甲壳素，而大量的蛋白质、碳酸钙白白扔掉，而且造成严重环境污染。

　　生产甲壳素的主要工艺流程是脱钙、脱蛋白质、脱乙酰基，最终得到壳聚糖。要对传统工艺进行改进其技术关键有以下几方面。

　　1）将虾蟹壳中的各种有用的成分充分利用，尽量减少烧碱的消耗，尽量用海水，洗到近中性再用淡水，尽量减少淡水消耗。

　　2）脱钙之后的滤液中含有大量的氯化钙，通入 CO_2 或加入碳酸钠，可得 $CaCO_3$ 沉淀，经过滤、水洗、干燥即得到白色细微的食品级 $CaCO_3$（s），收率为干虾蟹壳重的 30%左右。

　　3）脱蛋白的滤液中含有大量的优质动物蛋白，将滤液用盐酸调 pH3.5~6 等电点，蛋白质就会沉淀析出。过滤，用淡水洗去盐分，干燥，可得总量为干虾蟹壳 20%左右的蛋白质，其中含人体必需的 8 种氨基酸。高级动物蛋白不仅可食用，而且还可做饮料，完全水解后制成氨基酸营养液。如果颜色较深（有虾红素）可加 0.1%$KMnO_4$ 溶液破坏，得洁白的蛋白质。以上两种副产物的回收不但提高了经济效益，还减少了环境污染，也便于处理。

　　4）用 45%NaOH 溶液脱乙酰基是原材料消耗较高的一个环节。

　　在脱乙酰过程中，反应本身不耗用太多的碱，仅在乙酰基脱落下来与 NaOH 生成乙酸钠时消耗一些，反应式为 $CH_3COO^- + NaOH \rightarrow CHCOONa + H_2O$。造成碱消耗的主要原因是生成壳聚糖表面附着碱，随着壳聚糖与碱的分离，碱被带走，这部分碱用少量淡水洗涤下来，控制含量 10%，用于前面脱蛋白质用。采取以上几项措施，可将壳聚糖生产成本降低一半左右，而且能获得更大的经济效益。

5）在脱乙酰过程中，可用微波炉加热代替电加热或蒸汽加热。

微波加热是利用微波电场使反应分子加剧运动，大大加快反应物分子间碰撞频率，在极短时间达到比用传统加热法更高的活化状态，从而缩短碱处理时间，且使壳聚糖具有较高的脱乙酰度，使产品具有较高黏度和可溶性，微波法比常规法达到相同脱乙酰度的反应时间可缩短 9/10，而黏度却明显提高。

四、壳聚糖前景展望

中国国内用甲醛和乙酸酐为交联剂制备了以壳聚糖为母体的壳聚糖凝胶 LCM-X（LCM1、LCM2），并对其性质进行研究。国内外关于壳聚糖凝胶的研究及应用报导较少。制备的 LCM-X 既不溶于水、稀酸和碱溶液，也不溶于一般的有机溶剂。但是 LCM-X 是具有活性基团（NH_2）的凝胶，并且具有较好的机械强度和化学性质稳定性等优良性能，且不需特殊处理，即带有活性基团（NH_2），其母体几丁质资源丰富、价格低廉，因此该物质是一种很有应用前景的生物多聚物。但是由于尚未找到适宜的分散剂，致使 LCM-X 未能形成颗粒化的产品，应用受限制，这一点有待于进一步研究解决。

目前国际上对水凝胶方面的研究很重视，开发新的水凝胶资源是主要的任务之一。水凝胶具有优良的生物相容性，抗凝血性，吸水溶胀性和良好的光学性能，在固定化酶，细胞分离，蛋白质制备，缓释药物及人工脏器的研究中具有重要的作用。但是在中国国内外未见详细有关壳聚糖水凝胶性质研究的报道，中国国内仅对水凝胶的初步性质进行了探索，结果认为，水凝胶以甲醇为成胶介质的凝胶的吸胀性最强，交联度与壳聚糖水凝胶的相对黏度（relative viscosity，RV）值成反比。关于壳聚糖凝胶的研究有待于进一步开展。

壳聚糖作为饲料添加剂应用能够提高动物免疫性能，发挥类抗生素的作用，并能降低血浆中胆固醇、总胆红素、三酰甘油水平，调节脂质代谢，从而改善胴体品质。多种壳聚糖改性产物，如交联壳聚糖、壳聚糖微球、壳聚糖纳米粒子等也已得到较好应用。壳聚糖还可以去除内毒素，对组织不产生毒性影响，无溶血效应，无热源性物质，是一个很有希望的脱毒剂。壳聚糖是一种天然的生物高分子吸附剂。例如，将壳聚糖制作成纳米微粒，作为饲料添加剂应用于动物生产中，有望去除通过食物链残留于动物产品中的重金属、农药等有害物质，提高动物产品安全性指标。壳聚糖具有螯合重金属离子的活性，已作为水质净化剂应用于工农业中，并且制备壳聚糖的主要原料是废弃的虾壳、蟹壳。因此，壳聚糖推广应用还具有十分重要的环保意义。

第五节 藻 类 多 糖

一、海藻多糖概论

（一）海藻多糖

海藻生物活性物质大致可分为两种，一种是相对分子质量较小，吸收后能直接或间接影响体内代谢的物质，主要包括卤族化合物、萜类化合物、溴酚类化合物、对苯二酚、海藻单宁、昆布氨酸等；另一种是难以被消化吸收的细胞间黏性多糖——海藻多糖，它是从海洋藻类植物中分离得到的一种植物多糖，是一类重要的海洋天然产物，具有多种生物活性，在生物体内起着重要作用。

海藻多糖是一类多组分混合物，由不同的单糖基通过糖苷键（一般为 C1, 3-键和 C1, 4-键）相连而成，是海藻细胞间和细胞内所含的各种高分子糖类的总称。一般为水溶性，大多含有硫酸基，多具高黏度或凝固能力。

海藻多糖主要来自海带、鹿尾菜（羊栖菜）、巨藻、泡叶藻、墨角藻等海藻，就来源可分为褐藻多糖、红藻多糖、绿藻多糖和蓝藻多糖四大类，主要包括褐藻中的藻酸、褐藻糖胶、褐藻淀粉、硫酸多糖和红藻中的琼胶、卡拉胶等。

海藻多糖的种类很多（表 2-9），根据其来源不同分为红藻多糖、绿藻多糖、褐藻多糖等，其中褐藻多糖的种类和数量最多。

表 2-9　主要的海藻及其产物

Table 2-9　The main algae and its products

门类	主要种类	主要产物
红藻门	石花菜、鸡毛菜、松节藻、沙菜、红舌藻、紫球藻、蔷薇藻等	琼胶、卡拉胶、红藻淀粉、木聚糖、甘露聚糖
绿藻门	孔石莼、杜氏藻、衣藻、栅藻、小球藻、扁浒苔、刚毛藻、刺松藻等	木聚糖、甘露聚糖、葡聚糖、硫酸多糖
褐藻门	海带、昆布、裙带菜、海蒿子、羊栖菜、鼠尾藻、亨氏马尾藻、半叶马尾藻、铜藻等	褐藻胶、海带淀粉、褐藻糖胶、海藻纤维素

红藻多糖主要有琼胶、卡拉胶和琼胶-卡拉胶中间多糖，均是以半乳糖为单位结合而成的半乳聚糖。

褐藻多糖主要来自海带、巨藻、泡叶藻和墨角藻等，有褐藻胶（Alginate）、褐藻糖胶（Fucoidan）和褐藻淀粉（Laminaran）。

绿藻多糖为构成其细胞壁填充物的木聚糖和（或）甘露聚糖，还有少量是存在于细胞质内的葡聚糖。

目前对蓝藻多糖的研究较少，主要以螺旋藻多糖为代表。

（二）海藻多糖的生物活性

1. 免疫调节作用

（1）对免疫细胞和细胞因子的调节

海藻多糖能刺激各种免疫活性细胞（如巨噬细胞、T 细胞、B 细胞等）的分化、成熟、繁殖，使机体的免疫系统得到恢复和加强。有研究者研究了 λ-角叉菜胶的免疫调节作用，证实不同相对分子质量的 λ-角叉菜胶均能显著刺激免疫器官的生长和自然杀伤细胞的分泌，其中分子质量为 15kDa 和 9.3kDa 的 λ-角叉菜胶效果最好。研究者发现，给小白鼠灌胃海藻多糖，研究其对正常和免疫功能低下（环磷酰胺）的小鼠的免疫调节作用，证实 SPS（sulfated polysaccharide form seaweed，海藻硫酸多糖）能增强正常小鼠腹腔巨噬细胞吞噬肌红细胞的能力。高剂量 SPS（1.07g/kg）能增强小鼠碳粒轮廓清晰能力，高剂量（1.07 g/kg）、中剂量（0.53g/kg）SPS 能提高小鼠血细胞凝集程度。SPS 体外对 T、B 淋巴细胞有促增殖作用。对于环磷酰胺所致免疫低下小鼠，SPS 可以通过调节血相、增加胸腺指数、提高 CD8$^+$细胞数目、促进 T、B 细胞增殖来缓解小鼠免疫功能的低下。薛静波等（1999）研究了海带多糖对 C57BL/6 小鼠腹腔巨噬细胞的激活作用，结果表明，腹腔注射海带多糖（40mg/kg）不仅能够明显激活小鼠腹腔巨噬细胞，增强其细胞溶解作用，而且能在脂多糖（LPS）（10ng/mL）存在的条件下，体外释放肿瘤坏死因子。在 C3H/HeJ 小鼠中，海带多糖可导致腹腔巨噬细胞分泌细胞因子白介素-1α 并释放（徐旭等，2004）螺旋藻多糖能够非常明显地促进小鼠脾细胞对丝裂原刀豆素的增殖反应，提高小鼠的免疫机能。极大螺旋藻胞外多糖可提高小鼠自然杀伤（NK）细胞的活力，促进白细胞介素产生，增强淋巴细胞和混合淋巴细胞的转化功能。用螺旋藻多糖（150×10^{-6}~300×10^{-6}）灌胃或腹腔注射，均能提高小鼠腹腔巨噬细胞的吞噬率和吞噬指数，并且还能提高外周血中 T 细胞的百分数和血清溶血素的含量。将 10mg/L 钝顶螺旋藻多糖（PSP）加入到不同浓度白细胞介素-Ⅱ 诱导淋巴因子激活杀伤细胞的培养体系中，显示 PSP 可提高患者 LAK 细胞活性（15.3%~30.5%），而且可减少 rIL-2（脂质体）用量。由海带中提取的褐藻糖胶是一种酸性多糖，它是小鼠 B 细胞的有丝分裂原，对 B 细胞的增殖有激活作用，并能增强小鼠的体液免疫与腹腔巨噬细胞的吞噬功能，促进淋巴细胞转化，对大鼠红细胞凝集也有明显促进作用。

（2）对补体系统的作用

补体过度激活，不仅会消耗大量的补体成分，导致机体的抗感染能力下降，而且在激活过程中产生大量的具有生物活性的物质，引起机体发生过度的炎症反应而引起自身组织和细胞的损伤。而海带水溶性多糖对补体旁路有一定的作用。Zvyagintseva 和 Tatiana（2000）研究发现，20g/L 的褐藻糖胶（海带多糖中的一种）对红细胞的溶解产生 50%的抑制。

2. 抗病毒

海藻多糖大多含有硫酸根，并且抗病毒作用与 SO$_4^{2-}$ 含量成正相关。天然硫酸酯化多糖的抗病毒性与其硫酸基团及其含量、相对分子质量的大小有关。海藻多糖钙配合物（CaSP）能选择性抑制病毒在宿主细胞中的复制和传播，而形成的钙离子螯合物和硫酸根是宿主细胞中抗病毒效果所必需的。CaSP 能够抑制少数有包膜病毒的复制，这些病毒包括单纯疱疹病毒Ⅰ型、人巨细胞病毒、麻疹病毒、流行性腮腺炎病毒、流行性感冒病毒和 HIV-Ⅰ。太平洋裂膜藻中的硫酸多糖是 HIV 逆转录酶的特异性抑制剂，其浓度为2000IU/mL 时，对病毒逆转录酶活性的抑制率高达 92%，而对宿主细胞 DNA 和 RNA 的合成无影响。这一物质不仅可抑制 HIV 逆转录酶，而且对其他病毒的逆转录酶也有抑制作用。耿美玉等采用体外细胞培养技术，证实海洋硫酸多糖 911（简称 911）可明显抑制HIV 对 MT4 细胞的急性感染和 H9 细胞的慢性感染。进一步研究显示：911 体内外均可明显抑制 HIV 的复制，其作用机制与抑制病毒逆转录酶活性、干扰病毒与细胞吸附及增强机体免疫功能有关。

也有学者认为，硫酸多糖抑制病毒的机制主要是通过抑制病毒在宿主细胞上的吸附，使其不能进入细胞，而在细胞外液中被杀死。Zhu 等（2004）从展枝马尾藻中提取到一种硫酸多糖，发现其浓度为 $100\mu g/mL$ 时，抑制细胞吸附的活性高达 94.9%，细胞外杀死病毒的活性达 80%。于红等以不同剂量的钝顶螺旋藻多糖（PSP）作用于病毒复制周期的各个阶段，结果发现：PSP 对 Vero 细胞毒性极低；对单纯疱疹病毒Ⅰ型（HSV-Ⅰ）无直接灭活作用，可干扰病毒向宿主细胞的吸附，且经 PSP 预处理的细胞能明显阻滞病毒产生细胞病变；PSP 可有效抑制病毒复制，但不影响病毒的释放；PSP 可明显抑制 HSV 糖蛋白、mRNA 的表达。

褐藻胶也有很强的抗病毒性，抑制程度随着褐藻胶浓度的增加而增强，且随着褐藻胶中 G 含量的增加而增强。电镜分析表明，褐藻胶能使 TMV 形成"筏形"团聚物。团聚物的形成阻止了感染 TMV 细胞的脱荚膜过程，并阻止了 TMV 的 RNA 穿过细胞膜，从而防止感染。

3. 抗氧化

过多的活性氧自由基对吞噬细胞本身及其他细胞、组织及生物大分子有破坏作用，而脂质过氧化加速又可造成正常细胞的破坏和死亡。海藻多糖不仅具有清除活性氧的作用，还能够显著降低脂质过氧化物（LPO）的含量，提高过氧化物酶（CAT）和超氧化物歧化酶（SOD）的活性，使这些酶具有清除过多自由基与抗脂质过氧化的作用。钝顶螺旋藻多糖能显著增强机体抗氧化及抗自由基损伤的能力，其机制可能是通过促进机体对 SOD、GSH-Px（谷胱甘肽过氧化物酶）及 GSH 等的生物合成而增强机体清除自由基的能力。低浓度的 SPS（1~5g/L）对多形核白细胞（PMN）呼吸爆发产生的活性 O_2^- 的作用是直接清除；而高浓度的 SPS（10 g/L）除直接清除 PMN 呼吸爆发产生的 O_2^- 外，还能部分抑制 PMN 的活性，阻止 O_2^- 的生成。

鼠尾藻和铜藻多糖经远紫外线照射 24h 后，清除超氧阴离子的水平明显下降，但却能显著抑制氧自由基对过不饱和脂肪酸的氧化作用。田晓华等用 ESR 和自旋捕集技术观察到，褐藻多糖（BSP）在体外具有较强的清除 Fenton 反应和光照 H_2O_2 产生的·OH 及次黄嘌呤-黄嘌呤氧化酶和光照核黄素产生的 O_2^- 的作用，是一种很好的抗氧化剂。同时它还能明显清除白细胞呼吸爆发时产生的 O_2^-，而且较大浓度时也能部分抑制白细胞呼吸爆发，抑制自由基对免疫系统的损伤，从而增强免疫功能。BSP 可使体内 SOD、GSH-Px 活性增加，并使脂质过氧化程度降低，同时使移植瘤生长受到抑制。詹林盛等研究表明，100mg/L 和 200mg/L 的大相对分子质量多糖（BSP_h）和小相对分子质量多糖（BSPs）都能明显降低 H_2O_2 对细胞 DNA 损伤程度，这表明 BSP 能够清除自由基，降低氧化应激所致的细胞 DNA 损伤程度，有利于维护细胞的正常结构和功能。因此，BSP 可作为一种预防性抗氧化营养素，用于预防氧化应激引起的疾病。有研究发现，给南美白对虾口服海藻多糖，结果表明，添加海藻多糖后，酚氧化酶活力、溶菌、抗菌活力和超氧化物歧化酶活力均高于对照组，促进了机体的抗氧化能力。石达友等给肉鸡注射海藻多糖（40g/L），证实其能显著提高血清超氧化物歧化酶活性（$P<0.05$），提高免疫器官指数。

4. 抗肿瘤

研究证明，海藻多糖具有抗肿瘤作用。目前，已从海带、羊栖菜、海蒿子、螺旋藻、褐藻等多种生物中提取到具有抗肿瘤作用的多糖。海藻多糖抑制肿瘤的效果，不是直接作用于肿瘤细胞，而是通过提高生物机体对肿瘤细胞的防御能力和增强宿主免疫系统的功能来实现的。不同来源和不同相对分子质量的海藻多糖，其抑瘤活性也不一样。

将从海带等褐藻中提取的高纯度 U-岩藻多糖类物质注入人工培养的骨髓性白血病细胞和胃癌细胞后，这两种细胞内的染色体就会被自有酶所分解，而正常细胞不受影响。王庭欣等研究证实，海带多糖能显著抑制小鼠 H22 实体瘤细胞的生长，其抑瘤的最佳剂量为 1000mg/kg，抑瘤率为 43.5%。

而 Zhu 等报道 λ-角叉菜胶（200mg/kg）对 S_{180} 肉瘤和 H22 实体瘤的抑制率分别为66.15%、68.97%。数据不同的原因可能是多糖的来源不同。Itoh 等报道，从鼠尾藻中分离的多糖 GIV-A 可抑制埃利希（EAC）腹水癌。曲显俊等在钝顶螺旋藻多糖体内外抗癌实验中发现，其对 B37 乳腺癌细胞的抑瘤率最高可达 68.0%，对 K562 白血病细胞抑瘤率为 46.0%。螺旋藻多糖以 300mg/kg、150mg/kg 和 75mg/kg 灌胃给药时，对小鼠 S_{180}肉瘤的抑瘤率分别为 55.2%、44.6%和 33.8%，对 EAC 小鼠腹水癌的抑瘤率分别为 56.95%、44.7%和 22.8%，对荷瘤小鼠有明显提高脾指数和胸腺指数的作用。肺癌细胞、胃癌细胞、人白血病细胞 HL-60 在含有螺旋藻多糖、多糖蛋白的 RPMI 培养液中培养后，细胞形状变得不规则，细胞内出现空泡，并逐渐解体。施志仪等研究发现海带褐藻糖胶可抑制人肝癌细胞进入对数生长期，从而抑制了肿瘤的生长。当剂量达到 250μL/mL 时，加样 24h 后就表现出杀伤作用。从细胞形态来看，实验组细胞生长缓慢，细胞形态较小，多呈圆形，分布不均匀。

Mishima 等研究发现，绿藻多糖的 Ca^{2+} 螯合物能抑制黑色素瘤 B-16、BL6 的浸润与转移。翟振国等通过建立 lewis 肺癌小鼠模型，研究海藻硫酸多糖（SPS）对肺癌增殖的抑制作用。结果表明，SPS 连续灌服给药 10d，对小鼠 lewis 肺癌的生长具有明显抑制作用（抑制率高达 65.41%）。

5. 与金属离子的络合作用

藻类的细胞壁主要是由多糖、蛋白质和脂肪构成的网状结构，带有一定的负电荷，且有较大的表面积与黏性。此外，细胞膜是具有高度选择性的半透膜，这些结构决定了藻类可富集金属离子。尹平河等对 9 种大型海藻研究的结果表明，它们对 Cu、Pb、Cd 的吸附容量为 0.8~1.6mmol/g，远高于其他生物种类。

褐藻胶对两价以上的阳离子的亲和力非常强，可作为金属离子的结合剂和阻吸剂。傅德贤等利用半叶马尾藻与 Fe^{2+}、Zn^{2+} 等微量元素配合得到海藻多糖配合物，以 300mg/kg 的剂量饲喂小鼠，发现其能提高小鼠的血红蛋白和红细胞数量，且增强机体免疫功能的效果优于海藻多糖，其中 Fe^{3+}海藻多糖配合物效果最显著。Becher 等研究了在岩藻多糖存在的情况下，小鼠肠腔对铁、钴、锰、锌的吸收情况，结果表明，岩藻多糖可通过与重金属形成金属复合物来抑制肠腔对重金属的吸收。桑希斌研究了海藻硒多糖对小鼠免疫功能的影响，结果发现，海藻硒多糖对小鼠各项免疫指标的影响均优于同剂量的无机硒和海藻多糖。褐藻胶对两价以上阳离子的亲和力非常活泼，为良好的离子交换剂。海带中的褐藻酸是以多种褐藻酸盐的形式存在，主要由镁、钾、钠、钙、锂、硼、锶等组成，占褐藻酸盐总量的 96.96%。海带褐藻酸对高价重金属离子的富集倍数明显高于一般金属离子。

6. 抗菌、抗炎

海藻在海洋环境中生存会不断受到外界生物的侵袭，因此其在长期的进化过程中可能产生对各种微生物有抗菌活性的化合物。目前，已经在鸭毛藻、孔石莼、酸藻和松节藻中分离得到具有较强抑制大肠杆菌活性的提取物，在鸭毛藻、酸藻、海黍子和松节藻、小黏膜藻中分离到抗金黄色葡萄球菌活性较强的提取物。

海藻中所含抗菌活性物质的活性有显著的季节性变化，一般在藻体生长发育旺盛季节里其活性物质含量最高。Lee 等利用海藻中的褐藻酸钠制备褐藻酸银，其抗菌活性通过测定 600nm 时液体培养液的吸光度来确定，实验菌为金黄色葡萄球菌和大肠杆菌，发现在 pH 为 7 时两菌生长旺盛，但当该盐的加入大于 0.6% 时生长被抑制。俞丽君等采用人白细胞弹性蛋白酶（HLE）体外筛选技术对 39 种海藻样品的甲醇提取物进行抗炎活性筛选，发现鸭毛藻、海头红、江蓠、细枝软骨藻和粗枝软骨藻的抑制活性最强（25μg/mL 时抑制率为 95.7%）。

（三）海藻多糖的结构、提取与纯化

1. 海藻多糖的结构

目前对海藻多糖结构的研究主要集中于其所包含的糖单元及含量。例如，褐藻（*Ascoph-yllum nodosum*）细胞壁的多糖包括 25% 的 L-岩藻糖、26% 的 D-木糖、19% 的 D-乙醇醛酸、13% 的硫酸盐和 12% 的蛋白质。庞启深等 1989 年报道，从螺旋藻中分离纯化的螺旋藻多糖（polysaccharide of spirulina，PS），其相对分子质量为 12 509，是由甘露糖、葡萄糖、半乳糖及葡萄糖醛酸等 4 种不同单糖构成的多糖，相对含量分别为 31.2%、29.7%、22.6% 和 16.5%。周慧萍等 1995 年从浒苔（*Enteromorpha proliera*）中提取的多糖，其糖醛酸含量为 33.6%，单糖组成为 L-阿拉伯糖、L-岩藻果糖、D-甘露糖、D-半乳糖及 D-葡萄糖，它是一种酸性杂多糖。

另外还侧重于海藻多糖的构效研究。例如，法国科学家从褐藻中提取的高分子岩藻聚糖，利用其结构与抗凝血活性与低相对分子质量岩藻聚糖的关系，通过自由基降解和离子交换色谱法制得具有抗凝血性的低相对分子质量岩藻聚糖。

2. 海藻多糖的提取与纯化研究进展

（1）传统提取方法

传统海藻粗多糖提取方法主要有水提、酸提和碱提。

水提条件是：80℃下提取 1h，重复 3 次。

酸提条件是：60℃下 0.2mol/L HCl 提取 0.5h，重复 3 次。

碱提条件是：15%、10%、5% 的 NaOH 在 60℃下提取 0.5h。

提取过程中要防止多糖降解，所以酸碱方法的提取温度和时间要有所控制。

（2）海藻多糖的纯化

海藻粗多糖的分离纯化是海藻多糖研究的重要步骤，对于海藻粗多糖的分离纯化要注意两个问题：一是海藻粗多糖的得率，二是海藻粗多糖的纯度。

在保证海藻粗多糖在提取过程中不会被破坏、所得多糖的纯度不影响相关研究的前提下尽量提高多糖的得率。影响多糖提取的因素很多，如提取温度、提取时间、加水量、除蛋白质和色素的方法及酸碱提取方法中酸碱的浓度问题等。另外，用不同的海藻多糖提取方法所得到的多糖成分也会有差异。祝雯采用两种提取方法从河蚬提取的多糖对TMV 具有不同的抑制作用。为提高多糖提取得率，依据多糖的性质，应用一些新型的分离提取技术也是必要的，如超声波提取、溶剂辅助萃取、双水相萃取、微波萃取辅以酶法等。

　　海藻多糖是一类组成相当复杂的生物大分子，纯化起来相当困难。采用普通的分子筛只能进行初步的纯化，这样也只能得到相对分子质量相近的海藻多糖混合物，它的纯度不能用通常小分子化合物的纯度来衡量，通常提到的多糖纯品实质上只能是一定相对分子质量范围的均一组分。不过通过分子筛或者阴离子交换柱等可以达到多糖与蛋白质分离的目的。想要获得纯度更高的多糖纯品，就需要通过高效液相色谱、气相色谱、毛细管电泳等方法来实现。

（四）海藻多糖应用前景

　　海洋蕴涵着生物种类的 80%以上，是生物多样性的巨大储存库。我国海藻资源十分丰富，亟待人们去认识与开发。因此，以廉价海藻为物质基础，以生物工程为技术手段，在医药、食品、饲料、化工和化妆品等行业生产出大批量有重要价值的产品，应该成为学术界和产业界共同奋斗的方向与目标。目前海藻多糖提取物的研究已取得很大的进展，但其结构、生物活性、作用机制等还有许多不明确的地方，也缺乏有效的检测手段，仍需做进一步探索。

　　海藻多糖的研究，在以下几方面应加强研究：

1. 海藻多糖生理活性的构效关系的研究

　　海藻多糖生理活性的构效关系的研究包括：（1）相对分子质量大小对海藻多糖生理活性的影响；（2）硫酸根含量对海藻多糖抗病毒性的影响；（3）海藻多糖的空间构象对生理活性的影响。

　　多糖的活性与其初级和高级结构，特别是三维空间构象密切相关，高级结构对其生理活性影响更大。

2. 加强海藻多糖的分子修饰研究

　　海藻多糖分子修饰是通过化学、物理学及生物学等手段对化合物分子进行结构改造，以获得具众多结构类型的衍生物的方法。分子修饰可通过改变海藻多糖的空间结构、相对分子质量及取代基种类、数目和位置而对海藻多糖的生物活性产生影响。选择合适的方法对海藻多糖进行分子修饰，从而获得不同的衍生物，可以降低海藻多糖的毒性作用，并提高其生物活性。因此，多糖的分子修饰成为开发海藻多糖药物的重要手段，也为海藻多糖类药物的设计、研究和开发打下了坚实的理论基础。

3. 利用生物技术推动海藻多糖生物活性物质的开发

　　尽管海藻多糖中发现了众多具有抗肿瘤、抗真菌、抗细菌、抗病毒等生物活性的化合物，但很多野生海藻在自然界中的生物量也是有限的，而这些化合物独特复杂的结构又使得化学合成技术难度大或不经济，使这些化合物的深入药理研究及进一步的临床研究步履维艰。怎样解决海藻多糖生物活性物质开发所面临的问题，蓬勃发展的基因工程、细胞工程、发酵工程等生物技术可能给人们提供新的启示。是否能够利用基因工程、细胞工程等新技术来培育目标产物的高产新品种，由于相关研究报道较少，这里仅提出一些不成熟的设想。当然，这些设想是否具有可操作性及需要攻克的技术难关都需要深入的研究，但不可否认的是，生物工程技术在培育可产生有效成分的海藻高产新品种方面将会大有用武之地，海藻生物活性物质的研究借助生物技术这一先进手段也将大大加快发展速度，更多具有良好疗效的新颖海藻多糖药物将会离人们的生活越来越近。

二、海带及其多糖

（一）海带种类

海带（*Laminaria*）是一种重要的经济海藻。海带种类众多，见表 2-11，用作食品的海带主要来源于中国、日本、韩国，主要为人工栽培品。提取海藻酸盐的海带除较大部分来源于中国外，还来源于挪威、法国、爱尔兰、西班牙等，其种类与分布见表 2-10。

表 2-10　海带的种类与分布
Table2-10　The kinds of seaweed and distribution

国家/地区	用作食品	用于提取海藻酸盐
中国	*L. japonica*	*L. japonica*
日本	*L. angustata*　*L. japonica* *L. diabolica*　*L. octotensis* *L. longissima*　*L. religiosa*	
朝鲜半岛	*L. japonica-L. religiosa*	
法国		*L. digatata*　*L. hyperborean*
冰岛		*L. digatata*
爱尔兰	*L. digatata*　*L. saccharina*	*L. digatata*　*L. hyperborean*
挪威		*L. hyperborea*
西班牙		*L. hyperborea*　*L. ochroleuca*
英国		*L. hyperborea*
南非		*L. schinsil*
纳米比亚		*L. schinsil*
美国	*L. longicruris*	
加拿大	*L. groenlandica-L. setchelli* *L. saccharina*	
阿拉斯加	*L. bongardiana*　*L. saccharina*	

表 2-11　我国培育的海带品种
Table2-11　Varieties of seaweed

定向选择与连续自交	杂交
海青 1~4 号	单海 1 号
860	单杂 10 号
1170	远杂 10 号
59-1	901
243	烟杂 1 号
海杂 1 号	荣福
远杂 2 号	东方 2 号
早厚成 1 号	东方 3 号
大连平板菜	
荣 1 号	
201	
奔牛	

（二）海带多糖（laminarin）

1. 何为海带多糖

海带多糖是存在于海带细胞间和细胞内的一类天然生物大分子物质。海带中主要有 3 种多糖，即褐藻胶、褐藻糖胶和海带淀粉，褐藻胶和褐藻糖胶是细胞壁的填充物质，而海带淀粉存在于细胞质中。严格讲，海带多糖有广义与狭义之分。

狭义上讲，海带多糖仅指从昆布中提取的多糖，即昆布多糖（fucoidan）。日常生活中，由于人们逐渐淡化"海带"与"昆布"的区别，常把海带与昆布混为一谈，因此"昆布多糖"也称"海带多糖"。

但是严格讲，海带与昆布不是一种海藻，两者虽然同属于海带，是褐藻门海带目的藻类，但是海带目又分有 4 科：绳藻科、海带科、翅藻科和巨藻科，海带是海带科海带属藻类，而昆布则是翅藻科昆布属藻类。

广义上讲，海带多糖是指从海带目藻类（既包括海带，也包括昆布等其他海带目藻类）中分离提取到的多糖成分，是包括海带淀粉、海带胶、藻酸，还有岩藻聚糖等多糖类物质的总称，又称海带胶。

广义的海带多糖分为两种类型，即可溶于冷水的可溶性海带胶和不溶于冷水而易溶于热水的不溶性海带胶。两种海带胶组分都含有甘露糖醇，它与葡萄糖之比分别为 1：57 和 1：37。两组分糖链结构被认为是以（1→3）-β-D-葡萄糖基为主链，含有少量（1→6）-β-D-葡萄糖苷键分支，有些链末端是 β-（1→6）结合的甘露醇。不溶性海带胶可从昆布 Laminaria cloustoni 等中获得。分支度低于可溶性海带胶。92.5%多糖，0.4%非挥发分。旋光度–13.4°（c=0.9）。可溶性海带胶可从昆布 L. digitata 中分离获得。91.2%多糖，1.0%非挥发分。旋光度–11.9°（c=2.1）。

2. 海带多糖的种类

海带的多糖成分主要包括海藻酸（alginate）、褐藻糖胶（fucoidan）、昆布多糖

（laminarin）。

Rioux 等从 *L.longicruris* 中提取出此 3 种多糖。

海藻酸也称为褐藻胶或藻酸，由 α-L-古洛糖醛酸（α-L-guluronic acid，G）与其立体异构体 β-D-甘露糖醛酸（β-D-mannuronic，M）2 种结构单元构成。这 2 种结构单元以 3 种方式（MM、GG、MG）通过 1，4-糖苷键连接。

海藻酸盐有良好的流变学性质，如增稠和成胶。Li 等分析了海藻酸钠的热解性，发现其热解机制符合 Jander 方程，平均激活能量为 188.1kJ。

海藻酸盐有明显的药理作用。从 *L.angustata* 中提取的海藻酸钠可抑制小肠对胆固醇及葡萄糖的吸收，用于防治肥胖病、高胆固醇症和糖尿病。Chen 等发现，从 *L.japonica* 中提取的低分子海藻酸钾对乙酸脱氧皮质酮诱导的高血压有明显的抑制作用。

海藻酸盐在药物制剂领域有良好的应用前景，可用于制备微囊，作为蛋白质载体，经疏水性修饰后保持作用明显增强。Ladenovska 等将海藻酸钙与壳聚糖制成微粒用于 5-氨基水杨酸的结肠给药。Dong 等将海藻酸与明胶交联成膜用于盐酸环丙沙星的缓释。Stodolak 等将海藻酸钠作为医用材料应用于眼科。此外，海藻酸经硫酸化后具有抗凝血、抗氧化及抗人类免疫缺陷病毒（HIV）的作用。

褐藻糖胶也称褐藻多糖硫酸酯，为杂多糖。主要成分为 α-L-褐藻糖及硫酸基团，还含有半乳糖、甘露糖、木糖、葡萄糖、糖醛酸。

褐藻糖胶结构中糖苷键的位置、硫酸集团的取代位置、支链及相对分子质量（M_r）随海带品种、提取方法、收获季节、生长区域的不同而不同。

Anastyuk 等从 *L.cichorioides* 中提取的褐藻糖胶的主要结构为 1，3-褐藻糖，硫酸基团的位置在褐藻糖的 2 位或 2、4 位。Rioux 等从 *L.cichorioides* 中提取的褐藻糖胶分子的硫酸基团位于以 C_3 连接于主链的吡喃褐藻糖的 4 位，或以 C_6 连接于主链的吡喃半乳糖的 3 位，且分子中岩藻糖和半乳糖的比例随季节的不同而不同。Wang 等从 *L.cichorioides* 提取了 3 种低 M_r 的硫酸岩藻半乳聚糖（sulfated fucogalactan），分别称为 LF1、LF2、LF3。LF2 为主要成分，其结构中 L-褐藻糖、D-半乳糖、硫酸基团的摩尔比为 6：1：9，分子骨架中 1，3-α-L-吡喃褐藻糖所占比例为 75%，其余为 1，4-L-吡喃褐藻糖。以 C_3 连接主链结构中褐藻糖的 C_4 被 β-D-吡喃半乳糖取代或 C_2 被无还原端的褐藻糖取代作为分子的支链，所占比例分别为 35% 和 65%。褐藻糖的 C_2、C_4 或 $C_{2,4}$，半乳糖的 C_3 或 C_4 被硫酸基团取代。

Mabeau 等用不同方式从 *L.digitata* 提取的褐藻糖胶的结构不同。褐藻糖胶具有抗凝、降脂、保肝、重金属解毒、免疫抑制、抗 HIV 和抗肿瘤的作用。可用于临床治疗肾病综合征和早中期慢性肾衰，其抗氧化作用可用于治疗帕金森病。

昆布多糖又称褐藻多糖、海藻淀粉，由 β-D-吡喃葡萄糖以 1，3-糖苷键结合而成，同时少量 β-D-吡喃葡萄糖以 1，6-糖苷键连接存在于主链或充当支链，分子中还有少量甘露醇。

昆布多糖的 M_r 约为 5×10^3，分子有可溶性和难溶性两种。可溶性的昆布多糖可溶于冷水，难溶性的昆布多糖则溶于热水。分子溶解性受分子支链影响，支链越多越易溶于冷水。昆布多糖有 2 种糖链末端，一种是 D-甘露糖，另一种是 D-葡萄糖。

昆布多糖的结构、M_r 与海带种类、生存环境等密切相关。Rioux 等从不同季节的 *L.*

longicruris 中提取昆布多糖，M_r 范围为（2.9~3.3）×10^3，葡萄糖含量为 50.6%~68.6%，甘露糖平均含量为 1.3%，分子中侧链位置位于 2、6 位，且分子中甘露糖与葡萄糖的含量随季节不同而不同。Kim 等用高效液相色谱法从 *L. japonica* 中分离的昆布多糖的 M_r 为（5~10）×10^3。Klarzynski 等用超滤方法从 *L. digitata* 中制取的昆布多糖的 M_r 为 5.3×10^3。

昆布多糖的活性研究主要集中于抗肿瘤、降血脂、降血糖，经硫酸化后具有抗凝血作用。

（三）海带多糖的生物学功能及其应用前景 功能及其应用前景

海带多糖（*Laminaria japonica* polysaccharide）是海带的乙醇提取物，为灰白色粉末状物质。目前，从海带中发现 3 种多糖：褐藻胶（algin）、褐藻糖胶（fucoidan）、褐藻淀粉（Laminaran）。近年来研究表明，海带多糖具有抗肿瘤、免疫调节、抗凝血、降血脂、降血糖、抗辐射等多种生物学活性。

1. 海带多糖的生物学功能

（1）抗肿瘤作用

许多研究表明海带多糖具有抗肿瘤作用。廖建民等研究发现，从海带中得到的 3 种多糖对 Heps 瘤株均有抑制作用（抑制率分别为 42.68%、43.63%、61.15%），并且抑瘤的同时不影响小鼠的正常生长。海带多糖抗肿瘤作用的机制之一是，其本身可以直接抑制肿瘤细胞生长，也可通过免疫调节来发挥作用。宋剑秋等对小鼠肉瘤 S_{180} 给海带硫酸多糖后，小鼠腹腔巨噬细胞数量显著增加，且呈剂量依赖性关系，腹腔巨噬细胞激活并分泌一些细胞毒效应分子 H_2O_2、IL-1，提高其过氧化物酶活性及吞噬功能，并使细胞毒性作用得到增强，抑瘤率达 86.5%。

（2）免疫调节作用

海带多糖是一种免疫调节剂，其作用强度与香菇多糖和枸杞多糖相近，可对巨噬细胞、T 细胞直接进行免疫调节。海带多糖能显著提高免疫低下小鼠胸腺、脾指数及外周血白细胞数，还能提高正常小鼠胸腺、脾指数；明显促进正常及免疫低下小鼠脾的 T、B 细胞增殖能力和脾细胞产生 IL-2 的能力；海带多糖还能增加正常及免疫低下小鼠血清和脾细胞溶血素的含量。在 C3H/HeJ 小鼠中海带多糖导致腹腔巨噬细胞分泌细胞因子白介素-1a 和释放肿瘤坏死因子。Zvyagintseva 等（2000）研究表明，海带水溶性多糖对补体旁路（APC）有增强作用，发现 20g/L 褐藻糖胶对红细胞的溶解产生 50%的抑制，褐藻糖胶硫化的程度并不影响其对 APC 的作用。

（3）降血糖作用

海带多糖可以降低四氧嘧啶诱导的糖尿病小鼠的高血糖。有研究表明，海带多糖对正常大鼠的血糖没有影响，但能明显降低四氧嘧啶所致糖尿病大鼠的血糖及血脂，提高糖耐量。海带多糖能明显降低四氧嘧啶所致糖尿病小鼠的血糖和尿素氮，增加糖尿病小鼠的血清钙和血清胰岛素含量，对四氧嘧啶所致的胰岛损伤具有明显的恢复作用。

（4）抗凝血作用

海带多糖在体内外均有抗凝血作用。赵金华等研究发现，褐藻糖胶对内源性和外源性两种凝血酶原途径形成的凝血均有抑制作用，从而推测它的作用靶点可能类似于肝素，但由于多糖的分子质量大不易吸收，起抗凝效果比肝素弱，适应于血黏度高的患者保健。有研究表明，藻酸双酯钠（PSS）具有明显的抗凝血、降低血黏度、降低血脂、抑制红细胞和血小板聚集及改善血循环作用，其治疗心血管疾病的总有效率达 91%~98%。卢俊宇等实验结果表明，不同浓度的海带细胞壁多糖均能使家兔血的活化部分凝血活酶时间（APTT）、凝血酶原时间（PT）、全血凝固时间（CT）比对照组显著延长，呈现剂量-效应依赖关系。而 APTT、CT 反映内源性凝血系统的活性，PT 反映外源性凝血系统的活性。APTT、PT、CT 的延长说明海带细胞壁多糖对内源性和外源性凝血途径均有作用，其作用环节可能是两者的共同途径，即对抗凝血酶的活性。

（5）抗辐射作用

吴晓旻等研究表明，经射线照射后大鼠免疫功能明显低下，而预防给予海带多糖的大鼠可显著增强受照大鼠脾淋巴细胞对 ConA 和 LPS 诱导的增殖反应，促进 T、B 细胞增殖，产生抗体和迟发性变态反应的能力，激活腹腔巨噬细胞，大鼠体液免疫、细胞免疫和非特异性免疫功能均得到恢复。研究还通过流式细胞仪检测脾淋巴细胞凋亡率，结果显示，海带多糖能够显著地抑制受照大鼠脾淋巴细胞凋亡率，降低细胞的凋亡反应，从而对辐射引起的免疫功能损伤起到保护作用。这可能是海带多糖抗辐射，保护免疫功能的机制之一。罗琼等研究也表明，海带多糖组与对照组比较，能非常显著地对抗辐射对相关免疫指标的抑制作用，且海带多糖对照射诱导的大鼠脾淋巴细胞凋亡具有一定的拮抗作用，并呈现浓度的依赖效应。海带多糖抗辐射作用的可能机制是，使凋亡抑制基因 Bcl-2 表达上调、促凋亡基因 Bax 表达下调，Bcl-2/Bax 值明显增大，防止脾淋巴细胞凋亡，促进免疫功能恢复。

（6）降血脂作用

海带多糖可提高脂酶活性，在褐藻糖胶中发现了引起脂蛋白脂酶释放的物质，静脉注射后伴随着刺激脂肪裂解的效果。但药效的强弱并不依赖于多糖大分子硫酸化的程度。研究了在雄性小鼠 ICR 中含 4%海带提取物的食物，及在前者基础上另外加入褐藻糖胶分别对小鼠脂质代谢的作用。与对照组相比，褐藻糖胶组可使血浆中胆固醇的含量显著减少 13%~17%，低密度脂蛋白含量降低 20%~25%，高密度脂蛋白含量增加 16%，使动脉粥样硬化指数减少，血浆中脂质氧化物浓度降低。海带多糖可显著降低实验动物的血清总胆固醇（TC）、三酰甘油（TG）、低密度脂蛋白（LDL）及肝指数，显著升高 HDL/TC 值，同时明显减少高血脂实验动物动脉内膜粥样硬化斑块面积和内膜病变程度。

（7）抗血栓作用

谢露等研究结果表明，海带多糖 L01 能够降低模型大鼠血浆颗粒膜糖蛋 140（GMP-140）水平，降低血小板滤过黏附率和抑制血小板的表面黏附聚集率，且呈剂量依赖性，与其降低血管血友病因子（vWF）水平有关。海带多糖抗血栓作用与其降低血浆 vWf 和 GMP-140 水平、抑制血小板黏附聚集有关。谢露等实验研究也表明，血瘀症大鼠血浆血栓烷 A2（TXA2）升高而 6-酮-前列环素（6-Keto-PGF1α）降低，海带多糖 L01 能显著降低血瘀大鼠血浆 TXA2 和提高 6-Keto-PGF1α 水平，调整体内血栓形成和抗血栓形成两方面的功能平衡，即海带多糖 L01 能抑制血液凝固的内源性和外源性途径，抑制血小板的黏附性，并能调节前列环素（TXA2-PGI2）平衡，从而有效地拮抗血栓的形成。

（8）抗氧化作用

阎俊等实验结果表明，灌胃不同剂量的海带多糖均能降低小鼠脑组织中的脂质过氧化物（LPO）含量，提高抗氧化酶的活性；海带多糖能有效清除脑组织中过多的氧自由基，降低机体脂质过氧化损伤的程度，减轻和阻止常压缺氧状态下小鼠脑组织中的脂质过氧化反应，具有良好的抗脂质过氧化作用。也有研究表明，当海带多糖浓度为123.6μg/mL时，其对氧自由基的清除率可达72.6%，说明海带多糖是一种非常优良的抗氧化剂。

（9）耐缺氧作用

缺氧时，由于吸入的氧分压降低，动脉血红蛋白在肺内未能充分氧合，动脉血内氧分压不高，因此组织之间无足够的氧压差，造成组织缺氧，从而影响机体的新陈代谢。海带多糖可提高缺氧小鼠组织对氧的利用，它能使氧合血红蛋白离解，促进氧的释放，有利于改善组织的缺氧。海带多糖能显著提高受试小鼠负重游泳时间和常压缺氧下存活时间，并能升高受试小鼠的血红蛋白，增强小鼠的耐缺氧、抗疲劳能力。

此外，研究发现海带多糖还具有抗HIV的作用。从海带中水提得到的多糖以50mg/L、0℃、2h作用于HIV，并与淋巴细胞温育3d，发现不存在抗原阳性的细胞，病毒的逆转录酶活性被50~1000mg/L的多糖强烈抑制。

2. 应用前景

大量的报道表明，海带多糖在抗血脂、抗肿瘤、抗凝血、抗病毒、抗辐射、抗血栓及消除自由基和抗氧化方面发挥了不可忽视的作用。随着海带多糖的生物学活性为国内外学者所关注，它的生物功能、作用机制正不断地被阐明，并广泛应用于医药中。同时我国有着世界上最长的海岸线，海带的产量位居世界第一，这就为海带多糖的提取应用奠定了良好的基础。

目前抗生素的残留和耐药菌株的产生一直困扰着畜牧业。尤其是我国的养猪业，在饲料中添加大剂量抗生素或违禁药物，可以提高仔猪免疫力、防治疾病，但其残留不仅给肉类产品出口带来屏障，而且会严重影响消费者的身体健康。

随着结构研究方法和分离技术的发展，开发海带多糖作为动物免疫调节促生长剂，对推进动物饲料"无抗生素化"、无公害畜产品的生产和畜牧业可持续发展具有重要而深远的意义。因此，海带多糖作为绿色环保饲料添加剂应用于畜牧业将具有广阔的前景。

（四）海带多糖提取方法研究进展

1. 水提法

水浸提主要是借助于热力作用，使细胞原生质发生变化，质壁分离，水溶剂渗入细胞壁和细胞质中，溶解液泡中的物质，使其穿过细胞壁扩散到外部溶剂中。另外，细胞内或细胞间的物质渗出主要靠扩散作用。

高梦祥等采用热水浴提取法对海带多糖的水提工艺进行了研究，获得的最佳参数为pH8.0，温度90℃，提取时间4h。在此最佳参数组合条件下，海带多糖的提取量为54.2mg/g。余华等获得的水法浸提的最佳条件为在40目的海带粉中加入25倍于海带质量的水，于90℃下浸提5h，海带多糖的得率为10.49%。

　　水提法为海带多糖的传统提取方法，主要用的是水，其他试剂添加很少，也不需要特殊的设备，与目前使用的其他方法相比，操作更容易，成本更低廉，适用于大规模的工业生产。但此法往往提取效率低且费时。因此，近年来随着现代工业工程技术的迅猛发展，一些现代高新技术被应用于海带多糖的提取。

2. 酸提法

　　酸提法也是海带多糖的传统提取方法之一。

　　周裔彬等建立了一套用改良酸化法提取、纯化海带中多糖类化合物的方法，即在提取海带多糖的传统方法的基础上，延时、增加料液比、稍稍提高水浴的温度，通过酸液的充分作用，使海带细胞、细胞壁充分吸水胀膨而破裂，从而使海带多糖充分游离出来，提高得率。传统方法的提取液中需添加甲醛，而甲醛有毒，改良酸提法则克服了这一缺点。海带中含有丰富的色素，用传统方法处理后颜色虽有所下降，但仍然较深，固体呈现黄棕色或淡黄色；改良酸提法将粗品用乙醇、丙酮、TCA 沉淀交替处理，可除去脂肪和蛋白质，脱色效果较好，可得到较纯、较白的海带多糖。经测定，采用此种酸提法，海带总多糖（含海带胶）的得率为 35.1%。

3. 碱处理法

　　刘秀河等以干海带为原料，以褐藻酸的提取率作为多糖提取率的评价指标。褐藻酸是一种非极性高分子有机化合物，在海带中主要以钙盐形式存在，不溶于水。它的碱金属盐类可溶于水，利用这一性质，将其用碳酸钠或氢氧化钠溶液消化，转化成可溶性的褐藻酸钠与藻体分离，从而提取出来。采用二次浸泡和碱处理工艺进行多糖提取（70℃二次水浸提后，采用 20 倍 1.5%Na_2CO_3，60℃碱提 1h），提取率达 76.88%。需要指出的是，用 Na_2CO_3 溶液作为浸提介质较 NaOH 效果好，其浓度应控制在 1%~2%。

4. 酶法

　　有研究者应用酶解技术将纤维质和果胶质水解，提取出细胞质和细胞间液，再经分离纯化提取海带多糖。采用酶法可以生产不同规格的海带多糖，所得产品能提高正常小鼠和荷瘤小鼠巨噬细胞的吞噬功能、激活脾淋巴细胞的活性、拮抗 CY 引起的小鼠白细胞减少、抑制肿瘤、调节血糖和血脂。

　　赵前程等采用复合酶法（纤维素酶、果胶酶、木瓜蛋白酶，比例为 2∶1∶1）从海带中提取 3 种多糖，并分析了不同加酶方式对海带多糖提取率和含量的影响。研究结果表明：分步加酶法（先加纤维素酶：pH 为 5.0，温度 55℃，浸提 10min。然后加果胶酶：pH 为 4.2，温度 50℃，浸提 2h。最后再加木瓜蛋白酶：pH 为 6.0，温度 55℃，浸提 2h）与同步加酶法（pH 为 5.5，温度 55℃，浸提 4h）相比 3 种海带多糖和总多糖的提取率及多糖含量都有显著的提高。酶法提取海带多糖条件温和，多糖的得率和纯度都较高，但生产成本提高了。

5. 微波辅助法

　　微波是一种频率为 300MHz~300GHz 的电磁波。它具有波动性、高频性、热特性和非热特性四大基本特性。在微波交变电磁场的作用下，极性物质（包括水在内）引起强烈的极性振荡，可导致电容性细胞膜结构带击穿破裂，或者细胞分子间氢键松弛等破坏，使得组成生物体的最基本单元——细胞的生命化学活动过程中所必需具备的物质、能量、信息交换的正常条件和环境遭到严重破坏，这样有利于物质迅速浸出和扩散。高梦祥等根据微波射线的穿透性极好，在接近环境温度下可抽提所需的有效成分，对热敏性成分的浸提极为有效的特点，利用微波技术研究了料液比、微波作用时间和微波功率对海带多糖的影响规律，采用正交实验得出了海带多糖提取工艺的最佳参数组合：以水为提取剂，微波功率为 400W，提取时间为 7min，料液比为 1∶90（g/mL），pH 为 8.0。在此条件下海带多糖的提取量为 71.66mg/g。研究表明，利用微波提取海带多糖，与传统加热浸取相比，热效率高，升温快速均匀，能大大缩短萃取时间，提高萃取效率。因此微波提取法具有提取质量高，准确，快速，操作成本和原料预处理成本低，对环境无害等优点。

6. 超声波辅助法

超声波为频率高于 20 000Hz 以上的有弹性的机械振荡，由于其超出人的听觉上限，故称为超声波。超声波具有多种物理和化学效应。超声波提取即超声波萃取，是从固-液、液-液物料中提取有用成分，常用的频率为 20~300kHz，声强为 10~20W/cm，超声波提取方法已经成为美国环保局（EPA）的基本分析方法。利用超声波可以从植物的叶、枝、根茎、花、果、籽中提取有用成分，美、俄等国从葵花籽、花生、棉籽及熏衣草中提取油和香料，效果甚好。与常规提取方法比较，超声波法可缩短提取时间、提高提取率。在提取多糖时，细胞壁的破碎程度直接影响提取效率。超声波对细胞壁的破碎作用在多糖提取中得到了广泛的应用。廖建民等考察了超声波在海带多糖提取中应用的可行性，以海带多糖得率为指标，得出最优提取条件为海带干粉加入 62.5 倍体积的水，在 pH2.0 的条件下用超声波提取 45min。按此条件得到的粗提物中糖类含量为 28.19%，大分子的杂质含量为 0.97%，而酸提法得到的多糖含量为 19.8%，大分子的杂质为 1.92%，二者差别显著（$P<0.01$）。抗肿瘤实验表明，两种提取方法效果相当，指出该方法为一种有希望的多糖提取新方法。王谦等采用气升式反应器超声波破碎海带来提取硫酸酯多糖，提取率高达 1.86%，比传统的水提法高。采用此法所得多糖的含量（26.5%）比水法浸提（20.8%）和相同条件下不用超声波时（21.3%）都要高，显示出超声波在强化海带硫酸酯多糖浸提方面的良好应用前景。与传统的热水提取方法相比，超声波法具有高效、节能、省时省力的特点，并且提高了海带多糖的得率和纯度。

（五）海带多糖研究展望

我国目前对海带的综合利用研究主要集中在褐藻酸、甘露醇、碘等大宗粗提物上。在海带多糖药理实验的研究中，所用实验材料多是粗制品，缺乏纯化和组成鉴定技术，而一种粗多糖经分级可以提出多种多糖和寡糖。今后应加强海带多糖各组分的分离纯化技术和药物学研究，进一步研究各类多糖的结构与生物活性的关系，确定糖活性决定部位，尤其是加强各种多糖分离纯化的工程化技术研究。

越来越多的研究表明，大分子糖蛋白或多糖生理活性的决定部位是其中具有特殊结构的寡糖片段或组成它的寡糖重复单元，因此近年来寡糖链结构与功能的研究一直是糖类生物学（glycobiology）研究的重点。寡糖由于具有与单糖、多糖不同的特殊结构特征，在分子识别与信号传导、感染与免疫防御、炎症与免疫疾病、受精、肿瘤诊断、细胞分化、生长调节、细胞黏附等许多错综复杂的生命过程中起着重要作用，在糖类药物、诊断试剂、植物生理、食品、饲料添加剂等方面都有很大的应用潜力。但目前对海带寡糖的制备、分离纯化、结构分析和作用机制的研究尚不够深入。如何低成本、高产率的大规模生产有实用价值的寡糖并阐明其作用机制，在运用化学手段的同时，需结合分子生物学、细胞生物学、病理学、免疫学、神经生物学等多种学科来进行研究。

三、其他海藻多糖

（一）红藻多糖

红藻多糖主要有琼脂和卡拉胶，均是以半乳糖为单位结合而成的半乳聚糖。

1. 琼脂

琼脂，英文名 agar，又名洋菜、冻粉、燕菜精、洋粉、寒天，是一类从石花菜及其他红藻类植物提取出来的藻胶，在我国及日本已有 300 多年的历史。因其有特殊的凝胶性质，已被广泛使用于食品、医药、化工、纺织、国防、科研等领域，被国际上称为"新奇的东亚产品"。

根据《中华人民共和国药典》记载，琼脂"系自石花菜 *Gelidium amamii* Lantx 或其他数种红藻类植物中浸出并经脱水干燥的黏液质"；按美国药典定义，琼脂是一种从 *Rhodophyceae* 类的某些海藻中萃取的亲水胶体；按化学结构，琼脂是一类以半乳糖为主要成分的一种高分子多糖。

（1）琼脂的化学结构

20 世纪 70 年代，科学工作者对琼脂做了详细的研究，基本弄清了它的化学组成与结构。琼脂是由半乳糖和半乳糖的衍生物构成的长链型多糖。

琼脂的化学结构较复杂，一般认为是由以琼二糖为骨架组成的链型分子中性糖。其中的琼二糖是由 1，3 连接的 β-D-吡喃半乳糖与 1，4 连接的 3，6-内醚-α-L-吡喃半乳糖重复交替连接的链型分子中性糖。另外还含有少量的 L-半乳糖、6-甲基-D-半乳糖和D-木糖，以及硫酸基、丙酮酸和葡萄糖醛酸。

（2）琼脂的用途

琼脂主要是由琼脂糖和琼脂胶两部分组成。作为胶凝剂的琼脂糖是形成凝胶的组分，而琼脂胶是非凝胶部分，也是商业琼脂提取过程中力图除去的部分。琼脂中含有的琼脂糖越多，琼脂的凝胶强度就越高，其应用价值也越高。

琼脂具有很好的胶凝性和凝胶稳定性，广泛用于食品、医药、日用化工、生物工程等许多方面。

琼脂在食品工业的应用中具有一种极其有用的独特性质。其具有凝固性、稳定性、能与一些物质形成络合物等物理化学性质。在古汉语中，琼脂指美味的食物。

在医药行业，琼脂常被用作细菌培养基。

琼脂不仅广泛应用于食品，而且还应用于医药方面。具有清热凉肺、开胃健脾，增进食欲等功能，并可防治便秘和治疗高血压。

琼脂用在化妆品工业中可作为胶体、膏体，起稳定性，不易霉变作用。

除此之外，琼脂本身含有丰富的水溶性食物纤维，具有排毒养颜、降血糖、降血脂等保健功效，已成为食品市场的新宠。

（3）发展前景

据不完全统计，每年琼脂的全球需求量约为 3 万 t，而近十多年来，由于受到原料的限制，全世界琼脂的年生产量仅为 2 万 t 左右，供需缺口 1 万 t 以上。国际市场的琼脂价格也不断上升。据预测，琼脂每年约有 5 亿美元的市场。

琼脂产业的发展，推动了琼脂类海藻养殖业的快速发展，解决了大量的劳动就业和促进了农村经济的增长。另外，藻类通过自身的光合作用消化了海水中的碳、氨、磷、硫等营养物质，从而维持了海洋生态环境平衡，促进了其他如贝类经济动物的养殖。因此，琼脂产业的发展具有重要的经济效益、社会效益和生态效益，同时还直接或间接地成为构建海洋渔业生态链和海洋渔业产业经济链不可缺少的纽带。随着琼脂在食品工业的广泛应用，必将具有广阔的市场前景。

2. 卡拉胶

卡拉胶（carrageenan）又称为麒麟菜胶、石花菜胶、鹿角菜胶、角叉菜胶。卡拉胶是从麒麟菜、石花菜、鹿角菜等红藻类海草中提炼出来的亲水性胶体。它的化学结构是由半乳糖及脱水半乳糖所组成的多糖类硫酸酯的钙、钾、钠、铵盐。由于其中硫酸酯结合形态的不同，可分为 K 型（kappa）、I 型（iota）、L 型（lambda）。广泛用于制造果冻、冰淇淋、糕点、软糖、罐头、肉制品、八宝粥、银耳燕窝、羹类食品、凉拌食品等。

卡拉胶的利用起源于数百年前，在爱尔兰南部沿海出产一种海藻，俗称为爱尔兰苔藓（*Irish Moss*），现名为皱波角藻（*Chondrus crispus*），当地居民常把它采来放到牛奶中加糖煮，放冷，待凝固后食用。18 世纪初期，爱尔兰人把此种海藻制成粉状物并介绍到美国，后来有公司开始商品化生产，并以海苔粉（sea moss farina）的名称开始销售，广泛用于牛奶及多种食品中。19 世纪美国开始工厂化提炼卡拉胶，到 19 世纪 40 年代，卡拉胶工业才真正在美国发展起来。我国于 1973 年在海南岛开始有卡拉胶生产。

（1）化学结构

由硫酸基化的或非硫酸基化的半乳糖和 3，6-脱水半乳糖通过 α-1，3-糖苷键和 β-1，4-键交替连接而成，在 1，3 连接的 D-半乳糖单位的 C4 上带有 1 个硫酸基。相对分子质量为 20 万以上。分子式：$(C_{12}H_{18}O_9)_n$，结构式如图 2-14 所示。

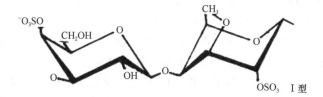

图 2-14　卡拉胶的结构
Chart 2-14　Carrageenan structure

（2）化学特性

溶解性：不溶于冷水，但可溶胀成胶块状，不溶于有机溶剂；易溶于热水，成半透明的胶体溶液（在 70℃以上热水中溶解速度提高）。

胶凝性：在钾离子存在下能生成热可逆凝胶。

增稠性：浓度低时形成低黏度的溶胶，接近牛顿流体；浓度升高形成高黏度溶胶，呈非牛顿流体。

协同性：与刺槐豆胶、魔芋胶、黄原胶等胶体产生协同作用，能提高凝胶的弹性和保水性。

健康价值：卡拉胶具有可溶性膳食纤维的基本特性，在体内降解后的卡拉胶能与血纤维蛋白形成可溶性的络合物。可被大肠细菌酵解成 CO_2、H_2、沼气及甲酸、乙酸、丙酸等短链脂肪酸，成为益生菌的能量源。

（3）应用

卡拉胶稳定性强，干粉长期放置不易降解。它在中性和碱性溶液中也很稳定，即使加热也不会水解，但在酸性溶液中（尤其是 pH≤4.0）卡拉胶易发生酸水解，凝胶强度和黏度下降。值得注意的是，在中性条件下，若卡拉胶高温长时间加热也会水解，导致凝胶强度降低。所有类型的卡拉胶都能溶解于热水与热牛奶中。溶于热水中能形成黏性透明或轻微乳白色的易流动溶液。卡拉胶在冷水中只能吸水膨胀而不能溶解。

基于卡拉胶具有的性质，在食品工业中通常将其用作增稠剂、胶凝剂、悬浮剂、乳化剂和稳定剂等。而这些卡拉胶的生产应用与其流变学特性有着较大的关系，因而准确掌握卡拉胶的流变学性能及其在各种条件下的变化规律对生产具有重要的意义。

（二）绿藻多糖结构与生物活性

四大类海藻中，绿藻是种类最多的一类海藻，是藻类植物中最大的一门，约有 350 个属，7500~8000 种。褐藻和红藻已经被大规模的人工养殖和工业利用，而绿藻则未被广泛开发和利用，只有部分产量高的绿藻被用作饲料、饵料、肥料等。绿藻多糖是绿藻的主要化学成分，含量丰富，组成和结构各异，并具有抗凝血、抗病毒、免疫调节、降血脂、抗辐射、抗氧化和抗肿瘤等多种生物活性。近年来有关绿藻多糖的研究已经引起了越来越多学者的关注。

1. 绿藻多糖组成及结构

20 世纪 60 年代初，英国的 Percival 研究组开始对孔石莼所含的糖类进行研究，日本和法国对绿藻多糖的研究报道也较多。目前，对多糖研究比较多的绿藻种属主要为石莼属（*Ulva*）、松藻属（*Codium*）、浒苔属（*Enteromorpha*）、礁膜属（*Monostroma*）、小球藻属（*Chlorella*）和刚毛藻属（*Cladophora*）等。

绿藻多糖主要位于细胞间质中，多为水溶性硫酸多糖，也存在于细胞壁中，细胞壁微纤维不是主要由纤维素组成，而是由木聚糖或甘露聚糖构成，细胞壁多糖不易溶于水，通常用碱提或酸提的方法可以得到组分单一的木聚糖或甘露聚糖及葡聚糖等。另外，细胞质内尚有少量的多糖存在。水溶性硫酸多糖是绿藻多糖的主要成分，其组分和结构随着绿藻种类的不同而不同，通常可分为两类：一类为木糖-阿拉伯糖-半乳糖聚合物，另一类为葡萄糖醛酸-木糖-鼠李糖聚合物。

第一类绿藻多糖以阿拉伯糖和半乳糖为主要组分，并含有较高的硫酸根，其代表藻类为松藻、蕨藻和刚毛藻等。Ghosh 等研究蕨藻 *Caulerpa racemosa* 多糖结构时发现，该多糖有分支，主要由 1，3-和 1，3，6-半乳糖、1，3，4-阿拉伯糖、1，4-葡萄糖末端及 1，4-木糖构成。Ramana 等提取得到刚毛藻（*Cladophora* socialis）多糖，并证实其结构单元为 1，3-半乳糖，1，4-阿拉伯糖，并在 C-3 或 C-4 位上有硫酸根。Siddhanta 等从松藻 *Codium dwarkense Boergs* 中分离得到两种多糖，一种由硫酸阿拉伯聚糖组成，另一种由硫酸阿拉伯半乳聚糖组成。

第二类绿藻多糖以鼠李糖、木糖和葡萄糖醛酸为主要组分，代表藻属为石莼属、礁膜属、浒苔属和顶管藻属等。Lahaye 等研究证明石莼多糖主要由两种重复单元组成，一种为（1→4）-β-D-吡喃型葡萄糖醛酸-（1→4）α-L-吡喃型鼠李糖硫酸-（1→）n；另一种为（→4）-β-D-吡喃型艾杜糖醛酸-（1→4）α-L-吡喃型鼠李糖硫酸-（1→）*m*，其中硫酸根的位置在鼠李糖的 C-3 位上。Lee 等发现宽礁膜（*Monostroma latissimum*）多糖主要是由硫酸鼠李糖组成的均聚糖，连接方式为 1，3 连接或 1，2 连接，硫酸根位于 1，2 连接鼠李糖的 C-3 或 C-4 位上。Harada 等确定礁膜（*Monostroma nitidum*）多糖主要是由 α-1，3 连接的 L-鼠李糖组成，硫酸基团存在于 O-2 上。

2. 绿藻多糖的生物学活性

（1）抗凝血活性

海藻的抗凝血活性已经研究了 60 多年，褐藻、红藻、绿藻均有抗凝血活性，主要的活性物质是一系列的硫酸多糖，其中硫酸半乳聚糖和硫酸岩藻聚糖分别是红藻和褐藻的活性成分，而绿藻的活性成分主要为硫酸阿拉伯聚糖或硫酸鼠李聚糖。其作用机制主要是通过加强抗凝血酶Ⅲ和肝素辅助因子Ⅱ的活性起作用，或者直接抑制凝血酶活性和纤维蛋白聚合，是重要的内生抑制剂。绿藻多糖抗凝血活性通常与分子大小、单糖的种类、硫酸根含量、硫酸根的位置和连接方式有关。

目前，已发现多种绿藻多糖具有抗凝血活性。Hayakawa 等从 8 种绿藻中提取到 8 种多糖，全部表现出抗凝血活性，这 8 种绿藻分属于松藻属、石莼属和礁膜属。多糖通过依赖于肝素辅助因子Ⅱ的途径抑制凝血酶，其抗凝血作用机制不同于肝素。

Shanmugam 等分析了 13 种印度海岸的海藻硫酸多糖含量和它们的抗凝血活性，得知松藻属的几个种类表现出较高的抗凝血活性。另外，Kweon 也证明松藻属海藻多糖可显著延长活化部分凝血活酶时间（APTT）。Matsubara 等从 *Codium cylindricum* 中提取的多糖也表现出了类似肝素的活性，在浓度为 15mg/L 时能够显著延长 APTT 和凝血酶时间（TT）。松藻 *Codium dwarkense* Boergs 和 *Codium tomentosum*（Huds.）Stackh 的冷水提取物也具有抗凝血活性。Ghosh 等研究发现，当蕨藻 *Caulerpa racemosa* 多糖浓度达 20~200mg/L 时，使 APTT 和 TT 显著延长。

（2）抗病毒性

绿藻多糖不仅能够抑制病毒的吸附，而且能影响到病毒复制，从而成为一种有效的抗病毒性成分。病毒吸附可分为两个阶段，一是病毒体与细胞接触，进行静电结合，此过程是非特异的，可逆的。二是病毒表面位点（蛋白质结构）与宿主细胞膜上相应受体结合，此过程是特异的，非可逆的。绿藻硫酸多糖通常能抑制以上两个过程，通过掩盖病毒膜糖蛋白上的有效位点或与宿主细胞的 CD4 受体结合阻断病毒对宿主细胞的吸附，从而实现抗病毒作用。通常，抗病毒性依赖于它们的硫酸化程度，硫酸化程度加大后，抗病毒性增强。

研究表明，绿藻多糖对多种病毒均有抑制作用，如单纯疱疹病毒、巨细胞病毒、人类免疫缺陷病毒、流感病毒和植物病毒等。Lee 等研究了从 *Monostroma latissimum* 中提取的一种硫酸鼠李聚糖，其在体外表现出了对单纯疱疹病毒类型Ⅰ（HSV-Ⅰ）、人细胞巨化病毒（HCMV）及人免疫缺陷病毒类型 1（HIV-Ⅰ）复制的抑制作用。另外，Lee 等从 10 种绿藻中提取了 11 种天然硫酸多糖并测定了它们的抗 HSV-Ⅰ病毒的活性，除一种外，其他多糖都表现出抗病毒性。抑制率 50% 的多糖质量浓度为 0.38~8.5mg/L，且毒性很低。Ghosh 等研究了 *Caulerpa racemosa* 多糖的体外抗病毒性，该多糖能有效抑制 HSV-Ⅰ和 HSV-Ⅱ两种类型的疱疹病毒。Lvanova 等从石莼 *Ulva lactuca* 中提取到一种多糖，它在体外具有抗人和禽流感病毒的作用。Pardee 等证明刺松藻多糖能够抑制植物病毒马铃薯病毒 X 的活性。Romanos 等测定了里约热内卢海岸的 4 种海藻对 HTLV-1 诱导的多核体形成的抑制作用，结果发现石莼提取物在质量分数 2% 时，抑制率能达 60.2%，能有效抑制多核体的形成。

（3）免疫调节作用

绿藻多糖的免疫调节作用是其非常重要的作用之一，能在多个途径，多个层面对免疫系统发挥调节作用，如能提高 T 细胞转化率，活化巨噬细胞，诱导免疫调节因子的表达，促进干扰素、白细胞介素的生成等。目前，已发现了多种绿藻多糖具免疫调节作用。

徐大伦等观察了浒苔多糖对机体免疫的影响，发现适宜浓度的浒苔多糖明显地促进 T、B 细胞的增殖反应作用；而且适当浓度的浒苔多糖对抗原呈递细胞活化所致的诱导干扰素-γ（IFN-γ）的产生有非常明显的增强作用。Pugh 等从小球藻 *Chlorella pyrenoidosa* 中提取的多糖能够激活人单核细胞和巨噬细胞的产生，能直接增加白细胞和肿瘤坏死因子；该多糖在体外激活单核细胞的能力是目前应用于临床癌症免疫疗法多糖的 100~1000 倍。Suarez 等也证实 *Chlorella pyrenoidosa* 的热水提取物具有免疫激活作用。Nika 等从绿藻刺松藻冷水提取物中得到的硫酸多糖能与几种免疫细胞活素协同作用，如白细胞介素-2、白细胞介素-7 和 INF-γ，能够增强机体免疫能力。Shan 等将 8 种从海藻中提取的水溶性多糖用人体淋巴细胞进行免疫活性研究，结果表明，绿藻多糖能明显促进人体淋巴细胞的增殖，显示了其提高免疫活性的良好作用。

（4）降血脂活性

20 世纪 70 年代初就有人研究得出结论，多数绿藻都有降低血浆胆固醇水平的作用，后经证实其活性组分为多糖。后来相继有报道证实了绿藻多糖的降血脂作用。周慧萍等从福建产的浒苔中分离纯化得到一种酸性异多糖，并研究证实其有降血脂及提高超氧化物歧化酶活力、降低脂质过氧化物含量的抗衰老作用。王艳梅等进行了孔石莼多糖对高脂血症的影响研究，表明中、高、低三个剂量的多糖样品均有显著的降三酰甘油作用，中、高剂量组可显著降低血清中总胆固醇及低密度脂蛋白胆固醇。徐娟华等也证实了石莼多糖对外源性高脂血症有较好的降胆固醇、三酰甘油的作用。Yu 等研究了孔石莼（*Ulva pertusa*）多糖对小鼠中脂代谢的影响，结果表明，多糖能显著降低血清中总胆固醇的含量和低密度脂蛋白胆固醇的含量。当多糖降解为低分子质量的多糖片段时，表现出更强的降血脂活性，能够使三酰甘油降低 82.4%，另外，喂养了多糖的小鼠的动脉粥样硬化指数显著降低。

（5）抗氧化活性

机体代谢过程中产生的自由基可引发脂质、蛋白质、核酸分子的氧化性损伤，导致衰老。研究表明，绿藻多糖具有抗氧化活性，能够延缓衰老。Guzman 等发现小球藻 *Chlorella stigmat-ophora* 和 *Phaeodactylum tricornutum* 的水溶组分具自由基消除能力。Kaplan 等报道不同种类的小球藻多糖具不同的金属螯合能力。Wu 等研究酶消化后绿藻寡糖的抗氧化活性时发现，礁膜 *Monostroma nitidum* 寡糖具有很高的过氧化氢消除能力和还原能力。Qi 等研究了孔石莼中多糖及其硫酸修饰物的抗氧化活性，分析了多糖的超氧自由基及羟自由基清除能力、还原能力及金属螯合能力，发现高硫酸化修饰的多糖比天然多糖具有更好的清除羟自由基作用及更强的还原能力，当硫酸根含量达 30.8%以上时，铁离子螯合能力增强。Qi 等还研究了乙酰化和苯甲酰化石莼多糖的抗氧化能力，发现它们的抗氧化能力最高时，乙酰化多糖具有最强的消除能力和金属螯合能力，苯甲酰化多糖具最强的还原能力，说明化学修饰能够改变多糖的抗氧化性。另外，当多糖的分子质量不同时，抗氧化能力也不同，低分子质量样品的抗氧化活性更强。

绿藻多糖除具有上述活性外，还具有抗菌、抗肿瘤、抗辐射、抗炎等生物活性。Vlachos 等报道了南非采集的浒苔热水提取多糖具抗菌活性，发现多糖对细菌的抑制能力好于酵母菌和霉菌。Tanaka 等发现小球藻 *Chlorella vulgaris* 热水提取物能有效地抑制小鼠中肿瘤的生长。可见，绿藻多糖是一类具有重要生物活性的非常有药用价值的化合物。

（三）蓝藻多糖

蓝藻多糖的研究，目前主要集中在螺旋藻多糖上。

1. 螺旋藻

螺旋藻（*Spirulina platensis* Geitl.）是一类低等生物，原核生物，是由单细胞或多细胞组成的丝状体。体长 200~500μm，宽 5~10μm，圆柱形，呈疏松或紧密的有规则的螺旋形弯曲，形如钟表发条，故而得名。具有减轻癌症放疗、化疗的毒性作用，提高免疫功能，降低血脂等功效。

螺旋藻生长于各种淡水和海水中，常浮游生长于中、低潮带海水中或附生于其他藻类和在附着物上形成青绿色的被覆物。世界天然能够自然生长螺旋藻的四大湖泊为非洲的乍得湖（Tchad Lake）、墨西哥的特斯科科湖（Texcoco Lake）、中国云南丽江的程海湖和鄂尔多斯的哈马太碱湖。现在已人工培养并大面积机械化生产。

螺旋藻含蛋白质（60%），主要由异亮氨酸（isoleucine）、亮氨酸（leucine）、赖氨酸（lysine）、甲硫氨酸（methionine）、苯丙氨酸（phenylalanine）、苏氨酸（threonine）、色氨酸（tryptophane）、缬氨酸（valine）等组成。此外，还含脂肪、糖类、叶绿素、类胡萝卜素、藻青素、维生素（vitamin）A、维生素 B_1、维生素 B_2、维生素 B_6、维生素 B_{12}、维生素 E、烟酸（nicotinic acid）、肌酸（creatine）、γ-亚麻酸（γ-linolenic acid）、泛酸钙、叶酸（folic acid）及钙、铁、锌、镁等。

2. 螺旋藻多糖

（1）螺旋藻多糖的提取纯化

提取螺旋藻多糖（polysaccharide of spirulina，PS）时先将螺旋藻干粉进行破壁处理，用低极性溶剂去亲脂性成分，经热水抽提或碱液冷抽提（可采用微波辅助提取），取上清液浓缩，乙醇醇析后离心、干燥得螺旋藻粗多糖。螺旋藻中蛋白质占细胞干重的 60%~70%，因此提取螺旋藻多糖的关键是有效地去除蛋白质。目前，去蛋白质的方法主要有以下几种：Sevag 法、泡沫分离技术、三氯乙酸（TCA）法、加热浓缩法、酶法。

Sevag 法是去蛋白质的经典方法，通常只适用于除少量蛋白质，而且必须重复多次。TCA 法去蛋白质能缩短流程，多糖损失率降低，有利于后继纯化。

用酶法降解蛋白质能提高多糖粗产品的得率，但所得成分中仍有30%以上的蛋白质。孙向军采用双酶法（胰蛋白酶、木瓜蛋白酶）进行多糖提取工艺，测得残留的蛋白质含量为3%。

通过水提液抽提所得到的粗多糖可能含有多个混合糖组分及小分子杂质，需进一步分级纯化才能得到螺旋藻多糖单一纯品。一般以层析后观察到单一狭窄的峰作为纯度鉴定的标准。

常用的纯化方法有离子交换纤维素层析、凝胶过滤法。

（2）螺旋藻多糖的组成与结构分析

螺旋藻多糖成分复杂，除有天然多糖存在外，还有一部分多糖结合蛋白质而形成糖蛋白。对多糖的组成分析一般采用薄层层析、纸层析、气相层析、液相层析等。不同作者用不同的检测方法及所得结果见表 2-12。

表 2-12　螺旋藻多糖的组成研究情况

Table 2-12　The constituents of polysaccharide of Spirulina

检测方法	组成	相对分子质量
硅胶薄层层析	D-甘露糖、D-葡萄糖、D-半乳糖、葡萄糖醛酸	12 590
纸色谱、硅胶薄层色谱、高效液相色谱	D-葡萄糖、D-木糖、L-鼠李糖、一种未知单糖	15 000
硅胶薄层层析、气相色谱	L-鼠李糖、D-木糖、D-葡萄糖、D-半乳糖、D-阿拉伯糖、D-甘露糖、葡萄糖醛酸	29 500
纸层析（两个组分）	（1）D-葡萄糖、D-甘露糖、D-半乳糖、葡萄糖醛酸 （2）D-葡萄糖、L-鼠李糖、D-木糖、葡萄糖醛酸	（1）12 600 （2）16 600
纸层析（两个组分）	（1）D-葡萄糖、D-木糖、D-半乳糖、葡萄糖醛酸 （2）D-葡萄糖、D-甘露糖、L-鼠李糖、葡萄糖醛酸	
纸层析（两个组分）	D-半乳糖、D-甘露糖、D-葡萄糖、葡萄糖醛酸 D-甘露糖、葡萄糖醛酸	（1）12 400
纸层析、柱层析（3 个组分）	L-阿拉伯糖、D-木糖、D-半乳糖、葡萄糖醛酸、一种未知单糖	（1）97 800 （2）98 500 （3）81 000
高效液相色谱（3 个组分）	（1）L-鼠李糖、D-木糖、D-葡萄糖 （2）L-鼠李糖、D-木糖、D-葡萄糖 （3）L-鼠李糖、D-葡萄糖	（1）15 000 （2）2 100 （3）44 600

从表 2-12 可以看出，对于螺旋藻多糖的组成，结论不一，可能是由藻种和分离纯化方法不同所造成的，也可能与各种检测方法的灵敏度和使用范围有关。薄层层析的灵敏度较差，检测不出含量少的糖类。气相色谱对难汽化和热不稳定物质有局限性，极性大、不易汽化的物质通常需要深度降解，并对降解物做各种复杂的衍生化处理才能用气相色谱检出，容易造成样品的损耗。相比而言，高效液相色谱特别适合于分析极性大和热不稳定性的生物分子。

对螺旋藻多糖的结构分析多采用化学方法并结合红外、质谱、核磁共振等手段。螺旋藻多糖的结构测定表明，大多数多糖分子之间以 α-糖苷键相连，也曾报道过 β 型的连接方式。钝顶螺旋藻多糖（polysaccharide of spirulinaplatensis，PSP）经乙酰解后质谱分析，表明有支链结构。Smith 降解产物水解后进行纸层析，检测出葡萄糖和甘油，表明 PSP 的主链是由葡萄糖以（1-3）、（1-6）-α-糖苷键连接。邓时锋等用极大螺旋藻多糖（polysaccharide of spirulina maxima，PSM）经 Smith 降解后气相色谱分析发现，L-鼠李糖的含量为 53%，表明 PSM 的主链是由 L-鼠李糖以 1→3 位键合的糖苷键组成。王仲孚等应用气相色谱、甲基化分析和 ^{1}H、^{13}C NMR 及 2D NMR 技术研究了从钝顶螺旋藻中分离纯化得到的糖缀合物 SPPA-1 的结构，结果表明，SPPA-1 是由单一葡萄糖组成，其重复单元是由 1→4 连接的葡萄糖残基组成的主链，且具有分支。

3. 螺旋藻多糖的活性

（1）抗辐射、抗衰老作用

庞启深等研究了 PSP 对 DNA 切除修复的效应，PSP 能显著增强辐射引起的 DNA 损伤的切除修复活性和程序外 DNA 合成，而且能延缓以上两个重要修复反应的饱和。郭宝江等以蚕豆根尖细胞的微核细胞率和染色体畸变类型作辐射遗传损伤的分析指标，研究了 PSP 的粗提物和纯化物对受 ^{60}Coγ 辐射植物细胞遗传损伤的防护效应。结果表明，用两种样品 PSP 前后处理过的蚕豆根尖，其微核细胞率均有所降低，对辐射的防护效应有较适应的浓度，用 PSP 后处理的微核细胞率更低。PSP 还能提高受环磷酰胺（CTX）作用和 ^{60}Coγ 辐射的动物骨髓细胞的再生能力，促进造血系统受辐射损伤后的恢复，具有一定抗辐射和抗化学物质的作用。刘玉兰等研究发现，螺旋藻多糖能延长果蝇的平均寿命，并能降低老龄小白鼠肝、脑脂质过氧化物，提高老龄小白鼠血浆中 SOD 活性。周志刚等研究发现，PSM 抗衰老的机制在于 PSM 对有机体内·OH 自由基具有很强的抗氧化作用，从而减少了·OH 与体内核酸、脂类、氨基酸等作用的机会。

（2）抗肿瘤作用

螺旋藻多糖具有很好的抑制肿瘤的效果。张以芳等通过比较螺旋藻多糖、多糖蛋白、藻粉（或藻泥）对几种癌细胞的杀伤抑制作用，发现对癌细胞生长抑制效果以多糖效果最好。刘宇锋等用半固体琼脂培养法和 MTT 法研究了极大螺旋藻胞内多糖对人血癌细胞 U937 和 HL-60 的影响。实验结果显示，对体外生长的 U937 细胞有促进生长的作用，而对体外生长的 HL-60 细胞有抑制作用，且都具有浓度和时间效应。从钝顶螺旋藻中分离出的硫酸多糖（Ca-SP）能抑制肿瘤细胞的入侵和转移。目前对多糖抗肿瘤作用的机制还不十分清楚。刘力生等认为，其抑制癌细胞增殖的分子机制主要是通过抑制 DNA 的合成起作用的，属 DNA 代谢干扰型。周世文等研究认为，抗癌机制可能与其诱导大分子有关，尤其与诱生细胞因子有密切的关系。

（3）刺激免疫作用

螺旋藻多糖的免疫学研究主要集中在对主要免疫学器官脾和胸腺质量的影响、以及刺激淋巴细胞增殖，检测 NK 细胞的杀伤活力等。对螺旋藻多糖刺激机体免疫功能的作用机制的研究表明，其作用机制与其能增强骨髓细胞增殖能力、促进免疫器官的生长和促进血清蛋白的生物合成有关，同时还与其能消除或减轻免疫抑制剂（CTX）对机体免疫系统的抑制作用有关。于红等研究发现，PSP 在 $50\sim200\mu g/g$ 对小鼠 S_{180} 肉瘤均有一定的抑制作用，具有明显升高荷瘤小鼠外周血白细胞功能的作用，对荷瘤小鼠具有明显的增加脾指数和胸腺指数的作用，能促进荷瘤小鼠脾 NK 细胞对靶细胞的细胞毒性作用。

此外，研究发现螺旋藻多糖还具有抗病毒作用。

第三章　海洋中的生物多肽

第一节　海洋生物多肽概况

一、生物活性肽（biologically active peptide，BAPP）

（一）活性肽（active peptide）概述

肽是一种有机化合物，由氨基酸脱水而成，含有羧基和氨基，是一种两性化合物。具有活性的多肽称为活性肽。

活性肽（active peptide）是 1000 多种肽的总称（如大豆肽、海参肽等都是活性肽），是人体最重要的活性物质之一。它在人的生长发育、新陈代谢、疾病及衰老、死亡的过程中起着关键作用。

正是因为它在体内分泌量的增多或减少才使人类有了幼年、童年、成年、老年直到死亡的周期。目前，它成为全世界研究的热点。

生物活性肽（biologically active peptide）是一类广泛存在生物体内，或经蛋白酶酶解、生物工程等方法制得，且具有多种特殊生理活性的肽类物质的总称，又称为功能性肽。

生物活性肽是蛋白质中 20 种天然氨基酸以不同组成和排列方式构成的从二肽到复杂的线形、环形结构的不同肽类的总称，是源于蛋白质的多功能的最复杂的化合物。

BAPP 的生物学意义主要体现在其吸收优于氨基酸和具有氨基酸不可比拟的生理活性功能两个方面。

现代营养学发现：人类摄食蛋白质，经消化道的酶作用后，大多是以底物肽形式被消化吸收的，以游离氨基酸形式吸收的比例很小。进一步的实验又揭示了肽比游离氨基酸消化更快、吸收更多，表明肽的生物效价和营养价值比游离氨基酸更高。

（二）生物活性肽的分类

生物活性肽的分类可按原料来源和保健功能来划分。

1. 按生物原料划分

按原料来源可以将肽分为：乳肽，主要由动物乳中酪蛋白与乳清蛋白酶解制得；大豆肽，由大豆蛋白酶解制得；玉米肽，由玉米蛋白酶解制得；豌豆肽，酶解豌豆蛋白制得；卵蛋白肽，酶解卵蛋白制得；畜产肽，牲畜肌肉、内脏、血液中的蛋白经酶解而制得不同的畜产肽；水产肽，各种鱼肉蛋白酶解制得的肽，如沙丁鱼肽，是血管紧张素转换酶抑制肽；丝蛋白肽，蚕茧丝蛋白经酶解制得的低肽；复合肽，动植物、水产、畜产等多种蛋白质混合物经酶解制得的复合肽，具有改善脂质制代谢等功能，可用于各类保健食品。

2. 按活性肽功能分类

按保健功能可以将肽分为以下几种。

易消化吸收肽，主要是二肽、三肽等低肽，比氨基酸消化吸收快、吸收率高，并具有低抗原性、低渗透压，不会引起过敏、腹泻等不良反应。

抗菌肽，又称抗微生物肽，广泛分布于自然界，在原核生物和真核生物都存在。抗菌肽主要用于食品防腐保鲜。

吗啡片肽，源于动物乳中酪蛋白、乳清蛋白、乳球蛋白分离和血红蛋白、植物蛋白酶解制而得，是最早的食品蛋白肽，具有镇痛，调节人体情绪、呼吸、脉搏、体温、消化系统及内分泌等功能。

类吗啡拮抗肽，由牛乳 k-酪蛋白经胰蛋白酶作用分离而得，与类吗啡肽相拮抗，具有抑制血管紧张素转换酶与平滑肌收缩活性等功用。

血管紧张素转换酶抑制肽（ACEI 肽），从天然蛇毒中分离和经细菌胶原酶降解胶原蛋白或牛乳酪蛋白及大豆、玉米、沙丁鱼、磷虾蛋白等酶解而制得，是血管紧张素转换酶抑制剂，具有降血压的显著功效。其低肽易消化吸收，具有促进细胞增殖、提高毛细血管通透性等作用，可用作降压功能食品基料。

抑制胆固醇作用肽，大豆等植物蛋白经胃蛋白酶或胰酶作用而制得，具有高疏水性，能刺激甲状腺素的分泌，促进胆固醇的胆汁酸化，增加胆固醇排泄，用于降胆固醇的保健食品生产。

促进矿物质吸收肽，主要是动物乳中酪蛋白经胰蛋白酶作用后制得的酪蛋白磷酸肽（CPP），具有促进钙、铁吸收的功能，可用于幼儿、老年食品和耐乳糖过敏的酸奶等产品。

机体防御功能肽，如谷胱甘肽（GSH），系用微生物细胞或酶生物合成，也可用大肠杆菌重组生产，具有多种重要生理功能。

苦味肽，是蛋白质酶解液中的苦味物质，由某些疏水基团和疏水性氨基酸构成，其必需氨基酸含量比酶解液中更高，脱出或减轻苦味后营养价值更大，可用作食品营养强化剂。

肝性脑病防治肽，如 F 值寡肽，系由动物或植物蛋白酶解制得，用于防治肝性脑病药品和护肝保健食品或抗疲劳食品生产。

其他活性肽，如促进免疫作用肽、成熟肽、促进巨噬细胞作用肽、抑制血小板凝集因子肽、降血压肽……

3. 按照生产方法分

有的学者，按照生产方法将其分为以下几种。

天然活性肽，存在于细菌、真菌、动植物等生物体内的激素、酶抑制等天然活性肽，经分离提取而得。

酸水解活性肽，一般采用酸水解，工艺简单、成本低，但因氨基酸受损严重、水解难控制而较少应用。

化学合成活性肽，采用液相或固相化学合成法可制取任意需要的活性肽，但因成本高、副反应物及残留化合物多等因素而制约其发展。

基因重组活性肽，采用 DNA 重组技术制取活性肽的实验研究尚在进行中。

酶解活性肽，是以食品蛋白质为原料，采用蛋白酶水解制取的活性肽产品，安全性极高，生产条件温和，可定位生产特定的肽，成本低，已成为活性肽最主要的生产方法。

二、海洋生物活性肽概述

鉴于陆生资源的匮乏，近年来从海洋生物中寻找新的活性物质日益受到人们的重视。由于海洋面积约占地球表面积的 71%，海洋生物物种则占地球生物的 80% 以上，因此海洋被认为是新化合物的巨大来源，海洋生物也可能是具有生物活性的天然分子的巨大储存库。而且海洋中充满竞争的生存环境使得海洋生物在很多方面都与陆生生物存在明显差异，各种海洋生物依其特殊的结构和功能维持其生命活动。而海洋生物的多样性、复杂性和特殊性使源于海洋天然产物在其生长和代谢过程中产生的各种具有特殊生理功能的活性物质。随着各种内源性多肽生物调节作用的不断发现，肽类物质已经成为海洋生物活性成分的首要候选资源。

近年来，各种具有生理活性的海洋生物多肽的陆续发现为生物医学领域研究开辟了广阔前景，而这些活性物质与健康的关系已经成为生物医学界的研究热点。

（一）海洋生物活性肽的种类

海洋生物活性肽（BAPP）是一类广泛存在于海洋生物体内，或经蛋白酶酶解方法制得，具有多种特殊生理活性的肽类物质的总称。

研究表明，海洋 BAPP 主要有防止胰岛细胞凋亡和改善胰岛素抵抗、护肤、抗肿瘤、抗氧化、抗高血压、降血脂、免疫调节、增强骨强度和预防骨质疏松等生理活性。海洋生物类产品来源广泛、性能温和、功能多、使用安全。随着海洋 BAPP 的应用范围的不断扩大，也将使海洋创新药物和功能性保健食品的研究开发具有更为广阔的前景。

海洋 BAPP 的来源主要包括两大类：自然存在于海洋生物中的活性肽和海洋蛋白酶解产生的活性肽。

目前，自然存在活性肽的海洋生物主要包括海鞘、海葵、海绵、芋螺、海星、海兔、海藻、鱼类、贝类等，来源于海洋蛋白酶解产物的活性肽则较少。

（二）海洋 BAPP 的生理活性

不论天然存在于海洋生物中的活性肽，还是经过酶解海洋蛋白质得到的活性肽，都具有不同的生理活性。目前，国内外大量的体内外研究结果表明，海洋 BAPP 的生理活性主要体现在防止胰岛细胞凋亡和改善胰岛素抵抗、护肤、抗肿瘤、抗氧化、抗高血压、降血脂、免疫调节、增强骨强度和预防骨质疏松等方面。

1. 防止胰岛细胞凋亡和改善胰岛素抵抗

目前发现，防止胰岛细胞凋亡和改善胰岛素抵抗的多肽存在于鲨鱼肝活性肽 S-8300

和海洋鲑鱼皮短肽中。其中鲨鱼肝活性肽 S-8300 能通过抗四氧嘧啶损伤和抗凋亡来改善胰岛素抵抗。而海洋鲑鱼皮短肽则可能是通过下调 2 型糖尿病氧化应激和炎性反应介导抑制胰腺 β-细胞的凋亡，并且通过调节代谢性核受体的潜在机制来改善胰岛素抵抗。改善胰岛素抵抗活性肽作为一种功能性食品，在防治糖尿病发生的可能机制中有重要的意义。

2. 护肤活性

研究表明，胶原多肽能促进皮肤成纤维细胞分化，增强细胞增殖，促进人皮肤成纤维细胞胶原和透明质酸合成，改善皮肤弹性，提高真皮和表皮的功能。在各种老化模型实验中，如紫外线诱导和亚急性衰老模型，胶原蛋白水解物对皮肤都具有积极的保护作用，进一步的研究发现，胶原多肽有效延缓 D-半乳糖所致的皮肤衰老。

王静凤等研究发现，不同相对分子质量的鱿鱼皮胶原蛋白多肽对 B-16 黑色素瘤细胞黑素合成的抑制作用存在显著性差异。而 Schurink 等分析了多肽中氨基酸组成及序列对酪氨酸酶抑制的作用，其中精氨酸和（或）苯丙氨酸、缬氨酸、丙氨酸和（或）亮氨酸可能起主要作用。

3. 抗肿瘤活性

海洋动植物提取物多有抗肿瘤活性，其中最早发现于贝类动物中，而膜海鞘素 B 是第一个进行人类肿瘤治疗临床实验的抗肿瘤肽。膜海鞘素 B 是分离自被囊动物海鞘膜海鞘的一类缩酚肽类化合物，其来源可能是与被囊动物共生的蓝藻。阿糖胞苷是第一个人工合成的海绵胸苷类抗嘧啶药物，主要治疗急性白血病及消化道癌。另外，kahalalide F、hemiasterlin、海兔毒素、西马多丁、soblidotin（TZT-1027）及海鞘素等海洋 BAPP 也具有明显的抗肿瘤活性，在人类肿瘤治疗领域具有很好的开发利用价值。这些抗肿瘤活性肽的发现与合成表明，丰富的海洋天然产物不仅可直接作为药用资源，而且可作为新药研究的结构模式，可提供有用的化学信息。

4. 抗氧化性

自由基还原成为非自由基的性质称为抗氧化性。现已报道的许多研究结果证实，通过蛋白酶酶解得到的海洋生物成分大多具有这种活性。

经蛋白酶酶解的海洋 BAPP 可有效地抑制超氧阴离子，并且对超氧阴离子的抑制作用与浓度呈线性增加，其抗氧化活性可达 80%以上，清除羟自由基能力为 35%，抗氧化活性强于维生素 E，与 2，6-二叔丁基-4-甲基苯酚的抗氧化活性相当。抗氧化活性肽还可作为新型防腐剂加入食品和动物饲料中，在食品行业的应用有广阔的前景。

5. 抗高血压

抗高血压活性肽主要是通过抑制血管紧张素转换酶活性，进一步影响肾素-血管紧张素-醛固酮系统，从而起到降血压的作用。研究人员采用酶工程技术已从沙丁鱼、金枪鱼、鲣鱼、小虾、螃蟹、海藻、牡蛎、海蜇的酶解物中均发现了具有新的氨基酸序列的降压肽，这些降压肽多具有抑制血管紧张素转换酶的活性。朱翠凤等通过海洋胶原肽干预对高血压患者脂肪内分泌激素表达的影响研究，结果显示海洋胶原肽可抑制或促进脂肪内分泌激素的表达而发挥降血压、抗动脉粥样硬化等作用。

这类活性肽作为功能性食品，性能温和、口服无明显不良反应，因而可长期服用，在高血压的防治方面具有巨大的开发前景。

6. 降血脂

逄龙等研究发现，日本刺参（100mg/kg）能明显降低高脂血症大鼠血清中三酰甘油和低密度脂蛋白胆固醇水平，提高高密度脂蛋白胆固醇水平，降低动脉粥样硬化指数，预防高脂血症和动脉粥样硬化的形成。刺参中含有的酸性黏多糖起主要作用，另外，刺参蛋白质的氨基酸组成也是影响血脂水平的重要因素。Saito等通过对大马哈鱼和虹鳟鱼鱼皮胶原蛋白对大鼠血脂分析的影响研究，结果提示，鱼胶原蛋白水解产物可影响大鼠脂质吸收和代谢，并可能在抑制瞬态血清三酰甘油的增加中起作用。

7. 免疫调节

Sugahara等研究发现，来源于水母伞部的胶原蛋白有免疫增强作用，能够使杂交瘤HB4C5细胞生成IgM的量提高34倍，使淋巴细胞产生干扰素γ和肿瘤坏死因子α的能力分别提高100倍和17倍，显示了良好的免疫调节作用。彭宏斌等研究表明，手术后早期补充海洋胶原肽可以明显改善手术后患者的营养状况和免疫功能，还可促进患者伤口的愈合，显著缩短住院时间。

免疫活性肽不仅有免疫调节功能，还能刺激机体淋巴细胞的增殖和增强巨噬细胞的吞噬能力，提高机体对外界病原物质的抵抗能力。目前胸腺肽已广泛应用于抗感染、免疫缺乏症的治疗中。随着研究的深入，BAPP在临床医学的应用将更为广泛。

8. 增强骨强度和预防骨质疏松作用

海洋BAPP能促进雄性大鼠的长骨发育和预防去卵巢大鼠的骨质流失，前者的机制可能是由于海洋BAPP能增加血清骨钙素和骨特异性碱性磷酸酶含量，从而促进成骨细胞的增加，后者可能是通过调控破骨细胞分化因子和骨保护素的表达及抑制炎性细胞因子的释放实现的。

（三）海洋生物活性肽的开发

海洋存在许多极端环境，如高压、低温、高温和高盐等，为了适应这些极端的海洋生境，海洋生物蛋白质无论氨基酸的组成还是序列都与陆地生物蛋白质有很大的不同。生物活性肽是指那些有特殊生理活性的肽类。同时，海洋生物蛋白质资源无论在种类还是在数量上都远远大于陆地蛋白质资源，并且未得到很好的开发。

1. 海洋中天然存在的生物活性肽

天然存在的活性肽包括肽类抗生素、激素等生物体的次级代谢产物及各种组织系统，如骨骼、肌肉、免疫、消化、中枢神经系统中存在的活性肽。随着人们对海洋资源认识水平的提高，及现代生物技术在海洋药物研究中的应用，目前研究的海洋活性肽主要包括来源于海鞘、海葵、海绵、芋螺、海星、海兔、海藻、鱼类、贝类等的活性肽及在海洋生物中广泛分布的生物防御素。

海鞘（*Ascidian*）属于脊索动物门，约有 2000 种。海鞘是被囊动物中种类最丰富、含有重要生物活性物质最多的一类动物。自 1980 年 Ireland 等从海鞘中发现一个具有抗肿瘤活性的环肽以来，不断有环肽从此类海洋生物中发现。最令人瞩目的是从加利福尼亚海域及加勒比海中群体海鞘中分离出的 3 种环肽 didemnin A~C，它们都具有体内和体外抗病毒和抗肿瘤活性。其中 didemnin B 的活性最强，对乳腺癌、卵巢癌具明显的抑制活性，同时，它还有明显的免疫抑制活性，体内活性较环孢霉素 A 强 1000 倍，有望成为新型抗肿瘤药。

海葵（*Anemone*）是另一类富含生物活性物质的海洋生物。文献报道从海洋生物海葵中提取得到的溶细胞性活性肽可分为 3 类：存在于 16 种海葵中的鞘磷脂抑制性碱性多肽，平均相对分子质量为 15 000~21 000；从 *Metridrum senile* 海葵中分离得到的具胆固醇抑制活性的肽，其平均相对分子质量在 80 000 左右；从 *Aiptasia pallida* 属海葵中分离提取的、活性未知的 Aiptasiolysin A 多肽。

海绵（*Sponge*）是最低等的多细胞动物，结构较简单，但作为一个特殊生物群体含有极丰富的生物活性物质。富含活性多肽的海绵包括离海绵目、外射海绵目、石海绵目、软海绵目、硬海绵目。

芋螺（*Conus*）是海洋腹足纲软体动物，其在猎取鱼、海洋蠕虫、软体动物时常分泌一系列毒性物质，称为芋螺毒素（conotoxin）。经过近 20 年的研究，已发现的芋螺毒素有近百种，主要包括 α-芋螺毒素、μ-芋螺毒素、ω-芋螺毒素、δ-芋螺毒素。大多为由 10~30 个氨基酸残基组成的小肽，富含 2 对或 3 对二硫键，是迄今发现的最小核酸编码的动物神经毒素肽，也是二硫键密度最高的小肽。其活性与蛇毒、蝎毒等动物神经毒素相似，可引起动物出现惊厥、颤抖及麻痹等症状。

海星多肽是从烫灼或自主运动的一种海星所分泌的体液中分离纯化到的一种自主刺激因子。凝胶电泳分析表明，该肽的相对分子质量为 1200，HPLC 检测为单峰组分。该肽具有刺激细胞运动并使之产生应激反应的功能。

海兔多肽是从印度海兔中分离到的 10 种细胞毒性环肽 dollabilatin 1~10。其中 dollabilatin 10 对 B-16 黑色素瘤治疗剂量仅为 1.1μg/mL，是目前已知活性最强的抗肿瘤化合物之一。

海藻（*Alga*）种类繁多，含有的生物活性物质也多种多样。从培养的蓝藻中分离出的一种具有鱼毒性、抗菌、杀细胞活性的生物活性肽已具备大规模生产能力。hormothamin 是从海藻 *Prymnesium patelliferum* 中提取的毒素肽，具有溶细胞、细胞毒和神经毒等活性。

鱼类是人们最早食用的海洋生物之一，体内含有丰富的蛋白质成分，营养价值相当高。但关于从其中开发具有药用价值的活性物质的研究却较少。曾有报道从铜吻蓝鳃太阳鱼中分离并鉴定出 4 种具缓激肽活性的肽类，对鱼肠组织细胞具有强烈的刺激作用。还有研究从大西洋鳕鱼、虹鳟、欧洲鳗鲡等鱼类的嗜铬细胞组织中提取到一系列的生物活性肽及其类似物，并利用免疫组织化学方法研究其在细胞组织中的作用，发现此类肽与肾上腺素受体具有一定的亲和性，可能具有控制儿茶酚类物质释放的作用。

从海洋贝类的神经元中提取到 2 种神经肽 Pd5 和 Pd6，它们具有促进神经元产生的活性。利用 HPLC 方法纯化并对其氨基酸序列进行了分析，现已完成其结构的全合成。

生物防御素（defensin）是近年来发现的一组新型抗菌活性肽。它们通常都是由35~50 个氨基酸残基组成，且分子内富含二硫键。由于其具有牢固的分子骨架、广泛的分布及生物活性功能，因而对它们的研究已成为当前国际学术界中一个引人关注的研究热点。

近年来也有海洋动物防御素的报道，如在贻贝（*Mytilu sedulis*）、皱纹盘鲍（*Haliotis discus hannai*）和牡蛎（*Crassostrea virginica*）中发现了防御素。

2. 海洋酶解生物活性肽

天然存在的活性肽大部分或含量微少，或提取难，不足以大量生产供给所需；化学人工合成又费时费力，成本昂贵；因此，人们更多地把目光投向开发蛋白酶解产物这条途径上来。过去，人们一直未对利用贮藏蛋白，如花生、大豆、小麦等种子蛋白等和动物营养蛋白水解制备生物活性肽给予应有的重视，但是现在科学家逐渐注意到：在营养蛋白的多肽链内部可能普遍存在着功能区，选择适当的蛋白酶水解，这些多肽有可能被释放出来，从而制备各种各样的生物活性肽。由于生物对营养蛋白和贮藏蛋白需求量很大，基因表达率自然很高，因此这些蛋白质在自然界蕴藏量极大。通过蛋白酶水解这些蛋白质所获得的生物活性肽具有很多优点：原料廉价，成本低，安全性好，不需要很高级的实验条件和很贵重的仪器设备，便于工业化生产。

种类繁多的海洋蛋白质氨基酸序列中，潜在着许多具有生物活性的氨基酸序列，用特异的蛋白酶水解，就释放出有活性的肽段。生物活性肽是世界上药物及保健品研究的热点，目前通过蛋白质酶解生产的活性肽主要来源于陆地的蛋白源，来自海洋蛋白源酶解的活性肽非常少，这决不意味着海洋蛋白源的蛋白质氨基酸链中没有潜在的活性肽序列，而主要是由于没有进行很好的研究开发。

海洋生物为了适应所处的特殊生态环境，其氨基酸的组成和序列肯定与源于陆地及淡水生物的蛋白源具有很大的差别。将陆地微生物发酵工程和酶工程技术应用于海洋蛋白质资源的综合利用研究，以海洋生物蛋白质资源为原料，通过生物酶解、提取、加工，可生产许多酶解陆地蛋白源和化学合成所无法生产的产品和材料，研制出系列天然、高效、新颖的生物活性肽。

对低值鱼及水产加工废弃物进行水解、提取等深加工，制成水解鱼蛋白，用作食品添加剂、蛋白强化剂，或用作研制药物和功能食品的原料，已在世界各国展开。对渔获物非食用部分的利用更能体现出科学技术如何提高产品的附加值。

许多水产品加工废弃物被直接丢弃而未被利用，对环境造成严重污染。有的水产品加工废弃物蛋白质含量很高，采用生物技术方法将其部分转换成优质鱼浓缩蛋白和活性肽，将具有良好的开发前景。

（四）海洋生物活性肽的应用前景与存在问题

1. 海洋生物活性肽的应用前景

地球上的海产资源丰富，全世界每年捕获的鱼类和虾类超过 1 亿 t，其生产过程中有大量的下脚料——鱼头、骨、内脏、虾头等，这些下脚料里面含有 15%左右的优质蛋白质，氨基酸模式接近 FAO/WHO 推荐模式。但是，这些下脚料的利用率很低，甚至直接当作废物丢弃，不但浪费资源，而且影响环境。

通过生物酶解技术从中提取出的海洋生物活性肽，营养价值非常高。人体必需的 8 种氨基酸含量齐全，占到总氨基酸的 40%左右，其中必需氨基酸中的赖氨酸含量有的高达 10%，而一般食品中赖氨酸含量相对非常低，可以将其作为新型的食品添加剂添加到各种食品中，不但可以强化蛋白质营养，还可以使食品必需氨基酸平衡，以提高品质；有的海洋生物活性肽具有浓郁的海鲜味，可以用它开发出海鲜味食品或海鲜调味品，单从营养方面来说，传统的味精是无法比拟的。

有的海洋生物活性肽还具有一些特殊的生理功能，因此还可以将其功能片段分离纯化，作为保健食品的功能因子。文献报道：从鳕鱼酶解物中找到促内分泌肽和生长因子，从鲣鱼酶解物中提取血管紧张转换酶抑制肽及抗氧化活性肽，从鱼虾水解物中分离降钙素和降钙素基因相关肽，从沙丁鱼肉酶解物提取一种小肽作为抗高血压药物，从鱼酶解物 gabolysat PC60 中找到类肾上腺素活性肽，可以用来舒缓焦虑。人们可以利用海洋生物活性肽的这些生理功能开发出系列效果明显的保健品。虾壳中含有大量的钙质，通过特殊的生物酶解技术可以制成吸收率非常高的生物钙，比碳酸钙高出 1500 倍，比活性钙高出 22 倍，是最理想的补钙产品。鱼精里含有大量的精氨酸，精氨酸可增强阴茎组织中一氧化氮合成酶的活性，增加 NO、cGMP 含量，实验表明精氨酸有用于治疗勃起功能障碍的潜在价值。鱼鳔自古以来就是补精益血的贡品，生物酶解工艺和传统加工工艺相比，不但更能保留原料中的营养和功效成分，而且提出的小分子肽更容易吸收。因此，用鱼精蛋白肽和鱼鳔肽作为原料开发出的功能食品或药品均是补肾的佳品。

水产下脚料资源丰富，价格非常便宜，做出来的海洋生物活性肽价值很高，充分合理利用这些下脚料，不但有利于环境保护，还可以造福社会，具有巨大的经济效益和社会效益。

2. 海洋活性肽开发存在的问题

开发利用海洋活性肽仍需加强以下几方面的研究。

1）作为食品添加剂的海洋生物活性肽，它在食品加工及贮藏过程中的变化动力学。

2）海洋生物活性肽的研究目前主要集中在少数几种海洋生物中，还有很大一部分海洋生物活性肽成分未被发现或开发出来。已研究的海洋生物活性肽中，大多为海洋环肽，虽然它们的作用都很明确，但因其多含 D2 型氨基酸、多种基因修饰、封闭的 N 端等特殊结构，给研究开发带来一定困难，不易利用蛋白质工程、基因工程方法大规模生产。

3）活性肽的分离及鉴定急需高效和灵敏的技术或分析平台。目前活性肽的分离困难，分析仪器要求也高，大多需使用 2D-NMR、FAB-MS 等方法。

4）要加强生物工程技术在活性肽方面的应用。目前已开发的海洋生物活性肽类多采用全合成及固相合成等方法。如何利用蛋白质工程技术与基因工程技术生产海洋多肽物质是未来的一个研究方向。

第二节　海蜇降压活性肽

一、降压活性肽

（一）高血压与降压活性肽——血管紧张素转化酶抑制肽（ACEI）

1. 高血压的危害及现状

　　高血压是一种常见的心血管疾病，它发病率高，常伴有心脏、血管、肺及肾等器官功能性或器质性改变，是引发心、脑、肾和眼血管等各种并发症和导致中风、促进动脉粥样硬化、冠心病的一个重要危险因子。高血压早期阶段一般没有什么不适症状，直至发生临床现象——心脏病发作、脑血管破裂，因此高血压又被称为"无声杀手"。统计资料表明，高血压发病率在发达国家达 20% 以上，世界各国的平均发病率为 10%~20%，且人群分布广，包括老年人、中年人和儿童。全世界每年因高血压死亡的人数达 1200 万。我国曾进行了三次全国性的高血压普查，1959 年的发病率是 5.11%，1979~1980 年发病率为 7.73%，1990~1991 年发病率为 11.26%。目前，我国现有高血压患者已超过 1.2 亿人口。因此，治疗和预防高血压是当今社会十分重要的课题。

2. 高血压治疗药物及其缺陷

　　目前，临床常用的有五大降压药，包括利尿剂、β-阻滞剂、α-阻滞剂、钙拮抗剂、血管紧张素转换酶抑制剂，多数具有不良反应，尤其是西药类。高血压一般很难彻底治愈，大多数高血压患者需要终身服用降压药以控制血压，因而降压药物的不良反应也备受患者重视。目前药物的治疗具有短效、多器官损伤作用，且绝大部分药都是经肝代谢、经肾排泄，对肝肾都有一定损害，并且引发高血压所并发的各种代谢紊乱，及其毒性作用将会成为高血压患者的远期后患。

　　降血压肽（ACEIP）又称为血管紧张素转化酶（angiotensin-I converting enzyme，EC3.4.15.1，ACE）抑制肽，通常由蛋白酶在温和条件下水解蛋白质而获得，食用安全性高，其突出优点是只对高血压患者起到降压作用，对血压正常者无降压作用，因而不会有降压过度现象发生。除降压功能，ACEIP 还具有免疫促进、抗凝血、易消化吸收和抗肿瘤等功能。而化学合成的降压药物，如赖诺普利（lisinopril）、培哚普利（perindopril）、虽然治疗高血压的效果非常明显，但是长期服用易引起皮疹、蛋白尿等不良反应，于是人们便把目光转向了天然降血压物质。源于食品蛋白质的降压肽具有独特的优点，已成为目前研究的热点。

（二）降压肽的降压原理

1. 血管紧张素转化酶

　　血管紧张素转化酶（angiotensin converting enzyme，ACE）是一种含锌的二肽酶，能被氯离子激活并具有较宽的底物特异性。ACE 广泛分布在哺乳动物的组织中，尤其分布在血管内皮细胞、上皮吸收细胞、神经上皮细胞及雄性生殖细胞中。ACE 以膜结合的胞外酶形式存在。ACE 在哺乳动物中以两种形式即内皮型和睾丸型存在，这两种形式的 ACE 转录自同一条基因，但它们的转录起始位置不同。各组织中的 ACE 是一种由单一肽链组成的糖蛋白，内皮型 ACE 相对分子质量为 $1.3 \times 10^5 \sim 1.6 \times 10^5$，有两个活性部位，存在于血管内皮细胞及上皮细胞膜上，受糖皮质激素调节；睾丸型 ACE 相对分子质量为 $9.0 \times 10^4 \sim 1.0 \times 10^5$，仅有一个活性部位，存在于睾丸细胞膜上，受雄激素调节。ACE 最适 pH 随底物的不同而变化，并受氯离子的影响。在氯离子存在下，对于长肽底物如血管紧张素 I（angiotension）或缓激肽（bradykinin），ACE 最适 pH 为 7.5；对于三肽底物如 Phe-His-Leu、Hip-His-Leu 或 Hip-Gly-Gly，其最适 pH 为 8.3。氯离子对底物水解速率的影响也随特定的底物不同而变化。氯离子能够显著提高 ACE 对血管紧张素 I、PHe-His-Leu、Hip-His-Leu 和 Hip-Gly-Gly 的水解速率，而缓激肽的水解受氯离子浓度的影响很小。

2. ACE 对血压的调节作用

在肾素-血管紧张素系统（renin-angiotensin system，RAS）和激肽释放酶-激肽系统（kallikrein-kinin system，KKS）中，ACE 对机体血压和心血管功能起着重要的调节作用（图 3-1）。在 RAS 中，ACE 处于核心地位，起限速酶的作用。ACE 催化不具有活性的十肽血管紧张素 I（angiotensin I）转化为具有强烈收缩血管作用的八肽血管紧张素 II，同时，血管紧张素 II 还能刺激醛固酮的分泌，进而促进肾对水、Na^+、K^+ 的重吸收，引起钠贮量和血容量的增加，使血压升高；在 KKS 中，ACE 能催化具有舒张血管作用及降压作用的舒缓激肽（bradykin-in）的降解。另外，ACE 还能催化与心血管系统具有相互作用的神经肽、脑啡肽和 P 物质等的降解。抑制 ACE 的活性被认为是治疗高血压的一种重要而有效的方法。在研发治疗高血压的药物的过程中，ACE 的抑制成为重要的靶标。目前，大量高效、特异的 ACE 抑制剂在治疗高血压和充血性心力衰竭中发挥着重要作用。

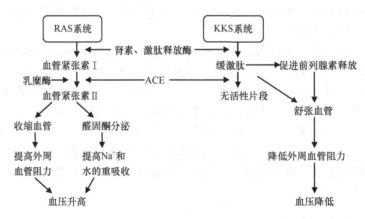

图 3-1　ACE 对血压的调节
Chart 3-1　The role of ACE in the blood pressure system

3. 降压肽的降压原理

人体内的血压受许多因素调节，其中最重要的因素是升压系统——肾素-血管紧张素系统（renin-angiotensin system，RAS）和降压系统——激肽释放酶-激肽系统（kallikrein-kinin system，KKS）之间的平衡。系统中存在的血管紧张素转化酶则是影响 2 个系统平衡的重要因素。ACE 通过把原先无活性的血管紧张素Ⅰ（AngⅠ）碳端的两个氨基酸（His-Leu）切除，将 RAS 系统中的血管紧张素Ⅰ转换为血管紧张素Ⅱ（AngⅡ），而 AngⅡ是活性很强的血管收缩剂，导致血压升高；另外，ACE 也能作用于 KKS 系统中的降血压物质缓激肽，使其失活，从而使 KKS 系统处于抑制状态，同样导致了血压的升高。ACE 还可刺激肾上腺皮质释放醛固酮，醛固酮的作用是减少肾对水分和盐的排泄，增加细胞外液量和血浆量，加大静脉回流量，间接引起高血压。可见，如果抑制了 ACE 的活性，就能够有效地防治高血压。

降血压肽对 ACE 活性的抑制主要由两个因素决定：多肽的分子质量及多肽的氨基酸组成和结构。Oshima 等的实验结果表明，一般具有活性的部分其分子质量为 1000Da以下。

4. 血管紧张素转化酶抑制肽 ACEI 的研究进展

（1）ACEI 的结构与分类研究进展

食物蛋白经酶解或发酵产生 ACEI，链长一般为 2~14 个氨基酸，分子量一般低于 1 000Da。一般认为，如果肽 C 端的氨基酸为 Pro，Phe，Tyr 或序列中含有疏水氨基酸则有较高活性。对于二肽，若 N 端为甘氨酸残基时，C 端为 Tyr，Trp，Pro 则有较强的抑制作用。若 C 端为甘氨酸残基时，其 N 端为 Val，Ile，Arg 是最有效的。最强的 ACE抑制二肽 Val-Trp 比最弱的 ACE 抑制二肽 Pro- Gly 抑制作用高 10 000 倍。对于三肽，AHPs 与 ACE 酶结合与 C 端的氨基酸顺序有关，更趋向于疏水氨基酸或支链的氨基酸，Kohmura[4]得出疏水性氨基酸肽段较亲水性肽段抑制 ACE 酶活性要强。对于某些肽而言，Ile- Tyr- Pro 和 Pro- Leu- Pro 序列可能是 ACE 酶抑制活性所必需，是结合 ACE酶的活性部位的位点。日本学者 Fujita 等就相同或相似的小肽其 ACE 抑制活性却相差很大这一问题将 ACEIs 分为 3 类。第一类是抑制剂类型，ACE 不能将其再水解，从而完全保持了它的 ACE 的抑制活性，鲣鱼中的 IY、IKP、LKP、IWH 等属于抑制型肽；第二类为底物类型，可被 ACE 降解，生成新的小肽，降低它的 ACE 酶抑制活性，如鸡肉中的 FKGRYYP 和血清中的 FFGRCVSP、ELIKVYL 属于底物型肽；第三类是药物前体型抑制剂，可被 ACE 或肠道内的酶水解为真正的 ACE 酶抑制剂，海鲤鱼中的LKPNM、IWHHT 为药物前体型肽。在这三类 ACEIs 中第一、三类 ACEIs 即使经过口服，经胃肠道蛋白酶作用后，仍具有降血压作用。

（2）ACEI 的生理活性研究进展

目前许多研究已经通过体外和体内实验验证 ACEI 具有较强的 ACE 酶抑制效果，降压效果明显，且对正常血压无影响。Yamamoto N 等用 CaliPs 酸奶 5mL/kg 及其蛋白酶水解得到的 ACE 抑制肽 15mg/kg 饲喂 SHR 大鼠，单次口服 4h 后，即能有效降低血压；而 Nakamura Y 等证实 25mL/kg 的 CaliPs 酸奶对正常大鼠无效。Saito Y 等用从日本清酒和酒粕中分离出 9 种 ACE 抑制肽饲喂 SHR 大鼠，结果表明大鼠的 SHP均有明显的降低。最近，Kunio 等用裙带菜酶解物给 SBP 小鼠口服一周，其血压降低了 25~35mmHg，且降压效果可持续 3~8 周。Jac-Young Je 等给 SBP 小鼠灌胃牡蛎发酵液的 ACE 抑制剂提取物 10mg/kg，SBP 小鼠在 9 h 内血压明显降低了 12mmHg。

　　虽然已经证明许多小肽在体外具有较强的 ACE 酶抑制效果，但经口服后却无降压作用。例如，从米酒中分离出的 Tyr-Gly-Gly-Tyr（IC_{50}=16.2μmol/L）口服 100mg/kg 的剂量，仍无降压作用[8]。Naoyuki Yamamoto 等发现由 *L.dellbrueckii* Subsp.*bulgaricus* 发酵得到的酸奶只有很高的 ACE 抑制活性，但没有明显的降压活性。这种降压肽可能在抑制 ACE 的过程中成为酶的底物，或在酶解过程中被消化。因此，要想在体内具有抗高血压作用，ACE 抑制肽必须以完整的形式被肠道吸收，而不被分解。

　　许多的 ACEI 在动物体内具有降低血压作用，但在人体中的功能研究十分缺乏，加强 ACEI 的抗高血压功能的研究，在人体内的降血压功能的研究也会成 ACEI 应用研究的必要过程。

（3）ACEI 的制备与精制研究进展

　　在制备方面，制备食源性 ACEI 的方法主要有直接浸提、自溶法和酶法水解。由天然蛋白酶水解制成的 ACEI，由于生产时间短，安全性好，降压活性显著而被广泛应用。用于蛋白质水解的酶常有胃蛋白酶、胰蛋白酶、嗜热菌蛋白酶、碱性蛋白酶、胶原蛋白酶等。Amhar 等用嗜热菌蛋白酶和蛋白酶-κ 的对酪乳清蛋白进行水解的酶解产物对 ACE 的抑制活性较强，而用胰蛋白酶和放线菌酶的水解物对 ACE 的抑制活性较弱。Hee-Guk 等采用一系列的酶处理得到活性高的 Gly-Pro-Leu ACE 抑制肽，Sekil 等用地衣型芽孢杆菌碱性蛋白酶酶解沙丁鱼、带鱼、牡蛎、虾、蟹等 12 种食物蛋白获得了较高活性的 ACEI。因此，不同蛋白酶水解的选择决定了 ACE 抑制效果。

　　酶解制备的毕竟是 ACEI 的粗制品，只有精制滤液和去除其中的苦味肽才能使产品效果显著，常用的纯化方法有超滤膜过滤、沉降、离子交换层析、高效液相色谱、毛细管电泳等。常用脱苦的方法主要有：物理法、化学法和微生物法，微生物酶法脱苦水解效率高，条件温和，不会使蛋白多肽的营养成分丢失，易于控制，具有物理、化学方法不可比拟的优点，现已广泛应用。

二、食物蛋白源降压肽研究现状

（一）降压肽与 ACE 抑制肽的区别及分类

1. 降压肽与 ACE 抑制肽的区别

　　人们有时候会将降血压肽和 ACE 抑制肽其混为一谈，其实两者并不完全一样。

　　经动物实验或人体实验证明，具有抗高血压作用的肽类物质称为降血压肽；而只经体外活性检测方法证明对血管紧张素酶 ACE 有抑制作用的肽类物质称为 ACE 抑制剂或抑制肽。

　　降血压肽对人体有作用，能够使高血压患者的血压降低；而 ACE 抑制肽只是在体外对 ACE 有抑制作用，但不能保证经口服后还一定具有降压的作用。

　　一些对 ACE 抑制活性并不高的肽却能显著降压，是因为这些肽类物质经过人体消化道时会被体内的蛋白酶水解，可能被水解成抑制活性更高的片段，也可能被水解成抑制活性较低或几乎没有活性的片段。

2. 降压肽的分类

根据上述现象，可以把这些肽分为三类：

第一类是口服后降压活性升高的肽。例如，降压肽 Leu-Lys-Pro-Asn-Met（IC_{50}=2.4μmol/L）在口服后，经胃肠蛋白酶分解成降压活性更强的片段小肽 Leu-Lys-Pro（IC_{50}=0.32μmol/L），其降压活性比原来提高 8 倍之多，而且前者在口服 4h 后血压的降低量才达到最大，而后者在 2h 之后就降到最大，最小有效剂量分别为 8mg/kg 和 2.25mg/kg。

第二类是口服后活性降低的肽。例如，Saito 等在米糠中得到一个四肽 Tyr-Gly-Gly-Tyr，其 IC_{50}=16.2μmol/L，但口服剂量达到 100mg/kg 时还没有降压效果。尽管这些肽对 ACE 有明显的抑制活性，但它们可能在口服的过程中被人体内的蛋白酶酶解成自由氨基酸或失活片段。

第三类是口服后活性几乎不变的肽。如 Val-Trp、Ile-Tyr 和 Leu-Ile-Tyr 等。所以，要想使 ACE 抑制肽在体内发挥作用，必须要保证在其到达作用靶点时，能够保持它的完整形式或被酶解成有活性的片段。

（二）食物蛋白源降压肽的降压特点

食物蛋白质在母体蛋白质序列中并不具有生物活性，只有经过体内或体外的酶解如在胃肠道消化及食物加工后，分解为具有特定氨基酸序列的短肽，其活性才能被释放出来，从而发挥降压的作用。具有抑制 ACE 活性的肽有如下特点。

首先，这些肽的相对分子质量比较低，包含 2~12 个氨基酸残基。一般情况下，从 N 端延长某个二肽的肽链，它相应三肽的抑制活性增强，但如果继续延长，它的活性就会降低。

其次，C 端含有苯丙氨酸、脯氨酸、色氨酸、酪氨酸的三肽或二肽，有比较高的抑制活性。

再者，在 N 端具有支链的疏水性氨基酸如缬氨酸和异亮氨酸，活性比较高，相反，在 N 端为脯氨酸则活性降低。

最后，C 端残基上含有赖氨酸或精氨酸，可以提高肽的抑制活性，因为赖氨酸或精氨酸侧链上的胍或 ε-氨基上的正电荷对抑制活性起着重要作用，取代 C 端的精氨酸残基会导致其类似物活性基本丧失。

目前，对 ACE 抑制肽的结构分析还局限于对已知序列的肽进行定性的分析，因此对其作用机制等方面还需要进一步研究。

（三）食物蛋白源降压肽的来源及种类

人们最初从蛇毒液中发现抑制肽，这些抑制肽长度一般内 5~13 个氨基酸，大多数肽的 C 端为 Ala-Pro 和 Pro-Pro，其中 Tyr-Trp-Pro-Arg-Pro-Gln-Ile-Pro-Pro 对高血压动物的降压效应最强，并曾经用于体外注射治疗人高血压。自从该肽及其降压作用发现以来，人们就以该肽作为模型药物不断进行新的降压药物的设计，研究和生产出许多临床使用非常有效的抑制剂，如现仍广泛使用的卡托普利等。自 1965 年 Ferreira 首次在南美茅头蝮蛇毒液中发现了 ACE 抑制肽以来，不断有新的血管紧张素转化酶抑制肽从不同的天然食物蛋白质资源中提取分离出来。随后，大量的抑制肽从不同食物蛋白质酶解物中被分离鉴定出来，这些食物蛋白质包括酪蛋白、乳清蛋白、鱼蛋白、猪和鸡肌肉、鸡蛋白、血红蛋白、血浆蛋白、胶原蛋白、荞麦蛋白、小麦蛋白、玉米蛋白、大豆蛋白、肾豆蛋白、小红豆蛋白、菜籽蛋白、酒糟蛋白、大蒜及藻类蛋白等。由此可知，食物蛋白中存在着大量的具有不同分子特性的抑制肽片段。表 3-1 列举了部分食物蛋白源抑制肽。

表 3-1　不同食物蛋白源 ACE 抑制肽
Table 3-1　ACE inhibitory peptides derived from different food proteins

	食物来源	多肽序列	提取方法及所用的酶	IC$_{50}$（μmol/L）
植物蛋白	大豆蛋白	Asp-Leu-Pro	碱性蛋白酶	4.80
		Asp-Gly		12.30
	玉米醇溶蛋白	Leu-Glu-Pro	水解	9.60
		Leu-Arg-Pro		0.27
	荞麦蛋白	Gly-Pro-Pro	浸提	6.25
	大蒜	Ser-Tyr	木瓜蛋白酶	66.30
	小麦胚芽蛋白	Ala-Met-Tyr	碱性蛋白酶	5.46
		Ile-Val-Lys		0.48
动物蛋白	猪血浆蛋白	Gly-Pro-Leu	胰蛋白酶	2.55
	人血清白蛋白	Tyr-Leu-Tyr-Glu-Ile-Ala-Arg	胰蛋白酶	16.00
		Ala-Phe-Lys-Ala-Trp-Ala-Val-Ala-Arg		1.70
	明胶（牛）	Gly-Pro-Val	胶原酶	4.67
	鸡肉蛋白	Ile-Lys-Trp	嗜热菌蛋白酶	0.21
	卵清蛋白	Leu-Trp	中性蛋白酶	6.80
		Phe-Phe-Gly-Arg-Cys-Val-Ser-Pro		0.40
乳酪蛋白	酪蛋白	Asp-Ala-Tyr-Pro-Ser-Gly-Ala-Trp	胃蛋白酶	98.00
		Leu-Ala-Tyr-Phe-Tyr-Pro	胰蛋白酶	51.00
	乳清蛋白	Gly-Leu-Asp-Ile-Gln-Lys	胃蛋白酶	580.00
		Leu-Ala-His-Lys-Ala-Leu	胰蛋白酶	621.00
	酸奶	Ile-Pro-Pro	浸提	5.00
		Val-Pro-Pro		9.00
鱼贝、藻类蛋白	沙丁鱼肌肉	Lys-Trp-Gly-Trp-Ala-Pro	碱性蛋白酶	3.86
		Phe-Glu-Pro		12.00
	金枪鱼	Ala-Leu-Pro-His-Ala	嗜热菌蛋白酶	10.00
	青鳕鱼	Gly-Pro-Met-Gly-Pro-Leu	链霉蛋白酶	2.65
		Ala-Lys-Lys	胰蛋白酶	17.30
	微藻类	Ile-Ala-Pro-Gly	胃蛋白酶	11.40
		Tyr-His		5.10
		Lys-Tyr		7.70
		Phe-Tyr		3.70
	裙带菜	Ile-Tyr	胃蛋白酶	2.70
发酵产品：酒糟		Val-Trp		2.50
		Tyr-Gly-Gly-Tyr		3.40

注：IC$_{50}$ 表示抑制 ACE 活性 50%所需的肽浓度（半抑制浓度）

（四）食物蛋白源降压肽的制备

目前，已有研究报道，从多种动植物原料及下脚料中分离出具有降血压功能的活性多肽。如蝮蛇蛇毒、乳酪、沙丁鱼、玉米渣、大豆豆粕、发酵豆奶、胶原蛋白等。现在采用的提取工艺主要有 3 种：酶解法、直接从发酵食品中分离提取法和从自溶产物中提取法。

酶解法是目前研究得最多的一种方法。原料或下脚料经过酸碱处理除去杂质后，得到含量较高的蛋白质；然后加入蛋白酶水解到一定时间，分离得到产物。目前主要有两种水解工艺：一种是只用一种蛋白酶进行水解的工艺；另一种是用两种或多种酶同时加入或按一定顺序加入进行水解的工艺。目前，已经应用在降血压肽的生产中的蛋白酶主要有碱性蛋白酶、中性蛋白酶、胰乳蛋白酶、胃蛋白酶、果胶蛋白酶、嗜热菌蛋白酶、胶原蛋白酶等。不同的蛋白酶水解产生的多肽活性不同，在实际生产中到底应用哪种酶，采用哪种工艺仍需摸索。

还有一种方法是直接从发酵食品中提取。大豆、奶酪等食品经发酵后含有较高活性的降血压肽，特别是从以大豆为原料的发酵食品中所提取的降压肽含有较强的活性。Masuda 等从酸奶中提取出一种具有较高活性的三肽，它能够在多种消化液中不被降解，从而可以直接通过口服降低自发性高血压大鼠（SHR）的血压，其分子质量为 400~500Da。

自溶法是利用某些海产品体内的酶，是其自身的蛋白质自溶降解成为肽类，并结合相应的提取分离方法得到降压肽。Matsumura 等从鲤鱼内脏的自溶产物中分离出了 6 种具有降血压活性的三肽和四肽，其中 4 种有很强的降血压活性。他们所采用的工艺流程为：鲤鱼内脏→压碎→加水→60℃保温 3h，轻微搅拌→90℃加热，停止反应→超滤。

（五）降压肽脱苦

1. 降压肽苦味产生的机制

关于蛋白质水解液产生苦味的机制，早期的研究者存在两种观点，一种意见认为水解液的苦味是由多肽产生的；另一种意见认为水解液的苦味是由蛋白质水解过程中游离氨基酸的增加引起的。关于苦味是由肽产生而不是游离氨基酸产生的最早证明是 Murry 和 Baker 在对苦味研究中作出的。他们发现，在牛奶蛋白水解时产生了苦味和不愉快的口感，然而明胶和鸡蛋清蛋白在水解中不产生苦味。进而，他们用活性炭处理可以降低苦味，并且从活性炭上洗脱出有强烈苦味的多肽组分，将这种苦肽用酸水解能产生如肉味的片段。这些实验表明，苦味是由肽产生的，而不是游离氨基酸。

2. 脱苦方法

多肽产品带有不同程度的苦味会直接影响食品的风味，给人们食用时会有一些"不愉快"，也在一定程度上限制了它在食品工业中的推广应用。目前减少蛋白质水解物苦味的方法主要有选择分离法、掩盖法、酶法脱苦法和微生物脱苦法。

选择分离法是利用苦味肽的性质，采用吸附剂，如活性炭、葡聚糖、琼脂、玻璃纤维等的吸附作用脱除苦味；也可利用一些有机溶剂，如乙醇、丙醇、丁醇等抽提出苦味肽；另外也可以利用疏水性多肽在水溶液中的不稳定性，通过调节水解液的 pH 使其先沉淀除去。对于具体的某一类活性肽也可以根据相对分子质量的不同用超滤膜除去苦味肽分子。

掩盖法是另一种行之有效的方法。据研究,有许多物质对蛋白水解物的苦味有掩盖作用,通过适量添加这类物质可以达到降低苦味阈值的目的。Tokita 在酪蛋白溶液中添加聚磷酸盐可有效降低水解物的苦味。Nissen 等发现添加柠檬酸、苹果酸等有机酸能有效降低水解物苦味。Tamur 等则发现环糊精、淀粉、酸性氨基酸对某些蛋白质的苦味有掩盖作用。

还有一种方法是酶法脱苦法。研究表明,大多苦味肽含有较多的疏水性氨基酸,而且主要位于苦味肽末端。如果切除此类疏水性氨基酸则苦肽的苦味明显降低。因此,可以采用外肽酶(羧肽酶或氨肽酶)切除苦肽两端的疏水性氨基酸,达到脱苦的目的。例如,丹麦公司生产的 flavourzyme 酶是一种由内切酶和外切酶组成的混合酶,和其他的内切酶一同使用时可以有效地防止苦味的产生。

也有研究报道,采用微生物脱苦法可以很好地除去苦味。由于某些微生物可以分泌多种蛋白酶,包括内切酶和外切酶,因此可以直接用微生物对大豆蛋白进行降解来制备风味良好的大豆多肽。

(六)食物蛋白源降压肽的优点

虽然食品中 ACE 抑制肽比人工合成的 ACE 抑制剂效果弱,但它具有独特的优点。

降压安全性是其最大的优点。研究发现,食物蛋白源降压肽只对高血压患者起到降压的作用,对血压正常者无降压作用,因此不会产生降压过度的问题;

没有或少有毒性作用是其另一个优点。这些肽是用食用级的酶在温和条件下制得的,其安全性极高,无毒性作用;

生物多功能性也是其独特之处。研究发现,食物蛋白源降压肽除有降压的功能外,往往还同时具有抗氧化、促消化、降血糖、抗血小板凝集、增强人体免疫力等作用;

具有较高的热稳定性和水溶性等使其使用更加方便,因而又可作为功能因子添加到饮料、食品中去,市场前景极好。

三、降压肽活性测定方法研究进展

(一)体外活性测定方法进展

1. 紫外分光光度法

Cushman 和 Cheung 在 1971 年提出了紫外分光光度法,其原理为:ACE 在 37℃和 pH8.3 的条件下催化分解血管紧张素 I 的模拟物马尿酰-组氨酰-亮氨酸(HHL)产生马尿酸,该物质在 228nm 处具有特征吸收峰。当加入 ACEI 时,ACE 对 HHL 的催化分解作用受到抑制,马尿酸的生成量减少。通过测定加入抑制剂前后所生成马尿酸紫外吸收的大小差别即可算出抑制活性的大小。

吴建平等在大豆蛋白酶解物实验中测定 ACE 抑制活性的方法为:在总体积为 0.35mL 的容器中加入 100mmol、pH8.3 的磷酸缓冲液,300mmol NaCl,5mmol HHL,37℃恒温水浴 3min，加入 0.15mL 的酶液启动反应，在恒温保持 40min 后加入 0.25mL1mol/L HCl 中止反应，再加入 1.5mL 乙酸乙酯用力混合 15s，离心 15min 后取 1mL 酯层转入另一试管，在 120℃下经 30min 蒸干后溶于 1mL 的去离子水中，在 228nm 处测定吸光度。在实际应用中，许多研究者根据自己的情况做了适当的改进。如在反应体系的大小、乙酸乙酯的萃取量、反应时间、离心时间和速度等方面不同。例如，黄艳春在酶解淡水鱼蛋白质制取血管紧张素转化酶抑制肽的研究中就以马尿酸-双甘肽（Hip-Gly-Gly）为反应底物，在 228nm 处测定吸光度。

紫外分光光度法对实验仪器要求不高，是目前国内外采用最多的方法。但是具体操作上却要求很高，步骤比较烦琐，耗时较长。同时由于生成的马尿酸和组氨酰、亮氨酸在 228nm 处都有吸收，容易产生误差，使结果偏高。研究发现，保持反应体系在 pH8.3 附近至关重要，如测定酸性条件下产物的抑制率时，需要保证缓冲体系能保持在 pH8.3 附近，否则会使结果产生很大偏差。

2. 可见光分光光度计法

Holmquist 等 1979 年建立了可见光分光光度计法，是比 Cushman 等的方法更快的一种方法。利用呋喃丙烯酰三肽（FAPHGG，FAPGG）作为 ACE 作用的底物，将其水解成相应的氨基酸（FA- Phe-FAP）和二肽（Gly-Gly，GG），这些肽类的释放会减少 FAPGG 在预期波长的吸光度。通过加入 ACE 的抑制剂前后吸光度的变化情况来计算对 ACE 抑制效率的大小。Vanessa 等利用这种方法测定一些生物活性肽的 ACE 抑制效率时的方法为：在存在稳定剂和缓冲溶液及 0.005mmol 的 FAPGG 反应体系（500μL）中加入 500μL 的 ACE 抑制剂溶液混合，在 37℃下预保温培养 2min，向此混合物中加入 100μL 的 ACE，于 37℃下保温培养 5min，整个反应体系保持 pH 为 8.0~8.3，在 340nm 处测定保温前后吸光度的变化。将 ACE 抑制剂溶液改为同体积的去离子水进行实验得到空白值。这个可以去掉乙酸乙酯萃取这个烦琐的步骤，节省了时间。另外，实验的精度也提高了。Vanessa 利用此方法对已知抑制效率的几种 ACE 抑制剂进行实证实验，表明和文献资料数据相符。

3. 改良可见分光光度法

Li 等研究了一种不需要萃取马尿酸而直接测定吸光度的方法。该方法的原理为马尿酸在喹啉存在下与苯磺酰氯（benzene sulfonyl chloride，BSC）发生反应，反应生成的产物在 492nm 处的吸光度与马尿酸的生成量有很大的相关性，通过对比标准曲线就可以得到实验所生成的马尿酸的量，比较实验与空白样的差异即可求出 ACE 的抑制率。实验前段工序与紫外分光光度计法一样，只是在反应完成后加入一定量的硼酸钠缓冲液、喹啉、BSC 和乙醇避光反应，将反应物在 492nm 处测定吸光度。该方法操作相对简单，避免了马尿酸萃取这一步，而且比传统的紫外分光光度法精确，但是耗时相对较长，一个样品的测定大约要用到 1h。

Chang 等研究从反应产物马尿酰-组氨酸（HL）出发来测定 ACE 抑制率，研究表明：HL 在 pH 为 12 时与邻苯二醛（OPA）在 2-巯基乙醇存在下的反应产物在 390nm 处有特异性吸光度，通过测定 HL 的吸光度反映出产物的生成量，从而比较得出 ACE 的抑制率。

该方法操作简单，产物的稳定性好，检测限为 8μmol/L，而且仪器设备要求低。但巯基乙醇的存在是否会对 ACE 产生抑制作用，另外对于一些酶解多肽产物是否会发生不利的化学作用还有待于进一步的研究。

4. 酶偶联法

金化民等采用酶偶联法测定血清血管紧张素转化酶活性的研究以 Hip-Gly-Gly 为反应底物（pH=8.0），生成马尿酸和双甘肽（Gly-Gly），再加入 L-γ-谷氨酰 3-羧基 4-硝基苯胺（GGCN，1.0nmol/L）和 γ-谷氨酰基转移酶（GGT，6.7kU/L）催化 GGCN 与双甘肽偶联，结果表明，产生的 3-羧基 4-硝基苯胺在 410nm 的吸光度与 ACE 活性有良好的线性关系。

5. 高效液相色谱法

高效液相色谱法测定原理大都基于 Cushman 和 Cheung 的方法，只是利用高效液相色谱系统，通过特定的检测器来测定反应前后马尿酸在 228nm 处吸光度的变化。在初期利用高效液相色谱法的研究中，检测样品都是经过乙酸乙酯萃取后的样品，后来有研究去掉乙酸乙酯萃取这个步骤，也能得到很好的分析效果。随着研究的深入，人们发现利用高效液相色谱的方法来测定血管紧张素转化酶抑制效率可以达到检测效果好，分析速度快和样品用量少的特点。

吴琼英等通过以马尿酰-组氨酰-亮氨酸（HHL）为反应底物，血管紧张素转化酶（ACE）为催化剂，反应所生成的马尿酸（hippuric acid）为测定指标，利用直接进样和等度洗脱的方法测定治疗高血压药物卡托普利（captopril）对 ACE 的抑制效率。使用色谱条件为：ZORBAX SB-C18 色谱柱（4.6mm×150mm，5μm），柱温 25℃，流动相为乙腈- 超纯水[体积比 25：75，各含 0.05%（体积分数）三氟乙酸和 0.1%（体积分数）三乙胺]，流量为 0.5mL/min，检测器为二极管阵列检测器，波长为 228nm，自动进样，进样量为 5μL。其研究结果表明：当马尿酸浓度为 0.005~1.000mmol/L 时，马尿酸浓度与其峰面积呈良好的线性关系（R=0.9999），最小检测限为 0.50μmol/L，该方法对马尿酸的回收率为 99.48%~105.64%，实验的重复性和精密度较好。

吴建平等通过对大豆蛋白水解肽的 ACE 抑制效率比较实验表明，Cushman 和 Cheung 的方法并不能很好地将 ACE 作用底物 HHL 从反应产物马尿酸（HA）中分离出来，因此会使马尿酸含量读数偏高。通过改进实验方法，不经过乙酸乙酯的萃取步骤，而是将反应后的混合物通过膜的过滤后直接进样进行反相液相色谱分析。色谱条件为：对称性 C18 柱（3.0mm×150mm，5μm），采用 0.05%的三氟乙酸水溶液和 0.05%的三氟乙酸的乙腈溶液进行梯度洗脱，流速为 0.5mL/min，检测器为 DAD996 二极管阵列检测器，实验结果表明底物用量少（仅为 70μL），时间短，并且能很好地将 HHL 和 HA 分离。

高效液相色谱-电喷雾质谱法（HPLC-ESI-MS）：研究表明，在传统的高效液相色谱法的基础上，连接电喷雾质谱测定 ACE 的抑制率能很好地将反应产物从混合物中分离出来，明显提高了实验结果的准确性和重复性。另外还可以降低底物浓度，简化预处理过程。

6. 高效毛细管电泳

高效毛细管电泳（HPCE）是一种发展迅猛的新型的分离分析技术，具有分析时间短、分离效率高、适应性广、检测限低、进样量小、溶剂消耗少、自动化程度高等优点。它作为高效液相色谱分析的补充，近十多年来在蛋白质、氨基酸、无机离子、有机化合物、药物的分离分析方面已经得到广泛应用。辛志宏等研究利用高效毛细管电泳测定血管紧张素转化酶抑制剂卡托普利的抑制活性，前期实验操作和 Cushman 相似，将反应后混合物采用熔融石英毛细柱（57cm×75μm ID）进行检测，电泳缓冲液为 pH8.3 的 50mmol/L 的磷酸盐缓冲液，电泳温度 25℃，进样压力 4.8kPa，进样时间 3s，分离电压 2kV，检测波长 228nm 进行检测。结果在 7min 内使反应物和产物完全分离，并测定卡托普利的 IC_{50} 值为 0.019μmol/L。

张玉忠等在判断海洋蛋白酶解物抑制 ACE 活性的研究中，前期实验操作也和 Cushman 相似，将反应后混合物直接在毛细管电泳仪上进行检测，毛细管电泳仪为 Beckman CoulterP/ACEMDQ 装置，配备有 PDA 检测器，数据采集、分析、系统控制用 P/ACEMDQ 软件，进样压力为 6894.76Pa，时间为 5s，电泳电压 20kV，紫外吸收为 228nm，电泳时间 5min，电泳缓冲液为 pH9.18、20mmol/L 的硼酸缓冲液，结果表明，底物和产物马尿酸分别在 2.5min 和 3.5min 出峰，利用生成马尿酸的浓度来计算出对 ACE 的抑制效率。

Sigrid、Van Dyck 等利用毛细管电泳测定血管紧张素转化酶抑制剂的抑制效果时，将底物（含或不含抑制剂）和 ACE 配置成一定浓度的溶液，按照酶-底物-酶的顺序注入毛细管中（0.3psi，5s），然后注入少量水。毛细管浸入缓冲溶液中，反应结束后通过 6kV 的电压对产物进行分离检测，在对反应混合物的电泳分离后，通过测定吸光度的方法测定产物马尿酸的生成量，从而计算出对 ACE 的抑制效率。

Hillaert 等利用毛细管电泳对利尿剂和几种常见 ACE 抑制剂的研究表明，缓冲溶液的 pH 和浓度是影响出峰的关键因素。采用熔融石英毛细柱（57cm×75μmID），电泳缓冲液为 pH7.25 的 100mmol/L 的磷酸钠缓冲液，电泳温度 20℃，分离电压 20kV，检测波长 214nm 进行检测时，能很好地将利尿剂和 ACE 抑制剂进行分离。

综上所述，虽然目前对于 ACE 抑制率已经有很多不同的测定方法，但是不同的测定方法有不同的特点和应用范围，紫外分光光度和可见光分光光度法对设备要求不高，应用广泛，可以作为初步筛选的方法，但重复性较差。色谱法灵敏度高和重现性好，但对设备要求较高，可以作为合成抑制剂和经初步筛选后的测定。因此，对于不同的实验要求可以采用不同的测定方法，以提高效率。同时，建立快速、高效的测定方法还有待于进一步的研究。

（二）体内活性测定进展

有研究表明，经体外检测具有较高 ACE 抑制率的抑制剂在体内并不一定具有较高抑制效率。这是因为经过消化道内酶的分解后，一些具有活性的物质会被降解为失去活性的物质。因此再经过体内检测以确定其功效是 ACE 抑制剂评价的一个必要手段。体内检测方法主要是动物实验。目前，用于高血压实验的动物主要有大鼠、犬和兔子。模型有肾血管性高血压模型、自发性高血压大鼠模型、药物诱导性高血压大鼠模型、应激性高血压动物模型、神经源性高血压模型等，其中较常用的是前三种。

肾血管性高血压模型是一种通过手术制造的高血压模型。肾血管性高血压为一侧或两侧肾动脉主干或分支狭窄、阻塞使肾血管流量减少导致肾缺血引起的高血压，为继发性高血压最常见的病因。因此，动物肾动脉狭窄能非常相似地复制出高血压模型。

自发性高血压大鼠模型是最接近人类高血压病变过程的动物模型。由日本学者Okamoto 培育的突变系大鼠的自发性高血压的变化与人类相似，其后代 100%于出生后数月自然发生高血压病状。其并发症有脑栓塞、脑梗死、脑出血、肾衰竭、心力衰竭等。该突变系大鼠的出现，不仅解释了高血压的发病原因，而且是降压药物研发不可缺少的动物模型，是目前应用最广泛的高血压模型。自发性高血压大鼠用于科研和实验研究既方便，影响因素少，应是首选。但此方法受到一定的限制，在实验前至少半年就须预定所需动物的数量，而且不是所有动物培育场都有培育这种大鼠的条件。由于要求条件高，所需时间长，自发性高血压大鼠造价较高。

药物诱导性高血压大鼠模型也时常用的一种。郭铃选用 3~4 周龄大鼠各 20 只，将药 N-硝基-L-精氨酸甲基（L-NAME）掺入饲料中饲养两周，每周称体重两次，及时调整给药剂量，同时测血压。高血压大鼠为收缩压 140~180mmHg 舒张压 90~100mmHg。结果两周后存活 17 只，符合高血压要求的 16 只，成功率 80%。丁向东等用左旋硝基精氨酸 15 mg/（kg·d）分两次腹腔注射，连续 4 周。以此方法造模后小鼠第一周血压开始增高，以后血压呈逐渐增高趋势，至第二周为持续稳定性高血压。王满霞等给家兔腹腔注射 L-NAME 15mg/（kg·d），2 次/d，连续 2 周，第三周开始减量 L-NAME 10mg/（kg·d），2 次/d，再连续 2 周，以此方法来制备家兔高血压模型。这种方法的优点在于一般实验室可自行制备获得，并且时间和数量由自己掌握，有利于整个实验的安排。

根据实验需要购买一定数量的动物，适应环境饲养一周后将其分组进行造模，成功后用于实验。通过灌胃不同剂量的样品或饲喂一段时间，测定其血压和心率。比较实验组之间及实验组与对照组之间血压变化差异的显著性，以此来判断样品的 ACE 抑制效率大小。

动物实验持续时间较长，而且对实验环境要求较高，费用相对较高。针对不同的实验样品，在剂量、测量间隔、时间、方法等方面也不同。体内检测方法由于成本较高和持续时间较长使其广泛应用受到一定的局限。对于开发一系列新的血管紧张素转化酶抑制剂来说，利用体外检测方法进行快速而准确地筛选是目前常采用的手段，但是体内检测方法尤其是临床实验是产品实现工业化的必经阶段。

四、降压肽实际运用中存在的问题与应用前景

（一）存在的问题

1. 溶解度问题

溶解度是降血压肽在实际应用中必须要考虑的一个问题。降血压肽虽然富含疏水性氨基酸，但由于其相对分子质量较小，因此溶解度比较大。人们研究了大豆蛋白水解度

与浓度的关系，发现在一定的范围内，大豆多肽的溶解度与水解度呈直线关系，经过酶解的大豆多肽具有较好的溶解度，因此添加到流体食品中不会影响其感官品质。有人测定了大豆多肽在不同环境条件下的物化特性，结果发现蛋白酶水解后的产物的溶解度比未经水解的大豆分离蛋白有了极大的提高，均为 90%以上，并且在任何 pH 下都不会沉淀。根据以上事实可以得出，在实际生产中只要控制产品的相对分子质量在一定范围内，就可以使产品具有较高的溶解度。

2. 苦味及其解决方法

降血压肽产品常有一定的苦味，从而影响了其口服性。产生苦味的原因主要有以下几点。

其一，蛋白质水解过程中生成一定量的游离氨基酸，如 Val、Leu、Ile、Met、Phe、Thr、Arg、His 和 Pro，这些氨基酸在游离状态时均带有一定的苦味。

其二，有些氨基酸本身并不具有苦味，但在水解过程中可转化成呈苦味的衍生物，如酪氨酸在衍变成龙胆酸化合物后，其苦味十分强烈；有些氨基酸与其他成分结合后，也可生成有苦味的结合产物，如精氨酸、赖氨酸等与盐酸反应生成的盐类产物都具有一定的苦味。这类苦味物质的特点是相对分子质量较小，水溶性高，流动性大，其苦味扩散速度比较迅速，故很容易产生苦味。

其三，由于水解不完全，所生成的一些具有苦味的含疏水性氨基酸的小分子肽类，也是导致蛋白质水解物产生苦味的一个主要原因。因此具有降高血压活性的多肽一般都具有较强的苦味。消除苦味是降血压肽实际应用必须解决的一个问题。

到目前为止，蛋白质水解物的脱苦方法有以下几种。

掩盖法：采用环状糊精、多磷酸盐、谷氨酸、天冬氨酸、柠檬酸等物质来掩盖苦味肽的苦味。

膜分离法：利用苦味物质相对分子质量较小的特性进行超滤膜分离。

酶法或微生物降解法：利用外切蛋白酶水解掉苦味肽末端的疏水性氨基酸，从而消除苦味。

择性分离法：利用苦味物质的疏水性，采用乙醇抽提或疏水性树脂吸收去除苦味。

这 4 种方法中，掩盖法有可能用于降血压肽的脱苦，其他 3 种方法会造成活性物质的损失。

3. 今后研究的重点与应用前景

（1）今后研究的重点

降血压肽由于其特殊的生理功能而受到人们的广泛关注，日本早在 20 世纪 90 年代就对降血压肽进行了深入的研究。一些新的降血压肽逐渐被发现和确认，由食用蛋白质研制的降血压肽应用前景巨大。虽然降血压肽显示了成为药物的巨大潜力，但要真正成为药物，目前还有许多工作要做，今后研究的重点在于：降血压肽在加工过程中的变化；降血压肽分离纯化方法的完善；降血压肽的溶解度增大和苦味的去除。

（2）应用前景

血管紧张素转化酶抑制剂（ACEI）是现今治疗高血压与心力衰竭的主要的有效药物。

此外，ACE 抑制剂还有抗心肌缺血、保护血管内皮细胞、纠正血脂紊乱和抗动脉粥样硬化等作用。自 1981 年第一个口服有效的 ACE 抑制剂卡托普利（captopril）被批准应用以来，现在各国批准应用的 ACE 抑制剂至少有 18 种，正在研制的超过 80 种。然而，人工合成的 ACE 抑制剂在临床应用过程中往往会产生不同程度的不良反应如咳嗽、味觉功能紊乱及皮疹等。因此，寻找天然的、安全的 ACE 抑制剂引起了研究者的极大兴趣。来源于食物蛋白质的 ACE 抑制肽因其独特的优点引起了人们的极大关注。实验表明，这些食物蛋白源 ACE 抑制肽对自发性高血压大鼠（spontaneously hypertensive rat，SHR）及高血压患者具有降压作用，而对正常血压大鼠及人无降压作用。另外，这些肽是经食品级酶在温和条件下处理获得的，安全性高。食物蛋白源 ACE 抑制肽在开发具有降压功能的功能食品中具有广阔前景。

我国对降血压肽的研究刚刚起步，但已经引起人们的重视，相信在未来几年里将会有大量的降血压肽药物进入临床实验。

第三节　海蜇降压活性肽

我国是世界上最早研究开发利用水母资源作为食物的国家。早在 1000 多年前的汉晋时期就有食用海蜇的记录，如《太平御览》卷九四三引《广志》云："水母如羊，在海中常浮，闻人声沉水底，可生切食"。

海蜇不仅是美味佳肴，也是治病良药。我国医药对海蜇的应用历史悠久。祖国医学认为海蜇性味咸平，入肺、肝、肾、大肠经，有润肺、化痰、止咳、清热、消食、润肠等功效。

药理研究证明：海蜇头原液有类似乙酰胆碱的作用，能降低兔血压，并可使兔的体表（耳廓）血管及蛙的周身血管表现舒张，因此能够扩张血管，降低血压。美国 Auburn大学的研究小组报道：低剂量海蜇胶原质喂养的实验鼠有显著地减少或减轻抗原引起的关节炎症状的现象。水母刺丝囊内的毒素是一种多肽物质，对心脏有收缩作用，可作为医治心血管系统疾病的筛选药物。

一、海蜇降压活性肽的制备

（一）工艺流程

制取海蜇降压肽的工艺流程如下：

海蜇→冲洗浸泡→切碎，组织匀浆→杀菌→酶解→杀酶→冷却、过滤→超滤→

超滤液→缓释 → 冷冻→冷冻干燥→粉末 A

喷雾干燥→粉末 B

调味、脱苦→灌装→高压灭菌

（二）流程说明

1）海蜇前处理：称取 100g 海蜇，冲洗去泥沙、杂质及盐分，清洗干净后浸泡数天。

2）浸泡后捞出，控净水，加 200mL 蒸馏水，切碎，然后放入组织搅碎机中匀浆。

3）将匀浆后的浆体杀菌。

4）酶解过程：将打浆好的海蜇冷却后放入大烧杯，搅拌加入一定量的蛋白酶，在一定温度下恒温酶解数小时，取样。

5）灭酶：酶解完成后，将水解液取出，沸水灭酶10min，冷却后将其过滤得到上清液。

6）超滤是将物质按不同相对分子质量大小进行分离的技术。将水解液灭活后，过滤，过滤液分别通过不同相对分子质量的超滤膜，收集滤过液。

7）将清夜尽快冷冻干燥（注意冷冻时间越短越好，因冷冻会对降压效果有影响）得到冻干粉，或经过灌装、高压灭菌得到海蜇降压肽口服液。

称取100g海蜇，加200mL水，组织绞碎机绞碎，加中性蛋白酶于45℃，pH7.0条件下恒温水解一定时间。酶解完成后，将水解液在沸水浴中灭酶10 min，然后将其过滤得到上清液。用5000Da超滤膜超滤，得到滤过液，经过灌装、高压灭菌得到海蜇降压肽口服液。另一部分经过真空冷冻干燥得到海蜇降压肽冻干品。

二、海蜇降压活性肽的降压活性研究

（一）活性肽剂量与降压幅度的量-效关系

刘景霞等研究发现，分别给药物致高血压兔子和手术致高血压兔子灌胃折合20mg/kg·bw、40mg/kg·bw、60mg/kg·bw、80mg/kg·bw、100mg/kg·bw 的海蜇降血压肽溶液，收缩压的变化如图3-2所示。可见，在20~60mg/kg·bw 计量范围内，降血压肽的剂量与两种模型的收缩压降压效果均成一定的正相关性。灌胃剂量超过60mg/kg·bw 时，血压下降值都基本趋于平缓。

（二）降压肽对两种高血压模型的降压效果随时间的变化

刘景霞等给高血压模型兔子灌胃降压肽60mg/kg·bw，30min 记录一次血压值（收缩压 SBP，舒张压 DSP）。两种高血压模型的血压降低情况测量如图3-3所示。灌胃30min左右，B2、C2 组血压逐渐降低，趋于正常，降幅分别为40mmHg 和60mmHg 左右，维持此值约4h 开始上升，2h 左右后恢复至灌胃前的水平。灌胃生理盐水的B1 组、C1 组及A1 组，在整个实验周期内血压无显著变化。

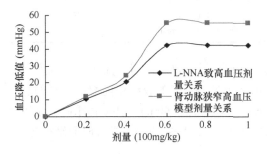

图3-2 降压肽对各高血压模型的剂量关系
Chart 3-2 Reletionship between effect of two modle blood pressure and injection does

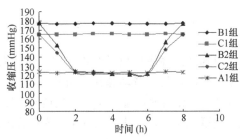

图3-3 降压肽对两种模型血压的影响
Chart 3-3 Influence of oral liquid from jellyfish on SBP of two models

（三）降压肽剂型对降压效果的影响比较

给肾动脉狭窄致高血压的组兔子灌胃 20mg/kg、40mg/kg、60mg/kg、80mg/kg、100mg/kg 体重的液体海蜇降压肽与冻干品，各收缩压的变化如图 3-4 所示。由此可见，两者剂量相同时的效果几乎没有差别。因此，真空冷冻脱水干燥对降压肽的作用没有影响，即剂型对降压效果没有影响。

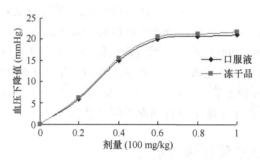

图 3-4　降压肽不同剂型对肾动脉狭窄模型的影响
Chart 3-4　Influence of different dosage form on renal arterial stenosis model

（四）降压肽剂量与降压幅度、压降时间的关系

对手术致高血压兔子灌胃不同剂量的海蜇降血压肽口服液，灌胃剂量、血压下降区间及降压维持时间如表 3-2 所示。

表 3-2　B2 组灌胃剂量与降压效果、持续时间的关系
Table 3-2　Relationship between effect and time of decreasing blood pressure and injection dose on B2 model

灌胃剂量/mg/kg 体重	实验前正常值/mmHg	变化区间/mmHg	低压维持时间/h
3.0	125.1~128.5	174.3~170.7~174.1	0.3
5.0	121.8~124.3	172.4~165.0~171.6	0.6
10.0	124.6~127.1	173.7~158.5~173.0	1.5
20.0	123.3~126.4	178.2~141.3~178.5	3.0
40.0	121.6~127.9	173.2~130.0~173.1	4.5
50.0	124.2~128.4	176.8~126.4~176.5	5.5
60.0	121.5~126.3	177.3~124.8~177.0	6.5
80.0	119.4~124.8	174.6~120.5~173.7	8.0
100.0	125.8~128.2	175.5~121.2~175.1	9.5

对药物致高血压兔子灌胃不同剂量的海蜇降血压肽，灌胃剂量、血压下降幅度及降压维持时间趋势与肾动脉狭窄组几乎相同。由此可见，兔子的收缩压随灌胃剂量的加大而降低，且维持时间逐渐延长。当达到一定剂量，即不低于 60mg/kg·bw 体重时，血压降低至接近正常值，继续增加剂量，降压程度趋于平缓，降压后的平衡维持时间继续延长。

（五）降压肽对正常兔子血压的影响

给正常兔子分别灌胃 1.0mg/kg·bw、2.0mg/kg·bw、4.0mg/kg·bw、8.0mg/kg·bw 和

10.0mg/kg·bw 海蜇降血压肽，测量其分别对正常兔子血压的影响，结果如图 3-5 所示。可见，直至灌胃 6h 血压无明显变化。说明海蜇降血压肽对正常兔子的血压无影响，因而使用安全性很高。

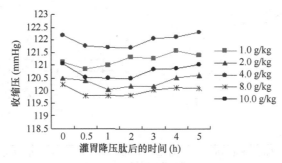

图 3-5　降压肽对正常兔子收缩压的影响
Chart 3-5　Influence of oral luquid from jellyfish on SBP of normal rabbits

（六）海蜇降压肽体内降压活性与体外抑制作用的相关性比较

研究中采用了不同工艺条件下制造的 4 种海蜇降压肽，由表 3-3 可见，用量相同条件下，虽然样品 1 和 2 抑制率较小，样品 3 和 4 抑制率较大，其中样品 3 抑制率最高，但是综合图 3-6 和表 3-3 可以看出，海蜇降压肽体内和体外的降压效果趋势是一致的。

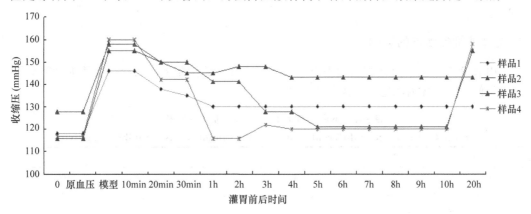

图 3-6　不同样品的体内降压效果
Chart 3-6　Anti-hypertensive effect of the different samples *in vivo*

表 3-3　不同样品的体外 ACE 抑制率
Table 3-3　ACE inhibitory activity of different samples *in vitro*

分组	0	样品 1	样品 2	样品 3	样品 4
样品	对照	6h	8h	9h	10h
抑制率/%		57.7	53.5	63.3	60.8

（七）不同处理条件对体内降压效果、体外抑酶活性的影响

1. 对体内降压效果的影响

将制得的液体海蜇肽分别进行 120℃灭菌，冰冻 12h 后解冻，真空浓缩至原体积的

1/2，分别灌胃（相同体积液体海蜇肽）肾动脉狭窄型高血压组兔子，20h 内血压变化情况如图 3-7 所示。

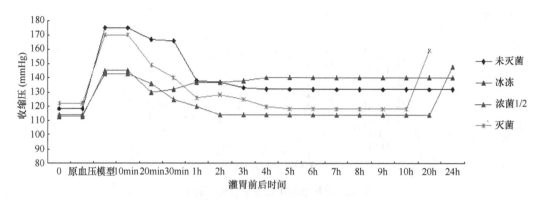

图 3-7　样品不同处理条件对结果的影响

Chart 3-7　Influence of different process to the same sample on hypertension

由图 3-7 可见，与未处理的样品相比，高温灭菌不仅没有降低降压效果，反而使其效果变得更好，而冰冻使降压效果明显低。浓缩后的样品，虽然也灌胃同样体积，但相当于多灌胃一倍的有效成分，但是降压效果并没有明显改善，与高温处理过的差不多。实验中还发现，加入糊精做成的缓释剂之后，压降维持时间由原来的 15h 延长到 20h 以上。

2. 对体外抑酶活性的影响

由表 3-4 可见，灭菌和浓缩均不能明显改变样品的抑制率，而冷冻会使抑制率有很大的降低。这与体内测定的结果基本一致。

表 3-4　不同处理对样品 ACE 抑制率的影响

Table 3-4　Influence of different process to the sample on ACE inhibitory activity

分组	0	1	2	3	4
样品	对照	未灭菌	灭菌	冷冻	浓缩 1/2
Area	15 158.0	7 897.4	8 406.0	10 797.2	6 927.3
抑制率/%		47.9	44.5	28.7	54.3

（八）模拟体内消化处理对降压肽活性的影响

1. 模拟体内消化处理对降压肽体内降压活性的影响

经过胰液消化的降压肽的降压效果基本不变，经过胃液和胃胰液消化后的降压肽的降压效果略有降低，变化也不大，其降压效果仍然很强（图 3-8）。说明海蜇降压肽具有一定的抗消化能力。

2. 模拟体内消化处理对降压肽的体外 ACE 抑制率的影响

由表 3-5 可见，胃液消化后的肽抑制率降低，胰液和胃胰液消化后的降压肽抑制率变化不大，说明消化液对降压肽的降压效果影响不大，降压肽具有抗消化的能力。

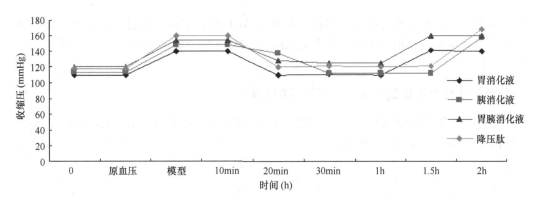

图 3-8　模拟消化作用对降压的影响
Chart 3-8　Influence of simulative digestion

表 3-5　体外模拟消化作用对 ACE 抑制率的影响
Table 3-5　Influence of simuLative digestion *in vivo* on ACE inhibitory activity

管号	0	1	2	3	4
样品	对照	降压肽	胃消化液	胰消化液	胃胰消化液
Area	26 902.6	12 384.8	17 149.8	13 396.3	15 169.8
抑制率/%		53.9	36.2	50.2	43.6

（九）脱苦与缓释处理方法的选择

在未水解的蛋白质中，疏水性氨基酸基团被包埋在分子的内部，不与味蕾接触，因而苦味不能被感觉。经过水解，肽键被打开，这些疏水性氨基酸暴露在分子表面，因而能与味觉细胞接触产生苦味。随着水解度的增加，疏水性氨基酸暴露的程度越来越大，苦味越来越强。通过控制疏水性氨基酸的影响，能够消除水解液的苦味。

1. 脱苦与缓释处理对降压肽的体外 ACE 抑制率的影响

刘景侠等选择了 4 种脱苦的方法进行实验。

第一种：β-环糊精包埋脱苦。

第二种：粉末活性炭吸附脱苦。

第三种：香料掩盖脱苦。

第四种：先粉末活性炭吸附，后 β-环糊精包埋脱苦。

将脱苦处理过的样品进行感官评定，同时测定其 ACE 抑制率。

由表 3-6 可见，表面上看是第三份处理较好，即香料掩盖法。加入 β-环糊精使抑制

表 3-6　不同脱苦方法的效果
Table 3-6　Effect of different debitterizing

编号	感官评定	抑制率/%
1	略有苦味	38
2	没有苦味	56
3	没有苦味，有香味	67
4	完全没有苦味	31

率明显变小，考虑可能是由于环糊精将部分有 ACE 抑制效果的肽包裹了起来，而体外测定只能测定暴露在溶液中的肽，致使测定的抑制率降低。也许体内降压效果会有所不同。

2. 脱苦与缓释对降压肽的体内降压活性的影响

对肾动脉狭窄新型高血压兔子分别灌胃不同脱苦与缓释处理后的样品，测量 24h 内血压的变化情况，结果图 3-9 所示。

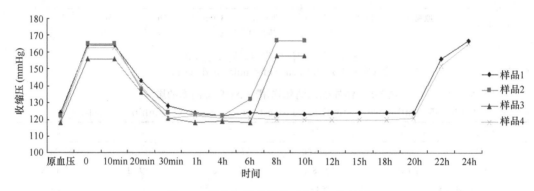

图 3-9 脱苦与缓释样品对高血压的效果

Chart 3-9 Effect of debitterizing and delayed release samples on hypertension

由图 3-9 可见，样品 1 和样品 4 由于加入 β-环糊精之后对降压肽产生了缓释效果，其体内的降压效果并没有降低；虽然样品 2 和样品 3 在体外活性抑制率较高，但体内降压效果并不与之一致。

三、海蜇降压肽与药物降压效果的对比

（一）降压肽与常用降压药物的体外降压活性对比

选用了几种临床上常用的降压药物与海蜇降压肽进行体外抑制活性对比。

由表 3-7 可见，在相同剂量条件下，北京 0 号降压抑制率最低，贝那普利抑制率最高达 64.9%，降压肽次之，而缬沙坦和伲福达没有抑制效果，可能是因为它们不是 ACE 抑制肽，降压原理不同于 ACEI，在体内可能有效，但在体外没有它们发挥作用的环境，所以测定不出它们的抑制率。

表 3-7 降压肽与三类（四种）代表性药物的量-效关系比较

Table 3-7 CoMPared dose-effect of jellyfish ACEIP with three kind of medications（four types）

Track	0	1	2	3	4	5
样品	对照	降压肽	北京 0 号	缬沙坦	伲福达	贝那普利
剂量/mg		10	10	10	10	10
Area	26 007.7	12 733.4	19 026.4	27 292.3	26 117.2	9 117.3
抑制率/%		51.0	26.8	—	—	64.9

（二）降压肽与常用降压药物的体内降压活性对比

1. 降压肽与钙离子拮抗剂类降压药伲福达的降压效果对比

对高血压模型组兔子分别灌胃降压药和肽，其用量为降压肽 100.0mg，伲福达 10.0mg，测定血压，观察 24h 内血压的变化情况，结果如图 3-10 所示。

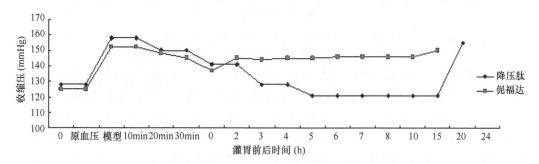

图 3-10 降压肽与伲达降压效果的比较
Chart 3-10 Effect of jellyfish ACEIP compared with nifedipine

由图 3-10 可见，在灌胃剂量相同条件下，伲福达不能对肾动脉狭窄高血压模型起到降压效果，可能是因为伲福达是钙离子拮抗剂，对此模型降压效果不明显。

2. 海蜇降压肽与血管紧张素 II 受体拮抗剂类降压药缬沙坦的降压效果对比

分别对高血压模型组兔子灌胃降压肽 100mg 和缬沙坦 10.0mg，测定 24 小时内血压的变化情况，结果如图 3-11 所示。

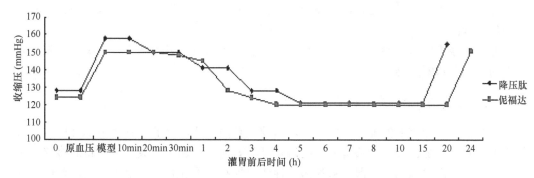

图 3-11 降压肽与缬沙坦降压效果比较
Chart 3-11 Effect of jellyfish ACEIP compared with valsartan

由图 3-11 可见，在灌胃剂量正常条件下，海蜇降压肽比缬沙坦降血压肽作用时间较快，维持时间较短，但如果加大剂量也会达到与缬沙坦维持时间相同的效果。

3. 海蜇降压肽与 ACE 抑制剂类降压药贝那普利的降压效果对比

对高血压模型组兔子分别灌胃降压肽 100mg，贝那普利 10.0mg 测定 24h 内血压的变化情况，结果如图 3-12 所示。

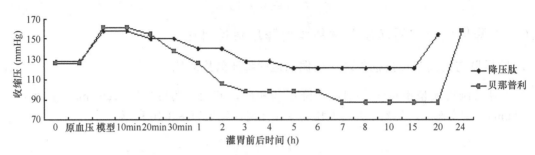

图 3-12　降压肽与贝那普利降压效果的比较
Chart 3-12　Effect of jellyfish ACEIP compared with benazepril

由上图可见，海蜇降压肽与盐酸贝那普利相比，贝那普利应用剂量比海蜇肽小，而降压幅度却大一些。但有一点值得注意，笔者在研究中发现：随着贝纳普利剂量的加大，实验动物的血压会越来越低，直至引起低血压，这样大的落差对高血压病人是极为不利的。而降血压肽不会出现这种情况，剂量加大到一定量后，实验动物的血压逐渐降低接近正常血压，不再继续降低，即使继续加大剂量，只使压降时间延长，这就保证了病人血压的稳定，避免意外情况的出现。

第四节　海　参　肽

一、海参肽的功能特性及其应用

海参属棘皮动物的刺参科，其生存已有 5000 万年之久。海参是人们熟悉的海产珍品，素有"海中人参"之称。《五杂俎》说："其性温补，足敌人参，故曰海参。"

海参被列为海味八珍之首，营养十分丰富。干刺参中含蛋白质 76.5%，是典型的高蛋白优质食品。

海参肽系指鲜活海参经蛋白酶水解并精制后得到的以小分子肽为主、多种功效成分共存的蛋白质水解产物。

（一）海参肽的主要理化特性

溶解性是肽最重要的理化性能之一，即使是有限的或部分的水解作用都会使最终水解物的溶解性增加。经生物酶解制得的海参肽与普通物理加工制成的海参粉的溶解性实验结果表明，海参肽比普通海参粉的溶解性明显提高，尤其是在等电点附近，普通的海参粉会形成沉淀，而海参肽则保持良好的溶解状态，溶解度可达 99% 以上。这种溶解性的增加是由于肽的小分子和离子化的氨基、羧基数目增加而增加了亲水性。利用这种性质，可以改善蛋白质食品的硬度和口感，在保健食品功能因子的配料方面，特别是对老年食品的加工非常重要。

良好的稳定性是海参肽的另一个主要理化特性。蛋白质水解物的稳定性是指含水解物产品的热稳定性、与其他组分共处时的稳定性及储存的稳定性。海参肽与普通海参粉热处理的研究表明，经过高温长时间（105℃，4h，标准水分测量）处理后，海参肽仍保持良好的可溶性，而此时普通海参粉的溶解性极差。静置后，海参肽仍呈均一的溶解状态，普通海参粉则沉淀分层。良好的稳定性有利于生产口服液及饮料加工，海参肽可加工成口服液或添加在饮料中作为营养的强化。

低黏度性也是其一个重要的理化特性。普通海参粉液体在加热到 100℃以上过程中，黏度随着浓度的增加而增大，这是由于海参粉仍属于高分子蛋白质，相对分子质量越大，其溶液黏度越大。而海参肽溶液没有这种变化，即使是浓度达 80%以上仍能保持良好的流动性，高温加热也不产生胶凝。这种低黏度性表明海参肽具有良好的加工特性。利用这一特性，将海参肽添加到其他食品中，使加工变得容易，并能调整食品的质构，改善食品的硬度。

（二）海参肽的生物学特性及保健功能

易消化吸收。生物效价高是海参肽的主要生物学特性之一。现代生物代谢研究表明，人体摄入的蛋白质食物经消化道酶作用后，主要是以低聚肽的形式吸收。小分子低聚肽比单一氨基酸吸收更快，更容易被机体吸收利用，在人体代谢方面有着更重要的生物活性。因此，经酶解制得的海参肽比普通海参制品有更高的生物效价、有更重要的生理功能，这是海参肽优于其他海参制品和其他食参方法的根本所在。

无抗原性。食用安全性是其另一个优点，或者叫生物学特性。众所周知，过敏反应是一种异常的病理性免疫应答。食物过敏反应通常表现为慢性或急性消化道病、呼吸道病、皮肤不适，甚至是过敏性休克。许多婴幼儿和成年人患有食物过敏症。这种致敏成分通常是食物中的高分子蛋白质，食物过敏者即使是摄入极少量的此类蛋白质也会引起明显的过敏反应。治疗过敏症的一个有效方法是完全避免过敏性蛋白质的摄入，但对于许多患者，过敏的食物种类很多，能选择不引起过敏的食物种类很少，如选择"完全避免"方式治疗过敏症，就不可避免地引起营养不良。因此，选择既能满足营养需要，又无过敏隐患的食品非常重要，蛋白质的酶降解是消除蛋白质过敏源的最有效方法。海参肽无抗原性，食用后不会引起任何过敏反应，安全性高。

水产蛋白肽具有降血压功能已得到大量实验证实。研究发现，海参活性肽也具有降血压、预防心脑血管疾病的保健功能。降血压肽是通过抑制血管紧张素转换酶（ACE）的活性来体现降血压功能的，因为血管中的 ACE 能使血管紧张素 X 转换成 Y，后者能使末梢血管收缩而导致血压升高。海参肽能抑制 ACE 活制，因而能防止血管末梢收缩起到降血压作用。这种降压作用对正常血压没有影响，所以它对心血管疾病患者有显著疗效，而对正常人体无害，安全可靠。

有研究者报道，海参肽具有抗疲劳、增强体力的保健功能。王洪涛等研究了海参肽对小鼠的抗疲劳作用（表 3-9）和对体重的影响。研究结果表明，与对照组相比，实验组小白鼠的负重游泳和转棒时间明显延长。经过 t 检验得出，各个剂量组和对照组比较差异显著（$P<0.05$ 或 $P<0.01$）。其中中剂量组的游泳时间和低剂量组的转棒时间比对照组提高了一倍以上。以上结果表明：海参肽能明显延长受试小白鼠的负重游泳时间和转棒时间，但是对小鼠体重的增长没有明显影响（表 3-8）。

王洪涛等还研究了海参肽对运动后小鼠血尿素氮和肝糖原含量的影响。

从表 3-10 可以看出，实验组小白鼠运动后的血尿素氮含量明显低于对照组，肝糖原含量明显高于对照组，差异均有显著性（$P<0.05$ 或 $P<0.01$）。尤其是低剂量组的效果

表 3-8　海参肽对小鼠体重的影响（X±SD，n=10）

Table 3-8　The influence of sea cucumber polypeptide on mice body weight（X±SD，n=10）

组别	给药前	1 周后	2 周后	3 周后	4 周后
对照组	18.43±0.83	24.50±3.21	27.98±4.15	30.37±6.19	31.93±4.35
低剂量组	18.13±0.98	25.15±2.75	28.21±4.31	31.65±4.16	32.95±3.85
中剂量组	18.52±0.87	23.04±4.59	24.98±5.15	29.68±4.18	31.33±4.71
高剂量组	18.64±1.05	21.60±2.94	25.91±5.28	28.84±6.61	31.63±4.17

表 3-9　海参肽对小白鼠负重游泳和转棒时间的影响（X±SD，n=10）

Table 3-9　The influence of sea encumber polypeptide on mice weight loading swimming and the wonderful time（X±SD，n=10）

组别	游泳时间/s	增长率/%	转棒时间/s	增长率/%
对照组	719±258		946±235	
低剂量组	1406±411**	95.5	1903±511**	101.0
中剂量组	1481±517**	106.0	1540±499**	62.8
高剂量组	943±91*	31.2	1195±256*	26.3

*表示与对照组相比，$P<0.05$，差异显著；**表示与对照组相比，$P<0.01$，差异极显著

表 3-10　海参肽对运动后小鼠血尿素氮和肝糖原含量的影响（X±SD，n=10）

Table 3-10　The influence of sea encumber polypeptide on mice after exercise，blood urea nitrogen and the content of hepatic glycogen（X±SD，n=10）

组别	血尿素氮含量/（mmol/L）	降低率/%	肝糖原含量/（mg/g）	提高率/%
对照组	9.44±2.20		7.16±1.89	
低剂量组	6.10±1.38**	35.4	9.63±1.03**	34.5
中剂量组	7.39±1.74*	21.7	9.00±1.20*	25.7
高剂量组	7.03±1.01**	25.5	8.99±1.15*	25.6

*表示与对照组相比，$P<0.05$，差异显著；**表示与对照组相比，$P<0.01$，差异极显著

　　更好，同对照组相比，两个指标差异极其显著（$P<0.01$）。以上实验结果表明：对于运动后的小鼠，海参肽能明显降低其血尿素氮含量，提高肝糖原含量，使肌体对负荷的适应性增强，疲劳消除加快，显示出较强的抗疲劳作用，提高了肌体的耐力。

　　最终得出结论：海参肽对小白鼠体重无显著影响，能明显延长小白鼠负重游泳时间和转棒时间；显著降低了运动后小鼠的血尿素氮含量，提高了肝糖原含量。

　　卢连华等在研究中选择了运动耐力实验中的负重游泳实验和肝糖原、乳酸、血尿素氮 3 项生化指标进行研究，结果表明，海参肽明能显延长小鼠的负重游泳时间，显著降低运动后小鼠的血尿素氮含量和血乳酸水平，同时提高肝糖原含量。提示海参肽具有较强的抗疲劳作用。见表 3-11。

　　另有研究者发现，海参肽具有提高免疫力、抗肿瘤生物功能。相关的动物实验表明，海参肽能增强二硝基氟苯（DHFB）诱导小鼠迟发性变态反应（DTH）的形成，能增强小鼠腹腔巨噬细胞吞噬鸡红细胞的能力，能提高小鼠血球凝集程度，能提高小鼠 NK 细胞活性，说明海参肽能提高机体免疫功能。这种作用主要来自刺参中的酸性黏多糖。大

表 3-11　海参肽对小鼠游泳时间、血清尿素氮、肝糖原和血乳酸的影响（X±SD，*n*=10）

Table 3-11　The influence of sea encumber polypeptide on mice swimming time，serum urea nitrogen and hepatic glycogen and blood lactic acid（X±SD，*n*=10）

组别	*n*	游泳时间/s	血清尿素氮/mmol/L	肝糖原/g/100 g 肝组织	血乳酸曲线下面积
对照组	10	451±96	1.62±0.13	3.07±0.60	58.4±7.19
低剂量组	10	526±87	1.51±0.19	3.55±0.64	50.7±5.47
中剂量组	10	633±155*	1.42±0.10*	3.63±0.55*	48.6±4.85*
高剂量组	10	730±150*	1.26±0.06*	4.05±0.67*	47.0±5.10*

*表示与对照组相比，$P<0.05$，差异显著

量实践证明，海参肽对防御病毒侵袭、增强机体抗病能力效果明显，对放射线、放射性药物或肿瘤药物所引起的白细胞减少等症状能起到强有力的保护作用，对肿瘤的生成和转移有明显的抑制作用。

谢永玲等探讨了海参肽对小鼠免疫功能的影响。方法为海参经蛋白酶水解后制成小分子海参肽，小鼠经口灌胃，连续 30d。以半数溶血值（HC_{50}）测定小鼠血清溶血素的含量；Jerne 改良玻片法测定抗体生成细胞数；碳廓清法测定腹腔吞噬细胞吞噬功能；乳酸脱氮酶法（LDH）测定自然杀伤细胞（NK 细胞）活性。结果发现以下现象。海参肽对体液免疫的影响实验组（表 3-12），各剂量组 HC_{50} 值呈升高趋势，高剂量组与对照组比较，差异有显著性（$P<0.05$）。

表 3-12　海参肽对小鼠半数溶血值（HC_{50}）的影响（X±SD，*n*=10）

Table 3-12　The effects of sea encumber polypeptide on mice half hemolysis value（X±SD，*n*=10）

剂量/（mg/kg）	HC_{50}
对照	230.5±23.1
42	249.4±25.2
83	248.8±16.8
250	261.7±21.3

*表示与对照组相比，$P<0.01$

海参肽对小鼠抗体生成细胞实验组（表 3-13），各剂量组溶血空斑数呈升高趋势，低、高剂量组与对照组比较，差异有显著性（$P<0.05$）。

表 3-13　海参肽对小鼠抗体生成细胞的影响（X±SD，*n*=10）

Table 3-13　The influence of sea cucumber polypeptide antibodies generated cells in mice（X±SD，*n*=10）

剂量/（mg/kg）	溶血空斑数/×10^3/全脾
对照	33.3±9.2
42	44.8±8.4*
83	41.4±10.7
250	45.1±10.1*

*表示与对照组相比，$P<0.05$

　　海参肽对单核-巨噬细胞功能的影响实验组（表 3-14），各剂量组吞噬指数呈升高趋势，中、高剂量组与对照组比较，差异有显著性（$P<0.05$）。

表 3-14　　海参肽对小鼠碳廓清实验的影响（X±SD，$n=10$）

Table 3-14　　The influence of carbon indexes of sea cucumber polypeptide on mice（X±SD，$n=10$）

剂量/（mg/kg）	吞噬指数/a
对照	4.34±0.93
42	4.84±0.76
83	5.06±0.72*
250	5.28±0.73*

*表示与对照组相比，$P<0.01$

　　海参肽对 NK 细胞活性的影响实验组（表 3-15），各剂量组 NK 细胞活性呈升高趋势，中、高剂量组与对照组比较，差异有显著性（$P<0.05$）。

表 3-15　　海参肽对小鼠 NK 细胞活性的影响（X±SD，$n=10$）

Table 3-15　　The influence of sea cucumber polypeptide NK cell activity in mice（X±SD，$n=10$）

剂量/（mg/kg）	NK 细胞活性/%
对照	20.6±5.8
42	25.4±6.4
83	27.0±5.5*
250	27.5±5.3*

*表示与对照组相比，$P<0.01$

　　结果：海参肽上述免疫反应均有所提高，差异有统计学意义（$P<0.05$）。结论：海参肽对小鼠体液免疫功能、非特异性免疫功能、NK 细胞活性均有明显的增强作用（表 3-16）。

　　卢连华等研究发现，海参肽对小鼠细胞免疫有影响。

表 3-16　　海参肽对小鼠淋巴细胞增殖及转化的影响（X±SD，$n=10$）

Table 3-16　　The effects of sea cucumber peptide on mouse lymphocyte proliferation and transformation（X±SD，$n=10$）

组别	n	DTH 增加值/mm	淋巴细胞增殖能力/OD 差值
溶剂对照组	10	0.31±0.062	0.218±0.065
0.085g/kg 组	10	0.33±0.073	0.264±0.083
0.170g/kg 组	10	0.36±0.056	0.304±0.092
0.500g/kg 组	10	0.40±0.057*	0.349±0.075*

*表示与溶剂对照组比较，$P<0.05$

　　海参肽对小鼠体液免疫也有影响（表 3-17）。

　　并进一步发现，海参肽对小鼠单核巨噬系统功能的影响（表 3-18）。

表 3-17 海参肽对小鼠抗体及溶血素的影响（X±SD，*n*=10）

Table 3-17 The influence sea of the cucumber peptide antibodies and of hemolysin in mice （X±SD，*n*=10）

组别	n	溶血空斑数/×10³/全脾	HC₅₀
溶剂对照组	10	63.5±23.5	69.4±7.19
0.085g/kg 组	10	83.8±31.8	75.3±9.88
0.170g/kg 组	10	126.2±34.1*	80.7±9.43*
0.500g/kg 组	10	146.4±41.9*	94.1±10.7*

表 3-18 海参肽对小鼠单核巨噬细胞活性的影响（X±SD，*n*=10）

Table 3-18 The effect of the sea cucumber peptide on activity of mononuclear macrophages in mice（X±SD，*n*=10）

组别	n	碳廓清指数	吞噬指数
溶剂对照组	10	4.09±0.80	0.34±0.068
0.085g/kg 组	10	5.29±0.79	0.36±0.075
0.170g/kg 组	10	5.56±0.78*	0.41±0.069*
0.500g/kg 组	10	7.83±0.73*	0.46±0.084*

*表示与溶剂对照组比较，$P<0.05$

卢连华等研究认为：海参肽能促进小鼠迟发型变态反应和 ConA 诱导的脾淋巴细胞增殖能力，能明显增加小鼠的溶血空斑数、血清溶血素水平，小鼠巨噬细胞对鸡红细胞的吞噬率、吞噬指数及碳廓清指数也显著提高。提示海参肽能促进细胞免疫及体液免疫功能，增强单核-巨噬细胞的活性。

除此以外，研究还发现，海参多肽能抗氧化、延缓衰老。以往的研究认为，分子质量在 500~3000Da 内的多肽都具有抗氧化性，虽然海参肽的多肽组成主要是分子质量为2000Da 以下的小肽，但是依然具有很强的抗氧化能力，能除去生物体内自由基，能还原过氧化氢和过氧化脂质，保护生物膜，抗衰老。

付学军等研究发现，不同相对分子质量段海参肽的抗氧化性有所不同。

不同相对分子质量段海参肽的抗氧化性及浓度测定结果见表 3-19 及图 3-13。

表 3-19 海参肽抗氧化性及浓度

Table 3-19 The sea cucumber peptide oxidation resistance and concentration

组分名称	超氧阴离子清除率/%	羟自由基清除率/%	浓度/（mg/mL）	浓度比	超氧阴离子相对清除率/%	羟自由基相对清除率/%
$M_r{\leqslant}5kDa$	10.10	14.49	2.00124	1.077	9.38	13.45
$5KDa{<}M_r{\leqslant}10kDa$	3.58	31.01	2.02714	1.091	3.28	28.42
$M_r{>}10kDa$	6.43	65.19	1.98550	1.069	6.02	60.98
分子筛层析组分一	9.27	23.68	2.03900	1.097	8.45	21.59
分子筛层析组分二	9.02	60.02	1.85800	1.000	9.02	60.02

比较不同相对分子质量段海参肽的抗氧化性结果，可以看出，在不同相对分子质量段上的海参肽清除超氧阴离子的活性差别不大，对超氧阴离子的相对清除率在 3.28%~9.38%，清除率均较低。其中 $M_r{\leqslant}5kDa$ 的海参肽和其分子筛层析组分二的相对清除率较

高，几乎一致，均约为 9%；其次是分子筛层析组分一，相对清除率为 8.45%；清除率最低的是 5kDa<M_r≤10kDa 的海参肽，清除超氧阴离子的能力约为 M_r≤5kDa 的海参肽的1/3。说明海参肽清除超氧阴离子的活性与其相对分子质量没有太大关系，M_r≤5kDa 的海参肽清除超氧阴离子的活性相对强些。而不同相对分子质量段海参肽在清除羟自由基的能力存在较大差异，具有较强的清除羟自由基活性的海参肽主要是 M_r≤5kDa 的分子筛层析组分二和 M_r>10kDa 的海参肽，均超过 60%，清除能力是 5kDa<M_r≤10kDa 和分子筛层析组分一的海参肽的 3 倍。

　　研究得出结论：清除超氧阴离子的海参肽相对分子质量主要分布在 5kDa 以下，清除羟自由基的海参肽是在 5kDa 以下的组分二和 M_r>10kDa 的海参肽。而在其他同类研究中一般认为 M_r>10kDa 的海参肽几乎没有抗氧化作用，所以有必要对 M_r>10kDa 的海参肽作进一步的分离纯化和抗氧化研究。

　　陈卉卉等以东海海参为原料，采用酶法提取胶原蛋白。选取木瓜蛋白酶、风味蛋白酶及复合酶（木瓜-风味）在其最佳水解条件下水解，以自由基清除率为指标，确定最佳水解时间及酶种类。研究结果表明，用木瓜蛋白酶水解 4h 得到的多肽清除自由基的能力最强，清除率在 70%以上；多肽清除羟自由基和超氧自由基的 IC50 分别为 27.8mg/mL 和49.3mg/mL。通过超滤处理及 DEAE 琼脂糖离子交换柱（DEAE Sepharose FF）分离纯化抗氧化肽，得到分子质量小于 5kDa 的肽，其功能性最强。利用 HPLC 测定该肽的氨基酸含量，结果显示该肽段以甘氨酸（Gly）、丙氨酸（Ala）、谷氨酸（Glu）、脯氨酸（Pro）、天冬氨酸（Asp）、精氨酸（Arg）、丝氨酸（Ser）和苏氨酸（Thr）为主。

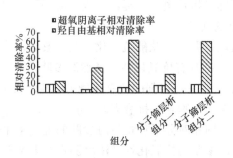

图 3-13　不同相对分子质量段海参肽抗氧化性比较

　　肖枫等研究了低值的芋参科海参——海棒槌（*Paracaudina chinens* var.）的胶原蛋白肽的制备、分离纯化及其清除自由基的活性。利用菠萝蛋白酶对海棒槌胶原进行酶解，所得产物对超氧阴离子自由基的清除率可达 52.20%。采用超滤和 Sephadex G-25 凝胶柱对酶解液进行分离纯化，得到清除超氧阴离子和羟基自由基能力较强的组分。

第五节　其他海洋活性肽

一、海洋生物抗肿瘤活性肽

　　海洋未被利用的有效面积约为陆地的 5~10 倍，海洋生物中 99%的物种尚未被利用。随着现代生物技术和化学技术的应用，反相高效液相色谱、FAB-MS、2D-NMR、手性色谱等技术的发展，近年来对海洋生物活性肽，特别是抗肿瘤活性肽的研究取得了很大进展。

（一）海洋抗肿瘤活性肽的来源

1. 海藻肽

藻类是海洋生物活性物质的重要来源。在已发现的海洋生物活性物质中 40.86% 来自藻类，而其他海洋生物中发现的活性物质有可能最初也来源于藻类。如最初从海绵（*Halichon dria okadai*）中分离出的大田软海绵酸（okadaic acid）的真正来源是与海绵共生的利马原甲藻（*Prorocentrum lima*）。

伪枝藻科（Scytonemataceae）藻类提供了多种细胞毒素，其中许多具有抗肿瘤活性。例如，从奇异伪枝藻（*Scytonema mirabile*）BY-8-1 藻株中分离出 38 种生物活性物质，其中有 24 种修饰多肽具有抗肿瘤活性，它们对 KB 细胞的 IC50 为 0.01~10mg/L。Patterson 等 1994 年从伪枝藻（*Scytonema pseudohofmanni*）中提取的 scytophycin B，是一种结构特殊的多肽类大环内酯化合物，对体外培养的 KB 细胞、大鼠 P388 白血病细胞和 Lewis 肺癌细胞具有强烈抑制作用。其作用机制是通过阻止 P 球蛋白的形成从而有效抑制肿瘤细胞增殖。在简孢藻（*C.ylindrospermum* sp.）中也发现了 scytophycin B 和 scytophycin E 等，对 KB 细胞的 IC50 为 2~10mg/ L。

Cryptophycins 是从念珠藻（*Nostoc* sp.）中提取的一系列多肽，共有 7 种，对小鼠移植的乳癌、卵巢癌、胰腺癌具有强列抑制活性。其中 Cryptophycin 1 活性最强，体内实验表明 Cryptophycin 1 对多药物抗性（multi-drug resistance，MDR）的肿瘤细胞系具有良好的活性，而 MDR 是影响肿瘤化疗效果的一个非常重要因素，这预示 cryptophycin 1 在临床方面将有良好的前景。同时与 cryptophycin 1 活性相似的 cryptophycin 8 已被半合成成功。

Koehn 等 1992 年从委内瑞拉水域的巨大鞘丝藻（*Lyngbya majuscula*）中分离出两种新颖的脂肽 microcolins A 和 microcolins B。体外实验显示对小鼠 P388 白血病细胞有抑制作用，IC50 为 0.4mg/L。Gerwick 等 1994 年发现取自长尾背肛海兔消化腺中的去溴海兔毒素（debromoaplysiatoxin）的真正来源也是巨大鞘丝藻，它具有抗白血病活性，对荷 P388 白血病肿瘤小鼠的生命延长率可达 67%（1.5mg/L）。

在蓝藻、红藻、隐藻和部分甲藻中存在的光合作用天线色素蛋白——藻胆蛋白具有光敏效应，可开发成为光敏剂用于肿瘤的激光治疗。1988 年 Morcos 等与 1995 年蔡心涵分别报道了藻蓝蛋白对小鼠骨髓癌细胞、大肠癌细胞 HR8348 及 S$_{180}$ 的光动态治疗效果。国外藻胆蛋白已用于皮肤癌、乳腺癌的光动态治疗。

此外来自链丝藻（*Hormidium enteromorphoides*）的一种多肽，及铜藻（*Sargassum horneri*）、三角藻（*Sargassum tortile*）、半叶马尾藻（*Sargassum hemiphyllum*）、拳状松藻（*Codi um pugniformis*）、刺松藻（*Codium fragile*）、条斑紫菜（*Porphyra yezoensis*）等藻类的蛋白质组分均有一定的抗肿瘤活性。

2. 海绵肽

海绵是最原始的多细胞动物，结构简单，无器官分化。目前发现的海洋生物活性物质中，来自于海绵的占 26.2%，仅次于海藻。专利申请所涉及的海洋生物种类中，海绵一直居于首位。在已公布的海绵活性物质中，抗肿瘤活性肽较多，主要分布于离海绵目、外射海绵目、石海绵目、软海绵目和硬海绵目（表 3-20）。

表 3-20　海绵动物的抗肿瘤活性肽
Table 3-20　Sponges antitumor active peptide

活性肽	来源	结构	抗肿瘤活性
arenastatin A	*Dysidea arenaria*	缩酚肽	对 KB 细胞 IC_{50} 为 5ng/L
jaspamide	*Jaspis*	环肽	对喉上皮组织癌细胞的 IC_{50} 为 0.32 mg/L
geodiamolide A、B	*Geodia* sp.	环肽	对 L_{1210} 细胞的 IC_{50} 分别为 0.032mg/L 与 0.0026mg/L
geodiamolide C~F	*Pseudoaxinyssa* sp.	环肽	对 L_{1210} 细胞的 IC_{50} 分别为 0.0025mg/L，0.039mg/L，0.014 mg/L，0.006mg/L
axinastatin 1	*Axinella* sp.	环肽	对 P388 细胞 IC_{50} 为 0.21mg/L
axinastatin 2，3	*Axinella* sp.	环肽	对 6 种人癌细胞的 IC_{50} 为 0.0072~0.35 g/L
phakelistatins 1，10，11	*Phakellia costata*	环肽	对 P388 细胞的 IC 分别为 7.5mg/ L，2.1g/ L，2.2g/L
discodermin A	*Discodermia kiiensis*	环肽	与大田软海绵酸合用，有显著抑瘤作用
polydiscamide A	*Discodermia* sp.	环肽	对 A_{549} 细胞的 IC_{50} 为 0.7mg/L
discokiolide A~D	*Discodermia kiiensis*	环肽，含有特殊的 B-羟基酸和 B-甲氧基苯胺酸	对 P388 细胞的 IC_{50} 为 2.6mg/L 对 B_{16} 细胞的 IC_{50} 为 1.6mg/L 对 Lewis 细胞的 IC_{50} 为 1.2mg/L 对 Lu_99 细胞的 IC_{50} 为 0.7mg/L 对 HT_29 细胞的 IC_{50} 为 1.2mg/L 对 CCD_19cu 细胞的 IC50 为 0.57mg/L
malagsiatin	*Pseudoaxinyssa* sp.	环肽	能抑制 PS 活性
theonellapeptili des Ib、Ic、Id、Ie	*Theonella* sp.	环肽	对 L_{1210} 细胞的 IC_{50} 分别为 1.6g/L，1.3 g/L，2.4g/L，1.4g/L
polytheonamide	*Theonella swinhoei*	线性多肽	P388 细胞的 IC_{50} 为 0.07mg/L
motuporin	*Theonella swinhoei*	环肽	对 P388，A_{549}，HEY，Lolo，MCFT，U373MG 细胞的 IC_{50} 分别为 6 mg/L，2.4 mg/L，2.8 mg/L，2.3 mg/L，12.4 mg/L，2.47mg/L
orbiculamide A	*Theonella swinhoei*	多肽	中等细胞毒性
Keramamide B-D，F	*Theonella* sp.	多肽	中等细胞毒性
hymenistatin 1	*Hymeniacidon* sp.	多肽	对 P388 细胞的 IC_{50} 为 0.26mg/L

3. 海鞘肽

海鞘属于脊索动物门的尾索动物亚门，是被囊动物中种类最丰富的一类。近年来在海鞘代谢产物中发现了一系列具有抗肿瘤活性的肽类化合物，其中以环肽为主，少数为线性肽类（表 3-21）。

4. 腔肠动物肽

腔肠动物是一类出现原始组织分化的低等多细胞动物，目前发现的抗肿瘤活性肽不多，主要集中在海葵和珊瑚中。

海葵肽理所当然来源于海葵。海葵的刺丝囊中有多种有毒多肽和蛋白质。其中来源于黄海葵（*Anthopleura xanthogrammica*）的 ApA 和 ApB 是研究得最多的海洋肽类，具有较好的强心作用，而 Michael 等 1992 年注意到它们在抗肿瘤方面也有活性。Pettit 等

表 3-21　海鞘动物的抗肿瘤活性肽

Table 3-21　Sea squirts animal antitumor active peptide

活性物质	来源	结构	抗肿瘤活性
didemnin	*Trididemnum solidum*	环肽	didemnin B 对 L_{1210} 白血病细胞的 IC_{50} 为 $7.5×10^{-4}$mg/L，临床研究结果表明，它对非何杰金淋巴瘤（non_Hodykins）和神经胶质母细胞具有较好抑制效果
cycloxazoline	*Lissoclinum bistratum*	环六肽，具 3 个呈对称分布的噻唑啉环	对 MRC5CV1 成纤维细胞和 T_{24} 膀胱癌细胞的 IC_{50} 均为 0.5mg/L
patellamide E	*Lissoclinum bistratum*	环八肽，含有二个噻唑环	对人结肠癌细胞有微弱的细胞毒性，IC_{50} 为 125mg/L
patellamide F	*Lissoclinum patella*	环八肽，含有二个噻唑环	对人结肠癌细胞有微弱的细胞毒性，IC_{50} 为 125mg/L
tawicyclamide A，B	*Lissoclinu mpatella*	环肽，有一个噻唑啉与 2 个噻唑氨基酸	对人结肠癌细胞有微弱的细胞毒性
bistratamide A~D	*Lissoclinum patella*	环六肽	具有微弱的细胞毒性
cyclodidemnamide	*Lissoclinum bistratum*	环七肽	对人结肠癌细胞 HCT-116 的 ED_{50} 为 16mg/L
mollamide	*Didemnum molle*	环七肽	对 P388，A_{549}，HT_{29}，CV_1 的 IC_{50} 分别为 1mg/L、2.5mg/L、2.5 mg/L、2.5mg/L
patellin 6	*Didemnum molle*	环八肽	对 P388，A_{549}，HT_{29}，CV_1 有中等细胞毒性
botryllamide D	*Lissoclinum* sp.	苯丙氨酸衍生物	对 HCT-116 细胞有抑制作用，IC_{50} 为 17mg/L
caledonin	*Botryllus* sp.	二肽	对 KB 细胞和 P388 细胞有弱细胞毒性
shimofuridin A	*Didemnumrodriguesi*	核苷酸衍生物	对小鼠淋巴瘤 L_{1210} 细胞的 IC_{50} 为 9.5mg/L

1982 年从沙海葵（*Palythoa liscia*）中分离的 4 种小肽 palystatin A~D 具有强细胞毒性。它们由 17 种氨基酸组成，其中 A 和 B 为糖基化肽，C 和 D 为非糖基化肽。体外对 P388 白血病细胞 ED_{50} 分别为 0.0023mg/L、0.020 mg/L、0.0018 mg/L 和 0.0022mg/L。体内 Palystatin A 的剂量为 $0.15×10^{-6}$ 时，能延长患白血病动物 22%的存活时间；Palystatin B 的剂量为 $0.3×10^{-6}$ 和 $0.08×10^{-6}$ 时，能相应延长 32%和 22%的存活时间。

除海葵肽外，从软珊瑚 *Sinulari* 中分离得到一种环二肽，由苯丙氨酸和精氨酸构成，具有免疫调节功能和抗肿瘤作用，已于 1990 年由中山大学首次合成成功。Ding 等在丛生盔形珊瑚（*Galaxea fascicularis*）中发现一种蛋白质，它对正常细胞 BL8L 在接触初期有一定杀伤作用，半数致死量（LD_{50}）为 7.49mg/ L，但培养 10d 后 BL8L 即产生抗药性；而对肿瘤细胞 JB1 的 LD_{50} 为 3.49mg/L，并在 96h 内完全死亡，具有特殊的选择性。

5. 软体动物肽

海洋软体动物是一类身体柔软、不分节、一般左右对称、通常具有石灰质外壳的海洋动物，俗称贝类。软体动物的种类繁多，有 10 万余种，其中有一半以上生活在海洋中，是海洋中最大的一个动物门类。软体动物有 7 个纲，除双壳纲中约有 10%为淡水种类、腹足纲中约有 50%为淡水和陆生种类外，其余全是海产种类。

软体动物分布广泛，目前已记载 130 000 种，是动物界中的第二大门，可分 7 个纲：单板纲 Monoplacophora、无板纲 Merostomata（新月贝）、多板纲 Polyplacophora（石鳖）、腹足纲 Gastropoda（螺类和蜗牛）、掘足纲 Scaphopoda（角贝）、瓣鳃纲 Lamellibranchia

（贝类）、头足纲 Lamellibranchia（鹦鹉螺、乌贼、柔鱼、章鱼）。

海兔毒素是软体动物肽的一种。Pettit 等从海兔（*Dolabella auricularia*）中分离到小肽，能使肿瘤细胞微管解聚并凋亡。现已发现 Dolastatin 1~16 和 18，其中研究得最多的是 Dolastatin3，Dolastatin10 和 Dolastatin15。Dolastatin 10 是最具有开发潜力的一种，体外实验表明，它对 P388 白血病细胞的 IC_{50} 为 0.04g/L，对 B-16 黑色素瘤治疗剂量仅为 1.1ng/L，对人前列腺癌的 IC_{50} 为 0.5nmol/L，此外对 LOX 人黑色素瘤及 M5076 子宫瘤也有较好的疗效，1995 年 11 月被 NCI 推荐进入临床实验阶段，是目前已知抗肿瘤活性最强的化合物之一。

在黑斑海兔（*Aplysia kurodai*）中分离得到的糖蛋白 aphysianin P 是一种选择性的细胞溶解因子。当剂量为 3~25g/L 时能在不破坏红细胞、白细胞的情况下，溶解所有实验的肿瘤细胞，并延长 MM46 腹水癌小鼠存活时间。aplysinin E 是由 3 个亚基组成、分子质量为 25kDa 的蛋白质，当浓度为 2~114g/L 时，能强烈抑制肿瘤细胞，而对正常红细胞、白细胞无明显抑制作用。

扇贝也是软体动物，近年来从栉孔扇贝中提取到一种具有生物活性的小分子水溶性 8 肽，其成分包括脯氨酸、天冬酰胺、苏氨酸、羟基赖氨酸、丝氨酸、半胱氨酸、精氨酸和甘氨酸。扇贝多肽能有效地清除皮肤中的超氧负离子和羟自由基，抑制脂质过氧化，抗皮肤衰老和保护淋巴细胞。实验表明，该肽不仅能在紫外线照射下有效地保护免疫细胞，而且能在无紫外线条件下显著增强胸腺细胞和脾细胞的增殖和活性。另外，扇贝中牛磺酸等营养保健成分也很丰富，可以通过刺激机体免疫系统、增强免疫力来抑制肿瘤。

贻贝肽来源于软体动物贻贝。毛文君等研究表明，贻贝提取物可使移植性肿瘤生长受到抑制，能延长小鼠的存活时间。同时，肖湘等建立了 3 个活性模型，研究贻贝对氧自由基和脂质过氧化的作用。结果表明，贻贝匀浆也具有清除氧自由基和抑制脂质过氧化作用。由此可见，贻贝对多种氧自由基有清除作用，这对于自由基引起的疾病，如炎症、辐射损伤、肿瘤、衰老等有一定的意义，它对天然药物的开发有一定的价值。

天然存在的海洋抗肿瘤活性肽由在生物中含量低且提取困难，所以，近年来研究者开始研究从蛋白酶解产物中获得抗肿瘤活性肽。洪鹏志等研究发现：翡翠贻贝肉蛋白酶水解物在实验剂量为 320mg/kg 体重时，对昆明小鼠（musmusculus）移植性肿瘤 S_{180} 的抑制率达 50.6%，并且还具有增强免疫功能的活性。

由牡蛎肉提取的牡蛎肽也属于一种软体动物肽。美国 Foxchase 癌中心、法国巴黎大学、日本庆应大学等一直致力于牡蛎肉提取物（JCOE）的深入研究。研究结果表明，JCOE 能使细胞内谷胱甘肽（GSH）增殖 1 倍，而 GSH 是细胞内具有防癌和防老化功能的一种重要的活性 3 肽。王颖等、张冬青等的研究均发现，牡蛎提取物可使小鼠的各项免疫指标明显回升，瘤重显著减轻，小鼠存活期延长，提示了牡蛎提取物对整个免疫系统均有正向调节作用。牡蛎提取物还具有抗肿瘤，对癌细胞放射增敏、清除氧自由基及对机体免疫调节作用。李鹏等从牡蛎匀浆液中分离到的低分子活性肽，可以明显抑制胃腺癌和肺腺癌细胞的生长和分裂增殖，使癌细胞形态发生改变，失去原有的恶性表型，细胞周期检测出现凋亡峰。另据实验表明，与扇贝相同，牡蛎肉的酶解产物也表现出较高的清除自由基活性。

6. 其他生物

从黏球菌 Chondromyces 中发现的 chondramide A~D 是强效抗癌剂,其结构是一类新型缩酚酸肽,体外对多种人癌细胞有极强的细胞毒性,如 KB31(颈部肉瘤)、K562、HL-60 和 PKK2 等的 IC_{50} 为 3~60mg/L。海洋放线菌株 L-13-ACM2-092 的菌丝块中有一种对 P388、A_{549} 和 MEL28 有很强细胞毒性的多肽 Thiocoraline,能与高度卷曲的 DNA 结合,并抑制 RNA 的合成。

鲨鱼软骨中存在的一类多肽,能通过阻止肿瘤周围毛细血管生长而达到抑制肿瘤的作用,对肺癌、肝癌、乳腺癌、消化道肿瘤、宫颈癌、骨癌等均有抑制作用。陈建鹤等 2000 年用盐酸胍抽提姥鲨软骨蛋白,采用超滤和分子筛柱层析等方法分离纯化获得新生血管抑制因子 Sp8。Sp8 在体外能抑制血管内皮细胞增殖,抑制新生血管生长,体内能抑制小鼠移植 S_{180} 肉瘤生长。来自于海豹骨骼肌肉中的一种由 20 种氨基酸组成的多肽也有一定抗肿瘤效果。

(二)海洋抗肿瘤活性蛋白质与多肽

1. 环肽

自 1980 年美国学者 Chris Ireland 等报道从海鞘 Lissoclinum patella 中分离得到第一个具抗肿瘤活性的环肽 ulithiacyclamide 以来,环肽化合物一直是海洋天然产物研究最活跃的领域之一。至 1996 年,人们从海洋生物中已分离并鉴定了 197 个环肽化合物,其来源有海鞘、海绵、软体动物、海藻及微生物。

(1)海鞘环肽

海鞘类(ascidians)生物是种类较丰富的被囊动物,广泛分布于世界各个海域中。近年的研究表明,海鞘中含有许多重要的生理活性物质,是除海绵外人类获取具有显著生理活性物质的重要生物资源。

1980 年 Ireland 和 Scheuer 从海鞘 Lissoclinum patella 中分离得到第一个具有细胞毒性作用的环肽 ulithiacyclamide,它对白血病细胞 L_{1210} 的 IC50 为 0.35mg/L。随后,Rinehart 等从 Trididemnum solidum 中成功地分离得到 didemin 系列环肽 didemin(图 3-14),并证实它们具有抗肿瘤、抗病毒性。

至今,人们对 didemins 的研究已持续了 20 年,其良好的体外和体内生物活性使 didemins 成为美国第一个进入抗肿瘤临床研究的海洋天然产物,其中 didemin A、didemin B 和 didemin C,在体外和体内都具有抗病毒和抗肿瘤活性,didemin B 的活性最强。didemin B 是一种由 7 个氨基酸和 2 个羧酸组成的带有分枝的环缩肽,它可快速完全介导 HL-60 细胞凋亡,它既能抑制蛋白质的合成,也能抑制 DNA、RNA 的合成。对黑色素瘤 B-16 细胞周期作用的研究表明,它可杀伤各期细胞,尤以 G_1 至 S 期细胞敏感。

此外第二代脱氢 didemin B(aplidine)现也已进入临床实验。Edler 等从两种海鞘 Didemnum cuculiferum 和 Polysyncranton lithostrotum 中发现了一个含有 13 个氨基酸的双环肽 vitilevuamide,结构上与紫杉醇类似物有微弱的相关性。实验表明 vitilevuamide 对人肿瘤细胞有细胞毒性作用,LC_{50} 为 6~311nmol/L,其微管蛋白聚合抑制剂的细胞筛选实验结果呈阳性,剂量为 9g/L(5.6mmol/L)的作用效果与 25g/L(62.5mmol/L)秋水仙碱效果相当。体内实验表明剂量为 30mg/kg 时,vitilevuamide 对小鼠 P388 淋巴细

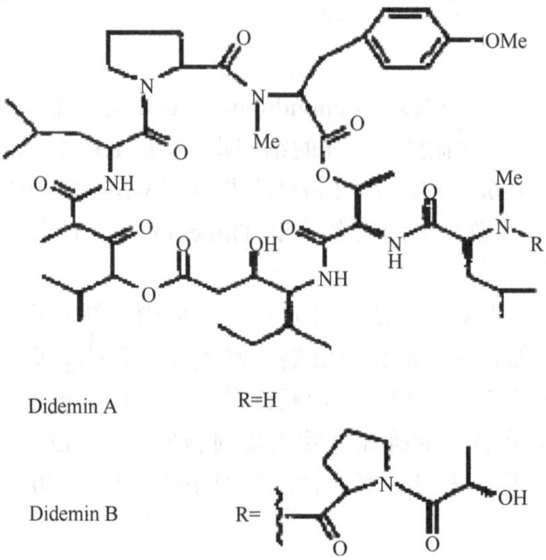

图 3-14　didemin 的结构
Chart 3-14　The structure of didemin

胞白血病生命延长率可达 70% 。

　　近年来，人们又从海鞘 *Lissoclinum patella* 中分离得到 4 种新的环肽 patellamide G 和 ulithiacyclamides E~G。尽管海鞘中细胞毒性肽以环肽居多，但近年来也发现了有细胞毒性的线性小肽，如 virenamide A~C 等。二聚小肽 eusynstyelamide 对人结肠癌细胞株 HCT-116 有微弱的细胞毒性。

（2）海绵环肽

　　海绵（*Marine sponge*）属动物界多孔动物门（Porifera），是一大类低等多细胞海洋动物，约占海洋物种总量的 1/15。自 1950 年首次报道从海绵中分离到活性物质以来，海绵引起了人们的广泛关注。据不完全统计，1997~2000 年 CA 收录的关于海绵研究的论文共有 684 篇，其中发现抗肿瘤活性的报道占 52.6%，有 150 篇之多，涉及的活性物质约 307 种。迄今为止，人们从海绵中发现了大量的具有抗肿瘤、抗细菌、抗病毒（含 HIV）、抗污损能力、抗真菌活性及有特定的酶抑制剂活性的活性物质。

　　malaysiatin 是一种从太平洋婆罗洲海绵 *Pseudax lnyssa* sp.中分离得到的环肽，它是第一个 homodetic 型的环七肽，肽环全部由 α-氨基酸组成，它对 P388、KB 细胞分别能达 82%和 70%的抑制率。此外，从海绵 *Geodia* sp.中分离得到的环肽 geodiamolide A 和 geodiamolide B 也具有非常强的细胞毒性。

　　蒂壳海绵属（*Theonella*）海绵是结构新颖的生物活性天然物质的良好来源。人们从日本采集的蒂壳海绵属海绵中分离得到 5 种新的多功能杂环多肽 theopederin A~E。这些 theopederin 对 P388 鼠白血病细胞具有强烈的细胞毒性，其 $IC_{50} < 1\mu g/L$。其中，最有潜力的 theopederin A，体内抗 P388 的实验结果表明其有显著的抗肿瘤活性。

　　易杨华等从我国西沙群岛永兴岛的棕色扁海绵（*Phakellia fusca* Thiele）乙醇提取物中获得 1 个新的 phakellistatin 类环肽化合物 cycloheptapeptide（Pro1-Gly-Phe-Pro2-Trp-Leu-T hr）。该化合物具有抗有丝分裂活性和抗肿瘤活性，其潜在的应用前景正在评价之中，这是首次从产于我国海域的 *Phakellia* 海绵动物中分离获得此类化合物（图 3-15）。

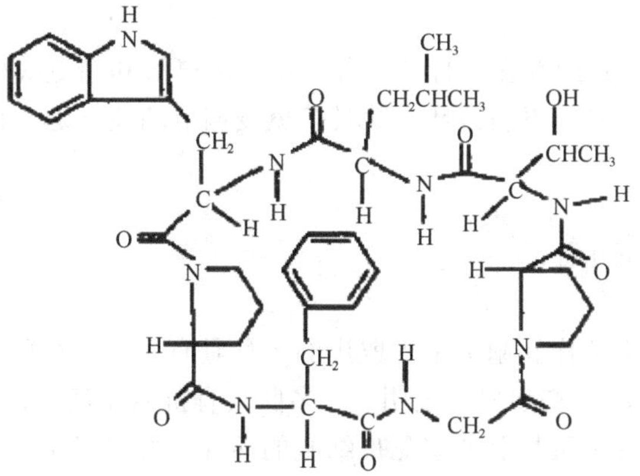

图 3-15　cycloheptapeptide 的结构
Chart 3-15　The structure of cycloheptapeptide

（3）海兔环肽

　　海兔（*Dolabella auricularia*）属软体动物门腹足纲（Gastropoda）后鳃亚纲（Opisthobra-nchia）海兔科（*Aplysiidae*）动物，广泛分布在热带及亚热带海域。海兔体内存在着多种结构独特、生理功能各异的次生代谢产物，如萜类、毒素、甾体、大环内酯及肽类等，其中肽类化合物尤为引人注目。自 1976 年 Pettit 小组首次从海兔中分离发现了环肽类抗肿瘤活性成分以来，人们已从印度洋、太平洋等海域的海兔（*Dolabella auricularia*）中追踪分离到 18 个抗癌活性肽 dolastatin1~18。其中 dolastatin 3 具细胞毒性，对小鼠 P388 淋巴细胞白血病的 $ED_{50} < 1 \times 10^{-7}$mg/L-$1 \times 10^{-4}$ mg/L，dolastatin 13 能强烈地抑制 PS 细胞的生长，其 ED_{50} 值为 0.013mg/L。dolastatin10 对小鼠 P388 淋巴细胞白血病细胞的 IC_{50} 为 0.04mg/L，具有很强的抗肿瘤生物活性。如今，dolastatin 15 和 dolastatin 10（图 3-16）已经完成全合成，并正在美国进行 I 期和 II 期临床实验，主要用于小细胞肺癌、卵巢癌、黑色素瘤和前列腺癌等实体瘤的治疗。

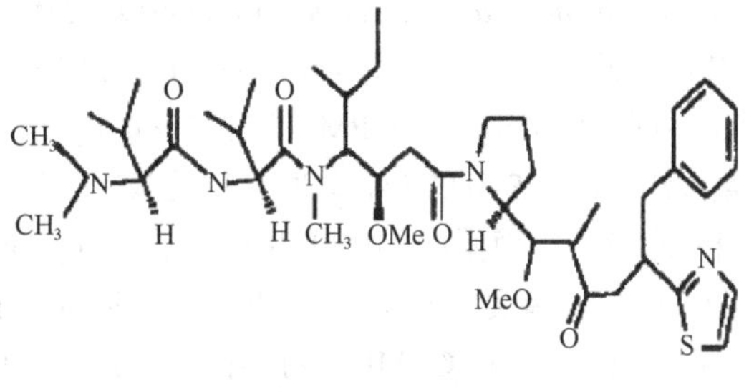

图 3-16　dolastatin 10 的结构
Chart 3-16　The structure of dolastatin 10

　　最近 Nogle 等从 *Lyngbya majuscula* 中分离得到 4 种新的环肽 antanapeptins A~D 及 dolastatin 16，其中 dolastatin 16 有望成为一种新的抗肿瘤药物。

　　Luesch 等从 *Symploca cyanobacterium* sp.提取得到一种新的 dolastatin 10 类似物 symplostatin 3，它对人肿瘤细胞有细胞毒性作用，可破坏微管的形成，其 IC_{50} 为 3.9~10.3nmol/L。

（4）珊瑚环肽

软珊瑚 Sinularia sp.中存在一种环二肽，由苯丙氨酸和精氨酸构成。1990 年，中山大学实验室首次合成，研究表明该环二肽具有免疫调节功能，是一种抗肿瘤新药。

2. 糖蛋白

抗癌糖蛋白有如下几种：

（1）贝类糖蛋白

扇贝多肽是近年来从栉孔扇贝中提取出的一种具有生物活性的小分子水溶性多肽，分子质量为 800~1000Da。初步研究表明，该多肽具有抗氧化活性，能清除羟自由基和超氧阴离子，在正常条件下可显著增强免疫细胞的活性，并且可拮抗雌激素对免疫细胞的抑制作用，提示扇贝多肽不仅具有抗氧化损伤作用，而且具有免疫增强作用。顾谦群等从栉孔扇贝中分离得到一种糖蛋白（glycoprotein of chlamys farreri，GCF），GCF 总蛋白含量为 60%，总糖含量为 36%。PC 分析显示，GCF 的组成单糖为 D-葡萄糖醛酸、D-葡萄糖、D-半乳糖、D-甘露糖、D-木糖、L-岩藻糖、L-鼠李糖。GCF 的糖链部分为含葡萄糖醛酸的酸性杂多糖。实验结果表明，GCF 能显著抑制移植性小鼠 S_{180} 肉瘤的生长，给药剂量为 40mg/kg 时效果最好，抑瘤率可达 47.29%。除此之外，GCF 还可明显提高荷瘤小鼠免疫器官的质量，提高荷瘤小鼠巨噬细胞的吞噬能力，还能明显提高荷瘤小鼠 NK 细胞活性。

人们还从虾夷扇贝（Patinopecteny essoensis）中提取到一种分子质量为 90000Da 的糖蛋白，实验结果显示，该糖蛋白有很强的肿瘤抑制作用，抑瘤率达 73.9%。此外，从扇贝闭壳肌中提取的糖蛋白也有抗肿瘤活性，当把它注射到小鼠瘤内，5 周后肿瘤消失。

另外，从扇贝的卵巢中提取的糖蛋白对白血病也很有效。贻贝提取物也可提高抗氧化酶的活性，减轻活性氧自由基多集体的损伤，保护生物大分子免受自由基的攻击，同时可抑制移植性肿瘤的生长。

（2）海参糖蛋白

陈粤等从二色桌片参（Mensamaria intercedens Lampert）的体壁中分离纯化得二色桌片参糖蛋白 GPMI-Ⅰ及其部分酶解产物 GPM Ⅰ-Ⅱ。GPMI-Ⅰ和 GPM Ⅰ-Ⅱ都是糖蛋白，但蛋白质组成和糖含量明显不同。实验表明，GPMI-Ⅰ在 30mg/kg 及 120mg/kg 剂量下可显著降低荷瘤小鼠的肝指数（$P<0.01$，$P<0.025$）。同时，随着其剂量增加，抑瘤作用也明显增强（$P<0.001$）。而经蛋白酶水解后的糖蛋白 GPMI-Ⅱ在剂量 20mg/kg 时对小鼠肉瘤 S_{180} 有较显著的抑制作用（$P<0.05$），抑瘤率达 48.8%，在 40mg/kg 剂量下能够显著地降低荷瘤小鼠肝指数（$P<0.05$）。这说明 GPMI-Ⅰ和 GPMI-Ⅱ对小鼠 S_{180} 肿瘤均有较显著的抑制作用。

（3）乌贼墨

乌贼墨是乌贼在遇到天敌时吐出的一种防身物质，其主要成分是黑色色素，其中富含岩藻糖的多糖-肽复合体，具有抗肿瘤作用。吕昌龙等用乌贼墨致敏小鼠后采集血清进行体外实验研究，结果表明乌贼墨致敏血清对小鼠成纤维细胞 L_{929} 有杀伤作用，致敏血清粗提液经局部和静脉注入荷 Meth A 瘤鼠体内，24h 后见肿瘤组织有出血、坏死、细胞核溶解等现象。乌贼墨及其提取物可提高肿瘤坏死因子（TNF）和白细胞介素 1（IL-1）的分泌水平，可增加 NK 细胞的杀伤活性。

此外，从蛤肉中提取的称为蛤素的物质，实验证明对小鼠肉瘤及腹水瘤都有抑制和缓解作用；从大盘鲍的煮汁中，提取出的相对分子质量为 $29×10^4$ 的糖蛋白成分，投喂患肉瘤的小鼠中，有 5 只完全治愈。另外，牡蛎提取物具有抑制小鼠肝癌和裸鼠体内人结肠癌生长的活性。人们还从一种海鱼体内的瘿青霉（*Penicillium fellutanum*）中分离 2 个肽类成分 Fellutamides A 和 Fellutamides B，它们对 P388、L_{1210} 和 KB 细胞均有较强活性。从有毒的绿海胆 *Srongy locentrotus droebachiensis* 中分离得到的海胆毒素 strongylostatin 1 和 strongylostatin 2 也均为具有抗肿瘤活性的糖蛋白。

（4）藻蓝蛋白（Phycocyanin）

蔡心涵等用从钝顶螺旋藻 *Spirulina platensis* 中提取的藻蓝蛋白处理人大肠癌细胞株 HR8348 后，经 630nm 铜激光辐照，癌细胞存活率显著降低。给 S_{180} 移植瘤小鼠分别注射 2mg 或口服 20mg 藻蓝蛋白后，再用铜激光辐照 15d，有效杀死率分别为 60% 和 53%。结果说明，藻蓝蛋白的确具有光敏作用和良好的抑癌作用，且藻蓝蛋白无毒无不良反应，是一种理想的光敏剂。此外，藻蓝蛋白对免疫系统有某种刺激和促进作用。

张成武等研究发现，螺旋藻藻蓝蛋白在 80mg/kg 时对人血癌细胞株 HL-60 有极显著的抑制作用，在 20mg/kg 时对 K562 和 U-937 细胞均有显著抑制作用。秦松等从钝顶螺旋藻 *Spirulina platensis* 等 4 种蓝藻中克隆了别藻蓝蛋白（RAPC）基因并进行了全序列测定，运用重组 DNA 技术，以融合蛋白的方式在大肠杆菌中获得了重组 APC 的高效表达。该表达产物经动物实验证明，其对小鼠 S_{180} 肉瘤有显著的抑制作用，抑瘤率为 45%~64%，ig 和 ip 均有效，对荷瘤小鼠的胸腺指数和白细胞数量无明显影响。Guan 等研究发现，藻蓝蛋白可显著抑制肝癌细胞 7402 的增殖。

（5）鲨鱼软骨

鲨鱼软骨是一种酸性的黏多糖复合物，含有蛋白质、变性胶原蛋白、非蛋白氨基葡聚糖及硫酸软骨素 A、B、C、D。

张敏、陈莉等对鲨鱼软骨制剂（SCP）体外抗肿瘤效应进行了研究，实验结果表明，鲨鱼软骨制剂（SCP）对人红白血病 K562 细胞、人胃癌 MGC80-3 细胞和人肝癌 SMMC7721 细胞均有显著抑制作用，IC50 值分别为 0.7g/L、1g/L 和 1g/L。

于志洁等考察了鲨鱼软骨提取物 SCAE 的体内抑瘤作用，对 S_{180} 移植瘤小鼠，剂量为 24~72mg/d 口服形式给药，抑瘤率达 54%~67%，6~18mg/d 注射给药，抑瘤率可达 67%~82%；对 Lewis 肺癌荷瘤小鼠，6~18mg/d 注射给药，抑瘤率为 62%~76%。研究表明，鲨鱼软骨的血管生成抑制因子抗肿瘤机制与诱导细胞凋亡及抑制细胞骨架形成和内皮细胞的运动迁移有关。

（6）海藻凝集素

多种海藻均存在凝集素，而且与源于陆地生物的凝集素相比有其独特的性状，海藻凝集素与源于其他生物的凝集素一样，均不是糖蛋白而是单纯的蛋白质。但海藻凝集素分子质量低（10 000~30 000Da），且多数以单体形式存在。其氨基酸组成多为甘氨酸、丝氨酸及酸性氨基酸，等电点在 4~6 之间，均属酸性蛋白质。海藻凝集素具有多种生物活性。例如，红藻的羽状翼藻凝集素对肿瘤细胞、淋巴细胞、鱼类精子、酵母、海洋细菌及单细胞蓝藻有强凝集活性。几乎所有的海藻凝集素对人淋巴细胞均有强的激活能力。冻沙菜凝集素 hypnin A2 在低浓度下能抑制血小板凝集。粗状红翎菜的 3 种同族凝集素和冻沙菜凝集素在体外分别能抑制白血病细胞 L_{1210} 及小鼠乳腺癌细胞 FM3A 增殖,可望作为抗癌剂或癌症研究用药。Goto 等从软珊瑚 *Sinularia* sp . 中分离得到一种特殊的 D 型半乳糖凝集素 sinularian,它是一种糖蛋白,含有 11%糖,SDS-PAGE 显示其分子质量约为 78kDa。实验表明,sinularian 对兔红细胞和鼠白血病细胞有凝集作用。

3. 多肽

　　李祺福等从鲨血淋巴中分离提取出一种抗肿瘤肽,它具有显著的抗肿瘤作用,能有效地抑制癌细胞的增殖活动,降低其代谢酶活性,干预相关癌基因及抑癌基因的表达,改变癌细胞形态与超微结构恶性表型特征,因而对癌细胞具有明显的诱导分化作用。

　　裸鼠体内抑瘤实验表明,剂量为 60mg/L 时,其抑瘤率达 42.3%,2.0mg/kg 时,对 BGC-823 细胞的生长抑制率达 62.67%。小白鼠体内急性毒理实验表明,鲨素肽对正常细胞毒性小,可用于人白血病、肝癌、胃癌等肿瘤的治疗。

　　张海涛等研究发现,该多肽分子质量小于 14 400Da,其 N 端 15 个氨基酸残基为 N-P-L-I-R-A- I-Y-I-G-A-T-V-G-P,浓度为 120mg/kg 时,可明显抑制 HL-60 细胞、K562 细胞、SPAC-1 细胞的生长,24h 内对 HL-60 细胞、K562 细胞、SPC-A-1 细胞的半数抑制率浓度约为 24mg/kg、77mg/kg、43mg/kg。

(三) 海洋抗肿瘤肽开发应用前景与存在问题

1. 海洋抗肿瘤肽开发应用前景

　　海洋生态环境的特殊性与生物物种的多样性造就了众多结构新颖、功能独特的海洋生物活性物质。从目前的研究情况来看,海洋中抗肿瘤活性肽的研究主要还只集中于海绵、海鞘和部分藻类等少数几类生物中,还有很大一部分没有发现或开发出来。而未知的任何海洋生物都可能成为抗肿瘤活性肽的生产者,需要大范围广泛筛选,近年来发展起来的自动化、高通量药理筛选模型及筛选系统则为大规模筛选工作的进行提供了可能。另外,应利用多肽是基因编码的直接产物的特点,从基因分析的角度寻找新型抗肿瘤药用基因。在 21 世纪,随着海洋生物基因组研究的逐步开展,越来越多的抗肿瘤药用基因必将被发现。

　　总之,随着人类社会发展、环境的变化,各种各样的癌症正日益严重地威胁着人类的健康,人们也在日益重视海洋抗肿瘤药物的开发,随着海洋生物技术的发展,海洋抗肿瘤肽类药物的开发必将取得产业化硕果。

2. 存在问题

　　抗肿瘤海洋活性肽研究的最终目的是将其开发成为商品化的药品。虽然现在发现了众多的活性物质,还有一些已经进入临床研究阶段,但是尚无一种进行了较大规模的商品化生产。究其原因(或者称为影响海洋抗肿瘤肽开发应用的问题)主要有三个。

　　第一,许多海洋抗肿瘤活性肽具有特殊的结构。例如,含有多种修饰基团、D -型氨基酸、封闭的 N 端等,这些特殊结构,给研究开发带来一定困难。

　　第二,许多海洋抗肿瘤活性肽具有明显的不良反应。这些物质在具有明确的抗肿瘤活性的同时,也存在一定的毒性作用,难以在临床上直接使用。

第三，药源问题难以解决。

面对这些难题，人们可以利用它们是基因表达产物的特点，一方面运用基因工程方法进行大规模生产，解决药源问题，另一方面利用蛋白质工程技术，对多肽分子进行合理设计、改造，选择性地增强其药效，降低毒性作用。目前这方面研究在一些相对分子质量适中的直链肽中取得良好进展。

二、贻贝降血压肽

（一）贻贝降血压肽的相对分子质量组成

毋瑾超等用高效液相色谱法对所得的降血压肽样品进行相对分子质量的分析，结果见表 3-22。

表 3-22 降血压肽相对分子质量组成
Table 3-22 The relative mo lecular weight distribution of antihypertensive peptide

相对分子质量	所占比例/%
1539	49.66
608	15.73
209	7.96
97	25.93

由高效液相色谱可知，降血压肽样品分子质量范围在 1.6ku 以内，具体而言，1~1.6kDa，即 10~16 肽，其含量为 49.66%；在分子质量为 0.6~1ku，即 5~10 肽，样品含量为 15.73%；而在 0.2~0.6kDa 内为 7.96%，这一阶段主要为 2~4 肽的小肽。

（二）贻贝降血压肽的氨基酸组成

依次检测降血压肽样品的水解氨基酸和游离氨基酸组成，其水解氨基酸组成见图 3-17，游离氨基酸组成见图 3-18。

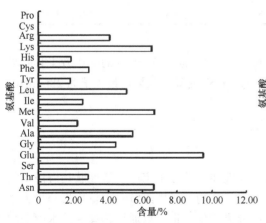

图 3-17 降血压肽样品氨基酸组成分析结果
Chart 3-17 The component of amino acids of sample

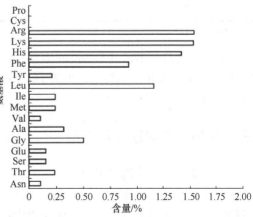

图 3-18 降血压肽样品游离氨基酸组成分析结果
Chart 3-18 The component of free amino acid s of sample

　　结果表明，样品含有较高比例的必需氨基酸。

　　含量最高的氨基酸为谷氨酸，达 8.57g/100g，谷氨酸被认为能促进脑细胞进行呼吸，利于脑组织中氨的排除，能调节人体的新陈代谢，而这将会对血压造成一定的影响。

　　降血压肽样品的水解氨基酸总量为 59.6g/100g，其中酸性氨基酸（天冬氨酸、谷氨酸）总量为 14.53g/100g，碱性氨基酸（组氨酸、赖氨酸、精氨酸）总量为 12.84g/100g，氨基酸组成比例平衡。样品的游离氨基酸总量为 8.8g/100g，与水解氨基酸的比值为 0.15，比例较低，说明酶解物中主要以小肽为主，而对 ACE 有抑制作用的即为一些活性寡肽，氨基酸则不具备 ACE 抑制活性，从这些数值来看，收到了较好的酶解效果。

（三）贻贝降血压肽的降压效果

　　毋瑾超等将降血压肽样品以 3.0g/kg 体重的剂量进行灌喂。灌喂前和灌喂之后第 2、4、6、8、10 小时分别检测收缩压 1 次，记录各血压值。结果见表 3-23。分析结果见表 3-24。

表 3-23　降血压肽样品对收缩压的降压效果血压变化情况（单位：mmHg）
Table 3-23　Antihyper tensive result on SBP of samples

	血压变化情况/mmHg				
	2h	4h	6h	8h	10h
降血压肽	−14.00±4.16	−26.00±2.61	−30.75±3.22	−11.50±6.13	−7.25±2.59
对照	4.00±0.00	0.67±1.76	−2.00±1.00	−0.33±1.33	1.33±0.67

表 3-24　降血压肽收缩压降压效果多重比较结果
Table 3-24　Antihyper tensive result on SBP of samples

	对照	均值	标准差	显著性
2h	空白	−18.000 0*	7.263 56	0.030
4h	空白	−26.666 7**	7.063 91	0.004
6h	空白	−28.750 0*	10.783 07	0.022
8h	空白	−11.166 7	12.892 46	0.305
10h	空白	−8.583 3	7.442 57	0.215

　　*P=0.05；**P=0.01

　　由上述实验结果通过 Dunnettt 多重比较可知，降血压肽在 2~6h 内的降压效果具有显著性（P=0.05），血压平均降低幅度为 18~28mmHg。在 6h 处降压效果达最大值为 28mmHg，且效果极为显著（P=0.01）。

三、几种新海洋动物活性肽

　　海洋生物为人类提供了一个巨大的生物多样性和活性分子宝库。活性肽是海洋动物宝库中最重要的活性物质之一。丰富而巨大的海洋动物资源中蕴藏着大量珍贵和种类繁多的活性肽。人们可以直接从海洋动物中提取分离得到，也可以通过选择性的水解动物蛋白得到所需的活性肽，还可以通过转基因技术将在海洋动物中发现和筛选出的活性肽基因重组到陆地动植物或微生物中并表达出来，作为功能性食品的丰富原料。

（一）海洋阳离子抗菌肽（CAP）

CAP（Cationic antimicrobial peptide）是含有大量正电荷残基（赖氨酸和精氨酸残基）的小肽，氨基酸残基数量为 10~40 个，也包括一些较大的肽，如一些无脊椎动物的 CAP。CAP 是单基因产物，但结构多样化。

CAP 在自然界广泛分布，已报道的有 800 多种。然而关于海洋动物 CAPs 的报道很少。

1. CAP 的应用

CAP 的应用实例包括以下几种。

1）免疫促进剂。

2）常规抗体增效剂。

3）治疗粉刺。

4）抑制食品和包装制品细菌生长。

5）预防口腔黏膜炎（mucositis）。

6）治疗糖尿病足溃疡，皮肤感染，烧伤。

另一些应用功能正在进行临床实验，如 Micrologix Biotech 公司有两项 CAP 临床实验。该公司的第一个肽 MBI226 正在进行防止中央静脉导管相关血流（central venous catheter-related bloodstream）感染实验，并已注册了三期临床实验；第二个肽 MBI594AN 正在进行粉刺（acne）治疗效果实验，并注册了二期 B 临床实验。

多数 CAP 在药物使用有效性和安全方面还需进一步完善，如药物稳定性、代谢和传输系统等方面。这些方面的研究正在进行当中。例如，一些多肽前体是蛋白酶的抑制剂，可以保护该多肽不被蛋白酶水解破坏。沿着这条思路可能研发出一种稳定使用多肽药物的有效方法。此外，一些特别的 CAP 运载系统也在研究中，如脂质体（liposome）等。

2. CAP 相对于其他抗体的优点

CAP 是天然免疫系统最重要的效应因子。CAP 展现出许多的优越的活性令其成为希望很大的新疗效药物。

CAP 具有很宽的抗菌谱，有选择性抗革兰氏阴性或阳性菌，抗真菌，包封病毒甚至一些癌细胞。CAP 展现了相对于许多现使用的抗体更为优越的特点：

1）杀菌速度快（20min 内灭菌 99.9%），并且与常规抗体、溶菌酶有协同作用。

2）对同种细菌的抗体敏感型和临床抗体抵抗型菌系都有效。

3）用药后不易产生抗药突变菌体。

4）可以结合内毒素和减少败血机会，不会像其他许多抗体那样因死亡细胞释放内毒素而间接引起败血症。

3. 生物合成 CAP

CAP 的化学合成是可能的，除一些具有很难合成和正确折叠相连的二硫键的 CAP 外，并且其作为一些研究目的的化学合成也是必要的。但是 CAP 化学合成成本太高，不适于大批量合成；而采用重组 DNA 技术生物合成 CAP 是可行和经济有效的途径。先从丰富的海洋 CAP 基因库中筛选出符合我们要求的 CAP 编码基因，然后通过基因工程生物合成所需要的 CAP。从已有的基因库中筛选符合人们要求的 CAP，比改造或重新设计出神奇的 CAP 更为实际有效。

例如，PPL 医药公司（PPL Therapeutics）已成功通过转基因技术在兔子乳中合成了新型 CAP，其目标是生产牛乳 CAP。通过转基因鱼过量表达 CAPs 以得到有价值的含高 CAP 鱼品种是切实可行的。成功的例子包括转基因 medaka 鱼表达 cecropin，转基因斑马鱼（zebrafish）表达 pleurocidin，转基因猫鱼（catfish）和虾（shrimp）表达 cecropin 等。

（二）海洋 U-II

U-II（Urotensin-II）是一种环型肽。第一次详细报道 U-II 是在 20 世纪 60 年代。当时是从一种称为"奇迹鱼"（mirabilis）的海洋虾虎鱼（goby）提取物中分离得到。这种"奇迹鱼"分布于美国加州海岸线出海口附近，能在缺氧条件下生存很长时间，能忍受极端的盐度和温度的变化。后来在许多其他不同动物中也发现了 U-II 异构肽，并表明 U-II 在动物主要器官系统，包括心血管系统的生理和病理调节中发挥作用。

1. U-II 的结构

来自于非哺乳动物（蜗牛、鱼、青蛙）和哺乳动物（人、猴、猪、大鼠、小鼠）的 U-II 异构肽的结构已得到证实。图 3-19 给出了"奇迹鱼"（mirabilis）、青蛙、人类和其他几种哺乳动物的 U-II。

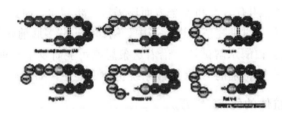

图 3-19　"奇迹鱼"、青蛙、人类和其他几种哺乳动物的 U-II
Chart 3-19　Many animal's Urotensin-II

从中看出，来自于哺乳动物和非哺乳动物的 U-II 异构肽尽管存在种类差异，但都有一个完全相同的六元环状结构（黑色部分）。该六元环状结构的氨基酸组成和排列顺序完全相同，均为 Cys-Phe-Trp-Lys-Tyr-Cys，并且在两个 Cys 之间形成二硫键，构成六元环；在这个环的前端都连有一个酸性氨基酸残基（Glu 或 Asp），在环的后端都接一个中性氨基酸残基（Val 或 Ile）。

核心六元环在分离的血管组织中作为 UT 受体配位体时保持着完整的生物活性。研究表明，不同种类的 U-II 异构肽的药理性质是没有区别的，也就是说，UT 受体对来自鱼、蛙或人类的 U-II 是不加区分的。这为开发利用鱼类活性肽提供了一条新途径。

2. 系统使用 U-II 的血液动力学效果

系统使用 U-II 可以改变哺乳类、鱼类、鸟类和两栖类动物的血压。哺乳类动物使用

U-Ⅱ后，血流动力学变化复杂，包括对心脏和外周血管的直接作用和对其他器官如大脑、肾和内分泌系统的间接影响。而且，U-Ⅱ的效果不会只限于对血管收缩的调节，因 UT 受体也影响循环系统中许多细胞的生长。

　　静脉注射 U-Ⅱ在大鼠体内引起系统和局部（肾、肠系膜和臀部）复杂的降压反应。系统低血压与显著的心脏收缩减少有关，并伴随反射性心搏过速。然而，在解释这一药物动力学现象需小心，因为最近的研究发现，通过缓慢静脉渗入而不是静脉快速注射 U-Ⅱ，增加了大鼠系统主动脉血压和局部（内脏）血管抵抗。

　　系统使用 U-Ⅱ的血管效果不只限于调节血管平滑流畅和心脏收缩。U-Ⅱ的使用导致小鼠肾、肝、脾和呼吸、泌尿、胃肠管道血浆渗出，这些器官对 UT 受体的对应物 hU-Ⅰ敏感。因此 U-Ⅱ也会影响血管系统的发炎症状。

3. 使用外源 U-Ⅱ对人体的系统作用

　　人体对系统使用 U-Ⅱ的反应是不同的。有研究表明，皮下使用 U-Ⅱ引起人体微循环系统收紧；在正常人分支动脉渗入 U-Ⅱ（0.1~9300pmol/min），前臂血流随剂量增加而减少。然而另一些实验采用类似的方法却得不到类似的结果。关于这些差异虽然尚没有明确的解释，其机制可能是血管组织缺乏额外的 U-Ⅱ受体储备。阐释 U-Ⅱ的生理或病理机制最终需与其相应受体的研究相结合。

（三）胃泌素/胆囊收缩素（CCK）类多肽

1. 胃泌素/胆囊收缩素在人体内的作用

　　胃泌素（gastrin）是一种多肽类激素，主要功能为刺激胃酸分泌，以利消化酵素胃蛋白酶活化，并进行分解蛋白质作用，对消化系统的生理功能起着重要的调节作用，对肿瘤、免疫与炎症及某些神经系统疾病的发生也起着重要的调节作用。胃泌素/胆囊收缩素等胃肠激素的概念已由传统的分布于消化道的内分泌细胞所分泌的起激素样作用的生物活性多肽，扩展至广义的具有类生长因子作用的生物活性多肽。

　　胃食管反流病是一常见疾病，其发病机制涉及黏膜、动力及食管下括约肌（LES）功能等多方面。胆囊收缩素（CCK）对 LES 的松弛作用，目前认为与刺激局部神经释放血管活性肠肽（VIP）和一氧化氮（NO）有关，而 VIP 对食管平滑肌具有松弛作用。因此在胃食管反流病患者中，空腹血浆胃动素水平下降，餐后 CCK 反应受抑制。这些变化可使 LES 压力下降。

　　胃泌素在许多恶性肿瘤的生长和转移中也发挥作用，包括胃肠道肿瘤、胰腺癌、肝癌等。这些肿瘤细胞不仅表达胃泌素受体，而且也能合成、分泌胃泌素，即胃泌素以自分泌的方式刺激肿瘤细胞的生长。因而，以胃泌素或胃泌素受体为靶分子的免疫生物治疗，可能成为针对这些肿瘤的一种有价值的疗法。

2. 从鱼类蛋白中获取胃泌素/CCK 类多肽

　　鱼类是丰富的蛋白质资源库。通过简单的工程手段可以从鱼加工副产品中获得高商业价值的蛋白质水解物。

　　鳕鱼和虾加工产生大量富含蛋白质的副产品。许多研究证明，人体中的一些生物活性肽也会在鱼类和无脊椎动物体内存在。Ravallec-Ple 和 Wormhoudt 用非特异蛋白酶 alcalase（从 *Bacillus licheniformis* 中分离得）水解鳕鱼（*Gadus morhua*）肌肉和虾（*Penaeus aztecus*）头，得到有胃泌素/CCK 活性的多肽。在其他几种鱼体内也发现了胃泌素和 CCK。

四、海洋鱼、虾、贝类的生物活性肽

　　海洋鱼、虾、贝类中具有众多的生物活性肽，可为研发海洋保健食品和功能食品提供有利的条件，对海洋鱼、虾、贝类中的生物活性肽研究必将不断深入，而目前对其研究多数尚处于实验室阶段。由于其中很多生物活性肽都具有较高的稳定性，因此利用海洋生物技术开发海洋保健食品和功能食品有着巨大的潜力。

（一）鱼类活性肽

1. 鲨肝肽

　　郭昱等研究了鲨肝肽对小鼠免疫性肝损伤的保护作用及免疫调节作用，结果表明，鲨肝肽能有效降低免疫性肝炎小鼠血清转氨酶含量的异常升高，明显减轻肝损伤，提示鲨肝肽可研发治疗肝炎和调节免疫的药物。吕正兵等研究了鲨肝肽对硫代乙酰胺所致小鼠急性肝损伤的保护功能，经病理切片观察和细胞分子水平的分析表明，鲨肝肽具有减少肝细胞凋亡、保护亚细胞结构和抗肝细胞坏死的作用。范秋领等也研究了鲨肝肽对硫代乙酰胺所致大鼠急性肝损伤和肝线粒体功能的影响，结果表明，鲨肝肽能明显抑制硫代乙酰胺造成的急性肝损伤和脂质过氧化，改善因硫代乙酰胺而受损的线粒体的呼吸功能。袁述等用鲨鱼肝再生因子（sHRF）给切除部分肝大鼠注射给药，观察其对肝细胞再生的促进作用，结果发现，sHRF 在短期内对大鼠肝部分切除术后再生有明显的促进作用，其机制可能是 sHRF 在促进肝细胞再生过程中，使血清甲胎蛋白和肝细胞中一氧化氮的含量升高，从而促进肝细胞再生加速。

2. 鲨鱼多肽

　　鲨鱼软骨中存在一类多肽，能通过阻止肿瘤周围毛细血管生长而达到抑制肿瘤的作用，对肺癌、肝癌、乳腺癌、消化道肿瘤、宫颈癌、骨癌等均有抑制作用。陈建鹤等用盐酸胍抽提姥鲨软骨蛋白，采用超滤和分子筛柱层析等方法分离纯化获得新生血管抑制因子 Sp8，Sp8 在体外能抑制血管内皮细胞增殖，抑制新生血管生长，体内能抑制小鼠移植 S_{180} 肉瘤生长。

3. 鱼精蛋白肽

　　李龙江等研究认为，鱼精蛋白可明显降低肿瘤内血管密度，具有抗肿瘤作用，其治疗效果是来自鱼精蛋白可抑制血管生成和诱导细胞凋亡的原因。体外实验研究发现，鱼精蛋白能明显抑制鸡胚绒毛囊膜上的血管生成。给移植瘤和瘤动物皮下注射鱼精蛋白，肿瘤生长明显受到抑制。

4. 鱼类抗菌肽

目前有关鱼类抗菌肽的活性和功能研究多数在体外进行，许多抗菌肽对鱼类特异的甚至其他动物的病原微生物都具有杀伤活性。Oren 等从豹鲷体上分离到一种 33 个氨基酸残基的抗菌肽并命名为 Pardaxin。此肽具有比蜂毒素更强的抗菌活性和比人红细胞血球更低的溶血活性，其作用可与其他天然的抗菌肽如铃蟾肽等相媲美。Cole 等在美洲拟鲽（Pleuronecteamericanus）的皮肤黏液中分离出一种 25 个氨基酸的线性抗菌肽，具有与其他许多抗菌肽类似的两亲性 α 螺旋结构。Jorge 等从彩虹鲑鱼的皮肤中分离得到了一种新的具有抗菌功能的核糖肽类，并指出这种肽与 40S 的核糖体蛋白 S30 非常相似。Susan、Douglas 等对大西洋鲑鱼、斑鳟鱼等在内的 5 种鱼类的 Hepcidinlike 抗菌肽进行了 cDNA 序列的测定，指出该分子由一种 24 个氨基酸信号肽，38~40 个氨基酸的酸性肽和 19~27 个氨基酸的成熟加工过程肽组成。Jorge 等从彩虹鲑鱼的皮肤分泌物中分离提取到了一种新的抗菌肽 Oncorhyncin，指出这种抗菌肽的前 17 个氨基酸残基与来自于彩虹鲑鱼组蛋白 H1 的 138~154 个残基相同，从而指出这种 Oncorhyncin 抗菌肽是组蛋白 H1C 端 69 残基的片段。随后 Jorge 等又从彩虹鲑鱼的血细胞中分离得到具有抗菌特性的活性片段，研究得出这种活性片段对热敏感且能被蛋白酶消化，从而推断这一活性片段为一种类似蛋白质的具有抗菌性的天然成分。

5. 鱼类抗高血压肽

Suesuna 和 Osajima 最先报道了沙丁鱼和带鱼的水解物中含有血管紧张素转化酶（ACE）抑制肽，其分子质量在 1000~2000Da 内。Matsufuji 利用碱性蛋白酶水解沙丁鱼获得 11 种 ACE 抑制肽，为 2~4 肽。Ukeda 研究发现，沙丁鱼的胃蛋白酶水解物可产生最强的 ACE 抑制成分，对沙丁鱼在蛋白酶水解之前进行热处理，所产生的肽具有更强的抑制活性；但从其水解物中分离出的 3 种 ACE 抑制肽在体外的 ACE 抑制活性较强。有研究通过对阿拉斯加青鳕鱼鱼皮水解，从其水解物中分离出分子质量为 900~1900Da 的肽片段，它具有 ACE 抑制因子的活性。吴建平报道日本已对各种鱼蛋白进行了研究，如沙丁鱼肽具有 ACE 阻碍作用，来自沙丁鱼筋肉分子质量在 1000~2000Da 的肽，实验表明有降血压作用。Fujital 报道了鲣鱼的嗜热菌蛋白酶消化液表现出最强的 ACE 抑制活性。

（二）虾类活性肽

目前报道的多数为虾类抗菌肽。Destoumieux 等从养殖的南美白对虾（Litopenaeus vannamei）的血细胞和血浆中分离了几种抗菌活性因子，其中 3 种具有抗真菌和抗细菌，尤其是抗革兰氏阳性菌的活力。Destoumieux 等后来又用免疫化学方法研究南美白对虾抗菌肽合成和储存的部位，发现受细菌感染后血浆中抗菌肽浓度升高，抗菌肽的免疫反应发生在角质层，说明几丁质具有与抗菌肽结合的活性。Bartlett 等从南美白对虾中筛选出一类抗菌肽（Crustins），该肽与岸蟹的 115kDa 抗菌肽氨基酸序列十分相似。Chen 等对斑节对虾（Penaeus monodon）的这种 115kDa 抗菌肽进行了 cDNA 序列的编码，并与南美白对虾和对虾 Lsetiferus 的氨基酸序列做了比较，表明斑节对虾中的 crustins 抗菌肽比上述两种对虾中的 crustins 抗菌肽有更高的氨基酸重复序列。

（三）贝类活性肽

1. 扇贝多肽

　　扇贝多肽（polypeptide from *Chlamys farreri*，PCF）是近年来从栉孔扇贝中提取的一种具有生物活性的小分子水溶性八肽，其成分包括脯氨酸、天冬酰胺、苏氨酸、羟基赖氨酸、丝氨酸、半胱氨酸、精氨酸和甘氨酸，其相对分子质量为 800~1000。阎春玲等探讨了扇贝多肽（PCF）对小鼠胸腺淋巴细胞辐射损伤的保护作用及机制，结果表明，PCF对紫外线辐射损伤的小鼠胸腺淋巴细胞具有一定的保护作用。其作用机制与 PCF 能清除氧自由基、提高抗氧化酶活性及保护细胞膜组织结构有关。杜卫等利用 RP-HPLC 从栉孔扇贝中分离得到 4 个分子质量为 800~1000Da 的小分子多肽（PCF），并对其进行了药理活性测试。采用地塞米松与脾和胸腺淋巴细胞共培养，地塞米松会显著降低脾和胸腺淋巴细胞的活性，而扇贝多肽不仅能显著减轻其对免疫细胞的抑制作用，同时还可以促进免疫细胞活性；说明扇贝多肽能减轻、保护地塞米松引起的淋巴细胞抑制。此外，车勇良等发现，扇贝多肽对受双氧水氧化损伤的小鼠胸腺细胞的凋亡有抑制作用，并能促进细胞增殖，且作用优于维生素 C。刘晓萍等研究表明，扇贝多肽具有抗紫外线氧化损伤的作用，在一定剂量范围内可减轻或抑制紫外线对胸腺细胞和脾细胞的氧化损伤；在正常条件下可显著增强免疫细胞的活性，并可拮抗雌激素对免疫细胞的抑制作用。扇贝多肽还可抵抗 ^{60}Co 辐射对胸腺细胞的损伤作用。

2. 贻贝肽

　　国外对贻贝药理活性研究多集中于贻贝抗菌肽，而对它的活性研究报道不多。目前从蓝贻贝（*Mytilus edulis*）和地中海贻贝（*Mytilus galloprovincials*）体内分离和纯化出多种抗菌肽。根据它们的一级结构可以分为 4 种：防御素（defensin）、贻贝素（mytilin）、贻贝肽（myticin）和贻贝霉素（mytimycin），皆为小分子肽。毛文君等研究表明，贻贝肽可使移植性肿瘤生长受到抑制，小鼠的存活时间延长。肖湘等建立了 3 个活性模型，研究贻贝肽对氧自由基和脂质过氧化的作用。结果表明，其具有清除氧自由基和抑制脂质过氧化作用。可见，贻贝肽对多种氧自由基有清除作用，这对于自由基引起的疾病如炎症、辐射损伤、肿瘤、衰老等有一定的意义，它作为天然药物的开发有一定的价值。

第四章　海洋中的牛磺酸

第一节　海洋中的氨基酸

氨基酸是组成蛋白质的基本单元，在海洋环境中分布很广。它和海洋生物生命活动的关系特别密切。氨基酸也是主要的海洋有机物资源之一，是海洋生物地球化学的重要组成部分，海洋中的氨基酸研究受到普遍的重视。

一、氨基酸在海洋中的生物循环

（一）海水中的氨基酸

海水中氨基酸的主要来源是海洋浮游生物（特别是浮游植物）的分泌物和分解产物。近岸海区会受陆地的影响，如河流入海、雨水冲刷和各种污水把陆地的氨基酸带入海洋。尽管来源有不同，但它们在海水中一般都以悬浮颗粒态和溶解态两种形式存在。

悬浮颗粒态中包括单细胞藻和微生物等小型生物、生物的残骸、碎屑、浮游动物的粪便及气泡等表面物质形成的有机颗粒，用氨基酸分析法测出其中的氨基酸含量，此种氨基酸称为颗粒氨基酸。

溶解态中包括游离氨基酸和结合氨基酸，后者是蛋白质及其衍生物及二肽以上的大分子物质。

通常采用孔径为 0.45μm 的滤膜过滤海水，保存在滤膜上的物质定为颗粒氨基酸；透过滤膜而溶存于海水中的氨基酸，未经水解的称溶解游离氨基酸（DFAA），经水解的称溶解氨基酸。

（二）海水中氨基酸的分布

海水中氨基酸的分布包括两部分内容，即表层海水中的氨基酸分布与海水中氨基酸的垂直分布。

不少学者还分析了表层海水中个别氨基酸的浓度，浓度高的氨基酸有丝氨酸、甘氨酸、天冬氨酸、谷氨酸和丙氨酸等，其次是苏氨酸、赖氨酸和亮氨酸等，最低的是胱氨酸、半胱氨酸和甲硫氨酸等。此外，还存在中等浓度的游离鸟氨酸，它不存在于天然蛋白质中，只是在中间代谢过程中出现。另外，鸟氨酸的前身——精氨酸在结合和颗粒氨基酸中含量较多，但游离精氨酸几乎没有。

德根斯等曾测定了加利福尼亚远洋海水（0~36m）中氨基酸浓度的垂直变化，发现溶解氨基酸随深度加深而缓慢增加，到一最大值后又逐渐下降，在近海底处达平均值25μg/L 左右，垂直变化的范围为 16~125μg/L。颗粒氨基酸的垂直变化恰恰相反，随深度加深而下降，从海表 20μg/L 下降至 200m 处为 6μg/L，再往下到 3000m 深处氨基酸浓度变化不大，保持相对恒定。

（三）海洋氨基酸的来源

海洋环境中的氨基酸主要来自海洋浮游生物的分泌物和分解产物，特别是海洋中数量最大的浮游植物，在正常的生命活动中或是在异常的条件下都可以被释放出来。生物死亡后，经微生物分解，把胞内氨基酸及其衍生物释放至海水中。换句话说，海洋中的氨基酸主要来自于两部分：其一是动植物在其生命活动中分泌的氨基酸；其二是动植物死亡之后分解产物中的氨基酸。

1. 动植物分泌的氨基酸

藻类在正常生长增殖过程中，往往将光合同化作用形成的有机产物分泌到周围介质中去，称为胞外产物。多数情况下，分泌出来的氨基酸和多肽只是总胞外产物中的一小部分。例如，某些蓝绿藻把大部分同化的氮化物释放入介质，蓝绿藻释放的胞外氮化物中多数是多肽，游离氨基酸只是少数。胞外肽由 12 种氨基酸组成，其中甘氨酸、谷氨酸、门冬氨酸、丙氨酸和丝氨酸占多数，有时还有微量的碱性氨基酸。

除藻类植物分泌产生氨基酸外，韦布和约翰尼斯于 1967 年发现，30 多种海洋无脊椎动物能释放游离氨基酸入海水中，分泌的氨基酸丰度类似于海水中游离氨基酸的丰度。

在释放的氨基酸中以甘氨酸的数量最多，占释放氨基酸总量的 31.7%；其次是丙氨酸和牛磺酸；胱氨酸和半胱氨酸常不释放或量很低（低于总量的 0.5%）。释放物中的二肽、三肽很少，低于 1%，所以实际上不存在。

健康藻细胞对氨基酸等简单有机物的释放主要通过细胞膜的扩散作用。

虽然海洋无脊椎动物释放氨基酸的机制还不了解，但动物组织中的甘氨酸、丙氨酸、牛磺酸与释放的胞外产物中的甘氨酸、丙氨酸、牛磺酸都是占多数，及胱氨酸和半胱氨酸在体内和体外产物中都是微量或没有。从这两方面的事实看，似乎可认为释放过程也是由简单的扩散过程决定的。

2. 分解产物中的氨基酸

海洋生物的尸体、碎屑和残骸被微生物降解，使溶解氨基酸等释放入介质，特别是赤潮海区，水中缺氧造成生物大量死亡、分解，使氨基酸等浓度增大。浮游植物细胞死亡、分解会释放出大量氨基酸和有机氮化物。

3. 海洋氨基酸的生物利用

（1）藻类的利用

氨基酸是海洋中主要的有机氮化物，海水中的氨基酸大多来自海洋浮游生物，尤其是海洋植物在生命过程中分泌而来。同样，海洋中大多数藻类和异养微生物在其生命活动过程中，也能吸收氨基酸和多肽等有机氮化作为细胞的碳源，组成胞内成分和供给能量，维持生长。

博兰（Bollard）1969 年的研究中发现，L-氨基酸比 D-氨基酸能更好地维持生长（三种针连藻例外），这是因为天然蛋白质中大多是 L-氨基酸，能直接为生物利用。有些氨基酸能维持暗生长，其中 L-亮氨酸能使植物良好地生长。

　　藻细胞从介质中吸收的氨基酸一部分以碳化物形式释放出来回到海水中去，细胞保留了氨基酸中半数以上的氨基氮作为细胞氮。吸收的氨基酸大部分保存在细胞内，构成细胞的氮源和碳源。

（2）海洋动物的利用

　　海藻通过光合作用吸收同化无机盐和直接吸收氨基酸等有机物并掺入细胞内合成自身成分，使藻类生长繁殖，为海洋提高了有机物产量。通过食物链大约有1/10的同化产物被动物摄取，其余的仍保存在海水中。溶解氨基酸经物理作用形成的颗粒氨基酸也能为小动物提供饵料。

　　海洋动物能否直接利用氨基酸，尽管存在两种相反的观点，但已有实验证明35种海洋无脊椎动物能从介质中吸收氨基酸。贻贝（*Mytilus edulis*）既能从溶液中吸收氨基酸，也能释放游离氨基酸入介质。因此，可以说某些海洋动物和海洋植物一样，既能释放氨基酸也能吸收氨基酸。

（3）鸟氨酸的转化利用

　　天然蛋白质的结构中不存在鸟氨酸，这是公认的。一般，鸟氨酸只是出现于生命机体的代谢过程之中，它是鸟氨酸循环的中间产物。海水中存在胞外代谢过程，海水中鸟氨酸是由它的前身产物——游离精氨酸的分解代谢产生的。促使这一反应进行的是精氨酸酶，它是由微生物分泌的一种胞外酶，也存在于浮游植物中。

　　海水的化学成分和动物血液的某些化学组成相似，具有相对恒定的pH（7.5~8.4），海水和血液一样也是一种缓冲液。所以，具有活性的生命物质能在海水中被适当保存下来，进行一系列活性反应，胞外酶则是其中之一。因而可以理解，存在于海水中的精氨酸酶能将游离精氨酸经鸟氨酸循环几乎全部分解成鸟氨酸和尿素，造成天然蛋白质中没有的鸟氨酸而在海水中却大量存在的事实。

二、海洋生物中的氨基酸资源

（一）海洋生物富含氨基酸

　　海洋生物是指海洋里的各种生物，包括海洋动物、海洋植物、微生物及病毒等，其中海洋动物包括无脊椎动物和脊椎动物。无脊椎动物包括各种螺类和贝类，有脊椎动物包括各种鱼类和大型海洋动物，如鲸鱼，鲨鱼等。

　　海洋生物富含易于消化的蛋白质和氨基酸。食物蛋白的营养价值主要取决于氨基酸的组成，海洋中鱼、贝、虾、蟹等生物蛋白质含量丰富，富含人体必需的9种氨基酸，尤其是赖氨酸含量更比植物性食物高出许多，且易于被人体吸收。

　　经过几十年来海洋科技工作者的调查研究，已在我国管辖海域记录到了20 278种海洋生物。这些海洋生物隶属于5个生物界、44个生物门。其中动物界的种类最多（12 794种），原核生物界最少（229种）。我国的海洋生物种类约占全世界海洋生物总种数的10%。我国海域的海洋生物，按照分布情况大致可以分为水域海洋生物和滩涂海洋生物两大类。在水域海洋生物中，鱼类、头足类（如人们常吃的乌贼，也称墨鱼）和虾、蟹类是最主要的海洋生物。其中以鱼类的品种最多，数量最大，构成了水域海洋生物的主体。水域海洋生物种数的分布趋势是南多北少，即南海的种类较多，而黄海、渤海的种类较少。

物种约占世界物种总数的 10%，数量占 50%。

　　根据最新的调查资料，分布在我国滩涂上的海洋生物种类共有 1580 多种。其中以软体动物（也就是平常我们所说的贝类）最多，有 513 种，其次是海藻 358 种，甲壳类（主要是平常所说的虾、蟹）308 种，其他类群种类很少。我国沿海滩涂生物的种数与海域生物一样，也是自北向南逐渐增多。

　　全世界的科学家目前正在进行一项空前的合作计划，即为所有的海洋生物进行鉴定和编写名录。海洋里到底有多少种生物？一项综合全球海域数据的调查报告出炉了。目前已经登录的海洋鱼类 15 304 种，最终预计海洋鱼类大约有 2 万种。目前已知的海洋生物有 21 万种，预计实际的数量则在这个数字的 10 倍以上，即 210 万种。

　　科学家目前正在进行的这个计划称作海洋生物普查，预计要花上 10 年时间，至少需要花 10 亿美元的经费，共有来自 53 个国家的 300 多位科学家参与到这个史无前例的合作计划中来，让世界上每一个角落的海洋科学家可以一起合作。从 2000 年开始，平均每星期就有 3 个新的海洋物种被发现。根据这个研究计划的估计，大约还有 5000 种海洋鱼类及成千上万种其他各式各样的海洋生物还没被发现。

　　开展这个普查计划是希望能够评估各种海洋生物的多样性、地理分布和数量，并且解释上述情况如何随着时间而改变。这个计划有什么现实意义呢？海洋生物的普查可以找出目前已经濒危的生物及重要的繁殖区域，可以帮助渔业管理机构发展出有效的连续经营策略。随着成千上万的海洋生物新种被发现，科学家将开发出新的海洋药物和工业化合物。

　　海洋生物普查科学委员会主席、美国路特葛斯大学的弗雷德里克·格拉塞尔说："这是 21 世纪第一场伟大的发现之旅的开始。更重要的是，这是第一个全球性的努力，去测量海洋的各种生物，也让我们知道我们应该做些什么去防止海洋生物继续消失。"海洋至今依旧是未被探勘的领域，人们对海洋孕育的生物的所知极为有限。海洋生物普查首席科学家罗纳尔德·多尔说："海洋生物的多样性不只是海洋状况的重要指针，同时也是保护海洋环境的关键。

（二）海洋生物的氨基酸资源亟待开发

　　据估计，地球上有 3000 多万种物种，而海洋占地球表面积的 71%，总水量的 97%，是生命的摇篮，它拥有地球上物种的 80% 以上，而陆地和淡水中物种所占比例小得多。但是，目前对生物资源的研究、开发和利用，绝大多数都是以陆地和淡水中的物种为对象，氨基酸领域更是如此。面对这一现状，有识之士提倡"下海"，开发氨基酸的新资源，使氨基酸产业有更大的发展。目前一般从下列几点入手。

1. 积极索取海洋生物的特殊氨基酸、多肽及其衍生物

　　海洋生物的多样性及其体内生化活性物质结构的特异性与陆地及淡水生物有很大不同，因而许多有识之士瞄准广阔的海洋，以海洋生物为对象，研究、开发具特异性的有价值的天然产物。据报道，从海洋动物中提取获得的天然产物有 10% 具有抗 P388 淋巴细胞、白细胞和 KB 细胞的活性，海洋植物提取物的 3.5% 有抗肿瘤活性；日本自 20 世纪 90 年代以来，仅几年时间内，就已从海洋微生物、海藻、海绵等海洋生物中提取分离到

近百种结构新颖的天然活性物质。国际上现已在海洋生物中发现 2000 多种生化活性物质，其中包括众多的特殊氨基酸、多肽及其衍生物。

例如，从海人草中提取 α-红藻氨酸（kainie acid），用它作为广谱驱虫药物，对肠道内蛲虫、蛔虫等寄生虫的驱除效果显著；从褐藻中提取的昆布酸（lamine oxalatxe）有降压作用，有希望成为新的氨基酸治疗药物；美国从海洋生物中筛选强效抗炎剂和心血管药物，如 N-甲基组氨酸类；正在进行 II 期临床实验的 didemin 是从海鞘（*Trididemnun solidum*）中分离提取的一种环肽类化合物，组分中有较多罕见的氨基酸，didemin B 可能成为一种有效的抗癌药物。

2. 综合利用海洋生物的废弃物

海洋的环境特殊蕴藏着无穷无尽的生物类群，它是人类赖以生存和持续发展的宝库。例如，每年全球海洋浮游生物的产量约 5000 亿 t，人类从中仅获取约 0.8 亿 t 海洋水产品，还不到 1/5000，尽管如此之少，但仍占人类现在食用蛋白质的约 1/5。虽然已开发和利用的海洋生物资源仅为冰山的一角，但在海洋食品、饲料、医药、精细化工等方面都已形成了产业，在某些地区还是支柱产业，不但利用了大量的海产鱼、虾、贝、藻、微生物等海洋生物，而且生产过程中都有废弃物，有的废弃物蛋白质含量很高，量也非常大，若将其用来生产氨基酸，变废为宝，做到综合利用，定能取得明显的经济和社会效益。例如，能增强机体免疫功能、防病保健的天然色素类胡萝卜素在藻类中含量很高，经 20 多年的努力，目前国际上出现了利用盐场、海水竞相开发杜氏藻（*Dunaliella*）生产 β-胡萝卜素的热潮，但杜氏藻除含 9%的 β-胡萝卜素外，还含有近 30%的蛋白质。如果在生产 β-胡萝卜素后用废弃的藻渣提取蛋白质，所获蛋白质的量和氨基酸组成都类似于大豆蛋白，其中人体必需氨基酸含量很高，如 L-亮氨酸占蛋白质的 11%，L-赖氨酸占 7%，L-缬氨酸占 5.8%，L-苯丙氨酸占 5.8%，L-苏氨酸占 5.4%，L-异亮氨酸占 4.2%，若进一步制成氨基酸则具有极高的经济价值。利用杜氏藻进行商业性生产的主产品为 β-胡萝卜素，副产品有蛋白质、氨基酸和甘油等，该产业有很强的市场竞争力，依靠的就是对海洋生物的综合利用。天津盐业研究所和武汉大学生命科学院合作，在开发杜氏藻生产 β-胡萝卜素的同时也进行了氨基酸的开发研究。鳗鲡（*Anguilla japonica*）是一种营养丰富、味道鲜美且有食疗功效的珍贵鱼种，我国沿海地区烤鳗加工业发展迅速，鳗加工后有大量的鳗鱼骨被废弃，约占鲜鳗质量的 7%，所含蛋白质丰富，国内已有单位用酶解技术将其制成水解蛋白粉，其各种氨基酸的比例合理，必需氨基酸占氨基酸总量的 36.9%，还含有 0.33%的牛磺酸，成为一种具海鲜风味的高档保健补品。

3. 努力争夺海洋生物基因组的宝藏

1988 年美国议会批准了"人类基因组作图和测序计划"（简称"人类基因组计划"），为期 15 年，总经费 30 亿美元，其时间之长、规模之大、所费财力之多和影响之深远都堪与"曼哈顿原子弹计划"和"阿波罗登月计划"相提并论。

1990 年开始实施至今，已取得了意想不到的巨大进展，所获成果和经验日益表明，基因组的研究不仅带动整个自然科学的发展，而且每个新基因的发现都具有商业开发的潜力，可能获得丰厚的利润。例如，1995 年，美国 Amgen 公司用 1 亿美元向美国洛克

菲勒大学购买 *ob* 基因的技术。

"人类基因组计划"的顺利进展引发了国际上基因争夺战，当前各国不仅都在大力加强争夺人类基因资源，发达国家互相争夺海洋基因资源，海洋中具有许多独特的生态环境，如低温、高压、高盐、多物种等，造就了适应特殊环境的生物基因组，有着各种各样功能的基因，有可能相应地从海洋生物中开发出各种各样功能的氨基酸、多肽、蛋白质等新产品。

中国科学院海洋所进行了 4 种螺旋别藻蓝蛋白基因序列的测定，已被国际上基因银行系统收录，并构建了能够生产别藻蓝蛋白的大肠杆菌重组菌株，生产的蛋白质对小鼠 S_{180} 肉瘤有显著的抑制作用，现正处于抗肿瘤药物临床前的实验阶段，他们还成功地建立了海带基因工程模型系统，进行了转基因海带的海上实验。L-多巴黑色素（L-dopamelanin）具有抗氧化、抗辐射、清除自由基、选择性地体外抗病毒、促进牡蛎幼虫和扇贝幼虫附着的功能，是一种应用前景广阔的氨基酸衍生物。它可以从海洋生物中分离提取，也可筛选产生该色素的海洋菌种进行发酵生产。利用海洋生物的多样性，积极研究、开发海洋生物 L-多巴黑色素基因，进行基因重组，构建低耗、高质、高产此色素的工程菌。将可能获得重大效益，这是和现代氨基酸技术发展趋势相适应的，也将为功能基因组学（functional genomics）作出贡献。本实验室成功地克隆了合成黑色素的关键酶（酪氨酸酶）基因，并对其进行了序列测定和分析鉴定，已被美国 Gen Bank 收录（收录号：AF064072），并在大肠杆菌中进行表达，还证实该工程菌株利用酪氨酸产生的 L-多巴黑色素在抗紫外线对蛋白质、DNA 损伤中起着保护作用，此成果为开发利用新的氨基酸类产品奠定了基础，并积累了经验，也为我国在基因争夺战中做了应该做的工作。

（三）海洋生物中 D-氨基酸

迄今从各种生物体中发现的氨基酸已有 180 多种，但是参与蛋白质组成的常见氨基酸（或称基本氨基酸）只有 20 种。这 20 种氨基酸称为蛋白质氨基酸，除甘氨酸外，20 种氨基酸都有互称镜像的对映体 D-型和 L-型。

1924 年化学家 Frendenberg 将 L-氨基酸称为"天然"，而 D-氨基酸就成了"非天然"。很多年来，人们一直认为在生命物质中只存在天然 L-氨基酸。随着分析方法的发展，人们对氨基酸的研究更加深入，不断在海洋动物、陆生动物、脊椎和无脊椎动物、藻类种子植物及人体中发现了各种 D-氨基酸。虽然在生物科学中 L-氨基酸是很重要的，但人们渐渐地认识到游离的和肽键的 D-氨基酸在生物体中也起着很重要的作用。

1. D-氨基酸在海洋生物中的功能

在海洋无脊椎动物中，D-氨基酸与渗透压调节有关，作为 L-氨基酸的营养源。D-丙氨酸在小龙虾组织内代谢变化活跃，并在渗透压压力时作为一种重要的具有调渗透压的物质。在淡水、50%海水和普通海水 3 种水体中。将小龙虾禁食 1 个月，在禁食期间，小龙虾肌肉和肝胰腺中所有的氨基酸和 D-、L-丙氨酸量减少，其中在淡水中减少的量最大，而 50%海水中小龙虾组织中 D-丙氨酸占全部丙氨酸的比例增大。将大剂量 L-丙氨酸注入小龙虾尾部肌肉以转变成 D-丙氨酸，并且 L-丙氨酸在 1 周内恢复正常水平，大量 L-丙氨酸从肌肉转移到肝胰腺。D-丙氨酸注入小龙虾后转移成 L-丙氨酸，但没有转移到肝胰腺。在日本 mitten 蟹肌肉组织中，D-、L-丙氨酸有很强的高渗调节作用，使该蟹从上游迁移到下游有渗透压变化时能适应这种变化。D-氨基酸在海鞘的发育早期阶段也起着重要作用。

2. D-氨基酸在海洋生物中的分布与变化

并非所有的海洋生物中都含有或者说富含 D-氨基酸，研究者测定发现以下几种现象。

海洋无脊椎动物含有 D-氨基酸。用 D-氨基酸氧化酶技术测定了 18 种海洋无脊椎动物组织中 D-氨基酸的浓度，其范围在 0.04~0.44mmol/L。D-氨基酸可能来自于海水，海水中含有 L-氨基酸和 D-氨基酸。

双壳类软体动物含有 D-氨基酸。人们曾就两种不同亚纲（Pterimorphia、Heterodonta）的 7 种海产双壳类软体动物组织中 D-氨基酸的分布情况做过调查，仅在 Heterodonta 的全部组织中发现了高浓度的 D-丙氨酸，而 Pterimorphia 除腮和中肠腺外，其他组织中未发现 D-丙氨酸。

甲壳类含有 D-氨基酸。人们分析了 7 种甲壳类动物（3 种虾、4 种蟹）组织中的游离 D-氨基酸，其中以 D-丙氨酸最丰富，广泛分布在被分析的甲壳类的各组织中。在肌肉组织中，D-丙氨酸的含量为 3.2~16.8nmol/g 湿重，D-丙氨酸占全部丙氨酸的百分比平均达 31.7%。D-精氨酸的含量小于 2nmol/g，且占全部精氨酸的量小于 10%。酸性氨基酸如 D-天冬氨酸和 D-谷氨酸仅在虾的酶催化 D-赖氨酸转化成 L-赖氨酸的机制中发现，并且含量小于 1nmol/g，D-天冬氨酸占总天冬氨酸的百分比为 12%~70%。其他的 D-氨基酸含量低。

海鞘含有 D-氨基酸。海鞘在各个发育期（如配子体、胚胎、成年海鞘）均发现了 D-氨基酸。其卵与精子中的 D-氨基酸含有量如下。

卵	D-Asp	0.114nmol/g	湿质量
	D-Glu	0.644pmol/cell	
	其他 D-氨基酸	0.125nmol/g	湿质量
	（0.694pmol/cell）		
精子	D-Asp	0.144nmol/g	
	D-Glu	2.6×10^{-6}pmol/cell	
	其他 D-氨基酸	0.132nmol/g	湿质量
	（3.0×10^{-6}pmol/cell）		

某些海藻含有 D-氨基酸。褐藻羊栖菜中含有 D-天冬氨酸，且 D-天冬氨酸的含量是随季节性变化的。深秋早春时含量高，夏季含量低。羊栖菜的各个部位 D-Asp 的含量也不同，通常带黏性的根部和主要分支含量高，而叶片含量不足根部的 1/2。

此外，有研究认为，鱼类中可能含有 D-氨基酸，因为发酵鱼酱油中也存在 D-氨基酸。在东南亚和东亚收集的 60 种鱼酱油中普遍存在 D-丙氨酸、D-精氨酸和 D-谷氨酸，其中 D-丙氨酸的含量最丰富，且在所有鱼酱油中存在。当鱼酱油发酵期延长，D-丙氨酸和 D-天冬氨酸含量增高。在 10%盐分的鱿鱼酱油中，随着细菌数目的增多，D-氨基酸的含量增多，而在沙丁鱼酱油中这种情况被大大抑制，所以在低浓度的发酵鱼酱油产品中，D-丙氨酸可以用于细菌活动的分子标记。

　　Luzzana 等 1996 年发现，将实验室制的鲱鱼粉在 125℃下加热会导致 D-天冬氨酸的形成，且 D-精氨酸的形成与时间有关。12 种不同原料制成的鱼粉中，D-精氨酸的含量变化为 0.7%~3.7%。D-精氨酸的含量可以表示鱼在烧煮和干燥热处理的程度。与 L-氨基酸相比，D-氨基酸的种类较少，只占自然界发现氨基酸的 10%。近年来，人们开始重视 D-氨基酸，并意识到游离的 D-氨基酸和肽键的 D-氨基酸在生物有机体中起重要的作用。在我国，有关海洋生物 D-氨基酸的研究还很少，有待于科学工作者的进一步工作。

第二节　海洋中的牛磺酸

一、优质营养素——牛磺酸（taurine）

（一）牛磺酸概述

1. 什么是牛磺酸

　　牛磺酸又称 α-氨基乙磺酸，最早由牛黄中分离出来，故得名。纯品为无色或白色斜状晶体，无嗅，化学性质稳定，溶于乙醚等有机溶剂，是一种含硫的非蛋白质氨基酸，在体内以游离状态存在，不参与体内蛋白质的生物合成。

　　牛磺酸虽然不参与蛋白质合成，但它却与胱氨酸、半胱氨酸的代谢密切相关。人体合成牛磺酸的半胱氨酸亚硫酸羧酶（CSAD）活性较低，主要依靠摄取食物中的牛磺酸来满足机体需要。

（1）牛磺酸是人体条件性必需营养素（conditionally-essential nutrition）

　　多数哺乳动物妊娠后期胎儿各组织中牛磺酸的含量明显增加，生后逐渐下降，至断奶时接近成年动物水平，牛磺酸随年龄而变动提示其与生长发育有密切的关系。1975 年 Harys 等首次报道，用以酪蛋白为主要蛋白质来源、缺少牛磺酸的饲料喂猫，其体内牛磺酸逐渐耗竭，血浆浓度下降，并出现了视网膜变性，视网膜损害面积随时间而增大，逐渐发展成卵圆形，随后扩展到整个视网膜，最后原发部位不易辨认，其视网膜电图（ERG）也显示功能缺陷。超微结构改变的特点为出现空泡及光感受器细胞外节蜕变，严重时整个感受细胞可变性。补充牛磺酸后，在很大程度上可恢复，这取决于变性的程度。

　　猫的胆酸完全与牛磺酸结合。当饲料中缺乏牛磺酸时，猫不像大多数种属的动物那样能转变为以甘氨酸与胆酸结合。缺乏牛磺酸的雌性猫妊娠时常发生流产、死胎，即使足月分娩的小猫出生体重也低于补充牛磺酸者。Berson 等给小猫不含牛磺酸的酪蛋白饲料，并分别补充甲硫氨酸、胱氨酸或牛磺酸共 24 周，结果补充甲硫氨酸与胱氨酸均不能维持血浆牛磺酸浓度，也不能防止视网膜变性发展，而补充牛磺酸者血浆牛磺酸及视功能均正常。进一步说明猫需要膳食供应牛磺酸。因此，牛磺酸是猫的必需氨基酸。

　　猴合成牛磺酸的能力也低，当膳食中不供给牛磺酸时也表现出与猫类似的症状。Neuringer 等以缺乏牛磺酸的水解酪蛋白饲料养新出生的罗猴，10 个月后与补充牛磺酸组对比，缺乏组锥体对闪光反应降低，但在 18 个月及 26 个月再检查时缺乏组与补充组不再有差异。表明缺乏牛磺酸的影响在幼年期更为严重。26 个月将动物杀死，发现缺乏组在视网膜超微结构上有改变，锥体外节结构破坏，有空泡，有些病例几乎完全蜕变，但此时所见超微结构的变化可能已代表了部分恢复后的情况。

人初乳中牛磺酸含量最高，以后逐渐下降。其他哺乳动物也有同样的规律。早产儿吃酪蛋白为主要蛋白质来源的配方奶者，其血浆中牛磺酸的含量及尿中排出量均低于吃混合人奶的婴儿，而摄入的配方奶若以乳清蛋白为主要蛋白质来源时，婴儿血、尿中牛磺酸高于吃酪蛋白配方奶者。因为牛磺酸是游离氨基酸，它存在于牛奶的乳清部分，因此以乳清蛋白为主的配方奶含牛磺酸较高。在配方奶中补充牛磺酸，可使婴儿血、尿中牛磺酸在正常水平。说明婴儿体内的牛磺酸主要来源于膳食。

近年来，相继有报道指出，在某些特殊情况下，人体也会出现牛磺酸缺乏症状。Geggel等报道了长期进行胃肠外营养的 2 名成人及 6 名 14 岁儿童的观察结果，2 名成人空腹血浆中牛磺酸含量下降，而眼部检查未见异常；5 名儿童血浆中牛磺酸含显著下降，视网膜色素上皮出现弥散性颗粒，视网膜电图测出锥体功能异常，给予补充牛磺酸 5 个月后血浆中牛磺酸含量增加，视网膜电图恢复正常或接近正常。

Ament 等对 8 名长期接受胃肠外营养的儿童进行视网膜电图检查，他们出现了与缺乏牛磺酸猫类似的异常情况。在 4 名儿童的输液中加入牛磺酸后，其中 3 名视网膜电图恢复正常。在中断补充牛磺酸 1 年后，3 名中有 2 名儿童的血浆牛磺酸含量又下降，但视网膜电图未见异常。一般情况下，成人不太可能发生牛磺酸缺乏，但在某些特殊或疾病情况下，尤其是新生儿及早产儿就可能出现缺乏症候。因此，牛磺酸应被视为人的条件必需营养素，即在特定条件下，机体内它们的合成量不能满足通常需要，或不能满足某些特定临床情况下的特殊需要。

（2）牛磺酸对神经系统的营养作用

牛磺酸是中枢神经系统最丰富的游离氨基酸之一，脑中牛磺酸浓度在动物出生后很快下降，各种动物脑组织中牛磺酸含量也是幼小动物高于成年动物，提示牛磺酸在脑发育中扮演重要角色。由缺乏牛磺酸的猫生产与哺喂的幼小猫表现出小脑机能的异常：特殊的步态，过度外展与瘫痪，胸椎后突。牛磺酸缺少的猫在出生后第八周小脑外侧颗粒细胞层的许多细胞仍处于有丝分裂相对静止，分化很慢，导致神经突触难于形成。而在正常情况下，细胞分裂在出生后第三周就已完成。当给牛磺酸时，小脑的牛磺酸达到正常水平，细胞分化正常。牛磺酸缺乏对猫发育的影响可殃及脑皮质的视觉区。

韩晓滨等研究认为，牛磺酸可促进细胞的增殖活性，显著增加脑重。在行为上牛磺酸具有提高学习与记忆的作用。陈文雄等研究表明，牛磺酸与 n-3 多不饱和脂肪酸对大鼠脑神经功能发育存在协同的促进作用，表现为可增加大鼠海马突触数目，在功能上有促进大鼠脑神经功能发育的趋势，在行为上表现为大鼠学习记忆能力的增强。进一步的研究发现，牛磺酸有促进人胚脑神经细胞的生长发育、增殖分化和延缓衰老的作用。Chen等研究还发现，在添加牛磺酸的培养基中，神经元细胞 DNA 合成蛋白质含量较对照组明显增加，第十五天，神经元细胞特有的磷酸丙酮酸水合酶的表达仅能在含有牛磺酸的培养基中发现。这些结果确立了牛磺酸在人类大脑发育过程中扮演神经营养因子的角色。

甘氨酸受体（glycine receptor，GlyR）对脑干及脊髓的突触传递起到快速抑制作用。其亚单位在生长发育的新生大脑皮质中被表达，但神经递质系统是否包含皮质中的 GlyR尚不得而知。Flint 等研究发现，在不成熟的新生大脑皮质中 GlyR 具有兴奋性且能被非突触内源性配体释放所激活，在所有对大脑皮质 GlyR 具有影响潜力的配体中，牛磺酸是目前在生长发育的新生大脑皮质中最丰富的。研究还发现，牛磺酸储存在不成熟大脑皮质的神经元细胞中，增加细胞外牛磺酸导致 GlyR 激动。这些事实表明，在新生大脑皮层生长发育期间非突触地释放牛磺酸可激活 GlyR。胎儿由于牛磺酸的剥夺可导致大脑发育不全。牛磺酸可能是通过激活 GlyR 而影响新生大脑皮层的生长发育。

Jone 等报道，牛磺酸的添加能促进早产儿的脑干听觉系统的成熟。陈文雄等研究结果显示，断乳大白鼠添加 0.6%牛磺酸若干个月后与对照组相比，其脑干听觉诱发电位（BAEP）Ⅳ波峰间期缩短，这与 Tyson 的结果有类似的地方。此外，有报道用核磁共振检查早产儿小脑中牛磺酸的含量，并与足月儿相比，显著下降。再次肯定了牛磺酸对早产儿脑发育的重要性。

2. 牛磺酸的理化性质

化学式：$C_2H_7NO_3S$。

相对分子质量：125.15。

熔点：305.11℃。

水溶性：溶于水，不溶于乙醇、乙醚。

密度：$1.734g/cm^3$（173.15K）。

外观：白色或类白色结晶或结晶性粉末。

在水中 12℃时溶解度为 0.5%，其水溶液 pH 为 4.1~5.6，在 95%乙醇中 17℃时溶解度为 0.004%。不溶于无水乙醇、乙醚和丙酮。溶解后的牛磺酸具有较强的酸性，以两性离子形式存在，不易通过细胞膜。

3. 牛磺酸的分布与代谢

牛磺酸广泛分布于动物组织细胞内，海生动物含量尤为丰富，哺乳类组织细胞内也含有较高的牛磺酸，特别是神经、肌肉和腺体内含量更高，是机体内、含量最丰富的自由氨基酸。体内牛磺酸几乎全部以游离形式存在，且大部分在细胞内，细胞内外浓度比为（100~50 000）：1，人体含牛磺酸总量为 12~18g，其中 15~66mg 存在于血浆中，75%以上存在于骨骼肌肉，心肌细胞与血清牛磺酸浓度之比为 200：1。

机体可以由膳食中摄取或自身合成牛磺酸，动物性食品是膳食牛磺酸的主要来源，尤其是海生动物。体内合成是从含硫氨基酸（半胱氨酸、甲硫氨酸等）经一系列酶促反应转化而来，但自身合成能力较低。牛磺酸的分子质量较小（125.1Da），无抗原性，各种途径给药均易吸收。牛磺酸主要是由肾排泄，肾依据膳食中牛磺酸含量调节其排出量，以维持体内牛磺酸含量的相对稳定。

除直接从膳食中摄入牛磺酸外，还可通过 5 种途径在肝中生物合成。其中最主要的途径是甲硫氨酸和半胱氨酸代谢的中间产物半胱亚磺酸经半胱亚磺酸脱羧酶（CSAD）脱羧成亚牛磺酸，再经氧化成为牛磺酸。CSAD 被认为是哺乳动物牛磺酸生物合成的限速酶，且与其他哺乳动物相比，人类 CSAD 的活性较低，这可能是人体内牛磺酸的合成能力也较低的原因。牛磺酸在体内分解后可参与形成牛磺胆酸及生成羟乙基磺酸。

4. 牛磺酸的来源和排泄

动物体中的牛磺酸一方面来源于膳食供给，另一方面来源于自身的内源性合成，其需要量取决于胆酸结合和肌肉池内的含量。牛磺酸是通过尿液以游离形式或通过胆汁以胆酸盐形式排出体外的。肾是排泄牛磺酸的主要器官，也是调节机体内牛磺酸含量的重要器官。当牛磺酸过量时，多余部分随尿排出；当牛磺酸不足时，肾通过重吸收减少牛磺酸的排泄。另外，也有少量牛磺酸经肠道排出。

5. 牛磺酸的生理功能

研究认为牛磺酸具有以下生理功能。

第一，促进婴幼儿脑组织和智力发育。研究发现，牛磺酸在脑内的含量丰富，分布广泛，能明显促进神经系统的生长发育和细胞增殖、分化，且呈剂量依赖性，在脑神经细胞发育过程中起重要作用。研究表明，早产儿脑中的牛磺酸含量明显低于足月儿，这是因为早产儿体内的半胱氨酸亚磺酸脱氢酶（CSAD）尚未发育成熟，合成的牛磺酸不足以满足机体的需要，需由母乳补充。母乳中的牛磺酸含量较高，尤其初乳中含量更高。如果补充不足，将会使幼儿生长发育缓慢，智力发育迟缓。牛磺酸与幼儿、胎儿的中枢神经及视网膜等的发育有密切的关系，长期单纯的牛奶喂养易造成牛磺酸的缺乏。

第二，提高神经传导和视觉机能。1975 年 Hayes 等报道，猫的饲料中若缺少牛磺酸会导致其视网膜变性，长期缺乏终至失明。猫及夜行猫头鹰之所以要捕食老鼠，其主要原因是老鼠体内含有丰富的牛磺酸，多食可保持其锐利的视觉。婴幼儿如果缺乏牛磺酸会发生视网膜功能紊乱。长期静脉营养滴注的患者，若输液中没有牛磺酸，会使患者视网膜电流图发生变化，只有补充大剂量的牛磺酸才能纠正这一变化。

第三，防止心血管病。牛磺酸在循环系统中可抑制血小板凝集，降低血脂，保持人体正常血压和防止动脉硬化；对心肌细胞有保护作用，可抗心律失常；对降低血液中胆固醇含量有特殊疗效，可治疗心力衰竭。

第四，影响脂类吸收。肝中牛磺酸的作用是与胆汁酸结合形成牛黄胆酸，牛磺胆酸对消化道中脂类的吸收是必需的。牛磺胆酸能增加脂质和胆固醇的溶解性，解除胆汁阻塞，降低某些游离胆汁酸的细胞毒性，抑制胆固醇结石的形成，增加胆汁流量等。

第五，改善内分泌状态，增强人体免疫。牛磺酸能促进垂体激素分泌，活化胰腺功能，从而改善机体内分泌系统的状态，对机体代谢以有益的调节，并具有促进有机体免疫力的增强和抗疲劳的作用。

第六，影响糖代谢。牛磺酸可与胰岛素受体结合，促进细胞摄取和利用葡萄糖，加速糖酵解，降低血糖浓度。研究表明，牛磺酸具有一定的降血糖作用，且不依赖于增加胰岛素的释放。牛磺酸对细胞糖代谢的调节作用可能是通过受体后机制实现的，它主要依靠与胰岛素受体蛋白的相互作用，而不是直接与胰岛素受体结合。

第七，抑制白内障的发生发展。牛磺酸具有调节晶体渗透压和抗氧化等重要作用，在白内障发生发展过程中，晶状体中山梨酸含量增加，晶体渗透压增加，而作为调节渗透压的重要物质牛磺酸浓度则明显降低，抗氧化作用减弱，晶体中的蛋白质发生过度氧化，从而引起或加重白内障的发生。补充牛磺酸可抑制白内障的发生发展。

第八，改善记忆功能。在牛磺酸与脑发育关系的动物实验研究中发现，牛磺酸可促进大白鼠的学习与记忆能力。补充适量牛磺酸不仅可以提高学习记忆速度，而且还可以提高学习记忆的准确性，并且对神经系统的抗衰老也有一定作用。

第九，维持正常生殖功能。正常的生殖功能需要用牛磺酸来维持。有资料证实，猫饲料中牛磺酸含量低于 0.101%时，其生殖功能不良，死胎、流产和先天缺陷率增高，幼仔存活率下降；含 0.105%以上时，其才能维持正常的生殖功能。

除此以外，研究还发现牛磺酸对缺铁性贫血有明显效果的防治，它不仅可以促进肠道对铁的吸收，还可增加红细胞细胞膜的稳定性；牛磺酸还是人体肠道内双歧菌的促生因子，优化肠道内细菌群结构；还具有抗氧化、延缓衰老作用；能够促进急性肝炎恢复正常；对四氯化碳中毒有保护作用，并能抑制由此所引起的血清谷丙转氨酶的升高；对肾毒性有保护作用，牛磺酸对顺铂所致的兔原代肾小管上皮细胞改变有保护作用。另有报道，牛磺酸可镇静、镇痛和消炎，对冻伤、氰化钾（KCN）中毒及偏头疼也有防治作用。

（二）获取牛磺酸的途径

牛磺酸几乎存在于所有的生物之中，哺乳动物的主要脏器，如心脏、脑、肝中含量较高，含量最丰富的是海鱼、贝类，如墨鱼，章鱼，虾，贝类的牡蛎、海螺、蛤蜊等。鱼类中的青花鱼、竹荚鱼、沙丁鱼等牛磺酸含量很丰富。在鱼类中，鱼背发黑的部位牛磺酸含量较多，是其他白色部分的 5~10 倍。因此，多摄取此类食物可以较多地获取牛磺酸。牛磺酸易溶于水，进餐时同时饮用鱼贝类煮的汤是很重要的。在日本，有用鱼贝类酿制成的"鱼酱油"，富含牛磺酸。除牛肉外，一般肉类中牛磺酸含量很少，仅为鱼贝类的 1%~10%。

由于天然牛磺酸较分散、量少，远不能满足人们需要。像牛胆汁虽然含有很高的牛磺酸，但人们是不会食用的。工业获取牛磺酸有三条途径。

第一条是从天然品中提取。将牛的胆汁水解，或将乌贼和章鱼等鱼贝类和哺乳动物的肉或内脏用水提取，再浓缩精制而成。也可用水产品加工中的废物（内脏、血和肉，与新鲜度无关）用热水萃取后经脱色、脱嗅、去脂、精制后再经阳离子交换树脂分离，所得洗提液中的萃出物可达 66%~67%，再经乙醇处理后结晶而得。

第二条是化工合成。由于牛磺酸在天然生物中较分散、量少，从天然生物品中提取的量也很有限。因此人们工业获取牛磺酸主要还是靠化工合成。自 1950 年世界各国开始进行人工合成研究以来，目前牛磺酸的合成工艺有近 10 多种，其中乙醇胺法、二氯乙烷法等化学合成法已工业化。

第三条是发酵法制取牛磺酸。据日本专利报道，可用发酵法制取牛磺酸。目前，牛磺酸的生产厂家主要集中在日本、美国、欧洲等发达国家和地区，近年来其产量迅速增加。我国正常生产不足 10 家，生产的牛磺酸主要用于出口和医药，其中出口量占 90%，作为食品添加剂仅占 6%。而在美国食品及饮料中，牛磺酸的消费量在 1985 年就达 6000t。

二、海洋生物中牛磺酸的含量及分布

牛磺酸在鱼贝类中含量十分丰富，在软体动物中尤甚。此外，一些海藻也含有不少牛磺酸。可以说海洋生物是牛磺酸的天然宝库。

表 4-1 列出了代表性鱼贝类的牛磺酸含量。由此可以看出贝类、鱿鱼、甲壳类等的

表 4-1　鱼贝类的牛磺酸含量

Table 4-1　The taurine content of fish and shellfish

鱼贝类	水分质量分数/%	牛磺酸含量/（mg/kg）
竹荚鱼	77.8	2 060
黄鲷	76.3	3 470
鲱鱼	60.0	1 060
多春鱼	76.4	650
绿鳍鱼	74.2	2 270
远东多线鱼	71.6	2 160
真鲷	77.4	2 300
红鱿鱼	80.6	1 600
枪乌贼	77.9	3 420
赤贝	85.4	4 270
蛤蜊	85.9	2 110
紫贻贝	78.9	4 400
蝾螺	78.0	9 450
扇贝	82.4	1 160
姥蛤	79.4	5710
海松贝	81.7	6380
牡蛎		8 000~12 000
马氏珠母贝	80.9	13 830
翡翠贻贝	82.4	8 020
日本对虾	76.9	1 990
雪蟹	81.8	4 500
沙虫干	11.8	18 370

牛磺酸含量较高。其中马氏珠母贝中含量更是高达 13 830mg/kg，牡蛎、沙虫干和翡翠贻贝中含量也不少。

　　研究还发现，牛磺酸在鱼贝类的不同组织内含量也有所不同（表 4-2）。一般来说，金枪鱼、鲐鱼等红肉鱼的血合肉中牛磺酸含量比普通肉高，而真鲷、比目鱼等白肉鱼的各种组织中牛磺酸含量没有明显的不同。

　　有日本学者对几种鱼贝类不同组织的牛磺酸含量做了研究，结果如表 4-2 所示。由此可以看出，鱼体内脏中牛磺酸含量明显高于其肌肉组织中的含量。牛磺酸含量在内脏中的分布也因鱼种的不同而不同，但差别不大。一般来说，心脏、脾中含量较多，而鳃中含量较少。另外，坂口守彦的研究表明，海水鱼和淡水鱼之间牛磺酸含量没有明显的不同，而通过添加牛磺酸至人工养殖的鲑鱼和鳗鱼饲料中发现，鱼的各组织中的牛磺酸含量明显升高，可以认为鱼体中具有蓄积饵料中牛磺酸的可能性。

　　需要说明的是，对于同一种鱼贝类来说，不同的学者可能得到不同的结果，有时甚至相差很大。这除在操作上存在误差外，还可能存在以下几方面的原因。

　　1）实验所选用的部位不同，如上所述，不同的部位对结果的影响很大。

　　2）因鱼贝类中牛磺酸的含量与它们生长的水域和季节等因素有关，所以在不同的时

表 4-2　鱼体内不同组织的牛磺酸含量

Table 4-2　Taurine levels in different organizations of fish

组织	蓝鳍金枪鱼	太平洋鲐鱼	大马哈鱼	比目鱼	阿拉斯加绿鳕	红鳟
背部肉	61	24	20	134	93	14
腹部肉	0	44	35	105	104	12
血合肉	954	293	0	0	241	189
心脏	658	579	220	326	363	452
胃	392	146	164	105	307	156
幽门	265	302	135	0	326	172
肠	256	173	16	84	246	220
肝	178	143	41	186	179	160
苦胆	245	150	109	197	285	201
脾	0	0	168	706	214	289
肾	0	97	80	98	420	186
睾丸	161	0	0	0	342	273
卵巢	0	0	129	67	296	166
脑	136	111	115	116	363	54
鳃	73	87	65	84	163	170

间、不同的地点所测得的结果也不尽相同。

3) 鱼贝类的前处理方法不同,即不同的抽提方法对测定结果也有一定的影响。例如,王顺年等在测定牡蛎肉中牛磺酸含量时,两种不同的前处理方法得到的牛磺酸含量相差35.4%。

第三节　牛磺酸的研究进展

一、牛磺酸应用研究进展

(一) 在心血管疾病中的应用

迄今,牛磺酸作为药物成分在心血管疾病的治疗中主要有三大应用。

首先是抗高血压作用。在原发性高血压患者、大鼠腹主动脉狭窄和高盐摄入引起高血压模型中,观察到口服牛磺酸(患者 1.6~2.0g,每日 3 次;大鼠饲料内加 1%牛磺酸)4 周后,受试者平均收缩压和平均舒张压均明显降低,42.2%的患者血压恢复正常,并能抑制原发性高血压患者和高血压大鼠血浆内皮素和血管紧张素Ⅱ水平的升高,增加高血压大鼠血浆降钙素基因相关肽和主动脉组织中的牛磺酸含量。此结果表明,牛磺酸在起降压作用的同时伴随有缩血管物质的降低和舒血管物质的增加,为牛磺酸抗高血压辅助用药提供依据。

其次是治疗心力衰竭作用。牛磺酸和盐酸 L-精氨酸合用能有效治疗心力衰竭。41 例冠心病和心肌梗死患者中心功能Ⅱ级 33 例,心功能Ⅲ~Ⅵ级 8 例,病程 3 年以上,有常规治疗史,患者均有心脏肥大体征。在对照组常规剂量应用洋地黄强心苷、髓袢利尿剂和转换酶抑制剂卡托普利的基础上，加用盐酸 L-精氨酸 150mg/kg 和牛磺酸 200mg/kg，溶于 250mL 生理盐水，静脉滴注，每日 1 次，疗程为 6d，部分患者同时服用阿司匹林、亚硝酸酯类、B-受体阻滞剂，严格控制其他用药。治疗 1 疗程后心功能指标明显改善，各血管活性肽水平好转，症状和体征有较明显改善，心功能Ⅱ级变为Ⅰ级，Ⅲ级变为Ⅱ级，有 31 例，而对照组为 0。总有效率治疗组 91.68%，对照组 71.05%。研究表明，在一般充血性心力衰竭（CHF）治疗的基础上应用 L-精氨酸和牛磺酸可以显著改善心功能，提高心脏舒缩功能，增加心舒出量，显著降低动脉血压，心率无明显变化。6min 步行实验表明治疗组 1 疗程后 6min 步行距离显著增加。

此外，还有治疗心肌炎作用。病毒性心肌炎目前尚无有效的治疗方法。用牛磺酸、黄芪、维生素 C、辅酶 Q10 联合治疗病毒性心肌炎，其中早搏患者加服心律平、慢心律等抗心律失常药物。治疗 1 个月后临床症状改善，有效率、心功能分级改善率分别为 92.2%、89.7%。对照组给予极化液静脉滴注，联合应用维生素 C、辅酶 Q10，其中早搏患者加服心律平、慢心律等抗心律失常药物。治疗 1 个月后有效率、心功能分级改善率分别为 64.3% 和 60.1%。治疗 3 个月后 EVS-RNA 转阴率治疗组为 80.8%，对照组为 41.2%。牛磺酸与黄芪联用可使外周血中 EVS-RNA 转阴率显著提高，提示牛磺酸与黄芪确实能抑制肠道病毒 RNA 的复制，从而减轻病毒对心肌组织的损伤，使患者临床症状减轻，恢复加快。用牛磺酸颗粒剂佐治小儿病毒性心肌炎，在常规治疗的基础上加用牛磺酸颗粒剂口服，4 周后主要症状大部分消失，体征和实验室检查接近正常者为 63.3%，8 周后为 93.3%，显著高于对照组的 53.3% 和 80.5%。

（二）防治糖尿病及其慢性并发症

在防治糖尿病及其慢性并发症方面，牛磺酸主要用于三方面的治疗。

首先是治疗糖尿病。有医学研究者研究发现，20 例经饮食治疗或加服降糖药物 2~3 周后空腹血糖仍 >8.3mmol/L 和餐后血糖 >10mmol/L 的患者，在单纯饮食治疗，或口服消渴丸或口服优降糖，或口服二甲双胍，或口服格列齐特的基础上，加服牛磺酸颗粒 2g，每天 3 次，饭前 30min 口服，治疗 3 个月，空腹血糖虽无明显改变，但餐后 2h 血糖及葡萄糖耐量实验 60min、120min 点的血糖峰值及血糖曲线下面积均明显下降。而未加服牛磺酸的 10 例患者空腹血糖、餐后 2h 血糖、糖化血红蛋白均无明显变化。20 例加服牛磺酸颗粒患者的胰岛素水平无明显改变。提示牛磺酸具有一定的降血糖作用，且不依赖于增加胰岛素的释放。牛磺酸对细胞糖代谢的调节作用可能是通过受体后机制实现的，它主要依靠与胰岛素受体蛋白的相互作用，而不是直接与胰岛素受体结合。

其次是抑制糖尿病白内障的形成发展。牛磺酸具有调节晶体渗透压和抗氧化等重要作用，在白内障发生发展过程中，晶状体中山梨酸含量增加，晶体渗透压增加，而作为调节渗透压的重要物质牛磺酸浓度则明显降低，抗氧化作用减弱，晶体中的蛋白质发生过度氧化，从而引起或加重白内障的发生。补充牛磺酸可抑制糖尿病白内障的发生发展。陈翠真等用裂隙灯照相显微镜检测糖尿病大鼠的晶状体混浊度，用 TUNEL 法检测晶状体上皮细胞凋亡情况，结果显示，8~12 周时，链脲佐菌素（STZ）诱发的 Wister 大鼠有 80% 的晶状体发生白内障，几乎所有细胞呈现凋亡，腹腔注射 4% 牛磺酸组的大鼠晶状体一直保持透明，仅有极少数细胞凋亡。说明牛磺酸能抑制糖性白内障的发生，其主要作用可能与抗氧化功能和抑制高血糖有关。

此外，牛磺酸还能减轻糖尿病心肌病变。糖尿病心肌病是一种特异性心肌病，是通过多种复杂机制造成血管的结构和功能改变及由心肌代谢紊乱等所致。心肌组织肾素-血管紧张素系统的功能亢进参与糖尿病性心肌病的发展过程，牛磺酸可通过抑制糖尿病大鼠的心肌组织肾素-血管紧张素系统的功能，从而起到减轻糖尿病心肌损害的作用。

（三）治疗呼吸道感染

用牛磺酸治疗小儿上呼吸道感染 150 例，均口服，每天 3 次。另 75 例口服头孢氨苄干糖浆作为对照。两组均不加任何药物，观察 3d。结果两组疗效无显著差别，但治疗组 1 天退热，流涕、鼻塞、喷嚏症状改善明显优于对照组。将上感呼吸道 114 例、支气管炎 40 例、支气管肺炎 60 例、扁桃腺炎 20 例、急性喉炎 4 例、毛支气管炎 2 例经统计学处理分成两组，治疗组在综合治疗（抗菌、抗病毒、退热、止咳祛痰、纠酸及支持治疗）的基础上加服牛磺酸颗粒剂，1 日 3 次冲服，除肺炎治疗 7d 外，其余为 3~5d。结果：治疗组治愈率为 91.67%，对照组为 76.67%。在发热、症状、体征、X 射线检查、住院日等指标上治疗组比对照组平均缩短 1.82d、0.34d、1.36d、4.42d。牛磺酸通过对中枢 5-HT 系统或儿茶酚胺的作用降低体温，效果明显，这可能与其提高人体免疫力，调节体内生理平衡、减少病理损害有关，通过其对细胞的保护作用发挥对机体的内源性抗损害作用。

（四）对视网膜光损伤的保护作用

牛磺酸以较高的浓度存在于脊椎动物的视网膜中，牛磺酸在视网膜具有多种生物学效应，其中之一就是保护视网膜感光细胞免受化学损伤。研究表明，牛磺酸对持续光照 24h 形成的大鼠视网膜光损伤模型具有保护作用。所有大鼠被随机分为牛磺酸对照组、阳性对照组、正常对照组，光照后 3d 通过光显微镜观察视网膜组织病理学结构，用流式细胞仪测定细胞凋亡的情况。结果：组织病理学结果显示，阳性对照组视网膜结构破坏严重，感光细胞内外节消失，外核层变薄，细胞核明显减少，而牛磺酸用药组无明显改变。牛磺酸治疗组视网膜细胞凋亡数量低于阳性对照组（$P<0.05$）。

（五）对药物引起的组织、器官损伤的保护作用

1. 肺损伤的保护作用

牛磺酸广泛的生理和药理作用，已越来越被人们所认识，其维持膜稳态、维持渗透压平衡，抗脂质过氧化损伤及钙离子调节作用等、均对博来霉素的肺损伤有保护作用。

选用大鼠 40 只，随机分为 3 组。

1）博莱霉素组 16 只，每日腹腔内注射生理盐水 5mL，连续 3d。

2）牛磺酸组 16 只，每日腹腔内注射牛磺酸 2.5mg/kg，连续 3d。

3）正常对照组 8 只，无需处理。

实验第四天，3 组动物麻醉后，博来霉素组与牛磺酸组动物气管内灌注 0.02%博来霉素生理盐水 0.02mL/kg，正常对照组灌注生理盐水 0.02mL/kg。

3 组动物在气管内灌注后第七天、第十四天均等分为 2 批，测定血行内皮素（ET）

及丙二醛（MDA），检查病理学，检查支气管肺泡灌洗液，测定血浆 EF 含量，测定血清 MDA 含量。结果：博来霉素组与牛磺酸组第七天双肺有散在的点、灶状出血，但后者程度明显轻于前者。牛磺酸能明显减轻博来霉素的肺损伤，并能降低血 ET、MDA 水平，表明其对博来霉素肺损伤的保护作用可能与自由基防护、抗脂质过氧化、保护肺动脉内皮细胞有关。

2. 对心肌损伤的保护作用

牛磺酸在一定程度上可拮抗铅的心肌毒性。在 10^6/L 心肌细胞悬液中加铅和牛磺酸的水溶液，铅的终浓度为 $50\mu mol/L$，牛磺酸的终浓度为 0mmol/L、5mmol/L、10mmol/L、20mmol/L、40mmol/L。37℃恒温水浴振荡 4h。铅可使心肌细胞细胞膜的总巯基，非 PSH 和 PSH 降低，而牛磺酸具有可明显减轻铅降低心肌细胞细胞膜总巯基（TSH）、非蛋白巯基（NPSH）和蛋白巯基（PSH）量的作用。

牛磺酸对多柔比星损伤心脏具有一定的保护作用。将实验兔随机分成多柔比星组，对照组（即生理盐水组）和多柔比星+牛磺酸组。兔均于第十二周测量心输出量（CO）、颈动脉收缩压（SP）和舒张压（DP）、颈动脉平均压（MAP）、左心室收缩压（LVSP）和左心室舒张末压（LVEDP）。取左心室心肌细胞检测细胞内游离钙离子浓度（$(Ca^{2+})i$），用血清检测一氧化氮（NO）的含量。结果表明，多柔比星组 CO、SP、DP、MAP、LVSP 均明显低于生理盐水组，LVEDP 显著高于生理盐水组；多柔比星+牛磺酸组 SP、DP、MAP、LVSP 均显著低于生理盐水组，LVEDP 明显低于多柔比星组，但明显高于生理盐水组；多柔比星组和多柔比星± 牛磺酸组血清 NO 含量均明显高于生理盐水组；多柔比星组左心室心肌细胞（Ca^{2+}）i 明显高于生理盐水组，多柔比星+牛磺酸组心肌细胞（Ca^{2+}）i 明显低于多柔比星组。

3. 对肾毒性的保护作用

牛磺酸对顺铂所致的兔原代肾小管上皮细胞改变有保护作用。采用体外培养兔肾小管上皮细胞，顺铂损伤组用不同浓度的顺铂于肾小管上皮共同孵育 24h，牛磺酸保护组用不同浓度牛磺酸预先与肾小管上皮细胞孵育 24h，然后再加入顺铂（$26\mu mol/L$）共同孵育 24h，用 DPH 荧光探剂法测定细胞膜流动性。结果：顺铂 13、26、$52\mu mol/L$ 能导致肾小管上皮细胞荧光偏振度（P）、各向异性（·）和微黏度（η）显著下降（$P<0.01$），牛磺酸在 10g/L 时可逆转顺铂导致的 P、和η 的下降（$P<0.05$）。牛磺酸可降低膜流动性，具有膜稳定性，可阻止顺铂引起体外培养的兔肾小管上皮细胞膜流动性增加。

牛磺酸能够减轻马兜铃引起的大鼠肾损害，并维持了较好的营养状态。给大鼠喂服马兜铃煎剂及马兜铃煎剂加牛磺酸溶液，观察对比血压（尾部收缩压），选择性催化还原（SCr），血尿素氮（BUN），血、尿渗透压，血色素，尿蛋白 SDS PAGE 肾组织脂质过氧化物丙二醛（malondialdehyde，MDA）含量、肾组织的病理改变。

结果：4 个月后单服马兜铃组大鼠血清尿素氮、肾组织中 MDA 高于马兜铃加牛磺酸组（$P<0.02$；$P<0.02$）；马兜铃加牛磺酸组大鼠肾组织的病理损害较轻。

综上所述，牛磺酸特异性低，作用广泛，其临床应用将日益受到重视，可望成为多系统疾病的辅助治疗。

（六）牛磺酸的研究现状与前景

1. 牛磺酸的生产现状

　　牛磺酸在生物界分布极广，可比较简单地从某些含量特高的牛胆汁、牡蛎、雄鸡冠等中提出，但是这些原料较分散、量少，远不能满足需要。自1950年世界各国开始进行人工合成研究以来，目前牛磺酸的合成工艺近10多种，其中乙醇胺法、二氯乙烷法、乙撑亚胺法等化学合成法已工业化。另外据日本专利报道，可用发酵法制取牛磺酸。目前，牛磺酸的生产厂家主要集中在日本、美国、欧洲等发达国家，近年来其产量迅速增加。我国从1981年开始实现牛磺酸生产工业化，到20世纪90年代初掀起高潮，曾经有生产厂家近40家，但大多数企业规模小、产品质量差、管理落后，因此导致许多企业处于停产或半停产状态，正常生产不足10家，主要有南京制药厂、广东肇庆西江制药厂、宁波东海化工厂、浙江临海制药厂等。国内牛磺酸生产工艺陈旧，成本高，产量低，与欧美等发达国家有很大差距。我国生产的牛磺酸主要用于出口和医药，其中出口量占90%，作为食品添加剂仅占 6%。而美国仅在饮料食品中作营养强化剂一项消费就将近每年 1万 t。由此可见我国牛磺酸的消费结构与国外也有很大的差距。

2. 牛磺酸生产应用前景展望

　　随着人们生活水平和质量的提高，具有较高营养价值和多种药理作用的牛磺酸已越来越受到人们的青睐，已广泛应用于食品工业、医药工业、洗涤工业等领域。目前，美国、日本、欧洲等国家高度重视牛磺酸并进行了一系列深入细致研究，日本有关牛磺酸的合成专利达 20 多项，在美国食品及饮料中牛磺酸的消费量 1985 年就达 6000 t，大大超过了传统医药方面的用量。我国牛磺酸的生产起步较晚，生产技术、产品质量、开发应用均与发达国家有一定差距，但是牛磺酸作为食品营养添加剂将逐步被国人所认识与接受，受到消费者的喜爱。我国有关部门已制定出《食品营养强化剂使用卫生标准》，规定牛磺酸在乳制品、婴幼儿食品及谷类制品中的允许添加量。目前世界一些主要国家人均年消费牛磺酸量大致为：日本 60 g、美国 50 g、英国 34 g、德国 32 g、加拿大 29 g、法国 26 g、韩国 19 g、印度尼西亚 17 g、新加坡 17 g，而我国不足 0.2 g。然而，我国是一个人口大国，若使其中 1/3 的婴幼儿、儿童的牛磺酸消费水平达到国外水平，仅此一项，每年需消耗 35 kt，可见牛磺酸在我国有巨大的潜在市场，是一种极有发展前途的精细化学品。新型的牛磺酸食品研究开发已成为当今食品业的重要课题。

二、牛磺酸的提取研究进展

　　水产品中含量丰富的牛磺酸是人体必需的重要氨基酸之一，具有消炎解毒、抗肿瘤、降血压、降血脂、降血糖、改善内分泌状态等多种生物活性，在婴幼儿成长发育和预防老年动脉硬化等方面起重要作用，在医药、食品和营养保健品中被广泛使用。牛磺酸在牡蛎、贝类、甲壳类和鱼类等中含量最多，以游离的形式存在。国外关于从海洋生物中提取牛磺酸的文献报道较少。Gormley 等测定了鱼类及加工后的鱼片中的牛磺酸含量，每 100 g 鲜鱼中含牛磺酸分别为比目鱼 146 mg、鳕鱼 108 mg、马鲛鱼 78 mg、鲑鱼 60 mg；

采用真空滚揉和注射过程向其他 14 种鱼类中添加牛磺酸,测定牛磺酸含量为 6~176mg,烹饪后牛磺酸仍保持在其中。

钱爱萍等通过测定大黄鱼、缢蛏、章鱼、带鱼、海虾、毛蚶中牛磺酸含量,比较了三种提取方法对牛磺酸提取率的影响,即 6%磺基水杨酸热水浴提取、0.02mol/L 盐酸提取和 70%乙醇沸水浴提取,确定采用 6% 磺基水杨酸热水浴提取法所得牛磺酸的回收率高,为 98%,并能同时测定其他 18 种游离氨基酸,但此法仅适合对氨基酸的成分分析,不适于工业化生产。

牛磺酸的提取方法有水煮提取法、乙醇提取法、酶解提取法和膜过滤分离法,提取后的牛磺酸都需要经过离子交换柱层析。

(一)水煮提取法

牛磺酸易溶于水,以水作为溶剂提取,工艺简单、迅速、成本低。水煮提取法提取的牛磺酸含有水溶性游离氨基酸,一般需要经过离子交换纯化,使用强酸性阳离子交换树脂、在 pH5 时进行牛磺酸与甘氨酸、赖氨酸等氨基酸的分离,在 pH3 的流出液中牛磺酸浓度最大,并且不含 Cl^- 或其他氨基酸,得到 98.6%的牛磺酸产品。

用自溶破壁法提取牛磺酸是对水煮提取法进行的改进。李和生等研究了从蛤蜊中提取牛磺酸的条件,确定蛤蜊在 pH5.5、45℃下培养 24h,牛磺酸的溶出较多。提取的牛磺酸的延寿功效比合成的牛磺酸效果好。刘金双等用热水浸提法从毛蚶中提取牛磺酸,牛磺酸含量为 9.34mg/g,毛蚶中氨基酸含量达 60%,并且通过与公认的抗衰老物质 VE 进行比较,发现天然牛磺酸与相同剂量的 VE 对果蝇的延寿作用相近。

从水产品加工下脚料中提取牛磺酸是充分利用资源的另一方面。杨广会等采用水煮提取法从水产废弃物中如鱿鱼肝、扇贝肉丁、紫贻贝和扇贝边中提取牛磺酸,得到最佳提取工艺为自溶时间 22h、提取温度 80℃、提取时间 50min、料液比 1:5。

(二)乙醇提取法

乙醇也常用作提取牛磺酸的溶剂,在 80℃水浴中,用浓度为 80%的乙醇提取扇贝边中的牛磺酸,料液比 1:10,提取时间 0.5h,提取次数 3 次,收率为 0.932%;用 60%乙醇溶液在温度 80℃时提取贻贝中的牛磺酸,提取时间 1h、料液比 1:5,提取 3 次,牛磺酸收率为 0.92%。由此可见,乙醇溶液浓度对牛磺酸提取率没有太大的影响。

章超桦等报道了用 80%乙醇抽提制得马氏珠母贝提取液,对其营养成分及游离氨基酸组成进行了较系统的研究,马氏珠母贝含粗蛋白 74.9%(干基),无机盐含量丰富,尤其是富含 Zn 和 Se,游离氨基酸中牛磺酸含量最高,为 1.38%,占总量的 74%。

乙醇提取法成本比较高,与水煮提取法相比,并不能增加提取量,不适于工业化生产。

(三)酶解提取法

生物酶在活性物质提取中的应用也受到青睐。酶解过程可以采用单酶或复合酶,但是酶解提取法也不能增加牛磺酸的提取率。

先酶解再水煮提取牛磺酸是常用方法。粟桂娇等以新鲜车螺肉为原料,采用酸性蛋白酶先酶解再水煮工艺提取牛磺酸，料：水 = 1：3（$W：V$），酶解温度 35℃，酶解 pH2.5，加酶量 E/S = 2000U/g，酶解时间 4h，水煮时间 0.5h。刘亚南等采用中性蛋白酶提取牡蛎中的牛磺酸，加酶量 E/S = 1300U/g、pH7.5、酶解温度 48℃，牛磺酸提取量达 2.724mg/g。

酶水解常用于氨基酸及小分子肽的制备。直接酶解水产品会使微量元素与游离氨基酸、多肽等都溶于酶解液中，不易分离。

（四）膜过滤分离法

膜过滤分离法主要用于提取过程中水解液活性组分的分离。王瑞芳等认为，提取牛磺酸的传统纯化工艺引入了大量 Na^+、Cl^- 等离子，使离子交换负荷加大；现采用水煮提取、离心除杂、超滤、离子交换、反渗透浓缩等加工技术从牡蛎中提取分离牛磺酸，选用 Ultra-flo 膜（截留分子质量 30 000u 系统进行一级超滤，超滤透析液再用卷式膜（截留分子质量 1000Da）系统进行二级超滤，二级超滤液用氢型阳离子交换树脂柱脱盐纯化，流出液经反渗透浓缩，浓缩液用乙醇沉淀、结晶即得牛磺酸产品，产品纯度达 98.5% 以上。

车升亮对紫菜采用热水浸提后，利用集成膜系统（陶瓷复合膜、超滤膜）、离子交换过程从紫菜中连续制取蛋白质、多糖、氨基酸类物质、牛磺酸、紫菜多肽。

膜过滤分离具有效率高、利于后续工艺处理、易于工业化、无环境污染等优点，但是对设备有一定的要求。

三、牛磺酸的测定

关于牛磺酸检测方法的报道很多。目前常用的方法有酸碱滴定法、薄层色谱法、气相色谱法、高效液相色谱法、氨基酸自动分析法及其他方法。

酸碱滴定法是较早采用的测定方法。我国于 1993 年制定的牛磺酸国标测定方法是酸碱滴定法。这种方法是用 0.1mol/L 的氢氧化钠进行滴定，用酚酞作为指示剂。此法简便易行，原理简单，但灵敏度及准确度均较低，且测定过程中干扰较多，个样的差别较大，无法满足牛磺酸含量较低的样品的测定。

与酸碱滴定法相比，薄层色谱法较为先进准确。其原理是试样中的牛磺酸经过离子交换柱提纯后以薄层色谱法定性、定量。使用薄层色谱法操作简便，不需特殊试剂和昂贵仪器，适宜在基层单位推广使用。但此法灵敏度较低，属于半定量的方法，而且薄层厚度、薄层板的制备、点样技术及展开的条件等难以保持恒定，从而影响定量的准确性。

气相色谱法是后来兴起的较新的方法。气相色谱法作为测定氨基酸及牛磺酸含量的方法在国内外已得到了广泛的应用。应用气相色谱法测定牛磺酸的原理是使磺酸基生成挥发性的衍生物从而进行测定。气相色谱法在灵敏度及准确度等方面都能够达到检测要求，但是在样品的衍生化等方面要求较高。张莉等应用气相色谱法测定出了国宾茶中牛磺酸的含量，收到了良好的效果，使牛磺酸与其他结构相近的游离氨基酸得到了较好的分离，并进行了较为准确的定量。结果发现，使用氮磷检测器（NPD）较氢火焰离子化检测器（FID）更为灵敏，而且使用非极性色谱柱（HP-5 和 HP-1）即可满足分析要求。虽然其易于质谱联用，但是在牛磺酸的检测中，这种方法应用的并不是很多。

高效液相色谱法是目前经常采用的方法。高效液相色谱法在测定样品中牛磺酸的含量时，具有样品前处理方法简单、灵敏度和准确度较高等优点，已经在实际中广泛应用。2003 版国标中规定的另一种牛磺酸标准测定方法即为高效液相色谱法。方法原理为：试样中牛磺酸经提取后用衍生剂衍生，衍生物经 C18 柱分离，于其最大吸收波长 330nm 处检测，根据保留时间和峰面积进行定性、定量。由于高效液相色谱法较高的灵敏度、可靠性及相对较短的分析时间，使其成为测定牛磺酸最常使用的方法。

实际应用中，高效液相色谱法又分为直接高效液相法和衍生法两种。

在样品中牛磺酸含量较高时可以直接用高效液相色谱来测定，李占胜等用高效液相色谱法测定乳粉中的牛磺酸：样品中的牛磺酸经水提取，用亚铁氰化钾、乙酸锌除蛋白质，乙醚脱脂，Sep-pakC18 小柱净化浓缩，在 210nm 波长下检测峰面积，外标法测定其含量，最低检出限及精密度实验的结果较好。

衍生高效液相色谱法主要用于样品中牛磺酸含量较低时的定量测定。牛磺酸同许多氨基酸一样，其分子式中没有共扼结构，故其紫外吸收和荧光发射都比较弱。当样品中牛磺酸含量较低时，需要对其进行衍生化反应，即在其结构中加入紫外吸光基团，这样才能满足液相色谱仪检测器（如紫外检测器或荧光检测器）的灵敏度要求。衍生方式有柱前衍生法和柱后衍生法两种。柱前衍生技术常与反相高效液相色谱法相结合，可更加快速、灵敏地测定样品中的牛磺酸，故更为常用。

还有一种连同其他氨基酸一同测定的方法——氨基酸自动分析法。牛磺酸作为一种氨基酸，可与茚三酮试剂反应，再利用氨基酸自动分析仪检测出其含量。氨基酸自动分析仪就是采用此原理来分析氨基酸，其分析周期短，适合于快速检测，但其分析的种类和数量受到限制。除上述常用的方法外，测定方法还包括 AccQ·Tag 法、吸光光度法等。AccQ·Tag 法主要由 Waters 公司推出，主要利用 AQC（6-氨基喹啉基-N-羟基琥珀酰亚胺基-氨基甲酸酯）与含氨基的化合物发生快速的反应，在 250nm 左右有较强的吸收性质来测定牛磺酸的含量。其应用的范围不是太广。这些方法应用的不如高效液相色谱法广泛，所以被研究的也较少。

目前，随着检测技术的发展，新的检测方法也在不断涌现，在用高效液相色谱法时需要采取柱衍生的方法，比较费时费力，影响了测定结果的重现性。作为婴幼儿食品中必须添加的一种营养强化剂，需加强对其检测方法的研究，而通用型检测器—蒸发光散射检测器（ELSD）的出现给牛磺酸检测带来了较大便利，也是对类似氨基酸检测技术进行研究的一个趋势，这也为对食品中牛磺酸进行检测提供了新途径和思路。

第五章　海洋中的多不饱和脂肪酸——DHA、EPA

第一节　多不饱和脂肪酸及其生物活性

一、多不饱和脂肪酸

（一）何为多不饱和脂肪酸

多不饱和脂肪酸指含有两个或两个以上双键且碳链长度为 18~22 个碳原子的直链脂肪酸，通常分为 ω-3 和 ω-6 两个系列。在多不饱和脂肪酸分子中，距羧基最远端的双键在倒数第三个碳原子上的称为 ω-3；在第六个碳原子上的则称为 ω-6。它们是由寒冷地区的水生浮游植物合成，有助于预防心脑血管疾病。

除了 ω-6 脂肪酸中的亚油酸（LA）和 ω-3 脂肪酸中的 α-亚麻酸（ALA）外，我们的身体可以合成所有需要的脂肪酸，因此，ω-6 系列的亚油酸和 ω-3 系列的亚麻酸被称为人体必需的两种脂肪酸。它们都是多不饱和脂肪酸，其中以亚油酸最为重要，它在一定程度上可以替代和节约亚麻酸。

虽然人体可利用亚油酸和 α-亚麻酸合成这些脂肪酸（体内 ω-3 脂肪酸和 ω-6 脂肪酸代谢的可能途径见图 5-1），但是由于 ω-6、ω-3 系列中许多脂肪酸如花生四烯酸（AA）、二十碳五烯酸（EPA）、二十二碳六烯酸（DHA）等都是人体不可缺少的，并且我们的身

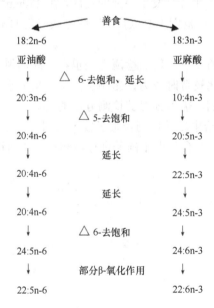

图 5-1　ω-3 脂肪酸和 ω-6 脂肪酸代谢的可能途径

Chart 5-1　Omega-3 fatty acids and the approach of omega - 6 fatty acid metabolism

体合成 ω-3 脂肪酸中的 EPA 和 DHA 的能力却有限，因而这两种重要的不饱和脂肪酸主要还是依靠从膳食中摄入。

（二）多不饱和脂肪酸的分类

根据结构不同，脂肪酸可分为饱和脂肪酸和不饱和脂肪酸，其中不饱和脂肪酸又分成单不饱和脂肪酸和多不饱和脂肪酸两种。以 DHA 和 EPA 为代表的多不饱和脂肪酸（PUFA）是指碳原子数多于或等于 18 且含有两个或两个以上双键的一类脂肪酸。

多不饱和脂肪酸（PUFA）按照从甲基端开始第一个双键的位置不同，把多不饱和脂肪酸分为 ω-3、ω-6 和 ω-9 多不饱和脂肪酸 3 类：

第一类是 ω-3 PUFA。多不饱和脂肪酸是包含多个双键的多聚不饱和脂肪酸，第一个双键出现在碳链甲基端的第三位，即从甲基端数，第一个双键的位置在第三碳位的多不饱和脂肪酸称为 ω-3 脂肪酸，如二十二碳六烯酸（22∶6 ω-3，DHA）和二十碳五烯酸（20∶5ω-3，EPA）。

α-亚麻酸（ALA，C18∶3 ω-3）是 ω-3 脂肪酸的典型代表，为包含三个双键的 18 碳多不饱和脂肪酸。ALA 是对身体健康至关重要的一种脂肪酸，但人体不能正常合成，因而被认为是体内的一种必需脂肪酸（EFA）。人体可以通过 ALA 合成其他 ω-3 多不饱和脂肪酸。

第二类是 ω-6 PUFA。指第一个双键的位置在从甲基端数的第六碳位，如花生四烯酸（20∶4 n-6，AA）和 γ-亚麻酸（18∶3ω-6，GLA）。亚油酸（linoleic acid；18∶2 ω-6）是另外一种必需脂肪酸（EFA），也是 18 碳多烯酸，有两个双键，并且第一个双键出现在甲基端的第六位，因而被归类为 ω-6 多不饱和脂肪酸。

第三类是 ω-9 PUFA。即第一个双键的位置在第九碳位的 ω-9 类 PUFA。

（三）多不饱和脂肪酸的发现

格陵兰岛位于北冰洋，岛上居住的爱斯基摩人以捕鱼为主，他们喜欢吃鱼类食品。由于天气寒冷，他们极难吃到新鲜的蔬菜和水果。就医学常识来说，常吃动物脂肪而少食蔬菜和水果易患心脑血管疾病，寿命会缩短。但是事实恰恰相反，爱斯基摩人不但身体健康，而且在他们之中很难发现高血压、冠心病、脑中风、脑血栓、风湿性关节炎等疾病。

1970 年，两位丹麦的医学家霍巴哥和洁地伯哥经过研究发现，格陵兰岛上的居民患有心脑血管疾病的人的确要比丹麦本土上的居民少得多。无独有偶，这种不可思议的现象同样也发生在日本的北海道岛上。当地渔民的心脑血管疾病发病率明显低于其他区域，北海道人心脑血管疾病发病率只有欧美发达国家的 1/10。

进一步研究发现，寒冷地区的水生浮游植物能够合成 ω-3 多不饱和脂肪酸，以食此类植物为生的深海鱼类（野鳕鱼、鲱鱼、鲑鱼等）的内脏中富含该类脂肪酸。因此，医学研究认为，正是鱼体内的 ω-3 多不饱和脂肪酸才使得格陵兰岛上的居民患有心脑血管疾病比例远低于丹麦本土上的居民。

（四）四种重要 ω-3 多不饱和脂肪酸

对人体营养而言，有 4 种重要 ω-3 多不饱和脂肪酸是非常重要的。

　　第一种，α-亚麻酸（alpha-linolenic acid，ALA）。亚麻酸主要有两个异构体：α-亚麻酸（ALA）和γ-亚麻酸（GLA）。GLA 是 ω-6 多不饱和脂肪酸，是合成花生四烯酸（arachidonic acid，ARA）的前体；ALA 则是 ω-3 多不饱和脂肪酸。目前，ALA 的主要功能还是在于它是 ω-3 多不饱和脂肪酸（EPA、DHA）的合成前体。

　　第二种，二十碳五烯酸（eicosapentaenoic acid，EPA）。二十烷类衍生物（eicosanoid）是一类重要的多聚不饱和脂肪酸化学信使物，在免疫和炎症反应上起至关重要的作用。细胞膜中含有的二十碳酸 20∶3 n-3 在去饱和酶作用下进一步生成 20∶5 n-3（EPA）。

　　第三种，二十二碳五烯酸（docosapentaenoic acid，DPA）。DPA（22∶5ω-3）是 EPA（20∶5ω-3）经碳链延长酶加入一个二碳单位而成，DPA 再经去饱和酶作用在靠近羧基端引入一个双键形成 DHA。一般认为，DPA 是 ALA 在体内生成 EPA 和 DHA 的中间产物，对人体而言不具有生理活性。Simon（1999）观察到血浆磷脂中 DPA 的水平与冠心病的发病率成反比，推测 DPA 对冠心病具有潜在的抑制作用。

　　第四种，二十二碳六烯酸（docosahexaenoic acid，DHA）。动物实验显示，DHA 是视网膜正常发育和发挥其正常功能所必需的。研究还认为，视网膜发育有一个关键时期，在此期间如果 DHA 供应不足将会使视网膜功能产生永久缺陷。DHA 对视觉色素视网膜紫质（visual pigment rhodopsin）的再生起至关重要的作用，而视网膜紫质在从光线到视觉图像转换的系统中起关键作用。大脑和神经组织中 DHA 含量远远高于机体其他组织。

　　DHA 对神经系统可能有以下一些功能：保护神经细胞（神经元）避免机体细胞程序性死亡（programmed cell death），可能增强神经系统的生存能力；影响细胞膜的物理特性，如流动性。而细胞膜物理特性的改变可能改变神经传递素活力或者改变神经膜受体蛋白的功能，进而改变神经系统的传导能力。DHA 对神经功能起着至关重要的作用。

二、多不饱和脂肪酸的基本作用

　　食物中每一种营养都同样重要，缺一不可。缺乏脂肪和缺乏其他任何一种营养一样，都会造成身体的不适。

（一）多不饱和脂肪酸的主要功效

　　1）保持细胞膜的相对流动性，以保证细胞的正常生理功能。
　　2）使胆固醇酯化，降低血中胆固醇和三酰甘油含量。
　　3）降低血液黏稠度，改善血液微循环。
　　4）提高脑细胞的活性，增强记忆力和思维能力。

（二）ω-3 多不饱和脂肪酸疾病的防治功能

1. 对视觉和神经系统发育的影响

　　怀孕后期是胎儿大脑和视网膜 DHA 累积的关键时期，而早产婴儿的视觉系统和神经系统发育也最易受 DHA 缺乏的影响。母乳中含有大量的 DHA、ALA 及 EPA，但之前婴儿传统的膳食配方中仅仅对 ALA 做了要求，而未涉及其他 ω-3 多不饱和脂肪酸。尽管早产婴儿在出生时就可以利用 ALA 合成 DHA，但这种合成速度不足以满足体组织细胞对 DHA 的需求，所以还必须从食物中添加足够量的 DHA。早期研究发现，给早产婴儿补喂富含 EPA 和 DHA 的鱼油可以增加其视觉灵敏度，但研究人员同时发现补喂鱼油后血清中 ARA 水平降低，而 ARA 水平和婴儿早期生长密切相关。这种结果很可能与鱼油中含有大量 EPA 有关，EPA 的存在干扰了 ARA 的合成。给早产婴儿补充大量 DHA 并降低其中 EPA 的含量，婴儿的血清 DHA 和 ARA 水平均正常，对生长没有阻抑作用。有证据显示，早产婴儿配方奶中补充 DHA 对视觉系统发育有显著促进作用，而配方奶中没有添加 DHA 的早产婴儿视觉发育受阻；和早产婴儿添加效果相比，给正常分娩的婴儿添加 DHA 的效果并不显著。迄今为止，并没有证据显示配方奶中添加 DHA 会对婴儿发育产生不良反应。

2. 对孕妇孕期的综合影响

人们开展了大量有关婴儿 DHA 需要的研究，对母体 ω-3 多不饱和脂肪酸需求的研究却相对较少，而母体是胎儿和初生哺乳婴儿 ω-3 多不饱和脂肪酸唯一的供给者。母体在怀孕期间的随机分组实验结果显示，补充 ω-3 脂肪酸并没有降低怀孕所致的紧张状况和高血压的发生率，但与低 ω-3 脂肪酸摄入量的孕妇相比稍稍延长了孕妇的怀孕期。患有高危妊娠疾病的孕妇每天补充包含 2.7gω-3 多不饱和脂肪酸的鱼油，提前分娩的概率从 33% 降到 21%。迄今仍没有在妊娠期补喂鱼油或 DHA 有不良反应的报道，但很多学者认为在妊娠期对 EPA、DHA 做特别推荐为时尚早。

3. 对心血管疾病的影响

研究显示，增加 n-3 多不饱和脂肪酸摄取量可以通过以下途径降低心血管疾病发生率。
1）防止心律不齐的发生，心律不齐可能导致心脏猝死。
2）降低血栓的发生概率，血栓导致血管阻力增大、心脏受损。
3）降低血清三酰甘油水平。
4）舒缓动脉粥样硬化斑的生长。
5）增强血管内皮细胞功能。
6）降低血压。
7）降低炎症发生率。

4. 对Ⅱ型糖尿病的作用

心血管疾病是导致糖尿病患者死亡的罪魁祸首，Ⅱ型糖尿病患者常常血脂过高（200mg/dL 以上），而研究认为补充鱼油可以显著降低糖尿病患者血清低密度脂蛋白胆固醇（LDL-C）和血清三酰甘油水平。尽管高血脂患者补充大量鱼油后观察到 LDL-C 水平升高，但禁食后患者血糖和血色素 A1c 水平并没有升高。在对 5103 名女性Ⅱ型糖尿病患者的研究中，患者在实验开始阶段并没有同时患心血管疾病或者癌症，结果发现，在 16 年实验期间，补充高剂量鱼油患者患冠心病的概率显著下降。迄今为止没有证据显示服用 EPA+DHA 会对长期高血糖患者有不良反应。

5. 对癌症的影响

和普通细胞不一样，肿瘤细胞增殖和扩散非常迅速，并对细胞正常凋亡（apoptosis）有抵抗力。研究发现，海洋生物提取的脂肪酸可以抑制体外培养的乳腺、前列腺和结肠的癌细胞增生，促进细胞凋亡；抑制体内结肠和直肠黏膜培养的癌细胞的增殖。癌细胞在动物模型中的研究表明，增加 EPA 和 DHA 的摄食可以降低乳腺、前列腺和肠癌细胞的增殖水平。众多临床实验研究中，只有少数研究发现鱼的摄食和人体乳腺痛、前列腺痛及肠癌的发病率之间存在负相关。在鱼类摄取量相对较高的人群中，鱼类摄取和癌症发病率之间存在较强的负相关。将来应该对 EPA 和 DHA 的摄入量和组织中 EPA 和 DHA 含量、ω-6 与 ω-3 多不饱和脂肪酸比值及 ω-3 脂肪酸含量进行较为详细的测定并给出推荐摄入量这将有助于人们对抗癌症的发生。

三、ω-3 多不饱和脂肪酸来源与生物合成

（一）天然食物来源

ALA 的天然来源主要是一些陆地植物，亚麻籽、胡桃仁及其种子油中含极丰富的 ALA，芥末籽油、大豆油中 ALA 含量也较多，橄榄油及花椰菜中含量相对较少。EPA 和 DHA 的天然食物来源主要主要是一些海洋动植物，鱼油和较肥的鱼类是 EPA 和 DHA 的主要来源。海藻类也可提供大量的 DHA。鳕鱼肝油中也含有大量 EPA、DHA。

（二）EPA、DHA 的生物合成

在自然界中，ω-3 多不饱和脂肪酸一般是由饱和脂肪酸硬脂酸（18：0）在脱氢酶和延长酶交替作用下，经一系列的脱氢和碳链延长后形成，具体过程见图 5-2。在动物体内，由于缺乏 Δ^{12}-油酸脱氢酶而不能形成亚油酸（18：2Δ9，12）和 α-亚麻酸（18：3Δ9，12，15），因此这两种脂肪酸必须从食物中得以补充，为必需脂肪酸。亚油酸和 α-亚麻酸再分别作为底物进一步合成 ω-6 和 ω-3 类多不饱和脂肪酸。在高等植物体中，硬脂酸在脱氢酶作用下最终形成亚油酸或 α-亚麻酸，没有更长碳链的多不饱和脂肪酸生成。微生物体内多不饱和脂肪酸的合成机制一般与高等动物基本一致，即先由硬脂酸（18：0）脱氢后形成油酸（18：1Δ12）和亚油酸（18：2Δ9，12），然后亚油酸再分别进入 ω-6 和 ω-3 两个不同的途径，最终分别形成花生四烯酸（AA）和 EPA、DHA。

然而，最近研究者在富含 DHA 的海洋真菌裂殖壶菌（*Schizochytrium limacinum*）和 EPA 的生产者海洋细菌 *Shewanella* 体内发现了一条新奇的 ω-3 多不饱和脂肪酸合成途径。该途径不需要多种脱氢酶和碳链延长酶参与，而是由一个类似聚酮合成酶的基因簇控制合成 DHA 和 EPA。尽管对这个类聚酮合成酶的催化机制尚未搞清，但是可以推测，在其催化合成 DHA 和 EPA 的过程中，可能涉及一系列精确的顺-反双键异构化。这个新奇的相对简化的 ω-3 多不饱和脂肪酸合成体系的发现为通过转基因手段获得 ω-3 多不饱和脂肪酸产品带来了新希望。

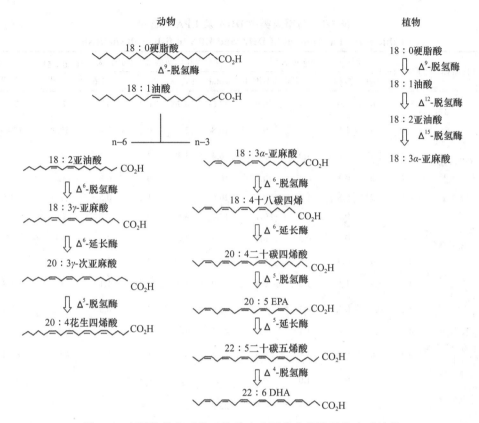

图 5-2　高等植物和哺乳动物体中多不饱和脂肪酸的合成途径

第二节　海洋生物中的 EPA、DHA

一、海洋生物中 EPA、DHA 的含量及性价分析

EPA（二十碳五烯酸）、DHA（二十二碳六烯酸）属于多不饱和脂肪酸，对人体具有重要的生理意义。通过大量的动物和人体研究证实，二者能够降低血脂和胆固醇，预防心血管疾病和卒中的发生，抑制癌细胞生长。此外，DHA 还能维护脑和视网膜的正常生长发育。但是，二者在陆生生物中较少含有，虽然可由 ALA（α-亚麻酸）在体内转化，但其转化速率有限，难以达到要求，故在食材中寻觅二者含量较高的食物尤为重要。经研究发现，二者在海洋生物中含量较高。

（一）海洋生物中 EPA、DHA 的含量

由表 5-1 可见，在鱼、蟹、贝类食物中，虽然多不饱和脂肪酸总量不高，但这些类群中含有 食物所缺乏的 C20：5 和 C22：6，对人们补充 EPA 和 DHA 有重要意义。其中墨鱼DHA 含量最高,其余依次为胡子鲇、鲮鱼。255 种鱼、蟹类 C22：6 含量超过 100mg[油抒、鱼片干、鳗鲡、鲚鱼（大）、红娘鱼、黄姑鱼、梅童鱼、鲥鱼、海鳗、梭子蟹、小黄花鱼、鲷、鲅鱼、丁香鱼（干）、鲹鱼、带鱼、蛏干、墨鱼、鲨鱼、胡子鲇、距缘青蟹、金线鱼、鲮鱼、基围虾、沙钻鱼]；而 EPA 含量最高的为银鱼，其次为鲮鱼和墨鱼。

表 5-1　鱼蟹贝类中 DHA 及 EPA 的含量

Table 5-1　The content of DHA and EPA in fish crab shellfish

食物名称	脂肪/g	脂肪酸/g/100g 可食部				多不饱和脂肪酸/总脂肪酸/%				C20：5* 含量/mg	C22：6 含量/mg
		Total	饱和	单不饱和	多不饱和	Total	18：3	20：5	22：6		
草鱼 [白鲩、草包鱼]	5.2	3.6	1.0	1.4	0.9	23.6	4.7	0.2	0.6	7.2	21.6
胡子鲇 [塘虱（鱼）]	8.0	5.6	1.8	2.6	0.9	16.8	2.5	0.7	2.4	39.2	134.4
黄颡鱼 [戈牙鱼、黄鳍鱼]	2.7	1.9	0.6	1.0	0.3	16.4	5.3	2.5		47.5	0
黄鳝 [鳝鱼]	1.4	1.0	0.3	0.4	0.2	16.5	4.9	0.3	0.8	3.0	8.0
鲤鱼 [鲤拐子]	4.1	2.9	0.8	1.3	0.6	20.6	3.9	1.1	0.5	31.9	14.5
罗非鱼	1.5	1.1	0.5	0.4	0.1	13.7	4.5	0.2		2.2	0
罗非鱼（莫桑比克）[非洲黑鲫鱼]	1.0	0.7	0.2	0.2	0.2	26.5	3.8	1.3	9.6	9.1	67.2
泥鳅	2.0	1.4	0.4	0.5	0.4	28.0	5.8	3.7	2.9	51.8	40.6
青鱼[青皮鱼、青鳞鱼、青混]	4.2	3.8	1.5	1.3	0.4	11.0	1.9		1.1	0	41.8
乌鳢[黑鱼、石斑鱼、生鱼]	1.2	0.8	0.3	0.3	0.2	27.6	6.6	2.4	6.3	19.2	50.4
银鱼[面条鱼]	4.0	3.6	1.0	1.1	1.5	41.1	10.8	13.8		496.8	0
鲇鱼[胡子鲇、鲢胡、旺虾]	3.7	2.6	0.8	1.1	0.5	17.5	0.7	1.7	3.4	44.2	88.4
鲢鱼[白鲢、胖子、连子鱼]	3.6	2.5	0.8	1.0	0.5	19.5	7.3	0.5		12.5	0.0
鲫鱼[喜头鱼、海附鱼]	2.7	1.9	0.5	0.8	0.5	25.3	5.1	1.6	1.1	30.4	20.9
鲮鱼[雪鲮]	2.1	1.5	0.5	0.5	0.4	28.6	6.7	2.8	7.3	42.0	109.5
鲮鱼（罐头）	26.9	18.8	3.4	4.4	10.7	56.8	7.1	0.4		75.2	0
海蜇头	0.3	0.2	0.1	0.1	0.1	1.8			1.4	0	2.8
墨鱼（曼氏无针乌贼）	0.9	0.6	0.3	0.1	0.3	42.7	4.4	9.7	24.8	58.2	148.8

（二）DHA 的性价比分析

1. 名词解释

性价比包含三个概念：食物营养素含量价格比、食物营养素达标价、食物营养素达标量。

所谓食物营养素含量价格比（简称"量价比"），即食物中营养素的含量与当地食物的市场价格所形成的比例关系。

所谓食物营养素达标价（简称"达标价"），即食物中营养素含量达到中国营养学会的推荐摄入量（recommended nutrient intake，RNI）或适宜摄入量（adueqate intake，AI）的食物价格。

所谓食物营养素达标量（简称"达标量"），即从食物中获取的营养素能够达到中国营养学会的推荐摄入量（recommended nutrient intake，RNI）或适宜摄入量（adeqate intake，AI）的食物质量。

通过性价比分析，将食物中营养素含量与其市场价格相联系，可为人们在日常生活中有针对性地选择食物提供参考。

2. 公式的建立与字母及数字的含义

此处所涉及的计算公式共有 3 个。

食物中每单位营养素量价比公式：A = B/（C × 5）。

食物营养素达标价公式：D = A×500。

食物营养素达标量公式：F = D/（B ×500）。

式中，D 表示食物营养素达标价（元）；E 表示每千克体重需要量（g、mg、μg）；F 表示单一营养素全天需要量（g、mg、μg）；K 表示体重（kg）；5 表示折合 500g 市品的计算系数；500 表示市品质量（g）；100 表示为 100g 食物的数字，用来计算 500g 食物中的营养素含量时运用。

3. 海洋生物中 DHA 的性价比分析

世界卫生组织（WHO）及国际脂肪酸和类脂研究学会（ISSFAL）一致推荐，怀孕和哺乳期妇女每日 DHA 摄取量为 300mg，婴幼儿每日为 100mg。也有观点认为，常人每日应摄入一定量的 DHA，但无相关的数据资料。本文计算食物达标价仅以妊娠期孕母 0.3g/d 为依据。具体数据见表 5-2。

表 5-2　部分海洋生物 DHA 的性价比分析
Table 5-2　Some sea creatures DHA cost-benefit analysis

食物名称	C20：5 含量/ （mg/100g）	C22：6 含量/ （mg/500g）	市价/ （元/500g）	量价比 （元/g）	食物达标价/ （元/0.3g）	食物达标量/ g
鯷鱼（小）[小凤尾鱼]	690.0	3 450.0	10.0	2.9	0.9	43
鲐鱼[青鲐鱼、鲐巴鱼、青砖鱼]	660.4	3 302.0	4.5	1.4	0.4	45
鱼片干	544.8	2 724.0	50.0	18.4	5.5	55
鳗鲡[鳗鱼、河鳗]	471.2	2 356.0	25.0	10.6	3.2	64
鯷鱼（大）[大凤尾鱼]	420.0	2 100.0	7.5	3.6	1.1	71
黄姑鱼[黄婆鸡（鱼）]	387.1	1 935.5	5.5	2.8	0.9	77
鲥鱼[快鱼、力鱼]	336.0	1 680.0	13.0	7.7	2.3	89
海鳗[鲫钩]	290.5	1 452.5	8.0	5.5	1.7	103
梭子蟹	286.0	1 430.0	41.0	28.7	8.6	105
黄鱼[小黄花鱼]	235.2	1 176.0	3.0	2.6	0.8	128
鲷[黑鲷、铜盆鱼、大目鱼]	205.2	1 026.0	32.0	31.2	9.4	146
鲅鱼（咸）[咸马胶]	203.5	1 017.5	4.5	4.4	1.3	147
鲹鱼[蓝圆鲹、边鱼]	184.8	924.0	3.0	3.2	1.0	162
带鱼	180.2	901.0	4.5	5.0	1.5	166
蛏干[缢蛏子、蛏子干]	166.6	833.0	5.0	6.0	1.8	180
墨鱼[曼氏无针乌贼]	148.8	744.0	10.0	13.4	4.0	202
鲨鱼[真鲨、白斑角鲨]	145.2	726.0	86.0	118.5	35.5	207
胡子鲇[塘虱（鱼）]	134.4	672.0	1.0	1.5	0.4	223
距缘青蟹[青蟹]	132.0	660.0	11.0	16.7	5.0	227
金线鱼[红三鱼]	118.0	590.0	17.0	28.8	8.6	254

续表

食物名称	C20∶5含量/(mg/100g)	C22∶6含量/(mg/500g)	市价(元/500g)	量价比(元/g)	食物达标价/(元/0.3g)	食物达标量/g
鲮鱼［雪鲮］	109.5	547.0	4.4	8.0	2.4	274
基围虾	102.0	510.0	20.0	39.2	11.8	294
沙丁鱼［沙鲻］	99.0	495.0	7.0	14.1	4.2	303
鲈鱼［鲈花］	98.4	492.0	7.0	14.2	4.3	305
黄鱼（大黄花鱼）	91.8	459.0	7.0	15.3	4.6	327
蟹肉	91.2	456.0	24.0	52.6	15.8	329
鲇鱼［胡子鲇、鲢胡、旺虾］	88.4	442.0	9.0	20.4	6.1	339
绿鳍马面豚［面包鱼、橡皮鱼］	88.0	440.0	12.0	27.3	8.2	341
生蚝	75.9	379.0	1.4	3.7	1.1	395
罗非鱼（莫桑比克）［非洲黑鲫鱼］	67.2	336.0	1.8	5.4	1.6	446
银蚶［蚶子］	64.0	320.0	6.0	18.8	5.6	469
鳙鱼［胖头鱼、摆佳鱼、花鲢鱼］	63.0	315.0	11.6	36.8	11.0	476
虾皮	61.5	307.5	3.8	12.4	3.7	488
贻贝（鲜）［淡菜、壳菜］	60.0	300.0	2.0	6.7	2.0	500
鲅鱼［马鲛鱼、燕鲅鱼、巴鱼］	57.2	286.0	11.0	38.5	11.5	524
牡蛎［海蛎子］	57.0	285.0	5.5	19.3	5.8	526
虾米［海米、虾仁］	55.8	279.0	68.0	243.7	73.1	538
鳊鱼［鲂鱼、武昌鱼］	52.8	264.0	4.7	17.8	5.3	568
乌鳢［黑鱼、石斑鱼、生鱼］	50.4	252.0	14.0	55.6	16.7	595
青鱼［青皮鱼、青鳞鱼、青混］	41.8	209.0	5.8	27.8	8.3	718
鲳鱼［平鱼、银鲳、刺鲳］	40.8	204.0	8.5	41.7	12.5	735
泥鳅	40.6	203.0	9.5	46.8	14.0	739
对虾	24.0	120.0	14.5	120.8	36.3	1 250
草鱼［白鲩、草包鱼］	21.6	108.0	4.4	40.7	12.2	1 389
鲫鱼［喜头鱼、海附鱼］	20.9	104.5	3.7	35.6	10.7	1 435
鲤鱼［鲤拐子］	14.5	72.5	3.8	52.4	15.7	2 069
鲍鱼［杂色鲍］	14.4	72.0	54.0	750.0	225.0	2 083
赤贝	13.2	66.0	19.0	287.9	86.4	2 273
花蛤蜊	13.2	66.0	6.5	98.5	29.5	2 273
东方对虾［中国对虾］	10.0	50.0	18.0	360.0	108.0	3 000
蛏子	9.4	47.0	5.0	106.4	31.9	3 191
黄鳝［鳝鱼］	8.0	40.0	14.5	362.5	108.8	3 750
河蚬［蚬子］	8.0	40.0	2.0	50.0	15.0	3 750
海蜇头	2.8	14.0	33.0	2 357.1	707.1	10 714

由此可见，鲹鱼（大、小）、鲇鱼、鱼片干、鳗鲡、黄姑鱼和鳙鱼性价比较高，每日食用量在100g以下即可满足需求，且除鱼片干外，其余价格都不贵，适合大多数人。价格较贵者，可根据自己情况进行选择。其余海产品要达到相应的DHA摄入量，所需食用

量较高（≥100g），可能较难实现。

二、海洋 DHA 和 EPA 的生物来源

传统 DHA 的来源是深海鱼油。研究表明，鱼类是通过食物链中的海洋微生物在体内积累了 DHA，因此海洋微生物是 DHA 的原始生产者。由于海洋鱼类本身不能合成 DHA，鱼油 DHA 是鱼类通过食物链中海洋微生物在体内积累。从目前的情况来分析，EPA 和 DHA 的现实和潜在来源有海洋鱼类、海藻类及真菌类 3 种。

（一）鱼油

海洋鱼类是目前提取 EPA 和 DHA 的主要来源。海产鱼类特别是中上层鱼类的油脂中含有大量的 EPA、DHA，如远东拟沙丁鱼油中 EPA、DHA 的含量均在 10% 以上（表 5-3）。

表 5-3　几种海产动物油中 EPA、DHA 的含量（占总脂肪的百分比）

种类	EPA	DHA
远东拟沙丁鱼油	8~10	15~34
鲐鱼油	8~10	11~15
秋刀鱼油	5~6	7~15
鲨鱼肝油	1~4	2~17
狭鳕肝油	13	6
南极磷虾油	16~19	7~6
墨鱼油	8~10	15~17
鲸鱼油	1~4	5~9

目前，商业上 DHA 和 EPA 的来源主要是脂肪含量高的海洋鱼类。在这些鱼油中，DHA 和 EPA 的质量分数可达 20%~30%。

（二）海洋微生物

研究发现，尽管一些海洋鱼类自身能够合成 DHA 和 EPA 等 ω-3 多不饱和脂肪酸，但是，它们体内积累的 DHA 和 EPA 主要是来源于他们的食物。海洋食物链中的初级生产者——海洋微生物才是 ω-3 多不饱和脂肪酸的原始生产者。因此，在海洋微生物中寻找 ω-3 不饱和脂肪酸的新生资源逐渐成为新的研究热点，"微生物油"、"单细胞油"的概念开始被提到。

目前，已分离出了多种富含 DHA 和 EPA 的海洋微生物，主要是一些低等的海洋真菌和微藻。

1. 产油海洋微藻

在已分离的产油海洋微生物中，金藻纲（Chrysophyceae）、黄藻纲（Xanthophyceae）、硅藻纲（Centricae）、红藻纲（Rhodophyceae）、绿藻纲（Chlorophyceae）和隐藻纲（Cryptophyceae）都有富含 EPA 的藻类。其中有些微藻，如 *Skeletonema costatum*，所含

的 EPA 占细胞总脂的 40%以上。富含 DHA 的海洋藻类相对较少，主要集中在甲藻、金藻和硅藻中。

许多研究证实，金藻类、甲藻类、硅藻类、红藻类、褐藻类、绿藻类及隐藻类等海藻中含有大量的 EPA 和 DHA（表 5-4），其中某些种类的海藻 EPA 含量可达 50%，DHA 含量可达 30%以上。

表 5-4　部分海藻中 EPA、DHA 的含量（占总脂肪酸百分比/%）

种类	EPA	DHA
歪卵形钙板金藻	20	—
盒形藻	24	—
三角褐脂藻	28	—
透明前沟藻	20	24
卵圆旋沟藻	11	28
仙菜	32	—
珊瑚藻	52	—
海萝	51	—
胶黏藻	51	—
钝形凹顶藻	43	—
裂膜藻	50	—
墨角藻	16	—
糖海带	28	—
小球藻	45	—
兰隐藻	14	6

注：—未检出

2. 产油真菌

有许多低级的真菌含有较多的 EPA 和 DHA，其中藻状菌类的 EPA 和 DHA 含量尤为丰富（表 5-5），是进行 EPA、DHA 商业性开发的潜来源。

表 5-5　藻状菌类中 EPA 和 DHA 的含量（%）

种类	EPA	DHA
高山被孢霉	15	—
长形被孢霉	14	—
喜湿被孢霉	10	—
肾孢被孢霉	27	—
破囊壶菌	6	34
德巴利箱霉	0	7

注：—未检出

例如高山被孢霉中的 EPA 占其总脂肪酸的 15%以上，而破囊壶菌中的 DHA 占总脂肪酸的含量可高达 34%。

3. 微生物生产 DHA 和 EPA 面临的问题

至今已分离的可生产 DHA 和 EPA 的微生物种类有限,需进一步开发新的富含 DHA、EPA 的异养微生物资源。因为异养微生物生长需要丰富的培养基,加之其生长速率相对较低(相对细菌而言),培养过程中容易受到细菌的污染。因此需要严格控制无菌化操作。对于新分离的用于生产 DHA、EPA 的海洋微生物,需要对其进行安全性评价。

目前,商业上用于生产 DHA 的海洋微生物主要有裂殖壶菌(*Schizochytrium limacinum*)和隐甲藻(*Crypthecodinium cohnii*)。

三、鱼油中 EPA、DHA 的提取原理和方法

鱼油提取的原理基本上是通过各种物化作用破坏含油组织的结构,加速油脂分子的热运动,降低其黏度和表面张力,使油脂从破坏了的组织中分离出来,随着乳胶体的破坏,油脂逐渐变得清澈透明。

(一)蒸煮法

蒸煮法是在蒸煮加热的条件下使鱼体的细胞破坏,从而使鱼油分离出来。此方法原理简单,操作简便。

工艺流程:原料洗净沥干,在匀浆机中匀浆混匀;称取 200g 到 500mL 烧杯中,加入 40~80mL 水,搅拌下水浴升温至 40~60℃,保温 20~30min,趁热离心,分离得到粗鱼油;虹吸粗鱼油并用热水洗 2~3 次,趁热离心,取上层液体,干燥。

何莉萍等的实验结果表明,蒸煮法工艺中,提取时间为主要影响因素,提取温度和加水量为次要影响因素,最佳提取条件为提取时间 60min,提取温度 40℃,加水量 80mL,在此条件下平均提取率为 46%。王琴等采用加热干炸法和高温蒸煮法对鱼油提取工艺进行比较,以鱼油的感官指标和过氧化值为评价指标,结果表明高压蒸煮法较好。

蒸煮法都具有较大的缺点,即投资较大,且不能将与蛋白质结合的脂肪完全分离开来,故提取率相对较低,蒸煮法提取的温度一般都在 60℃ 左右,势必会给脂肪性质带来影响。

(二)皂化法

饱和程度不同的鱼油脂肪酸皂在乙醇溶剂中有相当程度的分离,且分离条件温和、简单,适合鱼油中 ω-3 PUFA 的分离,并且游离脂肪酸(EPA)在人体中消化吸收情况极好。工艺流程如下:

```
                                       乙醇、NaOH                              ┌─固体─酸化─→加热回收
                                                                              │          ↑
鱼油─→精炼(碱炼、脱水)─→皂化─→冷却分层                        H₂SO₄
                                                                              └─液体─酸化─→加热回收

溶剂─→水洗干燥─→工业脂肪酸(用于制皂及皮革工业)
溶剂─→水洗干燥─→鱼脂酸
```

冷却分层是此法的关键所在，其目的是分离上述皂化液中的饱和酸皂和不饱和酸皂。它是依据不同饱和度的脂肪酸钠盐在乙醇溶液中溶解度不同的原理而将其分离的。这一提取方法工艺设备简单，反应温度低，反应时间短，溶剂回收简单，无毒性，且能保证产品的质量，适合于工业化生产，其缺点是得到的 ω-3 PUFA 含量不高，约 40%左右。

（三）淡碱水解法

淡碱水解法提取鱼油工艺是利用淡的碱液将鱼肝蛋白组织分解，破坏蛋白质与肝油之间的结合关系，从而更充分地分离鱼油。

在实际应用中，淡碱水解法有三种。

第一种是传统淡碱水解法，工艺过程：原料清洗干净，沥干表面水分，搅成脂肪糜。取 100g 脂肪糜放入烧杯中，加入 100mL 蒸馏水，混匀后置水浴锅中，搅拌升温至 50℃左右，用 10% NaOH 调适当 pH，保温 5min。继续搅拌升至一定温度后加入一定量氯化钠，于该温度下保温盐析一定时间。趁热离心 15min（2000r/min），用吸管和分液漏斗分离提取上层油脂。

谭汝成等采用此研究工艺的实验结果表明：水解液 pH、水解温度、氯化钠溶液浓度、盐析时间与温度等提取条件对鱼油的提取率有重要影响。最佳制备条件为脂肪糜于 pH9.0，氢氧化钠溶液（1：1，$W：V$），45℃下水解时间 5min，粗鱼油于 1.0% NaCl 溶液中 80℃下盐析 5min，该条件下制备鱼油的提取率为 60.5%。俞鲁礼等利用隔水蒸煮法结合淡碱水解法来研究几种淡水鱼内脏油脂的提取工艺，隔水蒸煮法利用水作为溶剂，使脂肪溶出，并通过加入碱液使与蛋白质结合的脂类物质分离出来，提油率最高达 34.4%。

第二中称作氨法，即用氨水和铵盐代替传统稀碱水解工艺中的氢氧化钠和氯化钠，克服传统淡碱水解工艺提取鱼油的废水中钠盐含量高的问题。

工艺过程：原料匀浆，加入三口烧瓶，加半量到一倍半量水，搅拌下水浴升温至 45~50℃，分两次加入 12.5%的氨水，调 pH 为 8~9，继续搅拌升温至 80~90℃，保温 45min。加不同的铵盐 6%，继续搅拌边水解边盐析 15min，趁热离心，分离得粗鱼油。

杨官娥等采用此工艺的实验结果表明，采用氨水和碳酸铵组合，鱼油的提取率最高，为 32.3%。

第三种称作钾法，即用氢氧化钾和硝酸钾代替传统淡碱水解工艺中的氢氧化钠和氯化钠。

工艺流程：原料捣碎，放于容器内，加入 1mL 水，通入氮气，于水浴锅中水浴升温至 45~50℃，用 40g/dL 的 KOH 水溶液调 pH8，不断搅拌加热到一定温度，保温一段时间，加入一定量的硝酸钾，继续搅拌加热一段时间，冷却至室温时分离上层油层，离心（3000~4000r/min）除去杂质得粗鱼油。

吴燕燕等采用此工艺的实验结果表明，水解温度为提油率的主要影响因素，水解时间、加盐量、盐析时间为次要因素。最佳工艺条件为水解温度 70~80℃，水解时间 40min，KNO_3 用量 6g/dL，盐析时间 10min，该条件下鱼油的提取率为 21.3%。杨明等的实验结果表明，钾法的最佳工艺条件为水解温度 70~80℃，水解时间 55min，KNO_3 用量 6g/dL，盐析时间 10min，鱼油的最高提取率为 4.73%。杨官娥等利用钾法从鱿鱼肝中提取鱼油，工艺参数为水解温度 80~90℃，pH8~9，水解时间 30min，盐析时间 15min，盐用量为鱼肝重的 4%。曾学熙等从金线鱼的鱼糜下脚料中提取鱼油的研究结果与前三人差别较大，确定的最佳条件为水解温度 70℃，pH7.5，硝酸钾用量 4.5%，盐析时间 30min，水解时间 55min。同是钾法，实验条件差异较大，可能是由原料特性和鱼油含量不同造成的。

　　总体而论，三种方法各有利弊。传统淡碱水解法所用淡碱为氢氧化钠的稀溶液，盐为氯化钠溶液，工艺已非常成熟，但提取过程产生的废液中钠盐含量高，不能进一步利用，形成了新的废弃物。氨法提取鱼油虽然解决了钠盐含量高的问题，而且使最后的废水、废渣作为肥料得到多样化利用，可以满足各种肥料的用途，但缺点是工艺过程中用到氨水挥发性大，有刺激性。钾法提取鱼油所用原料钾盐是传统农业肥料，再加上提取鱼油后的废渣、废液里含有大量的氨基酸、蛋白质，是很好的绿色肥料。

（四）酶解法

　　上述 3 种鱼油提取方法的提取过程中操作条件常常会破坏鱼油中的功能成分，从而影响鱼油的质量。酶解法是利用蛋白酶对蛋白质的水解作用，破坏蛋白质和脂肪的结合关系，从而释放出油脂。

　　实际实施中，酶解法也分为两种。

　　第一种称作自溶酶解法。即利用原料鱼内脏本身的酶系水解原料鱼的内脏，提高原料鱼的利用率。

　　工艺流程：将原料捣成糜状后取 20g 加入一定量的水，用 NaOH 和盐酸溶液调 pH，一定温度下水浴加热，在 300r/min 的搅拌速度下自溶酶解 90min 后，调 pH 4.5，加 50mL石油醚于 45℃下萃取 15min，离心 10min（3000r/min），倾出上层有机相，蒸发除去石油醚，得到粗鱼油。

　　廖启元等按照最优萃取工艺实验得到的平均提油率为 56.42%。

　　第二种称作加酶酶解法。即利用外源蛋白酶水解原料，提高鱼油得率。

　　工艺流程：取一定量搅碎的原料置于锥形瓶中，加水密封，在 85℃下蒸煮 30min，冷却后用盐酸或氢氧化钠溶液调 pH，加入一定量蛋白酶，密封，摇匀，在合适的条件下酶解一定时间（在酶解过程中，每隔一段时间摇一次），酶解完后，倒出上层酶解液，冲洗锥形瓶底部的残渣三次，溶液并入酶解液，弃去残渣，酶解液在 4500r/min 离心 5min，分离出上层液即为粗鱼油。

　　刘书成等对酶解法提油条件进行了摸索，最佳蛋白酶为胰蛋白酶，采用胰蛋白酶提取鱼油的最佳工艺参数为酶解温度 50℃，酶添加量 1%，底物浓度 1∶1，酶解时间 4h，酶解 pH8。在该条件下鱼油的提取率为 4.22%，且粗鱼油的各项理化指标达 SC/T 3502-2000 标准的粗鱼油二级要求。吴祥庭等采用中性蛋白酶在 pH 7.3，酶量 1000U/g 原料，酶解温度 45℃的条件下进行实验，平均提油率为 78.66%。

　　目前采用酶解法提取鱼油的研究较少。酶法提油技术以其温和的提取条件保护了油脂的有效成分及增加油脂的溶出，从而提高了鱼油质量和产量。同时还可以充分利用蛋白酶水解产生的酶解液，提高了利用率。

（五）低温分级法

利用不同的脂肪酸在过冷有机溶剂中的溶解度差异来分离浓缩 EPA 和 DHA。将鱼油溶解在 10 倍的无水丙酮中，并冷却至–25 ℃以下。混合液的下层即形成含有大量饱和脂肪酸及低度不饱和脂肪酸结晶；而上层为含有大量高度不饱和脂肪酸的丙酮溶液。将混合液过滤，滤液在真空下蒸馏除去丙酮即可得到 EPA、DHA 含量较高的鱼油制剂。为了提高分离效果，可在无水丙酮中添加少量亲水性溶剂，如水或醇类。

（六）尿素包合法

如需进一步提高产品中 ω-3PUFA 的含量，可采用尿素包合法来除去其中的饱和脂肪酸。一般直链饱和脂肪酸及其酯均可与其形成包合物，但不饱和脂肪酸则因双键使分子形状弯曲，造成体积增大形成空间位阻，因而不易与尿素形成此类包合物。鱼油中 DHA、EPA 双键数最多，空间位阻效应最大，因此最不易形成包合物。

脂肪酸与尿素的结合能力取决于其不饱和程度。脂肪酸的不饱和度越高，其与尿素的结合能力越弱。依此原理即可将饱和脂肪酸、低度不饱和脂肪酸与高度不饱和脂肪酸分离开来。根据这一原理也可将 DHA、EPA 与饱和脂肪酸分离开来。

其工艺流程如下：

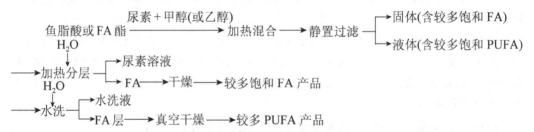

影响尿素包合反应的主要因素是尿素和鱼脂酸的摩尔比及反应温度。

（七）溶剂提取法

利用不同脂肪酸的金属盐在某种有机溶剂中的溶解度差异来分离浓缩 EPA、DHA。

将乙醇、鱼油及 NaOH 按一定比例混合，然后加热使鱼油皂化。皂化后的混合液经压滤分别得到皂液及皂粒。皂液在搅拌下加 H_2SO_4 至 pH 为 1~2。

分离上层粗脂肪酸乙醇混合液，加热回收乙醇，并反复水洗粗脂肪酸至中性，即得 EPA、DHA 含量较高的精制鱼油。

（八）蒸馏法

脂肪酸碳链愈长，沸点愈高。由于高度不饱和脂肪酸的热稳定性差，使操作温度和液体停留时间受到限制，因此要求在高真空下蒸馏和使用一定高度的填料层。

Akcmna 用真空蒸馏分离鲜鱼油，提高真空度可以大幅度降低脂肪酸酯的沸点，而且对它们的相对挥发度也有显著影响，尤其有利于高碳脂肪酸的分离。用高真空（1.3Pa 左右）蒸馏法富集鱼油中的 EPA、DHA，可得到含量为 70%以上、得率约为 90%的产品，且产品的色泽也较浅。由于真空蒸馏法处理量大，不需要后处理，得率、含量都比较高，目前为较受欢迎的方法之一。但是由于处理温度还是较高，仍易产生 PUFA 的分解和聚合。

（九）分子蒸馏法

分子蒸馏在油脂类精细化工产品的开发中有各种用途，由于其特点决定了它在实际应用中较传统技术有明显的优势。它的应用是多方面的，尤其是适合于高沸点和热敏性及易氧化物料的分离。分子蒸馏法的原理和装置的结构决定其有如下特点。

1）分子蒸馏的操作温度低于物料的沸点，这样 PUFA 的分解、聚合现象就少。

2）蒸馏压强低。

3）受热时间短。

4）分子蒸馏比常规蒸馏分离程度高，能分离常规蒸馏不易分开的物质。

用分子蒸馏法提取 EPA、DHA，由于物料在分子蒸馏器内停留时间短，PUFA 就不易受破坏，这是分子蒸馏的最大特点，但产品的颜色比真空蒸馏产品要稍微深一些。

分子蒸馏的主要缺点是有以下几点。

1）需真空排气装置，设备费用较高。

2）单位生产量的维修费用高。

3）一般精馏能力只能采用单级进行。

（十）超临界流体萃取法

超临界流体萃取法的原理是在超临界状态下，将超临界流体（一般采用 CO_2）与待分离的物质接触，控制体系的压力和温度使其有选择性地萃取其中某一组分，然后通过温度或压力的变化降低超临界流体的密度，对所萃取的物质进行分离，并让超临界流体循环使用。

工艺流程：样品→乙酸乙酯浸提→粗提液→脱水处理→浓缩→精制→鱼油。

韩玉谦等采用超临界 CO_2 萃取法从甲鱼中提取鱼油，实验结果表明，最佳工艺条件为 20MPa，45℃，CO_2 流量 1.8kg/（h·g）原料，萃取时间 6h，在此条件下，鱼油得率达 98.1%。Michihata 等采用超临界流体技术从冷冻的鱿鱼调味品废料中萃取油脂，得率为 22%。

在上述介绍的 4 种方法中，超临界流体萃取技术的提油率最高，对鱼油的功能成分破坏最小，可以说是一种具有相当发展潜力的高新提取分离方法，但目前若实现规模化、工业化存在一定的难度。一方面工艺设计不好把握，需要通过多次实验来获得必要的数据；另一方面设备装置投资大，而设备产率比较低，能耗大。

第三节　海洋鱼油深加工技术研究进展

海洋鱼油是 EPA、DHA 的天然来源，但鱼油中的某些饱和及不饱和脂肪酸及其他杂质在人体内长期积累是有害的，在生产加工过程中应尽量将其分离除去。因此，鱼油中的有效成分经分离纯化等深加工工艺处理后能够极大地提升利用价值，同时可合理利用天然 PUFA 资源。

一、鱼油脱腥

　　未经过精炼或脱腥处理的鱼油中一般带有浓重的腥臭味。鱼油腥臭味的形成比较复杂，既与原料的新鲜度有关，也同鱼油在储藏过程中自身发生的化学变化有关。鱼油提取时鱼体越新鲜得到的鱼油品质越高、腥臭味越淡。鱼油所富含的 PUFA，性质比较活泼，在储藏过程中容易发生氧化，产生一些有气味的小分子物质。鱼油中挥发性的醛、酮类物质是 PUFA 的氧化产物，其含量随着鱼油储藏时间的延长和氧化程度的增加而增加。

　　研究发现碳原子数 3~10 的小分子醛、酮类分子具有较好的挥发性，在鱼油储藏过程中因氧化而产生，并形成鱼油异味成分的关键性物质。脱腥并非鱼油精制的必需工艺，是否需要脱腥处理应根据产品用途来确定。作为饲料添加剂使用的鱼油，其腥臭味对动物具有明显的诱食作用，脱腥反而降低产品的价值；作为保健品及药品原料使用的鱼油，不脱腥直接食用会引起反胃、恶心呕吐等不良反应，一般需进行脱臭或其他工艺处理将腥臭味除去。

　　鱼油的脱腥及如何防止返腥是深加工中的重要课题，研究适宜的脱腥工艺对开发高档鱼油制品具有重要意义。一些吸附剂由于能够优先吸附挥发性醛、酮类和部分酸、醇类物质而用于鱼油的脱腥处理，如常用的活性炭。但是吸附剂对鱼油腥味的脱除不够彻底，一般用于脱腥工艺的预处理。目前在鱼油生产加工中，逐渐推广使用的鱼油脱腥工艺主要是真空脱臭。鱼油的脱臭工艺不同于一般植物油脂的脱臭，鱼油中 PUFA 含量较高，在高温下受热较长时间易发生氧化聚合、产生反式酸等反应，所以鱼油的脱臭工艺一般采用间歇式操作，脱臭温度一般在 210℃下。

　　脱腥鱼油另外一个关键技术是如何防止产品返腥。鱼油产品的返腥一般是由储藏过程中 PUFA 的氧化及其他反应引起的。韩玉谦等采用微胶囊技术，以天然胶类、糖类、蛋白质为壁材，添加 VE 的无腥鱼油为芯材，利用多次包埋使胶囊形成多层复合壁膜，能有效减少外界因素对 EPA 和 DHA 稳定性的影响，利于产品的长期保存使用。苑洪德等将乙酯型鱼油、甘油、脂肪酶加入密闭反应容器中，再加入香基除腥剂，在一定温度与真空度下混合后进行酶促酯交换反应，除腥效果明显，精制成为除腥的稳定型鱼油。

二、鱼油中 EPA 和 DHA 的分离纯化

　　天然来源的海洋鱼油中 EPA 和 DHA 总含量为 20%~30%，但同时含有大量的饱和及单不饱和脂肪酸，属于低效成分或杂质，不但没有治疗作用还会增加人体热量。随着人们对鱼油产品生理功能认识的深入，对药品和高级营养品中 EPA 和 DHA 的纯度有了更高的要求。目前国际上公认的 EPA/DHA 等 PUFA 产品纯度在 84%以上时才具有确切的治疗作用，国际上一些鱼油加工企业生产的鱼油多烯酸乙酯中 EPA/DHA 总含量高达 96%以上。由于 EPA 和 DHA 的生理作用不尽相同，因此开发高纯度的 EPA 和 DHA 单体具有重要意义和广阔的市场前景。从鱼油中分离纯化 EPA 和 DHA，一般是根据长链 PUFA

同其他脂肪酸在物理和化学性质上的差异而经过结晶或蒸馏等方法实现的。

（一）低温结晶法

低温结晶又称溶剂分级分离法，丙酮和乙醇为常用溶剂，该方法利用低温下不同的脂肪酸或脂肪酸盐在有机溶剂中溶解度不同对混合脂肪酸或脂肪酸盐进行分离纯化。脂肪酸在有机溶剂中的溶解度随碳链长度的增加而减小，同时随碳链中双键数的增加而增大，这种溶解度的差异随温度的降低表现的更为显著。所以将混合脂肪酸溶于有机溶剂，通过降温可以将其中大量的饱和脂肪酸和部分单不饱和脂肪酸结晶除去，从而使 PUFA 得到分离。低温结晶法工艺简单，操作方便，有效成分不易发生氧化、聚合、异构化等变性反应，在中小规模生产中有一定使用意义。但由于需要回收大量的有机溶剂，并且分离效率不高，工业化生产中已经很少使用。

（二）分子蒸馏法

分子蒸馏（molecular distillation）也称短程蒸馏，其原理是在高真空下将混合脂肪酸或脂肪酸乙酯加热，利用混合物中各组分的分子自由程不同而得到分离。该方法一般在绝对压强为 0.013~1.33Pa 的高真空下进行。在这种条件下，脂肪酸分子间引力较小，沸点明显降低，挥发度较高，因而蒸馏温度比常压蒸馏大大降低。分子蒸馏时，短链的饱和脂肪酸和单不饱和脂肪酸首先蒸出，而双键较多的长链 PUFA 最后蒸出。天然鱼油中的 PUFA 主要以脂肪酸三酰甘油的形式存在，一般先将鱼油原料进行乙酯化反应，鱼油三酰甘油转化为乙酯混合物，然后对鱼油脂肪酸乙酯混合物进行分子蒸馏分离，利用蒸馏温度、操作压力等条件的控制调节，经过一级或多级分子蒸馏将乙酯混合物中 PUFA 乙酯分离出来。傅红等研究了多级分子蒸馏法提取深海鱼油中 PUFA 的工艺方法，当蒸馏温度为 110 ℃上，蒸馏压力为 20Pa 以下时，经过三级串联分子蒸馏，得到不饱和脂肪酸质量分数为 90%~96% 的鱼油产品。

分子蒸馏的特点在于真空度高，蒸馏温度低于常规的真空蒸馏且物料受热时间短，可有效防止 PUFA 受热氧化分解，避免了使用有机溶剂，环境污染小，工艺成本低，易于工业连续化生产，尤其适用于高沸点、高热敏性物质的分离提纯，在 PUFA 的富集方面大有应用前景。目前工业生产中采用分子蒸馏法分离鱼油乙酯，通过多级蒸馏，产品中的 EPA/DHA 总量可达 70% 以上。分子蒸馏法的优点在于蒸馏温度较低，可有效防止 PUFA 受热氧化分解，而且所生产的产品色泽较浅，腥味较淡，缺点是需要特殊的高真空设备。

（三）尿素包合法

尿素包合法是一种较常用的 PUFA 分离方法，可以把脂肪酸或乙酯混合物按不饱和程度的差异进行分离。用尿素包合法分离饱和脂肪酸、单不饱和脂肪酸和 PUFA 早已商业化应用，而且近年来还在不断改进。它的分离原理是尿素分子在结晶过程中能够与饱和脂肪酸形成较稳定的晶体包合物析出，与单不饱和脂肪酸形成不稳定的晶体包合物析出，而 PUFA 由于双键较多，碳链弯曲，不易被尿素包合，除去饱和脂肪酸和单不饱和脂肪酸与尿素形成的包合物，就可得到较高纯度的 PUFA。尿素包合法成本较低，所需设备简单，应用较普遍，尤其是不在高温下进行，能比较完全地保留 PUFA 营养和生理活性。但是尿素包合法耗费大量溶剂，带来了溶剂回收、环境污染等问题，同时难以将双键数相近的脂肪酸分开，因此不能用于分离 EPA 和 DHA。

（四）脂肪酶法

脂肪酶法在油脂工业中的应用是近半个世纪以来油脂工业的研究热点之一，酶反应具有作用条件温和、专一性强、催化效率高和生成产物易于分离等特点，非常适用于 PUFA 的加工处理。利用脂肪酶法富集 ω-3 PUFA，常用的工艺路线有脂肪酶选择性水解法和酯交换法。

脂肪酶选择性水解法：通常认为鱼油中 ω-3 PUFA 分布在三酰甘油的 Sn-2 位上，Sn-1，3 位连接着饱和的和低度不饱和脂肪酸。绝大部分脂肪酶具有 Sn-1、3 位选择性，利用酶的位置选择性水解掉 Sn-1、3 位上的脂肪酸，可以使 ω-3 PUFA 得到富集。部分脂肪酶虽然对甘油酯无位置选择性或特异性较弱，但对酰基碳链有选择性，饱和脂肪酸比不饱和脂肪酸更容易水解，不饱和度越高的脂肪酸越不易被水解。因此，利用具有良好选择性的脂肪酶，通过控制好水解过程参数将鱼油水解后除去游离的脂肪酸，可以有效地使甘油酯中 EPA 和 DHA 得到富集。

利用脂肪酶催化的选择性酯交换法，使鱼油中的甘油酯与短链醇、乙酯型或游离型的 ω-3 PUFA 发生酰基交换反应，使 ω-3 PUFA 较多地分布在甘油酯中，达到富集的目的。酯交换可分为 3 个类型，即酸解、醇解、酯酯交换。醇解反应富集 EPA 和 DHA 的机制和水解相似，利用脂肪酶对甘油酯位置的选择性，使连接在 Sn-1、3 位的饱和脂肪酰基和单不饱和脂肪酰基与一些短链的脂肪醇发生酯交换作用，从而将 PUFA 富集在甘油酯上。酯酯交换反应是利用脂肪酶选择性催化甘油酯中的 Sn-1、3 位酰基与高浓度的 EPA 和 DHA 乙酯发生酰基交换反应，得到 PUFA 含量更高的三酰甘油。

酶反应条件温和，常温就能进行，有利于防止 PUFA 酰基发生氧化及衍生化。但是脂肪酶选择性水解是一种简单的富集方法，其效率并不高，一般只能将原料中 EPA/DHA 的含量提高到 50%左右。同时由于脂肪酶的价格相对较昂贵，因此应进一步寻找更有效的富集高含量 ω-3 PUFA 的方法。

（五）其他方法

高效液相色谱法是一种纯化、精制高纯度 PUFA 产品的有效方法，一般采用反相分配色谱柱，利用 PUFA 与饱和脂肪酸、低不饱和脂肪酸极性的不同实现分离。高效液相色谱法具有高效、快速、条件温和等优点，特别适合于实验室规模制备热不稳定的 EPA 和 DHA 纯品。

膜分离法也可用于鱼油中 EPA/DHA 的分离纯化，1994 年佐桥裕子等将鱼油水解后，将水解液利用可通透相对分子质量 20 000 的膜来分离水解液中的大小分子，进而达到浓缩的目的，其产品中的 EPA 和 DHA 可达 34%。

超临界萃取是一项新的萃取技术，其萃取的基本原理是，通过调节温度和压力使原料各组分在超临界流体中的溶解度发生大幅度变化而达到分离的目的。与传统萃取方法相比，超临界萃取效率高，适用于热敏物质和易氧化物质的分离。利用超临界流体萃取可有效分离链长差别较大的脂肪酸，但若将碳链长度相近的脂肪酸分开，还必须结合其他分离技术。

每种分离纯化方法都有其优缺点，采用单一的方法均难以得到高纯度的 EPA 和 DHA 产品。不同的分离方法具有互补性，在实际操作中为了获得高纯度的某种 PUFA 产品，应在考虑成本的基础上取长补短，将两种或多种方法有机地结合起来使用。例如，目前工业上将尿素包合同分子蒸馏结合起来使用，可以得到 EPA 和 DHA 总含量在 80% 以上的产品。

开发高纯度的 EPA 和 DHA 单体具有广阔的市场前景，就现有的 EPA 和 DHA 富集方法而言，多数方法尚不能满足国标 GB 2005-045 提出的纯度要求，因此进一步研究 EPA 和 DHA 的富集方法具有重要的意义。新分离技术的开发和应用、多种分离方法的耦合仍将是今后鱼油深加工技术的主要研究方向。

三、EPA、DHA 结构脂及衍生物

研究表明，乙酯不是人体吸收 PUFA 的有效形式，为此人们除将浓缩过的 EPA/DHA 产品还原成甘油酯的形式外，还研究了多种形式的衍生物，如富含 EPA 和 DHA 的磷脂、生育酚酯及结构脂等。

EPA 和 DHA 的生理功能因其分子形式不同而不同，有学者将 EPA 或 DHA 接在磷脂分子中，研究 ω-3 PUFA 型磷脂的化学性质和生理功能。EPA 和 DHA 作为脂肪酸或乙酯时容易氧化，而接在卵磷脂分子上则使其氧化稳定性增强，并且磷脂分子可以由细胞直接吸收，在细胞内分解应用显示出增效作用。孙兆敏等将一定比例的大豆卵磷脂和富含 EPA 和 DHA 的游离脂肪酸加入反应釜中，加入一定量的脂肪酶，反应一定时间后对产物进行分离纯化，得到了富含 EPA 和 DHA 的磷脂产品，能够作为食品、化妆品、药品来利用。PUFA 容易氧化，服用了氧化的 EPA 和 DHA 产品，会增加人体内的过氧化物，对人体有害。为克服这一缺点，人们曾经合成过各种衍生物。其中已知作为抗氧剂的维生素 E，能防止体内脂肪过氧化物的生成，而合成的 EPA/DHA 维生素 E 酯与 EPA/DHA 和维生素 E 的混合物进行比较时发现，前者极易吸收，氧化稳定性更好，而且具有 EPA/DHA 和维生素 E 的双重功能。为了使 EPA/DHA 产品有更广泛的应用，研究者对其产品形式也进行了探索。例如，已经开发出可以用于水相的粉末油脂和适宜不同人群服用的结构脂产品等。荷兰功能性油脂公司开发了一种食品用途的新型鱼油粉，他们将甘露醇添加到 Marinol Omega-3 产品中提高了产品稳定性，同时可以避免鱼油粉散发出难闻的气味，提高了感官效果，这种新产品适用于干燥食品如烘焙食品、乳制品和饮料工业。结构脂是指在甘三酯的甘油骨架上，其脂肪酰基组成与分布是按照所需的营养功能进行设计的，这种脂质具有特殊的营养价值和生理功能。近几年具研发热点的结构脂其分子中主要有中碳链脂肪酸和具有特殊功能的长链 PUFA，而且在分子结构上长链脂肪酸常处在甘油基的中间位（Sn-2 位）。从脂质代谢途径来说，中碳链脂肪酸比长链脂肪酸容易消化吸收，而甘油酯 Sn-2 位上的功能性脂肪酸能够保留其功能特性，这种结构脂的营养和保健价值受到广泛关注。

四、PUFA 甘油酯的合成

鱼油产品按 EPA 和 DHA 的存在形式可以分为非甘油酯型（主要是乙酯型和游离脂肪酸型）和甘油酯型两种。乙酯型 PUFA 在人体中的消化和吸收比较困难，而且可能存在安全隐患；游离型 PUFA 虽然易于消化和吸收，但是容易氧化，而且有明显的脂肪酸味，口感差，直接食用难以被人们接受。甘油酯型 PUFA 性质稳定，易被人体消化吸收，而且是 PUFA 的天然存在形式，因此甘油酯型 EPA /DHA 是保健品和药品的最佳产品形式。研究证明，PUFA 甘油酯是作为功能食品的最好化学形态，但是天然鱼油中 ω-3 PUFA 相对含量较低，保健和医疗效果较差，难以满足消费者的需要。

采用物理化学方法很难将原料鱼油中的 ω-3 PUFA 含量大大提高，以天然鱼油为底物，脂肪酶催化的选择性水解或醇解法可以得到含有一定浓度 PUFA 的甘油酯，产品一般以甘油二酯为主。但是这两种方法由于受天然鱼油中 EPA 和 DHA 含量低及脂肪酶催化效率的限制，使得甘油酯产品中 PUFA 的含量难以得到较大提高。因此，将分离纯化后的高 PUFA 含量产品转化为甘油酯型就成为提高 PUFA 在甘油酯中的含量的有效途径。众多研究者将 PUFA 转化为乙酯，利用各种富集方法得到高纯度的 PUFA 乙酯，然后再将 EPA 和 DHA 转化成甘油酯型。这种方法一般先把天然鱼油转化成乙酯或游离型脂肪酸，浓缩富集制得高纯度的 EPA 和 DHA 产品，再将其转化成甘油酯的形式，可以获得以三酰甘油为主的高 EPA/DHA 含量的甘油酯。利用这种方法可得到 EPA 和 DHA 总含量达 80%以上的甘油酯型产品。目前部分鱼油加工企业已经利用此方法实现了高含量 PUFA 甘油酯型产品的产业化生产。

甘油酯型 EPA/DHA 产品是未来鱼油保健品的主流形式，脂肪酶催化的酯化及酯交换反应都可以用来合成高 PUFA 含量的甘油酯。高纯度 EPA/DHA 甘油酯的合成是目前鱼油深加工工艺中的关键技术之一。在众多工艺途径中，以纯化后的 EPA/DHA 产品与甘油的反应最有产业化前途，国内外学者已经在这一方向上进行了较长时间的研究。高纯度 EPA /DHA 甘油酯的产业化条件基本成熟，近几年国内外部分鱼油加工企业已经开始产业化应用。

五、鱼油产品稳定性研究进展

EPA 和 DHA 诸多的优良生理功能促使其产品得到广泛应用，但是由于其化学结构的特殊性，使其非常易于氧化。鱼油产品中的 PUFA 与空气中的氧气接触时会发生自动氧化，生成大量的氢过氧化物，后者继续断裂分解，产生一系列短碳链的挥发性和不挥发性物质，如醛、酮、醇、酸类物质及碳氢化合物。自由基相互结合可以形成大量聚合物，从而使 PUFA 产品性质发生改变。氧化时产生的小分子醛、酮、酸等物质大部分有刺激气味，混在一起形成哈味，产生所谓的氧化酸败，特别是 EPA 和 DHA 氧化所产生的三烯癸醛，是构成哈喇味的主要成分。

EPA 和 DHA 只有在未被氧化时食用才能保证其以完整的分子结构进入人体中，起到其特有的营养和疗效作用。氧化后，其特殊的分子结构被破坏，失去生理活性，而且氧化过程中产生的过氧化物和自由基也对人体健康有害。另外，EPA 和 DHA 的氧化稳定性也关系到鱼油产品的货架期和储藏问题。

　　高纯度 EPA/DHA 制剂常用的保存方法和措施有避光、避热、低温储存、真空储存、充氮储存、使用除氧剂和添加抗氧化剂等，还可制成胶囊或微胶囊保存。然而，胶囊化、微胶囊化和充氮方法均不能从根本上解决问题，因为空气中的氧分子在非极性的脂类物质中有一定的溶解度，这部分溶氧很容易使产品的过氧化值超标。另外，在潮湿的环境中胶囊易吸水，胶囊吸水后，空气较易透过胶膜进入其中而使其氧化。真空和充氮不易长期维持，且不适用于小批量产品。目前工业中大宗的 EPA 和 DHA 产品在出厂时一般使用充氮包装，同时添加适当的抗氧化剂避免氧化。纯度越高的 EPA/DHA 产品越容易氧化，以衍生物的形式保存，如以甘油酯，特别是以三酰甘油的形式来保存可以有效地解决这一问题，所以有大量研究者致力于开发以甘油酯为主的稳定型高含量 EPA 和 DHA 产品。

第六章　海带中的生物活性碘

第一节　海带与海带中的碘

一、海带与其营养

海带是一种在低温海水中生长的大型海生褐藻植物，属海藻类植物，含有丰富的碘等矿物质元素。研究发现，海带具有降血脂、降血糖、免疫调节、抗凝血、抗肿瘤、排铅解毒和抗氧化等多种生物功能。

（一）海带的营养成分

1. 海带的一般成分分析

海带是褐藻中的一种，学名为 *Laminaria*。海藻类在早期的英语中为 sea weed，意为"海中的杂草"。近些年来，随着海藻营养价值被发现，人们逐渐认识到，它是一种优质的食物资源，含丰富的蛋白质、脂肪、糖类、粗纤维、灰分、胡萝卜素、维生素 B_1、维生素 B_2、维生素 C，和增加记忆力的胆碱、天冬氨酸及生物素、果胶、叶绿素等。正因为认识到海藻的极高营养价值，近年来英语中将海藻译为 sea vegetable，意为海洋蔬菜。

海带在营养成分含有上有两大特点：海带中灰分含量较高，达 35%；糖类含量较高，脂肪含量较低（表 6-1）。

表 6-1　海带中五大营养成分的测定结果
Table 6-1　The measured results of kelp in the five nutrients

测定项目	含量/%
蛋白	8.0
脂肪	0.3
糖类	39.0
粗纤维	7.6
灰分	35.0
水分	10.0

尽管海带中氨基酸含量不是很高，但是海带的氨基酸种类却非常齐全，并含有人体必需的全部 8 种氨基酸。在氨基酸含量上，以谷氨酸最高，其次天冬氨酸、苯丙氨酸、脯氨酸含量也较高（表 6-2）。必需氨基酸占氨基酸总量的 10.7%。

海带中的矿质元素的含量约为 28%，其中包括许多微量元素，海带中的主要矿质元素有 Ca、Cu、I、Fe、Mg、P、K、Na、S、Zn 等（表 6-3）。

表 6-2　海带中氨基酸分析结果

氨基酸种类	含量/（mg/kg）	氨基酸种类	含量/（mg/kg）
天冬氨酸	2 838.0	缬氨酸*	127.8
苏氨酸*	79.0	甲硫氨酸*	111.0
丝氨酸	75.6	异亮氨酸*	86.6
谷氨酸	6 670.0	亮氨酸*	104.4
脯氨酸	708.0	苯丙氨酸*	797.0
甘氨酸	156.6	赖氨酸*	49.4
丙氨酸	773.6	ΣAA	12 664.0
胱氨酸	87.0	ΣEA	1 355.2
色氨酸*	121.6	ΣEA/ΣAA/%	10.7

*表示必需氨基酸

表 6-3　海带中无机矿质元素的测定结果

种类	含量/（mg/kg）
Ca	815
Mg	923
Fe	189
Mn	28
K	1273
Zn	42
I	5216

2. 影响海带营养成分的因素

生长季节对海带营养成分含量的影响最为显著（表 6-4）。

表 6-4　季节与海带营养成分含量的影响的考察结果（单位：g/100g）

测定项目	夏季（8 月）	秋季（10 月）	冬季（1 月）	春季（4 月）
蛋白质	9.7	12.8	13.4	10.2
褐藻酸	6.7	7.1	11.2	17.3
甘露醇	20.4	11.2	12.4	19.2
褐藻淀粉	18.9	23.1	19.4	16.2
无机盐	9.8	10.0	20.1	31.0

海带的化学成分，不仅因种类而异，还因老幼、季节、生活水域等情况而有差别。幼嫩的海藻富含蛋白质和脂肪，而无机盐相对较低。季节对海藻成分的影响也很大，无机盐和褐藻酸在 4~5 月含量最高，9~10 月最低；甘露醇在 6~8 月最高；褐藻淀粉在 10 月前后最高；碘在 7~8 月，当日光强烈，大量形成黄色素时含量最高，9 月以后开始减少。因此，为了获得质量好的海藻原料，必须选择适当季节进行采取。

除此之外，生长地域也是影响海带营养成分的因素之一。生长的地域环境不同，海带中的营养成分含量也不同（表 6-5）。

表 6-5　　地域环境对海带营养成分的影响（单位：g/100g）

地点	粗蛋白	粗纤维	甘露醇	褐藻酸	钾	碘	灰分
烟台	7.00	—	17.67	20.8	10.45	0.45	35.73
长岛	20.91	1.55	10.7	28.0	7.93	0.63	37.26
荣成	5.33	2.04	2.78	24.4	4.98	0.27	30.27
青岛	6.62	—	2.56	19.2	9.77	0.05	46.08
浙江	8.67	4.49	21.02	13.0	5.02	0.23	22.86

注：一未检出

除上述两个外在因素外，海带种类对基本营养的影响也十分显著。日本海带、鬼海带、利尻海带、长海带、三石海带及长岛本地的野生海带在 4 月、5 月的水分、灰分、脂肪、粗蛋白及可溶性蛋白含量测定结果见表 6-6。

表 6-6　　海带种类与基本化学成分的含量（%）

海带种类	水分		灰分		粗蛋白		可溶性蛋白		脂肪	
	4 月	5 月	4 月	5 月	4 月	5 月	4 月	5 月	4 月	5 月
日本海带	89.4	88.1	36.6	27.6	17.8	12.5	6.6	4.5	0.83	0.76
鬼海带	87.4	86.3	33.8	23.8	17.6	15.4	6.3	5.2	0.92	0.79
利尻海带	85.1	84.9	33.5	28.0	14.8	11.7	5.5	3.8	0.85	0.79
长海带	88.8	87.7	30.0	25.1	16.6	15.9	6.2	5.8	0.77	0.61
三石海带	89.3	83.2	32.3	19.2	16.2	14.9	5.9	5.0	1.33	1.02
长岛海带	89.9	87.1	29.3	27.4	17.8	17.0	7.3	6.4	0.81	0.65

注：水分为占鲜重百分数，其余为占干重的百分数

3. 海带中特殊营养成分

海带体内碘、褐藻胶、甘露醇是海带体内的特殊营养成分（表 6-7）。海带体内的过氧化氢酶与海带体内新陈代谢等氧化还原作用，尤其与有机结合碘的生成密切相关。因此，研究中详细考察了海带体内这几种特殊成分的含量与变化情况。

（1）海带中碘、胶、醇的含量

表 6-7　　海带体内碘、褐藻胶、甘露醇的含量（占干重百分比）

种类	碘		褐藻胶		甘露醇	
	4 月	5 月	4 月	5 月	4 月	5 月
日本海带	0.24	0.44	19.0	20.6	20.6	23.0
鬼海带	0.40	0.54	16.6	21.1	19.8	21.9
利尻海带	0.20	0.28	15.9	19.7	19.2	20.8
长海带	0.46	0.59	16.1	20.5	20.0	21.5
三石海带	0.10	0.05	16.2	18.6	18.0	20.6
长岛海带	0.50	0.64	20.4	22.9	20.2	22.8

（2）6 种海带不同月份的过氧化氢酶活力

4 月以前，海带体内的过氧化氢酶活力较低；4~5 月是酶活力增加最快的时期，即 5 月是酶活力增长的突跃期；5~6 月酶活力虽有增加，但趋势缓慢；与 5 月相比，6 月酶活力稍有增加（表 6-8）。

表 6-8　海带体内过氧化氢酶含量与季节变化的关系

		日本海带	鬼海带	利尻海带	长海带	三石海带	长岛海带
过氧化氢酶活力/UC	4 月	618	486	479	984	651	610
	5 月	1260	1200	1080	1380	1230	1320
	6 月	1370	1305	1146	1383	1365	1386

注：UC 为活力单位，指的是每分钟分解 $1\mu gH_2O_2$ 所用的酶量。

过氧化氢酶活力的高低与海带的生长代谢，尤其是体内营养物质的累积密切相关。厚成期前，海带叶片长宽增加速度快，分生能力也强，但此时藻体色素含量较低，藻体颜色较淡，光合作用不强，故过氧化氢酶活力不高，灰分含量较高，而糖类含量较低。进入 5 月厚成期，藻体的生长速度开始减缓，此时藻体色素含量增加，光合作用强度明显加强，所以过氧化氢酶活力明显增加，此时灰分含量开始降低，而糖类积累增高。自 5 月份进入厚成期，藻干重增加，营养物质的积累较多。进入 6 月份过氧化氢酶活力略有增加，但已没有 4~5 月增加显著，说明藻体营养物质的积累已接近最高，从经济上考虑，6 月末收获为最佳时期。

（二）海带中的碘

1. 海带中碘的发现

碘最初由海带中发现，海带碘的发现要追溯到一个半世纪以前。

19 世纪初，法国拿破仑发动了一场规模巨大的战争，战火烧遍了整个欧洲，这就需要把大量的黑火药用于战场。许多化学家、火药商研究、制造起黑火药来。

黑火药的成分有硫磺、炭灰和硝石。当时硫磺和炭灰很容易搞到，但硝石却十分缺乏。

1814 年，法国科学家库尔特瓦（Cour Thow）正在研究利用海草灰来制取硝石。法国紧靠大海，海草异常丰富。库尔特瓦把收集到的海草烧成灰，把灰泡在水里，再用这些泡灰的水制出一袋袋白色透明的硝石，剩下的就白白倒掉了。

善于思索问题的库尔特瓦后来想："从泡着海草灰的水中制出硝石后，剩下的液体里是不是还含有别的东西呢？"于是，他就在实验室里进行研究。这一天，库尔特瓦仍专心致志地在实验室里工作，忽听"砰"的一声，一只调皮的猫把盛着浓硫酸的瓶子碰倒了，浓硫酸正巧倒进盛着浸过海草灰的瓶子里。两种液体混合后立即升起一股紫色的蒸气，散发出一种难闻的气味。

库尔特瓦感到好奇，这种蒸汽能腐蚀铜。使他更为惊奇的是蒸汽凝结后没有变成水珠，而是成了像盐粒似的晶体，并且闪烁着紫黑色的光彩。这个意外的现象，引起库尔特瓦极大的兴趣，他立即进行化验、分析。10 年后化学家发现，这种紫色蒸汽实际上是蒸发升华了的单质碘（I_2）。人们终于发现，这紫色的结晶体是一种新的元素。后来库尔特瓦将这种元素命名为"碘"，碘的希腊文原意就是"紫色"。

由此，人们终于知道，海带中含有丰富的碘。

2. 海带中碘的种类

海带中碘的存在状态一直是人们研究的热点之一，是一个很重要的基础理论研究项目。目前普遍认为碘在海带中以有机碘和无机碘共存。不同的海带，其体内的碘存在种类大致相同，但各种碘的含量不尽相同，甚至相差很大。即使同一种藻类，由于采集时间、地点，甚至测定者所用方法不同，其结果也不尽相同，甚至相差较大。1976 年 Whyte 等报道，海藻体内碘为体内无机盐化合物的 40%~50%，无机态的碘主要以碘单质和碘离子存在。本研究中的结果与其相吻合。海带中的碘从在水中的溶解状况来分，可以分为易溶性碘与难溶性碘两类，无机碘为易溶性碘，而以 C-I 键存在于海带体内的有机碘为难溶性的。以往海洋化工中海带提取的碘多为易溶性的无机碘，因此尽管此碘由海带中提取，但其性质与普通无机碘并无很大区别，在补碘应用上同样易于出现无机碘常见的过敏反应等。

海带中的碘，总体而言分为无机碘与有机碘，据资料介绍，无机碘中主要是 I^-，其次是少量的 I_2 和微量的 IO_3^-；有机碘中 80%以上是 3，5-二碘酪氨酸（DIT），其次是少量的一碘酪氨酸（MIT）和微量三碘甲状原氨酸 T3、甲状腺素 T4。

一般文献资料中报道的海带的含碘量，除非特别标注，基本都是指其中的无机碘的含量。笔者等以定性试剂测定得知，海带中的无机碘主要为：I^-、I_2，和少量 IO_3^-；按定量方法，测得各种无机碘含量，结果如表 6-9 所示。

表 6-9　海带中无机碘的种类、含量测定结果

定性结果			定量测定结果/（mg/kg）			
I_2 试剂	I^- 试剂	IO_3^- 试剂	总无机碘	I_2	I^-	IO_3^-
变蓝	变蓝	变蓝	1700	27	1563	12

实际上，海带等藻类中，除含有丰富的无机碘外，更含有丰富的有机碘。1848 年，Vogel 在海绵中发现碘的有机化合物；1895 年，Baumann 发现碘是甲状腺素的特定组成成分，在生物体内起着非常重要的作用，从此对有机碘的研究越来越深入。现在比较公认的观点为，有机碘几乎存在于所有的海藻中，并以 I-C 共价键与氨基酸结合，但有机碘和无机碘的比例在不同的海藻中有很大差别。Kuda 等报道，昆布中有 50%~80%的碘以有机态存在，糖海带和掌状海带有机碘和无机碘的比例为 3：2。用 ^{131}I 研究发现，这些碘大部分结合于蛋白质的酪氨酸残基上。研究表明，大部分的碘酪氨酸为二碘酪氨酸。有机碘和无机碘在一定条件下可以相互转化，人体能够直接利用的是有机态的碘，Swingle 称之为活性碘。

笔者应用毛细管电泳仪，以 pH7.4 的硼酸缓冲液为流动相，30 kV 下，分别以 Sigma 公司生产的 DIT、MIT（含量≥98%）为标准品进行定性、定量测定。毛细管电泳结果图谱表明：在此条件下，标准品 DIT、MIT 的出峰时间分别为：T_{DIT} =8.50min，T_{MIT}=5.62min；海带提取液在同样条件下进行毛细管电泳，电泳图谱上分别在 T_1=8.48min，T_2= 5.39min 处各有一峰，与两种标准物在该条件下的出峰时间非常接近；在海带提取液中加入这两

种标准品后，$T_1 = 8.48min$，$T_2 = 5.39min$ 两处的峰高明显加强，因此表明 $T_1 = 8.48min$，$T_2 = 5.39min$ 所对应的为海带液中的 DIT、MIT，由两个峰的峰面积与标准物对照，定量计算出海带液中的 DIT、MIT 的含量。利用试剂盒测定海带液中的 T_3、T_4 含量。有机碘的测定结果如表 6-10 所示。

表 6-10　海带中有机碘测定结果

种类	出峰时间/min		定量测定结果/（mg/kg）
	标样	浸提液	
DIT	8.50	8.48	3125
MIT	5.62	5.39	17
T_3	放免试剂盒测定		3
T_4	放免试剂盒测定		5

由表中结果可见有机碘主要为 DIT，此外有少量 MIT，T_3、T_4 的量非常少。

3. 海带体 DIT 的合成

海水中碘的浓度一般为 $60\mu g/L$，I^- 以亚稳态的形式存在。这在热力学上是不稳定的，因此海水中 I^- 的浓度很低，大量存在于海带水中的是 IO_3^-、I_3^-。然而 I^- 的浓度在海藻富集碘的过程中起到了决定性的作用，因为对于海藻来说，I^- 的吸收是一个主动过程，其吸收能力是 IO_3^- 的 8~10 倍。

1926 年 Gerty 发现，在海藻中有一种类似于酶的物质，能把 I^- 氧化为碘，把该酶命名为碘化物氧化酶。该酶是不溶性的，镶嵌于细胞膜的外侧。1959 年 Shaw 用 ^{131}I 的放射自显影研究了掌状海带（*Laminaria digitata*）吸收碘的过程，发现碘化物氧化酶在吸碘过程中起很重要作用。在各种阻化因子作用下，碘在水溶液中常以 HIO 和其他多种形式的碘存在，HIO 的浓度决定着碘的吸收。

$$I^- \xrightarrow[\quad\quad\quad]{\text{碘化物氧化酶}+O_2} I_2$$

$$I \xrightarrow[\quad\quad\quad]{H_2O} HIO$$

在 O_2 存在下，I^- 经氧化酶作用氧化为 I_2，经水解变为 HIO，HIO 与细胞膜上特定位点结合，消耗能量，通过细胞膜进入细胞.因此可以说，碘化物氧化酶活性的高低与碘的吸收富集有直接关系。

碘进入藻体后，部分碘在 H_2O_2 的作用下，将 I^- 氧化为自由态的碘（I^0）；后者在过氧化酶的作用下（类似于人体 DIT 的合成）经代谢合成，将 D-酪氨酸碘转化为 DIT、MIT，其过程为：

$$I^- \xrightarrow{H_2O_2} I_2$$

$$I^- + E（过氧化酶）\longrightarrow I\text{-}E$$

$$I\text{-}E + Tyr（酪氨酸）\longrightarrow I^0E + Tyr$$

$$2I^0 + E\text{-}Tyr \longrightarrow DIT + E$$

$$I^0 + E\text{-}Tyr \longrightarrow MIT + E$$

因此在生物有机碘 DIT 的生物转化过程中，过氧化氢酶的活性是至关重要的.过氧化氢酶活性低，则吸收的碘只有一小部分转化为 DIT；过氧化氢酶活性高，则吸收的碘可以大量地转化为 DIT，这样使得细胞内游离的[I⁻]降低，促进了 I⁻ 向细胞内转移。因此，在 6 月，过氧化氢酶活性最高的季节，既是 DIT 大量形成的季节，也是海带大量吸入无机碘、积累总碘的季节。因而在这个季节内不仅 DIT 含量增高，总碘的量增加，而且无机碘的吸收量也增加。因此，过氧化氢酶活力的不同造成海带体内合成体系酶活力不同，最终 DIT 含量不同，处于不同生长季节的同一种海带，体内酶的含量不同。

研究过氧化氢酶的变化，可以作为推断有机物积累的旺盛季节。实验显示，进入 5 月，过氧化氢酶活力急骤升高，无论何种海带均有这一趋势，这一点与海带的生长过程是相吻合的。5 月是海带生长的厚成期，厚成期前，海带叶片长宽增加速度快，分生能力也强，但藻体的过氧化氢酶活力不高，故色素含量低，合成有机物能力不高；进入 5 月的厚成期，藻体的生长速度减缓，但光合作用明显加快，过氧化氢酶活力增高，作为有机物的 DIT 含量即明显增高。进入 6 月，过氧化氢酶活力略有增加，但没有 4~5 月那么显著，说明藻体营养的积累已接近最高，DIT 的合成接近最强。

二、活性碘的由来与海带中生物活性碘的发现

（一）活性碘的由来

1. 活性碘概念的提出

1922 年，美国耶鲁大学著名的生物学家斯威英格（Swingle）教授在赫赫有名的顶级杂志 science 上发表了一篇非常有趣的研究论文。

他实验了多种物质，在很多组小蝌蚪可都变为青蛙过程中所起的作用，其中五组蝌蚪实验是这样做的。

第一组：选取了多只小蝌蚪，按照正常的饲喂程序给予正常的饲料喂养，作为对照组。

第二组：选取同样数量的健康小蝌蚪，所不同的是先对其进行"外科手术"，摘取所有小蝌蚪的甲状腺，然后，与第一组一样正常饲喂。

第三组：选取同样数量的健康小蝌蚪，先对其进行"外科手术"，摘取所有小蝌蚪的甲状腺，进行饲养。与前两组所不同的是，在这组的饲料中额外添加大量无机碘（原文没有给出无机碘的具体量，只是说 large amount of）。

第四组：选取同样数量的健康小蝌蚪，先对其进行"外科手术"，摘取所有小蝌蚪的甲状腺，进行饲养。与前几组的主要区别是，小蝌蚪的饲料中添加了很微量（原文没有给出具体的量，只是说 trace amount of）的一种特殊物质——3，5-二碘酪氨酸（DIT）。

第五组：基本与第四组相同，只是把饲料中的 3，5-二碘酪氨酸改为了 3，5-二溴酪氨酸。

结果发现以下现象。

第一组的小蝌蚪正常脱尾，变为青蛙。作为一个生物学家，这一结果在斯威英格的预料之中。

第二组的小蝌蚪很快消瘦死亡。这也在斯威英格的预料之中：失去甲状腺组织，蝌蚪就失去了合成甲状腺素的场所，体内就失去了甲状腺素的来源。没有甲状腺素，蝌蚪体内不能进行正常的新陈代谢，因而得不到生长发育所需要的能量供给，机体没法生长，导致死亡。

第三组的结果稍有些意外：失去甲状腺组织的小蝌蚪，在给予大量无机碘没有给出具体量，原文"large amount of"的条件下，没有像第二组那样很快死亡，而是"坚强"地多活了几日，并且"不负众望"地勉强长出两条虚弱的后腿。但是最终还是没有顺利地脱尾变成青蛙，而是中途消瘦死亡。

第五组没有什么悬念，同第二组一样，很快死亡。

戏剧性的一幕出现在第四组。得到极其微量原文资料没有给出具体数量，介绍为"痕量"（trace amount of）DIT 的小蝌蚪没有像前几组那样"悲壮"地死去，而是"幸运"地活了下来。不仅如此，它们还"不负众望"地先长出两条前腿，接着长出两条后腿（依然带着那条小尾巴）。再接下去干净利落地脱掉那条"累赘"尾巴，"脱胎换骨"，变成了一只真正意义上的青蛙，跳上岸开始了青蛙的生活。

第四组与第一组活下来的小蝌蚪长成的青蛙有所不同的是，这组小蝌蚪变成的青蛙的"体质"不如第一组，稍显瘦弱一些。无论如何，它们能够生存下来，并成功地变为青蛙，这是个幸运的"奇迹"。

Swingle 也非常惊奇于自己的发现：对于摘除了甲状腺、失去了甲状腺素合成场所的小蝌蚪，只要给予少量的 DIT，不仅可以存活下来，而且可以正常脱尾变为青蛙。这神奇的有机物 DIT，仿佛具有神奇的转化活性。

因此，Swingle 称 DIT 为活性碘（active iodine）——这大概是有史以来第一次这样称谓 DIT。

2. "活性碘"概念的补充印证

两栖动物是研究甲状腺激素调节变态过程的理想模型。蝌蚪是两栖类动物，甲状腺素是蝌蚪变态发育中的重要激素，Swingle 的报道显示，切除甲状腺的蝌蚪的生长发育停滞，不能变态成蛙，蝌蚪体内的甲状腺素能直接控制两栖动物的变态，对蝌蚪的变态发育具有促进作用。

他在报道中推断：DIT 被失去甲状腺的蝌蚪吸收之后，依然能在体内转化为具有代谢调节活性的甲状腺素，并发挥作用。但是，美中不足的是，他的报告里并没有设计一组实验来证明失去甲状腺的蝌蚪是否真的能从体外直接吸收甲状腺素，并发挥代谢调节作用。其后的研究者却用实验数据弥补了这一缺憾。

为了研究体外加饲的甲状腺激素的作用，其他科学家利用蝌蚪进行了如下实验，对 Swingle 的研究起到了补充与说明作用。

1）实验一

破坏蝌蚪的甲状腺，发现蝌蚪停止发育。然后在饲养的水中放入甲状腺激素，发现破坏了甲状腺的蝌蚪的确发育成了成蛙。

2）实验二

在饲养正常蝌蚪的水中放入甲状腺激素，蝌蚪提前变成成蛙，但成蛙只有苍蝇大小。

甲状腺激素是由甲状腺分泌的，破坏蝌蚪的甲状腺，蝌蚪发育停止，不能发育成成蛙，说明蝌蚪发育成成蛙与甲状腺有关；加入了甲状腺激素，蝌蚪的生长发育就快，这说明甲状腺激素有促进生长发育的作用。

这两个实验生动地证明，体外加饲的甲状腺激素对动物生长的发育，同体内合成的一样，依然起着关键的作用。同时，也从另一个角度印证了 Swingle 关于"活性碘"概念提出的正确性。

（二）海带中活性碘的发现

斯威英格当年提出了活性碘的概念，遗憾的是没有从营养学的角度进行进一步研究。或许因为他是一个两栖类动物学家，而不是一个营养学家。多年后，笔者阴差阳错，不仅读到了斯威英格（Swingle）教授这篇非常有趣、发人深思的论文，而且在研究中发现，海带中居然就有这种活性碘。这一研究是受下面几个事实的启发而开展的。

1. 启发一：长岛居民不怕"碘"

碘是一种人体必需的微量元素，之所以称其"必需"是因为它在人体中不可或缺，缺了就要生病；之所以称其为"微量元素"，乃是因为人体对它的需要量非常微小，不可多吃，吃多了也要生病。所以碘是非常重要的，缺了非常可怕，同样，吃多了也是非常可怕的。

根据营养学家的研究，每个成年人年需碘量正常为 54mg（每日 150μg，按 360 日计）。对于少数水碘含量极高（大于 300 微克/升）的地区，仅通过饮水一项，摄入人体内的碘。也已经远超过正常的碘需要量。因此，流行病学专家调查发现，在这样的地区，即使食用无碘盐，仍可能有较大比例居民通过饮水摄入"过量"碘，出现高碘甲肿，或者碘致甲亢，因此这样的地区天然存在一定健康风险。这样的地区，流行病学专家称为"高碘地区"。

容易出现高碘甲肿的"高碘"地区的水中含碘量超过 300μg/L。从营养学而言，一般人平均每日饮水 2.5L（包括食物中的水），日摄碘量约为 500μg，即 0.5mg，则高碘水源地区的居民年（按照 365 天计算）摄碘量约为 180mg。换句话说：流行病学调查发现，人一年之内摄入碘的量超过 180mg，就可能患上高碘甲肿或碘致甲亢。

笔者在山东长岛县做调查的时候发现一个奇怪的现象，长岛居民不怕"碘"。

众所周知，一个成年人年需碘量正常为 5 mg（每日 150μg，按 360 日计）。

根据笔者的研究调查，长岛居民人均年食用海带 5kg 以上。长岛海带含碘量极为丰富，笔者测定结果为平均 6000~7000mg/kg，则每人每年由海带中摄取的碘至少为 30 000~35 000mg（不计其他海藻、鱼虾贝类及水中的碘），远超过成年人年需碘量。

流行病学研究发现：高碘地区的居民，饮用了高碘水后易患高碘甲肿，他们的人均年摄碘量（通过饮水摄取）约为 180mg，如果计及食物中摄入的碘，即使翻一番也只有 360mg。这样的碘摄入量是正常摄碘量的 7 倍左右，即摄碘量超过正常需要量的 6 倍，就很可能出现高碘甲肿。

长岛人年摄碘量为正常量的 30 000/54=556 倍；是高碘地区的 30000/180=166.7 倍，摄碘量远超过高碘水源区的居民，却不患高碘甲肿。甚至在三年自然灾害期间，山东长岛县居民几乎天天以海带为主食，依然不甲肿，也未出现任何中毒现象。

前些年，有人服用碘油丸后出现恶心、呕吐，甚至休克、过敏等中毒反应，而大量食用海带的人群（其摄碘量并不低于碘油丸，只要一次食用 40~50g 海带，即相当于 1~2 粒碘油丸的含碘量）千百年来却无中毒现象出现。

除通过海产品摄入碘外，长岛居民通过水摄入的碘也非常多。长岛是一个海岛县，全县实际上由 10 个有人居住的岛屿组成到目前为止，长岛居民的饮水还是依靠在岛上打井取水来解决。虽然笔者没有查到长岛居民饮用水的含碘量的准确数据，但是可以想象到，海岛上打出的水井，其含碘量一定不会低。如果计及这部分水碘，及其他海产品中碘的量，长岛人的摄碘量就不止 30 000~35 000mg。即便如此高的摄碘量，在长岛也没有出现高碘甲肿人群。

2. 启发二：尿碘高低与 甲肿率并不一定吻合

地方病工作者认为，尿碘是一种反映人体碘营养水平的重要指标。

碘营养状况正常时，尿碘浓度值的中位数为 100μg/L，低于 100μg/L 则表示碘摄入量不足；在用于评价碘缺乏病（IDD）流行程度时判定标准如表 6-11 所示。

表 6-11 评价碘缺乏病流行程度的尿碘值（中位数）（μg/L）

IDD 严重程度	重度	中度	轻度	无
尿碘中位数	<20	20~49	50~99	>100

在河北石家庄等地，地方病工作者发现食用 KIO_3 碘盐后，当地居民的尿碘数值达到标准要求，从尿碘数值看，应该属于不缺碘了，但当地居民中的甲肿率却始终居高不下。而在山东的长岛、威海等沿海县市，尿碘普查却发现了相反的结果：居民的尿碘水平低于标准要求，按此尿碘值衡量，这些地区应当属于甲肿防治不达标地区，但其甲肿率极低，当地几乎没有甲肿患者。这似乎预示着，沿海居民饮食中摄取的碘，应该是一种与 KIO_3 碘盐中的碘不一样的碘。

3. 启示三：碘油丸的"困惑"

服用碘油丸是补碘的一个特殊措施，针对人群主要是孕妇和儿童，一般一年补充一次，每次一粒，含碘量为 150~200mg。近些年，碘油丸的服用几乎停用了，原因是在服用过程中发现，有易于使儿童过敏等不良反应，尤其是贫困山区的儿童更易过敏。而在沿海地区，儿童一次食用 50g 海带，摄碘量约为 300mg，相当于两粒碘油丸，即使多次食用，并无过敏现象出现。这些现象似乎表明，海带中含有的碘与碘盐中的碘、碘油丸中的碘有所不同。不仅分子结构不同，而且补碘效果、补碘安全性也有很大不同。

4. 启示四：海带浸提中的"三碘曲线"

笔者在研究中发现，海带水浸提过程中，采用《碘盐中碘含量的测定方法》中介绍的方法跟踪碘的溶出。结果，碘的溶出并非如想象的那样随着浸提时间的延长，浸提液中的碘含量逐渐升高，直至达到最高，保持不变，而是先迅速升高，然后很快下降至最低点，保持不变。

进一步研究发现，海带浸提液中存在"三碘溶出曲线"。

　　有机碘的溶解性差而无机碘的溶解性好，所以在海带的浸泡初期，首先溶出的是无机碘。随着浸提时间的延长，浸提液中碘的含量逐渐升高。在无机碘不断溶出的同时，另一个反应也在悄然发生。溶出的无机碘多为 I⁻，性质非常活泼，不稳定，随着溶液中的[I⁻]增高，溶液中的氧化性物质将 I⁻不断氧化为单质碘 I_2，单质碘 I_2 在室温下容易升华。当升华的速度大于无机碘的溶出初速度时，随着时间的推移，溶液中总的无机碘浓度出现逐渐降低的趋势。这是第一条溶出曲线——无机碘溶出曲线。

　　除无机碘外，海带中还存在有机碘。随着浸提时间的延长，有机碘溶出逐渐增多，直至最高，保持不变。这是第二条溶出曲线。

　　溶液中总碘含量则出现：先迅速达到一个较高值，然后有所降低，之后逐渐升高，直到最高，保持不变。这是第三条溶出曲线（图 6-1）。

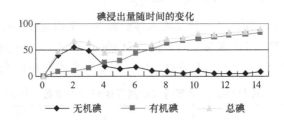

图 6-1　浸提液中总碘、无机碘、有机结合碘随时间变化曲线

Chart 6-1　Total iodine in the extraction liquid of organic combination，inorganic iodine，iodine curve over time

（三）海带有机活性碘的确定

　　将海带中的有机碘提取纯化后，经质谱、红外光谱测定，结合熔点测定发现：与标准品 3，5-diiodo-l-tyrosine（Sigma 公司提供）的分子式 $C_9H_9I_2NO_3$, HO⟨○⟩ CH₂CH（NH₂）COOH 结构式，完全相吻合，因此可以确定海带中的有机碘即为活性碘——3，5-二碘酪氨酸。

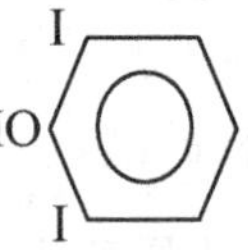

第二节　海带活性碘的补碘特性

一、海带活性碘与其他补碘剂临床补碘效果的比较

（一）实验过程与方法

　　由海带活性碘提取液制成的活性碘补碘口服规格为 10mL/支，含碘量为 0.8mg/10mL。

　　选取 1996 年 1~9 月门诊患者 84 例，按来诊顺序随机分为实验组 60 例（男 18 例，女 42 例，年龄 15+6a）和对照组 24 例（男 8 例，女 16 例，年龄 16+8a）。两组患者经检查排除甲亢和甲状腺瘤等症，确诊为单纯缺碘性甲状腺肿。实验前详细系统体检，并进行方案设计中预定的各种必要检查。

　　实验组患者口服海带活性碘口服液 10mL（含量为 0.8mg/10mL），周期为 2 个月。

对照组患者根据病情的轻重口服甲状腺素片 20~40mg/d，周期也为 2 个月。实验过程中和实验结束后，由临床医生按临床要求观察记录服用受试物前后，受试对象甲状腺肿的变化情况，患者生长发育情况，并观察记录服用受试物后有无不良反应情况。

（二）实验结果

实验结束后发现，对照组患者与实验组患者甲状腺肿变化明显。

服用受试物后，实验组与服用甲状腺素片的对照组患者的甲状腺肿均有明显缩小。结果（表 6-12）表明，实验组与服用甲状腺素片的对照组在总有效率上无显著差别，说明两者对缺碘性甲状腺肿大均有治疗作用。但是，由统计结果可以明显看到，海带活性碘对患者的治疗显效率远高于甲状腺素片组，尤其使肿大缩小 2~3 度者，几乎是服用甲状腺素片组的 2 倍。

表 6-12 海带活性碘临床结果

组别	总病例数	显效				无效（0 分）		总有效	
		2~3 分		1~2 分		例数	百分比	例数	百分比
		例数	百分比	例数	百分比				
实验组	60	24	40.0	10	16.7	2	3.3	58	96.7
对照组	40	9	22.5	5	12.5	1	2.5	39	97.5

对所得结果按得分多少进行统计学处理（表 6-13）。统计表明：海带活性碘组的显效效果（得 2~3 分）与对照组相比有极显著差异（$P<0.01$）；总有效效果（得 0~3 分）也有极显著差异（$P<0.01$）；得 1~2 分，由于对照组数量较少，没有统计意义，故未进行比较，但由结果可见，二者差异也较大。

表 6-13 临床数据统计处理结果

组别	2~3 分（显效）			1~2 分（显效）			0~1 分（有效）			0~3 分（总有效）		
	例数	得分 $\bar{X} \pm S$		例数	得分 $\bar{X} \pm S$		例数	得分 $\bar{X} \pm S$		例数	得分 $\bar{X} \pm S$	
实验组	24	2.751	0.243[**]	10	1.647	0.340	2	0.871	0.115	58	2.266	0.312[**]
对照组	9	2.130	0.413	4	1.113	0.210	1		0.500	15	1.312	0.182

[**] 表示与对照相比具有极显著差异，$P<0.01$

实验前后，患者的尿碘变化也非常明显：测定了实验对象在实验前后尿碘含量变化，见表 6-14、表 6-15。由数据可见，两组尿碘均随甲肿缩小和碘的补充而明显升高。

实验前后患者血清测定结果表明，两者差异也非常显著。由测定结果可见（表 6-15），无论海带活性碘组，还是甲状腺素对照组，实验后的 TT_3、TT_4、TSH、TT_3/TT_4 与实验前相比均具有显著差异或极显著差异。

表 6-14 实验前后尿碘的变化结果

	实验前尿碘含量/（μg/L）			实验二个月后尿碘含量/（μg/L）		
	平均	最低	最高	平均	最低	最高
实验组	17	8	24	94	89	154
对照组	15	9	28	89	81	137

表 6-15 实验前后尿碘统计结果

时间	实验组		对照组	
	人数	尿碘含量/（μg/L）X ± S	人数	尿碘含量/（μg/L）X ± S
实验前	60	17 6	40	15 6
实验后	60	94 23**	40	85 27**

**表示与实验前相比具有极显著差异，$P<0.01$

表 6-16 实验前后患者血清测定结果

组别		实验前		实验后	
		X ± S		X ± S	
实验组	TT_3	180	37	132	28 **
	TT_4	3.3	2.4	6.1	1.8 **
	TSH	3.4	2.4	1.8	1.3 **
	TT_3/TT_4	75.0	35.0	18.0	2.5 ** ##
对照组	TT_3	177	35	143	31 **
	TT_4	3.0	1.9	5.1	2.1 *
	TSH	3.1	2.0	2.2	1.6 *
	TT_3/TT_4	83.2	40.1	30.2	6.5 **

**表示与实验前相比具有极显著差异，$P<0.01$；*与实验前相比具有极显著差异，$P<0.05$；##与对照相比具有极显著差异，$P<0.01$；TSH 的单位为 IU/L；TT_3、TT_4 的单位为 ng/dL

同时，由表 6-16 还可以发现，实验前海带活性碘组与甲状腺素对照组的 TT_3、TT_4、TSH、TT_3/TT_4 各数据均无显著差异（$P>0.05$），但实验后，两组的 TT_3/TT_4 数值却有极显著差异（$P<0.01$）。

不仅如此，实验前后患者身高增长非常明显（表 6-17）。两组中均有部分患者出现生长发育方面的变化，如身高增长等，有的变化幅度非常大。实验中有一 12 岁女患者，据家长讲已有两年身高不见增长，服用海带活性碘 20d 后，发现增高 2cm。由结果可见，实验组与服用甲状腺素的对照组，身高均有增高，但是两组相比较无显著差异。

表 6-17 实验前后患者身高增长

组别	人数	实验前后身高增长/cm		显著性检验
		X ± S		P 值
实验组	60	1.21	0.90	>0.05
对照组	40	1.00	0.93	

实验组共 60 人，口服海带活性碘口服液后无一例恶心、呕吐、皮疹、心慌、出汗等不良反应发生；对照组 40 人，口服甲状腺素片后有 15 例出现不同程度的不良反应，其中 6 例服用后出现心慌及体重减轻，9 例出现多汗及轻微的烦躁多动。

对于缺碘甲肿患者，补碘治疗是最为常用的办法。补无机碘由于易出现过敏中毒等不良反应，因此医院一般不采取补无机碘的办法，而多用服甲状腺素片的办法。因此本研究的对照组实验对象服用甲状腺素片。据以往的治疗资料介绍，无机碘治甲肿的常用措施为先让患者服碘 35mg/d，边服用边观察，如出现不良反应，立即停服。服 2 个月后，停服 2 个月，然后按 25mg/d 的碘量再服。2 个月后，停服一段时间。治愈约需一年的时间。而用海带活性碘治甲肿的实验中发现，用量为 2.4mg/d，2~3 个月即可痊愈。二者的比较见表 6-18，因此活性碘不管在效果上还是速度上均优于无机碘。

表 6-18　DIT 与无机碘治愈甲肿效果比较

组别	口服量/（mg/d）	停服观察周期	治愈周期/月	有无不良反应
无机碘	25~35	2 个月一次	12~18	有
海带 DIT	2.4	不需	2~3	无

二、海带活性碘的特殊临床补碘效果

（一）对无机碘过敏的缺碘患者的补碘

女性患者，3 岁，山东聊城人，自 1996 年 4 月自感全身乏力，至 6 月，连一般轻微家务劳动的承担也觉吃力。医院检查发现甲状腺明显肿大，为二级肿大，诊断结果为缺碘引起。医生开给碘水（无机 KI 水溶液）制剂，服用后全身红痒，头晕恶心。后遵医嘱回家煮食海带，由于胃肠功能不佳，食用海带后胃痛、呕吐，一个月后病情更加严重。又至医院，医生无奈令其住院，每日吃消炎药、打消炎针。一个月后不见好转，且日益加重，脖子肿处胀疼。由于经济原因回家休养，此时体力极差，已不能干活，整日卧床不起，靠吃消炎药缓解甲肿的胀痛。

自 1997 年 1 月起服用海带活性碘口服液，每支 10mL（0.8mg/10mL），每日 3 次，每次一支，即每日摄入海带活性碘 2.4mg，同时依然服用消炎药。服用三日后，感觉脖子甲肿处的胀疼度明显降低，遂停用消炎药，只服用海带活性碘口服液，共服用 30 支；此时甲肿疼痛感完全消失，服用完 60 支后已能下床做一些轻微劳动，如做饭、洗碗类，但甲肿未见明显缩小。

服完 60 支后，因无口服液了故停服。三个月后，脖子肿处又疼痛，再服消炎药，只能稍减轻暂时痛苦，并无疗效。又自 5 月开始服用海带活性碘口服液，每日三支，每支 10mL，含碘 0.8mg，共服用 200 支。服完后体力已基本恢复，能下地参加劳动，脖子上的甲肿已消失。

服用海带活性碘前后的化验结果如表 6-19 所示。由数据可见服用海带活性碘后，甲状腺肿大明显减轻，尿碘升至正常范围，血清中的 TT_3 数值明显降低，TT_4 数值明显升高，TT_3/TT_4 数值明显降低，甲状腺组织的代偿性肿大得到有效控制。

表 6-19　服用前后的指标化验结果

测定项目	服用前	服用后
甲肿度数	三度肿大	基本正常
尿碘/（μg/L）	11	116
TT_3/（ng/dL）	169	128
TT_4/（ng/dL）	3.2	6.7
TT_3/TT_4	52.8	19.1

无机碘摄入过量易产生多种过敏反应，临床上比较常见。缺碘甲肿患者在流行病学调查中也比较常见。但缺碘患者同时对无机碘过敏，且又因胃肠功能不适，难以食用富碘海带，这样的患者并不常见。

笔者研究过程遇到这样的患者是一个偶然的机会，能够将其作为实验对象考察也是在她"无路可走"的情况下才同意的。尽管机遇是偶然的，但海带活性碘能够治愈这种特殊患者的缺碘病却是必然的，因为这种患者所患的缺碘病并非原发性的，而是继发性的。

所谓原发性的可以理解为，由于食物供应及结构的问题，使摄入碘的绝对数量不足而引起的；所谓继发性的可以理解为，由于患有某种疾病，使引起摄入的碘的吸收利用不足，或由于处于特殊生理病理时期，使对碘的需要增加引起碘的供应量相对不足而引起的。这名患者是聊城地区的农民，聊城地区不属于缺碘地区，相反其水中含碘较高，属于高碘水源地区。因此该患者身处该地区，即使得不到碘盐的供应，其饮水中的碘也足够达到碘的每日膳食推荐量标准了。所以，其不属于碘的绝对摄入不足引起的原发性缺碘，分析认为应属于继发性缺碘，即碘的有机化过程中氧化酶的活力低，甚至缺失引起的，很可能为先天遗传性氧化酶活力低下（因为她 12 岁的儿子自 8 岁读书起，一直未升上二年级，至今仍在一年级，因升级考从来不及格，估计为先天缺碘，智力低下，当提出让其子服用活性碘时，遭到家长拒绝）。

她的缺碘过程可以推测如下：由于先天性缺失氧化酶 E 或 E 的活力低下，不能将饮食中获得无机碘有效地转化合成为有机碘 DIT。当地粮食中虽含有一定的有机碘（尽管很低，但能维持一定量），但不足以完全供其代谢需要。不过缺的量也不是非常严重，因而早年未表现明显的缺碘症状。日积月累、年复一年地缺碘，逐渐导致甲状腺产生病变，最终引起病状。

在服用无机碘水时，由于碘水中含无机碘量较高，患者又属于碘过敏体质，故而出现异常。海带中含有丰富的碘，吃海带补碘不会过敏，这已成为医生的常识，但患者胃肠功能不好，食后疼痛、呕吐。因此对这名患者而言，海带并未起到补碘作用。由于碘的严重缺乏，导体机体甲状腺素的产生减少，引起两个后果，一个是甲状腺代偿性肿大，另一个是身体乏力。因为甲状腺素是调节人体新陈代谢的重要激素，甲状腺素合成减少，新陈代谢能力降低，体内能量来源较少，因而造成体虚乏力。

（二）对高碘甲肿患者的补碘

13 例高碘甲肿患者均为成年人，男性 8 人，女性 5 人。明显症状为脖子出现甲肿，为 2~3 度肿大。同时伴有甲亢的症状：眼球微突出，患者自述眼球有压迫感，口唇干裂，手伸出微震颤。患者自述：心烦、易怒。

每日服用三支海带活性碘口服液，每支 10mL，含碘 0.8mg，口服三日后明显感觉眼球的压迫感减轻，继续服用一个月后症状明显好转，肿块明显缩小，眼球压迫感消失，烦躁、易怒程度降低，心情稳定，手指震颤症状消失。

实验结果如表 6-20 所示，补充海带活性碘后，虽然不能降低摄入体内无机碘的量，尿碘数值依然很高，但是甲状腺的代偿性肿大却得到明显抑制。

（三）对甲肿变为甲状腺癌并切除部分甲状腺患者补碘

女性，45 岁，由长期缺碘引起甲状腺癌变，于 1997 年 10 月在山东医科大学附属医

表 6-20　高碘甲肿患者的补碘测定结果

测定项目	实验前			实验后		
	人数	测定结果 x ± s		人数	测定结果 x ± s	
甲肿度数	13	2.45	0.55	13	0.45	0.45
碘/μg/L	13	467	87	13	527	133
TT_3/ng/dL	9	197	64	9	123	35
TT_4/ng/dL	9	3.17	0.82	9	6.57	1.44
TT_3/TT_4	9	67.2	14.9	9	18.45	1.30

院进行切除甲状腺癌变部分手术，失去甲状腺约 1/3。手术后回家休养，并服用左旋甲状腺素片等。至 1998 年 2 月、3 月来济南检查，结果甲状腺剩余部分依然严重肿大。

自 1998 年 3 月中旬服用海带活性碘口服液，每日三支，每支 10mL（含碘量为 0.8mg/支）。5 月上旬来医院检查，结果甲状腺肿大的速度有所缓解。一个月后再查，已明显缩小。连续口服三个月后，甲肿已缩小得近乎看不出来了。

测定结果如表 6-21 所示，由结果可见，服用前尿碘虽然不低，即摄入碘量足够，但是残缺不全的甲状腺不能合成足够的有机碘供机体需要，产生代偿性肿大。服用海带活性碘后，机体有效供碘状况得到改善，TT_3/TT_4 数值降低。

表 6-21　服用前后的指标化验结果

测定项目	服用前	服用后
甲肿度数	二度肿大	基本正常
尿碘/（μg/L）	173	213
TT_3/（ng/dL）	197	119
TT_4/（ng/dL）	3.4	7.1
TT_3/TT_4	57.9	16.7

当机体长期处于缺碘状态下，甲状腺长期处于恶性刺激条件下时，肿大的甲状腺易于癌变。房维堂等在动物实验中发现，大小白鼠缺碘 3 个月后出现缺碘甲肿；持续缺碘一年以上则有 20% 的甲肿小鼠恶化为甲状腺癌；长期摄入大剂量无机碘的小鼠，也产生甲肿。但与缺碘甲肿有所区别：第一，高碘甲肿的肿大程度不及缺碘甲肿严重；第二，高碘甲肿的小鼠实验中未出现恶化为甲状腺癌的动物。据此房维堂等认为，高碘虽也甲肿，但不出现甲状腺癌。本研究中发现，动物缺碘与人体缺碘的症状并不具有完全对应性，即人体缺碘出现的症状有的在动物身上能复制出来，有的并不一定能复制出来。例如，缺碘和高碘甲肿的模型在动物实验中可复制出来，可人体早期缺碘造成的呆小症在小白鼠实验中就难以复制出来。高碘动物不产生甲状腺癌，对人体就未必也然，因为这一例患者就生活于高碘地区。患者居住处饮水中的碘含量据本研究测定高达 467μg/L，一般每人每日通过各种形式摄入体内的水为 2.5L，按此数值计算，理论上讲该患者每日仅从水中就可以摄入 467×2.5=1167.5μg。而一个正常成年人，一天只要摄入 100~300μg 碘就可以满足机体需要，因此该患者不应为缺碘甲肿，而应为高碘甲肿（也可能是无机碘有机化的氧化酶活性低下的患者）。因此有理由认为高碘甲肿也有可能导致人体甲状腺组织癌变。癌变的甲状腺切除后，余下的组织已不健全。因此，以残缺不全的甲状腺要合成正常人体需要的甲状腺素就更加困难，甲状腺的负担更重。患者术后服用左旋甲状

腺片后，其甲状腺的肿大程度依然不减。

（四）对晚期弥漫性重度甲肿的补碘效果

男性，53岁，山东莱州市人，三年前即患甲肿，迟迟未很好治疗，至1998年下半年，脖子两侧甲肿已大如鸡蛋，甚硬，影响呼吸和正常饮食，医院诊断为Ⅳ度甲肿，需施行手术治疗。

自1998年元旦始服用海带活性碘口服液，每日三支，每支10mL（0.8mg/mL）。服用20d后，甲肿已不像从前那般坚硬，手捏之变软。停服一个月（因供应不及时），后又照前同样服用2个月后，甲状腺缩小了2/3，一个月后基本复原。

患者的尿碘、血碘测定结果（表6-22）表明，该患者属缺碘甲肿，已发展到结节性肿大，补充海带活性碘后，各化验指标均趋正常。

表6-22　服用前后的指标化验结果

测定项目	服用前	服用后
甲肿情况	结节性肿大	基本正常
尿碘/（μg/L）	23	142
TT_3/（ng/dL）	178	131
TT_4/（ng/dL）	2.7	7.4
TT_3/TT_4	65.9	17.7

对于晚期的或结节性甲肿，目前的治疗措施一般为手术疗法。在治疗甲肿上有一种不采取手术的做法，持这种观点者认为，地方性甲状腺肿大病的病因是缺碘问题，只要在地甲病流行地区保证碘盐的供应，就已达到了治疗目的。因此，他们对于晚期的甚至是结节型的地甲病患者，不管年岁、老少、肿块大小，一概不施行手术治疗，经过一定时期，任其自然淘汰。这就意味着对于晚期甲肿患者，只能期待其补碘自愈，如不能自愈，让其自然死亡、灭绝，只要设法保持以后不发生或少发生晚期患者就可以了，至于目前的晚期患者只好听天由命了。从长远的控制和人类的发展而言，在没有办法挽救的情况下，这不失为一种"亡羊补牢"之策，但就具体的患者而言，则应视为不人道。这也就是以往一些达到控制地甲病的国家和地区之所以需长达数十年之久才达标的缘故。长远而言，补碘防缺碘；近期而言，对现有患者应采取相应的措施。

该患者是山东莱州市（以前称掖县，属沿海地区）人，但该患者的居住地属莱州市的"内陆地区"，离海有30km的丘陵地带，因此，也属缺碘地区。患者的甲肿属于晚期，已有组织病变出现，海带活性碘能使其不用手术而治愈的机制尚不很明确，但现象却非常明白。古医籍中就有海带具有"软坚化瘿"的功效，或许海带除活性碘外还有其他成分也未可知。

第三节　海带活性碘DIT的动物补碘

一、海带活性碘对缺碘甲肿动物的补碘效果

（一）对缺碘甲肿动物甲状腺的影响

笔者分别以海带活性碘提取液试剂DIT和KI为补碘剂进行了进一步观察研究，结

果见表 6-23。可见缺碘模型小鼠补碘一个月后，所有补碘组小鼠的甲状腺均明显恢复。但是恢复速度明显不同。补活性碘组、补 DIT 组小鼠，经一个月的补碘，甲状腺与对照组几乎无差别，$P>0.05$；而补无机碘组小鼠甲状腺质量虽有明显改变，但是与对照组相比，差异仍极显著，与补海带活性碘组、补 DIT 组小鼠相比也具极显著差异，$P<0.01$。

（二）血清的变化

小鼠血清的 TT_3/TT_4 的值，是从分子水平上显示摄碘变化的直接指标。由表 6-24 可见，补碘后，实验小鼠血清的 TT_3/TT_4 值均明显降低。经一个月的补碘，补海带活性碘组、补 DIT 组小鼠血清的 TT_3/TT_4 值降至与正常对照组相近，甚至稍低；而补无机碘组小鼠血清的 TT_3/TT_4 值虽然比缺碘模型组降低很多，但是依然明显高于正常对照组。

表 6-23　不同碘剂补碘后甲状腺质量结果的比较

组别	数量/只	绝对质量/mg（X±S）	相对质量/（mg/100g 体重）（X±S）
补活性碘组	12	10.3±6.2	26.3±13.7 **
补 DIT 组	12	9.5 ±5.7	25.1±11.3**
补无机碘组	10	35.1±11.2	97.4±40.2 ##
正常对照组	12	9.7±5.4	26.0±13.9

** 表示与补无机碘组相比具极显著差异，$P<0.01$；## 表示与补海带活性碘组相比具极显著差异，$P<0.01$。

表 6-24　小鼠血清的 TT_3、TT_4 的变化结果

组别	动物数量（只）	TT_3（ng/dL）（X±S）	TT_4（ng/dL）（X±S）	TT_3/TT_4（X±S）	显著性检验 P 值
补活性碘组	12	123±31	1701±1400	0.189±0.163	>0.05
补无机碘组	10	114±28	1031±1217	0.231±0.171	<0.05
补 DIT 组	12	121±27	1715±1130	0.183±0.114	>0.05
对照组	12	120±33	1617±1651	0.191±0.153	

（三）垂体的观察结果

实验补碘一个月后，由表 6-25 可见，补海带活性碘组与试剂碘组垂体质量明显降低，无机碘组虽也有较明显降低，但不及有机碘组显著。

表 6-25　垂体质量的恢复情况

组别	动物数量/只	绝对质量/mg（X±S）	相对质量/（mg/100g 体重）（X±S）	显著性检验 P 值
海带活性碘组	12	2.54±1.13	6.11±2.61	>0.05
无机碘组	10	3.01±1.51	8.35±3.21	<0.05
DIT 组	12	2.49±1.31	6.03±3.18	>0.05
对照组	12	2.50±1.10	6.09±2.57	

实验补碘一个月后，各组小鼠的 TSH 均较缺碘时明显降低，补无机碘组由 0.28μg/mL 降为 0.19μg/mL，比对照组的 0.11 仍高许多；补海带活性碘组与 DIT 组分别降为 0.10μg/mL

和 0.09μg/mL 左右，与对照组相近。由 TSH 的变化结果可以看出，补海带活性碘组与 DIT 组效果最好，这与缺碘模型小鼠补碘后垂体质量的变化结果趋势相一致。

表 6-26　缺碘小鼠补碘后 TSH 的变化

组别	动物数量/只	TSH/（μIU/mL）(X±S)	显著性检验 P 值
有机碘组	12	0.10±0.11	＞0.05
无机碘组	10	0.19±0.18	＜0.05
DIT 组	12	0.09±0.12	＞0.05
对照组	12	0.11±0.13	

二、活性碘 DIT 对高碘甲肿小鼠补碘效果

（一）无机碘与高碘甲肿

房维棠等研究发现，随每日饲碘量的增加，小鼠平均体重的增重逐组降低，呈负相关，而甲状腺的绝对质量和相对质量增加，呈正相关。当小鼠日摄无机碘量超过 60μg 后甲状腺即出现明显肿大，产生高碘甲肿，见表 6-27。

表 6-27　高无机碘与小鼠体重、甲状腺质量的关系

测定项目	A	B	C	D
日摄碘量/（μg/只）	1	6	60	100
动物数/n	12	20	20	17
体重/g±s	29.0±7.4	26.5±7.7	25.1±7.1	24.6±4.1
甲状腺绝对质量/mg±s	4.60±3.40	6.18±2.68	10.64±6.09	9.97±5.21
甲状腺相对质量/（mg/100g）	15.86	23.32	42.44	40.46

（二）海带活性碘与高碘甲肿

1. 高剂量海带活性碘不引起甲肿

随试剂 DIT 摄入量的增加，小鼠甲状腺质量不呈现规律性的增加，未见明显的肿大现象，其体重与 DIT 剂量也无明显的相关性，如图 6-28。

表 6-28　高 DIT 小鼠体重、甲状腺质量关系

测定项目	G	A	B	C
日额外摄碘量/（μg/只）	0	60	100	200
动物数/n	12	20	20	17
体重/（g±s）	31± 6.5	30±7.1	32±6.8	31±4.3
甲状腺绝对质量/（mg±s）	4.4±2.8	4.3±3.0	5.0±2.4	4.4±3.1
甲状腺相对质量/（mg/100g）	14.52	14.33	15.63	14.19

2. 高剂量海带活性碘与小鼠体重和甲状腺质量关系

由表 6-29 数据可见，高剂量的海带活性碘提取液的饲喂，未使小鼠体重与小鼠甲状

表 6-29　高剂量海带活性碘与小鼠体重和甲状腺质量关系

测定项目	G	D	E	F
日额外摄碘量/（μg/只）	0	60	100	200
动物数/n	10	12	16	10
体重/g±s	31.0±6.5	32.0±6.5	30.9±7.1	33.0±7.3
甲状腺绝对质量/mg±s	4.4±2.80	4.18±3.00	3.99±1.35	4.01±2.17
甲状腺相对质量/（mg/100g·b·w）	14.52	13.06	12.91	12.15

腺质量的变化呈现明显的相关性。

3. 无机碘、活性碘的日摄碘量与小鼠甲状腺形态的关系

高无机碘、高活性碘小鼠甲状腺形态比较研究如下。

肉眼观察可见，各组甲状腺均仍保持"H"形外观。高无机碘组小鼠甲状腺，肉眼可见弥漫性肿大，呈灰白色，半透明，质地韧实。高有机碘（海带活性碘与试剂 DIT）组与对照组无明显区别。

显微镜观察发现，与高有机碘组相比（图 6-4，图 6-6）高无机碘组小鼠甲状腺滤泡扩张，有的崩解，互相融合形成巨形滤泡，滤泡腔内充满浓稠深染的胶状物，着色深（图 6-2）。

在透射电镜下观察发现，与有机碘组相比（图 6-5，图 6-7）高无机碘组甲状腺滤泡显著扩张，细胞不发达，线粒体结构模糊不清，数量明显减少，粗面内质网扩张呈不规则状（图 6-3）。

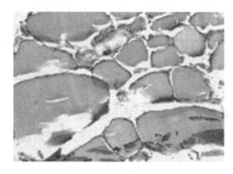
图 6-2　高碘小鼠甲状腺病理检查图片

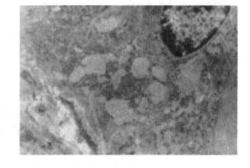
图 6-3　高碘甲肿小鼠甲状腺超微结构（×10k）

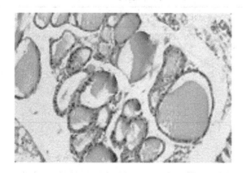
图 6-4　高海带碘小鼠甲状腺病理检查图片

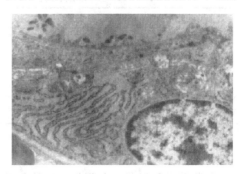
图 6-5　高海带碘小鼠甲状腺超微结构（×10k）

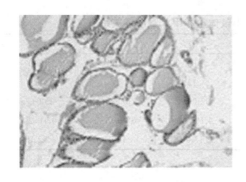 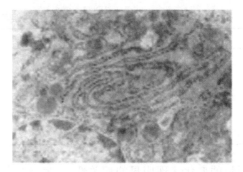

图 6-6　高 DIT 组小鼠甲状腺病理检查图片　　图 6-7　高 DIT 组小鼠甲状腺超微结构（×10k）

（三）活性碘 DIT 对高碘甲肿动物补碘效果的评价

表 6-30 显示了单独补充高 KI 和同时补充试剂 DIT 或海带活性碘的实验结果。由数据可见，单独高 KI 组，甲状腺明显肿大，而同时额外加饲 DIT 或海带活性碘组，尽管绝对摄碘量更高但反而趋正常；就体重而言，加饲 DIT 组与海带活性碘组，均比高碘组增加显著。

表 6-30　同补高碘对小鼠体重、甲状腺的影响

测定项目	高无机碘组	同补 DIT 组	同补海带碘组
日额外摄碘量/（μg/只·d）	I⁻120	I⁻120±DIT20	I⁻120±海带碘 20
动物数/n	10	10	10
体重/g±s	24.0±4.1	30.0±7.1	30.9±7.3
甲状腺绝对质量/mg±s	9.97±5.21	4.31±3.07	3.94±1.67
甲状腺相对质量/（mg/100·b·w）	40.46	14.33	12.75

1. 补有机碘对高碘甲肿小鼠的影响

将高碘甲肿小鼠 30 只随机分为三组。

A. 停服高碘自愈组；B. 停饲高碘、加饲海带活性碘组；C. 停饲高碘、加饲 DIT 组。

结果表明，停服高碘一个月后各组甲状腺均有所恢复，但以加饲有机碘组为最佳，见表 6-31。

表 6-31　DIT 与海带活性碘对高碘甲肿小鼠甲状腺及体重影响 de 结果

测定项目	自愈组	DIT 补入组	海带碘补入组
日额外摄碘/（μg/只）	0	I⁻120±DIT20	I⁻120±海带碘 20
动物数/n	10	10	10
甲状腺绝对质量/mg±s	6.13±3.01	5.21±2.23	4.97±2.00
体重/g±s	26.3±7.1	27.3±6.9	28.00±6.8
甲状腺相对质量/（mg/100g）	23.31	19.08	17.75

2. 有机碘同补与小鼠甲状腺形态的关系

肉眼粗略观察可见，各组甲状腺均保持"H"形外观，只有高 KI 组呈弥漫性肿大，其余两组均不呈现肿大。

显微镜下观察发现，有机碘同补组与对照组无明显差异，图6-8，图6-9。

在透射电镜下，有机碘同补组甲状腺滤泡无显著扩张，与对照组无明显差异，图6-10，图6-11。

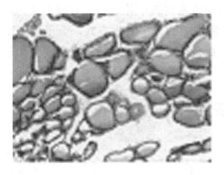

图6-8　高KI、同补海带活性碘小

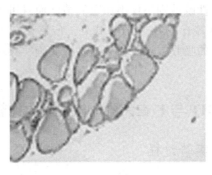

图6-9　高KI、同补DIT小鼠

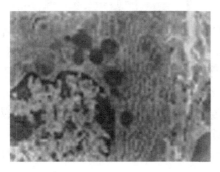

图6-10　高KI、同补海带活性碘小鼠
甲状腺超微结构（×10k）

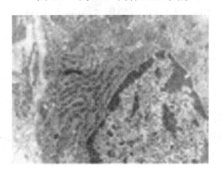

图6-11　高KI、同补DIT小鼠甲状腺
超微结构（×10k）

第四节　DIT在动物体内吸收机制研究及安全性评价

以往的研究认为，碘总是以一种离子状态（I⁻）被吸收入血液的。不管补入的碘是有机的还是无机的，在人体吸收代谢及作用方式上均无差别。这一理论和观点在解释无机补碘剂，甚至以不饱和脂肪酸加成 I_2 而获得的碘油丸的吸收代谢上无疑是成功的。但有一些补碘中的特异现象，却不能用这种吸收代谢理论给出满意的解释。

1）如果无论什么状态的碘最终都必须以 I⁻ 的形式吸收入血液，最终均以 I⁻ 进入甲状腺而合成 T_3、T_4，那么无机碘剂（I⁻）与 DIT 就不应有本质上的生理代谢上的差别，而事实上这种差别是存在的。

2）高碘地区的人群饮用了高碘水源的水易患高碘甲肿；人体一次摄入碘过多（如服用碘油丸等）则易出现碘中毒。而沿海居民食用含碘量更高的海带却既不中毒也不甲肿；有的地区长年补充 KIO_3 碘盐，人群尿碘数值完全达标了，但甲肿依然居高不下；而山东威海居民食海产较多，其尿碘含量低于甲肿控制的标准要求，但甲肿率却甚低，甚至近乎于0。

3）由于自身对无机碘不吸收，从而造成严重缺碘的甲肿患者补充无机碘水马上出现全身性过敏中毒症状；而补充由海带提取的活性碘液，则无任何过敏症状出现，且甲肿也很快痊愈。

4）高碘水源性甲肿患者，严禁补充无机碘，如补则无异于火上浇油；而补充海带提取的活性碘液则不仅不加重病情，而且可以很快治愈高碘甲肿。因此有理由认为，除无机碘的离子（I⁻）吸收方式外，应该存在一种活性碘的直接吸收方式，分子的或至少是非离子的吸收方式。如果这种方式确实存在，那么以上这些问题就可以得到较为满意的解释。

一、DIT 与 I⁻ 在大鼠体内的吸收比较研究

（一）实验过程

采用 Wistar 大鼠 3 只进行实验，一只为实验组，一只为空白对照，一只为阳性对照。所用药品 DIT 由美国 Sigma 公司购得。

将 DIT 标准品按一定剂量经口灌胃给已禁食 12h 的 Wistar 大鼠，分别于灌胃后 0、0.5h、1.0h、2.0h、3.0h、4.0h、5.0h 由大鼠尾部采血。所得血样于 2500r/min 下离心 30min，取血清用于测定。阳性对照组以同样剂量的无机碘灌胃，按上述方法于同样时间下取血清；空白对照组以等体积的蒸馏水灌胃，并取不同时间的血清。

为了消除由于 I⁻ 进入甲状腺合成 DIT 释放于血中对结果的影响，又将三只大鼠分别摘除甲状腺后依上述过程进行灌胃，取血清测定。

实验结束后，采用毛细管电泳仪，以 Sigma 公司生产的 DIT 标准品作为对照样品进行血清中 DIT 的分析测定。

（二）实验结果

KI 灌胃组和空白对照组大鼠血清中 DIT 的含量在整个实验周期内基本保持平衡，没有很大波动，也没有变化规律性可言；而 DIT 灌胃组则出现明显的规律性变化，即呈钟罩形周期性变化：血清中 DIT 含量在灌胃 3.0h 达到最高峰，其后血清中 DIT 含量逐渐降低，连续多次实验测定均呈现出相同的变化趋势。由此可见，DIT 是以分子形式吸收入血液，而不是像传统认为的那样，在胃内先变成 I⁻，再以离子形式（I⁻）吸收进入血液。

表 6-32　不同时间血清中 DIT 含量的结果

组别	0	0.5h	1.0h	2.0h	3.0h	4.0h	5.0h	6.0h
实验组大鼠	3.3	3.9	4.7	11.9	20.3	13.1	9.8	8.7
KI 对照	7.9	5.6	4.8	6.3	5.9	6.5	6.3	6.7
空白对照	5.3	5.7	4.8	6.1	6.3	5.7	4.9	5.1

为排除甲状腺转化无机 I⁻ 为 DIT 对结果的干扰，即摄入大鼠体内的 DIT 先变为 I-吸收后，经甲状腺迅速转变为 DIT 再释放入血液而对测定结果产生干扰，三只大鼠均被摘除了甲状腺后用于实验。结果见表 6-33，其代谢趋势依然同未摘甲状腺者一样。

表 6-33　摘除甲状腺大鼠血液中 DIT 的实验结果

组别	0h	0.5h	1.0h	2.0h	3.0h	4.0h	5.0h	6.0h
实验鼠	4.9	5.7	6.0	13.1	25.7	13.3	11.2	7.0
KI 对照	3.9	3.8	4.7	3.8	4.1	4.5	5.0	4.0
空白对照	5.1	4.9	5.8	5.1	4.7	6.1	5.2	4.8

二、DIT 在大鼠血液中代谢周期的测定

所用药品 DIT 依然由美国 Sigma 公司购得，含量≥98%。此外还有制备的海带活性碘提取液。

实验动物依然采用健康 Wistar 大鼠。

将标准品 DIT 配成一定浓度溶液，经口灌胃大鼠，同时将海带提取活性碘液经口灌胃另一只 Wistar 大鼠。两只大鼠分别采其灌胃 0、0.5h、1.0h、2.0h、3.0h、4.0h、5.0h 后的尾静脉血于 2500r/min 下离心 15min，取血清于毛细管电泳仪上测定血清中 DIT 含量，并依据时间与血清中 DIT 含量绘制代谢曲线。

实验结果绘制成图（图 6-12）。由图 6-12 可见，灌胃后 3h 小鼠血清中 DIT 含量最高，灌胃海带活性碘提取液的大鼠血清中也呈现同样的趋势，只是血清中绝对含量有所不同。

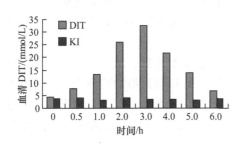

图 6-12　DIT 在大鼠体内的代谢曲线

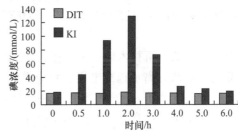

图 6-13　Ⅰ⁻ 在大鼠体内的代谢曲线

第五节　海带碘及生物活性碘 DIT 测定方法的建立

从海带体内可以提取两大类碘。一类碘以游离无机碘状态存在，在溶液中遇到淀粉呈蓝色，称为"游离无机碘"。另一类碘则与海带体内的有机物结合，主要与氨基酸（尤其是酪氨酸）以 C-I 键共价结合，形成氨基酸态碘。这部分碘始终以碘与氨基酸共价结合的分子状态存在，不以游离的无机碘状态存在，因而在溶液中遇淀粉不显色。只有通过强酸消化或碱性条件下高温灰化，破坏其有机成分之后，其中的碘才以 Ⅰ⁻ 状态游离出来而与淀粉发生显色反应，人们称这部分碘为"有机结合碘"，在海带中具有代谢生理活性的主要是这部分碘。所以海带中碘的含量应该包括这两部分碘，尤其应测出"有机结合碘"含量，这对研究海带的补碘功效相当重要。

一、海带中总碘测定方法的建立

通常测碘所用的溴氧化-淀粉显色滴定法所测得的仅为游离的无机碘部分，不能代表

海带总碘含量。海带中的有机碘部分必须转化为游离的无机碘后才能用适当的氧化还原法测定，从而确定海带中真正的总碘含量。

（一）总碘测定基本方法的确立

由前面的研究可知，海带中的碘分为两大类：一类为无机离子态碘，另一类为分子态有机碘，海带中的总碘指的是这两部分碘的总和。要准确测定海带中的总碘量，必须通过适当的处理，使这两部分碘同时转化为无机碘，然后再采用适当的方法即可测得总碘含量。因此海带总碘的测定基本思路确定为：先用适当的消化方法，使体系中的有机物彻底消化，所有形态的碘均转化为碘离子；再选用适当的方法（或显色、或滴定、或沉淀）定量标定碘的含量。消化方法与参数的确定，见表 6-34。

表 6-34 干消化法与湿消化法的比较

消化方法	预处理时间/h	消化时间/h	消化温度/℃	数据重现性
碱干消化法	48	24	600	差
硫酸湿消化法	0	8	180	较差
氯酸消化法	0	1~2	110~130	良好

常用的消化方法一般有两种：干消化法与湿消化法。由表 6-34 可知应选用氯酸消化法，消化参数为消化温度 110~130℃，消化时间 1 h。消化而生成的 I^- 需采用适当的方法测定。

有关微量的分析技术碘报道很多，但总的归纳起来不外乎有紫外分光光度法、原子吸收分光光度法、离子选择电极法和极谱仪分析法。近年来报道的有紫外分光光度法、原子吸收分光光度法、气相色谱法、中子活化法和 X 射线荧光法等，但根据工作效率、灵敏度、操作简便和能适合于工作开展者选择，目前最常用的还是接触法和溴氧化-淀粉显色滴定法。

溴氧化-滴定法虽然简便，但是由于消化后的体系中残留的强氧化剂-氯酸干扰最终的氧化还原测定，因此不选用。

接触法是 Janolell 和 Kathoff 于 1937 年提出的，以后经不断改进，其灵敏度最高可达 0.02μg/15mL 反应液，一般也可达 0.05μg/15mL，而且不受氯酸残留的干扰，因此选用砷-铈接触法测定消化后的总碘。

砷-铈接触法测定的测定原理如下：

砷-铈接触法是利用在酸性环境中，由碘对亚砷酸与硫酸铈氧化还原反应的催化作用而建立的，其反应式如下：

$$2Ce^{+4}+H_3As^{+3}O_3+H_2O \longrightarrow 2Ce^{+3}+H_3As^{+5}O_4$$

此反应在没有 I^- 作催化剂的室温条件下进行缓慢，如有 I^- 存在作中间媒介，可促进反应过程。此过程为：先由高铈离子（Ce^{+4}）氧化 I^- 成元素 I，然后元素 I 又被亚砷酸中的三价砷离子（As^{+3}）还原成 I^-，如此反应至 Ce^{+4} 和 As^{+3} 全部耗尽为止。

$$2Ce^{+4}+2\ I^- \longrightarrow 2Ce^{+3}+I_2$$
$$I_2+As^{+3} \longrightarrow 2I^-+As^{+5}$$

如在反应中将除了 I^- 以外的其他影响反应的条件因素加以控制，则反应速度即与 I^-

成一定的数值关系。I⁻愈多，反应速度愈快。因而，根据反应速度可测出反应体系中碘的含量。反应体系中只有硫酸铈为黄色，其余（包括 Ce^{+3}、As^{+3}、As^{+5}）均为无色，所以反应的速度可以根据硫酸铈的退色程度来判断。

具体的测定过程见表 6-35。

表 6-35　接触法微量碘测定步骤

项目 试剂种类	标准曲线绘制							样品测定	备注
	1#	2#	3#	4#	5#	6#	7#		
碘标准液/mL	0.2	0.2	0.2	0.2	0.2	0.2	0.2	0	
待测试样/mL	0	0	0	0	0	0	0	0.2	
无碘水/mL	0.2	0	0	0	0	0	0	0	
氯酸/mL	0.8	0.8	0.8	0.8	0.8	0.8	0.8	0.8	
120℃于恒温消解仪中消化 60min，冷至室温									
亚砷酸/mL	5	5	5	5	5	5	5	5	
30±0.2℃超级恒温水浴中保温 10min（将标准管按碘含量由高到低排列）									
硫酸铈/mL	0.5	0.5	0.5	0.5	0.5	0.5	0.5	0.5	每管间隔 30s 加入
至第一管加入 15min 后开始比色，比色波长 420nm，光程 1cm，以无碘水作参比									每管间隔 30s

根据样品管的吸光度值，由标准曲线查得样品的含碘量。

（二）总碘测定方法的评价

标准曲线同时测定 6 次，分析计算各点的吸光度和变异系数，实验测得标准曲线的批内变异系数<5%，标准曲线的相关系数 $r=-0.9998$ 结果见表 6-36。

表 6-36　线性关系评价结果（$n=6$）

测定项目	1	2	3	4	5	6	7
碘浓度/（μg/L）	0	25	50	100	150	200	250
吸光度/A^0	0.8594	0.7454	0.6598	0.5132	0.3860	0.2960	0.2316
变异系数/%	2.30	0.77	2.40	1.40	1.20	2.10	4.90

按标准曲线浓度范围取高、中、低三种浓度，每种浓度同时测定 6 次，分别求出均值、标准差、变异系数三种浓度的批内变异系数均<5%，结果见表 6-37。

表 6-37　精密度实验结果（$n=6$）

测定项目	低浓度	中浓度	高浓度
均值/（μg/L）	29.88	92.30	193.20
标准差	1.20	2.49	2.59
变异系数/%	4.20	2.70	1.34

使用中国预防医学科学院劳卫所研制的尿碘外质控样品同时测定 6 次，测定结果为尿碘浓度=90.9μg/L，标准差为 4.09，变异系数为 4.5%，在准确度要求范围之内。

取外质控尿样分别加入不同量的碘标准液，测得其回收率见表 6-38。

表 6-38　回收率实验结果

本底值/（μg/L）	加标量/（μg/L）	实测值/（μg/L）	回收率/%
92.20	100	192.95	100.75
92.20	40	131.72	98.80
92.20	120	214.00	101.50

二、海带中游离无机碘测定方法的建立

海带中游离无机碘主要为：I^-、IO_3^-、I_2，研究中分别从定性和定量两个角度建立了三种无机碘的测定方法。

（一）体系中三种无机碘定性测定方法的建立

1. 体系中单质碘定性测定方法的建立

海带中单质碘的定性测定比较容易，根据 I^- 遇淀粉显蓝色的原理，只要在海带提取液中加入数滴 0.5% 的可溶性淀粉溶液，便可以灵敏地检测出单质碘的存在，灵敏度可达 1/70 万。

2. 体系中 IO_3^- 的定性检测方法的建立

所用试剂主要为 0.5% 淀粉溶液 10mL，加入 H_3PO_4 2 滴及 1%KI 溶液 1 滴，混匀备用。

在海带提取液中加入数滴 0.5% 淀粉溶液，呈现蓝色后加热煮沸使蓝色消失，直至冷却后再加入淀粉指示液也不变色，然后取少许于白磁板中，滴加配好的试剂 1 滴，如显蓝或深蓝色，说明其中含有 IO_3^-。

3. 体系中 I^- 的定性检测方法的建立

取 0.5% 淀粉溶液 10mL，加磷酸 2 滴及 1% 碘酸钾溶液 2 滴，混匀备用。

将海带提取液中加入数滴 0.5% 淀粉溶液，呈现蓝色，加热煮沸使蓝色消失，直至冷却后再加入淀粉指示液也不变色，然后取少许于白磁板中，滴加配好的试剂 1 滴，如显蓝或深蓝色，说明其中含有 I^- 存在。

研究发现，该方法定性检测较灵敏，灵敏度可达 1/70 万。

（二）体系中三种无机碘定量检测方法的建立

首先，建立海带混合碘体系中单质碘的测定方法。

测单质碘较为容易，因为在 I_2、I^-、IO_3^- 共存的混合体系中只有 I_2 与淀粉直接显蓝色，而体系中共存的 I^- 及 IO_3^- 均不直接显色，故用简单的硫代硫酸钠滴定法根据消耗的硫代硫酸钠的量可计算出 I_2 的量。

然后建立海带混合碘中 IO_3^- 的定量测定方法。

IO_3^- 可以与过量的 I^- 在酸性条件下生成单质碘 I_2。根据这一性质，在体系中加入过量的 I^-，再加以适量的酸，便有如下反应产生：$IO_3^- + 5I^- + 6H^+ \longrightarrow 3I_2 + 3H_2O$，生成的碘再以硫代硫酸钠回滴，以淀粉为指示剂即可。

事实上，此时消耗硫代硫酸钠的碘包括两部分，一部分为 IO_3^- 转化而成的单质碘，另一部分为海带中原有的单质碘。因此 IO_3^- 中的碘消耗的硫代硫酸钠应为去除原有单质碘消耗体积的剩余部分，由此体积即可求出 IO_3^-。

最后建立海带混合碘中无机碘 I-的定量测定方法。

因为体系中同时存在 I_2、I^-、IO_3^- 三种无机碘，虽然在酸性条件下，加入过量的 IO_3^- 可以使体系中的 I^- 转化为 I_2：$I^- + IO_3^- + 6H^+ \longrightarrow I_2 + 3H_2O$，但由于体系中存在过量的 IO_3^-，在碘与硫代硫酸钠发生反应的同时，过量存在的 IO_3^- 也能与硫代硫酸钠发生氧化还原反应，而使终点无法判断，因而无法用加入 IO_3^- 的方法直接测定 I^-。

若直接采用溴氧化法，则在加热除溴的过程中，海带中原有的 I_2 将挥发损失，影响测定准确度。I^-的测定要兼顾多方因素，因此采用以下方案。

先在体系中加入淀粉指示剂，用适量硫代硫酸钠滴定使蓝色消失，此时恰好使体系中所有 I_2 转变为了 I^-：

$$I_2 + 2Na_2S_2O_3 \longrightarrow 2NaI + Na_2S_2O_6$$

然后将 I_2 转化而来的 I^- 与溶液中原有的 I^- 一起通过溴氧化法氧化为 IO_3^-，这时体系中只有 IO_3^-，而无其他无机碘剂，体系中的总 IO_3^- 由三部分组成：（1）由 I_2 转化 I^- 再经溴氧化而来的 IO_3^-；（2）I^-经溴氧化法而生成的 IO_3^-；（3）体系原有的 IO_3^-。

在酸性条件下，加入过量的 I^-，使体系中总的 IO_3^- 全部转化为 I_2。

$$IO_3^- + 5 I^- + 6H^+ \longrightarrow 3I_2 + 3H_2O$$

再以适当浓度的硫代硫酸钠滴定，测出体系中所有无机碘的含量，此含量减去前面测得的 I_2 及 IO_3^- 的碘量即为 I^-的量。

三、海带中有机结合碘定量测定方法的建立

海带中的碘总体上分为两大类，即游离的无机碘和有机结合碘，也就是：海带中的总碘含量=游离无机碘总量+有机结合碘总量。

换句话说，海带中的有机结合碘量=海带中的总碘量–游离无机碘含量

四、海带中生物活性碘 DIT 的高效毛细管电泳检测方法的建立

所用毛细管电泳柱为石英毛细管柱，柱总长 80.5cm，有效长度 72cm，内径 50μm。操作模式选用等速电泳。

实验条件条件为前导电解质 10mmol/L Hcl，pH2.0；尾随电解质 10mmol/L Tris-HCL 缓冲液，pH8.50；操作温度 30℃；运行电压 30kV；检测波长 250nm。

检测器选用二极管阵列检测器。

样品处理过程与方法为海带活性碘提取液经三级超滤、真空浓缩 20 倍后直接进样。

大鼠血清样品要进行处理，离心除去红细胞后直接进样。

DIT 标样用 Tris-HCl 缓冲液溶解后直接进样。

进样方式采用压力进样：5kPa×5S。

第七章　海洋中的微生物资源

第一节　海洋微生物资源概述

一、海洋微生物

（一）海洋微生物释义

微生物不是分类学上的名词，是指一切肉眼看不到或看不清楚，因而需要借助显微镜观察的微小生物，包括原核微生物（如细菌）、真核微生物（如真菌、藻类和原虫）和无细胞生物（如病毒）三类。

微生物体积大多非常微小，需在显微镜下才能看见。海洋中生活着许许多多、各种各样的微生物，它们是以单细胞或群体形式存在、能独立生活的生物。

目前，关于什么是真正的海洋微生物仍有争议。一般认为，分离自海洋环境，其正常生长需要海水，并可在低营养、低温条件下生长的微生物可视为严格的海洋微生物。然而，有些分离自海洋的微生物，其生长不一定需要海水，但可产生不同于陆地微生物的代谢物（如溴代化合物抗生素）或拥有某些特殊的生理性质（如盐耐受性、液化琼脂等），也被视为海洋微生物。因此，通俗而言，以海洋水体为正常栖居环境的一切微生物，都可以称之为海洋微生物。但是，严格地从定义上看，海洋微生物，分为广义、狭义和兼性海洋微生物。

广义海洋微生物指的是来自（或分离自）海洋环境，其正常生长需要海水，并可在低营养、低温条件（或高压、高温、高盐等极端环境）下长期存活并能持续繁殖子代的所有个体微小的生物。

狭义海洋微生物指的是仅海洋中的病毒、细菌和真菌，不包括单细胞藻类及原生动物等。

还有一类称为兼性海洋微生物。陆生的一些耐盐菌，虽然并非来自于海洋环境，但是在淡水和海水中均可生长，称为兼性海洋微生物。

（二）海洋微生物种类

虽然海洋微生物所处环境（高盐、高压、低温、低照）具有特殊性，但其种类却包括几乎所有的微生物类型（表 7-1）。这些微生物不仅包括海洋中生物起源的种类，而且有陆地起源后流入海洋中并适应了的微生物种类。前者因海洋环境的独特而具有特殊的生理性状和遗传背景，后者则因发生了生理上和代谢系统的适应，形成了与陆地微生物不同的代谢系统。值得注意的是，除自由生活于水体（包括附生于其中的无机颗粒和有机体残骸）和海底沉积层外，相当多的海洋微生物与其他的海洋生物处于共生、附生、寄生或共栖关系。

表 7-1 海洋微生物的分类
Table7-1 The classification of Marine microorganisms

非细胞类生物	病毒 virus			
古细菌 Archaea	化能自养菌	产甲烷细菌 Methanogens； 嗜热酸细菌 Thermoaciphilesa		
	化能异养菌	嗜盐细菌 Halophiles		
细菌 Bacteria	光能自养菌	厌养光合菌	紫色光合细菌和绿色光合细菌（红螺菌目 Rhodospirillales）	
		有氧光合菌	兰细菌 Cyanobacteria（兰细菌目 Cyanbacteriales）； 原绿植物菌 Prochlorophytes（原绿菌目 Prochlorales）	
		化能自养菌	硝化细菌（硝化杆菌科 Nitrobacteraceae）；	
			无色氧化硫细菌；	
			甲烷氧化菌（甲烷球菌科 Methylococcaceae）	
	化能异养菌	革兰氏阳性菌	产内胞棒状菌和球状菌；不产胞棒状菌；不产胞球状菌（微球菌科 Micrococceae）；	
			放线菌（放线菌目 Actinomycetales）及其相关菌	
				好氧菌（假单胞菌科 Pseudomonadaceae）； 兼性菌（弧菌科 Vibrionaceae）； 厌氧菌（还原硫细菌）
		革兰氏阴性菌	棒状菌和球状菌	滑动细菌； 嗜细胞菌目 Cytophagales； 贝日阿托氏菌目 Beggiatoales（黏细菌目 Myxobacteriales）
			螺旋菌	
			螺状和弯曲状菌	
			发芽和（或）附枝状细菌	
			支原体	
真核生物 Eucarya	光合自养菌	微藻 Microalgae		
	化能异养菌	原生动物门	鞭毛藻 Flagellate； 阿米巴 Amoebae； 纤毛虫 Ciliates	
		真菌	高等真菌	子囊菌门 Ascomycota； 担子菌 Basidiomycota
			低等真菌	壶菌 Chytridiomycota；接合菌门 Zygomycota

一方面海洋微生物可从其动植物宿主获得必需的营养，如各种维生素、多糖、不饱和脂肪酸等，另一方面它们可以产生各种各样的物质，如抗生素、毒素、抗病毒物质等以利于宿主生长代谢或增强宿主的抵御能力。正是海洋微生物的这种生物多样性及它们所处环境的异质性，使得它们成为目前海洋生物活性物质的研究热点。

（三）海洋微生物的生态作用

海洋微生物是海洋生态系统的重要成员，参与海洋中物质循环。如果没有这些微生物，那么海洋中生物尸体无法分解，生物所必须营养元素逐渐枯竭，生命无法繁衍。同时海洋微生物在消除海洋中污染物质、海洋自净过程中起着重要作用。例如，能将石油降解成水和二氧化碳的类氧化菌，能分解有机酸等有机物的光合细菌，还有许多能分解农药的细菌。海洋中污染物质几乎都能被微生物分解，只是有速度快慢而已。海洋中还有许多微生物的代谢产物可用作药物、酶制剂等微生物制剂。

（四）目前海洋微生物研究的重点

目前海洋微生物的研究主要集中在以下各方面。

第一，病原生物学与免疫研究。重点是病原微生物致病相关基因、海洋生物抗病相关基因的筛选、克隆，海洋无脊椎动物细胞系的建立，海洋生物免疫机制的探讨，DNA疫苗研制等，如抗菌肽的研究。

第二，基因组学与基因转移研究。目前的研究重点是对有代表性的海洋微生物的基因组进行全序列测定。同时进行特定功能基因，如药物基因、酶基因、激素多肽基因、抗病基因和耐盐基因等的克隆和功能分析。

近几年研究重点集中在目标基因筛选，如抗病基因、胰岛素样生长因子基因及绿色荧光蛋白基因等作为目标基因；大批量、高效转基因方法也是基因转移研究的重点方面。

第三，生物活性及其产物研究。海洋微生物因生活在高盐、高压、低温、低营养等极端的环境，往往容易产生具有新型结构和特殊生理功能的物质，如海洋藻类提取物、活性肽、多糖、萜和甾。

第四，海洋极端微生物研究。对极端微生物研究也成为近年来海洋生物技术研究的重点方面。这一领域的研究重点包括抗肿瘤药物、工业酶及其他特殊用途酶类、极端微生物中特定功能基因的筛选、抗微生物活性物质、抗生殖药物、免疫增强物质、抗氧化剂及产业化生产等。

第五，海洋环境生物技术研究。微生物对环境反应的动力学机制、降解过程的生化机制、生物传感器、海洋微生物之间及与其他生物之间的共生关系和互利机制、抗附着物质的分离纯化等是该领域的重要研究内容。

应用领域包括水产规模化养殖和工厂化养殖、石油污染、重金属污染、城市排污及海洋其他废物水处理等。

二、海洋微生物的特性

与陆地相比，海洋环境以高盐、高压、低温和稀营养为特征。作为分解者，海洋微生物促进了物质循环；在海洋沉积成岩及海底成油成气过程中起到了重要作用；还有一小部分化能自养菌则是深海生物群落中的生产者。海洋微生物需长期适应复杂的海洋环境而生存，因而有其独具的特性。

第一是嗜盐性。这是海洋微生物最普遍的特点。真正的海洋微生物的生长需要海水。海水中富含各种无机盐类和微量元素。钠为海洋微生物生长与代谢所必需此外，钾、镁、钙、磷、硫或其他微量元素也是某些海洋微生物生长所必需的。

第二是嗜压性。海洋中静水压力因水深而异，水深每增加10m，静水压力递增1个标准大气压。海洋最深处的静水压力可超过1000大气压。深海水域是一个广阔的生态系统，约56%以上的海洋环境处在100~1100大气压之中，嗜压性是深海微生物独有的特性。来源于浅海的微生物一般只能忍耐较低的压力，而深海的嗜压细菌则具有在高压环境下生长的能力，能在高压环境中保持其酶系统的稳定性。研究嗜压微生物的生理特性必须借助高压培养器来维持特定的压力。那种严格依赖高压而存活的深海嗜压细菌，由于研究手段的限制迄今尚难以获得纯培养菌株。根据自动接种培养装置在深海实地实验获得的微生物生理活动资料判断，在深海底部微生物分解各种有机物质的过程是相当缓慢的。

第三是嗜冷性。大约90%海洋环境的温度都在5℃以下，绝大多数海洋微生物的生长要求较低的温度，一般温度超过37℃就停止生长或死亡。那些能在0℃生长或其最适生长温度低于20℃的微生物称为嗜冷微生物。嗜冷菌主要分布于极地、深海或高纬度的海域中。其细胞膜构造具有适应低温的特点。那种严格依赖低温才能生存的嗜冷菌对热反应极为敏感，即使中温就足以阻碍其生长与代谢。

第四是低营养性。海水中营养物质比较稀薄，部分海洋细菌要求在营养贫乏的培养基上生长。在一般营养较丰富的培养基上，有的细菌于第一次形成菌落后即迅速死亡，有的则根本不能形成菌落。这类海洋细菌在形成菌落过程中因其自身代谢产物积聚过甚而中毒致死。这种现象说明常规的平板法并不是一种最理想的分离海洋微生物的方法。

第五是趋化性与附着生长。海水中的营养物质虽然稀薄，但海洋环境中各种固体表面或不同性质的界面上吸附积聚着较丰富的营养物。绝大多数海洋细菌都具有运动能力。其中某些细菌还具有沿着某种化合物浓度梯度移动的能力，这一特点称为趋化性。某些专门附着于海洋植物体表而生长的细菌称为植物附生细菌。海洋微生物附着在海洋中生物和非生物固体的表面，形成薄膜，为其他生物的附着造成条件，从而形成特定的附着生物区系。

第六是多形性。在显微镜下观察细菌形态时，有时在同一株细菌纯培养中可以同时观察到多种形态，如球形、椭圆形，大小长短不一的杆状或各种不规则形态的细胞。这种多形现象在海洋革兰氏阴性杆菌中表现尤为普遍。这种特性看来是微生物长期适应复杂海洋环境的产物。

第七是发光性。在海洋细菌中只有少数几个属表现发光特性。发光细菌通常可从海水或鱼产品上分离到。细菌发光现象对理化因子反应敏感，因此有人试图利用发光细菌为检验水域污染状况的指示菌。

三、海洋微生物的分布规律

这种分布规律表现在以下几点。

　　第一个是细菌数量分布上的规律。海洋细菌分布广、数量多，在海洋生态系统中起着特殊的作用。海洋中细菌数量分布的规律是：近海区的细菌密度较大洋大，内湾与河口内密度尤大；表层水和水底泥界面处细菌密度较深层水大，一般底泥中较海水中大；不同类型的底质间细菌密度差异悬殊，一般泥土中高于沙土。大洋海水中细菌密度较小，每毫升海水中有时分离不出 1 个细菌菌落，因此必须采用薄膜过滤法。将一定体积的海水样品用孔径 0.2μm 的薄膜过滤，使样品中的细菌聚集在薄膜上，再采用直接显微计数法或培养法计数。大洋海水中细菌密度一般为每 40mL 几个至几十个。在海洋调查时常发现某一水层中细菌数量剧增，这种微区分布现象主要决定于海水中有机物质的分布状况。一般在赤潮之后往往伴随着细菌数量增长的高峰。有人试图利用微生物分布状况来指示不同水团或温跃层界面处有机物质积聚的特点，进而分析水团来源或转移的规律。

　　第二个比较明显的规律是革兰氏阴性杆菌占优势。海水中的细菌以革兰氏阴性杆菌占优势，常见的有假单胞菌属等 10 余个属。相反，海底沉积土中则以革兰氏阳性细菌偏多。芽孢杆菌属是大陆架沉积土中最常见的属。

　　第三个规律是藻菌半共生关系的存在。海洋真菌多集中分布于近岸海域的各种基底上，按其栖住对象可分为寄生于动植物、附着生长于藻类和栖住于木质或其他海洋基底上等类群。某些真菌是热带红树林上的特殊菌群。某些藻类与菌类之间存在着密切的营养供需关系，称为藻菌半共生关系。

　　第四个规律是酵母菌多数来源于陆地。大洋海水中酵母菌密度为每升 5~10 个。近岸海水中可达每升几百至几千个。海洋酵母菌主要分布于新鲜或腐烂的海洋动植物体上，海洋中的酵母菌多数来源于陆地，只有少数种被认为是海洋种。海洋中酵母菌的数量分布仅次于海洋细菌。

四、海洋微生物的作用与分类

（一）在海洋环境中的作用

　　海洋堪称为世界上最庞大的恒化器，能承受巨大的冲击（如污染）而仍保持其生命力和生产力，微生物在其中是不可缺少的活跃因素。自人类开发利用海洋以来，竞争性的捕捞和航海活动，大工业兴起带来的污染及海洋养殖场的无限扩大，使海洋生态系统的动态平衡遭受严重破坏。海洋微生物以其敏感的适应能力和快速的繁殖速度在发生变化的新环境中迅速形成异常环境微生物区系，积极参与氧化还原活动，调整与促进新动态平衡的形成与发展。从暂时或局部的效果来看，其活动结果可能是利与弊兼有，但从长远或全局的效果来看，微生物的活动始终是海洋生态系统发展过程中最积极的一环。

（二）海洋中的微生物多数是分解者

　　海洋中的微生物多数是分解者，但有一部分是生产者，因而具有双重的重要性。实际上，微生物参与海洋物质分解和转化的全过程。海洋中分解有机物质的代表性菌群有：分解有机含氮化合物者有分解明胶、鱼蛋白、蛋白胨、多肽、氨基酸、含硫蛋白质及尿素等的微生物；利用糖类类者有主要利用各种糖类、淀粉、纤维素、琼脂、褐藻酸、几丁质及木质素等的微生物。此外，还有降解烃类化合物及利用芳香化合物如酚等的微生物。海洋微生物分解有机物质的终极产物如氨、硝酸盐、磷酸盐及二氧化碳等都直接或间接地为海洋植物提供主要营养。微生物在海洋无机营养再生过程中起着决定性的作用。某些海洋化能自养细菌可通过对氨、亚硝酸盐、甲烷、分子氢和硫化氢的氧化过程取得能量而增殖。在深海热泉的特殊生态系中，某些硫细菌是利用硫化氢作为能源而增殖的生产者。另一些海洋细菌则具有光合作用的能力。不论异养或自养微生物，其自身的增殖都为海洋原生动物、浮游动物及底栖动物等提供直接的营养源。这在食物链上有助于初级或高层次的生物生产。在深海底部，硫细菌实际上负担了全部初级生产。

（三）形成特异的微生物区系

在海洋动植物体表或动物消化道内往往形成特异的微生物区系。

1）如弧菌等是海洋动物消化道中常见的细菌；分解几丁质的微生物往往是肉食性海洋动物消化道中微生物区系的成员。

2）某些真菌、酵母和利用各种多糖类的细菌，常是某些海藻体上的优势菌群。

3）微生物代谢的中间产物如抗生素、维生素、氨基酸或毒素等是促进或限制某些海洋生物生存与生长的因素。某些浮游生物与微生物之间存在着相互依存的营养关系。例如，细菌为浮游植物提供维生素等营养物质，浮游植物分泌乙醇酸等物质作为某些细菌的能源与碳源。

4）海洋细菌是海洋生态系统中的重要环节。作为分解者它促进了物质循环，在海洋沉积成岩及海底成油成气过程中都起了重要作用。

5）还有一小部分化能自养菌则是深海生物群落中的生产者。

五、海洋微生物资源的价值

海洋生物资源是一个十分巨大的有待深入开发的生物资源，环境的多样性决定了生物的多样性，同时也决定了化合物的多样性。发掘新的海洋生物资源已成为海洋药物研究的一个重要发展趋势。

（一）海洋微生物是开发海洋药物的重要资源

海洋微生物种类高达 100 万种以上，其次生代谢产物的多样性也是陆生微生物无法比拟的。由于微生物可以经发酵工程大量获得发酵产物，药源可得到保障。此外，海洋共生微生物有可能是其宿主中天然活性物质的真正产生者，具有重要的研究价值，体现在以下几点。

第一，海洋微生物是产生新的生物活性物质的极好来源之一。具有新结构或新作用机制的天然化合物不但是化学合成药物的重要依据，同时也是新药开发的重要内容。丰富的海洋生物资源无疑是天然药物筛选的重要来源。在过去的几十年间，大约 6000 多种海洋天然产物被发现。

海洋微生物由于可通过发酵培养的方式生产生物活性海洋天然产物，而且属于可再生性利用生物资源，因此备受重视。大量事实表明，海洋微生物将成为 22 世纪开发新型药物的重要资源。由于海洋微生物所处的海洋环境是一个十分独特的所谓极端的环境，因此海洋微生物是产生新的生物活性物质的极好来源之一。

第二，海洋微生物是开发海洋药物的重要资源。海洋占陆地表面积的 70%，海洋微生物无论从数量上或是多样性方面都是很大的。海洋微生物生活在特殊环境之中，在这些所谓生命的极限环境中，海洋微生物已发展出独特的代谢方式，这不仅确保其在极端环境中可生存，也提供了在陆地微生物中未遇到过的代谢产物的生产潜力。现已报道的海洋微生物所产生的生物活性物质种类包括新型抗生素、抗癌药物、不饱和脂肪酸、多糖、酶、酶抑制剂、维生素、氨基酸、毒素等，还有不少代谢物结构新颖，但功能还有待开发。科技界相信，海洋微生物将成为 21 世纪开发新型医药品的资源.

海洋细菌是所有海洋微生物中生物活性物质研究报道最多的。Custafson 等从海洋细菌中分离得到的大环内酯类化合物 maclolactin、trichoharzin，具有抗病毒、抗肿瘤及细胞毒性。chondramide A~D 是从黏球菌 Chondromyces 中发现的一类新型缩酚酸肽，对体外多种人癌细胞有极强的细胞毒性，是一种强效抗癌剂。日本从海洋细菌中提取出广谱低毒抗生素——伊他霉素。从海洋藻青菌（Lyngbya majuscula）中提取的化合物 curacin A 也已证明可作用于纺锤体微管蛋白，抑制癌细胞分裂。Osawa 等利用几丁质作为唯一碳源进行实验时，发现 6 种海洋细菌 Vibrio fluvialis、Vibrio parahaemolyticus、Vibrio mimicus、Vibrio alginolyticus、Listonella anguillarum 及 Aeromonas hydrophila 均可产生几丁质酶或几丁二糖酶。而一种新型的几丁质酶抑制剂在海洋假单胞菌中也被发现。此外，海藻解壁酶、葡萄糖降解酶、盐藻多糖降解酶、碱性蛋白酶、超氧化物歧化酶、碱性磷酸酶、过氧化物酶、溶菌酶等各种酶类在海洋细菌中均有发现。EPA 和 DHA 是两种具有重要应用价值的不饱和脂肪酸。许多细菌可产生 DHA、 EPA，而且海洋细菌中的 EPA 是磷脂型的，和真菌、鱼类的中性脂质 EPA 不同，因此从海洋细菌中获取 EPA 和 DHA 具有广泛的应用前景。

除从海洋微生物直接分离到很多有意义的代谢产物外，一个重要的成果是发现过去从其他海洋生物分离得到的有强生物活性的珍奇的化合物，如河豚毒素、海葵毒素、壳鱼毒素和石房蛤毒素等都是由与其共生或附生的海洋微生物产生的。由海藻表面生活菌 Flavobacterium ugliginorinactan MP-55 产生的，主要由葡萄糖、甘露糖和素角藻糖组成的中性杂多糖 marinactan，能抑制小昆虫肉瘤 S_{180} 细胞的生长。从柳珊瑚 Pacifigorgia sp. 表面分离的一株链霉菌能产生寡霉素-A 的 20-羟衍生物、肠菌素的 5-脱氧衍生物、及两种全新的细菌化合物 octalactinsA 和 octalactinsB。从软珊瑚上生长的一株小孢囊菌属新种的培养物中发现抗肿瘤的新缩肽物质 thiocoraline。Takahashi 等从海鱼胃内容物中分离的吸水链霉属（S. hygroscopicus）中提取到抗癌成分 halichomycin。研究证明，海洋动植物个体表面或肠道存在着大量的共生或附生微生物，其中相当部分具有细胞毒性，如海洋放线菌发酵液（1/320）对体外培养肿瘤细胞 P388 和 KB 的毒性作用。Weis 等发现，乌贼体内共生的发光细菌 Vibrio fischeri 能够产生过氧化物酶，该酶同哺乳动物中性粒细胞产生的具有抗菌活性的髓过氧化物酶（MPO）具有相似的生化特性。

除上述细菌外，海洋微藻中的许多种都能产生生物活性物质。甲藻是温带和热带海域的 赤潮和其他鱼类毒素的制造者。最近的研究表明某些甲藻能形成不寻常结构类型的多醚类抗生素。甲藻中还分离出一种丙二烯去甲萜类化合物 Apo-9'-fucoxanthinone，具有细胞毒性。从褐藻 Dilophus ligulatus 中分离到一种 xenicane 型二萜 dilopholide，经检测对多种肿瘤细胞株有细胞毒性作用。从加勒比褐藻棕叶藻 *Stypopodium zonale* 中分离出一种磷-醌二萜棕叶藻酮 stypoldione，可能具有抗肿瘤活性。褐藻含有硫酸酯多糖，来自鹿角菜 *Pelvelia fastigiata* 及墨角藻 *Fucus disticus* 的硫酸酯多糖可以在体外与乙肝病毒（HBV）作用。蓝藻中有多种小肽和环肽具有细胞毒性、抗真菌活性和抗病毒性，如六肽 westiellamide 具有细胞毒性，laxaphycins 是一类具有抗真菌活性和细胞毒性的环肽。由蓝藻铜锈微囊菌 *Microcystis aeruginosa* 分离得到的多肽 aerugmosin98-A、-B、-C，可抑制血液蛋白酶活性，同时表现出轻度的细胞毒作用。在蓝藻和红藻中普遍存在的藻胆蛋白是藻胆体的主要成分，在藻类的光形态建成中可能起光敏色素的作用。Annalisa 等认为，它们在肽链的折叠方式上与球蛋白有相似之处。其亚基很可能具有类似 EPO 的作用。1996 年，Orjala 和 Gerwick 从海洋蓝绿藻 *Lyngbya majuscula* 的脂提物中分离获得一个新型脂肽 barbamide，它对软体动物 *Biomphalaria glabrata* 表现毒性。*Phaeocystis pouchetii* 产生的对细菌具有广泛毒性的丙烯酸，产量可占藻体干重的 7%，并通过海洋食物链转移。夏威夷大学在几百种蓝绿藻中发现了大量的细胞毒素，其中以伪枝藻科和真枝藻科产生的细胞毒素最多，如伪枝藻毒素对 KB 细胞、植入大鼠腹膜内的 P388 白血病和路易士肺癌细胞具强烈的抑制作用。

螺旋藻属蓝藻门颤藻科螺旋藻属（*Spirulina*）是一种无分支、螺旋形丝状蓝藻（或蓝细菌 *Cyanophyta*）。螺旋藻富含蛋白质，维生素 B_{12}，β-胡萝卜素，钾、铁、碘、磷、硒等矿物质，必需氨基酸和必需脂肪酸（例如α-亚麻酸）的含量也很丰富，堪称最佳绿色保健食品，具有非常好的营养价值。螺旋藻多糖是螺旋藻中具有抗肿瘤、抗辐射和免疫调节作用的生物活性物质。

海藻中含有丰富的 EPA 和 DHA。研究证实，在金藻类、小球藻、甲藻类、硅藻类、红藻类、褐藻类、绿藻类及隐藻类中均含有丰富的 DHA 和 EPA。海洋真菌产生的生物活性物质近年来也不断见诸报道。海洋真菌药物开发的潜力较小，海洋真菌生物活性物质报道的较多来自子囊菌，首次报道是在木素色子囊菌 *Leptosphaeria oraemaris* 中发现小内酯化合物 leptosphaerin。20 世纪 70 年代后期从一株海洋曲霉菌中分离了常见的菌毒素胶霉毒素。从盐沼草表面的耐盐子囊菌 *Leptosphaeria obiones* 中分离到一种新物质 obionin A，对中央神经系统有抑制活性。对海洋真菌代谢物的深入研究是由意大利 Trento 小组报道的，海洋菌株 *Dendryphiella salina* 的发酵导致主要代谢物 deneryphiellin A 的产生，进一步的分析发现了一系列相关化合物 dendryphiellin B~D，最终分离得到酯 dendryphiellin E，并阐明了这些代谢物的合成过程。1998 年 Albaugh 等报道，在我国深圳近海沉积的红树木上分离获得一株海洋真菌 *Hypoxylon oceanicum* LL-15G256，在其代谢物中发现了一种新的作用于真菌细胞壁合成新靶位的脂肽类抗真菌物质 15G256，在温室实验中抑制真菌类植物病害的发生，并能抑制人的真菌病菌。Yu 等发现小囊菌属海洋真菌 *Microascus longirostris* 产生的次级代谢产物能够有效抑制半胱氨酸蛋白酶。

另外，海洋真菌枝顶孢 *Acremonium chrysogenum* 可产生一种抗生素头孢霉素 C，已经用于医疗。

（二）存在具有特殊价值的海洋罕见生物资源

海洋微生物资源的价值还表现在，海洋生物中存在具有特殊价值的海洋罕见生物资源。生长在深海、极地及人迹罕至的海岛上的海洋动植物，含有某些特殊的化学成分和功能基因。在水深 6000m 以下的海底，曾发现具有特殊的生理功能的大型海洋蠕虫。在水温 90℃的海水中仍有细菌存活。对这些生物的研究将成为一个新方向。

（三）是海洋生物基因资源的一部分

海洋生物活性代谢产物是由单个基因或基因组编码、调控和表达获得的。获得这些基因预示可获得这些化合物。开展海洋药用基因资源的研究对研究开发新的海洋药物将有着十分重大的意义。海洋生物基因资源包括以下两方面。

海洋动植物基因资源，即活性物质的功能基因，如活性肽、活性蛋白等。

海洋微生物基因资源，即海洋环境微生物基因及海洋共生微生物基因，是海洋生物基因资源的重要组成部分。

（四）作为海洋天然产物的生产资源

利用海洋微生物生产海洋天然产物的研究，历经数十年，已经积累了相当丰富的研究资料，为海洋药物的开发提供了科学依据。

六、海洋微生物资源的多样性

相对于陆地微生物而言，海洋微生物能够耐受海洋特有的如高盐、高压、低养、低光照等极端条件。生活环境的特异性导致海洋微生物在物种、基因组成和生态功能上存在多样性。

（一）海洋微生物独特的生存环境

由于海洋环境十分独特，包罗了高压、低营养、低温（特别是深海）、无光照及局部的高温、高盐的所谓生命极限环境。海底特别是深海海底是一个特殊的世界，这里有极高的静压力（每增加 10m 深度，静压力约增加 1 个大气压），多数地方极冷（1～3℃），少数有热涌泉处则极热（200～400℃），还有高盐、高 pH 和高浓度重金属离子区域存在。因此来自海洋的微生物大部分都是适应了极端环境的微生物，也称作极限环境微生物，是指那些能在一般生物不能生存的条件下（如极酸、极碱、极热、极冷、高盐、高压等）能够生存的微生物。它们很可能具有一些不相同的代谢途径和遗传背景，显然这些将是新型医药品的一个潜在的微生物来源，而且这些微生物所产生的生物活性化合物又往往有别于来自陆栖微生物的产物。因而，海洋微生物资源的研究开发和应用越来越受到世界各国特别是沿海国家的重视。

（二）海洋微生物资源的多样性

1. 海洋病毒

除寄生外，自由存在的病毒在海洋中广泛分布。目前研究海洋病毒的主要手段是电子显微镜。许多自由的海洋病毒比从海洋寄主分离到的典型培养的噬菌体和病毒要小。这些自由存在的海洋小病毒的来源尚未确定，如可能是许多天然的病毒原本小于培养的噬菌体；或是小型噬菌体成员；或属于真核生物病毒；也可能是由细菌产生的非侵染性颗粒；或是病毒大小的有机/无机胶体。由于方法的限制，有关结论需进一步研究。

2. 古菌

古菌代表了原核微生物的一个主要分支，除与细菌在形态分化上的区别外，还表现出独特的生化特性，如在胞壁中缺少糖肽类多聚物（因而对 B-内酰胺类抗生素不敏感），具有醚连接而非酯连接的脂膜等。古菌是异源生物类群，包括自养菌和异养菌，多生活在极端环境中。在海洋微型浮游生物（picoplankton）中古菌广泛分布，水深 100m 以下的含量可达微型浮游生物中原核生物 rRNA 的 20%~30%。由于该"界"分类单位新近提出，因此尚无系统分类。古菌可分为三个明显不同的组群。

第一个类群是嗜盐古菌。这类菌的生存要求至少有 12%~15% 的 NaCl，甚至在 NaCl 饱和液中生长良好。该类菌因含高浓度的类胡萝卜素而呈红色。在盐场和盐湖的高盐环境中该类菌是主要菌群，并且在高盐培养基上易于生长。嗜盐古菌为化能异养型，也能以独特的光合磷酸化机制产生能量。

第二个类群是嗜热酸古菌。这类菌是一个异源生物类群，在低 pH 和高温条件下生长。代表菌株在 90℃和低于 1 的 pH 环境中仍有活性。有些属如瓣硫球菌 *Sulfolobus* 能在实验室的有机培养基上生长，但自然界中则是通过氧化含硫化合物（氧化结果产生硫酸，pH 酸化）的化能自养方式生长。

第三个类群是产甲烷古菌。这是一类严格的厌氧菌，能够还原二氧化碳和一些简单有机化合物，如乙酸、甲酸、甲醇等生成甲烷。该菌在海洋环境中大量存在。产生的甲烷逸出后 被好氧的嗜甲烷细菌氧化。产甲烷细菌进化了在极端环境中生存的机制，如产生热稳定的脂类和酶，保持高温下细胞膜的完整性和细胞功能等。

3. 细菌

原核生物中大多数的种属为细菌。细菌的营养方式表现出高度适应环境的多样性，能够真正利用各种不可思议的物质，并且在许多情况下能够根据环境条件使用一种以上的营养策略。海洋原核生物代表了一大类异源的微生物。基础研究尚未得到长足的发展，仅有少数类群作为重要的病原或天然药物资源被研究。

海洋细菌类群中包含了光能微生物和化能微生物两大类群。

光能微生物大类群又包含了三个小类群：

第一小类群是光能自养细菌，根据光合作用的方式又分为两个组群，即无氧光合细菌和有氧光合细菌；

第二小类群是无氧光合细菌，在光合作用中不释放氧（厌氧光合），这些细菌仅在厌氧条件下以还原态无机硫化合物或氢气作为电子供体进行光合作用；

第三小类群是有氧光合细菌，具有与藻类和高等植物相同的细胞色素类型（细胞色素a），如蓝细菌和原绿菌。蓝细菌（原称蓝绿藻）是一群异源的革兰氏阴性细菌，包含丝状或单细胞嗜光菌一千多种。蓝细菌的独特之处在于有氧光合的同时还具有固氮能力。因此在极端限氮的环境如在仅有光、无机物、二氧化碳和气态氮海洋生境中常见；也见于有光生境（包括海底沉积物的上层）中一些海洋无脊椎动物，如海绵表皮组织的共生菌。

化能微生物大类群又包括了化能自养细菌和化能异养细菌。

化能自养细菌在海洋中广泛分布，对生物和地球化学过程中还原元素的循环起关键作用。根据氧化底物不同分成三个主要的类群：硝化细菌。能行如下过程，氧化 $NH_4^+ \rightarrow NO_2$ 或 $NO_2 \rightarrow NO_3$，但不同时具有两种代谢功能。此过程在氮循环中特别重要，因为有毒的带正电荷的铵离子富集在酸性的海底沉积物上，不能为生物过程利用。硝化细菌通过将氨转化为硝基或亚硝基，从而易于被其他生物过程利用。氧化硫细菌。有关氧化硫细菌的文献报道最多的是来自硝化细菌科中的小型单胞种，如硫杆菌 *Thiobacillus*。这些细菌好氧，不能在胞内存积硫颗粒，在硝化细菌科中仅无色硫细菌已成功地培养。这类细菌在硫化氢丰富的海域常见，微好氧（microaerophilic），并形成肉眼可见的菌垫。这些细菌是火山口生物群的初始生产者，是食物链的基础，支持一类丰富但不常见的无脊椎动物的生长。甲烷氧化细菌（嗜甲烷菌）。这是一群异源革兰氏阴性细菌，以甲烷作为碳源和能源（通常不能利用碳-碳键类的有机物）。嗜甲烷菌好氧，在海洋沉积物的上层可见，底物甲烷由沉积物深层生物厌氧产生。嗜甲烷菌及其他化能自养菌利用多种不可思议物质的能力，对营养物循环起重要作用。它们不寻常的代谢途径在提供新型代谢产物上很具潜力。

化能异养细菌是研究最为彻底的海洋细菌，部分原因是它们以有机物作为碳源和能源，在人工培养基上易于生长。这类菌群也包括两个小类群。

一个是革兰氏阳性菌群。早期报道的海洋细菌大多数是革兰氏阴性菌，革兰氏阳性菌占的报道总数不足 10%。Sieburth 认为革兰氏阴性细菌的细胞壁更能适应海洋环境。有证据表明革兰氏阳性菌在海洋沉积物和海水表面的微生物群落中出现的比例更高。

另一个是革兰氏阴性菌群。海洋细菌，研究最多的是革兰氏阴性细菌，这是海洋化能异养原核生物中最大的，并且是最多样化的一个组群。

在海洋生态环境中扮演重要角色的不仅有好氧和兼性厌氧细菌，还包括绝对厌氧细菌，如硫还原细菌（如脱硫弧菌属 *Desulfovibrio*）。这些革兰氏阴性细菌发酵简单的有机物，在海洋沉积物中广泛分布并产生大量硫化氢。

许多革兰氏阴性异养细菌具有明显不同的形态发生特征，它们相对于假单胞菌生长缓慢，因此在接种了海洋样品的琼脂平板上不常观察到。

黏细菌丰富的次级代谢产物使它在新药开发中渐受重视。黏细菌，尤其是纤维堆囊菌 *Sorangium cellulosum* 产生生物活性物质的概率甚至高于目前发现次级代谢产物最为丰富的链霉菌。

螺旋菌是大型卷曲细菌，好氧，兼性好氧，或厌氧。在海洋环境中，螺旋菌自由生活或作为某些具有晶形的软体动物的共生菌，这类软体动物大多栖息了大量的螺旋体 *Cristispira*。附肢或突柄状细菌主要水生，并多附着于物体表面。这些细菌适应低养浓度，包括诸如柄杆菌 *Caulobacter* 类的细菌。螺菌科的螺旋、弯曲细菌为海洋环境的常见菌，这些细菌倾向于微好氧（喜欢较低的氧浓度），包括特别的寄生菌蛭弧菌属 *Bdellovibrio* 等。

除具有独特形态发生特征的革兰氏阴性细菌外，还有一类缺少明确细胞壁而导致多型性的细菌，即柔膜体菌（*Mollicutes*）。柔膜体菌是已知的最小的可自我繁殖的生命体，是著名的植物、动物和无脊椎动物的寄生菌。有证据表明，柔膜体菌（从前称支原体 *mycoplasmas*）在海洋环境中与某些无脊椎动物共生。

4. 海洋放线菌

由于在生物活性物质开发上的潜力，国内外不少实验室和公司对海洋放线菌开展了研究。放线菌目及其相关的微生物是革兰氏阳性菌中形态发生最为多样化的组群。放线菌是常见的土壤细菌，以能够形成丰富的次级代谢产物著称，这一特性在微生物界中少有匹敌。

尽管从海洋生境中可很好地分离放线菌，但却被认为不是土生土长的海洋细菌，而是被冲进海水中的陆地放线菌孢子。新近研究表明，分布在海洋沉积物中的放线菌的需要海水生长的特性不能用它们是代谢失活的陆地放线菌假说解释。适应了海洋环境的放线菌是工业微生物中生理性状独特的新资源。海洋放线菌中报道的新型代谢产物也支持了这一结论。

5. 真核微生物

海洋真核微生物可分为三个大类群。

1）以光能自养方式营养生长的，如微藻（在藻类中不存在化能自养真核生物）。

2）以吞食有机物的方式化能异养（吞噬作用），如原生动物。

3）以吸收方式化能异养，此为真菌的特征。

目前许多海洋真核微生物已可以人工培养。

第一种是微藻。微藻能转化二氧化碳形成有机化合物，是海洋中有机碳化合物的主要生产者，是海洋食物链的最初单元。微藻是异源类群，包括所有单细胞光合真核生物，隶属 12 个藻类分支（门）中的 10 个门，主要根据形态和光合色素的类型而分类。例如，硅藻（硅藻门 Bacillariophyta）和甲藻（甲藻门 Dinophyta），二者组成了浮游生物的主体。

硅藻是微藻中最大的一个类群，以浮游物形式在开阔海域中生活，并对初级生产起重要作用。它们的细胞壁由硅组成，形成双壳面硅藻细胞（*bivalved frustules*）。

甲藻在海洋环境中也很常见，自由生活或与某些海洋无脊椎动物共生。例如，在热带地区形成珊瑚礁的甲藻 *Symbiodinium microadriaticum*（虫黄藻 *zooxanthellae*）和 *scleractinian* 珊瑚间的共生。

硅藻和甲藻仅是微藻异源类群中的两个。

许多其他类群，包括独特的单细胞门 Euglenophyta 和 Prasinophyta 等在海洋环境中常见。微藻包括几千个种，其中许多都已成功培养并被商业化开发。

第二种是原生动物。原生动物门包括最简单的单细胞真核动物。有关原生动物的定义尚存争议。暂将其定义为通过异养方式，通常是吞食食物颗粒的方式，获取营养的单细胞真核生物。

原生动物可分为三个类群：鞭毛虫、纤毛虫和阿米巴。有关它们的分类是复杂的。

鞭毛虫，顾名思义，鞭毛虫的特点是具有鞭毛。这些微生物在海洋环境中广泛分布，是浮游生物生物量的重要组成。

鞭毛虫包括两个类群：其一是微藻的非光合成员，如吞食裸藻（*Euglenoids*）和甲藻；其二为非微藻类，包括领鞭虫类 *Choanoflagellates* 和 *Bicoecids*。

纤毛虫是一类纤毛原生动物。纤毛原生动物具有一排排纤毛，纤毛的协同划动被用来做区域运动和食物收集。纤毛原生动物是原生动物中最均一的类群，在海洋环境中广泛分布，已有超过 6000 个种被描述。几乎所有的纤毛虫都具有一个永久性的开口用来收集食物，收集工作的效率非常高，从而使它们在对细菌生物量转化形成可被高等动物利用的形式中起重要作用。这些及其他原生动物均在海洋环境中起重要的生态作用。

第三种是真菌。真菌多数为菌丝状营养生长的多核体，然而，单细胞形式（或酵母）也很常见。子囊菌是真菌中最大的一个类群，大多数已描述的海洋真菌属于这个类群，已超过 2000 个属。

它们通常在浅水中发现，多见于降解的藻体和其他含纤维素的材料中。一些高等真菌是著名的海藻类的致病菌，是水产养殖的一个大问题，可致病如褐藻 *Sargassum* 等海草群体的可见瘤。它们也被认为导致了海绵废弃病（sponge-wasting disease），该病导致商业海绵，大量死亡。低等真菌在海洋环境中常见，但只有极少数几个种被研究。它们是多种海洋无脊椎动物、海草、藻类的著名寄生菌。真菌是海洋环境中的严重致病菌，尽管许多可培养，并且表现出可能是新次级代谢产物的资源，但尚未作为天然产物产生菌而广泛研究。

七、海洋微生物开发生物活性物质的优势

研究开发海洋微生物生物活性物质至少具有如下三大优势。

第一，海洋微生物含有陆地稀有的生物活性物质。海洋环境条件恶劣，具有高盐、高压、低温、低照、低营养等特点，海洋微生物也相应具有嗜盐，耐高渗、高压和低温等生理特点，其产生的生物活性物质具有种类繁多、结构特异及活性强等特点，其中有相当部分生物活性物质是陆地生物所没有的。

第二，海洋微生物具有原料供应优势。海洋微生物作为药物的生产者将无原材料后顾之忧，可以利用现代微生物发酵技术进行生产，实现产业化。而不需要像利用动植物那样进行养殖或种植，占用土地和滩涂。在国土资源日益紧张、人类更加重视生存环境条件的今天，海洋微生物具有特别重要的现实意义和社会效益。

第三，成本低，质量有保证。微生物发酵生产已有整套成熟的工艺，生产成本低廉，质量有保证，为科技成果产业化提供了必要的保证。

目前，仅有少数发达国家开展了海洋微生物药物和生物活性物质的研究，获得了很好的结果，有些已表现出巨大的经济效益，显示了广阔的应用前景，这表明海洋微生物活性物质是重要的海洋药物资源。今后，我国海洋微生物活性物质研究与开发的重点应包括海洋微生物的分离、鉴定与保存，新型生物活性物质产生菌的筛选及其生物活性物质合成的机制研究，海洋微生物大量培养技术、海洋微生物活性物质纯化技术与剂型研究等。随着现代生物技术和其他学科技术的应用，笔者相信，海洋微生物活性物质的研究与开发必将得到更多的重视和更大的发展。

第二节　　海洋微生物的开发利用

一、海洋微生物的活性产物

随着陆生微生物药用资源的日益淘尽和获新率严重下降，目前对海洋微生物活性物

质的研究已成为国内外研究的热点领域。近年来，我国在海洋微生物活性物质和海洋药物方面取得了一定的成绩，分离和鉴定海洋微生物天然产物的报道越来越多，发现了不少具有明确生物活性的新化合物，有些具有良好的药用前景。并且很多学者把工作重点集中在对海洋微生物特别是非可培养微生物培养条件的研究上，通过研究方法的革新，很多新的活性物质被发现。但是总体而言，我国海洋微生物资源的开发研究和综合利用还不够，有关科研成果亟待快速有效产业化。

海洋为人们提供了丰富的资源和广阔的研究空间，相信随着科研技术的进步及海洋微生物资源开发利用的深入，会有更多的海洋微生物生物活性物质被发现，并应用到生产生活中。可以预计，在不远的将来，利用基因技术结合发酵工程可实现海洋微生物活性代谢产物的规模化生产，达到提高其生物活性物质含量、降低生产成本的目的，使海洋微生物成为新药开发的重要资源宝库。

（一）海洋微生物代谢产生的抗肿瘤活性物质

海洋微生物的代谢产物有多种活性，其中以抗肿瘤活性最为重要。从海洋微生物中筛选的抗肿瘤活性物质的种类包括含氮类、内酯类、酮类、醌类、多糖类。按其来源又可分为海洋细菌的抗肿瘤活性物质、海洋放线菌的抗肿瘤活性物质及海洋真菌的抗肿瘤活性物质。

1. 海洋细菌产生的抗肿瘤活性物质

海洋细菌是海洋微生物抗肿瘤活性物质的一个重要来源，主要集中在假单胞菌属、弧菌属（*Vibrio*）、微球菌属、芽孢杆菌属、肠杆菌属（*Enterobacter，Hormaeche and Edwards*）、交替单孢菌属（*Alteromonas*）、链霉菌属、钦氏菌属、黄杆菌属和小单孢菌属（*Micromonospora*）。

1966 年，Burkholder 第一次从海洋细菌假单胞菌中分离得到具抗癌作用的硝吡咯菌素（pyrolintrin）。此后对海洋细菌的研究一直较少，直到 20 世纪末，人们才对海洋细菌的筛选、培养及代谢产物的研究重视起来，以期从中得到新的特效抗癌药物。

日本学者冈见分离到一种由黄杆菌属的海洋细菌代谢产生的杂多糖 marinactan，能够增强免疫功能和抑制动物移植肿瘤，并成为化疗药物治疗肿瘤的佐剂。Custafson 等从海洋细菌中分离到大环内酯类化合物 macrolactin，它由 24 元内酯环、吡喃型葡萄糖和一个开链的酸构成，其中 macrolactin A 组分是一种配糖体母体，具有抗肿瘤、抗病毒、抗菌等功能。

与海洋生物共生或寄生的很多海洋细菌也是抗肿瘤药物的重要来源。海绵体内的微生物最多可占其体重的 70%，海绵能产生多种抗菌、抗肿瘤活性成分，从而引起国内外对海绵生物活性成分研究的热潮。海绵中存在着复杂的微生物群落，海绵中的抗癌物质是由海绵中共生共栖细菌产生的，从这些细菌中可以分离出抗白血病、抗鼻咽癌的活性成分。

Canedo 等从加勒比海海鞘（*Ecteinascidia turbinata*）及土耳其海岸 *Polycitonide* 海鞘中分离到 2 株土壤杆菌，并从脂溶性代谢产物中分离得到 2 个有显著抗肿瘤活性的生物碱类化合物 sesbanimide A 和 sesbanimide C，对肿瘤细胞 L_{1210} 的 IC_{50} 达 0.8μg/L。

2. 海洋放线菌产生的抗肿瘤活性物质

海洋放线菌的生活环境十分特殊，如高盐度、高压、低营养、低温等。在这些所谓生命的极限环境中，海洋放线菌已发展出独特的代谢方式，同时也提供了产生独特生物活性物质的潜力。

有报道称，从于我国台湾海峡采集的海洋植物，动物的表面、表皮和内部分离得到多株放线菌，其中有 20.60% 的放线菌对肿瘤细胞 P388 有细胞毒性，18.60% 的菌株对 KB 细胞有毒性，此外还有 96% 的菌株具有可诱导的抑菌和抑肿瘤活性。

neomarinone 是从海洋放线菌分离到的含倍半萜的新萘醌类抗生素，在体外对肿瘤细胞 HCT116 有中等细胞毒性（$IC_{50} = 0.8mg/L$），对美国国立癌症研究所（NCI）的 60 个人类肿瘤细胞群细胞 50% 生长抑制所需的药物浓度（GI_{50}）的平均值为 $10\mu mol/L$。

海洋放线菌常产生结构奇特的大环内酯类化合物，这些化合物都具有很好的抗肿瘤活性。

3. 海洋真菌产生的抗肿瘤活性物质

近几年，人们对研究海洋真菌的次级代谢产物的兴趣激增，有不少文章对海洋真菌进行了实证研究，表明从海洋真菌分离出的次级代谢物中有 70%~80% 具有生物活性。

日本的 Shigemori 从海鱼 *Apogon endekatanum* 中分离到 1 株真菌 *Penicillium fellutanum*，并从其发酵物中得到 2 种肽类物质 fellutanum A 和 fellutanum B。药理实验发现，它们在体外均对鼠白血病细胞 P388 有细胞毒性（IC_{50} 分别为 0.2 mg/L 和 0.1mg/L），对人类表皮样瘤 KB 细胞有类似作用（IC_{50} 分别为 0.5g/L 和 0.7g/L）。

Mercedes 等从海藻 *Avrainvillea* sp. 中分离出镰孢属真菌 *Fusarium* sp.，并从其发酵液中分离得到 1 个环五肽化合物 N-methyl sansal vamide，对 NCI 人类癌细胞株具有增殖抑制活性，而与其结构类似的 sansal vamide 在 NCI 人类癌细胞株筛选中表现出中等程度的增殖抑制活性。

Kupha 等报道，从海洋担子菌中分离的干蠕孢菌素 siccayne 是一个单异戊二烯基的氢醌，对革兰氏阳性菌和一些真菌有生理活性。siccayne 还能抑制核苷前体进入 DNA 和 RNA 的表达，在小鸡成纤维细胞实验中有细胞毒性作用，表现出抗艾氏腹水癌细胞的生理作用。

（二）海洋微生物产生的抗菌活性物质

日本近年来对海洋微生物进行了广泛研究，发现约有 27% 的海洋微生物具有抗菌活性，并且许多成分是陆地生物不存在的，这为人工合成抗菌药物提供了新颖的先导化合物。

1996 年，Burkholder 从海洋含溴假单胞菌中分离到抗生素硝吡咯菌素（pyrolnitrin），随后有多种海洋微生物所产生的抗生素被发现。刘金永等从海洋细菌中分离到广谱抗真菌物质，对人体病原性念珠菌有较强的抑菌作用。来源于多种链霉菌的 teleocidin B 也为一种强抗菌药物，药理实验表明，其对革兰氏阳性菌有较强的抑菌活性。

istamycin 是从一株新的海洋放线菌中分离得到的新型抗生素，属于氨基糖苷类化合物，对革兰氏阳性和阴性细菌，包括对原有的氨基糖苷类抗生素有耐药性的细菌都有极强的作用，很有可能成为实际应用的抗感染药物。

（三）海洋微生物产生的活性酶

近20年来，随着科学技术的发展和人们对开发海洋资源意识的增强，有关海洋微生物产生新型生物酶的报道逐渐增多，海洋微生物成为开发新型酶制剂的重要来源。目前，国外已经从海洋细菌、放线菌、真菌等微生物体内分离到多种具有特殊活性和工业化开发潜力的酶制剂，部分产品已经开始了工业化生产。

1960年，丹麦首先利用地衣芽孢杆菌生产碱性蛋白酶，并将其用于生产加酶洗涤剂。20腺体内的共生细菌ATCC 39867可以产生碱性蛋白酶，该酶具有较强的去污活性，可以加速提高磷酸盐洗涤剂的去污效果，在工业清洗方面有一定的应用价值。日本、美国曾报道，从冷海水区域分离得到的微生物能够产生耐低温的脂肪酶。1995年，戴继勋等从海带、裙带菜病烂部位分离得到褐藻胶降解菌别单胞菌，利用发酵得到的褐藻胶酶对海带、裙带菜进行细胞解离，获得了大量的单细胞和原生质体。海藻单细胞在海藻养殖工业中具有重要的科研和应用价值，并可作为单细胞饵料用于扇贝养殖，可明显促进扇贝的性腺发育和成熟，促进幼体的发育。

（四）海洋微生物产生的酶活性抑制剂

海洋环境的特征显著不同于陆地环境，海洋微生物是酶抑制剂重要的新来源。

于日本宫城的小鹿半岛采集的海水中分离出一株海洋细菌芽生杆菌SANK 71894，在菌株培养清液中，提纯出一种新的内皮素转化酶抑制剂β-90063。现已证明，β-90063可强烈抑制人类和大鼠的内皮素转化酶，这种抑制剂可望用于高血压和血管病的防治。于上海沿海采集到的海洋沉积样品中分离出一种阳性菌株，现已利用标准分类方法将这个菌株鉴定为链霉菌。相关学者已经从这个菌株的培养液中分离出一种新的抑制吡齐诺的抑制素，这种抑制剂有可能用于阐明焦谷氨基酶引发的各种疾病的机制。

二、海洋微生物活性物质的研究方法

有报道称，现在已发现约5000种新的海洋天然活性物质，但只有1500多种海洋微生物的活性代谢物得到了详细的生理药理研究，海洋中还存在上百万种海洋微生物等待进一步的深入研究与开发。海洋中存在大量至今未被研究开发的新种属微生物和特殊生态系统的微生物，它们存在产生大量新型天然活性物质的潜力，但相应的研究开发工作尚处于初级阶段。因此，近几年许多国家的实验室、研究所都加强了对此领域的深入研究开发工作。这些研究工作带动了海洋生物技术相关学科的发展，促进了海洋微生物天然活性物质的开发、生产和应用。

（一）海洋微生物活性物质的分离筛选方法

海洋微生物活性物质的分离筛选方法常用的有两种。

第一种，高通量筛选法。由于产生特定活性物质的微生物是从海洋不同区域中采集的大量微生物菌株样品中筛选出来的，需要大量的工作才有可能得到有价值的菌株，因此需要有一套有效的快速培养筛选方法。

研究常用快捷有效的自动化高通量药物筛选方法（HTS）或快速分子筛选方法进行筛选。例如，美国 Cyanamid 公司的研究人员运用独特分子筛选技术，对从世界各地采集的海洋微生物进行测试，以找到有抗菌、抗病毒或抗癌征兆或作为治疗心血管、神经系统疾病苗头的药物。日本 Sankyo 公司利用细菌发酵培养，寻找抗细菌和抗真菌的药物，得到许多有药用前景的活性物质。

中国海洋大学在已有 ts-FT210 细胞的流式细胞术筛选模型基础上建立了海虾生物致死法筛选模型，结果发现，靶点机制单一的活性筛选模型与既经济又能覆盖所需活性的广谱简易初筛模型结合使用来开展活性菌株的分级组合筛选，将会降低成本，提高效率，有很大的实际利用价值。

第二种，海洋微生物开发中的 BIA 筛选法。此方法多用于海洋微生物中抗肿瘤物质的筛选。虽然抗肿瘤物质筛选方法很多，但实验证明，在体外模型中 BIA 法以其独特的筛选机制显示出不可忽视的优势。它是以利用遗传学方法构建的一株具有 lacZ 片段的溶源性 *E. coli* 为指示菌，该菌株在正常条件下不表达半乳糖苷酶，但当培养介质中含有能作用于 DNA 的化合物时，菌株就会被诱导产生半乳糖苷酶。因此，通过检测是否有半乳糖苷酶产生就可初步确定样品中是否含有能够作用于肿瘤细胞 DNA 的物质。由于天然药物中有不少是通过使肿瘤细胞 DNA 受损伤起作用的，因此可利用此法检测天然产物中具有这种作用机制的抗肿瘤活性物质。海洋微生物中也存在不少能作用于 DNA 的物质，可由此法进行快速、特异筛选。

（二）海洋微生物天然活性物质开发生产的现代生物技术

筛选到的含有活性物质的微生物，还存在有效成分含量低、难分泌到胞外、培养生物量低、培养难度大等问题，这都限制了海洋微生物天然活性物质生产的工业化和临床应用。采用现代生物技术是最好的解决途径。海洋微生物天然活性物质开发生产的现代生物技术主要有三大工程技术。

第一，基因工程技术。海洋生物技术涉及基因工程、细胞工程、蛋白质工程和发酵工程等，相关学科的发展将大大繁荣海洋药物的研究与开发，从多方面解决海洋抗肿瘤药物研制中遇到的难题。利用基因工程对原微生物菌株的改良或将天然活性物质的基因克隆到其他易于培养、生长繁殖迅速或代谢物易分泌到胞外的微生物，以提高天然活性物质的含量和产量，大大降低生产成本。

第二，细胞工程技术。利用细胞工程可实现不同种属生物间的融合杂交，进而改良菌种来提高活性物质含量，或增强细胞分泌机制，从而简化提取工艺，达到大量生产所需天然活性物质的目的。

第三，发酵工程技术。由于海洋生物共附生微生物的人工培养条件很难完全模拟其生存环境，使其代谢产物的规模化生产受到一定的限制，因此人们正在把注意力转向海洋微生物的培养与发酵技术的研究。海洋生物所产生的生物活性物质能通过发酵进行胞外生产，与现代的微生物技术相结合，较容易实现工业化生产。利用微生物发酵技术的成熟工艺、后处理工艺、分离纯化技术及高度自动化生物反应器等实现海洋微生物天然活性物质生产的工业化，并不断降低生产成本，加速从研究开发到产品化的过程。

三、海洋微生物资源的开发与应用

海洋中蕴藏着巨大的微生物资源，据估计其数量可达 0.11 亿～2 亿种。迄今为止，人类发现的微生物大约有 150 多万种，除 7.2 万种存在于陆地外，其余都存在于海洋之中。海洋微生物主要包括真核微生物（真菌、藻类和原虫）、原核微生物（海洋细菌、海洋放线菌和海洋蓝细菌等）和无细胞生物（病毒）。

海洋微生物因其独特的生存环境能够产生许多陆地微生物所不能产生的活性物质，这对最终解决威胁着人类健康的许多重大疾病，如恶性肿瘤、糖尿病、人类免疫缺陷病等具有重要的意义。不仅如此，海洋微生物在海洋生态系统中占有重要的地位，在治理海洋环境污染、维持海洋生态系统平衡方面发挥着重要的作用。

（一）海洋微生物在抗菌、抗肿瘤、保健方面的应用

海洋微生物处于高盐、高压、低温、低光照及低营养等环境条件下，其产生的代谢物质有极大的复杂性和多样性，这为从海洋微生物及其代谢产物中筛选特异的活性物质提供了最大的可能性。到目前为止，人们从海洋微生物中筛选到的抗菌、抗肿瘤化合物多达 1 万多种，这些微生物主要包括细菌、放线菌、真菌和微藻。

海洋细菌是海洋微生物抗菌、抗肿瘤活性物质的一个重要来源。1966 年，海洋假单胞菌中抗生素硝吡咯菌素的发现揭开了海洋微生物活性物质研究的序幕。

海洋放线菌所含的活性物质比其他海洋微生物更为丰富，也是抗肿瘤活性物质的重要来源。

从海洋真菌中分离到的次级代谢物中 70%～80% 都具有生物活性，这些代谢产物对肿瘤细胞的作用机制可能有别于海洋原核生物产生的天然产物。

近年来，在微藻中已经发现多种能够抗菌、抗癌和抑制 HIV 等的生物活性物质。Pratt 等从小球藻中分离到的小球藻素脂肪酸混合物具有抗细菌和自身毒性的功能。

总之，海洋微生物中蕴藏着大量的性状各异、结构多样的抗菌、抗肿瘤活性物质。随着科技手段的不断提高，从海洋微生物中筛选活性物质的步伐必将加快，海洋微生物活性物质也会很快走出实验室，应用于临床解决人们所面临的诸多问题。

海洋微生物除具有抗菌、抗肿瘤活性外，还具有其他多种药理活性。

DHA 和 EPA 为代表的高不饱和脂肪酸（PUFA）具有抗血栓、降血脂和舒张血管等功能，DHA 更是在保护视力、增强智力、健脑和降低胆固醇等方面发挥重要的作用。海洋微生物富含高不饱和脂肪酸的主要是微藻中的金藻、甲藻、隐藻和硅藻，及真菌中的破囊壶菌和裂殖壶菌。

花生四烯酸等多不饱和脂肪酸也，具有很高保健价值，还有环境中的多种微藻，富含花生四烯酸、亚油酸、亚麻酸、胡萝卜素和类胡萝卜素等，它们都具有一定的预防和治疗心脑血管疾病的作用。例如，属于类胡萝卜素的虾青素就具有很强的抗氧化功能，在清除由紫外线照射产生的自由基和促进淋巴结抗体的产生方面发挥着重要的作用。

（二）海洋微生物在环境治理中的应用

利用海洋微生物进行生物修复是目前解决沿海环境污染的有力手段，通过人为地引

入某一种或几种微生物，在造成污染的区域迅速富集，从而将污染物降解，减少危害的程度。

海洋微生物在环境治理中首先应用于石油污染治理。海洋中微生物的种类和数量对石油的降解有明显影响。不同种类的微生物对石油的降解和同一菌株对石油中不同烃类的利用能力都存在很大的差别，混合培养的微生物对石油烃的降解比纯培养物的效果要好。

其次在赤潮、绿潮灾害中得到应用。赤潮和绿潮是全球性的海洋灾害，目前人们主要采用化学方法来防治赤潮，尽管可迅速有效地控制赤潮，但所施用的化学药剂给海洋带来了新污染。对于绿潮的发生，人们还没有找到很好的防治措施。

近年来，人们研究利用微生物来对付有害藻类，即通常所说的利用溶藻微生物进行生物防治。

（三）海洋微生物的应用前景

海洋微生物正成为人们研究微生物的一大热点，尤其是海洋极端环境中的微生物。例如，存在于深海中的嗜热菌、嗜冷菌、嗜酸菌、嗜碱菌、嗜压菌和嗜盐菌等，它们是各种极端酶的产生菌，是分离纯化各种极端酶的重要资源，在工业、医药和环保中具有重要的应用价值。随着海洋生物技术的进一步发展，加上细胞工程、基因工程、酶工程和发酵工程的应用，都为最大限度地开发和利用海洋资源提供了可能。

四、海洋微生物代谢产物资源及其产生的生物活性的研究进展

丰富的海洋生物资源无疑是天然药物筛选的重要来源。早期的海洋药物研究主要集中在大型海藻和无脊椎动物代谢产物的分离上，但就多样性和工业化规模操作的可行性而言，海洋微生物的潜力更大。然而，90%以上的临床药物由微生物产生与至今为止还没有一种来自海洋微生物的天然药物应用于临床的现实，反映了人们对海洋微生物资源的认识和开发的不足。

有关海洋微生物药物的研究也远不充分。早期的海洋微生物生物活性物质研究的重点是抗病原微生物药物的筛选。近年来随着新筛选模型的发明和运用，有关研究已扩大到几乎所有的药物范畴。一些在常规培养条件下难以生长的海洋微生物类群也逐渐引起人们的重视，成为发掘新化合物的重要来源。

对海洋微生物特殊营养要求等的深入了解，是有效地大规模开发海洋微生物资源所必须解决的前提。海洋特定生境中的微生物常常对培养条件，如异常的温度、压力等有特殊的要求，目前在技术上还难以满足，这些均限制了人们的工作和思路。分子生物学技术的应用将从另一个角度为人们打开海洋微生物的大门。

现阶段海洋微生物的研究开发仍限制在那些标准条件下容易生长的少数微生物类群上。如前述的深海细菌的代谢物也是在人们所熟悉的条件下培养获得的。此外，许多的研究都集中在海洋中易于培养的革兰氏阴性细菌，而革兰氏阳性细菌除放线菌外几乎未能引起重视。其实，革兰氏阳性细菌也是重要的药物筛选对象。

由于潜在的巨大商业利益驱使，国际上有许多大的制药公司都加入到争夺海洋药物的行列，尽管在医药工业中有大量的以微生物为开发对象的公司，但只有极少数研究者

真正了解海洋微生物及其特殊的生长要求。

医药海洋微生物学是一个新的领域，需要开发海洋微生物新的分离方法、培养方法等。因此，对海洋微生物基础研究的大力支持是持续性利用海洋微生物资源的保证。

（一）海洋细菌与其产生的生物活性物质的研究进展

海洋细菌生境的差异不但影响存在的细菌类群，而且影响细菌代谢物的产生。根据分离菌样品来源，可以将发现生物活性物质的产生菌分为海水细菌、沉积物细菌、深海细菌、共栖和共生细菌等。

1. 共栖细菌与其产生的生物活性物质的研究进展

共栖海洋细菌寄居在其他生物表面、组织或内腔，但对其与宿主之间的真正关系和相互作用了解不多。

第一个鉴定的海洋细菌代谢物是从加勒比海草 Thalassia 表面分离菌 Alteromonas sp. 产生的一种五溴吡咯化合物，表现强烈的抗革兰氏阳性菌活性。由海藻表面生活菌 Flavobacterium ugliginorinactan MP-55 产生的，主要由葡萄糖、甘露糖和麦角藻糖组成的中性杂多糖 marinactan 能抑制小鼠肉瘤 S_{180} 细胞的生长。

共栖细菌产生的生物活性物质还包括被囊动物分离菌 Pseudomonas fluorescens 产生的 andrimid 和 moiramide A~C，嗜盐农杆菌产生的对耐药革兰氏阳性细菌表现活性的 thiotropocin，从一种蠕虫组织分离的 Bacillus sp. 产生的，对一些耐短杆菌酪肽的菌株有效的新型环十肽抗生素 loloatin B 等。而含有噻唑啉和咪唑环的邻苯二酚的含铁体 anguibactin 则是从鱼致病弧菌 Vibrio anguillarum 分离，该化合物的合成与一个 65kb 的质粒相关。

2. 共生细菌与其产生的生物活性物质研究进展

海洋细菌可与海洋动植物形成高度相互依赖的共生关系。共生细菌产生毒素的首次证明来自 neosurgatoxin 的发现，这是由从日本食用的 Babylonia japonica 的消化腺直接分离的一种革兰氏阳性棒状菌产生的，在其他地区的该动物已知是无毒的。

tetrodotoxin（TTX）已知名多年，在"fugu"（日本的一种美食）、章鱼，甚至陆地动物中均有发现。研究表明，TTX 可由至少 15 属的浅海和深海单细胞细菌产生。在如此广泛的细菌属中发现同一种次级代谢产物说明，毒素的产生体可能是一种可在海洋环境中能够转移的质粒。

Gil-Turnes 等发现，河口海虾 Palaemonmacrodactylus 的卵有明显的细菌附生物 Alteromonas sp.，当用抗生素处理除去附生物时，卵迅速被致病真菌，尤其是 Lagenidium callinectes 感染。该共生菌的发酵导致一种意想不到的抗真菌化合物 2, 3-indolinedione（靛红）的分离。作为生产染料靛蓝的中间物，靛红从未被用作抗真菌剂。GilTurnes 还发现，美国龙虾 Homarus americanus 的全身长满了一种单细胞细菌，可产生大量的对羟苯基乙醇，似乎此简单的酚能有效控制致病微生物发生。

热带丝状蓝绿藻 Microcoleus lyngbyaceus 表面生活的 4 种极富色彩的共生菌株的发酵，可产生相同的具有明显抗真菌和抗细菌活性的醌类化合物，这是首次报道天然产生的醌类化合物，可能是由泛醌型前体的氧化裂解形成。

1996 年 Bewley 等证明从海洋 *Theonella swihnoei* 分离的两种代谢物其实是由其共生菌产生。

实际上，先前报道的许多海洋动植物的细胞毒素等生物活性物质是由其共生或共栖菌产生的。例如，Oclarit 等 1994 年从海绵 *Hyatella* sp. 制备的匀浆中分离得到一株 *Vibrio* sp.，其发酵产物肽类抗生素 andrimid 也曾在该海绵的抽提物中发现。diketopiperazines 先前是作为海绵 *Tedania ignis* 代谢物报道的，而从该海绵体中分离的一株亮橘色微球菌也可发酵产生该物质。

（二）沉积物中放线菌的研究进展

海洋放线菌是沉积物的主要居民已为共识，但它们在活体上的分布仍不清楚。而其分离菌的代谢物也具有重要的开发价值。例如，从柳珊瑚 *Pacifigorgia* sp. 表面分离的一株链霉菌能产生寡霉素-A 的 20-羟衍生物、肠菌素的 5-脱氧衍生物，及两种全新的细菌毒化合物 octala-ctin A 和 octalactin B。Takahashi 等从海鱼 *Halichoeres bleekeri* 胃肠道分离的 *S.hygroscopicus* 菌株产生的一组新型大环类化合物 halichomycin 具有显著的细菌毒性。二环肽 salinamide A 和 salinamideB 是由佛罗里达暗礁处的一种水母的表面分离的链霉菌产生，其性质和选择抗性可能与万古霉素相似。新近又从软珊瑚上生长的一株小孢囊菌属新种的培养物中发现抗肿瘤的新缩肽物质 thiocoraline。

（三）海洋微藻产生的生物活性物质的研究进展

海洋微藻是一大类光合微生物，在海洋环境中广泛分布，并形成海洋食物链的基础。尽管它们的代谢物在总体上并未真正了解，但某些微藻类群已知是化学物质多产的，尤其甲藻是温带和热带海域赤潮和其他鱼类毒素的制造者。最近的研究表明，某些甲藻能形成不寻常结构类型的多醚类抗生素。

微藻中的许多种都报道能产生生物活性物质。例如，1996 年，Orjala 和 Gerwick 从海洋蓝绿藻 *Lyngbya majuscula* 的脂提物中分离获得一个新型脂肽 barbamide，它对软体动物 *Biomphalaria glabrata* 表现毒性。*Phaeocystis pouchetii* 产生的对细菌具有广泛毒性的丙烯酸，产量可占藻体干重的 7%，并通过海洋食物链转移。其他报道的毒素还有由冷水海洋生境分离的 *Protogonyaulax* 的海洋甲藻产生的与 saxitoxin 结构相近的 gonyautoxins 等。

（四）海洋真菌产生的生物活性物质的研究进展

真菌是海洋环境中的严重致病菌。例如，一些高等真菌可致海草如褐藻 *Sargassum* 的可见瘤、海绵废弃病（sponge-wasting disease）等，是水产养殖的一大问题；低等真菌也可对许多种海洋无脊椎动物、海草、藻类致病。海洋真菌最常见的是沉木表面的木栖类群。

为估测在此生境中种间竞争的程度，Strongman 等比较了 27 种木栖真菌的抗真菌活性，发现 4 株 *Leptosphaeria oraemaris* 产生倍半类萜的二羧基化合物 culmorin，这也是某些陆地真菌产生的代谢物。

真菌是海洋中常见的微生物，尽管陆地真菌是生物药物的主要资源之一，但海洋真菌并未作为代谢物资源而被广泛研究，药物开发的潜力较小。

五、近年国内海洋微生物代谢产物的研究概况

海洋微生物代谢产物往往结构新颖、活性独特，是新药及其先导结构的一个重要来源，相关研究备受国内外广泛关注，近年国内研究取得了较长足的进步。

（一）代谢产物的化学结构类型

1. 环肽类

下述环肽类化合物主要从南海、渤海和青岛沿海来源微生物及极个别的南极、连云港和浙江舟山群岛来源微生物发酵物中分离得到，产生菌多为真菌和放线菌，个别的为细菌。

环肽类中的环二肽有环（酪-酪）二肽（1）、环（亮-亮）二肽（2）、环（丙-亮）二肽（3）、环（苯丙-甘）二肽（4）、环（4-羟脯-3-羟丙）二肽（5）、环（亮-异亮）二肽（6）、环（脯-缬）二肽（7）、环（缬-苯丙）二肽（8）、环（亮-苯丙）二肽（9）、环（异亮-苯丙）二肽（10）、环（苯丙-苯丙）二肽（11）、环（缬-亮）二肽（12）、环（缬-异亮）二肽（13）、环（脯-亮）二肽（14）、环（脯-酪）二肽（15）、环（脯-甘）二肽（16）、环（脯-异亮）二肽（17）、环（丙-甘）二肽（18）、环（亮-甘）二肽（19）、环（脯-丙）二肽（20）、环（羟脯-亮）二肽（21）、环（缬-丙）二肽（22）、环（色-脯）二肽（23）、环（羟脯-苯丙）二肽（24）、环（酪-亮）二肽（25）、环（异亮-丙）二肽（26）、环（丙-苯丙）二肽（27）、环（酪-甘）二肽（28）、环（脯-苯丙）二肽（29）、环（缬-缬）二肽（30）、环（苯丙-酪）二肽（31）。

环四肽有环（L-缬-L-亮-L-缬-L-亮）四肽（32）、环（L-亮-L-丙-L-亮-L-丙）四肽（33）、环（异亮-亮-缬-缬）四肽（34）、环（异亮-亮-亮-缬）四肽（35）、环（异亮-缬-缬-缬）四肽（36）、环（N-O-甲基-L-色氨酰-L-异亮氨酰-D-哌可酰-2-氨基-8-氧癸酰）四肽（英文名 apicidin）（37）。

2. 甾醇类、蒽醌类、吡喃酮类和缩酮类

甾醇类有麦角甾醇（38）、过氧化麦角甾醇（39）、啤酒甾醇（40）、麦角甾-8（9），22-二烯-3B，5A，6B，7A-四醇（41）、3B-羟基-胆甾-5-烯（42）、22E-5A，6A-环氧麦角甾-8（14），22-二烯-3B，7A-二醇（43）等。这些化合物均来源于真菌。

蒽醌类有蒽醌衍生物 44、45、46~50、51、52~53、54~55 均从真菌中得到。

吡喃酮类有砧酮衍生物 56、57、58~60，色酮衍生物 61~66，异黄酮 67 和 68，简单取代 C-吡喃酮化合物 69 和 70，萘并-C-吡喃酮衍生物 71~73，苯并-A-吡喃酮衍生物 74、75、76 和 77。这些化合物除 67 和 68 来自海洋碳样小单孢菌外，其余均从海洋真菌中得到。

缩酮类有从南海海洋真菌得到缩酮类化合物 78~82 和 83。

3. 含羰基、羟基类

含醛基或酮羰基的化合物有 84~87、88、89、90、91~92、93、94 和 95。其中，除 94 得自海洋放线菌属细菌外，其余均从海洋真菌得到。

酯类（含内酯和酸酐）化合物有 6、97、98~101、102、103、104、105、106 和 107。

　　游离羧基化合物有 108、109、110~111、112 和 113。在这些化合物中 98 -101、103、105 和 108 等都从海洋放线菌属细菌得到，其余则均得自海洋真菌。

　　含羟基化合物有 114、115、116、117、118、119。其中 115 和 119 分别从海洋链霉菌属细菌和其他菌得到，其余均得自海洋真菌。

4. 含氮类

　　含硫生物碱类化合物有硫代二酮哌嗪衍生物 120~ 123 和其他含硫化合物 124 和 125。其中 125 从海洋链霉菌属细菌得到，其余均从海洋真菌得到。

　　还有哌嗪类与喹唑类化合物。哌嗪类化合物均为哌嗪二酮衍生物，喹唑类化合物则为喹唑酮衍生物。该两类化合物主要来源于海洋真菌。

　　哌嗪二酮衍生物有 126、127、128~132、133、134 和 135~137。其中除 127 和 133 外均得自海洋真菌。

　　喹唑酮衍生物有 138~139、140、141~142、143 和 144~145，均从海洋真菌得到。

　　吡咯类、其他氮杂稠环类与吡啶类化合物也属于含氮类代谢产物。吡咯类衍生物从放线菌得到 146~147，从细菌得到 148~149 和 150。其他氮杂稠环类化合物有吲哚衍生物 151，咔啉类化合物 152 和 153，星形孢菌素类 154~156 和 157，喹啉衍生物 158 和喹诺酮衍生物 159。其中 153 得自细菌，154~157 得自放线菌属细菌，其余得自真菌。吡啶类化合物有从海洋真菌中得到的 160、161 和 162。

　　酰胺、胺与其他含氮化合物也是其中的一类。该类化合物有 163~184。除 174 得自放线菌外，其余均从真菌得到，182 和 183 得自海洋细菌。

　　各类化合物结构式如下：

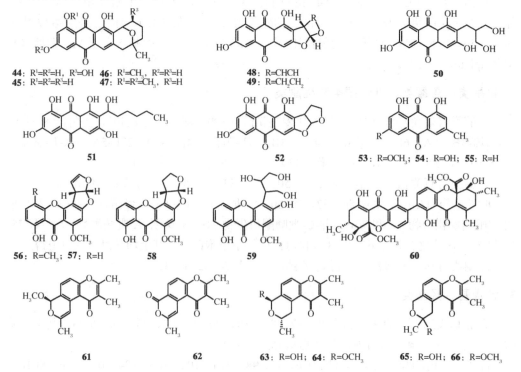

44: R¹=R²=H，R³=OH　**46**: R¹=CH₃，R²=R³=H
45: R¹=R²=R³=H　　　**47**: R¹=R²=CH₃，R³=H
48: R=CHCH
49: R=CH₂CH₂
50

51　　**52**　　**53**: R=OCH₃；**54**: R=OH；**55**: R=H

56: R=CH₃；**57**: R=H　　**58**　　**59**　　**60**

61　　**62**　　**63**: R=OH；**64**: R=OCH₃　　**65**: R=OH；**66**: R=OCH₃

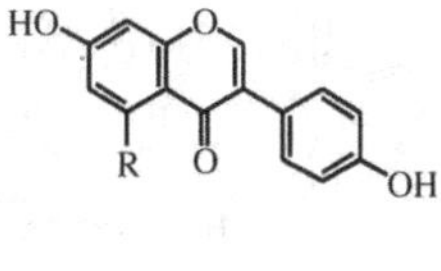

67：R=OH；68：R=H

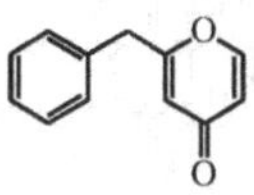

69

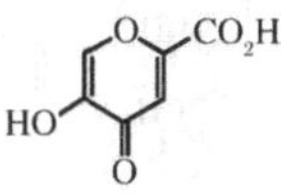

70

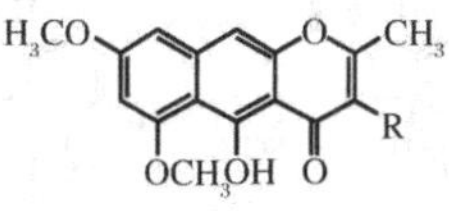

71：R=H；72：R=CH₃

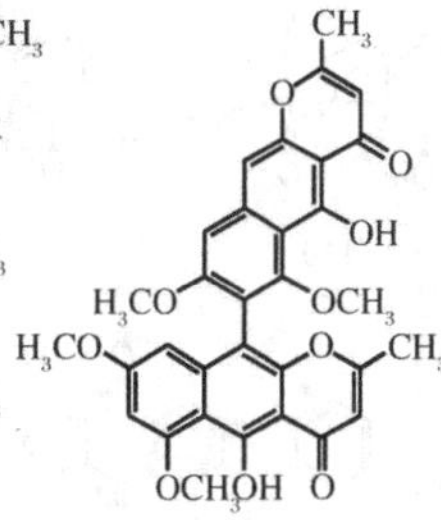

73

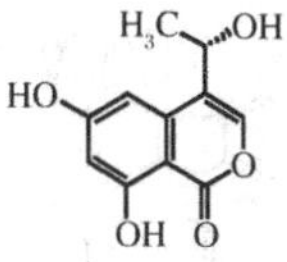

74

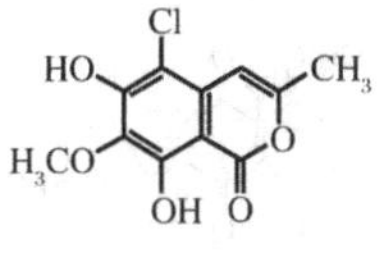

75

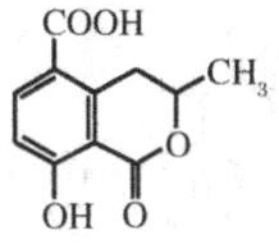

76

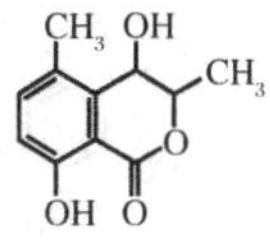

77

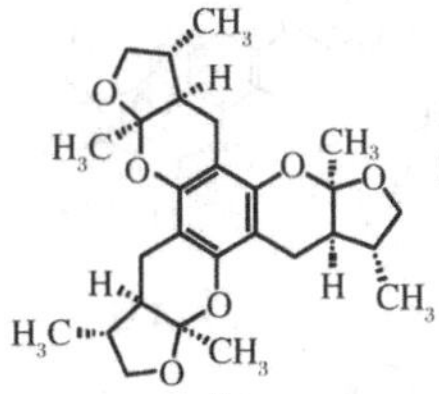

78

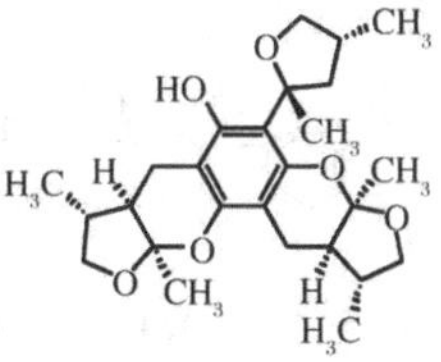

79

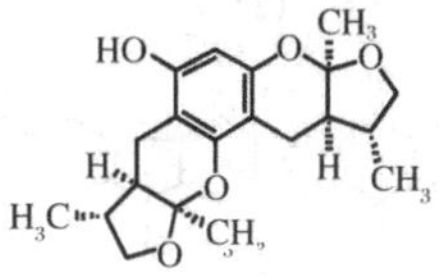

80

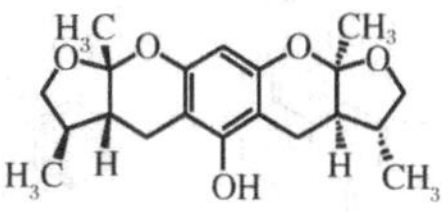

81

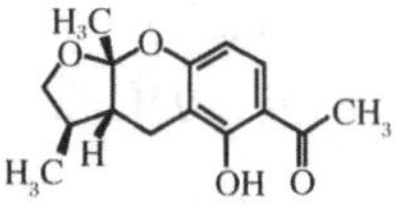

82

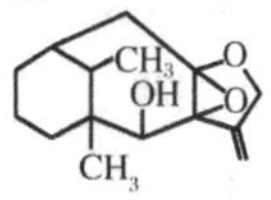

83

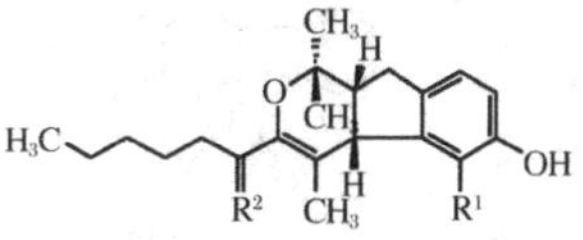

84：R¹=CH₂OH；R²=OH，H
85：R¹=CHO；R²=OAc
86：R¹=CHO；R²=OH
87：R¹=CHO；R²=O

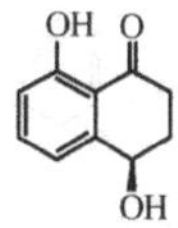

88

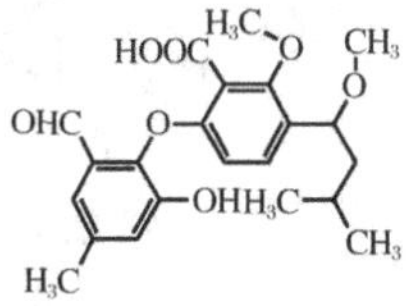

89

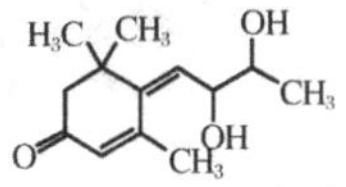

90

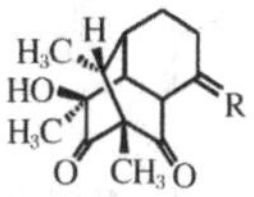

91：R=β-OH，α-H
92：R=O

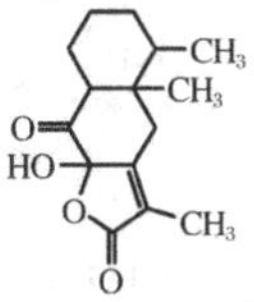

93

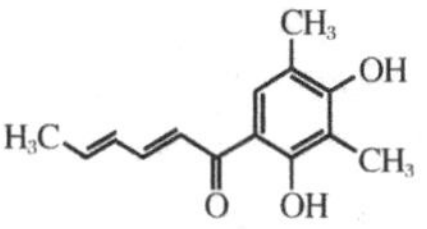

94

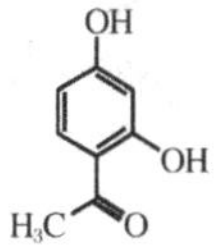

95

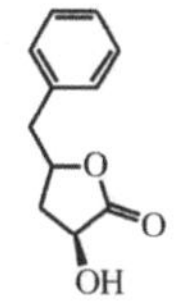

96

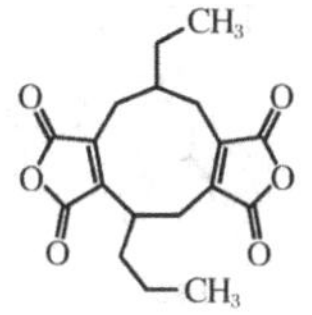

97

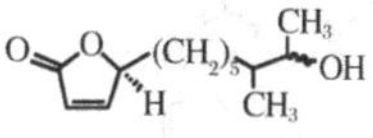

98，99

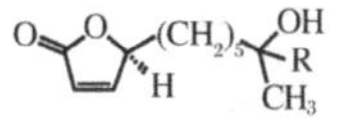

100：R=CH₃；101：R=CH₂CH₃

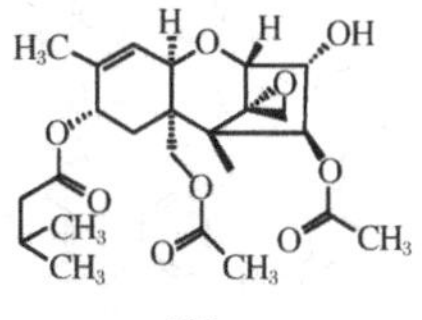

102

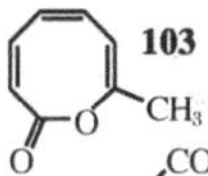

103

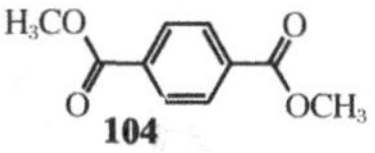

108

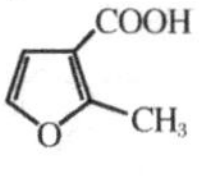

109

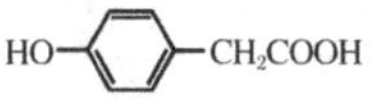

104

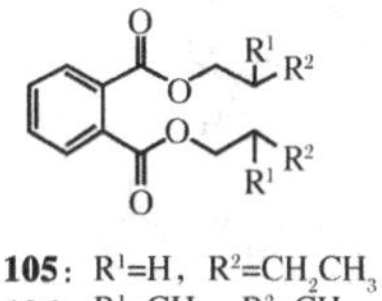

105：R¹=H，R²=CH₂CH₃
106：R¹=CH₃，R²=CH₃

107：R¹=H，R²=CH₂CH₃
110：R¹=OH，R²=H

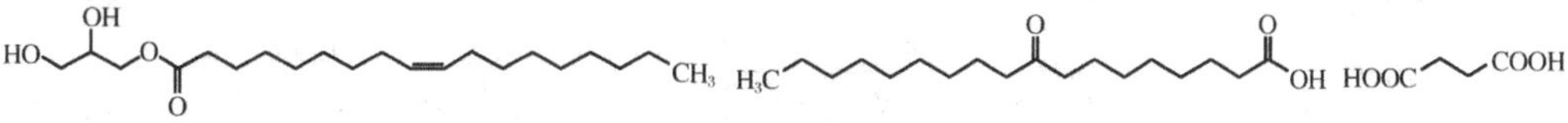

111

112

113

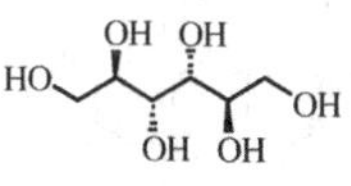

114

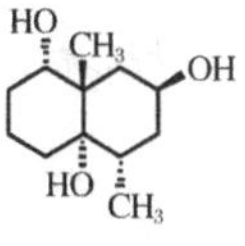

115

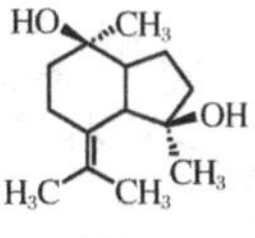

116

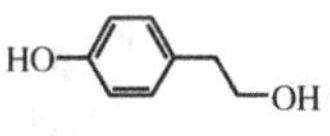

117

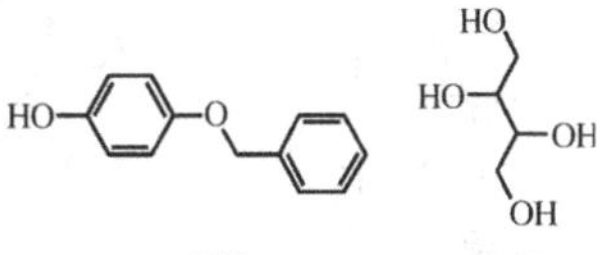

118

119

120 **121** **122** **123** **124** **125**

126 **127** **128** **129**

130 **131** **132** **133** **134**

135: R=H； **136**: R=COCH₃ **137** **138** **139** **140**

141 **142** **143** **144** **145**

146 **147** **148**: R¹=R²=CH₃ **149**: R¹=R²=H **150** **151** **152** **153**

154: R=H
155: R=CHO
156: R=CONH₂

157 **158** **159** **160** **161** **162**

（二）代谢产物的生物活性研究概况

环二肽类化合物 3、4、6~10、13~16、22~26、29 和环四肽 37 报道有抗肿瘤活性，环二肽 4 和 5 还有抗稻瘟霉活性。

其他具有抗肿瘤活性的产物有 39、41、43~51、60、67、68、71~73、88、89、91、92、94、97~101、120、123、126、128~132、138、139、141、142、144~147、149、150、152~157、160、161、163、164、166~169、179。

化合物 45、88、124、149、162、163 有抗菌活性，53、70、118~180 还具有抗稻瘟霉活性。

化合物 45~53 和 57~59 抑制人拓扑异构酶Ⅰ（hTOPI），化合物 73 抑制 Taq DNA 聚合酶，163 抑制胆甾醇酰基转移酶，179 抑制胆固醇合成酶。

化合物 70 具有抗心律不齐、抗高血压、抗惊厥等作用，170 可抗炎并促进伤口愈合与皮肤生长。化合物 152 还有抗寄生虫、抗疟疾作用，37 有抗 HIV 活性，110 则有良好的抗氧化性能。

（三）代谢产物的产生菌及其来源

已报道代谢产物的产生菌种类有真菌、放线菌和细菌，其中真菌占绝大多数，放线菌次之，细菌较少。从采集海域上看，来源于中国南海的产生菌居多，青岛沿海来源者次之，福建沿海、浙江舟山群岛与南鹿岛、上海崇明岛、连云港、威海、渤海湾等其他海域来源者较少，还有很少一部分来源于南极、北极或印尼、菲律宾、日本等海域。另外，产生菌绝大多数得自沿海滩涂、潮间带或浅近海的采集样品，远海或深海样品来源者则几乎没有见到。此外，产生菌往往从海泥、海水、海洋动植物、红树林植物等各种各样的海洋环境样品中分离得到，但其中绝大多数都来源于潮间带和浅海海泥样品或红树林植物样品。

第三节　海洋微生物开发利用前景的展望

一、天然药物开发宜兼顾的因素

天然药物（包括传统药物）是炎黄子孙用以防病治病的重要武器，从古代的神农尝百草到当今天然药物的研究与开发，药物的发现始终凝集着民族的智慧和药物学家的艰辛。在科学高度发达的今天，天然药物的研究宜兼顾以下几方面因素。

首先是材料的稀有性。以往的天然药物研究多以有民间使用历史的传统药和其他容易获得的材料为研究对象，当今若能重点关注前人研究相对比较薄弱的稀有生物材料，则出现阳性结果的可能性会大得多。另外，稀有的材料大多有地理分布的局限性，这对拥有和保护知识产权十分有利。

其次是结构的新颖性。天然药物是新先导物的重要来源，结构的新颖性是新单体药物发现的充分必要条件。从哪里寻找新化合物是天然药物化学工作者需要经常考虑的问题。对大多数陆生的植物和土壤环境微生物已经有了比较系统深入的研究，从中发现全新骨架类型成分的可能性在逐步下降。由此可见，选择稀有的材料也是获得新颖物质的重要保证之一。

再者是功能的独特性。天然产物的生物学功能直接决定其研究开发前途。在生物活性评价上，要尽量采用现代分子生物学技术定量观察其活性强度和作用特点，只有选择性好、机制独特的天然产物才最具深入研究与开发的价值。

还有是药源的可供性。就来源而言，天然产物（特别是结构复杂的化合物）大多依靠从天然生物材料中提取。有些复杂的天然药物（如紫杉醇）的人工合成已经成功，但20 多步反应的总得率相当低，再加上使用了多种昂贵的试剂，故目前还看不到用全合成方法大量提供紫杉醇原料药的报道。

二、海洋微生物具有开发天然药物的优势

第一个优势：海洋微生物种类多，研究少。海洋是生命的发源地，其生物多样性远远超过陆生生物。其中海洋微生物约有亿种之多，有相当大的一部分是迄今尚未有家族代表与人类见过面的新种。海洋微生物的物种多样性决定了其代谢产物的多样性，因而海洋环境下生活的微生物是新型生物活性物质的重要源泉。

由于人类采集海洋微生物需要特殊设备和较大投入，真正有一定研究深度的海洋微生物还很少。从总体上讲，人们对海洋微生物的研究还十分薄弱，积累的经验不多。

虽然这一现状给科学家带来了无从下手之感，但也给他们留下了创新的空间和成功的机会。越来越多的证据表明，海洋动植物与其共生微生物确实存在一种天然的生态学联系，且共生微生物产生的次生物质可有效抑制宿主的竞争对手、天敌（或捕食者），从而大大提高宿主在海洋环境中的适应和生存能力。在与宿主的长期共进化过程中，共生微生物很可能事先合成足量的活性物质储存在宿主的某个部位（特别是参与自然大环境物种竞争的繁殖组织——卵），免得在其遇到袭击时显得武器不够用。因此，有学者认为，

这些共生微生物很可能是多种大型海洋生物活性成分的真正产生者。另一种观点是共生微生物（特别是那些长期内共生微生物）与宿主可能有基因水平的相互影响，甚至基因重组。因此，共生微生物的生物合成特点一般有别于非共生的海洋环境微生物，它们是最有可能合成宿主成分的微生物。

第二个优势：产物特殊，功能独特。海洋微生物生物合成能力卓越，它们可独立合成许多结构和功能都比较特别的生物活性物质。国内外学者已经从海洋细菌、放线菌和真菌的培养物中分离到大量的活性物质，有些结构罕见，有些活性独特，有些兼而有之。例如，美国加州大学教授从约 1m 深的红树林淤泥中分离得到一株新海洋细菌 *Salinospora* CNB 392，并从其培养液中发现骨架全新、活性很强的抗癌物。

第三个优势：易于工业化生产。虽然天然产物化学家已从海洋生物材料中发现了大量的新生物活性物质，但最终开发成新药的却寥寥无几。原来这些海洋活性物质大多结构复杂，即使可以进行人工全合成，但昂贵的制备成本往往削弱了合成路线的工业化价值。于是，从海洋生物材料中提取成了唯一的原料来源。然而，由于海洋生物的游动性和海洋生态系统的多变性，人类一般很难锁定某局部海域以批量重复采集某海洋生物，进而满足工业化生产的原料需要。

由于海洋微生物大多具有生长周期短、代谢易于调控、菌种较易选育等特点，因此可通过大规模发酵方式实现其活性物质的大量生产，故海洋微生物来源的药物应无药源之忧。此外有证据表明，曾被认为是海绵等海洋大生物产生的活性化合物（如河豚毒素、海葵毒素、麻壳鱼毒素及 discodermide 等），实际上是由这些大生物的某些（种）共生微生物产生的。因此，从理论上讲，借助共生菌的大规模发酵可以实现其宿主活性物质工业化生产。

三、海洋微生物已在抗菌、抗肿瘤方面展现良好的开发前景

海洋微生物处于高盐、高压、低温、低光照及低营养等环境条件下，其产生的代谢物质有极大的复杂性和多样性，这为从海洋微生物及其代谢产物中筛选特异的活性物质提供了最大的可能性。到目前为止，人们从海洋微生物中筛选到的抗菌、抗肿瘤化合物多达 1 万多种，这些微生物主要包括细菌、放线菌、真菌和微藻。

海洋细菌是海洋微生物抗菌、抗肿瘤活性物质的一个重要来源。1966 年，海洋假单胞菌中抗生素硝吡咯菌素的发现揭开了海洋微生物活性物质研究的序幕。此后，大量来自于海洋细菌的活性物质被发现，如 Candolm 等从海洋芽孢杆菌中分离到一种新的异香豆素能抑制 DNA 及蛋白质合成，对多种肿瘤细胞均有明显的细胞毒性；黄耀坚等从来自厦门海区潮间带的动植物及底泥中分离到的土壤杆菌能够产生对小鼠 S_{180} 肉瘤有较强抑制作用的胞外多糖；小林淳一等从日本北海道的一种海绵中分离到的互生单胞菌，能够产生结构独特的一类四环内酰胺生物碱，此生物碱在体外对小鼠白血病 P388 细胞、人淋巴瘤 L_{1210} 及人表皮癌 KB 细胞均有细胞毒性；Imamura 从巨藻上分离到一种革兰氏阴性海洋嗜盐菌能够产生组吩嗪类化合物，对宫颈癌 HeLa 细胞，BALB3T3 及 BALB3T3/H-ras 细胞有显著的细胞毒性。除以上所述种类外，假单胞菌、弧菌、微球菌和肠杆菌等种属的海洋细菌也都能产生抗菌、抗肿瘤活性的物质，具有很大的开发前景。

　　海洋放线菌所含有的活性物质比其他海洋微生物更为丰富，也是抗肿瘤活性物质的重要来源。从一株海洋链霉菌中分离得到的结构新颖、含硫和含氮的一类生物碱能够体外抗 L_{1210} 淋巴细胞和 IMC 癌细胞的生物碱。从放线菌属的小单胞菌的培养液中发现了一种对一些革兰氏阳性菌有很强的抑制作用，并对一些人体肿瘤细胞表现出一定的拮抗作用地醌环素类抗生素。从一株海洋放线菌中分离鉴定了 1 个异黄酮类化合物、1 个苯甲酸类衍生物，及 6 个环的二肽类化合物，经实验均具有抗肿瘤活性。

　　从海洋真菌中分离到的次级代谢物中 70%~80% 都具有生物活性，这些代谢产物对肿瘤细胞的作用机制可能有别于海洋原核生物产生的天然产物。从海鱼中分离到的 1 株真菌，其发酵物中的 2 种肽类物质在体外对鼠白血病细胞 P388 和人类表皮样瘤 KB 细胞均有细胞毒性；从海底沉积物中分离到一株真菌，其发酵产物的乙酸乙酯浸提物对多种癌细胞株都具有较强的细胞毒性。从辽宁黄海、渤海地区的海水、海泥及海洋动物体中分离到 12 株能产生抗肿瘤活性物质的海洋真菌，其中一株海洋拟青霉菌还具有抗菌活性。

　　近年来，在微藻中已经发现多种能够抗菌、抗癌和抑制 HIV 等的生物活性物质。Pratt 等从小球藻中分离到的小球藻素脂肪酸混合物具有抗细菌和自身毒性的功能。前沟藻中含有的前沟藻内酯、小球藻和栅藻中含有的一种糖蛋白、海产衣藻（*Chlamy domonas* sp.）中含有的 L 型天冬酰胺酶等都具有抗肿瘤活性。此外，海洋硅藻中的很多种类也具有抗菌的活性。

　　总之，海洋微生物中蕴藏着大量的性状各异、结构多样的抗菌、抗肿瘤活性物质。随着科技手段的不断提高，从海洋微生物中筛选活性物质的步伐必将加快，海洋微生物活性物质也会很快走出实验室，应用于临床解决人们所面临的诸多问题。

　　海洋微生物除具有抗菌、抗肿瘤活性外，还具有其他多种药理活性。以 DHA 和 EPA 为代表的高不饱和脂肪酸（PUFA）具有抗血栓、降血脂和舒张血管等功能，DHA 更是在保护视力、增强智力、健脑和降低胆固醇等方面发挥重要的作用。海洋微生物富含高不饱和脂肪酸的主要是微藻中的金藻、甲藻、隐藻和硅藻，及真菌中的破囊壶菌和裂殖壶菌。

　　利用微生物生产 DHA 已经进行了工业化生产。多种微藻富含花生四烯酸、亚油酸、亚麻酸、胡萝卜素和类胡萝卜素等，它们都具有一定的预防和治疗心脑血管疾病的作用。例如，属于类胡萝卜素的虾青素就具有很强的抗氧化功能，在清除由紫外线照射产生的自由基和促进淋巴结抗体的产生方面发挥着重要的作用。

四、需要解决的几个关键共性与前景展望

（一）需要解决的几个关键共性

　　第一个关键共性：可培养性。从海洋微生物中成功发现新生物活性物质的前提是，所研究的微生物有比较理想的可培养性。但绝大多数海洋微生物很难培养，迄今可培养的菌还不足海洋微生物总数的 1%，这主要是因为人们还不了解或不能满足多数海洋微生物生长繁殖所必需的条件。就海洋微生物而言，绝大多数还不能在目前常用的培养基中生长繁殖。如何把更多的海洋微生物分离并培养出来是亟待探索的问题，若人类在这一瓶颈问题上没有实质性的突破，海洋微生物的研究利用将是十分有限的。

海洋微生物的分离培养条件与陆地微生物有所不同，可能需要根据海洋的各种生态环境因子、海洋营养的组成等设计不同的培养基和培养条件。鉴于这些思考，专家推测，一般的培养基组成，如蛋白胨、简单的糖类等并非理想的海洋营养素。在海洋环境中，复杂碳、氮源如几丁质、杂多糖、海洋蛋白质等可能是海洋微生物的天然底物，并且还应考虑小环境的特殊性。

此外，对于无机元素如铝、硅等（海洋沉积物中的大量元素）的影响也有待了解。海洋特定生境中的微生物常常对培养条件，如异常的温度、压力等有特殊的要求，目前在技术上还难以满足。这些均限制了人们的工作和思路。分子生物学技术的应用将从另一个角度为人们打开海洋微生物药库的大门。

第二个关键共性：可利用性。人类认识和研究微生物的目的就是充分利用它们。以新药发现为例，新先导化合物是研究开发新药的基础工作。从传统药、动植物提取物、陆栖微生物代谢产物中去发现新型生物活性物质是行之有效的，但由于研究时间较长，发现新型生物活性物质或先导化合物的概率在大幅度下降。因此人们扩大筛选对象，向海洋微生物索取新型的生物活性物质似乎成了明智的选择之一。海洋微生物的应用领域相当宽泛，但最主要的方向之一就是利用它们卓越而特殊的生物合成能力为人类造药。只有依靠海洋微生物培养、活性评价等工作和其他新技术的共同介入，才能充分挖掘海洋微生物的可利用性。

第三个关键共性：工业化进程。在摸索优化较大规模发酵条件时，一种很自然的做法是只锁定目标产物的得率，几乎不关注其他伴生代谢产物，虽然微生物为单细胞生物，但各自的生理生化特征差异相当悬殊。因此按这一传统做法，即使请经验丰富的发酵工程专家去实现海洋微生物的工业化发酵，整个发酵条件优化工作也难免处于盲目或半盲目状态。

另外，筛选到的活性物质一般存在有效成分含量低、难分泌到胞外、生物量低、培养困难等问题，都限制了海洋微生物药物的产业化。鉴于此，迫切需要引入能同时分析多个产物，并能同时评价多个因子如何影响目标产物得率的关键技术。

笔者看来，代谢组学方法可以满足这些要求。此方法既可在海洋微生物发酵条件优化阶段发挥重要作用，又可指导（或评价）活性（目标）物质的大规模分离、提取纯化和产业化生产等环节的工作。

（二）前景展望

海洋微生物正成为人们研究微生物的一大热点，尤其是海洋极端环境中的微生物。例如，存在于深海中的嗜热菌、嗜冷菌、嗜酸菌、嗜碱菌、嗜压菌和嗜盐菌等，它们是各种极端酶的产生菌，是分离纯化各种极端酶的重要资源，在工业、医药和环保中具有重要的应用价值。

随着海洋生物技术的进一步发展，加上细胞工程、基因工程、酶工程和发酵工程的应用，都为最大限度地开发和利用海洋资源提供了可能。但与世界上发达国家相比，我国在海洋微生物的开发利用方面进展缓慢，因此应该加快海洋科技的发展速度，把海洋微生物的可持续利用作为开发研究的指导思想，为振兴我国的海洋事业作出最大的贡献。

第八章　海洋微生物中的多不饱和脂肪酸和海洋生物酶

第一节　海洋微生物中的多不饱和脂肪酸

一、海洋微生物与 DHA

（一）富含 PUFA 的海洋微生物资源

传统上，工业鱼油是 DHA 和 EPA 等多不饱和脂肪酸的主要来源，尤其是深海鱼油。然而从鱼油中提取 PUFA 时却经常面临着这样的问题。

1）鱼油中的 ω-3 型 PUFA（主要是 DHA/EPA）的构成和含量随着鱼的种类、季节、地理位置等变化而变化。

2）从鱼油中提取的 PUFA 胆固醇含量高，并带有腥味，极大地影响了产品的品质。

3）在鱼油加工过程中的氢化处理工艺降低了鱼油中的 PUFA 产量。

4）复杂的加工处理过程使得 PUFA 的价格极为昂贵。

研究发现，鱼类并不是 PUFA 的真正生产者，它是通过吞食富含 PUFA 的藻类（海洋微藻→浮游动物→鱼）后在体内实现 PUFA 的积累，因此微藻才是 PUFA 真正的生产者。

培养海洋微藻生产 ω-3 型多不饱和脂肪酸，理论上讲应该是一条更为直接的途径。一方面，海洋微藻可以快速生长繁殖，自身合成并富集高浓度的 PUFA，在某些微藻体内 PUFA 的含量高达细胞干重的 5%~6%，其相对含量远远高于鱼体内 PUFA 的含量。另一方面，从藻体内提纯 PUFA 较从鱼油中提取的工艺更为简单，并且不带腥味，适合于作优质食品添加剂。同时，微藻不含胆固醇成分，避免了因服用鱼油胶囊而摄入大量胆固醇的缺点。有些微藻还可以直接食用，大大减少了 PUFA 在提纯过程中的氧化分解。

研究发现，不只海洋微藻，真菌也是 PUFA 真正的生产者。研究人员近年来发现，许多真菌有积累 DHA 和 EPA 的现象。在高山被孢霉（*Mortierella alpina*）、樟疫霉（*Phytophthora cinnamomi*）、终极腐霉（*Pythium ultimum*）、长孢被孢霉（*M. elongata*）、畸雌腐霉（*P. Irregular*）等真菌中发现了 EPA 的存在；在破囊壶菌（*Thraustochytrium* sp.）和裂殖壶菌（*Schizochytrium* sp.）等海洋微生物中发现了 DHA 积累。最近 Guo 和 Yota 甚至在酵母 FO726A 中也发现了 DHA 和 EPA 的积累。利用真菌生产 DHA 和 EPA，的工作还处于尝试和探索阶段，如果仅采用现有的真菌菌种和技术生产 DHA 和 EPA 仍然存在成本偏高、工艺流程不成熟、对外界因子干扰敏感、产量有限等问题。因此，积极开发和利用廉价的 EPA 和 DHA 生物资源和研究便捷的培养和生产方式便成为了广大商家和科学工作者共同关心的问题。

表 8-1 微藻及鱼油中 DHA 和 EPA 含量的比较
Table 8-1 The content of DHA and EPA in micro algae and fish oil

微藻及鱼油	PUFA	DHA	EPA
小环藻	10.6	—	23.8
三角褐指藻	9.2	—	26.9
硅藻 MK8620	40.1	—	12.6
球等鞭金藻 3011I.galbana	26.5	22.0	1.5
小新月菱形藻 2034 N.closterium	8.8	0.5	35.2
绿色巴夫藻 3012P.viridis	10.2	12.6	27.9
竹荚鱼	3.9	—	3.4
大马哈鱼	19.0	—	9.6
海鲑鱼	9.1	—	4.3

注：—未检出

较其他高不饱和脂肪酸如 EPA、ALA 来说，能够产生 DHA 的微生物种类要少很多，而 DHA 含量丰富的微生物种类多集中于海水金藻、甲藻、隐藻、硅藻及海洋真菌中的破囊壶菌和裂殖壶菌中。表 8-2 列出了 DHA 含量丰富的一些海洋微生物。

表 8-2 富含 DHA 的海洋微生物

微生物名称		EPA 占总脂肪酸/%	DHA 占总脂肪酸/%
金藻类	*Isochrysis galbana*（Tahitian）	0.2~12.8	3.7~19.4
	Isochrysis sp.	0.2~4.1	5.3~10.3
	Isochrysis sp.（Tahitian）	0.5~0.8	6.8~10.2
	Pavlova lutheri	16.2~28.3	3.6~15.5
	Pavlova lutheri（CS-182）	20.4~22.4	9.7~10.7
	Pavlova salina（CS-49）	25.4~28.2	10.2~11.0
甲藻类	*Amphidinium* sp.	8.0	17.4
	Gymnodinium sp.	13.3~13.7	31.9~32.3
硅藻类	*Cylindrotheca fusiformis*	7.7~20.3	1.1~12.6
	Thraustochytrium aureum	6	34
	T.roseum	6	11
海洋真菌	*Schizochytrium aggregatum*	4	11
	E.obscura	0	24

（二）DHA 的海洋微生物合成

目前对微藻高不饱和脂肪酸合成机制的研究已取得一定进展，认为微藻细胞从乙酰-CoA 合成十六碳饱和脂肪酸，然后在碳链延长酶和一系列脂肪酸去饱和酸及脱氢作用下逐步形成十六碳以上的高不饱和脂肪酸。合成途径与高等植物相似，更长链脂肪酸的生物合成在不同种类的微藻中有很大差别且更加复杂，往往涉及细胞质膜、叶绿体、内质网、微粒体及细胞质间复杂的相互作用。

环境因素对微藻 DHA 含量的影响可以从 DHA 合成机制上得到解释。在微藻的光和膜中，脂肪酸的不饱和水平决定着膜脂的相转变温度，即不饱和程度越高，膜脂的相转变温度越低。通过调节不饱和酶的酶量和活性，就能够改变膜脂的不饱和度，直接决定微藻的耐低温性、低温下光损伤的修复等许多重要生理功能。环境因素（如温度、光照等）正是通过某些分子机制来实现去饱和酶的表达及其活性调控的，从而使细胞得以迅速改变脂肪酸的组成来适应环境的变化。

影响海洋微生物合成 DHA 的因素主要由以下几个：

第一是温度。温度对海洋微生物的生长及脂肪酸的组成都有着显著影响。研究表明，对绝大多数海洋微生物而言，温度降低，细胞内脂类物质中高不饱和脂肪酸的含量增加。当培养温度由 36℃降至 15℃时，海洋真菌 *Thraustochytrium aureum* 脂类物质中 DHA 含量由 22%上升到 58%，增加了两倍多。

另一种海洋真菌 *Thratustochytrium* sp.脂类物质中不饱和脂肪酸随温度的变化更为明显，当温度由 35℃降至 15℃时，脂质中 DHA 含量由 18%增加到 64%，是高温下的 3.6倍；海洋金藻 *Isochrysis* sp.的 DHA 含量也随温度的升高而下降，15℃时含量最高，为1.4%。

也发现有的藻类的脂类含量及脂肪酸组成随温度的变化不大。

第二是光照。光照是影响 DHA 合成的又一重要因素。

在金藻 *Pavlova lutheri* 的培养过程中，光强由 6μE/（m·s）上升至 225 μE/（m·s）时，细胞脂质 DHA 含量由 3.6%上升至 9.7%。富含 DHA 的海洋破囊壶菌和裂殖壶菌都含有色素并具有光刺激生长特性。破囊壶菌 *Thraustochytrium aureum* 在荧光灯光照下的菌体量、总脂量及 DHA 产量均比黑暗培养要高。光照培养的 *Thraustochytrium* sp. 比黑暗条件下细胞生长速度快、菌体量显著提高，但脂质中 DHA 含量无明显变化。

第三是培养基组成。培养基中 C 源、N 源、P 源物质的种类及浓度，C/N 比、N/P比的大小，无机盐及微量元素添加与否均影响着 DHA 的含量及产量。

微藻培养常用的无机 C 源多为 $NaHCO_3$ 和 CO_2，有机 C 源则多为葡萄糖、果糖、蔗糖、酵母浸膏等。异养培养的微藻最容易利用的是小分子单糖类，葡萄糖是许多异养微藻的最佳 C 源和能源物质。葡萄糖也是破囊壶菌和裂殖壶菌发酵培养的良好 C 源，*Thraustochytrium* sp. 在以葡萄糖为 C 源时，DHA 产量要明显高于以亚麻籽油为 C 源。

$NaNO_3$、NH_4Cl 和尿素是培养微藻常用的 N 源物质，它们对微藻脂类合成及 DHA 含量的影响因藻种而异。破囊壶菌和裂殖壶菌发酵培养的 N 源物质为玉米浆、$(NH_4)_2SO_4$、酵母浸膏等。在培养基中适当添加谷氨酸钠、精氨酸盐等物质会对菌体的生长、脂类合成及 DHA 产量有一定的促进作用。

此外还有培养时间。不同生长时期的微生物有不同的生化组成。*Phaeodactylum tricornutum* 在对数生长期、静止期早期、静止期末期的脂质 DHA 含量分别是 0.61%、1.1% 和 0.4%，静止期早期的 DHA 含量较多。*Isochrysis galbana* 的 DHA 含量在静止期晚期达到最大。*Phodomonas* sp.的 DHA 含量则在对数生长期达到最大。说明微生物 DHA含量随培养时间的变化也具有种属的特异性。

（三）海洋微生物提取 DHA 的优势

以 DHA 和 EPA 为代表的高不饱和脂肪酸（PUFA）在人和动物的生理活动中起着重

要的作用。人及其他高等生物自身不能合成 DHA，而海洋微藻、海洋真菌等低等生物则具有合成 DHA 的能力，它们是 DHA 的原始生产者，并且在某些种类的海洋微生物中含量丰富，鱼类等海洋动物体内的 PUFA 即是依靠食物链通过吞食藻类及浮游生物才得以积累的。传统的 DHA 是从鱼油中获得，随着渔业资源的日渐紧缺及从鱼油中分离 DHA 成本高、具有鱼腥味、产品来源不稳定等缺点，以生物工程手段培养海洋微生物，从中获取 DHA，满足人类日益增长的需求，已成为世界各国竞相研究的热点。

（四）利用海洋微生物大规模生产 DHA 的制约因素

目前利用海洋微生物生产 DHA，大多数尚处于实验室研究阶段。国内的研究尚未见有工业化生产的报道，存在的制约因素及解决途径有以下三个。

第一个制约因素：筛选脂质中 DHA 含量高且生长速度快的优良藻种和菌种困难。脂质 DHA 含量丰富的微生物种类并不多，并且由于脂类物质在微生物体内含量本来就低，使 DHA 产量普遍较低，这必然增大生产成本及后面分离提纯工艺的难度。通过诱变育种筛选 DHA 高产微生物或将脂肪酸去饱和酶基因克隆并转移到生长速度快的微生物中，获得高产 DHA 的基因工程藻株或菌株，是实现工业化生产的先决条件。

第二个制约因素：微生物体 PUFA 代谢方面的基础研究不足。只有深入理解 PUFA 的代谢机制，才能够更有效地通过控制培养条件（温度、光照、培养基组成、培养方式等）来实现对微生物生长及 PUFA 合成的调控，通过优化培养条件获得高的生物量和 DHA 产量。

第三个制约因素：缺乏高效的生物反应器。海洋微生物要求的生长条件往往与传统微生物有很大区别，这对反应器的设计提出了更高的要求。目前开发的用于微藻培养的光生物反应器有很多类型，分为管道式光生物反应器、平板式光生物反应器、光纤光生物反应器等。存在的问题主要是当培养后期细胞密度较高时，大部分藻得不到充足的光照，使生长受到抑制，细胞密度难以大幅度提高；某些藻类生长时的附壁现象较为严重，给操作带来困难。只有开发出适用于海洋微生物生长的高效且成本较低的生物反应器，实现高密度培养，才能使利用微生物大规模生产 DHA 真正得以实现，并且增强产品的市场竞争力。

二、利用海洋微藻生产 DHA 和 EPA 的研究现状

（一）培养海洋微藻生产 PUFA 的现状

国际上利用海洋微藻生产多不饱和脂肪酸的研究始于 20 世纪 80 年代初期，并且多以自养微藻生产 DHA 和 EPA 为主，其中的三角褐紫藻（*P. tricornutum*）、紫球藻（*Porphyridium cruentum*）、盐生微小绿藻（*Nannochloropisis salina*）、球等鞭金藻（*Isochrysis galbana*）、硅藻（*Diatom*）等当时被认为最有可能实现微藻产业化。美国、日本、以色列等曾率先采用户外开放大池培养这些自养微藻，用以生产 PUFA，但结果并不尽人意。Cohen 和 Heimer 报道，户外培养红藻（*Porphyridium cruentum*）的 EPA 产量冬天为 0.5mg/（L·d），夏天为 1.0mg/（L·d）。Barelay 等据 Richmond 和 Vonshak 1982 年报道户外培养微藻的最高产

量 50g /（m² · d），和 Lopez 等 1992 年实验研究中报道自养微藻品系中 ω-3 型多不饱和脂肪酸最高含量值（在 *Isochrysis galbana* 中占干重 6.7%），对户外培养积累多不饱和脂肪酸的光合自养微藻最高产量进行了理论推断，其值也仅为 16.7mg/（L · d）。

我国微藻养殖方面发展较快，养殖方式也比较一致，都是采用开放式或半开放式的培养方式，培养一些可以作为生物饵料或者食品添加剂的藻种，对于开放大池培养微藻用以生产 PUFA 研究得不多。戴俊彪等曾对开放大池培养球等鞭金藻（*Isochrysis galbana*）生产 DHA 和 EPA 进行过初步的探讨。这些工作从一定程度上弥补了户外开放大池培养微藻的一些不足，然而这仍不能从根本上克服户外培养海洋微藻的诸多不利因素。

开放大池培养微藻的极低产量和难以对一些高纯度、高价值的产品进行纯种培养的缺陷，使其在推广微藻大规模培养上受到诸多因素的限制。后来人们又设计出密闭光生物反应器，并通过控制培养液浓度实现了连续培养。现在的光生物反应器已经发展为柱式光照发酵罐、管式及板式恒化反应器，及可实现培养条件计算机在线控制的光纤式光生物反应器等多种类型。

（二）培养海洋微藻产 DHA 和 EPA 的前景

利用密闭式光生物反应器培养微藻能够最大限度地控制养殖环境，减少污染发生，提高产量。据 Cohen 和 Arad 报道，利用这一技术可使 *Porphyridium* 产量增加 60%~300%，同时还可以降低收获成本。

选育富集 DHA 和 EPA 的异养藻种，设计适合的培养基及选择恰当的培养条件，实现微藻大规模异养培养生产 PUFA 是完全可能，而且也是可行的。这样一来便可以做到：①以现有的发酵设备进行微藻纯种培养，制造高值产品，减少设备投资；②实现培养条件自动化控制，使藻细胞快速生长繁殖，提高培养基单位容积的产率；③达到高效利用底物，提高细胞密度，利用现有的分离设备降低采收和产物提纯等下游技术的成本。

如今，国外异养微藻藻种选育工作已经取得了一定的进展。美国 Martek 公司筛选出硅藻种 *Nitzschia alba* 作为 EPA 的生产藻种，其 EPA 的最终产量为 0.25g/（L · d）；筛选出的 DHA 生产藻种 *Cryphecodinium cohnii*，其 DHA 的产量为 1.2g/（L · d），该公司已建成 150m³ 规模的工业化异养培养设备，用于生产富含 DHA 的微藻饲料。日本川崎制铁公司筛选出 DHA 生产藻种 *Crypthecodinium sp.*。

此外，研究人员对异养培养方法进行了研究。Chen、Michael 和 Johns 等发现，以发酵技术为基础，采用恒化培养、分批流加培养和膜过滤细胞循环系统进行微藻异养培养，可以保证藻细胞高密度培养的顺利进行。

海洋植物生物反应器高密度深层培养技术已被国内有关企业成功用于生产 DPA（二十二碳五烯酸）和不含 EPA 的 DHA 长链多不饱和脂肪酸。

当前，研究人员对微藻异养机制、生长动力学模型、培养条件等工作继续进行深入细致研究的同时，对异养藻种的选育工作也正紧张开展。

研究人员将首次采用离子束诱变育种技术和离子束介导转基因技术构建和选育高产 PUFA 的异养工程微藻。如果这项工作取得成功，不仅为海洋微藻，甚至可能将会为整个海洋生物育种工作注入新的活力，带来新的希望。

随着对藻种选育研究的继续深入、培养条件和培养方法的不断改进，解决 PUFA 生物资源短缺的问题将成为可能。培养海洋微藻生产 DHA 和 EPA，不仅具有重要的科学意义，更具有潜在的应用前景。

三、微生物生产多不饱和脂肪酸 PUFA 的研究进展

（一）产 PUFA 微生物种类的研究进展

研究发现，产 PUFA 的微生物多种多样，主要包括细菌、酵母、霉菌和藻类。

产 PUFA 的细菌主要包括嗜酸乳杆菌 CRL640、混浊红球菌 PD630、弧菌 CCUG35308 等。混浊红球菌 PD630 在葡萄糖或橄榄油中生长时，甘油酯中的脂肪酸含量占细胞干重的 76%~87%。弧菌 CCUG35308 脂肪酸主要为偶碳链脂肪酸（16：0、16：1、18：1 和 20：5），可用于 EPA[20：5（n-3）]的生产研究。

产 PUFA 的酵母主要包括弯假丝酵母、浅白色隐球酵母、胶黏红酵母、斯达氏油脂酵母、产油油脂酵母等。一般油酸是酵母最丰富的脂肪酸，其次是亚油酸。红酵母和假丝酵母可用于开发生产可可脂及其代用品。

产 PUFA 的霉菌主要包括深黄被孢霉、高山被孢霉、卷枝毛霉、米曲霉、土曲霉、雅致枝霉、三孢布拉氏霉等。特别是被孢霉属主要用于生产 γ-亚麻酸（GLA）和花生四烯酸（AA）；破囊壶菌 DHA[22：ω-3]含量较高；腐霉菌油 AA、EPA 含量较高。

产 PUFA 微生物的微藻包括盐生杜氏藻、粉核小球藻、等鞭金藻、三角褐指藻、新月菱形藻等。微藻主要用于生产 EPA、DHA。对于多不饱和脂肪酸的微生物生产，由于细菌产量低，目前主要集中在真菌和藻类的研究上。

（二）微生物 PUFA 合成途径的研究进展

在高等微生物如真菌和藻类中，PUFA 的生物合成是以饱和脂肪酸硬脂酸为底物，经碳链的延长和脱饱和 2 个反应而来，其分别由相应的膜结合延长酶和脱饱和酶催化。其中碳链延长由延长酶催化，把供体（乙酰辅酶 A 和丙二酰辅酶 A）上的 2 个碳原子引入碳链，增加其长度。脱饱和体系由微粒体膜结合的细胞色素 b5、NADH-细胞色素 b5 还原酶和脂肪酸脱氢酶组成，催化脂肪酸链的特定位置而形成双键。一般认为，脂肪酸链的延长和脱饱和作用是交替进行的。在合成途径中，第一个双键总是导入饱和脂肪酸的 Δ9 位置。因此，棕榈油酸（16：1 顺 9）和油酸（18：1 顺 9）是微生物中最常见的单烯。油酸通常由 Δ12 脱饱和酶脱饱和产生亚油酸。这 3 种脂肪酸是 ω-9，ω-6 和 ω-3 脂肪酸系列的基本母体。ω-3 族从合适的脂肪酸母体被 Δ6 脱饱和酶脱饱和，再发生相继的链延长和脱饱和，产生相应的 C20 和 C22　PUFA。n-9 族 PUFA 从油酸开始合成，由 Δ6 脱饱和酶、延长酶、Δ5 脱饱和酶作用产生 MA。ω-6 族脂肪酸通常由亚油酸通过脱饱和（Δ5、Δ5、Δ4）和延长形成，从亚油酸到 GLA、AA、adrenic：acid（22：4 顺 7，10，13，16）DPA（22：5（ω-6））。

与其他生物一样，细菌也需要多种酶参与脂肪酸的合成，通常称为脂肪酸合成酶。大多数细菌脂肪酸合成采用 II 型脂肪酸合成酶系，其中心为酰基载体蛋白（ACP）。在脂肪酸合成过程中，反应中间体与 ACP 结合，合成涉及多个脂肪酸的脱氢和碳链延长。某

些细菌还有类似动物合成脂肪酸的Ⅰ型脂肪酸合成酶系。但是，海洋细菌 PUFA 的合成机制不同于其他生物，合成过程中不涉及重要的脂肪酸脱氢和延长机制，其合成由一种聚酮合酶（PKS）催化。目前认为，在低温海洋生态系统中，细菌 PUFA 的合成是 PKS 酶作用的产物。

（三）海洋微生物生产 PUFA 的研究进展

近 10 多年来，具有保健或医疗功能的特种油脂日益受到人们的青睐。有关微生物油脂的研究，主要集中在利用微生物生产经济价值高的特殊营养油脂，尤其是对人类具有营养保健功能的多不饱和脂肪酸的生产上。

1. 海洋 γ-亚麻酸的研究进展

γ-亚麻酸是人体必需脂肪酸之一，具有明显的降血脂和降低血清胆固醇的作用，目前被广泛应用于医药、保健食品、高级化妆品中。据董欣荣报道，1948 年 Bernhard 和 Albercht 首先从布拉克须霉的菌丝体脂肪中鉴定出真菌 GLA，含量高达 16%。1985 年，Suzuki 等利用深黄被孢霉、葡酒色被孢霉、拉曼被孢霉和矮被孢霉以浓度为 60~400g/L 的葡萄糖为碳源发酵培养，菌体油脂含量达 35%~70%，GLA 占 3%~11%。英国科学家使用爪哇镰刀菌，以小麦淀粉生产的葡萄糖作为培养基进行发酵，GLA 含量高达 16%。

陈波等以深黄被孢霉为出发菌株，经紫外线诱变处理，采用抗性筛选法，直接在梯度平板上挑取抗脂肪酸脱氢酶抑制物抑芽丹的菌株进行初筛，然后经摇瓶发酵法测定相关性能指标进行复筛，获得 1 株生产性能比出发菌株显著提高的突变株 M80，其菌体收率达 25.10g/L、油脂产率达 12.35g/L，GLA 产率达 771.88mg/L。吕飒音等通过紫外线诱变和甘草酸筛选，获得高产菌株被孢霉 A02，其摇瓶培养生物量达 12g/L，GLA 产量为 0.96g/L。

张玲等以雅致枝霉 As3.3456 为出发菌株，经 2 次 5-氟尿嘧啶、紫外线、氯化锂复合诱变处理，得突变株 TE7-15。经培养，生物量为 19.04g/L，粗脂肪含量为 3.94g/L，产脂率为 20.67%，GLA 产率达 1079.95mg/L，能满足工业化生产的要求。

目前，γ-亚麻酸的发酵生产已实现了工业化生产，以被孢霉系列居多。对被孢霉来说，葡萄糖、蔗糖为最适碳源，天冬酰胺、尿素为最适氮源。后期适当降低温度和良好的通气条件有利于 GLA 的积累。

2. 海洋花生四烯酸的研究进展

花生四烯酸一般存在于陆地动植物油脂和一些植物油中，但含量极低，是合成前列腺素的前体。其代谢产物 PG、TX、LT 具有调节脉管阻塞、血栓、伤口愈合、炎症及过敏等生理功能。

王啸等对深黄被孢霉 AS3.2793 和 MUI0310 进行紫外线和氯化锂复合诱变，及硫酸二乙酯和氯化锂复合诱变，并涂布在诱变培养基上，对分离出的突变株进行摇瓶发酵初筛，从中得到 1 株产花生四烯酸的菌株。该菌株在摇瓶产脂培养基中发酵 8d 生物量达 16.57g/L，油脂含量达 49.10%，油脂得率达 8.14g/L，油脂中花生四烯酸的含量为 0.9%。

3. EPA 和 DHA 的研究进展

传统上 EPA 和 DHA 的主要来源是鱼油，但由于产量不稳定、得率低、易氧化、鱼腥味重等原因，使得其生产和使用受到限制。近年许多研究表明，一些微生物具有合成 EPA 和 DHA 的能力，特别是某些真菌和藻类含量丰富，有望成为新的 EPA 和 DHA 的资源。

杜冰等通过对破囊壶菌 ATCC34304 等 4 株菌发酵液分析发现，ATCC34304 易培养，且 DHA 含量高。对 ATCC34304 的发酵培养基组分和发酵条件深入研究后得出，在以淀粉为碳源的培养基中，28℃，170r/min 摇床光照培养 6d，DHA 含量达 320.1mg/L。刘吉华等以玉米和葡萄糖作为碳源，尿素、酵母、牛肉浸膏作为氮源发酵培养轮枝霉（*Diasporangium*），6d 后菌丝中的 EPA 含量达到 253.7mg/L。

张秋会等对 8 种海洋微藻进行培养，提取脂肪所用的微藻为 1 号三角褐指藻、2 号中肋骨条藻、3 号新月菱形藻、4 号等鞭金藻、5 号绿色巴夫藻、6 号小球藻、7 号微拟球藻、8 号紫球藻。经皂化、酯化处理后用气相色谱测定 EPA，DHA 含量。结果表明，EPA 高产藻株为新月菱形藻，产量为 16mg/L，占粗脂肪重的 26%，占细胞干重的 3.3%；等鞭金藻为 DHA 高产株，DHA 产量为 3.2mg/L，占粗脂肪重的 9.1%，占细胞干重的 5.2%。

第二节　海洋微生物与海洋生物酶

海洋生态环境复杂，高盐度、高压力、低温及特殊的光照条件可能使海洋微生物产生不同于陆地来源的特殊次级代谢产物。海洋微生物作为获得活性物质的新来源，正日益为国内外海洋研究工作者所重视。近 20 年来，随着科学技术的发展和人们对开发海洋资源意识的增强，有关海洋微生物产生新型生物酶的报道逐渐增多，海洋微生物成为开发新型酶制剂的重要来源。目前，国外已经从海洋细菌、放线菌、真菌等微生物体内分离到多种具有特殊活性和工业化开发潜力的酶制剂，部分产品已经开始投入工业化生产。

一、海洋微生物与蛋白酶

目前蛋白酶得到广泛应用，如中性蛋白酶可用于皮革脱毛，蛋白胨、酵母膏的加工等；酸性蛋白酶可用于洗涤剂；碱性蛋白酶则用于医药用消化剂、消炎剂及食品工业、毛皮软化工业等领域。在生产加酶洗涤剂方面。蛋白酶可帮助去除血渍、奶渍、汗渍及各种蛋白质污垢。1960 年，丹麦首先利用地衣芽孢杆菌生产碱性蛋白酶，并将其用于生产加酶洗涤剂。

20 世纪 70 年代初，Nobou 从海洋嗜冷杆菌中获得一种新型的海洋碱性蛋白酶。迄今为止，国内外研究开发的海洋生物蛋白酶产品已有 20 多个。一些海洋船蛆腺体内的共生细菌 ATCC39867 可以产生碱性蛋白酶，该酶具有较强的去污活性，在 50℃可以加速提高磷酸盐洗涤剂的去污效果，在工业清洗方面有一定的应用价值。邱秀宝等从海水、海泥及海鱼等样品中获得 210 株海洋细菌，从中筛选出 30 株产碱性蛋白酶活力较高的菌株，经紫外线诱变后得到酶活性明显提高的菌株 N1-35。研究发现，该菌株所产蛋白酶在 20℃时活性约为 40℃时的 50%，而从陆地土壤中分离的细菌产生的蛋白酶在 20℃的活性仅为 40℃的 25%。可见，海洋细菌产生的低温碱性蛋白酶同陆生细菌相比，具有明显的优势。另外，Reid 等从溶藻胶弧菌（*Vibrio alginolyticus*）中提取到一种胶原酶，在工业上具有一定的应用价值。

二、海洋微生物与脂肪酶

脂肪酶可广泛应用于制革、毛皮、纺织、造纸、洗涤剂、食品加工、医药及天然橡胶等的脱脂加工领域。以洗涤剂为例，目前欧洲各国市场加酶洗涤剂占有量已达 90%，日本为 80%（主要是蛋白酶和纤维素酶），而我国仅占 10%，且只是添加单一的蛋白酶。碱性脂肪酶可以作为洗涤剂酶和蛋白酶一起加入到洗衣粉中，制成双酶洗衣粉。

近年来，随着海洋资源的不断变化，中上层鱼类已成为海洋捕捞的主要对象之一，如鲐鱼、鲭鱼等品种资源丰富，开发潜力巨大。但这些鱼类脂肪含量偏高，易变质，这对于鱼类的保鲜、加工、销售等都有一定的困难。鱼类加工中目前常用的脱脂方法包括压榨法、萃取法和碱法，而新兴的脂肪酶脱脂法同这些方法相比，具有无法比拟的优越性，如特异性强、安全、无毒、无污染、条件温和易控制等，为人们所关注。

微生物脂肪酶最早是在 1935 年由 Kirsh 从草酸青霉（*Penicillium oxalicum*）中发现。日本、美国曾报道从冷海水区域分离得到的微生物能够产生耐低温的脂肪酶。Feller 等从南极海水中筛选出 4 株分泌脂肪酶的耐冷莫拉氏菌（*Moraxella*），它们的最适生长温度为 25℃，但其脂肪酶的最大分泌量需在低温条件下，最低温度可达 3℃。

三、海洋微生物与多糖降解酶

（一）海洋微生物与几丁质酶和壳聚糖酶

几丁质又称甲壳素或甲壳质，是广泛分布于自然界的生物多聚物。几丁质及其脱乙酰基产物——壳聚糖，经水解后得到的寡糖具有增强人体免疫机能，促进肠道功能，消除体内毒素，抑制肿瘤细胞生长等多种重要生理功能。因此，甲壳素的降解成为近期人们关注的热点。

由于海洋浮游动物在生长过程中进行规律性地换壳，产生大量废弃的几丁质，为几丁质降解微生物的生长繁殖提供了丰富的碳源和能源。目前已发现能够产生几丁质酶或壳聚糖酶的微生物种类繁多，包括曲霉（*Aspergillus*）、青霉（*Penicillium*）、根霉（*Rhizopus*）、黏细菌（*Myxobacter*）、生孢噬细菌（*Sporocytophaga*）、芽孢杆菌（*Bacillus*）、弧菌（*Vibrio*）、肠杆菌（*Enterobacter*）、克雷伯氏菌（*Klebsiella*）、假单胞菌（*Pseudomonas*）、沙雷氏菌（*Serratia*）、色杆菌（*Chromobacterium*）、梭菌（*Clostridium*）、黄杆菌（*Flavobacterium*）、节杆菌（*Arthrobacter*）、链霉菌（*Streptomyces*）等。在这些微生物中，褶皱链霉菌（*S. plicatus*）、创伤弧菌（*V. vulnificus*）、球孢白僵菌（*Beauveria bassiana*）等的研究较多，包括酶的分离纯化、理化性质及作用机制方面。Osawa 等从 6 种海洋细菌 *Vibrio fluvialis*、*V. parahaemolyticus*、*V. mimicus*、*V. alginolyticus*、*Listonella anguillarum* 及 *Aeromonas hydrophila* 中发现几丁质酶或几丁二糖酶。目前已经有多种来自细菌和真菌的几丁质酶基因得到克隆。Suolow 和 Jone 将来自黏质沙雷氏菌的两个几丁质酶基因 *ChiA* 和 *ChiB* 嵌入大肠杆菌中，随后又嵌入到假单胞菌中，获得了 4 株几丁质酶的高产菌株。Roberts 和 Cabib 将几丁质酶基因导入到植物体中，获得了对烟草病原菌 *Alternaria longipes* 有较强抗性的植株。

（二）海洋微生物与褐藻胶裂合酶

褐藻是海洋中生物量最大的资源之一。褐藻多糖具有多种生理活性和广泛的应用价值，而经降解后得到的低分子片段，在医疗保健、食品保藏、植物促生长和诱抗等方面具有多种功效。例如，相对分子质量< 1000 的褐藻胶寡糖可作为人表皮角质化细胞的激活剂；聚合度 1~9 的寡聚甘露糖醛酸或古罗糖醛酸可用于制作矿物吸收促进剂；褐藻胶寡糖还具有植物激发子效应，诱导植物产生抗虫抗病化合物和相关蛋白，参与植物的防御反应等。褐藻胶酶还可作为海藻解壁酶的组成部分，在海藻养殖工业中发挥重要作用。1995 年，戴继勋等由海带、裙带菜病烂部位分离得到褐藻胶降解菌别单胞菌 *Alteromonas espejiana* 和 *A. macleodii*，利用发酵得到的褐藻胶酶对海带、裙带菜进行细胞解离，获得了大量的单细胞和原生质体。海藻单细胞在海藻养殖工业中具有重要的科研和应用价值，并可作为单细胞饵料用于扇贝养殖，可明显促进亲贝的性腺发育和成熟，促进幼体的发育。

褐藻胶裂合酶是通过β消去反应裂解褐藻胶的糖苷键，并在寡聚糖醛酸裂解片段的非还原性末端形成 4，5-不饱和双键，经褐藻胶裂合酶降解后可存在三种嵌段形式的寡聚糖醛酸，均聚甘露糖醛酸（M）n、均聚古罗糖醛酸（G）n 和 M、G 混杂交替片段。褐藻胶酶的主要来源是海洋中的微生物和食藻的海洋软体动物。已发现的产褐藻胶裂合酶海洋微生物包括弧菌、黄杆菌 *F. multivolum*、固氮菌 *Azotobacter vinelandii*、克雷伯氏菌 *K. aerogenes*、*K. pnermoniae*、假单胞菌 *P. alginovora*、*P. aeruginosa*、肠杆菌 *E. cloacae*、别单胞菌、芽孢杆菌等。早在 1934 年，Waksman 就从海水和海底沉积物及藻体上分离到能降解褐藻胶的菌种。1961 年，安藤芳明等报道从腐烂的海带叶片上分离到能降解褐藻胶的细菌 *Vibrio* sp. SO-20 菌株，认为该菌与海带藻体病害有关。

1997 年，Tomoo 等利用别单胞菌 H-4 发酵生产褐藻胶裂合酶，不仅可以降解褐藻酸钠和古罗糖醛酸甘露糖醛酸聚合物，而且可以降解聚甘露糖醛酸和聚甘露糖醛酸，降解产物为 DP7-8、5-6、3-4 三种主要的寡聚糖产品。

（三）海洋微生物与琼胶酶

琼胶是一种亲水性红藻多糖，包括琼脂糖（agarose）和硫琼胶（agaropectin）两种组分。琼脂糖是由交替的 3-O-β-D-半乳呋喃糖和 4-O-3, 6 内醚- A- L-半乳呋喃糖残基连接的直链组成的。硫琼胶结构则较为复杂，含有 D-半乳糖、3,6-半乳糖酐、半乳糖醛酸及硫酸盐、丙酮酸等。琼胶寡糖在食品生产中有广泛的应用价值，如可用于饮料、面包及一些低热量食品的生产。日本利用琼胶寡糖作为添加剂生产的化妆品对皮肤具有很好的保湿效果，对头发有很好的调理效果。Wang 利用海洋细菌产生的琼胶酶制备出的琼胶寡糖还表现出良好的体外抗氧化活性。

酸法降解琼胶因反应剧烈、工艺条件难以控制而逐渐被酶法降解所代替。降解琼胶的酶可以从微生物和一些软体动物中分离得到。琼胶降解菌主要存在于海洋环境中，这些降解菌可分为两类：一类菌软化琼胶，在菌落周围出现凹陷；另一类菌则剧烈地液化琼胶。1902 年 Gran 第一次从海水中分离到琼胶降解菌假单胞菌（*P.galatica*）。目前已从噬细胞菌（*Cytophage*）、芽孢杆菌、弧菌、别单胞菌、假别单胞菌（*Pseudoalteromonas*）及链霉菌等中发现到琼胶酶。1994 年 Sugano 等报道了一种来源于海洋细菌 *Vibrio* sp. JT0107 的 A-新琼寡糖水解酶。此酶水解琼胶的 A- 1,3-糖苷键产生新琼五糖、新琼三糖、新琼二糖、3,6-内醚- L- 半乳糖、D-半乳糖。利用硫酸铵沉淀、连续的阴离子交换柱层析、凝胶过滤色谱、疏水色谱得以纯化。纯化的蛋白质在 SDS PAGE 上得到一条带，相对分子质量为 42 000，凝胶过滤测得相对分子质量为 84 000，推测此酶为二聚体。有几种琼胶酶的基因得到了克隆和定序，1987 年 Mervyn 得到链霉菌的琼胶酶基因（*dagA*）。1989 年 Rosert 对假单胞菌琼胶酶的基因 *agrA* 进行了序列分析。1993 年 Yasushi 对弧菌的 *agaA* 基因进行了克隆和定序，1994 年又对同种菌的一种新的 B-琼胶酶的基因 *agaB* 进行了序列分析。

（四）海洋微生物与卡拉胶酶

卡拉胶是一种来源于红藻的硫酸多糖，80% 的卡拉胶被应用在食品和与食品有关的工业中，可用作凝固剂、黏合剂、稳定剂和乳化剂，在乳制品、面包产品、果冻、果酱、调味品等方面应用较为广泛。另外，在医药和化妆品方面也有所应用。经降解后得到的卡拉胶寡聚糖则表现出多种特殊的生理活性，如抗病毒、抗肿瘤、抗凝血、治疗胃溃疡和溃疡性结肠炎等。早在 1943 年，Mori 就从海洋软体动物中提取到能够水解角叉菜卡拉胶的酶。现在已经在假单胞菌、噬细胞菌、别单胞菌 *A. atlantica*、*A. carrageenovora* 及某些未鉴定菌种中发现到卡拉胶降解酶。Sarwar 等利用含有卡拉胶的培养基发酵海洋噬细胞菌 1k-C783，获得其胞外 J-卡拉胶酶，经硫酸铵沉淀、离子交换层析及 Sephadex G-200 凝胶过滤后得到分子质量为 10kDa 的单一组分。Mou 等从海洋噬纤维菌 MCA-2 中分离到胞外 J-卡拉胶酶，分子质量为 30kDa，该酶降解卡拉胶后形成以卡拉四糖和卡拉六糖为主的终产物。

（五）海洋微生物与纤维素和半纤维素降解酶

纤维素为自然界第一大糖，植物细胞中的纤维素约占 50%，半纤维素占 25%~ 30%，其余的则主要是木质素。迄今发现能够产生纤维素酶的细菌包括 *Cytophaga*、Cellulomonas、*Vibrio* 和厌氧菌 *Clostridium*，放线菌 *Nocardia*、*Streptomyces*，真菌则包括 *Trichoderma*、*Chaetomium*、*Asp ergillus*、*Fusarium*、*Phoma*、*Sporotrichum* 和 *Penicillium* 等。半纤维素酶一般是指能够水解构成植物细胞壁的纤维素和果胶以外的多糖类的酶类总称，如木聚糖酶、半乳聚糖酶、阿聚糖酶、甘露聚糖酶等，其中木聚糖酶具有尤为重要的经济价值。

纤维素酶可用于生物纺织助剂、棉麻产品的磨洗等后处理，用于海藻解壁及生物肥料加工等。随着海藻工业的迅猛发展，大量的海藻加工废弃物产生并排放到环境中，造成极为严重的环境污染问题，利用纤维素酶降解海藻加工废弃物，得到易被植物吸收利用的低聚分子片段，制成生物肥料的同时解决了环保问题。木聚糖酶能以植物残渣中的半纤维素为原料生产经济价值较高的产品，如木糖醇。在造纸工业中，利用木聚糖酶来预漂纸浆，可以提高木质素溶出率，减少 Cl_2 和 ClO_2 的用量，减少环境污染，并改善纸浆的特性。木聚糖酶能够降解果汁、啤酒中的一些多糖类物质，从而有利于这些饮料的澄清。木聚糖酶也可用于提取咖啡、植物油和淀粉，用于改善农作物青贮饲料及谷类饲料的营养成分等。

Takashi 等利用紫菜粉或木聚糖分离到 275 株细菌，包括 *Flavobacterium*，*Alteromonas*、*Acinetobacter* 和 *Vibrio*。它们具有多种糖苷酶活性，能够降解紫菜等海藻的细胞壁多糖，包括木聚糖、紫菜多糖、甘露聚糖和纤维素，得到紫菜细胞的原生质体，其中木聚糖酶活性最高。

（六）海洋微生物与其他的多糖降解酶

岩藻聚糖是一种复杂的硫酸多糖，由岩藻糖、半乳糖、木糖、甘露糖、阿拉伯糖及糖醛酸等共同组成。Furukawa 等通过 DEAE- Toyopearl 650mol/ L、Sephacryl S- 300 HR 等方法对海洋弧菌产生的岩藻聚糖酶进行纯化，得到 3 种不同的酶蛋白，用其对底物进行酶解后形成以小分子寡糖为主要成分的产物。Yaphe 和 Morgan 曾报道，两株海洋细菌 *Pseudomonas atlantica* 和 *P. carrageenovora* 在以岩藻聚糖为唯一碳源的培养基中培养 3d 后，对底物的利用率分别达 31.5% 和 29.9%。

日本从东京湾海泥中分离到一株环状芽孢杆菌（*B.circulans*），在常规培养基中不生长，将培养基进行适当稀释后（如 1/3 浓度的心浸汤培养基），菌株方可生长并产生一种新的葡聚糖降解酶。该酶作用于葡聚糖的 A-1, 3-键和 A-1, 6-键，在溶解牙齿上链球菌产生的不溶性葡聚糖方面具有一定的潜在用途。从海洋杆菌属中也曾分离到一种新型的葡聚糖酶，在 37℃ 显示其最适酶活，这一特性适合应用于口腔医疗、保健上。

Araki 等从自然海区中分离到 117 株能够产生 B-甘露聚糖酶的海洋细菌，分别属于 *Pseudomonas*、*Alcaligenes*、*Klebsiella*、*Enterobacter*、*Vibrio*、*Aeromonas*、*Moraxella*、*Bacillus* 等属。

（七）海洋微生物与海洋极端环境微生物酶

海洋环境极其复杂，包括低温、高温、高静水压、强酸、强碱及营养条件极为贫乏的各种极端环境。在这些环境中，仍然可以发现有微生物在其中生长繁殖。微生物要在这种环境中得以生存，必须从自身的生理结构、代谢方式及生活行为各方面发生适应性的改变，以适应这种极端恶劣的环境条件。因此，从这些环境中筛选得到的微生物，可能具备某些特殊的生理活性，能够产生某种特殊的代谢产物，具有重要的应用价值。正因如此，近年来人们开始对海洋极端环境微生物产生了浓厚的兴趣，使其成为微生物研究的新兴领域。

以嗜冷菌、耐冷菌为主的低温微生物在生态学方面具有明显的优势。应用低温微生物不易受杂菌污染、作用条件要求简单、高酶活力及高催化效率等优势，可大大缩短处理过程的时间并省去昂贵的加热/冷却系统，因而在节能方面有相当大的进步。在低温酶类中，脂肪酶和蛋白酶具有相当大的潜力，特别是在洗涤业方面。研究发现，南极海洋细菌中，77% 是耐冷型，23% 为嗜冷型。由于南极独特的地理气候特征，形成了一个干燥、酷寒、强辐射的自然环境，生存于其中的微生物具备了相应独特的分子生物学机制和生理生化特性，成为产生新型生物活性物质的重要潜在资源。Feller 等从南极环境中筛选到一株产 A-淀粉酶的嗜冷型别单胞菌 *A.haloplanctis*，该菌在 4℃生长良好；在 18℃条件下细胞繁殖和酶的分泌将会受到影响；在 0~30℃，该菌的 A-淀粉酶活力比来自恒温动物的 A-淀粉酶活力高 7 倍。从南极中山站、长城站附近分离到产纤维素酶的耐冷性丝状菌，该菌在 0℃和 5℃都能分解纤维素，并能在低温下保持增殖能力。Kolene 等在耐冷型细菌 *P. putida* 中进行了嗜温型质粒（TOL 质粒 pWWO）介导的降解能力的转移和表达，该转移接合体在 0℃的低温条件下能够降解甲苯甲酸盐并利用它作为唯一碳源。将嗜温菌在代谢方面的有用性能经质粒介导转移至低温菌中，这一方法的建立能够增进利用微生物降解作用从不同的相对寒冷环境中去除污染物质的成功可能性。

从深海火山口附近发现的古细菌可以在 100℃以上的极端环境生存，因此这些微生物具有在高温下稳定的酶系统，其热稳定性的核酸酶，如 DNA 聚合酶、连接酶及限制性内切核酸酶等在分子生物学中具有极为重要的应用价值。Lundberg 等从嗜热古细菌激烈热球菌（*Pyrococcus furiosus*）中纯化了一种耐高温的 DNA 聚合酶——pfr 聚合酶，该酶具有多聚酶　和校对的双重功能，在 100℃下能有效地发挥功能，应用该酶可扩增出高保真的 PCR 产物。

研究表明，静压力能够对酶的热稳定性产生明显的促进作用，高压作用下酶通常具有良好的立体专一性；但当压力超过一定的范围时，酶的弱键容易被破坏，导致酶的构象解体而发生失活。因此，从海洋微生物体内筛选嗜压酶能够弥补这一问题，从而挖掘嗜压酶在工业上的应用潜力。深海嗜压微生物是获取嗜压酶的重要来源。1979 年有人第一次从 4500m 以下的深海环境中分离到嗜压菌。日本从海洋环境中分离到多株嗜压菌，发现深海嗜压菌体内的基因、蛋白质和酶对高压环境具有极高的适应能力，嗜压菌的发现为进一步开发和研究嗜压酶提供了良好的基础。

海底环境中存在一些高酸、高碱的区域，这些区域中分离到的微生物往往具有很强的嗜酸性或嗜碱性，能够在 pH5 甚至 pH1 以下，或 pH9 以上的特殊环境中生存，它们产生的胞外酶通常也是相应的嗜酸酶（最适 pH< 3.0）或嗜碱酶（最适 pH> 9.0）。同中性酶相比，嗜酸酶在酸性环境中的稳定性是由于酶分子所含的酸性氨基酸比例偏高，嗜碱酶分子所含的碱性氨基酸的比例偏高。它们产生的耐酸极酶或耐碱极酶有可能应用于催化酸性溶液或碱性溶液中化合物的合成。

海水的平均含盐量为 3%，部分区域为高富盐区域，其中生活有大量的耐盐或嗜盐微生物。嗜盐微生物体内的很多酶类能够在高盐浓度下保持稳定性，为开发这类工业酶提供良好的来源。

四、海洋微生物酶的展望

21 世纪是海洋的世纪，海洋是人类生命的巨大宝库。西方各国政府为了缓解 21 世纪人口、资源与环境之间日益突出的矛盾，纷纷制定了各自的海洋生物研究开发计划，其中海洋生物酶的研究是海洋生物研究开发计划的重要方面。海洋生物特别是海洋极端微生物的工业应用酶已经成为美国海洋生物技术的重要领域，由海洋基金资助的 1997~1999 年在研项目中，海洋生物酶项目就有 4 个。日本在海洋生物酶的研究方面也在不断加大投入，1992 年提出了从深海微生物中寻找具有特殊性质的蛋白质基因并将使其产业化的计划，有关酶的在研项目涉及到了低温酶、高温酶、碱性酶（包括蛋白酶、淀粉酶、木聚糖酶、海藻酸裂解酶、脂肪酶等）。加拿大、西班牙、芬兰和俄罗斯等国家也在加紧对海洋生物酶的研究。

从总体看，由于海洋生物的多样性和生物代谢的特殊性，有关海洋微生物酶的研究在全球范围内仍是刚刚起步，但其开发应用的潜力巨大。在这一问题上，我国必须抓住机遇，加大研究投入力度，努力从海洋环境特别是海洋微生物中挖掘新型生物酶资源。

第三节　海洋微生物与海洋极端酶

一、海洋生物极端酶

（一）海洋极端微生物

极端微生物是指在极端环境下（包括高温、高压、高盐、高/低 pH 等）能够正常生存的微生物群体的统称，又称嗜极菌。

海洋极端微生物是指在海洋中存在一些能在高温、寒冷、高酸、强碱、高盐、高压或高辐射强度等极端环境下生活的微生物，如嗜冷菌、嗜热菌、嗜酸菌、嗜碱菌、嗜盐菌、嗜压菌和耐辐射菌等，统称为海洋极端微生物。

海洋极端微生物所处的环境特殊（高盐、低温、高压、缺氧、阴暗等），深海中微生物具有显著的耐盐、耐温、耐压、耐缺氧等特性，其遗传代谢有特异性的变化，可产生新颖的生化活性物质。通过海洋微生物产生的药物有多肽、多糖、酶类、核苷酸、免疫调节剂、受体抗拮剂及多种海洋天然活性物质。

（二）海洋极端酶

酶是一种生物催化剂，很多酶在高温、低温或者强酸碱环境下均会失去活性，这就限制了其应用范围。极端环境微生物酶的发现正好弥补了这一不足。极端酶可大致分为嗜热酶、嗜冷酶、嗜酸酶、嗜碱酶、嗜压酶、嗜盐酶等，这些酶在普通酶失活的条件下仍然能保持较高的活性，其优异的催化效果无疑会给众多的应用领域增添新的活力，它们的应用和发展将为需酶工业带来一场革命。目前对极端海洋生物酶的开发利用主要集中在嗜热酶和嗜冷酶。嗜热酶具有良好的热稳定性，在食品加工和化工领域广泛应用。

来源于海洋极端微生物、在非常严格条件下仍能发挥作用的酶是海洋极端微生物在极其恶劣环境中生存繁衍的基础。

极端环境微生物产生的极端酶一直都是海洋活性物质研究的热点之一。

二、海洋微生物极端酶的开发和应用

海洋极端微生物作为产酶资源正成为一个新的研究热点。根据极端微生物的分类，相应地将海洋极端酶大致分为嗜热酶、嗜冷酶、嗜压酶、嗜酸酶、嗜碱酶、嗜盐酶、耐有机溶剂酶等。

极端酶超出了传统酶催化功能的临界范围，其优异的催化效果给众多的领域带来了新的活力，有着广阔的应用前景和开发潜力。

（一）嗜热酶的开发及应用

从嗜热微生物中已筛选到多种热稳定性的酶，如淀粉酶、蛋白酶、葡萄糖苷酶、木聚糖酶、磷酸烯醇丙酮酸激酶及 DNA 聚合酶，这些酶在 75~100℃内具有良好热稳定性。嗜热酶可在高温下参加反应，很少有杂菌能在这种条件下生存，从而避免了体系被杂菌污染，同时减少了细菌代谢物对产物的污染，提高了产物的纯度。

海洋极端环境如海底火山口附近微生物产生的耐热酶有着开发潜力。美国研究人员从这种特殊环境的火山口壁（105~113℃）找到了嗜热微生物（extremophiles），如神rolobusfUI larii 能在这种高温环境中生殖，在 90℃以下则不能生长；还有一种在 150℃下能生存的产甲烷大古单细胞生物如 *Methanopyrus*，能产耐高温酶；从另一种耐高温菌如烈火球菌（*Pyrococcus furiosus*）中获得一种聚合酶，称为 Pfr 聚合酶，在 100℃下能有效发挥酶功能，在聚合酶链反应（PCR）技术方面发挥着重要作用。

Ken 等从日本浅海热流床分离的嗜热菌 *R. obamensis* 中纯化的磷酸烯醇丙酮酸激酶（PEPC）的研究发现，PEPC 的最适反应温度为 70℃，在 85℃下作用 2h 活力保持不变。深海极端嗜热菌 *Methanococcus jannaschii* 产生的蛋白酶的最适催化温度为 116℃，113℃下仍有活性，是目前已知最耐热的蛋白酶，而且该酶酶活性和热稳定性随压力提高而提高。

由于嗜热酶的高温反应活性，及对有机溶剂、去污剂和变性剂的较强抗性，使它在食品、医药、制革、石油开采及废物处理等方面都有广泛的应用潜力。例如，在食品加工过程中，通常要经过脂肪水解、蛋白质消化、纤维素水解等过程处理，由于常温条件下进行这些反应容易造成食品污染，因此很难用普通的中温酶来催化完成。

嗜热性蛋白酶、淀粉酶及糖化酶已经在食品加工过程中发挥了重要作用。例如，用淀粉生产高果糖浆时，普通的葡萄糖异构酶在中温条件下催化果糖产量很少，而提高温度将促进果糖的生成。造纸工业传统的方法是利用强酸或强碱进行处理，大约 90%的木质素可以被水解，但产生严重的环境污染。1, 4-β-木聚糖内切酶，其最适温度为 105℃，用这种酶处理木浆可以有效地去除木质素，减少化学漂白剂的用量，从而减少了环境的污染。嗜热酶在污水及废物处理方面有着其他方法无法比拟的优越性。科学家不仅利用嗜热酶的耐热性，更重要的是利用它对有机溶剂的抗性。例如，人们利用苹果酸脱氢酶在极性的乙醇溶液中有很高的活性和 3-P-甘油醛脱氢酶在丙酮、乙醇及甲醇等极性溶剂中也有很高的活性。在许多污染地区，其污染源的主要成分是烷类化合物，而它们在水中的溶解度随链的增长而降低，随温度的提高而提高，所以用生物法在高温下去除烷类化合物的污染有很大优势。

（二）嗜冷酶的开发及应用

根据 Morita 的定义，嗜冷微生物是指能在 0~70℃生长，生长的最适温度在 15℃以下，能够生长的最高温度在 20℃以下的微生物。嗜冷微生物产生的很多酶在低温下才显出高效的催化效率，此类酶称为嗜冷酶，其最适酶活温度在 40℃以下。

目前已报道的嗜冷酶种类很多，但研究最多的是嗜冷菌产生的胞外酶如嗜冷的 A-淀粉酶、嗜冷蛋白酶、嗜冷酯酶等。海洋微生物学家从深海和南北极中分离到各种嗜冷酶，如从南极嗜冷菌 *Alteromonas haloplanctis* A23 分离到的嗜冷 A-淀粉酶已被详细研究。

Kim 等对来自北极的嗜冷菌（*Aquaspirillum areteumd*）的苹果酸脱氢酶进行了研究。Brenchley 等发现一株嗜冷菌产生的 β-半乳糖苷酶同功酶具有不同的最适温度。

从海洋鱼类中分离的 *Pseudomonas* sp. P L-4 产生的嗜冷蛋白酶的最适催化温度为 25℃，在 0℃仍具有最高活力的 15%。而中温蛋白酶的最适催化温度一般为 50~60℃，在 0℃下具有不到 1 %的最高酶活力。因此这些嗜冷酶在许多需要低温催化的行业中具有潜在的应用价值。

蛋白酶和脂肪酶是洗衣粉中主要的添加酶。由于中温蛋白酶和脂肪酶的最适酶活温度都在 50℃左右，因此传统的洗涤是热水洗涤。因为热水会使酶保持较高的催化效率，从而达到最佳去污效果。但热水洗涤成本高且有时对衣物不利。利用嗜冷蛋白酶和嗜冷脂肪酶作洗衣粉添加剂，利用 30~40℃的水洗涤就可达到最佳去污效果，从而降低洗涤成本，保护衣服。

嗜冷蛋白酶已在美国、欧洲等地用于洗衣粉。工业废水和废物是地球环境的主要污染源。由于嗜冷酶在常温与低温下酶活较高，因此用于工业废水废物的处理及环境污染的处理也比较合适。

嗜冷酶在食品加工业中的应用前景也很大。将嗜冷酶用于食品加工可以改善食品风味，用于果汁澄清、啤酒澄清等。由于嗜冷酶在中温下就失活，因此在这些行业中应用嗜冷酶当达到最佳效果后，只需在中等温度保持较短时间就可使酶失活，这样不会因温度高而破坏食品的风味。

另外，低温酶在化妆品、饲料、牙膏、医药等方面也比较有优势。因为这些产品的应用环境温度都在 30~40℃，而在这个温度下，嗜冷酶往往具有最高酶活。总之，在所有温度低于 40℃而且需要酶催化的工艺中，利用嗜冷酶比较合适，容易达到最大催化效率。

（三）嗜压酶的开发及应用

随着海水的加深，深海的静水压越来越大。因此生活在深海的微生物均为嗜压或耐压微生物。嗜压菌是指最适生长压力大于 40MPa 的细菌。深海嗜压微生物是嗜压酶的重要来源。

Michels 等报道，深海嗜热嗜压菌 *Methanococcus jannaschii* 产生的嗜压蛋白酶，当压力增值 50 个大气压时，酶的稳定性提高 2.7 倍，酶催化反应速度提高 3.4 倍。从 6500m 深的海底沉积物中分离到的 *Sporosarcina* sp. strain DSK25 产生的碱性丝氨酸蛋白酶的活性在 60 MPa 下比在一个大气压提高了近一倍，而且升压可以提高深海细菌某些酶的产酶量。

高压增加了酶的活性和热稳定性，且高压作用下酶往往有良好的立体专一性。在高温高压下，底物溶解度增加，溶剂黏度减少，提高了物质的传输效率。这些决定了嗜压嗜热酶在化学工业上有着良好的应用前景。

（四）嗜碱酶的开发及应用

到目前为止，嗜碱菌还没有确切的定义。日本微生物学家 Horikshi 把那些在 pH9 以上、在 pH 0~12 之间最适或生长良好、但在 pH6.5 左右不能或仅能缓慢生长的微生物称嗜碱菌。嗜碱菌分泌的酶往往是相应的嗜碱酶。目前关于海洋嗜碱酶报道得很少，但嗜碱酶在工业上有着多种用途，如嗜碱放线菌产生的碱性酶主要有碱性蛋白酶、淀粉降解酶、木聚糖酶和几丁质酶。嗜碱酶在高 pH 下具有稳定和高酶活等优点，主要应用于去污剂工业、制革业、食品业和造纸业。

三、海洋微生物低温酶特性及其在食品工业中的应用

海洋微生物低温酶的研究对开发海洋生物资源、促进国民经济发展有重大理论价值和现实意义。因此，对海洋微生物特别是对其低温酶的开发和利用是海洋生命科学面向实用化的必然。

（一）海洋微生物低温酶的嗜冷特性及机制

根据 Margsin 等的定义，通常把最适催化温度在 20℃左右，且在 0℃左右仍保持一定催化效率的酶称为低温酶。

海洋微生物由于终年生活在低温的海水环境中，经过长期的进化发展，有着适应低温环境的特殊结构与代谢机制，这些酶所产生的酶大多数具有低温催化和对热不稳定的特性，其活性的最适温度接近低温或在低温以下仍保持较高比例的活性。它们在低温下有着比其他酶更高的催化效率，并具有很高的比活力和在较低温度下特有的稳定性。

通常认为，低温酶对冷适应性的特征可能是由低温酶分子含有更加富有弹性的结构造成的，使它在低温催化时，构象能迅速改变，同时结构的柔性有利于同底物分子更好接触。另外，盐键和芳香型基团的相互作用对低温酶在低温下的适应性强弱也有着一定的影响。

关于低温酶冷适应性机制，目前主要从以下两方面来解释。

第一方面，其分子结构特征有别于中温酶。这一点使得低温酶分子在低温下具有良好的"分子柔性"。

第二方面，其具有低温下酶促反应的热力学特性。即具有较低的活化能，使得酶分子在低温下催化时所消耗的能量较低。

（二）海洋微生物低温酶的种类

目前研究开发比较多的海洋微生物低温酶主要有以下几种。

首先是核酸酶。从海洋微生物中获得的核酸酶主要有 DNA 聚合酶、DNA 修饰酶（连接酶、限制性核酸内切酶）、RNA 聚合酶。

除此之外，在对海洋微生物低温酶的研究中，要数对低温蛋白酶的研究最多，特别是日本在这方面做了大量的工作。

还有海洋微生物低温酶中的多糖水解酶，主要包括甲壳质酶、琼胶酶、褐藻酸酶、

卡拉胶酶等。

在低温酶中，淀粉酶也是比较重要的一种。

酯酶也是具有相当大市场潜力的低温酶之一。它是分解催化脂肪中酯键的酶类，具有水解或合成的能力。

除上述几种之外，日本和美国等国家在从冷海水区域的微生物中分离得到了其所产生的耐低温的脂肪酶。

（三）海洋微生物低温酶在食品加工业中的应用

海洋低温微生物生产的酶超出了传统酶催化功能的临界范围，其优异的催化效果给众多的领域注入了新的活力。由于其具有广泛的适度性，因此低温酶在食品加工业中有广泛的应用，其中蛋白酶、淀粉酶和酯酶等具有相当好的应用前景和很大的市场潜力。

海洋蛋白酶是食品领域应用最多的酶，尤其广泛应用在肉食加工领域。海洋微生物生产的蛋白酶在食品加工业中有着普遍的应用。例如，用于奶酪成熟、牛奶加工；在肉食品加工中，低温蛋白酶有助于肉的嫩化；在面包加工中的应用，蛋白酶在面包加工业中的合理运用可缩短生面发酵时间，提高面包质量。历史上几乎所有的蛋白酶都用来添加到面粉中以缩短和面时间和改变面团的黏稠度，从而保证面团的均匀性，帮助控制面包的质地并改善风味。所以，有许多研究致力于蛋白酶在面包加工业中的应用。目前已经研究了几种微生物蛋白酶在面包加工业改良中的应用，虽然尚远未完成，但已经得知其中大量蛋白酶的应用，主要是作为加工助剂和应用纯化酶对孤立的面筋蛋白改性。一般在面包加工过程中，蛋白酶可被用来改变面筋蛋白的性质，少量的蛋白酶能对面筋的物理性质产生很大的影响，已有相关研究证明面筋的软化是蛋白酶催化肽键断裂的直接后果。除此以外，蛋白酶在其他如饼干生产等焙烤工业中也有广泛的应用。实验表明，在高速的混合加工中应用高浓度的蛋白酶，蛋白酶尽管能大大地缩短生产时间，但是它除可以产生良好的作用外，也可能会产生破坏性的作用。因此，对蛋白酶在食品加工业中的有效应用尚有待更深入地研究。也有报道称，蛋白酶和淀粉酶结合使用可提高蛋白酶的有效性。

大量文献资料表明，利用淀粉酶能改善和控制面粉的处理品质和产品质量（如面包的体积、颜色、货架寿命），同时良好的体积和抗固化能力是成功应用淀粉酶的关键。低温淀粉酶的合理利用，对克服某些普通淀粉酶的缺陷具有积极意义，并能更好地提高生产效率和产品质量。

目前，利用微生物酶法生产风味物质在国际上已经引起了极大重视。例如，运用酯酶改善食醋的风味。目前，酯酶在浓香型酒类的增香技术方面的运用还不是十全十美，尚有不少技术需要进一步探讨、改善。随着海洋低温微生物酯酶的开发和利用，对进一步解决其在运用中存在的问题和弥补原有的不足将起到很大的推进作用，同时也将更好地促进食品加工生产业的良性发展。

（四）海洋低温酶的国内外研究进展

西方各国政府为了缓解 21 世纪人口、资源与环境之间日益突出的矛盾，在 20 世纪末纷纷制定了各自的海洋生物研究开发计划，凭借其技术和资金的优势，投入了大量经费，为大规模开发利用海洋生物资源做了充分的人才和技术装备。其中海洋生物酶的研究是海洋生物研究开发计划的重要方面。海洋生物特别是海洋极端微生物的工业应用酶已经成为美国海洋生物技术的重要领域，由海洋基金资助的 1997~1999 年在研项目中，海洋生物酶项目就有 4 个。根据 1996 年年底的美国海洋基金报告，美国对海洋生物技术的支持在不断增加，仅国家海洋基金的投资，1994 年为 320 万美元，1995 年为 520 万美元，1996 年为 1200 万美元。日本在海洋生物酶的研究方面也在不断加大投入，于 1992 年提出了从深海微生物中寻找具有特殊性质的蛋白质基因并将使其产业化的计划，如"深海之星"计划。有关酶的在研项目涉及低温酶、高温酶、碱性酶（包括蛋白酶、淀粉酶、木聚糖酶、海藻酸裂解酶、脂肪酶等）。另外，在加拿大，海洋科学研究所在 1997~1999 年也正在开展海洋嗜热菌热稳定性酶的研究。西班牙、芬兰和俄罗斯等国家也加紧对海洋生物酶的研究。

我国关于海洋生物酶的研究开发仅是起步，实施的"九五"国家科技攻关计划中，酶开发应用项目很多，包括纤维素酶、木聚糖酶、甘露聚糖酶、几丁质酶、碱性脂肪酶、碱性蛋白酶、果胶酶、葡萄糖转移酶、果糖转移酶、饲料用酶及碱性弹性蛋白酶、青霉素酰化酶等医药用酶等，但极少有海洋生物酶。"十五"国家科技攻关计划中，对海洋生物酶研究的资助有所增加，中国水产科学研究院黄海水产研究所、中山大学、山东大学等单位都取得了很多成果，有的已经实现产业化。

从总体看，由于海洋生物的多样性和生物代谢的特殊性，有关海洋微生物酶的研究在全球范围内仍是刚刚起步，但其开发应用的潜力巨大，因此海洋生物酶的开发愈来愈引起世界各沿海国家的重视。我国应抓住机遇，使我国的研究与开发走在前面。

第九章　海洋微生物与海洋药物

第一节　海洋微生物与抗菌药物

一、海洋抗菌物质国内外研究现状

在当今抗生素普遍应用的时代，社会和科学界对细菌的耐药性迅速出现显得措手不及，因此迫切需要新类型抗生素快速和持续的开发，以适应细菌抗生素敏感性改变的速度。

由于海洋环境的特殊条件，使海洋微生物具有丰富的生物多样性。近年来的研究发现，海洋微生物及其代谢产物的活性成分具有化学结构的多样性、生物活性的多样性、高生物活性、特殊作用机制等一些非常值得注意的特点。日本近年来对海洋微生物进行了广泛研究，发现约有 27% 的海洋微生物具有抗菌活性，许多成分是陆地生物不存在的，这为人工合成抗菌药物提供了新颖的先导化合物。

在过去的 10 年中，通过微生物筛选来寻找抗生素和其他具有医疗和保健价值的活性化合物的开发研究正在迅速展开，许多具有新分子结构的抗菌、抗病毒化合物已被分离和鉴定，其活性成分是多种多样的，包括萜烯、脂肪酸、大环内酯类、醌类、肽类、生物碱、醚类及杂环化合物等，其中有些成分的结构、性质已被阐明。也有许多含尚未鉴定其活性分子结构的微生物萃取物，用于预防和治疗水产养殖动物的病害。海洋微生物作为一个极其重要的、不可取代的具医药价值的生物活性物质的来源，其意义还在于所含生物活性分子结构较简单的化合物可作为人工合成的模式，而含大量复杂结构的化合物，人类目前尚无法合成，只能依赖从微生物细胞中提取。因此，用微生物发酵法生产海洋天然化合物的前景非常广阔。

国外在 20 世纪 40 年代就开始了海洋微生物抗生物质的研究。50 年前从海洋生物中发现并研制成功了第一个新抗生素——头孢菌素，开创了开发海洋新抗生素的先河。近几年，由于海洋生物技术的发展，从海洋生物中提取的抗感染活性物质更是层出不穷。

在日本发现约 27% 种属的海洋微生物具有抗菌活性，还检测了海洋微生物对金黄色葡萄球菌、大肠杆菌、白假丝酵母等 8 种细菌和真菌的拮抗作用，结果发现海洋微生物中 14.1% 的细菌、44.0% 的放线菌、0.5% 的真菌都具有不同程度的拮抗性。日本又从海洋细菌中提取出广谱低毒抗生素——伊他霉素，并进行人工修饰与合成。

美国 Cyanamtd 公司的研究人员采集分离了世界各地的海洋微生物，运用他们独家开发的严加保密的分子筛选技术，测试各种微生物抗菌、抗病毒和抗癌特性的征兆，及作为心血管和中枢神经系统疾病药物的苗头。随采样船只，每日可检测千余份样品，他们已发现了一系列的先导化合物。例如，从沿岸采集分离的细菌所产生的 btoxalomycin，不论在体外或体内都显示了令人感兴趣的抗菌特性。Myerssquib 公司也在筛选能产生抗腹泻和抗炎症药物的海洋微生物。这些微生物是从海水、海砂和海泥里分离到的。据透露，最使他们感兴趣的是抗微生物感染海洋生物活性物质。

　　福建海洋研究所的方金瑞教授等首次报道由海洋耐盐、嗜碱放线菌产生的抗菌物质，它有强的耐盐能力，特别是能在 pH10 的培养基里生长并产生抗菌物质。所产生的抗菌物质包括两个部分：一部分是脂活性的抗革兰氏阳性细菌的物质；另一部分是水活性的广谱的抗生素。后者经分离、纯化和鉴定，是一种新型的氨基糖苷类抗生素，称为丁酰苷菌素，它对许多细菌具有强的抑制作用。过去报道，丁酰苷菌素是由环状芽孢杆菌产生的，而由海洋微生物产生还是首次报道。这为氨基糖苷类抗生素的化学改造开辟了新途径，成为我国首次发现的海洋新抗菌药。田黎等从东海大陆架、渤海、珠江口、黄岛等地采集菌株，从中筛选出若干株具有抗菌活性的芽孢杆菌，研究了这些海洋芽孢杆菌的培养、提取条件与抗菌蛋白的关系及抗菌蛋白的性质发现海洋芽孢杆菌的生长适宜范围宽，生长繁殖快，抗逆力强，产生的抗菌活性物质，抗菌谱广、性状稳定，具有很好的开发价值。来自陆地的芽孢杆菌产生的多肽类，大多对病原细菌具有抑菌作用，仅少数抗真菌，而该实验发现的芽孢杆菌对病原真菌具有很强的抑制作用，这些抗菌活性物质的纯化和结构测试工作尚在进行之中。何培青等也从海泥中发现了海洋芽孢杆菌，其胞外代谢产物多肽类具有很强的抑菌活性。

　　微藻同原生动物一样都是真核原生生物，属微生物范畴。微藻中的许多种属都能产生生物活性物质。

　　Pratt 等是最早从微藻中分离抗生素的研究者，他们从小球藻 Chlorella 中分离到小球藻素（chlorellin）脂肪酸混合物，此混合物具抗细菌和自身毒性的功能。Hansen 研究发现马汉母赭胞藻 Ochromonas malhamensis 中存在一种结构尚未鉴定清楚的叶绿素酯（chlorophyllide）抗生物质。Pesando 研究表明，日本星杆藻 Asterionella japonica 中产生的顺二十碳五烯酸（cis-eicosapentaenoicacid）的光氧化产物具极强的抗生活性。Ishibashi 等从伪枝藻 Scytonema pseudohofmanni 中分离出的 scytophytin-A 是强烈的细胞毒素和杀菌剂，对 KB 癌细胞最低抑制浓度为 1ng/mL，在浓度为 10μg/mL 时具有广谱的抗真菌作用。Beriand 等认为固着列金藻 Stichochrysis immobilis 中具有抗菌活性的物质可能是一种多肽。丙烯酸（acrylic acid）是人们第一次从一种褐囊藻 Phaeocystis pouchetii 中分离得到并确认对革兰氏阳性细菌、酵母菌、曲霉菌等很有效的抗菌物质，它在细胞内通常部分以游离状态存在，部分以无活性的巯基乙酸二甲内盐形式存在。后来这两种化合物在许多微藻中都有发现。灰色念珠藻 Nostoc muscorum 中含有的酚类化合物能够抑制多种人类致病菌的生长。对海洋蓝藻次级代谢物生理活性的研究报道最早见于 1962 年 Starr 等发表的文章，研究者从夏威夷的蓝藻 Lyngbya majuscula 藻体的甲醇提取物有抗生素活性，对 Micrococcus pyogenes var. Aureeus、Mycobacterium smegmatis 等拮抗，但对 Escheerichia coli 和 P. Aeruginosa 则无作用，当时未能分离到活性成分。Moore 等从陆生的蓝藻泉生软管藻 Hapalosiphon fontinalis 的提取物中分出一种含氯和异腈基团的吲哚生物碱软吲哚 A，这种吲哚生物碱具有抑制藻类生长和抗真菌的活性。后来 Moore 又从这种藻中分离出 18 种含量极少的软吲哚，它们皆具有抗细菌和真菌的活性。Gerwick 等于北波多黎各沿岸的浅水域中采集的热带海洋蓝藻 Hormothamnion enteromorphoides 中分离到一系列亲脂性的环肽。其中极性最小的一个环肽 hormothamnin A 具有细胞毒性和抗微生物活性，其藻体的脂提物有明显的抗革兰氏阳性菌的活性，用硅胶柱层析和

RP-HPLC 可以轻易地将其分离。Entzeroth 等从海水蓝藻河口鞘丝藻 *Lyngbya aestuarii* 中分出一种脂肪酸 2,5-二甲基十二酸，它同样能抑制别的藻类及水生高等植物的生长。这种藻的浅水变种 *Lyngbya majuscula* 含有一种 7-氧甲基-十四碳-4-烯酸，它能抑制革兰氏阴性细菌的生长。Moore 等在 Oahu 的 Kahala 海滩的蓝藻 *L.majuscula* Gomont 藻体的二氯甲烷提取物中得到的内酯 malyngolide 具有明显的抗菌活性，尤其对 *M. smegmatis* 和 *Streptococcus pyogenes* 有较强的拮抗活性，对 *Staphylococcus aureus* 和 *Bacillus subtilis* 的活性稍弱，而对 *Enterobacter aerogenes*、*E. Coli*、*P. Aeruginosa*、*Salmonella enteritidis* 无活性。从培养的甲藻 *G. Toxicushai* 中离出的几个多环醚化合物 gambieric acid A、gambieric acidB、gambieric acidC 和 gambieric acidD 及 gambierol 显示出抗真菌活性。甲藻产生的多醚化合物和大环内酯化合物与链霉菌属产生的大环内酯抗生素很相似。前一类化合物以冈田酸（okadaic acid）为代表，它是一种强力的蛋白磷酸酶抑制剂。后一类化合物包括一系列细胞毒素化合物，如由 *Amphidinium* sp.产生的 amphidinolide A~V，来自 *ProrocentriumLime* 的 prorocentrolide，及发现于 *Goniodoma（Gonyaulaxxx）* sp.的 goniodomin A。goniodomin A 除具有强力的抗真菌活性外，该 25 元环的大环内酯能刺激放线菌 ATPase 的活性。另外，由一些硅藻表现出来的抗生素活性过去主要归结为相当普通的游离脂肪酸衍生物，但是最近在普通的硅藻 *Asterionella* sp.中发现了一组具有偶氮酸酯结构的化合物 asterlionellin A、asterlionellinB 和 asterlio- nellinC，这种未曾见过的具有环烯偶氮酸酯基的结构需要进一步研究加以证实。偶氮酸酯基是发现于若干种抗生素如 elaiomycin 油霉素中的氧化偶氮基的同分异构体，它们可能有相似的生物合成来源。近来的研究表明，海洋硅藻 *Chaetoceros lauderi*、*C. Brevis*、*C. Socialis*、*C. Diadema*、*C. Protuberans*、*C. Psceudocurvisetus*、*C. Simplex*、*Tetraselmi ssuecica*、*Skeletonema costatum* 等具有抑制弧菌的作用，特别是 *Skeletonema costatum* 具有极广的抗菌谱。Richard 等对蛋白核小球藻的研究发现，无论其脂溶性化合物的粗提物，还是其各洗脱组分，均对 2 种革兰氏阴性菌——大肠杆菌和普通变形杆菌没有抑制活性。说明蛋白核小球藻的脂溶性化合物对革兰氏阳性菌的抑制活性大于对革兰氏阴性菌的抑制活性。有关藻类提取物对细菌和真菌抑制活性的比较，通常是对细菌的抑制活性大于对真菌的抑制活性。该实验中对蛋白核小球藻的研究，其脂溶性化合物的粗提物对真菌的抑制活性明显大于对细菌的抑制活性。因此，不同的藻类对细菌和真菌的抑制活性有明显的差异。除上述的微藻能产生抗菌物质外，其他一些微藻也能产生具有抗菌活性的物质。

　　另外，国内外学者的研究表明，海洋动植物体内含有多种以共生或互生方式生活的微生物。前苏联学者研究发现，20%~50%海鞘、海参体内的微生物可产生具有细菌毒性和杀菌活性的化合物。据估计，海绵中的共生微生物约占海绵体积的 40%，可从中获取多种生物活性物质。Ayer 等从贻贝组织匀浆液中分离到的木霉属真菌，能产生有抗菌活性的多肽类物质。Dopazo 等发现来自潮间带绿褐藻的产色菌株对鱼的病原菌有很强的拮抗能力。Egan 等从澳大利亚悉尼周围海域石莼表面分离到 5 株细菌，其中 3 株可抑制多种细菌和真菌的生长。

　　Yoshikawa 等从大型海藻 *Halimeda* sp.表面分离到的一株海洋细菌 *Pseudoalteromonas* sp.其产生的一种新的抗生素 korormicin 具有特定的抑制海洋革兰氏阴性细菌的活性，对陆生微生物无抑制活性。马悦欣对从 10 种不同海藻中分离的 122 株细菌进行的抑菌实验表明，60.7%的菌株有抗菌活性，且对海洋细菌和陆生细菌均有作用。但2002年分离的菌株对指示菌枯草芽孢杆菌没有抑制作用，而2003年分离的菌株有6株对枯草芽孢杆菌有抑制作用，且5株分离自石莼，该5株菌对海洋革兰氏阴性菌的抑制作用较差。郑忠辉等从厦门海区潮间带的石莼和浒苔中各分离的8株拮抗菌中分别有2株对枯草杆菌有抑制作用。可见不同藻类、同一藻类不同海域环境、不同年份分离的海洋细菌有不同的抗菌机制。不同海域生物样品中拮抗菌的分离比例也不同。Lemos等检验了来自西班牙潮间带海藻上的微生物种类，从62个海藻样品分离出的菌株中有17%有抑菌现象。Burgess等发现从苏格兰沿岸海藻及无脊椎动物样品分离的体表附生菌中，35%的菌株有拮抗活性。骆祝华等从厦门海域生物样中分离到30株细菌，拮抗菌株占30%；从红树林区生物样中分离的菌株拮抗比例高达69.2%。张军东等的实验也证明了这一点，2002年角叉菜上拮抗菌的分离比例最高为87.5%，其次是石莼和浒苔，均为50%，而鼠尾藻的拮抗菌分离率仅为25%；2003年石莼的分离比例最高达100%，其次是海膜，分离比例为80%，分离比例最低的为角叉菜和单条胶黏藻，也达60%，说明了有抗菌活性菌株的分离比例与分离时间有关。黄耀坚等从厦门海域的石莼和浒苔分离出的拮抗菌的比例是17.4%和15.4%，而马悦欣等从大连海域两种藻类分离出的拮抗菌的比例与之相比要高得多，原因之一是实验菌株的培养时间不同，也反映了海洋细菌的多样性、不同海藻个体的特异性和不同海域环境的差异。说明海藻附生拮抗细菌的存在和数量取决于宿主及其体表的微环境条件。

不同的海洋真菌抗菌范围不同。日本学者Kobayashi等寻找到一种抑制与致畸变作用很强的真菌，从250mL发酵液中得到发酵提取物约7mg的结晶。该化合物具有抗真菌活性及微弱的抑制微管蛋白聚集的作用。该真菌是从日本Yap岛的礁石上采集到的，经鉴定为*Chaetomium* sp.。Christophersen等从海洋动植物和海底沉积物中分离了227株真菌，用不同的培养基培养后提取无细胞抽提物，其中7株真菌提取物对溶血弧菌有活性，5株提取物对金黄色葡萄球菌有活性。Hller等对分离自海绵的681株中的92株真菌的培养提取物进行抗微生物活力测定，有63%的菌株可抑制至少一种指示菌，只有7%的提取物对大肠杆菌有活性，而36%的提取物对巨大芽孢杆菌有活性。李淑彬等对从10种不同海藻上分离的99株真菌进行了抑菌实验，结果表明31.3%的菌株有抗菌活性，其中9株对海洋细菌和陆生细菌均有作用，尤其是指示菌费氏弧菌对21株拮抗真菌敏感，25.8%的菌株对大肠杆菌有拮抗活性。拮抗真菌的初步鉴定结果表明，有拮抗活性的菌株以青霉属为主，占总拮抗菌的71%。王书锦等从辽宁近海的8个位点（包括大连）的海泥和海水样品中分离得到30株真菌，初步鉴定认为青霉属菌株居多数，占海洋真菌总数的70%。

二、海洋微生物产生的抗菌类物质

（一）抗生素类活性物质

1. 头孢菌素类

第一次世界大战后，在意大利海岸污水中发现了冠头孢菌（*Cephalosporium acremonium*），经培养得到天然头孢菌素C，再经半合成改造其侧链得到头孢菌素（cephalothin）。它是一种三萜类化合物，分子式为 $C_{33}H_{50}O_8$，是一种良好的广谱抗生素。之后以此为基础，研制出一系列半合成头孢菌素类抗生素。我国也很快研制成功这类具有 β-内酰胺环的抗生素，定名为先锋霉素，现经不断改造其侧链，并按其生产年代的先后及抗菌性能的不同而分为一、二、三代（约 30 余种），最近已有头孢匹罗（cefpirome）等第四代头孢菌素类药物。早在 1947 年 Rosenfeid 等实验了 58 株海洋细菌，发现其中 7 株对一般非海洋型细菌有强大的抗菌作用，并指出这 7 株多属球菌及芽孢杆菌。1958 年 Grein 等又实验来自近岸的 166 株海洋放线菌，发现有 70 株对各种革兰氏阳性及附性菌均有抗菌活性。1966 年 Bamm 等从 341 株海洋细菌中筛选出 60 株具有抗菌活性，它们分别为 45 株是好气产孢子菌、11 株是球菌、2 株是革兰氏阳性杆菌、2 株是链丝菌，其中 58 株对沙门氏菌有较强抗菌活性。1966 年 Burkholder 等分离到一种名为食溴假单胞杆菌，其产生一种多溴化合物（$C_{10}H_4NOBr_5$），对革兰氏阳性菌有强大抑制作用。

近年来，致病微生物对传统抗生素产生的抗性速度加快，使人们对新的高效抗生素的需求越来越迫切。日本近年来对海洋微生物进行了广泛研究，发现约有 27%的海洋微生物具有抗菌活性。

2. 氨基糖苷类

海洋微生物产生的氨基糖苷类主要有 4 种。

小诺霉素（micronomicin），又名相模霉素，因首先由日本相模湾的小单孢菌株中产生。其组成为 N（6'）-甲基庆大霉素 C 1a 的硫酸盐，抗菌谱近似庆大霉素，主要用于大肠杆菌、克雷白杆菌、变形杆菌、沙雷杆菌、绿脓杆菌及大肠杆菌属等革兰氏阳性杆菌引起的呼吸道、泌尿道、腹腔及外伤感染，也可用于败血症。

8510-Ⅰ抗生素研究者从一种海洋链霉菌中发现了氨基糖苷 8510-Ⅰ抗生素。方金瑞等从厦门鼓浪屿附近的海底的泥样中分离得到一种链霉菌亚种（*Streptomyces rutgersensis*），经发酵提取得 8510-Ⅰ，对绿脓杆菌和一些耐药性革兰氏阴性菌有较强活性；另一株放线菌所产生的抗菌活性物质是氨基糖苷类的丁酰苷菌素，具有保护氨基糖苷类抗生素免受一部分钝化酶的破坏作用，并由此开辟了氨基糖苷类抗生素化学修饰的新途径。

阿泼拉司霉素（aplasmompcin）是另一种氨基糖苷类抗菌物质，由海洋酵母培养产生。海洋微生物具有与土壤微生物不同的生理特征，从海洋环境分离的微生物，特别是沿岸海域分离的微生物，常常是陆源微生物的稀有种属，冈崎氏报道从日本相模湾的浅海泥中分离出链霉素 SS-2O，采用稀释酵母培养基，并增加氯化钠含量培养，提取到无色结晶抗生素阿泼拉司霉素（aplasmomycin），对 G^+ 有强抑制作用，体内实验可抑制疟原虫，对动物毒性较小。用同样的菌株培养还得到两个乙酸基化合物 aplasmomycin B 和 aplasmomycin C、aplasmom-ycin B 具有抗菌活性和离子输送能力，而 aplasmomycin C 却没有这两种作用。冈崎氏等也报道从相模湾的浅海泥中由钦氏菌产生的抗生素 SS-228Y 能抑制 G^+ 菌，也能抑制小鼠艾氏腹水癌和多巴胺 β-羟化酶。该产品对光和热不稳定，光照或加热迅速变成 SS-228R 物质，后者无抗菌活性，但对多巴胺 β-羟化酶仍有一定的抑制作用。

氨基糖苷类抗菌物质天神霉素（istamyclns）则可以从多种海洋微生物中获得。目前已从海洋微生物如细菌、放线菌、真菌中分离出大量抗生素、抗病毒、抗肿瘤、酶类抑制剂，如天神霉素（istamycins）系由海泥中的链霉菌 *S. tenjimarientis* 分离得到，该抗生素具有强大的抑制革兰氏阳性菌和革兰氏阴性菌活性。

（二）其他抗菌物质

王书锦等从我国黄海、渤海、辽宁近海地区分离得到了 8161 株海洋放线菌并进行了抗菌活性研究，发现 H72、H73、Hai 74-2、Hai 75、H 78、J5、J10、MB 97-2、MBJ5、MB9897、MB98J5 等链霉菌对病原真菌、病原细菌、病原弧菌等有很强的抑制作用或杀灭作用。其中 MB9897 及 MB98J5 两株菌对红色毛癣菌、酵母、白念珠菌和石膏样毛癣菌有较强的拮抗作用。有关活性物质的研究工作正在进行之中。

薛德林等从辽宁近海的 8 个地区 102 个定点的海泥中分离得到 8 株海洋酵母、5 株海洋真菌，其中得到的海洋真菌多属于青霉属和曲霉属，青霉属菌株 HF9601、HF9602、HF9603 的有效成分对 HeLa，CCL229 及 CCL187 细胞具强烈的抑制作用。相关实验正在进行中。

曲霉（*Aspergillus*）系一类广泛分布于陆地与海洋中的真菌。林文翰等从海绵 *Xestospongia exigua* 中分离并纯化了海洋曲霉 *Aspergillus versicolor*，并在培养罐中以天然海水进行仿生态培养，成功地高浓度培养出 *Aspergillus versicolor* 真菌，并从真菌中提取出乙酸乙酯溶性部位，以抗生素实验（HB、CA、SA、E.Corl、BS）和 brine shrimp 生物模型为筛选指标进行活性追踪，色谱分离活性部位，并进一步结合真空性柱层析、半制备 HPLC 对活性部位进行分离，以二级管阵列检测 HPLC 分析化合物纯度，分离出 17 个化学结构新颖的次生代谢产物。

另外，放线菌 *Actinomycetes*，特别是其中的链霉菌属 *Streptomyces* 是抗生素的最主要微生物来源。链霉菌合成聚酮化合物（polyketide）的例子表明，在基本合成步骤上的细微变化能够产生多种不同产物。即使产物相同，在不同培养条件下得到的样品生物活性也可能有所不同，可以用仿生态环境或刺激一组新的基因表达的方法获得新型的次级代谢产物。较早的报道如 Okami 等于 1979 从浅海污泥中分离到的放线菌 SS-20 菌株，只有在含有极稀营养及添加有 kobucha 的培养基中才能产生抗生素——除疟霉素，在营养丰富的普通培养基中则不产生，因此，在营养成分改变、NaCl 浓度和 pH 改变时，或改变培养温度时，部分在正常条件下无抑菌活性的菌株可表现出新的抑菌活性。研究工作证明了链霉菌的生长和次级代谢物的产生依赖于特定的生长条件，通过实验建立了快速简便的评价培养基和添加剂的方法。进一步的工作需阐明自然环境中化学生态因子的作用，明确次级代谢产物的产生机制，以定向地诱导新型或新活性化合物的产生。

2001 年刘晨临等从青岛侧花海葵和绿海葵上分别分离到 23 株真菌，并对其产生的抑菌活性物质进行了初步测试，其中绿海葵上分离到的 15 株分属于半知菌的 4 个属；青岛侧花海葵上分离到的 8 株分属于半知菌的 6 个属。从 23 株真菌中筛选出 3 株有较好抗病原真菌活性的菌株，其中青 11-1 的代谢产物对立枯丝核菌有较强的抑制作用，青 1-1 对病原真菌有抑制作用，所筛选的 23 株真菌对 2 种革兰氏阴性菌均无明显的抑制作用。

三、海洋微生物源抗菌物质的研究进展

在当今时代，由于抗生素被普遍应用，病原微生物耐药性的问题日趋严重。同时，随着环境污染的加剧，生产和生活方式的改变，人们的免疫力不断下降，新的致病菌也不断地出现，当务之急是寻找和开发新型的抗生素。

陆地微生物一直是寻找抗生素的主要资源，随着陆地微生物中抗生素不断地被开发出来，发现能产生新型抗生素的微生物资源也相应减少，因此人们必须寻找新的药源。海洋占地球表面积的71%。生存着地球上80%的生物资源，仅微生物就达100万种以上，而目前研究的还不到海洋微生物总量的5%。海洋高压、高盐、低营养、低温及特殊光照的独特环境，造就了海洋微生物不同于陆地微生物代谢途径，必将会产生许多结构新颖的生物活性物质。所以海洋微生物成为产生抗生素物质的新资源，逐渐被国内外抗生素研究工作者所重视。目前，国内外已经从海洋细菌、放线菌、真菌等微生物体内分离到多种具有杀菌生物活性的物质，并着手于这些物质的工化生产。

从20世纪40年代起，人们就开始了海洋杀菌活性物质的研究，50年代从海洋微生物中发现并研制出第一个新抗生素——头孢霉素，拉开了开发海洋新抗生素的序幕。到了20世纪80~90年代，随着海洋生物技术的发展，人们从海洋细菌、放线菌、真菌和微藻等微生物中获取的杀菌活性物质日益增多。

（一）海洋细菌中抗菌物质的研究进展

在海洋微生物中海洋细菌所占比例最大，同时海洋细菌产生杀菌活性物质比例也较高。日本海洋工作者通过检测，发现海洋微生物中有14.1%的细菌对金黄色葡萄球菌、大肠杆菌、白假丝酵母等8种细菌和真菌具有不同程度的拮抗作用。结果发现，海洋微生物具有不同程度的抗性。王书锦等通过对辽宁近海海域海洋细菌的种类与数量的分布研究，发现在分离到5608株的海洋细菌中有25%左右的海洋细菌具有不同程度的抗病原真菌、细菌的能力。

De Giaxa首次报道海水中存在抑制炭疽、霍乱病原菌的细菌。后来Klassil进一步证实海洋细菌具有杀菌作用。Bmkholdel等于1966年首次从加勒比海中分离到一株细菌，该菌的代谢物中含硝吡咯菌素（pyrrolnitrin），对革兰氏阳性菌具有明显的杀菌活性。GilTulnes等从河口海虾卵上分离出一株细菌，其代谢物中含有色素中间体靛红，具有强烈的抗真菌作用。靛红从前只用作生产染料的中间物，从未用作杀菌剂。Bernan等在1997年从嗜盐农杆菌中分离出thiotropocin，对耐药性革兰氏阳性细菌表现出抑制作用。2000年，Iaruch等从细菌Sc026发酵液中提出4个大环内酯类化合物macrolactins F、7-O-Succinyltnac H、lactin A和lactin F，3个化合物均能抑制枯草芽孢杆菌和金黄色葡萄球菌。2001年Fodou等从海藻中分离出新属细菌 *Halisngium luteum*，并从其发酵液中分离出抗真菌物质haliangicin。同年Hendrink研究小组发现，*Lynbya majuscula* 产生的pitipeptolide A和pitipeptolideB对分支杆菌表现出比链霉菌素还要强的杀菌活性。2003年Suzumura等发现蜡样芽孢杆菌QN03323产生的环状肽类化合物YM-2661 83和YM-2661 84对耐药性的葡萄球菌和肠杆菌有杀菌活性。2007年Kelsey等从新几内亚岛分离到一株细

菌 *Brevjbaeijjusaterosporus* PNG276，从其代谢物中分离出新型杀菌物质—— 脂肽 tauramamide，该物质对耐药性金黄色葡萄球菌、结核分枝杆菌、白色念珠菌和大肠杆菌等具有抗性。

国内的曾春叫等早在 1996 年就从大亚湾分离到一株细菌 *Pseudomonas* sp.，该菌产生灵菌红素，具杀菌活性，也常用作天然色素。2003 年谢海平等从香港清水湾海域中分离到一株能产生抗生素的枯草芽孢杆菌菌株 Bs-1，经分离纯化得 3 种抗酵母样真菌和革兰氏阳性菌的水溶性化合物。2004 年马成新等从海绵中分离到一株细菌 B25W，它产生的杀菌活性物质对植物和人类的致病真菌葡萄球菌、稻瘟霉菌、镰刀菌、紫青霉菌、白色念珠菌有很好的拮抗作用，该活性物质对热和酸都比较稳定。2007 年仃召珍等从侧孢短芽孢杆菌 Th-1 次级代谢产物中分离出抗菌物质 R-1，其对食品腐败菌，致病性革兰氏阴性、阳性菌及少数真菌均有不同程度的杀菌活性。2008 年岁远婵等从渤海海泥中分离海洋芽孢杆菌 B-9987，其代谢产物对多种真菌、细菌具有强烈的抑制作用，主要是造成真菌孢子或菌丝末端膨大成球状，继而胞壁崩解，原生质外泄。

（二）海洋放线菌中抗菌物质得研究进展

陆地放线菌是天然抗生素的主要来源，其产生的抗生素占天然来源抗生素的 2/3 以上，其中包括许多在农医药上有重要作用的抗生素。在海洋生态系统中，放线菌是主要的微生物 系，但近年研究发现，海洋放线菌的代谢产物却是寻找新型抗生素的重要来源。例如，Greener 等从海水中分离出 166 种放线菌，发现有 70 种对革兰氏阳性和阴性细菌均有抑菌活性。有的海洋放线菌的杀菌活性物质已经商品化。头孢菌素就是由海洋放线菌分泌产生并已得到临床应用的抗生素。

日本东京微生物化学研究所早在 1979 年就从海泥中分离到一株新种链霉菌 *Tenfima-riensis* SS-939，从其发酵液中分离 两种化合物 Istamycin A 和 IstamycinB 对氨基糖苷类耐药的 革兰氏阳性菌和阴性细菌都具有极强的抑制作用。1997 年西班牙的 Ptomero 等从小甲孢菌 L-13-ACM2-092 的菌丝体中发现了新颖的杀菌活性缩肽 thiocoraline，对革兰氏阳性细菌有明 的抑制作用。2002 年 Woo 等从海洋链霉菌 A477 发酵液中得到一种 160 kDa 的蛋白质 SAP，对真菌具有强烈的抑制作用。2003 年 Robert 等从夏威夷浅海淤泥中分离到一株链霉菌 BD21-2，经液体发酵，从发酵液中分离出一新化合物，生物活性测定显示，该化合物对革兰氏阳性细菌和真菌具有抑制作用。2004 年 Reidinger 等从日本深海的海泥中分离出小单孢菌 AB-18-032 菌株，从代谢物中分离出的新抗生素 abyssomicins，对耐药性的金黄色葡萄球菌具有抑制活性。2005 年 Irma 等从海泥中分离到一株新放线菌 MAR4，属链霉菌属，从其代谢产物中分离到的 3 种新的萜类化合物对耐药性的金黄色葡萄球菌和肠杆菌都有杀菌活性。2007 年 Venkat 等、2008 年 Katherine 等从加利福尼压州圣地亚哥的海泥中分离出一株新放线菌 NPS12745，从其代谢产物中分离得到的一组吡咯类化合物 lynamicins A~E 对革兰氏阳性和阴性细菌均具有广谱的抗菌活性，尤其对耐药性的金黄色葡萄球菌和肠杆菌活性较高。黄维真等从福建沿海底泥中分离到一株海洋放线菌—— 鲁特格斯链霉菌鼓浪屿亚种，能够产生广谱的抗菌物质肌醇胺霉素等，对绿脓杆菌、金黄色葡萄球菌和大肠杆菌具有较强的抑制作用。1993 年方金瑞等从福建沿海海泥中筛选出一株嗜碱放线菌，可以在 pH10 的培养基中良好生长。既能产生脂溶性抗革兰氏阳性细菌物质，又能产生碱性水溶性的广谱抗菌物质。后者进行纯化得到丁酰抗生素，这是首次报道由海洋放线菌产生抗生素。2006 年科学家从连云港沿海海泥中分离到一株放线菌 M324，其代谢产物对金黄色葡萄球菌、绿脓杆菌等抗性菌表现出杀菌活性。同年崔洪霞等从胶州湾采集到 256 株链霉菌，对其进行抗菌活性的筛选，发现有 22% 的海洋链霉菌具行不同的抗性，对 M095 的代谢产物进行分离，得到化合物全霉素，其对金黄色葡萄球菌和丝状真菌毛霉均有显著的抑制作用。

（三）海洋真菌中抗菌物质的研究进展

相对于海洋细菌和放线菌，海洋真菌活性成分的发现相对稍晚。到 20 世纪 80 年代中期才开始有少量报道，第一个报道的海洋真菌抗生素是 leptosphaerin。近年来由于海洋生物技术的发展，海洋真菌生物活性物质的报道逐渐增多。

1998 年 Albaugh 等从我国深圳红树林分离出一海洋真菌，从其代谢产物中分离到一脂肽类物质，该物质能抑制细胞壁的合成，从而有效抑制植物和人类病原真菌的生长。1999 年 Nielsen 等从水母中分离到两株真菌 *Emericella unguis* M87-2 和 Mg0B-10，二者均能产生多芳环酯类化合物 guisinol，对金黄色葡萄球菌有抑制活性。2000 年 Namikoshi 等从 YaP 岛分离的真菌 *Paeeilomyees* sp.，得到一化合物 paecilospirone，其具有抑制真菌 *Pyriculariaoryzae* 增殖的活性。2002 年 Daferne 从分离培养的真菌 *Zopfiella latipes* CBS61 197 中得到两个化合物 Zopfiellamides A 和 B，其中前者对革兰氏阳性菌有较强的抑制作用，后者抑制活性较低。同年 Jadulco 等从海绵 *Niphates olemda* 分离到一株真菌，从代谢产物中得到 3 个化合物：cytoskyrin A、abscisic acid 和 lunatin，它们对枯草芽孢杆菌、金黄色葡萄球菌和大肠杆菌均有抑制作用。2009 年，Dilip 从新泽西海域分离的真菌 *Penicillium* sp. 的代谢产物中分离到化合物 PF1140 和 Akanthomyein，前者对枯草芽孢杆菌和白色念珠菌有抗性，后者对金黄色葡萄球菌表现杀菌活性。同年 Kongkiat 等从海洋真菌 *Nospora* sp. 中分离出 pyrone，其对金黄色葡萄球菌具有抑制作用。

近年来，圈内对海洋真菌研究的报道也开始增多。2000 年李淑彬等从海泥中分离出一株真菌 M182，该菌产生抗生素 M-182A，对细菌、酵母及丝状真菌均有抑制作用。2005 年赵玲玲等从 3 株 9F 系列海洋真菌中分离得到 4 个化合物，对稻瘟霉菌 P22b 均有不同程度的抑制活性。同年张海龙等从海洋真菌 *Ahernalia* sp. 菌株发酵液中分离得到 6 个成分，其中苄氧基苯酚、对羟基苯乙胺、3-羟甲基-8-羟基吡咯并哌嗪 2，5-二酮、3-异丁基-6-丁基-2-哌嗪-2，5-二酮等 4 个成分对稻瘟霉分生孢子或菌丝体有一定抑制作用。2007 年郭江等发现，海洋真菌菌株 M-401 代谢物对藤黄八叠球菌有较强的拮抗作用，对大肠杆菌、金黄色葡萄球菌、弗氏志贺氏菌和黑曲霉也有不同程度的拮抗作用。2008 年潭倪等从南海红树林内源真菌 *FusaritliT* sp. ZF51 的培养液中分离得到一金属铜络合物，体外活性实验初步表明，络合物对金黄色葡萄球菌、枯草芽孢杆菌、大肠杆菌和肠炎沙门氏菌及癌细胞有较强抑制活性。同年邵长伦等从红树林分离到一株内生真菌 B77，从该菌的培养液中分离得到 4 个化合物，分别为 3-*O*-methyltilsarubin、fusarubin、大黄素和大黄素甲醚，3-*O*-methyltusarubin 和 Fusarubin 为首次从海洋真菌中分离得到的化合物。初步的药理活性显示它们对金黄色葡萄球菌 ATCC 27154 的最低抑菌浓度（MIC）分别为 5010μg/mL 和 l215μg/mL。

（四）海洋微藻中抗菌物质的研究进展

海洋微藻包括甲藻、硅藻、绿藻、红藻等真核原生生物，由于形态较小，属于微生物范畴。微藻中的许多种属都能产生生物活性物质。Pratt 等从小球藻 Chlorella 中分离到具有抗细菌和自身毒性作用的小球藻素（chlorellin），该物质是最早从微藻中分离的抗生素。Yama 在 1997 年从一株甲藻中分离出 goniodomins，对真菌和白色念珠菌有抑制作用。1999 年 Naviner 等从硅藻 Skeletonem acostattinl 中提取到的抗菌活性物质对水产养殖的鱼类、贝类致病细菌有抑制作用。2000 年 Nagwa 从绿藻中发现了一种类固醇，抗菌实验表明对其细菌乳酸链球菌、枯草芽孢杆菌、真菌和酵母具有较强的抑制效果。2004 年 Anne 等从凹顶藻 Laurencia chonthioides 中分离到两种化合物倍半萜，二者均有抗菌活性。2006 年 Rossana 等从红藻分离到一种蛋白质，对病原菌酵母的生长具有抑制作用。2007 年 Venkatesan 等用不同的有机溶剂和蒸馏水从硅藻 Rhizosolenia alata 中提取活性物质，不同的有机溶剂提取物对病原细菌有不同程度的抑制作用，而蒸馏水提取物没有抑菌活性。

随着海洋微藻资源在国内重视程度的提高，我国在这方面也取得了一些研究成果。江红霞等在 2002 年对培养的 8 种微藻提取物进行研究，其中 3 种海洋微藻的甲醇与甲苯（3∶1）提取物对枯草芽孢杆菌有不同程度的抑制活性，亚心形扁藻和塔胞藻的提取物对黑曲霉 Aspergillus niger 具有抑制作用。2004 年叶锦林等报道了紫球藻提取物及其多糖对病原细菌、真菌抑菌能力的研究，多糖是抗菌作用的主要组分，紫球藻提取物及其多糖对革兰氏阳性细菌（特别是对金黄色葡萄球菌和八叠球菌）的抑菌作用较为明显。2004 年郑怡等从厚网藻中提取粗脂肪，石油醚洗脱组分能够抑制中华根霉、产黄青霉和稻瘟病菌 3 种真菌，而乙醇洗脱组分只能抑制中华根霉，但其抑制活性最强，而且只有乙醇洗脱组分具有抗枯草芽孢杆菌、金黄色葡萄球菌、膝黄八叠球菌和甘薯薯瘟病原细菌（Sarium axyssporam）活性。2008 年高锋等从 11 种海藻中提取活性物质，结果有 5 种提取物对圆弧青霉具有抑制作用。

四、海洋微生物源抗菌物质的前景展望

海洋里的特殊环境生存着许多新种属的微生物，这些微生物具有产生多种独特新颖杀菌活性物质的巨大潜力，在药品开发研究中具有良好的发展前景。近年来，海洋微生物杀菌活性物质的研究进展较快，但是海洋微生物难培养、活性物质含量少等特点极大地限制了对其活性代谢产物的获取和大规模生产。为了有效地解决这些难题，今后海洋微生物杀菌活性物质研究与开发的重点应包括海洋微生物的分离、鉴定与保存，新型杀菌活性物质产生菌的筛选，海洋微生物育种与发酵技术，海洋微生物杀菌活性物质纯化技术等。

我国是海洋大国，海域地理条件差异大，南北温度相差悬殊，海洋微生物资源丰富。充分利用我国海洋微生物的资源优势，研究开发具有我国自主知识产权的海洋微生物天然产物，不仅具有必要性，而且具有美好的产业化前景。相信在不久的将来，我国科研人员必将在这一领域取得大的突破。

第二节　海洋微生物与海洋毒素

　　浩瀚的海洋世界具有高盐、高压、低温、低营养等诸多特点。海洋中生存着丰富多样的海洋微生物，它们产生了多种多样的生物活性物质，如生物信息物质、药用活性物质、海洋生物毒素和生物功能材料等。其中海洋生物毒素是当前研究中的一个热点，它具有化学结构多样、相对分子质量小、生物活性高及作用机制独特等诸多特点。几乎所有的海洋生物种类都有产毒的个体。近年来的研究表明，作为一个庞大的类群，海洋微生物产毒种类繁多，如细菌、真菌、放线菌及微藻等。与此同时人们还发现海洋微生物与其他的一些生物毒素存在着复杂的关系，研究较多的河豚毒素源于微生物的观点已逐渐为人们所接受。和其他的毒素一样，微生物毒素既有对人类有害的一面，也有造福人类的一面，而微生物毒素在进一步研究利用中的优势地位也使人们对其投注了更多的目光。

一、　海洋微生物与毒素

　　产毒素的海洋微生物有细菌、真菌、放线菌及微藻等，它们产生的毒素按其化学结构来分主要有肽类、胍胺类、聚醚类和生物碱等。

　　海洋微生物中，细菌是了解相对较多的一个类群，对其海洋毒素的产生研究得也比较多。目前已报道的能够产生毒素的细菌主要分布在以下 10 个属：假单胞菌属（*Pseudomonas*）、弧菌属（*Vibrio*）、发光杆菌属（*Photobacterium*）、气单胞菌属（*Aeromonas*）、邻单胞菌属（*Plesiomonas*）、交替单胞菌属（*Alteromonas*）、不动杆菌属（*Acinetobacter*）、芽孢杆菌属（*Bacillus*）、棒杆菌属（*Corynebacterium*）和莫拉氏菌属（*Moraxella*）；分离获得的毒素主要有河豚毒素（tetrodotoxin，TTX）、石房蛤毒素（saxitoxin，STX）和两种作用于交感神经的毒素 neosurugatoxin 和 prosurugatoxin。

　　海洋真菌也可产生真菌毒素。霉菌是主要的产毒类群，可产生一类属于单端孢霉烯族化合物的霉菌毒素（trichothecenes）。总的来说，产毒真菌主要分布在以下 4 个属：青霉属（*Penicillium*）、镰刀霉属（*Fusarium*）、曲霉属（*Aspergillus*）和麦角属（*Claviceps*），分别产生青霉毒素、镰刀霉毒素（fusarium toxin）、黄曲霉毒素（aflatoxin）和麦角生物碱（ergot alkaloids）。

　　海洋放线菌几乎都可产生生物活性物质，从某种意义上来说，产生的抗生素即是一种毒素。研究发现放线菌中的链霉菌属（*Streptomyces*）有的可产生河豚毒素及放线菌素 D。而肝色链霉菌（*Streptomyces hepaticus*）产生的洋橄榄霉素则是一种诱癌的急性强性毒素。

　　海洋蓝细菌又叫蓝绿藻、蓝藻，是单细胞原核生物，但不属于细菌，也不是绿藻。蓝细菌在海洋中主要分布在热带海洋。它有很多种类主要产生两类毒素，一种是属生物碱的神经毒素——变性毒素 a（anatoxina）；另一种是肽类毒素——肝毒素，是一族至少包括 53 种有关的环状肽，由 7 种氨基酸组成的肽叫微囊藻素（microcystin），由 5 种氨基酸组成的肽叫节球藻素（nodularin）。

海洋微藻也是产毒种类较多的一个类群，主要分布在甲藻、金藻、绿藻、褐藻和红藻 5 门。其中甲藻是研究较多的一类，除因它是重要的赤潮种之外，其产生的重要的剧毒性海洋毒素也是引起研究人员关注的原因之一，如产生麻痹性贝毒素的膝沟藻属（*Gonyaulax* sp.）、产生神经性贝毒素的短裸甲藻（*Gymnodinium breve Davis*）和产生西加鱼毒素（ciguatoxin，CTX）的冈比亚毒藻（*Gambierdiscus* sp.）等。金藻中小定鞭金藻（*Prymnesium parvum*）产生的定鞭金藻素（prymnesin）具有细胞毒性、鱼毒性、溶血和解痉作用。硅藻可产生肽类神经毒素软骨藻酸。挪威 Stabell 等在棕囊藻（*Phaeocystis pouchetii*）的提取物中发现了有溶血毒性、麻醉特性和鱼毒性的毒素。

绿藻中发现的 caulerpenyne 是一种具有细胞毒性的倍半萜，在褐藻和红藻中也发现了一些产生具有细胞毒性的萜类物质，具有很高的潜在利用价值。

二、海洋微生物毒素的特点、产毒及作用机制

（一）海洋微生物毒素的特点

虽然海洋微生物产生的毒素种类繁多，但它们有着某些共同的特点。

第一，化学结构新颖、多样。海洋微生物较高的多样性使其毒素的化学构型较陆地微生物丰富，且因海洋生态环境的特殊性，海洋中许多微生物毒素的化学构型又是独有的，而这种多样性和新颖性对人类而言却极为重要。因此，海洋的确是人类药用资源的宝库。

第二，作用机制特殊。除一些和陆地微生物相同的作用外，海洋微生物毒素很显著的一个特点是其主要作用于神经和肌肉可兴奋细胞膜上的电压依赖性离子（如 Na^+、Ca^{2+} 等）通道。从而阻滞、干扰和破坏对生命过程起重大作用的"信息物质"的扩散和传递，引发一系列的药理和毒理作用及严重的中毒过程。

第三，毒性强烈，生物活性高。海洋微生物毒素对受体的作用具有高选择性和高亲和性，因而很少的量就可以起到巨大的作用。例如，河豚毒素的毒性是 NaCN 的 1250 倍，对人的致死量仅为 0.3mg。

第四，较易于合成。部分海洋微生物毒素为低分子化合物或者低肽类物质，使其工业化生产成为可能。

（二）海洋微生物的产毒机制与毒素的作用机制

微生物产毒的机制一直是人们探索的目标，至今人们对它的了解仍非常有限。从微生物自身来说，毒素可能是微生物在适应环境时的一种生理反应，或者说是为了在生存竞争中占据优势而产生的"武器"。因为许多毒素是微生物在非正常生理条件下，或者受到环境胁迫时才产生的，可涉及相关基因的表达。但作为一种次级代谢产物，也有学者认为毒素的产生可能是微生物的正常生理过程，产生毒素是其调节自身生长和生理状态的结果。巨大鞘丝藻（*Lyngbyamajuscula*）次级代谢产生的多种化学结构的毒素就涉及其基因簇的不同生理表达。然而有些产生毒素的微生物，本身并不具有相关的基因，却具有相关毒素转化的酶，所谓产毒，实际是一个转化的过程。有些微生物的毒素成分就是

其自身化学结构的一部分。还有人认为毒素并非微生物必需和必然的代谢产物，其生物合成是不可预测的，如在微藻的研究中发现，同一地区、同一藻种中有毒和无毒的品系可以同时存在。从环境因素来说，微生物产生毒素时受多方面因素影响，如营养条件、pH、温度、生长状态、其他生物影响等。苏建强在研究中发现，塔玛亚历山大藻毒素的产生受营养盐消耗、pH 变化、藻细胞的个体生化水平、生长速率、温度和培养周期等多种因素影响。因此，微生物产毒诱因及其产毒机制非常复杂，有待人们进一步研究。

海洋微生物产生的毒素，除一些具有和陆地微生物毒素相同的作用机制外，其独特之处在于它们专一性地作用于离子通道。由甲藻产生的聚醚类毒素的代表——西加鱼毒素是电压依赖性 Na^+ 通道的激动剂，可增加细胞膜对 Na^+ 的通透性，产生强去极化，致使神经肌肉兴奋性传导发生改变。而另一类由海洋细菌和放线菌产生的毒素——河豚毒素则是 Na^+ 通道的阻滞剂，结合在 Na^+ 通道外边，从而阻塞 Na^+ 的通过。一些细菌和藻类产生的石房蛤毒素也属 Na^+ 通道的阻滞剂，引起神经肌肉信号传导故障，导致麻痹性中毒。此外蓝细菌产生的一些肽类毒素也可使 Na^+ 通道失活，是作用强烈的神经毒素。另有一些毒素是作用于 Ca^{2+} 通道，也有阻滞和激动两种作用。

三、海洋微生物毒素的检测方法

（一）常规检测技术

毒素的检测是在人们认识毒素的过程中不断发展的，常规的技术主要有生物、物理、化学检测技术。生物检测是最早出现的检测技术，主要是根据毒素对生物的毒性作用做定性的检测，经过多年的发展，现已经成为一经典的常规技术。例如，美国分析化学家学会（AOAC）推荐的对海洋赤潮生物毒素检测的小鼠生物检测法是得到国际公认的毒素检测方法。

另外还有人探索用猫、蚊子等作为检测生物。国内有研究人员尝试建立用泥鳅作为检测对象的生物检测法。生物检测法的优点是简便易行，不足之处在于只能进行定性检测，易受外界因素影响。然而 Microtox 技术（MTX）却克服了生物检测方法的一些缺点，在环境毒性测定中有着广泛的应用。笔者把它引进到海洋赤潮毒素的检测中，得到了较好的结果。近年来国外也有人在进行这方面的尝试。随着分析化学和工程技术的进步，一些分析方法的建立和精密仪器的出现，使得物理和化学检测方法得到迅速发展。如在20 世纪六七十年代发展的化学方法、酸碱滴定荧光测定法，及后来的高效液相色谱（HPLC）、薄层色谱、色谱-质谱联用、毛细管电泳、X 线结晶分析和核磁共振等。其中高效液相色谱（HPLC）是一种非常重要的和在实验室常用的一种检测方法。这些方法有高灵敏、低检出限、速度快、可定性和定量等优点，但是价格昂贵，一些方法需要用的标准样品又较缺乏，故在实际中的应用受到限制。

（二）新型检测技术

近 20 年来，人们对毒素检测技术的研究取得了很大的进步，从化学、生理学、毒理学和分子生物学等角度出发，开发出一些新的毒素检测技术。海洋微生物毒素中的一些和陆地共有的毒素的检测可以用相关的方法或作出改进，而专一性地作用于离子通道的毒素的特点是新检测技术的理论依据。

1. 细胞毒性检测技术

是利用毒素对 Na^+、Ca^{2+} 等离子通道的作用所致的细胞毒性而进行检测的。其原理是在细胞培养体系中加入离子通道活化剂后，离子内流过度，造成细胞肿胀甚至死亡；当加入了对离子通道有阻滞作用的毒素之后细胞即可存活，这样就可以确定毒素的存在，还可确定其量。已有人员开发出这方面的检测试剂盒。神经受体检测技术是基于毒素和其受体的专一性作用，其作用程度的高低体现于生物活性的大小。现已发展为受体竞争性置换分析（competitive displacement assay，CDA），检测限可达 0.6~0.8ng，但是这种方法对仪器和费用要求高，因而限制了它的普遍应用。

2. 酶学检测技术

主要是应用毒素对某些酶活性的抑制，通过影响酶对底物的降解来检测。酶的底物可以用荧光标记或者放射性标记，在确定酶和毒素关系的基础上，可以灵敏地检测出毒素含量，是一种操作简便、廉价，极具商业前景的新技术。免疫检测技术是备受关注的一种分子技术，利用抗原与抗体结合的特异性、专一性和灵敏性的特点，对毒素进行快速的定性和定量测定。由于单（多）克隆抗体技术的成熟，获取毒素的免疫抗体已成为可能，相信在不远的将来，对各种毒素进行检测的商品化试剂盒也会不断出现。这种新技术目前遇到的困难是毒素标准样品的获得、产生抗体的交义反应和检测中受到结构类似物的假阳性干扰。

生命科学的研究已经处于分子时代，对海洋微生物毒素的分子生物学手段的检测也是研究人员努力的目标，分子检测手段原理不同，优点不一，但就目前的研究结果来看，分子检测技术有着无可比拟的优点和广阔的应用前景。总的来说，毒素检测技术的目标是向着定性、定量和快速、准确、低成本的方向发展。

四、海洋微生物毒素和其他生物毒素之间的联系

近年来对海洋环境中共附生微生物的研究已取得了很大的成果，一些活性物质的产生机制也得以阐明，这使人们对一些包括毒素在内的海洋活性物质的产生过程有了新的了解，然而这方面的认识仍远远不足。对海洋中生物毒素真正来源的探索仍是十分重要和有意义的工作，如今已经引起了人们的极大兴趣。

海洋环境中的毒素多种多样，几乎在从低等的微生物到植物及一些大型的海洋动物中广泛存在。在对这些毒素的认识过程中，人们发现一些海洋生物毒素并不是由自身产生的。研究发现，微生物毒素和其他生物毒素的联系有以下三种。

第一种，共附生关系。有人发现，在热带海洋中的一种有毒的珊瑚虫，其毒素是由其表面一种共附生的微生物产生的。

第二种，微生物作为产毒源菌。海洋水产品毒素，如鱼毒和贝毒，其真正的来源是海洋微生物。有名的河豚毒素，随着近些年来从其他水生生物上陆续得到和多种属产毒

细菌的发现和分离，河豚毒素的微生物来源说的观点已经为大多数学者接受。

第三种，食物链积累关系。贝毒素的来源是海洋微藻，还可能是一些细菌和放线菌，主要是通过食物链积累的。

贝毒素的食物链积累常常与赤潮和赤潮毒素相关联，而赤潮毒素大多是由海洋微藻产生的。然而在近些年的研究中，发现细菌、放线菌和真菌与微藻的产毒有着一定的联系。西加鱼毒素现在认为是由冈比亚毒藻产生的，但也有研究人员发现一种细菌的量和冈比亚毒藻产毒量成正相关。经抗生素除菌处理后的尖刺拟菱形藻（*Pseudonitzschia pungens*），其产毒能力急剧下降，似乎细菌和微藻的产毒有着一定的关系。可独自产生赤潮毒素的海洋细菌和放线菌的分离使得人们对赤潮毒素的产毒根源有了新的认识，笔者认为应加强对菌藻关系的研究，这是当前赤潮科学研究中的重要方向。

麻痹性贝毒素是一种危害较大的赤潮毒素，塔玛亚历山大藻是该毒素的产毒藻。而对于毒素的真正产源尚存在争议，还是是藻自主产毒，共生微生物产毒，抑或是在微生物作用下藻产毒。麻痹性贝毒素是聚醚类毒素，因此无法通过毒素直接得到 cDNA，也无法直接在基因组上定位产毒基因。有研究表明，在实验室培养的藻在有些时候会丧失产毒的能力，似乎藻本身来并不存在产毒的基因。而可以产生麻痹性贝毒素重要种类石房蛤毒素的微生物的发现和分离，也使得细菌产毒有了进一步的证据。然而，Sako 等 1995年研究结果表明，麻痹性贝毒素的产生可伴随染色体稳定遗传，除早期 Silva 的研究外，多年来很少有在塔玛亚历山大藻细胞中发现完整细菌细胞的报道。

有研究者在实验研究中对塔玛亚历山大藻进行电镜观察，也未发现细菌的存在，同时发现多种环境因素对塔玛亚历山大藻产毒都有影响。相对于细胞内稳定环境而言，藻受到的外界环境影响是比较大的，因而可以理解是环境因素影响藻的产毒，而不是藻内细菌。所以笔者认为，毒素的产毒基因在藻基因组中是存在的，而某些细菌存在产毒基因也是可能的。至于细菌和藻类在产毒过程中复杂的相互关系，及毒素产生的机制，只能在产毒藻真正无菌化这一难题得以解决之后才能得以科学阐明。

五、海洋微生物的毒素利用

（一）海洋微生物毒素的药物利用

毒素带给人类的是危害和难以估量的损失，但随着认识的深入，其潜在的应用价值吸引着人们去开发和利用。目前的研究着重对毒素在神经系统、心血管系统、抗肿瘤等方面的作用进行药物开发。河豚毒素和神经、肌肉、束细胞等可兴奋细胞膜上的专一性受体相结合后，通过"关启机制"使通路关闭，从而阻滞细胞的兴奋和传导。这种作用被用于镇痛、解痉、局部麻醉和降压等治疗过程，与传统药物相比，药效极强且不具成瘾性。这些特点使它成为一种极其珍贵的药物，有很高的经济价值，每千克近 2 亿美元。

国内外均有相关机构对该毒素做应用开发研究。石房蛤毒素和河豚毒素具有相似的作用，已开发为局部麻醉用药物，药效比普鲁卡因或可卡因强 10 万倍，且不会成瘾。西甲鱼毒素作用于 Na^+ 通道后产生强去极化，增加 Na^+ 对膜兴奋时的渗透性，动物实验表明它能兴奋交感神经纤维，使心率加快、心脏收缩力增强，可开发作为强心剂。其他如定鞭金藻素等毒素，具有抗菌和溶血作用，有望用作心血管疾病的治疗药物。另外，由于海洋生物毒素特殊的作用位点和机制，它们在基础药物学和神经生理学研究中也是不可多得的工具药，在 Na^+、Ca^{2+} 通道的鉴定、分离和结构功能研究中起到过很大的作用。

海洋微生物毒素在资源利用中有着很大的优势。复杂而独特的海洋环境中的微生物具有遗传、生理和产毒多样性，提供丰富应用微生物资源的同时也为药物的开发提供了结构特殊、作用机制独特的毒素。此外，微生物分离、培养、改造和发酵技术的成熟使得可利用毒素的大量获取成为可能，而基因工程手段和生物化学的发展，使得人们对相对分子质量低、易合成毒素的改造利用更加容易。因而微生物毒素的资源利用前景光明。

（二）海洋微生物毒素的军事应用

近年来的一些生物恐怖和有关生化战剂的事件加深了人们对毒素滥用的担忧，也促使人们开展相关领域的研究。包括微生物毒素在内的海洋生物毒素毒性强、毒理作用特殊、难防难治和易于生产的特点使它们成为第三代生化战剂的当然之选，而早在第二次世界大战之前，国外已对海洋生物毒素做过广泛的调查研究。在海洋微生物产生的毒素中，黄曲霉毒素、石房蛤毒素、河豚毒素和西加鱼毒素尤为引人关注。因此，出于我国自身安全考虑，加强毒素在军事应用和防范领域的研究是十分必要和迫切的。

生物恐怖活动社会危害性极大，从技术角度来说，恐怖活动所用到的微生物和毒剂易于获取且难以控制，因为一个合法的小型的微生物研究机构和医疗机构完全有可能成为恐怖分子的生产基地。如何防范和控制微生物毒素在战争及恐怖活动中的破坏作用，是一个值得深入研究的新课题。

面对浩瀚的海洋世界，迄今人们的认识仍非常有限。海洋微生物毒素的研究是 21 世纪海洋研究开发及治理中一个非常重要的领域，而中国在该领域的研究基础还相当薄弱。着眼于中国国民健康和国家安全，国家应加大对海洋微生物毒素研究的投入，以拓展和深化该领域的研究，努力提高中国在此领域的竞争力。

第三节　海洋微生物与抗肿瘤物质

一、海洋微生物来源的抗肿瘤活性物质

由于海洋环境的特殊性，海洋微生物具有独特的代谢方式，产生的代谢物的化学结构具极大的复杂性和多样性。近 20 年来，有关海洋微生物产生新的具有生物活性的次级代谢产物的报道逐渐增多，海洋微生物作为活性物质的新来源正日益为国内外海洋研究工作者所重视。

肿瘤是现代社会威胁人类健康的重要疾病。多年来，各国学者致力于寻取新型、高效、低毒的抗肿瘤化合物。海洋微生物作为抗肿瘤活性物质的新来源受到了海洋研究人员极大的关注。目前，已经从海洋微生物中发现了许多结构新颖的化合物，其中许多化合物具有较高的抗肿瘤活性。对海洋微生物次级代谢产物中具有抗肿瘤活性的有关研究表明，醚类、大环内酯类、萜类、含氮杂环类、肽类、酰胺类及醌类化合物均具有良好的抗肿瘤活性。

（一）海洋放线菌中的抗肿瘤活性物质

放线菌（actinomycete）是一类海洋微生物中抗肿瘤代谢产物重要来源之一。它比其他微生物具有生物活性物质更为丰富的生物资源。近年来，研究者从海洋放线菌中分离出的主要抗肿瘤活性物质见表 9-1。

表 9-1　从海洋放线菌中获得的主要抗肿瘤活性物质
Table9-1　The main antitumor activity from Marine actinomycetes substances

活性物质	菌属来源	化合物类型	抗肿瘤细胞株
PCC	*Streptomyces* sp.	—	HL-60
ACT01	*Streptomyces* sp.	喹啉类	MCF7、MDA-MB-231
AP123	*Streptomyces* sp.	聚酮类	Vero、HEP2
NHP	Nocardia dassonvillei	吩嗪类	HepG2、A549、HCT-116、COC1
DMBPO	*Streptomyces* sp.	吡咯类	Vero、Hep G2、HEP2
VIcd	Amycolatopsis alba	吡啶类	MCF-7、HeLa、U87MG
kiamycin	*Streptomyces* sp.	蒽环类	HL-60、A549、BEL-7402
SU4 粗提物	*Streptomyces* avidinii	胺类、酰酸酯类	Vero、HEP2
iodinin	Streptosporangium sp.	吩嗪类	AML、APL
azalomycin F 类似物	*Streptomyces* sp.	大环内酯类	HCT-116

PCC 是链霉菌属（*Streptomyces* sp.）SY-103 代谢物经 HPLC 提纯的具有细胞毒性的活性物质。Seongyun 等报道该活性物质对人白血病细胞的生长均有抑制和凋亡的作用，其作用机制可能与蛋白酶 Caspase-3 的激活和抗凋亡的 Bcl-2 蛋白下调有关。

Ravikumar 等报道从 Manakkodi 的红树林沉积物中分离出 5 种放线菌，经用细胞发酵液处理，其提取物含有抗肿瘤的活性物质，该活性物质对乳腺癌细胞系中 MCF7 和 MDA-MB-231 均有抑制作用，其中 ACT01 的 IC_{50} 值分别为 10.13μg/mL 和 18.54μg/mL，具有较强的细胞毒性作用，其活性物质主要为生物碱与奎宁。

Arasu 等报道，从印度 Andra Pradesh 地区分离的链霉菌（*Streptomyces* sp.）经 MTT 检测后发现其代谢物为聚酮类产物 AP123，对 Vero 和 HEP2 细胞系均有抑制作用，其 IC50 值范围为 1.75~18.00μg/mL。

Gao 等报道，从北冰洋沉积物的诺卡菌（*Nocardia dassonvillei*）BM-17 菌株中分离出的吩嗪类化合物为 NHP，对 HepG2、A549、HCT-116 和 COC1 均有较强的细胞毒性作用，其 IC50 值分别为 40.33μg/mL，38.53μg/mL，27.82μg/mL 和 28.11μg/mL。

Saurav 等报道，从印度孟加拉海岸的海泥中分离出链霉菌 *Streptomyces* VITSVK5 spp.，提取的吡咯类物质为 DMBPO，对 Vero、HepG2 和 HEP2 细胞系均可产生细胞毒作用，其 IC50 值分别为 22.60μg/mL，8.30μg/mL 和 2.8μg/mL。

Dasari 报道，从印度孟加拉湾海洋沉积物中分离出 1 株拟无枝酸菌 *Amycolatopsis alba.*，其产生的吡啶类活性产物为 VIcd，具有潜在的细胞毒性作用，在体内可抑制 MCF-7、HeLa 和 U87MG 细胞系的生长，其在 1000μg/mL 浓度下的抑制效率分别为 60.46%、39.64% 和 41.85%。

Xie 等报道，从中国胶州湾的海洋链霉菌 *Streptomyces* sp. M26 菌株中分离出具有蒽环结构的产物 kiamycin，其对 HL-60，A549 和 BEL-7402 等均具有抑制作用，在 100μmol/L 浓度下的抑制率分别为 68.20%、55.90% 和 31.70%。

Sudha 等报道，1 株链霉菌 *Streptomyces avidinii* SU4 菌株的粗提物，经实验结果显示对 Vero 和 HEP2 具有细胞毒性作用，其 IC_{50} 值分别为 64.50μg/mL、64.50μg/mL 和 250μg/mL，接近美国国立癌症研究所（National Cancer Institute，NCI）的规定标准，并经 GC-MS 鉴定其主要成分为胺类与酰酸酯类物质。

Lene 等报道，从海洋链孢囊菌（*Streptosporangium* sp.）MP53-27 中分离出碘菌素 iodinin，其对急性髓性白血病（AML）和急性早幼粒细胞白血病（APL）细胞具有选择毒性，且可以活化细胞凋亡信号蛋白如 caspase-3 而诱导其死亡，其作用机制可能是插入 DNA 碱基中导致 DNA 链断裂。

Yuan 等报道，从红树林链霉菌 *Streptomyces* sp. 211726 中分离出 7 种阿扎霉素 F 类似物，经实验结果显示对人结肠癌 HCT-116 细胞系表现出较强的细胞毒性，其 IC_{50} 值为 1.81~5.00μg/mL。

（二）海洋真菌中的抗肿瘤活性物质

目前，从海洋真菌中分离出近 300 种具有抗菌、抗肿瘤及抗病毒等生物活性的新化合物，具有结构新颖、作用独特等特点。研究者从海洋真菌中分离出的主要抗肿瘤活性物质见表 9-2。

表 9-2　从海洋真菌中获得的主要抗肿瘤活性物质
Table9-2　The main antitumor activity from Marine fungi

活性物质	菌属来源	化合物类型	抗肿瘤细胞株
SZ-685C	*Mangrove endophytic fungus*	蒽环类	MCF-7、MDA-MB-435、PC-3、LN-444、Hep-3B、Huh-7
VB4 提取物	*Irpex hydnoides*	十四烷类	Hep2
SP1 水提物	*Aspergillus protuberus*	二烯酸类及其酯类、吡咯烷酮类	Hep2
anthcolorins A~F	*Aspergillus versicolor*	吡喃类	P388
Acremolin	*Acremonium strictum*	嘌呤衍生物类	A549
incarnal	*Chondrostereum* sp.	倍半萜类	MCF-7、Lovo、CNE1、CNE2、SUNE1
chloro-eremophilane sesquiterpene	*Penicillium* sp.	倍半萜类	HL-60、A549

Xie 等报道，从中国南海红树林内真菌 No.1403 的次生代谢产物中分离出蒽环类衍生物 SZ-685C，经实验结果显示，其通过抑制 Akt/FOXO 途径可选择性诱导细胞凋亡，可抑制人乳腺癌、前列腺癌、肝癌、神经胶质瘤等 6 种癌细胞系的增殖，其 IC_{50} 值为 3.0~9.6μmol/L。

Bhimba 等报道对红树林真菌 *Irpex hydnoides* VB4 提取物进行研究，发现其存在细胞毒性作用的化合物，并对 Hep2 细胞有较强地抑制作用，IC_{50} 值为 12 μg/mL，其主要活性成分的结构为十四烷类。

Mathan 等报道，南印度海岸沉积物的海洋曲霉菌 *Aspergillus protuberus* 的 SP1 水提物经检测对 Hep2 细胞株有较强地抑制作用，IC_{50} 值小于 125μg/mL，经 GC-MS 分析其水提物含 9 种化合物，主要为吡咯烷酮类、二烯酸及其酯类。

Kyoko 报道从海胆共生杂色曲霉菌（*Aspergillus versicolor*）OUPS-N136 中分离出四氢吡喃二萜型的次级代谢产物 anthcolorins A~F，并对 P388 细胞系具有明显抑制生长的作用，其 IC_{50} 值范围为 2.2~26.7μmol/L，且以 anthcolorins A~F 处理 39 种细胞系，结果显示无明显选择性细胞毒性。

Elin 等报道，从海绵的海洋真菌 *Acremonium strictum* 中分离出含有 1H-吖丙因的甲基化鸟嘌呤化合物 acremolin，其对 A549 细胞系产生弱的细胞毒性，IC_{50} 值为 45.90μg/mL。

Li 等报道，从中国南海软珊瑚收集的真菌 *Chondrostereum* sp.中分离出倍半萜类和聚乙炔类化合物 chondrosterin F~H 和 incarnal 等，其中 incarnal 对 MCF-7、Lovo、CNE1、CNE2、SUNE1 等细胞系具有较强的细胞毒性，IC_{50} 值小于 10μg/mL。

Wu 等报道从南极洲深海中获得的菌株 *Penicillium* sp.中分离出 1 种次级代谢产物 PR19N-1，经结构鉴定为氯代艾里莫芬烷倍半萜类（chloeremophilane sesquiterpene），对 HL-60 和 A549 细胞系具有细胞毒的活性，IC_{50} 值分别为（11.8±0.2）μmol/L 和（12.2±0.1）μmol/L。

（三）海洋细菌中抗肿瘤的活性物质

海洋细菌大都是从海洋沉积物、海水、海藻、海洋动物体表等分离获得，其代谢产物多具有抗肿瘤活性。研究者从海洋细菌中分离出的主要抗肿瘤活性物质见表 9-3。

表 9-3　从海洋细菌中获得的主要抗肿瘤活性物质
Table 9-3　The main antitumor activity from marine bacteria

活性物质	菌属来源	化合物类型	抗肿瘤细胞株
lipopeptide	*Bacillus circulans*	脂肽类	HCT-15、HT-29
bacillistatin 1 和 bacillistatin 2	*Bacillus silvestris*	肽类	P388、BXPC-3、MCF-7
Whb45 粗提物	*Halobacillus* sp.	—	Bel7402、RKO、HeLa
BEHP	*Bacillus pumilus*	酞酸酯	K-562

Sivapathasekaran 等报道，1 株环状芽孢杆菌 *Bacillus circulans* DMS-2 产生的脂肽类表面活性剂 lipopeptide 具有抑制结肠癌 HCT-15、HT-29 增殖的作用，其 IC_{50} 值分别为 80μg/mL、120μg/mL。

Pettit 等报道，从 1 株芽孢杆菌（*Bacillus silvestris*）中分离获得 2 种新的肽类化合物 bacillistatin1 和 bacillistatin 2，其对 P388、BXPC-3、MCF-7 等细胞系均有较强的抑制作用，IC50 值为 $1.0×10^{-4}$~$1.0×10^{-5}$μg/mL。

陈雷等报道，1 株嗜盐芽孢杆菌（*Halobacillus* sp.）经 MTT 法检测，其粗提物中 Whb45 对 Bel7402、RKO、HeLa 等细胞株均有较强的抑制作用，其 IC_{50} 值为 15.66μg/mL、78.23μg/mL 和 54.26μg/mL，均小于 100μg/mL。

Moushumi 等报道，从安达曼和尼科巴群岛附近深海的短小芽孢杆菌 *Bacillus pumilus* MB 40 中分离出酞酸酯类化合物 BEHP，其对人白血病 K-562 细胞株具有抗增殖作用，

IC_{50} 值为 21μmol/L。

严格地讲,海洋蓝细菌属于微藻类。海洋蓝藻,习惯上常称作"海洋蓝细菌"。海洋蓝细菌也是抗肿瘤活性天然产物的重要来源之一,其代谢产物的化学成分具有多样性,主要为脂类、甾体、萜类及含氮类化合物。近年来,许多结构新颖、活性显著的成分在海洋蓝细菌中被发现。研究者从海洋蓝细菌中分离出的主要抗肿瘤活性物质见表 9-4。

表 9-4 从海洋蓝细菌中获得的主要抗肿瘤活性物质

活性物质	菌属来源	化合物类型	抗肿瘤细胞株
hantupeptin A~C	*Lyngbya majuscule*	缩酚酞类	MOLT-4、MCF-7
lagunamide C	*Lyngbya majuscule*	环缩酚酸类	P388、A549、PC3、HCT8、SK-OV3

Tripathi 等报道,从新加坡韩都岛的海洋蓝细菌(*Lyngbya majuscula*)中分离出 3 种新的环状缩酚肽类化合物 hantupeptins A~C,这 3 种化合物对白血病癌细胞株 MOLT-4 和乳腺癌细胞株 MCF-7 均有细胞毒性作用,其 IC_{50} 值范围为 0.2~3.0μmol/L。

Pagliara 等报道,从地中海海绵(*Petrosia ficiformis*)中分离出 8 种蓝细菌系,其水提物经显示对人红细胞具有抑制有丝分裂的作用。

Tripathi 等报道,从新加坡泻湖岛的海洋鞘丝藻(*Lyngbya majuscula*)中分离出 27 元环缩酚酸类活性产物 lagunamide C,其对 P388、A549、PC3、HCT8、SK-OV3 等细胞系均有细胞毒性作用,IC_{50} 值范围为 2.1~24.4nmol/L。

二、已发现的海洋微生物抗肿瘤物质的种类

目前,在产抗肿瘤物质方面,研究得比较多的海洋微生物是海洋放线菌、海洋真菌、蓝藻、微藻及其他海洋微生物。现已从中发现了多种具有抗肿瘤活性的物质,它们大多为生物碱类、藻蓝蛋白、海藻糖类化合物。

海洋生物碱类多数具有抗癌作用。1993 年林水成等从盐屋链霉菌 *Streptomyces sioyaensis* SA-1758 中分离到结构新颖、含硫和含氮的生物碱 altemicidin,其具有很强的体外抗 L_{1210} 淋巴瘤和 IMC 癌细胞作用。1999 年 Canedo 等从加勒比海海鞘 *Ecteinascidia turbinata* 及 Turkish 海岸 *Polycitonide* 属海鞘中分离到 2 株土壤杆菌,并从其脂溶性代谢产物中分离到噻唑生物碱 agrochelin A,其在体外对小鼠白血病 P388 细胞、人(A549、HT29 及 MEL28)肿瘤细胞有显著细胞毒性。2000 年小林淳一研究组从日本北海道海绵 *Halichondria okadai* 中分离到互生单胞菌属 *Alteromonas* sp.,并从其菌体 $CHCl_3$ / MeOH 提取液中分离到一结构独特的四环内酰胺生物碱 alteramide A,其在体外对小鼠白血病 P388 细胞、人淋巴瘤 L_{1210} 及人表皮癌 KB 细胞有细胞毒性。

郑忠辉等利用 BLA 法从厦门海区潮间带动植物中分离到 655 株海洋微生物,有 13 株放线菌(*Micromonspora* sp. 及 *Strepto myces* sp.),3 株真菌(*Aspergilus* sp. 及 *Penicillum* sp.)能产生以 DNA 为靶点的抗肿瘤活性物质。

藻蓝蛋白(phycocyanin)是一大类具有抗癌活性的海洋活性物质,为蓝藻、红藻及隐藻中的一种水溶性蛋白色素。现螺旋藻蛋白质含量高达 70%以上,可为新的蛋白质资源。山东无棣养殖的螺旋藻含蛋白质高达 70%以上,其中藻蓝蛋白为 10%,经分析含有

多种氨基酸，特别是人体必需的 8 种氨基酸均有。中国科学院海洋所已用基因工程技术生产融合别藻蓝蛋白，并进行抗肿瘤活性的研究。

海洋"化石生物"螺旋藻富含多种生物活性物质，其藻蓝蛋白抗肿瘤活性业已为美、日等许多国家所证实。但常规从人工培养的藻类中提取藻蓝蛋白的方法成本高、收率低、工艺复杂，且得到的是色素蛋白复合物。现代基因工程技术已将分离、克隆到的海洋生物的有用基因，转入高效、廉价的表达系统来大规模生产海洋药物。

多糖类是近些年来研究的非常热的生物抗癌活性物质。海洋微生物、植物及动物均能产生多糖，多糖构成重要的海洋生物多聚物。海洋生物多糖具有抗癌、提高机体免疫力、降低血糖等特殊生理活性，是目前海洋生物研究的重点之一。螺旋藻营养成分齐全，含有多种生物活性物质，螺旋藻多糖（PSP）具有增强机体免疫、抗肿瘤和抗突变等作用。1997 年周志刚等分离得到的极大螺旋藻多糖具有清除·OH 的活性。左绍远等从工业化养殖的钝顶螺旋藻中分离出平均相对分子质量为 166600 的酸性杂多糖（PSP）。

目前对蓝藻 EPS 生理活性的研究不是很多，大都把盐藻看成污染盐田、海水的有害藻，但蓝藻来源的多糖的生物活性具有潜在的药用价值。1985 年日本的小谷野等研究发现，盐泽螺旋藻（*Spirulina subsalsa*）EPS 对肉瘤 S_{180} 肿瘤细胞株 IMC 具有明显的抑制作用。1996 年丁新等也发现盐藻 EPS 能增强机体免疫力，抗肿瘤。

三、海洋微生物中抗肿瘤活性物质的发展趋势与前景展望

自 1929 年 Fleming 发现微生物可产生青霉素以来，人们已从微生物中发现了 30 000~50 000 种天然产物，其中 10 000 多种具有生物活性，8000 多种是抗菌和抗肿瘤化合物。2001 年 6 月 24~29 日第十次国际海洋天然产物研讨会（简称 MaNaPro）在日本冲绳举行。从会议发表论文内容来看，从海洋生物中寻找新的活性天然产物依然是当前海洋天然产物研究的主要内容，海洋细菌、海洋真菌中生物活性物质的研究的论文数量明显增加。当前美国、德国、日本都对海洋微生物的研究十分重视，并从海洋微生物中分离得到一系列结构新颖的生物活性分子。最令人感兴趣的是，来自国际著名海洋天然产物研究机构加州大学的 Fenical 报道了他们小组的最新重大发现，他们首次发现并成功培养了一属全新的海洋放线菌，命名为 *Marinospora*；对 100 株这种菌进行了抗菌及抗肿瘤活性筛选实验，结果有 80%的培养液提取物显示出明显的活性。

海洋微生物蕴含丰富的结构新颖的抗肿瘤活性物质，它们多为生物碱类、萜类、大环内酯类化合物，主要来源于海洋放线菌和海洋真菌。特别是海洋真菌因其代谢途径复杂、代谢产物种类繁多而日益受到研究者的重视。

虽然近年来，海洋微生物中抗肿瘤活性物质和海洋药物方面的研究取得了较大进展，发现了许多具有显著生物活性的新型化合物，其中一些还具有较好的药用前景。然而近年上市的海洋抗肿瘤药物却是屈指可数，这可能是由于很多海洋微生物在实验室环境中无法培养，因此限制了抗肿瘤活性物质的分离与进一步研究。随着生物技术的发展和海洋微生物资源开发利用的进一步深入，细胞工程、发酵工程、基因工程等技术的应用必将促进海洋微生物活性物质的研究开发，预计未来定会实现海洋微生物活性次级代谢产物的规模化生产，使海洋微生物成为开发新药的重要来源。

　　海洋微生物活性物质开发研究进展迅速，海洋微生物作为自然资源的最大宝库，蕴藏着巨大的潜力，仅以往对海洋微生物的初步研究，即已发现了如此众多性状各异、结构多样的抗肿瘤活性物质。随着对海洋微生物认识的加深，对海洋微生物活性物质研究的深入，一定可以从中发现更多高效低毒的海洋微生物抗肿瘤新药，使海洋微生物活性物质为人类作出更大贡献。

参 考 文 献

安鑫龙, 周启星, 邢光敏. 2006. 海洋微生物在海洋污染治理中的应用现状. 水产科学, 02: 97-100

白小琼, 孔德义. 2011. 牛磺酸研究进展. 中国食物与营养, 05: 78-80

邴晖, 高炳淼, 于海鹏, 胡远艳, 朱晓鹏, 长孙东亭, 罗素兰. 2011. 海洋生物毒素研究新进展. 海南大学学报(自然科学版), 01: 78-85

蔡春, 庄海旗, 莫丽儿, 李伟新, 丁镇芬. 1996. 24 种海藻中脂肪酸含量的研究. 中国海洋药物, 01: 22-23

蔡心尧, 尹建军. 1999. 海藻中多不饱和脂肪酸的测定方法. 无锡轻工大学学报, 05: 60-64

曹陇梅. 1989. 海洋天然产物研究新进展. 有机化学, 05: 402-413

曹王丽, 宋佳希, 李芳秋. 2011. 海洋生物抗肿瘤多肽海兔毒素 10 及其衍生物的研究进展. 医学研究生学报, 11: 1208-1211

曾名勇, 崔海英, 李八方. 2005. 海洋生物活性肽及其生物活性研究进展. 中国海洋药物, 01: 46-51

曾名勇. 1995. PA 和 DHA 的来源和分离. 渔业机械仪器, 04: 17-19

曾晓雄, 罗泽民. 1997. DHA 和 EPA 的研究现状与趋势. 天然产物研究与开发, 01: 65-70

查文良, 白育庭. 2008. n-3 多不饱和脂肪酸研究进展. 咸宁学院学报(医学版), 02: 174-176

陈得科, 龙丽娟, 陈忻, 潘剑宇, 孙恢礼. 2012. 海洋动物活性物质工业化制备技术研究进展. 湖北农业科学, 09: 1729-1732+1739

陈发坤. 2000. 蝌蚪加服甲状腺激素后对生长发育的影响. 生物学通报, 01: 24

陈菲菲, 王勇, 王以光, 赫卫清. 2011. 海洋微生物来源的天然产物开发研究进展. 应用与环境生物学报, 02: 287-294

陈红霞. 2006. 生物毒素的医药应用研究进展. 生物技术, 01: 84-86

陈冀胜. 2009. 生物毒素——创新药物的源泉. 中国天然药物, 03: 161

陈冀胜. 2009. 生物毒素与新药研究. 中国天然药物, 03: 162-168

陈婧, 吴民耀, 王宏元. 2012. 甲状腺激素在两栖动物变态过程中的作用. 动物学杂志, 06: 136-143

陈秋虹, 莫建光, 黄艳. 2011. 天然牛磺酸的提取与应用. 氨基酸和生物资源, 02: 43-45+56

陈涛, 王茂剑, 张健, 林威威. 2010. 海参多糖研究进展. 食品工业科技, 07: 375-378

陈文雄, 陈文珊, 陈达光. 2000. 牛磺酸与生长发育. 国外医学. 妇幼保健分册, 01: 3-6

陈曦, 陈秀霞, 陈强, 林能峰. 2012. 海洋生物活性物质研究简述. 福建农业科技, 02: 83-86

陈玉珍. 1994. 食物中牛磺酸含量. 氨基酸杂志, 04: 52-55

陈岳书. 2005. "河豚"与"河鲀"辨析. 科技术语研究, 04: 51

陈正冬. 2005. 河豚毒素检测原理与发展趋势. 中国农学通报, 08: 93-94+320

程树东, 李英文. 2004. 鱼类必需脂肪酸概述. 内陆水产, 10: 39-41

迟桂荣. 2005. 海洋微生物极端酶的开发和应用. 德州学院学报(自然科学版), 02: 80-82+96

代秀梅, 庾莉菊, 张启明, 相乘仁. 2008. 河豚毒素的医药开发前景. 药品评价, 05: 230-232

邓尚贵, 彭志英, 杨萍, 吴铁, 陈芳. 2002. 河豚毒素研究进展. 海洋科学, 10: 32-35

董华强, 刘本国, 吴琼, 曹劲松, 宁正祥. 2005. 几种新海洋动物活性肽研究概述. 食品科学, 09: 552-555

董平, 薛长湖, 盛文静, 徐杰, 李兆杰. 2008. 海参中总皂苷含量测定方法的研究. 中国海洋药物, 01: 28-32

杜宏举. 2003. 人体平衡健康的支点——牛磺酸. 中老年保健, 12: 32-33

杜引娣, 刘培贤. 2004. 牛磺酸的研究现状与前景. 临床医药实践, 01: 6-7

樊绘曾. 2001. 海参: 海中人参——关于海参及其成分保健医疗功能的研究与开发. 中国海洋药物, 04: 37-44

范巧云, 李朝品, 王克霞. 2012. 海洋动物多糖生物学作用研究新进展. 中国病原生物学杂志, 11: 876-877+854

范晓, 严小军, 杜冠华, 石建功. 1999. 国外海洋药物研究前沿与我国的发展战略. 中国海洋药物, 02: 42-45

方宏兵, 王德强. 2011. 食品中牛磺酸的检测方法研究进展. 粮油食品科技, 04: 45-47

付红岩, 马莺. 2004. 微生物发酵生产 EPA 和 DHA 的研究进展. 粮食加工, 01: 48-51

付学军, 崔志峰. 2007. 小分子量海参肽对小鼠的抗疲劳作用. 食品科技, 04: 259-262

付学军, 金海珠. 2013. 海参肽的抗氧化活性与分子量的相关性研究. 食品科技, 07: 63-66

傅余强, 顾谦群, 方玉春, 管华诗. 2000. 海洋生物中蛋白质、肽类毒素的研究新进展. 中国海洋药物, 02: 45-50

龚丽芬, 黄懋生, 谢晓兰, 郑志福, 胡东红. 2003. 文蛤中牛磺酸的提取(Ⅰ). 精细化工, 07: 393-395

古绍彬, 虞龙, 向砥, 于洋, 余增亮. 2001. 利用海洋微藻生产 DHA 和 EPA 的研究现状与前景. 中国水产科学, 03: 90-93

顾瑾, 裘爱泳, 白新鹏. 1998. 提取生物活性物 EPA、DHA 的原理和方法. 西部粮油科技, 03: 32-36

顾谦群, 方玉春, 王长云, 仲娜. 1998. 扇贝糖蛋白的化学组成与抗肿瘤活性的研究. 中国海洋药物, 03: 23-26

关美君, 丁源. 1999. 我国海洋药物主要成分研究概况(Ⅰ). 中国海洋药物, 01: 32-37

关美君, 丁源. 1999. 我国海洋药物主要成分研究概况(Ⅱ). 中国海洋药物, 03: 41-47

关美君, 丁源. 2000. 我国海洋药物主要成分研究概况(Ⅲ). 中国海洋药物, 01: 38-42

关美君, 丁源. 2000. 我国海洋药物主要成分研究概况(Ⅳ). 中国海洋药物, 03: 36-41

管华诗, 韩玉谦, 冯晓梅. 2004. 海洋活性多肽的研究进展. 中国海洋大学学报(自然科学版), 05: 761-766

桂英爱, 王洪军, 郝佳, 周军. 2007. 豚毒素及其代谢产物的研究进展. 大连水产学院学报, 02: 137-141

郭柏坤, 宫庆礼. 2006. 河豚毒素的免疫检测进展. 时珍国医国药, 04: 628-629

郭琪, 王静雪. 2005. 海洋微生物酶的研究概况. 水产科学, 12: 41-44

郭素琼, 余奇飞. 1994. 开发海洋生物中的牛磺酸资源. 中国食品信息, 06: 19

郭跃伟. 2002. 国际海洋天然产物研究进展及展望——第10次国际海洋天然产物研讨会简介. 中国海洋药物, 06: 53-56

韩玲, 张淑平, 刘晓慧. 2012. 海藻生物活性物质应用研究进展. 化工进展, 08: 1794-1800

韩妍妍, 张亚娟, 王维娜, 王安利. 2002. 海洋微生物是开发海洋药物的重要资源. 海洋科学, 09: 7-12

韩玉谦, 冯晓梅, 管华诗. 2005. 海参皂甙的研究进展. 天然产物研究与开发, 05: 140-143

郝颖, 汪之和. 2006. EPA、DHA 的营养功能及其产品安全性分析. 现代食品科技, 03: 180-183

洪佳敏, 陈丽娇, 梁鹏, 陈慎, 刘文钊. 2014. 海参生物活性成分及其加工现状的研究进展. 科学养鱼, 03: 75-77

胡爱军, 丘泰球, 梁汉华. 2002. 海藻 EPA、DHA 含量及分离浓缩方法. 海洋通报, 02: 84-91

胡萍, 王雪青. 2004. 海洋微生物抗菌物质的研究进展. 食品科学, 11: 397-401

胡婷婷. 2012. 海藻多糖的生物活性研究进展. 科技视界, 36: 17

胡文婷, 张凯. 2010. 酶解海洋生物源蛋白制备活性肽研究进展. 海洋科学, 05: 83-88

胡延春, 贾艳, 张乃生. 2004. 生物毒素的应用研究. 生物技术通讯, 01: 83-85

黄凤玲. 2001. 芋螺毒素的研究进展. 国外医学. 药学分册, 05: 289-294

黄海燕. 2002. 海洋微生物是药物和化学的重要资源. 河北渔业, 01: 7-9

黄建设, 龙丽娟, 张偲. 2001. 海洋天然产物及其生理活性的研究进展. 海洋通报, 04: 83-91

黄军, 严美姣, 陈国宏. 2006. 豚毒素的起源及其研究进展. 生物技术通讯, 06: 998-1000

黄磊, 詹勇, 许梓荣. 2005. 海藻多糖的结构与生物学功能研究进展. 浙江农业学报, 01: 51-55

黄益丽, 郑天凌. 2004. 海洋生物活性多糖的研究现状与展望. 海洋科学, 04: 58-61

江红霞, 郑怡. 2003. 微藻的药用、保健价值及研究开发现状(综述). 亚热带植物科学, 01: 68-72

姜健, 杨宝灵, 邰阳. 2004. 海参资源及其生物活性物质的研究. 生物技术通讯, 05: 537-540

姜瞻梅, 霍贵成, 吕桂善. 2003. 不同食物来源的 ACE 抑制肽的研究现状. 食品研究与开发, 01: 27-29

焦炳华. 2006. 海洋生命活性物质和海洋药物的研究与开发. 第二军医大学学报, 01: 5-7

金锋. 2006. 优质营养素——牛磺酸. 中国食物与营养, 03: 53-54

李丽莉. 1999. 几种海产品中氨基酸及牛磺酸含量的比较. 氨基酸和生物资源, 02: 28-29

李利君, 蔡慧农, 苏文金. 2000. 海洋微生物生物活性物质的研究. 集美大学学报(自然科学版), 02: 80-86

李鹏, 贺艳丽, 夏尔宁. 2011. 海带及其多糖. 食品与药品, 03: 129-131

李珊, 刘玉兰, 林伯群, 朱明, 胡晓蓓. 1998. 吸光光度法测定牡蛎中牛磺酸. 青岛医学院学报, 04: 44-45

李珊, 刘玉兰. 2001. 荧光法测定食物中牛磺酸. 理化检验(化学分册), 02: 80-81

李淑冰, 李惠珍, 许旭萍. 2000. 贝毒素的研究现状及产生源探究. 福建水产, 01: 70-74

李淑梅, 白献晓, 闫明田, 陈建伟. 2008. 微生物生产多不饱和脂肪酸的研究进展. 河南农业科学, 07: 17-19

李秀花, 邱服斌, 肖荣, 杨燕. 2001. 紫外分光光度法测定动物脑组织中牛磺酸含量. 山西医药杂志, 03: 209-210

李艳华, 张利平. 2003. 海洋微生物资源的开发与利用. 微生物学通报, 03: 113-114

李越中, 陈琦. 1998. 海洋微生物资源多样性. 生物工程进展, 04: 34-40+33

李越中, 陈琦. 2000. 海洋微生物资源及其产生生物活性代谢产物的研究. 生物工程进展, 05: 28-31

李志香, 沈翠平. 1998. 多不饱和脂肪酸对人体的作用. 生物学通报, 01: 11-12

梁妍. 2012. 海洋微生物中提取的多糖的药用功能研究. 生物技术世界, 02: 22+24

廖芙蓉. 2012. 海洋贝类多糖的制备及生物活性研究概况. 饮料工业, 02: 12-14+19

廖永岩, 徐安龙, 卫剑文, 杨文利, 钟肖芬, 吴文言. 2001. 中国蛋白、肽类毒素海洋动物名录及其分布. 中国海洋药物, 05: 47-57

林凡, 秦松. 2002. 海洋生物抗肿瘤活性肽. 海洋科学, 12: 23-26+48

林钦. 2009. 不同海参粗多糖的化学组成成分研究. 食品工业, 06: 48-50

林伟锋, 赵谋明, 程朝阳. 2003. 海洋生物活性肽的制备及其研究状况. 食品工业科技, 09: 90-93

林文翰. 2006. 我国海洋生物的药学研究思考. 中国天然药物, 01: 10-14

林心銮. 2007. 海洋鱼、虾、贝类的生物活性肽研究进展. 福建水产, 03: 58-61

林英, 曹松屹, 曹冬煦, 陈丹. 2008. 海带多糖提取方法研究进展. 水产科技情报, 04: 168-170

刘岱岳, 余传隆, 刘鹊华, 潘红平. 2004. 开发生物毒素促进药物发展. 药品评价, 04: 259-267

刘桂敏, 赵秀梅, 陈菊娣, 胡人杰. 2004. 刺参酸性粘多糖质控分析方法的研究. 解放军预防医学杂志, 02: 107-109

刘红英, 薛长湖, 曹扬. 2003. 海洋生物中 D-氨基酸的研究进展. 海洋科学, 03: 18-21

刘慧燕, 方海田. 2007. 食品中牛磺酸的测定方法. 农产品加工, 09: 76-79

刘晶晶, 陈全震, 曾江宁, 高爱根, 廖一波. 2007. 海洋微生物活性物质的研究进展. 海洋学研究, 01: 55-65

刘全永, 胡江春, 薛德林, 马成新, 王书锦. 2002. 海洋微生物生物活性物质研究. 应用生态学报, 07: 901-905

刘妤, 侯放, 杨丽丽. 2009. 海洋藻类多糖的生物活性研究进展. 安徽农学通报(下半月刊), 08: 47-48+173

刘云国, 李八方, 汪东风, 赵雪, 林琳, 冯大伟, 毕琳. 2005. 海洋生物活性肽研究进展. 中国海洋药物, 03: 52-57

刘云国, 刘艳华. 2005. 海洋生物活性物质的研究开发现状. 食品与药品, 10: 66-68

刘铸, 金志民, 朴忠万, 于爽, 李殿伟. 2012. "甲状腺激素对蝌蚪变态发育的影响"实验应注意的几个问题. 生物学通报, 12: 41-42

刘子贻, 沈奇桂. 1997. 虾青素的生物活性及开发应用前景. 中国海洋药物, 03: 46-49

卢连华, 周景洋, 颜燕, 胡祇光, 郭玉文. 2009. 海参肽对小鼠免疫调节及抗疲劳能力的影响. 山东医药, 25: 35-37

卢佣章. 2005. 从蝌蚪变青蛙看甲状腺激素的重要生理作用. 开卷有益(求医问药), 08: 8

陆开宏, 孙世春. 1998. 藻类中 EPA、DHA 的含量及其在水产养殖等领域中的应用. 宁波大学学报(理工版), 02: 90-99

罗先群, 王新广, 杨东升. 2006. 海藻多糖的结构、提取和生物活性研究新进展. 中国食品添加剂, 04: 100-105

吕慈仙, 李太武, 苏秀榕. 2007. 5 种可食性海洋动物氨基酸成分的比较分析. 宁波大学学报(理工版), 03: 315-319

马春生, 潘红, 周洪英, 陈文宾, 马卫兴, 林艳, 李磊. 2010. 海洋中微生物的应用及其前景. 科技资讯, 02: 210+212

马永钧, 杨博. 2010. 世界海洋鱼油资源利用现状与发展趋势. 中国油脂, 11: 1-3

孟朝阳, 王晓丹. 2012. 海参多糖提取及检测方法综述. 贵州化工, 06: 19-23

莫意平, 娄永江, 吴祖芳. 2004. 海洋微生物低温酶特性及其在食品工业中的应用. 食品研究与开发, 04: 101-103

倪志华, 张玉明, 刘龙, 马珣玻. 2009. 海洋微生物活性产物及研究方法. 安徽农业科学, 07: 2839-2841+2850

聂晶. 1999. 漫话蛇毒. 生物学教学, 06: 41-42

聂卫, 王士贤. 2002. 海参的药理作用及临床研究进展. 天津药学, 01: 12-15

牛瑞, 崔金香. 2010. 海洋生物酶解多肽的研究进展. 化工科技市场, 03: 29-30

潘凌云. 1989. 甲状腺激素对蝌蚪发育影响. 生物学教学, 01: 30-31

庞广昌, 王秋锟, 陈庆森. 2001. 生物活性肽的研究进展理论基础与展望. 食品科学, 02: 80-84

彭珍荣, 刘爱福, 唐兵. 1998. 氨基酸生产和海洋生物的氨基酸资源开发. 氨基酸和生物资源, 04: 58-61

钱凤云, 傅德贤, 欧阳藩. 2003. 海带多糖功用研究进展(一). 精细与专用化学品, 07: 11-12

钱凤云, 傅德贤, 欧阳藩. 2003. 海带多糖功用研究进展(二). 精细与专用化学品, 08: 13-15

钱清华. 2013. 海洋生物中牛磺酸、多糖、肽等活性物质的提取研究进展. 食品工业科技, 13: 383-387

阮积惠. 2001. 海藻主要药用成分的研究和展望. 东海海洋, 02: 1-9

沈涛, 詹珂, 刘思奇. 2011. 海洋生物中 EPA、DHA 含量及性价分析. 四川烹饪高等专科学校学报, 04: 32-36

盛文静, 薛长湖, 赵庆喜, 徐杰, 李兆杰, 孙妍. 2007. 同海参多糖的化学组成分析比较. 中国海洋药物, 01: 44-49

史清文, 李力更, 王于方, 霍长虹, 张嫚丽. 2010. 海洋天然产物化学研究新进展. 药学学报, 10: 1212-1223

司玫, 展翔天. 2003. 海洋生物活性物质研究进展. 中国海洋药物, 06: 46-50

宋迪, 吉爱国, 梁浩, 王伟莉, 陈玉娟. 2006. 参生物活性物质的研究进展. 中国生化药物杂志, 05: 316-319

宋金明. 2001. 中国海洋天然活性物质开发新技术 21 世纪发燕尾服战略. 海洋科学, 04: 50-52

苏秀榕, 娄永江, 常亚青, 张静, 邢茹莲. 2003. 海参的营养成分及海参多糖的抗肿瘤活性的研究. 营养学报, 02: 181-182

孙海红, 毛文君, 钱叶苗, 宋相丽. 2011. 海洋微生物活性胞外多糖的研究进展. 海洋科学, 11: 134-138

孙谧, 洪义国, 李劲生, 修朝阳. 2002. 海洋微生物低温酶特性及其在工业中的潜在用途. 海洋水产研究, 03: 44-49

孙鹏, 易杨华, 李玲, 汤海峰. 2007. 参皂苷的生源分类和化学结构特征(楯手目). 中国天然药物, 06: 463-469

谈华, 丁月娟. 2005. 甲状腺激素对蝌蚪变态发育的影响. 生物学通报, 06: 61-62

谭乐义, 章超桦, 薛长湖, 林洪. 2000. 牛磺酸的生物活性及其在海洋生物中的分布. 湛江海洋大学学报, 03: 75-79

谭仁祥. 2006. 海洋微生物: 新天然药物的重要源泉. 中国天然药物, 01: 2-4

汤海峰, 易杨华, 张淑瑜, 孙鹏. 2004. 海星皂苷的研究进展. 中国海洋药物, 06: 48-57

涂芳, 杨芳, 郑文杰, 白燕. 2005. 螺旋藻多糖的研究进展. 天然产物研究与开发, 01: 115-119

万钰萌, 顾觉奋. 2013. 海洋微生物来源的抗肿瘤活性物质研究新进展. 抗感染药学, 04: 241-245

汪开治. 2006. 海洋生物药研发现状综述. 生物技术通报, 04: 133-138

汪开治. 2006. 几种具有重要的药物学用途的海洋微生物酶抑制剂. 生物技术通报, 03: 104-106

王安利, 胡俊荣. 2002. 海藻多糖生物活性研究新进展. 海洋科学, 09: 36-39

王导, 朱翠凤. 2011. 海洋生物活性肽的生理活性研究进展. 医学综述, 05: 661-663

王改芳, 李琳, 吕梁. 2012. 甲状腺素对蝌蚪生长发育的影响. 黑龙江畜牧兽医, 03: 142-144

王洪涛, 尹花仙, 金海珠, 河锤明. 2007. 海参肽对小鼠抗疲劳作用的研究. 食品与机械, 03: 89-91

王健伟. 1995. 豚毒素的定量检测方法研究进展. 国外医学. 卫生学分册, 02: 86-89

王静, 杨永芳, 丁国芳, 杨最素, 郁迪, 黄芳芳, 郑玉寅. 2010. 海洋生物酶解多肽活性功能研究进展. 中国民族民间医药, 10: 17+19

王菊芳, 梁世中. 1999. 海洋微藻在医药上的应用. 广东药学院学报, 04: 303-306

王萍, 杨爱兰, 李彩霞. 2004. 海洋生物多糖在医学中的应用与研究. 甘肃中医学院学报, 03: 53-56

王瑞芳, 张凌晶, 翁凌, 曹敏杰, 刘光明. 2009. 天然牛磺酸提取新工艺研究. 食品科学, 04: 111-113

王诗成, 谢美兰. 1998. 论实施海洋食品工程. 海洋开发与管理, 02: 65-68

王晓杰, 于仁成, 周名江. 2009. 河豚毒素生态作用研究进展. 生态学报, 09: 5007-5014

王新, 郑天凌, 胡忠, 苏建强. 2006. 海洋微生物毒素研究进展. 海洋科学, 07: 76-81

王正平, 张庆林, 胡艳红. 2004. 海洋微生物抗肿瘤活性物质的研究进展. 化学工程师, 04: 41-42+57

王志峰. 1998. 牛磺酸的市场开发前景. 中国化工, 06: 61-62

温少红. 2002. 海洋微生物 DHA 研究概况. 中国海洋药物, 01: 49-52

文松松, 赵峡, 于广利, 高英霞. 2009. 海洋动物多糖研究进展. 中国海洋药物, 04: 46-51

毋瑾超, 汪依凡, 方长富. 2007. 贻贝蛋白酶解降血压肽的降压活性及相对分子质量与氨基酸组成. 水产学报, 02: 165-170

吴继卫. 2009. 海洋来源生物活性肽的抗肿瘤作用研究进展. 安徽农业科学, 21: 9861-9862

吴文惠, 许剑锋, 刘克海, 包建. 2009. 海洋生物资源的新内涵及其研究与利用. 科技创新导报, 29: 98-99

吴梧桐, 王友同, 吴文俊. 2000. 海洋活性物质研究若干进展. 药物生物技术, 03: 179-183

吴永霞, 吴皓, 狄留庆. 2006. 动物多糖的化学研究概况. 时珍国医国药, 04: 640-641

锡三. 1949. 中国海洋的生物资源. 科学大众, 04: 151-152

肖玫, 欧志强. 2005. 深海鱼油中两种脂肪酸(EPA 和 DHA)的生理功效及机理的研究进展. 食品科学, 08: 522-526

晓燕. 2006. 深海动物之谜. 环境教育, 04: 18-21

谢永玲, 张明月, 张静, 管彤, 赵春红, 郑爱英. 2009. 海参肽对小鼠的免疫调节作用. 中国海洋药物, 04: 43-45

徐光域, 颜军, 郭晓强, 刘嵬, 李晓光, 苟小军. 2005. 硫酸-苯酚定糖法的改进与初步应用. 食品科学, 08: 342-346

徐静, 谢蓉桃, 林强, 冯玉红, 黄志明, 陈太学. 2006. 海洋生物多糖的种类及其生物活性. 中国热带医学, 07: 1277-1278+1228

徐旭, 于冰, 汤立达. 2004. 海洋生物多糖的药用功能. 天津药学, 06: 51-53

许东晖, 王兵, 许实波, 林永成, 邵志宇. 1999. 鲍鱼多糖对荷瘤小鼠腹腔巨噬细胞活性及迟发型超敏反应的作用. 中药材, 02: 88-89

薛多清, 王俊杰, 刘海利, 郭跃伟. 2009. 海洋天然产物研究进展. 中国天然药物, 02: 150-160

杨广会, 周燕霞, 徐晓莉, 王金凤, 段晓梅, 张崇禧. 2010. 鱿鱼中牛磺酸的提取工艺研究. 食品工业科技, 06: 215-217

杨菊辉. 2011. 薄层扫描法测定牛磺酸含量. 黑龙江科技信息, 09: 69

杨涓, 康建宏, 魏智清, 负宏伟. 2006. 分光光度法测定地骨皮中牛磺酸含量. 氨基酸和生物资源, 03: 26-29

姚滢, 魏江洲, 王俊, 张建鹏, 冯伟华, 焦炳华. 2005. 海洋生物多糖的研究与发展. 生命的化学, 02: 166-167

殷明焱, 刘建国, 张京浦, 孟昭才. 1998. 雨生红球藻与虾青素研究述评. 海洋湖沼通报, 02: 53-62

殷芹, 刘岩, 宫庆礼. 2008. 河豚毒素的理论及应用研究进展. 海洋通报, 06: 95-100

殷秀红, 赵峡, 于广利, 邢晓旭, 张紫恒. 2011. 一种紫贻贝水提多糖的理化性质和结构分析. 中国海洋药物, 04: 1-4+6

由业诚. 2001. 海洋天然产物的开发和应用. 大连大学学报, 02: 29-33

于道德, 郑永允, 宁璇璇, 官曙光, 任贵如, 刘洪军. 2010. 牛磺酸在鱼类中的生物学功能. 海洋科学, 02: 86-91

于凤梅, 饶志勇, 柳园, 潘兴昌, 蔡木易, 羊长青, 胡雯. 2011. 海洋肽对恶性肿瘤化学治疗患者营养状况及免疫功能的影响. 华西医学, 08: 1203-1207

余晟兴. 2011. 芋螺毒素研究现状. 现代农业科技, 06: 46+49

袁国平, 陈赛贞. 2004. 牛磺酸应用研究进展. 海峡药学, 03: 20-23

詹萍, 梁静娟, 庞宗文. 2007. 产生物活性物质海洋微生物的研究进展. 玉林师范学院学报(自然科学版), 03: 71-74+127

展翔天, 张春光, 司玫. 2002. 海洋微生物活性物质研究进展. 中国海洋药物, 02: 44-52

湛孝东, 王克霞, 李朝品. 2006. 贝类多糖生物学活性研究进展. 时珍国医国药, 07: 1285-1286

张会娟, 毛文君, 房芳, 李红燕, 齐晓辉. 2009. 绿藻多糖结构与生物活性研究进展. 海洋科学, 04: 90-93

张明辉. 2007. 洋生物活性物质的研究进展. 水产科技情报, 05: 201-205

张起辉, 王彦, 裴月湖. 2009. 海洋微生物活性物质的研究进展. 沈阳药科大学学报, 08: 670-678

张倩, 张建民. 2013. 浅谈海洋药用藻类资源的特点及利用价值. 黑龙江农业科学, 03: 107-110

张荣灿, 王一兵, 柯珂, 许铭本, 庄军莲, 雷富. 2013. 海藻多不饱和脂肪酸研究进展. 食品研究与开发, 03: 111-115

张亚鹏, 朱伟明, 顾谦群, 朱天骄. 2006. 源于海洋真菌抗肿瘤活性物质的研究进展. 中国海洋药物, 01: 54-58

张岩, 吴燕燕, 李来好, 杨贤庆, 宫晓静. 2012. 酶法制备海洋活性肽及其功能活性研究进展. 生物技术通报, 03: 42-48

张翼, 李晓明, 王斌贵. 2005. 海藻生物活性物质研究的回顾与展望. 世界科技研究与发展, 05: 62-69

张羽航, 林炜铁, 姚汝华, 黄惠琴, 鲍时翔. 1999. 海洋微生物发酵生产廿二碳六烯酸(综述). 海洋通报, 01: 88-92

张忠义, 刘振林, 陈辉. 2005. 乳与乳制品中牛磺酸的吸光光度法测定. 中国公共卫生, 12: 1461

赵成英, 朱统汉, 朱伟明. 2013. 2010~2013 之海洋微生物新天然产物. 有机化学, 06: 1195-1234

赵卫权, 崔承彬. 2008. 近年国内海洋微生物代谢产物研究概况. 国际药学研究杂志, 05: 330-336+354

赵兴坤. 2003. 海参肽的功能特性及其应用. 中国食物与营养, 12: 31-33

赵宗建, 赵宗英. 1991. 熊胆汁中氨基酸与牛磺酸的分析. 氨基酸杂志, 02: 36-37

郑惠娜, 章超桦, 曹文红. 2008. 海洋蛋白酶解制备生物活性肽的研究进展. 水产科学, 07: 370-373

郑明刚, 刘峰, 王玲, 郑立, 臧家业. 2010. 海洋微生物资源的开发与应用研究. 海洋开发与管理, 09: 76-79

郑天凌, 苏建强. 2003. 海洋微生物在赤潮消长过程中的作用. 水生生物学报, 03: 291-295

郑天凌, 田蕴, 苏建强, 李可, 刘慧杰, 杨小茹, 郑伟, 王桂忠, 李少菁. 2006. 海洋微生物研究的回顾与展望. 厦门大学学报(自然科学版), S2: 150-157

郑天凌, 薛雄志, 李福东. 1994. 海洋微生物在生态环境中的作用. 海洋科学, 03: 35-38

周崇华. 1995. 蝌蚪不能长成正常青蛙的启示. 农家顾问, 08: 35

周杰, 陈安国. 2005. 海藻多糖的生物活性研究进展. 饲料工业, 18: 12-15

周杰, 陈安国. 2006. 藻多糖的生物活性研究进展. 中国畜牧兽医文摘, 04: 39

周鹏, 顾谦群, 王长云. 2000. 海星皂甙及其他活性成分研究概况. 海洋科学, 02: 35-37

周世宁, 林永成, 姜广策. 1997. 海洋微生物的生物活性物质研究. 海洋科学, 03: 27-29

周晓秋, 于广成, 王喆. 2006. 牛磺酸的研究进展. 黑龙江八一农垦大学学报, 03: 71-73

周杨. 2012. 河鲀命名小考. 中国科技术语, 05: 47-49+57

朱路英, 张学成, 宋晓金, 况成宏, 孙远征. 2007. n-3 多不饱和脂肪酸 DHA、EPA 研究进展. 海洋科学, 11: 78-85

朱仁华. 1978. 海洋中的氨基酸. 海洋科技资料, 02: 1-17

朱涛, 李朝品. 2009. 贝类多糖抗肿瘤作用的研究进展. 中国医疗前沿, 05: 24-26

邹峥嵘, 易杨华, 张淑瑜, 周大铮, 汤海峰. 2004. 海参皂苷研究进展. 中国海洋药物, 01: 46-53

Altern Med Rev. 2001. Taurine-monograph. 6(1): 78-82

Antonov AS, Stonik VA. 1986. Glycosides of holothurians of the genusBohadschia. Chem Nat Comd, 22(3): 357-359

Arene L. 1993. A comparison of the somaclonal variation level of Rosa hybrida L. cv. Meirutral plants regenerated from callus or direct induction from different vegetative and embryonic tissues. Euphytica, 71: 83-90

Baz J P, Canedo LM. 1997. Thiocoraline produced by marine micro-monosporasp. J A nt ibiot, 50(4): 738-743

Biabani M A F, Baeke M, Loviset t o B. 1998. Ant imicroalgal an-thranilamide isolated from a marine St reptomyces. J A nti biot, 51(2): 333-336

Burak Z, Ersoy O, Moretti J. 2001. The role of 99Tcm-MIBI scintigraphyin the assessment of MDR1 over expression in patients with musculoskelet alsarcomas: comparison with therapy response. Eur J NuclMed, 28 (9): 1341-1350

Burger D W. 1990. Organogenesis and plant regeneration from immature embryos of Rosa hybrida L. Plant Cell, Tissue and Organ Culture, 21: 147-152

Cartens M. 1996. Eicosapentaenoic acid from the marine microalga Phaeodactylum tricornutum. J. Am. Oil Chem. Soc. , 72: 1-7

Chuecas L , Riley J P. 1969. Component fatty acids of the total lipids of some marine phytoplanton. J. Mar. Biol. Ass. U. K. , 49: 97-116

Cohen Z, C ohen S. 1991. Preparation of eicosapentaenoic acid (EPA) concentrate from Porphyridium cruentum. J. Am. Oil Chem. Soc. , 68: 16-19

Canedo LM, Fernandez PJL. 1997. A new isocoumarin antituor a-gent obtained from a Bici ll us sp. isolat ed from marine sediment. JAn ti biot, 50(1): 175-178

Castaneda O, Sotolongo V, Amor A M. 1995. Characteriza-tion of a potassium channel toxin from the Caribbean sea anemone Stichodactyla helianthus. Toxicon, 33(5): 603-613

Chen Jyhyih, Pan Chia Yu, Kuo Ching Ming. 2004. cDNA se-quence encoding an 11. 5-kD a antibacterial peptide of the shrmip Penaeus m on odon. Fish & Shellfish Immunology, 16(5): 659-664

Chen S, Hu Y, Ye X. 2012. Sequence determination and anticoagulant and antithrombotic activities of a novel sulfated fucan isolated from the sea cucumber Isostichopus badionotus. Biochimica et Biophysica Acta, General Subjects, 1820(7), 989-1000

Cheng C A, Hwang D F, Tsai YH. 1995. Microflora and Tetrodotoxin—producing bacteria in a Gastropod, Niotha clathrata. Food of the Toxicon, 33(1): 929-934

Clastres A, Ahond A, Poupat C. 1978. Structural study of a newsapogenin isolated from a sea-cucumberBohadschia vitiensisSemper. Experientia, 34: 973-974

Davies L P, Jamieson D D, Baird-Lambert J A, Kazlauskas R. 1984. Halo-genat ed pyrrolopyrimidine analogues of adenosine from marine or-ganisms: pharmacological act ivit ies and potent inhibit ion of adeno-sine kinase. Biochem. Pharmacol, 33: 347-355

Dyerberg J. 1978. Eicosapentae-noic acid and prevention of thrombosis and atherosclerosis Lancet, (2): 117-119

Ellaiah P, R aju K V, A d inarayana K. 2002. B ioacrive rareact inom ycetes from indigenous n atural sub strates of And hraPradesh. H indu stan Ant ib iot Bu ll, 44 (1-4): 17

Gans K R, Galbraith W, Roman R J. 1990. Anti-inflammat-ory and safety profile of DuP697. a novel orally effective prostaglandin synthesis inhibitor. J Pharmacol ExpTher, 254(1): 180-187

Geiss K R. Jester I, Gmab H. 1994. The efect of a taurinecontaining drink on performance in 10-Enduranceathletes. Amino Acids, 7(1): 45-46

Hawkey C J. 1999. COX-2 inhibitors. Lancet, 353(9149): 307-314

Hayes K C, care R, Schmidt S Y. 1976. Retinel degeneration associated with taurine deficiency in the cat. Science, 188: 949-953

Hsia Chi-ni. 1996. Organogenesis and somatic embryogenesis in callus cultures of Rosa hybrida and Rosa chinensis minima. Plant Cell, Tissue and Organ Culture, 44: 1-6

Huxtable R J. 1992. Physiological actions of Taurine. Physiol Rev, 72(1): 101-163

Iijim aR, K isugi J, Y am azak iM. 2003. A novel an tmi icrob ial pept ide from the sea hare Dola bella auricu la ria. Dev Comp Immunol. 27(4): 305

Isao Kitagawa, Motomasa Kobayashi, Manabu Hori. 1981. Structure of four new triterpenoidal oligoglycosidddes, Bivittoside A, B, C, and D, from the sea cucumber Bohad-schia bivittata(Mitsukuri). Chem. Pharm. Bull, 29(1): 282

Isao Kitagawa, Motomasa Kobayashi, Tatsuya Inamo-to. 1985. Marine nature products. Structures of echinoside Aand B, antifungal lanostane-oligosides from the sea cucumber Actinopyga echinites(Jaeger). Chem. Pharm. Bull. , 33(12): 5214

Isao Kitagawa, Motomasa Kobayashi, Yoshimasa Kyo-goku. 1982. Marine nature products. Structure elucidation on tri-teerpenoidal oligoglycosides from the Bohamean sea cucumber Actinopyga agassizi Selenka. Chem. Pharm. Bull. , 30(5): 2045

Isao Kitagawa, Tatsuya Inamoto, Masako Fuchida. 1980. Structure of Echinoside A and B, two antifungal Oligogly-cosides form the sea cucumber Actinopyga echinites(Jaeger). Chem. Pharm. Bull, 28(5): 1651

Isao. Kitagawa, Motomasa Kobayashi, Tatsuya Inamo-to. 1981. The structure of six ahtifungal oligoglycosides, stichlorosides A1. A2. B1. B2. C1. and C2. from the sea cucumber Stichopus chloronotus(Brant). Chem. Pharm. Bull, 29(8): 2387

Isao. Kitagawa, Takao Nishino, Motomasa Kobayashi. 1981. Marine nature products. Bioactive triterpene-oligogly-cosides from the sea cucumber Holothuria leucospilota(Brant)(2). Structure of holothurin A. Chem. Pharm. Bull, 29(7): 1951

Ivanova NS, Smetanina OF, Kuznetsova TA. 1985. Glycosides of marineinvertebrates XXVI. Holothurin A from the Pacific Ocean holothuri-anHolothvria squamifera. Chem Nat Comd, 20(4): 424-426

Jiang X, Chen H, Yang W. 2003. Functional expression and characterization of an acidic actinoporin from sea anemone Sagartia rosea. Biochem Biophys Res Commun, 312(3): 562-570

Kalinin V I, Stoni V A. 1983. Glycosides of marine invertebrates. Structure of holothurin A2 from the holothurian Holothuria edulis. Chem Nat Comd, 18(2): 196-200

Kisa F, Yamada K, Miyamoto T. 2006. Constituents of Holothuroidea, 18. Isolation and structure of biologically active disialoand trisialo-gangliosides from the sea cucumber Cucumaria echinata. Chemical and Pharmaceutical Bulletin, 54(9): 1293-1298

Kitagawa I, Inamoto T, Fuchida M. 1980. Structure of echinoside A and B, two antifungal oligoglycosides from the sea cucumber Actinopyga echiniles (Jaeger). Chemical and Pharmaceutical Bulletin, 28(5): 1651

Kitagawa I, Kobayashi M, Hori M. 1981. Structure of fournewtrit-erpenoidal oligoglycosidddes, bivittoside A, B, C, and D, from thesea cucumber Bohadschia bivittata(Mitsukuri). Chem Pharm Bull, 29(1): 282-285

Kitagawa I, Kobayashi M, Inamoto T. 1985. Marine nature prod-ucts XIV. Structures of echinoside Aand B, antifungal lanostane-ol-igosides from the sea cucumber Actinopyga echinites(Jaeger). Chem Pharm Bull, 33(12): 5214-5224

Kitagawa I, kobayashi M, Son B W. 1989. Marine natural products XIX. Pervicosides A, B, and C, lanostane-type triterpene-oligogly-coside sulfates from the sea cucumber Holothuria pervicax. Chem Pharm Bull, 37(5): 1230-1234

Kitagawa I, Nishino T, Kobayashi M. 1981. Marine nature products VIII. Bioactive triterpene oligoglycosides from the sea cucumber Holothuria leucospilota Brandt(2). Structure of holothurin A. Chem Pharm Bull, 29(7): 1951-1956

Kitagawa I, Nishino T, MatsunoT. 1978. Structure of holothurin B: Apharmeologieally active triterpene oligoglyceside from the sea cucumber H. leucospilotaBrandt. Tetrahedron lett, 11: 985-988

Kostakoglu L, Ruacan S, Ergun E. 1998. Influence of heterogeneity of P-glycoprotein expression on 99Tcm-MIBI uptake in breast cancer. JNucl Med, 39: 1021-1026

Kunitake H. 1993. Somatic embryogenesis and plant regeneration from immature seed-derived calli of rugosa rose (Rosa rugosa Thunb). Plant Science, 90: 187-794

Kurubail RG, Stevens A M, Gierse J K. 1996. Structural ba-sis for selective inhibition of cyclooxygenase-2 by anti-in-flammatory agents. Nature, 384(6610): 644-648

Lee, Hak-Sung. et al. 2000. Preparation of antibacterial agengt fromseaweed extract and its antibacterial effect. Journal of the KoreanFisheries Society, 33(1): 32-37

Levin V S, Kalininv V I, Stonik V A. 1984. Experience of the use of chemi-cal characters at revision of the taxonomic status of the sea cucumberBohadschia graerffeiwith establishing of new genus. BiolMorya, 3: 33-38

Liu H H, Ko W C, Hu M L. 2002. Hypolipidemic effect of glycosaminoglycans from the sea cucumber Metriatyla scabra in rats fed a cholesterol-supplemented diet. Journal of Agricultural and Food Chemistry, 50(12): 3602-3606

Liu X, Sun Z, Zhang M. 2012. Antioxidant and antihyperlipidemic activities of polysaccharides from sea cucumber Apostichopus japonicus. Carbohydrate Polymers, 90(4): 1664-1670

Munakata T. 1997. Tetrahedron Lett. , 38: 249-250

Maier M S, Roccatagliata A J, Kuriss A. 2001. Two new cytotoxic and virucidal trisulfated triterpene glycosides from the Antarctic sea cucumber Staurocucumis liouvillei. Journal of Natural Products, 64(6): 732-736

Marchant R. 1996. Somatic embryogenesis and plant regeneration in floribunda rose (Rosa hybrida L.) cv. Trumpeter and Glad Tiding. Plant Science, 120: 95-105

Matsumura K. 1995. Reexamination of tetrodotoxin production by bacteria. Appl Environ Microblol, 61: 3 468-3 470

Matsumura K. 2001. No ability to produce tetrodotoxin in bacteria. Appl Environ Microblol, 67: 2 393-2 394

Mayer AMS, Paul VJ, Fenical W, Norris JM, de Carvalho MS, Ja-cobs RS. 1993. Phospholipase A2 inhibit ors from marine algae. Hydrob-i ologia, 260/ 261: 521-529

Miyamoto T, Togawa K, Higuchi R. 1992. Structures of four new triterpenoid oligoglycosides: Ds-Penaustrosides A, B, C and D from the sea cucumber Pentacta australis. Journal of Natural Products, 55 (7): 940-946

Molina Grima E. 1994. Comparison between extraction of lipids and fatty acids from microalgal biomass. J. Am. Oil Chem. Soc. , 71: 955-959

Moon J H, Ryu H S, Yang H S. 1998. Antimutagenic and anticancer effect of glycoprotein and chondroitin sulfate rates from sea cucumber(Stichopus japonicus). Han guk Sikp um Yongyang Kw ahak Hoechi, 27(2): 350-358

Moretti JL, Duran CordobesM, Starzec A. 1998. Involvement of glutathionein loss of 99Tcm-MIBI accumulation related to membrane MDR protein expression in tumor cells. J Nucl Med, 39: 1214-1218

Nagase H, Enjyoji K, Minamiiguchi K. 1995. Deploymerized holothurian glycosminoglycan with novel anticoagulant actions: antithrombin III and heparin cofactor II -independent inhibitor of factor X activation by factor VIII complex and heparin cofactor II -dependent inhibition of thrombin. Blood, 85: 1527-1534

Naumnn M, Lowe N J, Kumar C R. 2003. Botulinum toxin type A is a safeand effective treatment for axillary hyperhdrosis over 16 months-a prospective study. Arch Dermatol, 139: 731

Needleman P, Isakson P C. 1997. The discovery and function ofCOX-2. J Rheumatol, 24(Suppl 49): 6-8

Norton R S, Pennington M W, Wulff H. 2004. Potassium channel blockade by the sea

Oguz H, Oguz E, Karadede S. 2000. Effect of taurine on the nomal eyelid and conjunctival flora. Cutr Eye Res, 21(5): 851-855

Oleinikova G K, Kuznetsova T A, Ivanova N S. 1983. Glycosides ofmarine invertebrates XV. A new triterpene glycoside-holothurin A1-from Caribbean holothurians of the family Holothuriidae. ChemNat Comd, 18(4): 430-434

Oleinikova G K, Kuznetsova T A. 1987. Glycosides of the holothurian Holothuria atra. Chem Nat Comd, 22(5): 617-619

Petrosian A M, Haroutounian J E. 2000. Taurine as a universal carrier of lipid soluble vitamins. a hypothesis amino acids, 19: 409-421

Piwnica-Worms D, Vallabhaneni V, Rao V V. 1995. Characterization ofmultidrug resistance P-glycoprotein transport function with an organotech-netium cation. Biochemistry, 34: 12210-12220

Robles Medina A. 1995. Concentration and purification of stearidonic, eicosapentaenoic, and docosahexaenoic acids from cod liver oil and marine. microalga Isochrysis galbana. J. Am. Oil Chem. Soc. , 72: 575-583

Salm T P M. 1996. Somatic embryogenesis and shoot regeneration from excised adventitious roots from the rootstock Rosa hybrida cv. Moneyway. Plant Cell Reports, 15: 522-526

Seto A H. 1984. Eicosapentaenoic acid content of Chlorella minutissima. J. Am. Oil Chem. Soc. , 61: 892-894

Silchenko A S, Stonik V A, Avilov S A. 2005. Holothurins B2. B3. and B4. newtriterpene glycosides from mediterranean sea cucumbers of the genusholothuria. J Nat Prod, 68(4): 564-567

Simidu U, Kita T K, Yasumoto T. 1990. Taxonomy of fourmarine bacterial strains that produce tetredotoxin. Int J Syst Bacteriol, 40(4): 331-336

Simon L S. 1999. Role and regulation of cyclooxygenase-2 during inflammation. Am J Med, 106(5B): 37S-42S

Sinclair A J. 1991. The good oil: omega 3 polyunsaturated fatty acids. Today's Life Science, 3(8): 18

Sket D, Draslar K, Ferlan I. 1974. Equinatoxin, a lethal pro-tein from Actinia equina- II pathophysiological action. Toxicon, 12(1): 63-68

Skolnick P, Boje K. 1992. Noncompetive inhibition of N-methyl-D-aspar-tate by conantokin-G: evidence for an allosteric interaction at polyamine sites. J Neurochem, 59(4): 1515-1516

Slawomin M. 1997. Matrix met allo proteinase inhibitor. Investigational NewDrugs. 15: 61

Teng C M, Lee L G, Lee C Y. 1988. Platelet aggregation in-duced by equinatoxin. Thromb Res, 52(5): 401-411

Vane JR, Botting RM. 1998. Anti-inflammatory drugs and theirmechanism of action. Inflamm Res, 47(Suppl2): S78-S87

Vecchio D S, Ciarmiello A, Leonardo P. 1997. Fraction retention of tech-netium-99m-sestamibi as an index of P-glycoprotein expression in un-treated breast cancer patients. J Nucl Med, 38: 1348-1351

W. J. Kort. 1992. Prostaglandins Leukotrienes Essent. Fatty Acids, 45(4): 319-327

Wu J, Yi Y H, TangH F. 2006. NobilisidesA-C, three newtriterpene glycosides from the sea cucumber Holothuria nobilis. Planta Med, 72(10): 932-935

Wu Z, Yang Y, Xie L. 2005. Toxicity and distribution of tetrodotoxin-producing bacteria in puffer fish Fugu rubripes collected from the Bohai Sea of China. Toxicon, 46: 471-476

Yongmanitchai W, Ward O P. 1991. Screening of algae for potential alternative sources of eicosapentaenoic acid. Phytochemistry, 30: 2963-2967

Yasumoto T. 1996. Tetrodotoxin—producing bacterium exits. Rebuttal of comments by Matsumura Kagaku to Seibutsu. Gakkfi Shuppan Senta, 34(12): 837-839

Yongmanitchai W , Ward O P. 1989. w-3 Fatty acids. Alternative sources of production. Process Biochem, 8: 117-125

Zhang S Y, Yi Y H, Tang H F. 2006. Bioactive triterpene glycosides fromthe sea cucumber Holothuria fuscocinerea. J Nat Prod, 69(10): 1492-1495

Zhou J, Fu L, Yao W. 2002. Effects of anthopleurin-Q on myocardial hypertrophy in rats and physiologic properties of isolated atria in guinea pigs. Acta Pharmacol Sin, 23(10): 924-929

Zvyagintseva, Tatiana N. 2000. Inhibition of complement activation bywater-soluble polysaccharides of some fareastern brown eaweeds. Comp Biochem Physiol, Part C: Toxicol Pharmacol, 126(3): 209-215